U0350962

《中国环境政策》（第六卷）编委会

中国环境政策

Environmental Policy Research Series

（第六卷）

环 境 保 护 部 环 境 规 划 院

王金南 陆 军 杨金田 李云生 主编

中国环境科学出版社·北京

图书在版编目（CIP）数据

中国环境政策（第六卷）/王金南，陆军，杨金田，李云生主编．北京：中国环境科学出版社，2009.6
ISBN 978-7-5111-0010-8

Ⅰ．中…　Ⅱ．①王…②陆…③杨…④李…　Ⅲ．环境政策—研究—中国　Ⅳ．X-012

中国版本图书馆 CIP 数据核字（2009）第 084915 号

责任编辑　陈金华　肖　伊
责任校对　刘凤霞
封面设计　龙文视觉・陈莹

出版发行　中国环境科学出版社
（100062　北京崇文区广渠门内大街 16 号）
网　　址：http://www.cesp.com.cn
联系电话：010-67112765（总编室）
发行热线：010-67125803
印　　刷　北京中科印刷有限公司
经　　销　各地新华书店
版　　次　2009 年 6 月第 1 版
印　　次　2009 年 6 月第 1 次印刷
开　　本　787×1092　1/16
印　　张　26.75
字　　数　630 千字
定　　价　70.00 元

序

环境保护部环境规划院是中国政府环境保护规划与政策的主要研究制定者。环境规划院的主要任务就是根据国家社会经济发展战略，专门从事环境战略、环境规划、环境政策、环境经济、环境管理、环境项目等方面的研究，为国家环境规划编制、环境政策制定和重大环境工程决策提供科学技术支持。

在近 10 年的时间里，环境保护部环境规划院完成了一大批国家下达的环境规划任务和环境政策研究课题，同时承担完成了一批世界银行、联合国环境署、亚洲开发银行以及经济合作与发展组织等国际合作项目，取得了丰硕的研究成果。为了让这些研究成果得到更广泛的应用，环境规划院将这些课题研究的成果编写成《环境规划与政策》专题研究报告和《重要环境信息参考》，供全国人大、全国政协、国务院有关部门、地方政府以及公共政策研究机构等参阅。近 10 年来，环境保护部环境规划院已经出版了 180 多期专题研究报告和重要环境信息参考。这些研究报告得到了国务院政策研究部门和国家有关部委的高度评价和重视，而且许多建议和政策方案已被相关政府部门所采纳。这也是我们继续做好这项工作的欣慰和动力所在。

为了加强对国家环境政策、重要环境规划和重大环境工程决策的技术支持，让更多的政府公共决策官员、环境决策者、环境管理人员、环境科技工作者分享这些研究成果，环境规划院对这些专题研究报告进行分类整理，编辑成《中国环境政策》，分卷陆续公开出版。相信《中国环境政策》的出版对有关政府和研究部门研究制定环境政策具有较好的参考价值。在此，除了感谢社会各界对我们的支持以外，也热忱欢迎大家发表不同的观点，共同探索中国特色的环境保护新道路，推动中国环境保护事业的发展。

编　者

目　录

环境战略与环境规划

节能减排

环境（经济）政策

绿色核算与统计

环境管理

国外环境管理

环境战略与环境规划

金融“海啸”发生后我国经济形势分析及其对环境保护的影响

Analysis of the Economic Situation and Its Impact on Environmental Protection After the Economic Crisis

王金南 吴舜泽 贾杰林 葛察忠 闫世辉 李 键 逯元堂 朱建华 李晓亮

摘 要 面对2008年中国宏观经济形势出现的剧烈变化，本文在调查研究和充分听取专家意见建议的基础上，结合国家统计局发布的三季度宏观经济数据，分析了经济形势变化及其对环境保护的多方面影响。文章认为当前形势对于环境保护部来说是一个挑战，应充分估计经济形势变化对环境保护的不利影响，采取及时可行的措施有效应对，又要抓住当前的有利条件和积极因素，进一步加强我国的环境保护工作。

关键词 经济形势 环境保护 影响

Abstract Faced with China’s macroeconomic situation appears dramatic changes in 2008，at the basis of investigation and full listen to experts advice，combination of three quarters of macroeconomic data released by the National Bureau of Statistics，this article analyzed the changes in the economic situation and its impacts on environmental protection. We considered that the situation is a challenge to the Ministry for Environmental Protection，should fully estimate the adverse effects of environmental protection of changes in the economic situation，take timely and feasible measures to effectively deal with，at the same time，seize the current favorable conditions and positive factors to further strengthen our country’s environmental protection work.

Key words Economic situation Environmental protection Impact

注：本书凡不做标注的作者联系方式：环境保护部环境规划院，北京：100012。以下不再做标注；只为外单位做注。

0 引言

经济与环境两大系统之间存在着密不可分的相互作用与内在关联，经济形势变化必将对今后的环境保护工作产生新的挑战和机遇。准确判断经济形势是制定环境战略和政策的基础。2008 年以来，我国的宏观经济形势出现了一些重要变化，受包括金融危机在内的一系列内外部临时因素和中长期基本走势的叠加影响，经济增长面临的困难增多，经济增速放缓趋势明显。这些都将对环境保护产生一系列影响，需要环境保护部门透过经济看环保、透过环保看经济，充分估计经济形势变化对环境保护的不利影响，采取及时可行的措施，有效应对，又要正确抓住当前的有利条件和积极因素，乘势而上，进一步加强我国的环境保护工作。这对于环境保护部来说是一个挑战。

1 准确分析认识中国当前的经济形势

2008 年的经济形势是近年来“最困难的一年”。经济运行中不确定、不稳定的因素比原来估计要多、影响要大，经济增长面临国内国外困难增加等多重压力。

1.1 我国经济周期性调整与世界经济下行周期共同作用

经济发展有周期性规律。改革开放 30 年来，我国经济发展取得举世瞩目的成就，1978—2007 年间，中国经济年均增长速度为 9.8%，其中 2001—2007 年年均 GDP 增速更是达到 10.5%。但是我国经济运行仍然呈现周期性波动特征。2008 年的中国经济增长出现明显回落，有其经济发展周期性波动的必然性，表明宏观经济开始进入本轮经济周期的下行区间。

国务院发展研究中心研究表明，从 1992 年一季度到 2008 年上半年 GDP 累计增长率的变化情况看，我国 GDP 增长率存在平均波长为 4 年的短周期波动现象和平均波长为 7 年的中周期性波动现象。从短期波动看，我国 GDP 增长率从 2007 年四季度开始进入短周期波动的收缩期。从中期波动看，从 2007 年一季度开始，GDP 增长率已进入中周期波动的收缩期。将短周期和中周期波动合并后，GDP 增长率的中短期波动曲线显示波峰发生在 2007 年二季度，即综合看，我国 GDP 增长率从 2007 年三季度开始已进入周期性收缩阶段，2008 年仍处于周期性下降状态，经济增速具有很强的内生性下降趋势。

从经济周期角度看，本轮经济周期扩张长达 8 年，始于 2000 年，在 2004 年、2005 年达到阶段性高点，之后出现的产能过剩问题因中国加入世贸组织而消化，中国经济也因此又出现连续 3 年的高增长，到 2007 年二季度 GDP 达到阶段性的顶部，目前已经进入了经济周期的回落期。本轮调整是从 2000 年以来启动的 8 年左右扩张期的调整；从增长方式和产业转型角度看，是改革开放 30 年以来的低附加值出口增长方式的调整。

此外，世界经济进入下行周期进一步加剧了我国经济周期性调整的压力，受美国经济滞胀的影响，全球经济很可能进入一个下行阶段。20 世纪 70 年代中期的世界经济滞胀、80 年代初期的经济衰退期间，中国经济与外部世界处于隔离状态，并没有受到影响。亚洲金融危机期间，中国经济通过财政、内需等政策的启动，成功地躲过了东亚地区的经济调整。但是现在中国经济与世界经济联系紧密的情况下，面对世界经济周期，中国经济再也难以“脱钩”。从外部因素看，世界经济发展同样是波动的，世界经济增速放缓，世界经济已经进入新一轮周期性调整阶段。

在主动宏观调控、国际国内多重不利因素的共同作用下，中国经济增速 2008 年进入了一个逐步放缓的过程中。GDP 增速在 2007 年二季度达到高点后已经出现了连续 5 个季度的回落，2008 年一季度降到了 10.6%，二季度进一步回落至 10.1%，三季度降至 9%，逐级下滑趋势非常明显。2008 年前三季度，规模以上工业增加值同比增长 15.2%（9 月份增长 11.4%），也比 2007 年同期回落 3.3 个百分点。

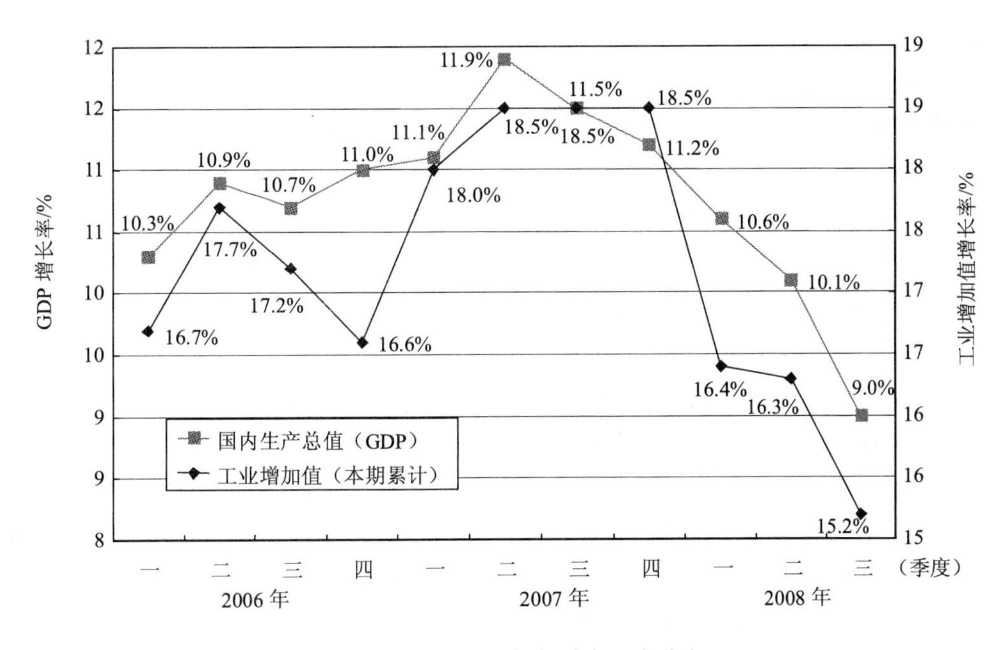

图 1　2006—2008 年各季度经济增速

1.2 未来通货膨胀形势仍有出现交替和反复的风险

当前经济中既存在可能引起物价上涨的成本推动因素，也有物价出现持续回落的可能。总体来看，未来通货膨胀形势有可能出现交替和反复。

本轮物价上涨的直接原因是初级产品价格上涨形成的成本推动，实质上则反映了中国经济发展方式转型所面临的挑战。长期来看，随着我国工业化和城市化进程的加快，收入水平的提高，土地、劳动力、自然资源等基本生产要素的价格将持续提升，我国中长期经济基本面仍将面临持续较大的通胀压力。国际原油、铁矿石、粮食等产品价格飞涨，国内多年高增长积累下来的通货膨胀压力仍然较大，输入型和成本推动型通货膨胀的双重压力使得控制物价过快上涨任务异常艰巨。

从另外一个角度来看，中国的通货膨胀风险很可能会因全球经济的衰退而明显降低。受全球经济走软将导致需求下滑预期的影响，国际大宗商品价格显著回落，近期国际原油及原材料等初级产品价格出现明显回落，推动 CPI 和 PPI 上涨的外部力量也会趋弱。出口困难导致商品转向国内市场，供应增加进一步舒缓了通胀压力。

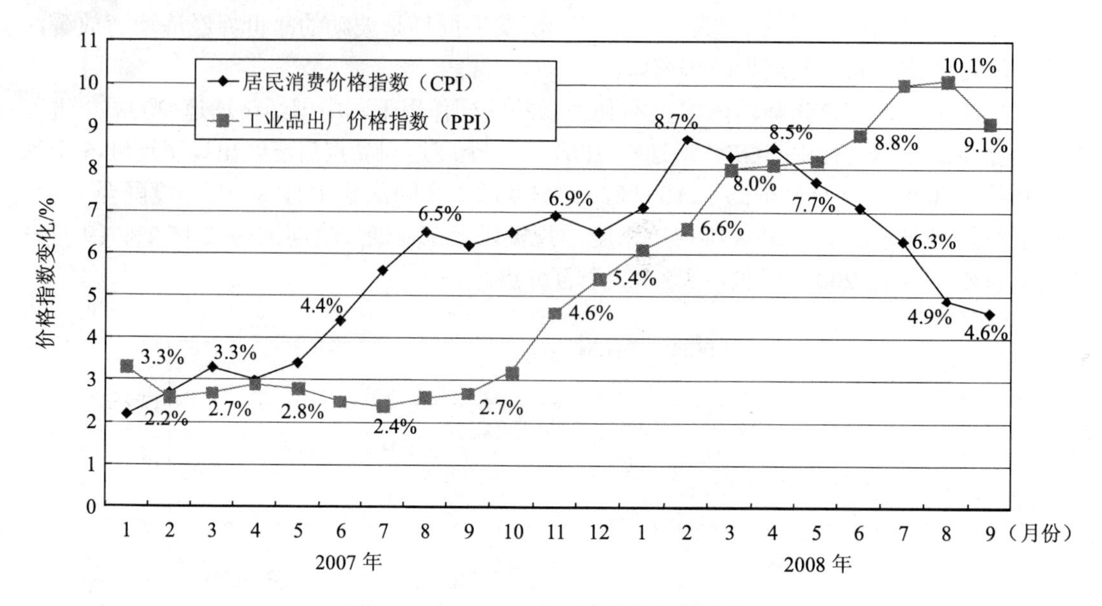

图 2　2007—2008 年月度价格指数变化

但是和 2007 年同期相比，价格涨幅仍然处在一个相对高位，各种不确定因素都有可能导致价格再次大幅反弹。在金融危机加剧、国内需求更趋疲弱的情况下，美国政府将继续推动“弱势美元”下的出口，长期来看弱势美元政策导致大宗商品价格仍有上升可能。各国央行大规模注资和降息行动有可能加大通货膨胀压力，在相对宽松的货币条件下，一旦市场信心有所恢复，国际商品价格就可能重拾涨势。

最近，消费价格指数增长速度大幅回落，一直高企的 PPI 也有所回落，可能已经见顶。从国内看，居民消费价格总水平（CPI）涨幅有所回落，8 月、9 月份 CPI 回落至 5%以下；但是 1—9 月份累计居民消费价格总水平同比上涨了 7.0%，涨幅比上年同期高 2.9 个百分点，仍然处在高位水平；PPI 上涨速度仍然较快，9 月份 PPI 涨幅仍达 9.1%，农业生产资料价格同比上涨高达 22.9%，前三季度同比上涨 8.3%，涨幅比上年同期高 5.6 个百分点，有进一步向 CPI 传导的压力，对物价的走势不能盲目乐观。

1.3 美国次贷危机对全球经济和我国的影响逐步显现

次贷危机的直接原因是按揭产品过度证券化，金融危机发生的根源在于长期以来的全球经济失衡增长酿成了当前的金融危机。从本质上来讲，次贷危机的根源就是金融企业不顾触犯金融道德风险，非理性放大金融杠杆，令金融风险无限积聚，使泡沫破裂的灾难性后果超出了金融体系所能承受的临界点，进而引发银行危机、信用违约危机、债务危机、美元危机等一系列连锁反应。

由美国次贷危机引发的全球金融风暴愈演愈烈，对世界经济的消极影响大大超出预期，世界经济增长明显放缓并面临衰退的威胁，对我国经济的影响逐步显现。总体来看，美国次贷危机带来的金融海啸对我国金融系统影响有限，但对我国经济的综合影响值得担忧。

就中国宏观经济的发展而言，世界金融危机对中国的金融影响有限。中国外汇储备共计约 1.9 万亿美元，其主要组成（2008 年 8 月份数据）：美国"两房"债券（3 700 多亿美元），美国国债（5 000 多亿美元），美元短期债务（3 000 多亿美元），中投控制（2 000 亿美元），美国次级债（2 000 多亿美元），美元现金或欧元资产（2 000 多亿美元）。我国外汇储备、金融机构、企业在美国的投资主要投向债券。美国这些金融机构一旦破产，其债券及其他投资品的价值就急速下滑，市场风险较大。但中国是储蓄的净输出国，持续性经常账户顺差所造成的外汇储备的快速增长使得银行系统的流动性仍然泛滥，对国际资本账户实施严格控制，主要以传统的商业银行为媒介而非高度证券化的金融市场，家庭和政府的资产负债状况很健康，这些因素使全球去杠杆化过程对中国影响有限。

这场金融危机有可能对实体经济产生较大的次生影响，全球金融危机对实体经济的影响将主要通过贸易而不是金融资本流动和信贷周期的紧缩来传递的。由于资产价格泡沫使得全球需求出现迅速收敛，经济收缩进一步影响到产出或经济活动，企业盈利能力受到明显的挑战，金融机构为防止实体经济风险进一步叠加，惜贷情绪日益加重，从而导致了面向实体经济的信贷紧缩；与此同时，信贷紧缩也加剧了实体经济债务紧缩的负担。最终，金融资源向实体经济输送的通道收窄，从而使经济衰退风险进一步加剧。

金融危机对我国经济的影响主要突出表现为市场信心、出口和资金等方面，影响到我国宏观经济的内外部均衡。一方面，金融危机的发生和发展过程对中国宏观经济的外部环境会产生重大影响，世界经济增速放缓对中国经济最直接的影响是导致中国经济的外部需求减弱，出口受阻；另一方面，危机克服过程也会影响中国宏观经济及其外部环境，包括资本市场、汇率、通货膨胀、资源成本以及国内宏观经济政策选择等方面。其具体影响还体现在如下方面：

（1）影响中国出口。美欧等国家资本市场资产价格下跌，居民不得不压缩开支，减少消费，虽然我国出口的多是生活必需品等需求刚性较强的商品，其需求量下降不如奢侈品等物品下降得多，但由于技术含量低、替代性强，因而也受到了很大冲击。而外需下降通常意味着外国消费者对高附加值产品和低附加值产品需求的同时下降。在这种环境下，出口商很可能没有动力革新技术，而是被迫通过压低产品价格去维持市场份额，这可能导致中国出口企业贸易条件的进一步恶化。其中受影响最明显的就是纺织、钢铁等行业。这些行业普遍融资能力、盈利能力下降，不得不面临压缩产能、收缩生产规模和缩减投资，更有甚者部分企业面临破产。而近来两率下调，就是为了缓解中小企业的融资困难，同时也减轻金融危机对我国的冲击。

（2）重创国内市场信心。美国金融机构相继破产，给中国的投资者心理蒙上了一层阴影。尽管我国对外资直接进入金融市场有管制，但是心理传导和市场预期还是割不断的。恶化的国际经济形势严重打击国内投资信心和消费信心，使企业风险预期提高，对实体经济比较悲观，从而选择观望而大幅压缩投资，这种冲击在全球化下对中国经济的影响是最大的。根据国家统计局公布的数据，三季度全国企业家信心指数为 123.8，分别比二季度和2007年同期回落11.0点和19.2点。与2007年同期相比，除采矿业外，其他行业企业家信心指数全面下降。大型、中型和小型企业的企业家信心指数分别比二季度回落16.6点、7.8点和6.0点，与2007年同期相比，回落27.2点、16.0点和12.5点。

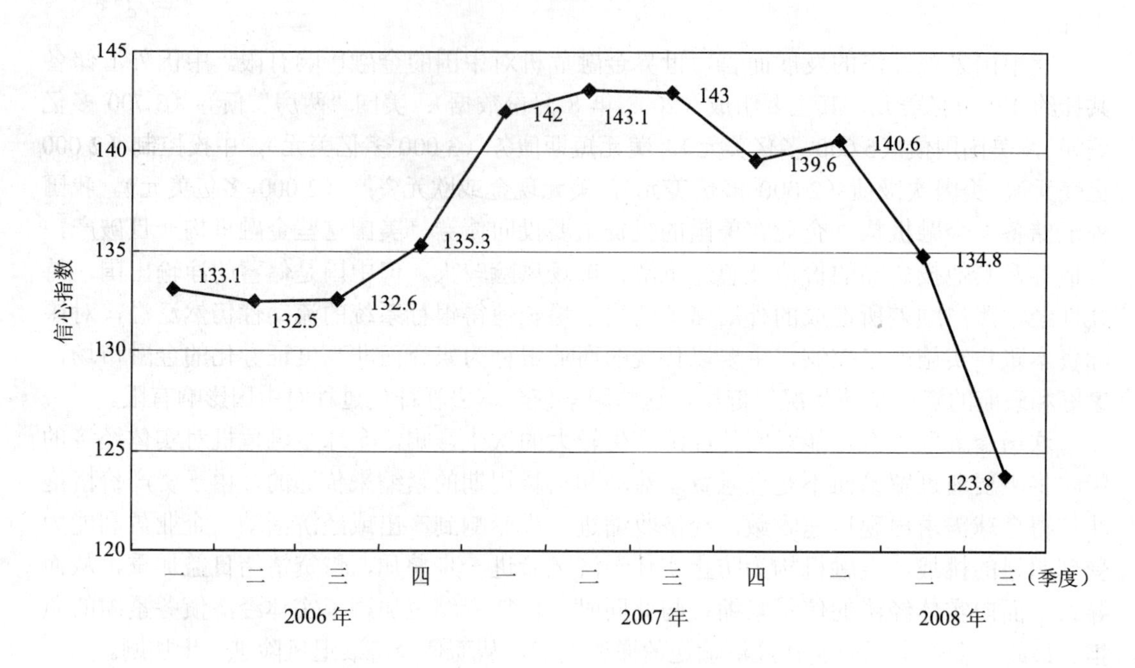

图3　2006—2008年企业家信心指数变化

（3）影响投资融资。①我国的金融机构、投资者持有次级债券以及与之相关的公司债等，形成了实际损失；②国内金融机构出于资金安全考虑惜贷，形成流动性的无形障碍；③一段时间内国际资金对中国投资将会明显减缓。许多美国银行在中国有法人银行、合资银行、参股金融机构等，在华尔街的母公司出了问题，会对在中国的投资、合作项目产生影响。

（4）可能加大国内进口商品成本。由于近期美元逐渐反转走强，原油、铁矿石等商品的价格显现下降趋势，这对需要大量资源性产品的中国来说本属利好消息，然而美国金融市场反复动荡严重影响到美元汇率的走势和持有者的信心。在金融风暴袭来、国内需求更趋疲弱的情况下，美国政府将继续推动"弱势美元"下的出口，给美联储预留出进一步降息的空间。虽然中长期还是看好美国经济走强和美元汇率走高，但是短期内弱势美元的政策似乎已被市场所认可，如此一来，原油、铁矿石等资源性产品的价格将被再度推高，我国进口以美元计价的大宗商品付出的成本也会增加。

1.4 受人民币升值等多种因素影响，出口冲击较大

受到人民币对美元升值、劳动力成本提高、能源原材料价格上涨等共同作用下，产品价格上涨，出口竞争力下降，企业的经营困难加大。人民币对美元升值速度从2006年的3.3%到2007年的近7%、再到2008年上半年超过7%，速度节节攀升，成倍增长。人

民币升值幅度加快对出口行业、外币资产高和产品国际定价的行业，以及国内的电子、纺织、机械等众多劳动密集型低利润行业都产生了影响。同时，国家连续几次降低或取消了一批“两高一资”商品、容易引起贸易摩擦商品出口的退税，对部分资源性出口商品开始加征关税，收紧了加工贸易商品目录，将一些加工贸易项目列入限制类目录等，也对出口企业带来一定的压力，但从总体上看，它们对我国外贸发展的影响是正面的，使得高能耗、高污染和资源性商品出口量普遍出现下降或增速回落。

世界经济尤其是美国经济的不景气，导致外需明显减弱，出口增速下降，对企业的生产和销售造成了较大的不利影响，企业的经营环境进一步恶化。美国和欧盟占到中国总出口的 40%，中国对于工业化国家出口需求疲软非常敏感。2008 年前 8 个月，中美贸易额增幅同比下降 3.1 个百分点。欧元区经济增长前景趋淡，日本经济再度陷于停滞，新兴经济体增速高位回落，可能长期处于低迷状态，对我国出口造成更大的外压。根据有关测算，美国 GDP 增速每下降 1 个百分点，会导致我国出口增速下降 3～5 个百分点；欧盟经济增速每下降 1 个百分点，中国出口欧盟的电子产品将下降 1.5%，纺织服装业将下降 0.5%。

出口企业正面临包括土地、能源、原材料、运输、环保和劳动力在内的全面成本上涨压力，人民币升值压力与通货膨胀压力在短期内不会消失，内外部环境均比较复杂多变，预计我国出口增长速度将继续回落。2008 年我国出口增速放缓，出口对经济的贡献度下降。前三季度出口额回落 4.8 个百分点，在过去 5 年中，我国外贸对经济增长的贡献率始终保持在 20%左右，但 2008 年出口对经济贡献率下降明显，前三季度货物和服务的净出口对经济增长的贡献率为 12.5%，比 2007 年同期下降 8.9 个百分点。另外，还应注意的是，黯淡的出口前景导致企业盈利下滑和信心下降，从而抑制产业投资欲望，而制造业投资占当前全国固定资产投资的 30%，这将影响我国固定资产这架“马车”的拉动作用。

我国钢铁、矿产资源类以及纺织业等部分“两高一资”型行业出口受冲击最大。2007 年全年，中国共出口钢材 6 265 万 t，同比增长 45.8%，增速回落 11.1 个百分点，四季度还出现了负增长。根据 2007 年下半年出口增速回落的趋势，2008 年中国钢材出口增速会继续回落。据中国钢铁工业协会有关人士预测，2008 年钢材出口量将同比下降 20%，钢坯出口则下降 50%以上。对矿产资源类出口行业来说，受次贷危机的冲击和影响可能较大，美国经济下滑及其房地产市场低迷，都使得境外对有色金属等矿产资源的需求下降，将导致资源开发、有色金属、石油化工等行业的出口受到较大冲击，高能耗、高污染、资源性行业的增长趋势将得以延缓，短期来看有利于污染减排目标的实现。消费品制造业，也将受到次贷危机的较大冲击。其中，纺织业出口状况可能进一步恶化，很多生产加工型、以出口为主、没有品牌的纺织企业将被淘汰。其他一些低价消费品业，将面临外需减少与国际贸易保护主义抬头的双重影响。

1.5 企业利润增速下降，中小企业经营困难

现阶段我国面临着经济周期下行和产业结构调整双重影响，在双重因素的促使下，工业企业利润整体下滑，延续多年的高增长、高盈利告一段落，企业尤其是中小企业融

资困难、资金短缺的现象十分突出，一些中小企业面临停产甚至倒闭的困境。2008 年 1—8 月份全国规模以上工业企业实现利润总额 18 685 亿元，同比增长 19.4%，显著低于 2007 年同期的 37%，较 2008 年 1—5 月份 20.9%也有所下降。数据还显示，2008 年 1—8 月份工业企业税前利润率为 5.9%，较 2007 年同期 6.38%明显下降，较 2006 年同期 5.92%略有下降。2008 年 1—8 月份，我国 39 个工业行业中税前利润率较 2007 年 1—11 月份下降的有 25 个行业，较 2007 年 1—8 月份下降的有 19 个行业，较 2008 年 1—5 月份下降的有 20 个行业，我国工业企业利润率大范围下滑，目前尚未有迹象表明短期内此种下滑势头可能延缓，我国工业企业高利润增长率和高盈利能力“双降”成定局。

各个地区呈现出强烈的分化现象。东中西部地区工业企业利润增长差异显著。在本轮产业结构转型过程中，中西部发挥着后发优势并成为东部产业转移的主要承接地，工业企业利润快速增长，而东部部分地区承受着劳动力等成本不断上涨的压力，传统产业优势大幅削弱，工业企业利润增长率下滑速度过快、幅度过深。2008 年 1—8 月份东部地区工业企业利润增长 12.4%，较 2007 年同期 38.4%的水平下降达 26 个百分点，超过全国的下降幅度，其中上海、广东、辽宁 2008 年 1—8 月份规模以上工业企业利润均出现负增长，浙江增长 7.4%，同比回落 21.5 个百分点。而中部和西部地区 2008 年 1—8 月份工业企业利润增长率分别为 34.2%和 28.5%，分别较 2007 年同期 40.3%和 33.1%的水平略有下降，但增速仍高于全国平均水平，其中山西、安徽、内蒙古、重庆、陕西、青海和宁夏利润增长率都超过 40%。

不同行业利润分化越发严重。2008 年 1—8 月份，煤炭开采业和石油开采业等资源型行业利润持续快速增长，增长率分别高达 142.8%和 54.4%，食品、农副食品和医药等消费型行业利润总额保持较快增长，增速分别达到 45%、43.6%和 39.8%。而水泥、钢铁制造业等关键原材料以及交通运输、通用设备、电气等机械加工业利润增速虽然仍较快，但较 2008 年 1—5 月份有所回落，其中水泥、交通运输和电气机械行业利润增长率分别由 2008 年 1—5 月份的 50.9%、46.3%和 40.9%回落到 40.3%、35.1%和 30%。作为资源型行业的下游行业，石油加工、电力、化纤和有色金属加工等行业利润加速下滑，其中 2008 年 1—8 月份石油加工行业累计亏损 960 亿元，电力行业利润同比下降 81.6%，有色金属由 2008 年 1—5 月份增长 3.9%转为下降 7.4%。

随着近年来外部经济环境日趋复杂和资源成本、能源成本、环境成本、社会成本等的持续上升，中国经济面临着前所未有的结构调整需求，这种调整是中国经济发展到特定阶段必然要跨越的，但是经济转型可能会使企业面临更大的压力。由于次贷危机尚未见底，外部需求短期内较难回升，原材料价格和劳动力等成本仍处于高位，我国工业企业利润增速可能进一步下降，一大批低附加值企业将退出市场。据大致的统计，这样的企业仅仅广东地区就有大约 3.5 万家。而且中国企业经历了一个较长周期的扩张，有不少的企业没有面临过转型的压力，缺乏应对周期波动的经验。

1.6 突发灾害等重大事件对经济发展产生一定的不利影响

2008 年国内遭遇突如其来的南方雨雪灾害和四川汶川特大地震灾害，对受灾地区的经济发展产生了一定的不利影响。

2008 年年初，我国南方地区遭遇了罕见的低温雨雪冰冻灾害，对受灾地区的经济发展影响是比较严重的，特别是农业、林业、基础设施受到很大影响，工厂停产面也比较大，造成的经济损失达到了上千亿元。5 月份汶川地震灾害导致大量人员伤亡和巨额财产性损失，也对下半年经济运行产生一定的不利影响。从各部门已披露的统计数据看，扣除银行和保险业损失，本次地震灾害造成的直接经济损失大约在 6 000 亿元。如果将损坏房屋价值全部纳入损失范围，则直接经济损失大约为 7 500 亿元。根据有关研究，本次地震灾害对我国经济增长造成的间接影响大约为损失增加值 996 亿元，2008 年 GDP 增速将因此下降 0.4 个百分点。

北京 2008 年 8 月份工业增加值数据大幅下降，由 7 月的 14.7%下降到 12.8%，这种下降包括了奥运因素的影响，这一点在地区数据上也继续得到验证。北京地区工业增加值单月同比增速由 6 月的 8.3%下降至 7 月的 2.8%和 8 月的−9.1%，河北地区则由 23.2%下降至 13.3%和 7.3%。受奥运影响较大的部分地区用电量下滑明显。华北地区的北京、天津、河北、山西、山东 8 月当月用电量增长率分别仅为−3.64%、−1.74%、4.36%、9.94%和 0.32%，9 月用电仍然是负增长，北京、天津、河北、山西的用电增长环比又分别回落了 1.48%、0.76%、10.36%、12.21%。

2008 年受年初南方冰雪天气和四川汶川地震灾害的影响，减排压力进一步加大。据统计，雪灾致使 15 个省 654 家企业的 3 196 台污染治理设施和 14 个省 109 家城市污水处理厂的 326 台污染治理设施受损，不能正常运行；灾区受影响的电厂约 90 家、脱硫设施约 200 台、装机容量约 6 150 万 kW，占 12 个省已经安装脱硫设施机组装机容量的 48.8%。受灾严重的 6 个省份中，湖南、湖北、安徽省几乎所有脱硫系统均受到影响，贵州、江西省 70%以上的脱硫系统受到影响。受灾地区污水处理厂达标排放率为 40%，低于 2007 年平均水平 15 个百分点。地震灾害也使得四川、陕西、甘肃等地大量治污设施受损，直接影响减排效果。同时，地震灾区恢复重建对能源、原材料的需求增加，新增污染排放较大。

2 对我国经济形势的总体判断

2.1 经济周期性回落的态势进一步确立

2008 年的经济形势是近年来"最困难的一年"。次贷危机不断恶化，对世界经济和我国经济的消极影响大大超出预期，世界经济下行周期对我国形成较大的周期性调整压力；国内又遭遇突如其来的南方雨雪灾害和四川汶川特大地震灾害，我国企业还面临成本上升、市场需求结构变化等政策性导向所形成的结构性调整压力，经营困难的企业和行业不断增多，价格上涨压力尚未根本缓解，国内经济开始出现逐步减速的趋势。2008 年上半年出现的增长减速，意味着我国经济在这一轮增长达到高点后开始进入经济调整期。

电力是观察经济前景的重要先行指标。2008 年我国发电量和电力消费数据出现大幅下滑，也表明我国经济正在进入周期回落阶段。二季度以来，全国规模以上电厂发电量增速持续回落，特别是 6 月以来各月当月的增速回落更加明显。6—9 月各月全国规模以上电厂完成发电量增速分别为 8.3%、8.1%、5.1%、3.4%，发电量增速已经连续 4 个月低于 10%。2008 年以来，电力消费仍然延续几年来的增长态势，但是增速出现逐月放缓的总趋势。1—9 月份，全国全社会累计用电量 26 270 亿 kW·h，同比增长 9.67%，比 2007 年全年增速回落 5.13 个百分点，比 1—5 月份回落 2.75 个百分点。第二产业用电增速明显回落是带动全社会用电增速快速回落的最主要因素。2008 年以来，第二产业用电量增长始终低于全社会用电增长，相对 2007 年同期，第二产业用电增长下降了 7.47 个百分点。

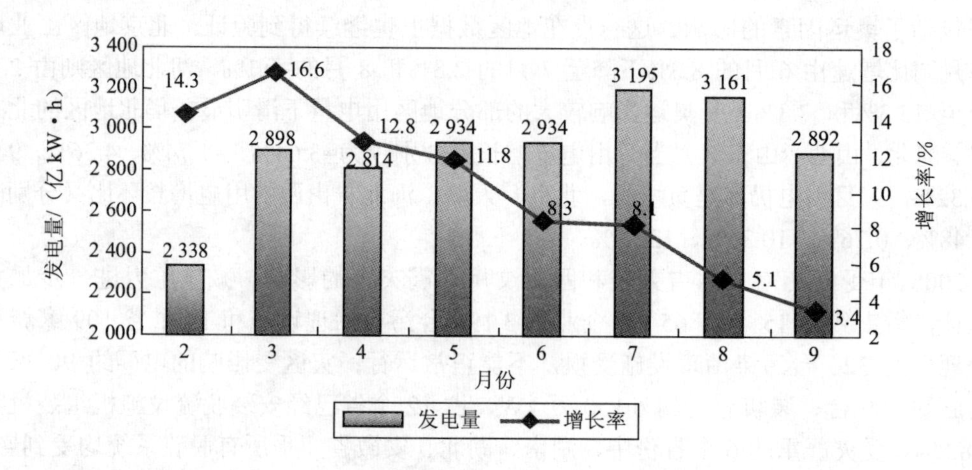

图 4　2008 年 2—9 月发电量及增长率统计

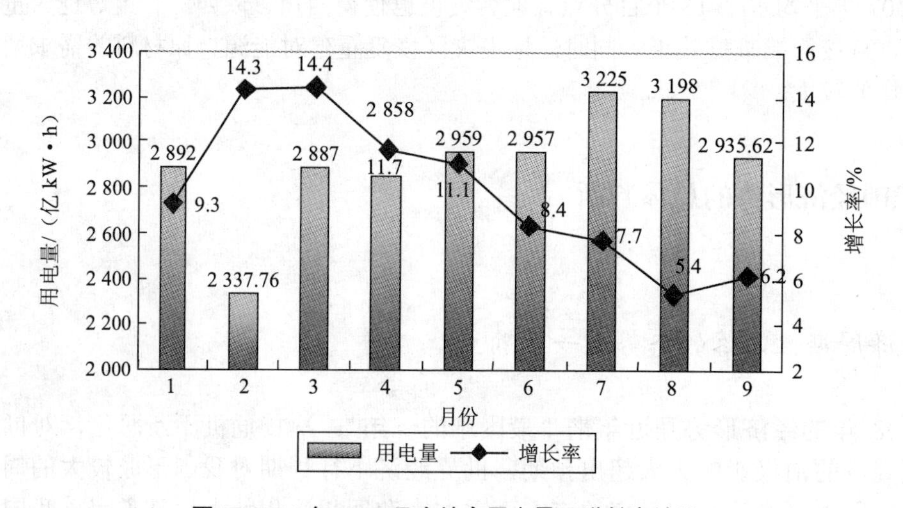

图 5　2008 年 1—9 月全社会用电量及增长率统计

2.2 经济增速仍处于“健康区”，调整有利于“又好又快”发展

2008 年我国经济增速相比前两年出现明显放缓，但到目前为止，仍只是偏快的经济

增速出现减缓，国民经济总体仍然保持了平稳较快发展，第三季度 GDP 增速降至 9%，一些预测研究表明全年 GDP 仍能够保持 9%～10%的增长，在全球经济都在调整且面临衰退风险的背景下，这一增长水平并不算低。

我国经济面临着较多的不利因素，今后中国经济仍面临一系列不确定和不稳定因素，主要包括美国经济走弱对中国出口增长的影响、房地产业可能出现周期性调整、企业经营困难可能加大、消费需求和消费结构升级可能减慢等，中国经济已由繁荣期进入调整期。但是我们认为，推动中国经济发展的基本动力并未发生变化，因此对未来中国的经济发展有信心，无须对中国经济前景过分悲观。2008 年的经济回调，既有国内严重自然灾害和世界经济形势变化造成的冲击，也是我国主动的宏观调控使经济增速回落的结果。一方面，我国正处于工业化和城镇化双发展的阶段，在工业化、城镇化进程大体完成以前，中国经济有条件、有潜力持续保持快速增长的势头；另一方面，从中长期角度看，经济在连续多年繁荣后进行短期调整既是必然又有必要，也是经济发展周期性规律的结果。

2.3 经济面临较多不确定因素，2009—2010 年经济形势有可能更加困难

2009—2010 年中国经济仍面临一系列不确定和不稳定因素，某些困难还有进一步加剧的可能，这对未来继续保持国民经济平稳快速增长提出了巨大挑战。从走向来看，结构性调整与周期性调整的叠加，加上国际经济形势的不断恶化，将使中国经济面临的困难越来越多，中国经济随着世界经济下行周期可能出现下滑的趋向越来越明显。

前些年中国经济增长良好的外部环境正在发生变化，全球经济面临下滑甚至衰退的风险，全球强劲增长的正向外部因素，在未来几年可能会消失。种种迹象表明，美国次贷危机在短期之内难以见底，有可能将进一步拖累全球经济。危机将会引发一系列的连锁反应，进一步危及经济基本面，国际经济环境进一步恶化的趋势还将可能进一步扩大，目前仍然难以预期这个过程会持续多久、程度会有多深及何时结束，未来世界经济仍存在很大的不确定性。

还有一些因素值得关注，如各类要素成本上升、资源能源价格调整、人民币升值等因素会加重企业负担；人口红利逐步消失以及人口老龄化来临；改革边际收益递减等。所有这些因素叠加在一起，将造成未来中国经济增长放缓，2009—2010 年的我国经济形势有可能会更加困难，压力比 2008 年更大。

但是对于中国经济“硬着陆”的情况无须过分担心。调整期本身不是坏事，中国经济增长的高速快车应该进入休整期，为防止回调过猛出台“保增长”的经济政策是必要的，但应把握好宏观调控时机、节奏和力度，选择好有助于形成平衡的政策组合。

3 经济形势变化对环境保护的影响分析

长期高速增长会让资源、能源、社会面临超负荷的压力，也是不可持续的，因此目前的经济增速下降是正常的有益的回调，总体上对污染减排工作有利，使对环境压力基本回落到节能减排综合性工作方案的区间，但是风险和挑战较多，需要统筹分析，加强

应对。

3.1 增速减缓对污染物减排具有一定的正效益，但经济发展仍将对环境保持较大压力

经济增长对于环境影响可分解为规模效应、结构效应和技术效应。通过对2001年和2006年的分析表明，工业规模或经济规模的扩大一直是污染排放增长的直接原因，五年内，工业行业的结构变化不大，结构效应作用并不显著。例如，经济规模扩大导致COD排放增加的规模效应为143.1%，水耗的规模效应也达到144.5%，而产业结构升级形成的实际COD结构效应为–5.5%。目前宏观经济出现调整，增速放缓，可以在一定程度上减缓经济增长对环境的规模效应影响，但在未来较长时间内，经济发展仍将对环境保持较大压力。

环境规划院从常规经济社会定期统计指标中选择了对水环境形势具有影响作用的13项指标，开发建立了年度（季度）水环境形势预警系统[①]。按照常规态势，2008年先行指数表征的2008年水环境形势将比2007年好转2.5%。季度压力预警分析显示，2008年第二季度的水环境压力最大，比一季度增加14.2%，而三季度将比二季度压力下降26.7%，第四季度将持续减缓。

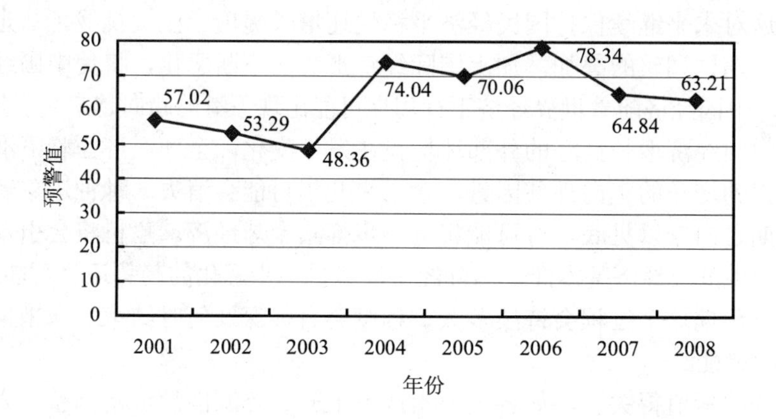

图6 2001—2008年水环境先行预警指数变化

上述数据仅仅是从先行指数预警的结果，是依据历史经济社会数据对2008年的水环境形势的预测，反映的是历史规律拟合趋势的预测情景。考虑到2008年中国经济形势与前些年相比出现较大变化，增长速度出现明显回落，先行指数无法完全反映这些变化，按照目前经济形势，在对同步指数构成指标进行假定前提下，利用同步指数分析结果显示，2008年水环境同步指数出现明显下降，经济增速下降对水环境形势好转将起到十分积极的作用。

（1）假定2008年GDP增长率下降1%，工业产品产量增速、重点省份工业增加值占全国工业增加值比重增速、“三同时”实际新增废水处理能力增长率、污水处理厂处理能力增长率4个指标均不变时，根据同步指数分析结果，2008年的水环境同步指数为63.29，比

---

① 《重要环境信息参考》第4卷第24期（总第50期），环境保护部环境规划院，2008.9.

2007 年下降了 1.28%，也即，GDP 每调低 1 个百分点，水环境形势将好转 1.28 个百分点。

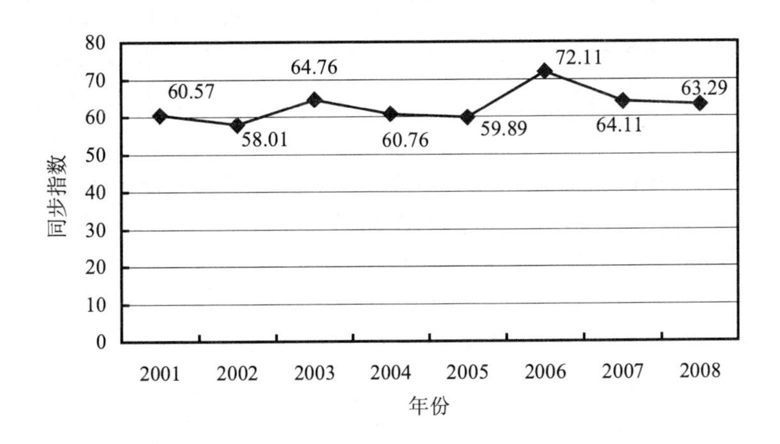

图 7　2001—2008 年水环境预警同步指数的变化趋势

（仅考虑 GDP 增长率变化）

（2）假定 2008 年 GDP 增长率下降 1%，工业产品产量增速保持在 2008 年上半年的水平，污水处理厂处理能力增长率按照全年规划增加 1 200 万 t 污水处理能力，重点省份工业增加值占全国工业增加值比重增速、“三同时”实际新增废水处理能力增长率不变时，根据同步指数分析结果，2008 年的水环境同步指数为 58.52，比 2007 年下降了 8.72%。

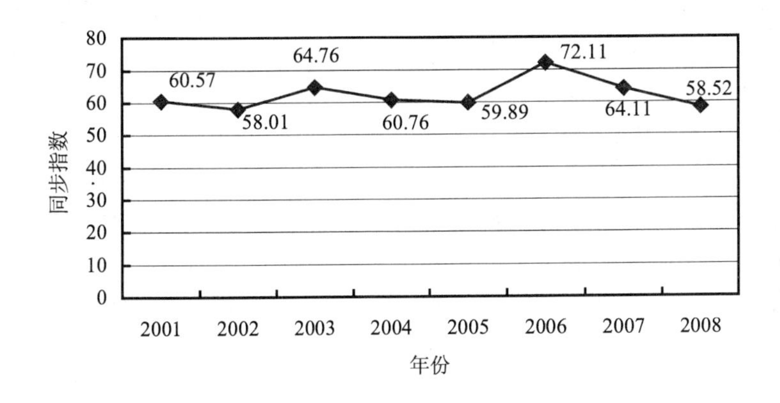

图 8　2001—2008 年水环境预警同步指数的变化趋势

（考虑 GDP 增长率等 3 项指标变化）

但是也要清醒地认识到，未来较长时间内，经济发展仍将对环境保持较大压力。

☞ 虽然经济增速下降会在一定程度上降低环境的压力，但是 2008 年全年国内生产总值仍将保持一个较高的增长速度，实际增长仍将达到 9%～10%。固定资产投资增速仍然保持较快增长，2008 年前三季度，全国城镇固定资产投资比 2007 年同期增长 27.6%，增幅同比提高 1.2 个百分点，比 1—8 月提高 0.2 个百分点。政府的换届效应与灾后重建所增加的投资需求的结合，将继续促进投资增长的反弹。因此经济增长对环境的压力尤其是两项主要污染物指标减排的压力仍然很大。

☞ 经济增速下滑但是经济结构、产业结构还没有发生明显变化，经济增长更多还是依赖物质资源的消耗。从中国经济结构上看，经济增长主要是依赖第二产业的支撑。我国正大力推进城镇化和工业化，客观上需要工业特别是重工业提供支撑，经济发展主要依靠工业，工业发展又主要依靠重工业的情况不是短时间内能够改变的。作为一个发展中的大国，经济发展必然需要消耗大量资源，消耗资源就要产生和排放废物。到 2020 年，仍将是我国城市化和工业化的快速发展阶段，也是环境保护的攻坚阶段。

3.2 经济形势的变化为推进产业结构调整提供了有利契机，但在“保增长”政策下基层存在“两高一资”产业抬头苗头

受国际经济形势恶化的影响，2008 年以来我国钢铁、矿产资源类以及纺织业等部分“两高一资”型行业受冲击较大，为推进产业结构调整提供了有利契机。根据中电联统计，化工、建材、冶金、有色四大行业过去一直保持远高于全社会用电增速的情况有了明显放缓。特别是 2008 年下半年，受产能过剩和生产成本激增、国内外需求下降等多重影响，钢铁、化纤、化工行业等主要产品价格大幅下跌。钢铁产品价格 5 月份快速回落，企业库存增加，不少企业在钢价持续剧跌的压力下被迫实施减产限产措施，8 月份铁和钢材产量是 8 年以来第一次出现负增长，钢产量增幅大幅下降。由于经济下滑导致有色金属等矿产资源的需求预期下降，国际铜、铝等有色资源价格下跌，矿产资源类出口行业出口受到较大冲击。出口量的减少，有利于中国工业通过淘汰落后产能、改善品种结构、提高产业集中度来实现产业结构的调整与升级，有利于产业的健康持续发展，有利于国家促进污染减排目标的实现。

部分“两高一资”企业生产经营压力加大，有效地遏制了企业盲目的规模扩张，减少企业的投资冲动，同时使企业主动进行生产收缩，通过调整产业结构、加快传统产业转型，努力克服外需减弱、成本上升等困难。一些中小企业面临停产甚至倒闭的困境，客观上有助于进一步淘汰落后产能、改善产业结构，实现产业结构的优化升级。政府多年来希望实现的行业整合在所有人都有盈利的时候没有完成，但现在存在市场可以替代政府完成的有利条件。

为了继续保持经济平稳较快增长，国家调整了 2008 年初制定的“防过热、防通胀”的“两个防止”宏观调控政策，代之以“一保一控”，在我国经济增长放缓趋势越来越明显，企业利润和财政收入增速下降的情况下，宏观调控政策重点正悄然向“保增长”方向转变。此前，为缓解企业的经营困难，国家已经出台了一些措施，如降低存款准备金率，加大对中小企业的信贷资金支持力度，上调纺织、服装、玩具等 3 486 种商品的出口退税率等。2008 年 9 月 17 日召开的国务院常务会议明确提出“加大投资力度”和“保持出口稳定增长”，四季度国家很可能会出台一系列的财政、税收等措施应对经济下行，保增长甚至促增长。

一方面，在经济下滑压力下，政策调整和出台时有可能对环境的关注度下降，导致经济发展与环境保护的失衡，对环境保护造成一定程度的影响。如近期已经有人提出上

调钢铁等产品的出口退税，以帮助企业摆脱困境；另一方面，在当前企业经营困难、利润增幅下降的背景下，调整税收政策减轻企业负担的呼声很高，这必然会对排污收费改革以及环境税收的推进与实施造成不利影响。

特别应注意，“两高一资”型产品旺盛的国际需求，中国扭曲的资源环境竞争“优势”，使“两高一资”型产业存在反弹可能。国际贸易理论认为，从竞争优势角度来看，任何一个国家都将出口其要素禀赋相对充裕品，而进口其要素禀赋相对匮乏的产品，而要素禀赋的充裕与否，现实中主要是以要素价格的比较来衡量。当前，从国际比较来看，由于种种原因，我国资源价格与环境成本长期扭曲，处于很低的水平，使得我国与资源环境相关的“两高一资”型产品国际竞争优势明显，国际需求旺盛，尤其是随着国外资源价格不断提高、环境要求日趋严格，这种扭曲的国际竞争优势更加明显，成为推动我国出口量持续快速增长的主要原因之一，相应的也导致了我国贸易顺差持续大幅增加。这种低廉的出口价格是由于劳动力价格低、社会承担了企业环境污染成本以及诸多显性和隐性出口优惠等造成的，是以部分牺牲劳动者、社会和国家利益为代价的。从总体上看，发达国家普遍比较重视环境质量，环境政策和标准比较严格；而发展中国家面临解决贫困和发展经济的首要问题，所以他们宁愿把有限的资源投入到发展经济中去，为获得更多的出口收入他们更倾向于高排放，因此环境政策和标准相对比较宽松，从而吸引了大量国际产业，尤其是资源环境密集型产业移入中国。

3.3 中小企业环境监管难度加大，经济形势变化导致发生环境风险的可能性进一步加大

特别应注意，2008 年环境突发事件仍然处于高位。1—9 月，环境保护部处置突发环境事件 111 起，比 2007 年同期增长 22%。“两会”期间共调度各地 21 起突发环境事件，平均每天发生 2 起，同比增长 210%，环比增长 300%。突发环境事件仍将呈现高发态势。受理群众来信 3 052 封，来访 345 批，受理群众电话咨询、投诉 2 000 余件，主要反映环境污染与生态破坏问题。2008 年上半年发生 47 起水环境污染事件，有 31 起危及群众饮用水安全，占 66%，其中有 13 个乡镇级饮用水源取水口中断取水或改用备用水源，近 40 万群众饮水安全受到威胁。

应高度关注污染梯度转移的风险。在东部地区企业的经营成本不断上升的情况下，当前的经济增速放缓、出口回落进一步加剧了企业的经营困难。大批资源、环境和劳动密集型的产业和企业包括一些高耗能高污染的产业正在向中西部转移。这一点，从近年来中西部固定投资增速一直高于东部地区可以看出来。技术落后、高耗能高污染企业伴随着的是污染转移，而我国中西部生态脆弱，环境承载力低，大部分地区水资源严重短缺，城市和河流污染也相当突出，污染转移将会进一步加剧中西部工业污染压力。同时一些环境敏感地区为“保速度”，可能仍会建设“两高”行业项目，导致一些“两高”产业向这些环境敏感地区转移，将进一步加剧这些地区的污染压力。

另外还需要继续通过监管来防止企业偷排漏排造成的环境风险。企业效益回落，利润下降后最有可能首先挤压环保，环保投入减少，各项污染治理设施和减排工程运行不足问题会凸显出来，中小企业环保本来就是一块难啃的骨头，利润下降导致中小企业污

染治理积极性下降，为降低成本，很可能发生偷排漏排。

3.4 治污力度有可能受到财政收入、企业利润下降等因素的不利影响，污染减排工作面临新问题

污染减排工作进展很大，但仍然面临较多的困难和不确定性，金融危机加剧了这种不确定性：

（1）截至 2007 年年底全国 COD 和 SO_2 排放量比 2005 年只下降了 2.3%和 3.2%。按当前完成进度计算，即使 2008 年能够完成年初确定的减排任务，要完成“十一五”规划目标，后两年 SO_2 还需要实现净削减 102 万 t，COD 还需要完成总减排任务的 50%，实现净削减 70.7 万 t。考虑到减排工程发挥减排效益有一个时间过程，因此减排压力和任务主要集中在 2009 年这一年的时间，压力仍然很大。

（2）前两年减排取得的成效是建立在经济高增长、财政高收入、企业高效益基础上，而现在经济发展放缓、企业利润减小，对减排更是一个严峻考验。

（3）SO_2 减排需要从电力行业以外寻找突破点。近两年，电力行业脱硫力度非常大，连续两年脱硫机组投产规模都在 1 亿 kW 以上。截止到 2008 年上半年全国脱硫机组装机容量达 3.07 亿 kW，装备脱硫设施的火电机组占全部火电机组的比例达 54%，电力行业 SO_2 减排空间已经不大。

当前经济形势对治污投资和力度的影响主要体现在 3 个方面。

☞ 国家财政资金收支紧张：据财政部 2008 年 10 月 20 日公布的最新数字显示，与上半年全国财政收入累计增长 33.3%相比，三季度全国财政收入增长仅为 10.5%，而且 7 月、8 月、9 月三个月增速呈逐月回落态势，增速分别为 16.5%、10.1%、3.1%。与此同时，在 7 月份全国财政支出同比增长 40.9%的基础上，8 月份全国财政支出同比增长 17.8%。7 月，税收增速出现了 2003 年的首次降低，当月税收同比增长 13.8%，增速比去年同期回落了 19.3 个百分点，比上半年回落了 19.7 个百分点。8 月，税收收入进一步大幅下滑，同比增长 11%，增速比去年同期大幅回落了 31.9 个百分点。房地产市场趋冷加剧了地方政府财力紧张态势。在金融危机的大背景下，中央提出扩大内需保持经济增长的宏观调控目标，而这无疑需要增加公共消费，增加政府投入，这将进一步增加财政的困难。

☞ 银行信贷资金紧缩：在 2008 年经济面临下行的趋势下，商业银行自身害怕风险，可能会减少信贷投放。从国内的形势来看，由于宏观调控，各银行的信贷额度有限，总体资金面趋紧。8 月以来，面对经济前景的不确定性，银行多处于惜贷局面，商业银行贷款投放更趋谨慎。

☞ 企业自有资金匮乏：经济放缓导致企业经营困难，利润增速下降，企业用于污染治理的资金将难以稳定投入。另外，股票市场深度下跌也影响了企业融资治污能力，股指下挫，一方面通过财富效应影响国内消费需求增长，另一方面股市的融资功能下降，进而影响企业的生产和投资规模，将整体抑制国内总需求增长。

其中，企业资金匮乏对环保投入的影响最大。从近年来工业污染源治理投资来源分析，国内贷款资金的比例从 2001 年的 38.45%下降到 2006 年的 6.22%，下降幅度较大，

企业自筹资金比例显著上升，因此企业环保投入不足直接关系着污染治理设施的建设和运行质量，必须给予更高的关注。金融机构贷款依然是环保投资的重要来源渠道，但银行惜贷导致的环保信贷资金减少可以通过财政、货币政策引导在一定程度上缓解。

由于大批中小企业经营困难，企业利润下降最有可能首先挤压环保，企业会为了提高利润减少环保投入，甚至以牺牲环境来增加企业效益。为节约成本，企业有可能不正常运行甚至不运行污染减排设施。当前，电厂、钢铁厂等企业利润迅速下降，特别是2008年以来，由于受煤炭价格上涨以及冰雪灾害等因素影响，电力企业经营恶化，火电企业出现全面亏损，脱硫设施正常运行必将受到影响。

另外，还应注意到：

☞ 严峻的经济形势，使得美国通过有关控制气候变化的法案变得不容易，而这也从某些方面减轻了世界对中国温室气体减排的压力。

☞ 尽管雷曼公司不是绿色能源领域最大的投资者，但雷曼在太阳能及风能公司的投资中有着举足轻重的地位。金融风暴冲击了国内金融市场信心，风险资本及私募基金对清洁能源态度更加审慎，而绿色能源行业的维持，会变得更寄望于税收优惠政策。

☞ 另外，虽然油价的持续高位将有利于提高能源利用效率和技术进步，从而有助于污染减排，但是在绿色能源项目受阻、清洁能源难以替代传统能源的情况下，对煤炭的需求量将有大幅度提升，煤炭消费在一次能源中的比重可能进一步上升，这在一定程度上加大了污染减排的难度。

3.5 增加成本的环境经济政策出台困难，需要密切跟踪相机推动

环境经济政策作用的原理即是通过经济手段优化资源配置，利用价格杠杆来影响供求调节企业的行为，同时使企业污染环境的外部性成本内部化，使其承担污染环境的成本，还包括使得清洁环境的使用者为环境付费。不少环境经济政策的作用结果往往是提高企业污染环境的成本，以及消费者使用环境的成本。

尽管成本提高所带来的压力将改变企业行为，推动它们从对低成本的路径依赖转向更注重创新、环保和质量的轨道，长期来看有利于降低企业的能耗从而降低成本。但是在近期美国金融风暴冲击、CPI 虽有回落但仍高位运行、企业和居民承受较大压力、且出口受阻的情况下，增加企业成本的如下环境经济政策在推行过程中难免会遇到更大阻力：

☞ 环境税：如在经济形势无实质性好转、CPI 涨幅未得到控制的形势下推出，由于其会直接增加企业成本，抬高产品价格，会面临较大阻力。

☞ 自然资源价格改革：作为上游产品的自然资源以及能源，如果价格上涨将带动整个链条价格上涨，无疑会加剧通胀压力，在美元弱势、人民币升值的大背景下，会打击出口，因此现阶段自然资源价格改革不宜过急。

☞ 排污费改革：提高排污费收费标准也会直接增加企业成本，短期内提高标准会面临较大阻力，改革的其他方面，如加强资金使用管理，则不受目前经济形势影响。

☞ 使用者付费政策中提高标准会加重居民负担，短期内不可取，其他改革措施如完善制度则不受影响。

- ☞ 排污权有偿使用理论上会加重企业成本，但在目前试点范围不大的情况下，对企业的影响有限。
- ☞ 对“两高一资”等产业出口退税减免，在一定程度上削弱了出口企业的竞争力，不利于扩大出口，目前已经出现了一定的反对呼声，需要密切关注。

虽然，在金融风暴冲击、人民币升值、出口受阻的大背景下，上述增加提高资源价格的环境经济措施不宜立即推出，但在各种商品和资源价格纷纷上涨的大形势下，环境价格如果不做相应上调，相当于环境的实际相对价格下降，不利于保持环保力度，违背科学发展观的要求。

从长远来看，我国资源和环境价格不可能被永久压低，虽然现阶段不宜过急、过快、过多推出，适时推出其中某些政策能达到在上升经济周期推出所不能达到的经济结构调整效果。因此，需要密切跟踪，在合适的时机推出如下适宜政策，适当上调环境价格：

- ☞ “双高”政策：低附加值、高能耗产业过分扩张导致能源、资源紧缺，进而造成对进口资源的部分依赖，同时又由于对冲手段的缺乏，使得我国企业生产成本明显受国际大宗商品现货和期货市场的波动的影响，进口铁矿石连年大幅涨价就是例证。因此，应继续完善制定“双高”名录，遏制高资源消耗行业过快增长，逐步淘汰部分企业，压缩产能，并且鼓励企业进行节能改造，有助于使得我国逐步降低对进口的依赖，并缓解我国资源环境压力。
- ☞ 政府绿色采购：在外需放缓的背景下，可以实施更加积极的财政政策，但要确保采购的规范化、透明化、环境友好化，比如通过对各机关、企事业单位、学校安装和兴建节能工程、装置和设备，通过需求来引导企业的生产行为，减轻金融风暴的冲击。
- ☞ 绿色信贷制度：为遏制物价上涨控制经济过热势头，我国 2008 年实行从紧的货币政策，提出要严格贷款条件，有保有压。但从目前宏观形势来看，稳定经济增长也成为货币政策的一项重要目标。应该充分发挥信贷的导向作用，通过绿色信贷制度为企业设立环保门槛，加大对高技术、轻污染的行业的信贷支持力度，减轻冲击。
- ☞ 生态补偿制度：金融风暴冲击、物价上涨造成的恶果之一就是加剧贫富分化，影响社会稳定，生态补偿制度的核心理念就是公平，对为保护环境限制发展地区的群众予以补偿，有助于社会公平，缓解经济波动对困难群众造成的负担，有助于和谐社会的构建。
- ☞ 环境责任保险制度：重大环境污染事故会造成经济损失，影响生产，无疑会对经济造成不良影响，危害社会稳定。推行环境责任保险制度加强污染事故防范和处置工作，有利于分散企业经营风险，促使其快速恢复正常生产，有利于使受害人及时获得经济补偿，稳定社会经济秩序，减轻政府负担和金融风暴对居民生活的冲击。

4 具体建议：促结构、保运行、防风险、上工程、稳推行

当前时机，需要加强跟踪分析，注意政策出台的时间和次序，努力做好扶持激励，

把环境保护工作融入我国“一保一控”大形势中。

4.1 将“促结构”作为环境政策宏观协调的方向

“促结构”就是抓住时机促进产业结构调整。近 3 年来污染减排措施和未来两年污染减排计划表明，工程减排是污染减排的主要手段，结构减排占主要污染物减排量的比例相对较低。2007 年，COD 结构减排仅占全部减排量的 1/4 左右，SO_2 结构减排比例为 30%左右。随着减排工作的深入开展，城镇污水处理设施和燃煤电力脱硫设施纷纷投产，未来两年工程减排空间逐步减小，难度加大，必须要充分重视结构减排在实现污染减排目标中的作用。经济增速回调、企业利润空间下降对于推进产业结构调整是一个有利的时机。在此背景下，应充分把握经济调整期，推动产业结构优化和经济发展方式转变取得实质性的进展，实现中国经济增长从以量扩大为主的过程，转入到以量的扩大和质的提高并重的发展过程中。

应充分借助市场的力量，坚决淘汰技术落后、环保不达标的企业，同时大力推动企业实现清洁生产、技术升级，实现结构优化。

积极参与国家宏观决策和相关政策的制定，高度关注各项政策的环境效应，在制定措施稳定经济发展的同时，应充分考虑环保要求。

经济不景气也会导致地方政府更加侧重于 GDP 增长，增加对环境违法企业的保护。要在新建项目环境审批上严格把关，加强国家监察，防止由于保增长需要而使“两高一资”等产业抬头，把环境要求作为保高质量增长的前置条件，在“保增长”的大背景下敢于果断采用“区域限批”措施。

制定和完善产业结构调整的退出补偿机制，鼓励部分“两高一资”企业主动关闭；政府部门也要改变以往的支持地方主义的做法，严禁借国家扶持中小企业发展之机，放松对“高耗能、高污染”企业的淘汰关停和升级改造工作，按照“有保有压”的原则，从土地和信贷两方面继续对“高能耗、高污染”企业进行控制。

在当前经济形势发生变化的情况下，加强环境保护部参与综合决策的能力，加快短期和中长期环境经济预测平台建设，设立专门的经济与环境的宏观决策研究与咨询部门等。

4.2 将“保运行”作为当前污染减排工作的中心工作

“保运行”就是确保各项污染治理设施和减排工程的有效运行。当前，电厂、钢铁厂等企业利润迅速下降，企业经营恶化，出现亏损，脱硫设施正常运行必将受到影响。为确保完成减排目标，要把狠抓企业污染治理设施正常有效运行，作为今后几个月和 2009年减排工作的着力点，特别是 SO_2 减排工程和城市污水处理厂运行监管摆上十分重要的位置。

要全面落实综合性工作方案各项措施，对违法违规排污和污染治理设施建成而不运营的行为加大处罚力度，深入推进减排工作。加大环境监管力度，确保环保设施正常运行。

前一阶段的污染减排更多是在行政高压下的减排，减排的长效性差。在当前经济形势放缓、企业盈利下降情况下，国家政策出现调整，由“两防”变为“一保一控”，需要更多地采取经济、财税、法律和行政多种手段，惩罚性、限制性和鼓励性环保措施相结合推进污染减排。

为维护社会稳定，缓解就业压力，对一些经营困难的中小企业，要按照“有保有压、区别对待、分类指导、有效帮扶”的原则，服务和监管相结合，积极提供信息、技术支持服务，大力推荐投入少、见效快、符合环保要求的工艺、治污技术和设备，科学引导和推动实现清洁生产、技术升级；帮助企业解决污染治理难题，鼓励企业采用先进的、经济的污染治理技术和手段，提高环境治理效率，降低企业污染治理成本。切实帮助中小企业摆脱困境，促进实现发展质量和环境效益“双赢”。其中尤其是要出台针对中小企业污染减排的激励、扶持措施。建议可以加大对中小企业污染减排工程的建设资金支持力度，对运行费予以补贴。应在工业污染防治会议上提出有针对性的扶持激励政策。

同时，要抓紧研究新的经济形势下，开拓新的污染减排空间问题，及早准备对策方案。

4.3 将“防风险”作为环境监管工作的重点

当前，经济增速放缓在一定程度上会降低环境的压力，但由于“经济冷”可能并发“环保冷”，企业环保投入、环保工作力度都会减弱，很可能会发生环境问题，造成环境风险隐患。

要充分吸取和借鉴“三鹿”事件的教训，高度关注环境风险可能造成的危害，下大力气重点防范 3 个方面的环境风险：①重大环境污染事故；②中小企业偷排漏排；③污染转移。

建议尽快完善并推行环保责任保险制度。近期应重点选择环境危害大、最易发生污染事故和损失容易确定的行业、企业和地区，率先开展环境污染责任保险工作；现阶段环境污染责任保险的承保标的以突发、意外事故所造成的环境污染直接损失为主。

4.4 将“上工程”作为规划财务工作的重点

一直以来，投资、消费和出口是拉动我国经济近年来快速发展的“三驾马车”，在当前国际形势下，出口下降对拉动经济增长作用减弱，为应对国际金融危机和国内经济调整，国家将加大投资力度，通过公共投资加快基础设施和民生等领域的重大项目建设。在此形势下，应积极推动政府将进一步增加环保投资作为公共财政支出的重点，继续保持环保投入的持续稳定增长。

从应对 1997 年亚洲金融危机的经验来看，为了保持经济较快增长，我国实施积极的财政政策，将城市环保基础设施建设、生态保护与治理作为国债支持的重点，环境保护投资显著增加，解决了一些长期想解决但没有能力解决的环境问题，也有力地带动了经济增长。

环境保护部应提前准备重大项目，积极推动加大环保投入。但“十一五”规划的城市污水处理工程已经建成 3 037 万 t/d，再建规模也比较大，依靠《国家环境监管能力建设规划》推动的三大体系等能力建设项目后续投资需求不足，目前环境保护工程的储备不足，为避免无项目可以争取资金的被动局面甚至产生挤出效应，应提早进行规划研究，结合今后环境保护工作重点，安排一批包括污水管网、国际履约、历史遗留环境问题处理、农村环境保护试点在内的质量高、环境效益突出的工程项目。

同时，建议以扩大内需为契机，全面推行政府绿色采购制度。绿色采购制度作为规范政府采购的方式之一可以有效遏制不正常需求，从而有助于调节经济结构。当前应尽快发布《政府绿色采购条例》，确定政府绿色采购标准、清单及其指南，从政府绿色消费的要求出发完善和细化目前的政府采购法批；建立绿色采购标准，发布绿色采购清单公开绿色采购信息，完善监督机制。

借鉴美国救市做法，出台优惠政策。美国所提出的 7 000 亿美元救市方案中，包含对绿色产业与消费者有利的措施。如该方案中提供了太阳能产业 30%的投资赋税减免，提高太阳能发电设施扣除额，提高购买油电混合车以及其他能源效率较佳车辆的扣除额等。可以借鉴美国救市方案中的某些办法，通过投资环保来拉动内需，减轻金融风暴的冲击，比如，制定相应的惠民政策，大刀阔斧实施退耕还林；开展实施麦秸秆禁烧和综合利用工程，大力开展乡村沼气资源开发；并加大治沙防沙的科研投入，制定优惠政策，鼓励个人、企业承包荒漠土地种草植树等；加大寻找石油替代产品的科研力度；鼓励电动汽车以及各种环保汽车研发工作等。

4.5 将"稳推行"作为当前推进我国环境经济政策实施的原则

在目前金融风暴冲击、通胀仍有反复的形势下，环境经济政策的推行必须依照积极、稳妥、协调、平衡的原则，有策略地推行，加强宣传，消除误解，加强和相关部门的沟通和合作，以实现在保持经济增长、控制通货膨胀的时间里，切实加快经济转型步伐。

环境价格改革短期内应适度。首先，短期内不宜在目前情况下将国内资源价格与国际价格过快接轨，以防自然资源涨价带动下游产品涨价，加剧物价上涨和通胀压力，并进一步冲击企业出口盈利能力。但长期来看，资源价格形成机制必须完善，相应资源和环境价格必须提高，所以应当把短期和中长期目标结合起来，在价格涨幅趋缓后择机出台、分步推进。其次，排污费改革和使用者收费政策改革在提高收费标准方面应适当，以不超过或相当于 CPI 涨幅为宜。改革更宜在其他方面入手，如实行完善排污费资金的使用，以及扩大使用者收费政策实施范围等不会加剧金融风暴冲击的措施。

短期内，环境税的税率当从低，不宜开征燃油税。环境税由于会直接增加企业成本，因此若税率过高会对产品价格有明显影响。环境税税率的制定应当遵循先低后高的原则，避开风暴风头，逐步实施到位。并且，当前国际原油期货价格虽有下跌，当仍持续高位运行，并不是出台燃油税的良好时机，如果开征燃油税，个人消费者可能会较难接受；公共交通、铁路、航空等部门，农业、渔业等弱势产业以及国防等特殊行业承受能力较差，如何对他们进行补贴，这些环节的设计也是非常复杂。

积极推行绿色信贷制度，协助实现适度从紧货币政策。对不符合产业政策和环境违法的企业和项目进行信贷控制，既可以通过设立环保门槛卡住一批企业，有效协助控制我国投资规模，执行从紧货币政策，又可以实现以绿色信贷机制遏制高耗能高污染产业的盲目扩张。因此在当前应抓紧有利时机，加快推行绿色信贷制度，抓紧完善银行具体执行信贷环保审查程序更具体的、可操作的细则，为银行信贷安全提供技术支持；同时，要抓紧把绿色信贷制度落到实处，对未能完成节能减排目标和“区域限批”的地区，切实指导各银行业金融机构调整该地区的贷款结构。

参考文献

[1] 陈姗姗．美国次级债危机对我国经济的影响及对策．当代经济，2008（7）．

[2] 吴江．论中国经济周期理论研究的发展．商业时代，2008（15）．

[3] 张玉雷．中国经济增长应该休整．中国经济时报，2008-09-26．

[4] 李建伟，王彤，戴慧．当前我国经济运行的周期性波动特征与未来发展趋势预测．中国发展观察，2008（10）．

[5] 王小广．当前我国宏观经济增长趋势及政策建议．中国金融，2008（13）．

[6] 国务院发展研究中心“经济形势分析”课题组．当前经济运行的态势、主要问题与政策建议．中国经济时报，2008-08-04．

[7] 国务院发展研究中心宏观经济研究部.对外贸易形势及其对宏观经济的影响．国研网《宏观经济》月度分析报告．

[8] 陈佳贵，汪同三，李雪松．美国次贷危机对我国经济的影响．中国社会科学院院报．

[9] 刘国光．关于近期宏观调控目标的一点意见．现代经济探讨，2008（8）．

[10] 车晓蕙．美国次贷危机影响广东对美出口乏力．新华网．

[11] 中国电力企业联合会．1—9 月份电力工业经济运行情况，2008-10-17．

[12] 唐真龙．商业银行放贷动力明显不足．上海证券报，2008-10-13．

[13] 巴曙松，李胜利．金融风暴中的我国经济调整．中国证券报，2008-10-06．

[14] 苑德军．不必过分悲观中国宏观经济走势．上海证券报，2008-10-17．

[15] 但有为．M_2增速创三年新低 宏观政策或继续放松．上海证券报，2008-10-15．

[16] 张友先．1—8 月我国工业企业利润分析．中国证券报，2008-10-16．

[17] 高辉清．“保增长与防衰退”系列笔谈之一：保增长 当前工作首要着力点．中国证券报，2008-10-15．

[18] 王金南，逯元堂，朱建华，等．关于美国金融危机对我国污染减排的影响分析．重要环境信息参考，2008，4（26）．

[19] 周宏春．对我国当前环境保护的一些思考．理论前沿，2008（9）．

[20] 吴舜泽，李键，贾杰林，等. 2008 年度我国 COD 排放形势预警分析报告. 重要环境信息参考，2008，4（24）．

[21] 吴舜泽，逯元堂，叶帆，等．我国污染减排的效应分解实证分析研究报告. 重要环境信息参考，2008，4（27）．

[22] 刘戒骄．节能减排：完善机制破解难题．中国国情国力，2007（8）．

[23] 袁开福，高阳．促进我国节能减排的策略研究．宏观经济管理，2008（7）．

新形势下国家“十二五”环境保护规划的思考

Reflection on National Twelfth Five-Year Plan of Environmental Protection under New Circumstances

吴舜泽　周劲松　余向勇　王　倩　田仁生　郭怀诚[①]

摘　要　科学编制与严格执行环境保护规划，是落实科学发展观、贯彻可持续发展战略、实现2020年环境小康目标的重要基础。本文在对我国规划编制与实施问题分析的基础上，借鉴美国、荷兰、日本等国际经验，针对“十二五”期间环境保护的严峻形势以及环境保护规划面临的挑战，提出了编制国家“十二五”环境保护规划若干建议：①履行职责，统一环境功能区划和规划；②构建合理有序的规划体系；③实现编制和实施统筹衔接；④力争若干环保规划创新；⑤合理规范规划文本结构；⑥完善环保规划决策机制。

关键词　“十二五”规划　环境保护　规划编制与执行

Abstract　It is the essential foundation of implementing the scientific concept of development，practicing sustainable development strategies and fulfilling environmental protection object of Chinese well-off society in 2020 that environmental protection plan is prepared scientifically and executed strictly. On the basis of analysis of preparation and execution of plan，and making reference to international experience，several suggestions are proposed to respond the grim situation of environmental protection during the 12th 5-year planning period and face the challenges to environmental protection plan: ①performing duties，harmonizing of environmental function zoning and planning; ②constructing a reasonable and orderly planning framework; ③coordinating the preparation and implementation of plan as a whole; ④striving for several innovations in the realm of environmental protection planning; ⑤establishing text structure of environmental protection plan logically; ⑥consummating decision-making mechanisms of environmental protection planning.

Key words　Twelfth five-year plan　Environmental protection　Preparation and execution of plan

① 北京大学环境学院教授。

0 引言

科学编制与严格执行环境保护规划，是落实科学发展观、贯彻可持续发展战略、实现 2020 年环境小康目标的重要基础。环境保护部环境规划院与北京大学环境学院结合承担的环境保护规划宏观战略研究，启动了“十二五”规划前期预研工作。本文在对我国规划编制与实施问题分析的基础上，借鉴美国、荷兰、日本等国际经验，针对“十二五”期间环境保护的严峻形势以及环境保护规划面临的挑战，提出了编制国家“十二五”环境保护规划若干建议。

1 我国环保规划编制和实施问题分析

环境保护规划（计划）是人类为使环境与经济社会协调发展而对自身活动和环境所做的时间和空间的合理安排，是政府履行环境职责的综合决策过程之一，是约束和指导政府行政的纲领性文件，也是传统八项环境制度的龙头。我国的环境保护规划工作是伴随着整个环境保护事业产生和发展起来的，经历了从无到有、从简单到复杂、从局部进行到全面开展的发展历程，形成了以五年环境保护规划（计划）为龙头的环境规划体系，对于促进环境与经济社会的协调发展，保障环境保护活动纳入国民经济和社会发展计划，指导各项环境保护活动起到了十分积极的作用。为正确应对环境保护工作面临的新形势，科学编制“十二五”环境保护规划，在充分肯定过去环境保护规划所起的历史性作用的基础上，本研究重点对其问题和不足进行了分析。

1.1 发展历程

我国环境保护规划发展历程可划分为如下 5 个阶段：

（1）孕育阶段（1973—1980 年）。1973 年召开的第一次全国环境保护会议提出了环境保护工作的 32 字方针，对环境保护和经济建设实行“全面规划、合理布局”，标志我国的环境保护规划开始孕育发展。由于环境保护事业刚刚起步，理论和实践缺乏经验，环境保护规划工作也处于零散、局部、不系统的状态，除了一些地区开展了环境状况调查、环境质量评价等工作外，大规模和较深入的环境规划工作尚未开展。

（2）尝试阶段（1981—1990 年）。“六五”期间，环境保护计划开始纳入国民经济和社会发展计划，并成为其中的一章，提出了计划要求达到的要求，对环境目标也有一定的表述，但未形成独立的环境保护规划文本。在一些地区和部门，把环境规划的理论和方法作为科研课题进行研究，取得了一些成果。同时，作为环境保护规划的基础工作，环境影响评价和环境容量研究在全国逐步开展。

“七五”期间，国家计划委员会和国务院环境保护委员会制定和联合下发了第一个国家环境保护五年计划——《国家环境保护“七五”计划》，内容包括环境保护的目标、指标和措施。《国民经济与社会发展“七五”计划》也规定了“七五”期间环境保护的基本任务和主要措施。全国广泛开展环境调查、环境评价和环境预测工作，环境规划的技术方法亦有了一定的发展。

（3）发展阶段（1990—2000 年）。1992 年 8 月，中共中央、国务院批准转发的《环境与发展十大对策》，其中第一条“实行持续发展战略”指出，必须重申“经济建设、城乡建设、环境建设同步规划、同步实施、同步发展”的战略方针。《国家环境保护“八五”计划》，开始将总量控制、重点项目作为计划重要内容，环境规划在规划方法和体系方面都取得了较大的发展，确定了 65 项指标，形成了国家、地方、行业、重点项目、重点工程、重点流域等一体的环境规划体系。值得一提的是在 1992 年，环境保护年度计划正式纳入国民经济与社会发展计划体系。国家计委和国家环保局于 1994 年发布了《环境保护计划管理办法》。

1996 年 7 月在北京召开了第四次全国环境保护会议，随后制定了国家环境保护“九五”计划，要求到 2000 年实现“一控双达标”，实施了两项重大举措即全国主要污染物排放总量控制计划、中国跨世纪绿色工程规划，在一定意义上完善和丰富了环境保护规划内容，规划的导向性和重要性得到了发挥。

（4）完善提高阶段（2001—2005 年）。2000 年年初，国家环境保护总局制定了《〈地方环境保护“十五”计划和 2015 年长远目标纲要〉编制技术大纲》。《国家环境保护“十五”计划》对环境保护的工作重点进行了优化调整，确定了控制污染物排放总量的工作主线，确立了“33211”的工作重点。指标包括总量控制、工业污染防治、城市环境保护、生态环境保护、农村环境保护和重点地区环境保护 6 个方面 35 个指标，主要任务覆盖工业污染防治、城市环境保护、生态环境保护、重点流域和地区环境保护、全球环境保护、加强能力建设、实施《污染物排放总量控制计划》、实施《跨世纪绿色工程规划》等 8 个方面。

（5）转变约束阶段（2006 年至今）。随着我国经济体制从计划经济向市场经济的逐渐转变，规划作为政府干预市场、保证国家宏观经济健康运行的重要手段，得到政府各部门的高度重视。《“十一五”国家环境保护规划》提出把防治污染作为重中之重，确保到 2010 年 SO_2、COD 比 2005 年削减 10%，加快淮河、海河、辽河、太湖、巢湖、滇池、松花江等重点流域污染治理，加快城市污水和垃圾处理，保障群众饮用水水源安全，并确立了 8 项主要工作任务、10 项重点工程。《“十一五”国家环境保护规划》第一次以国务院批复形式颁布，是在经济社会发展与资源环境约束的矛盾日益突出、环境保护面临严峻挑战的情况下发布的，编制定位也从“计划”演变为“规划”，其确定的主要污染物排放总量控制目标被作为约束性指标列在《国民经济与社会发展“十一五”规划》中，环境保护的地位空前提高，规划所需的中央政府环境保护投资在规划报批过程中基本落实，环境保护规划实施评估和考核提上日程，环境保护相关内容和要求日益成为各级政府的中心工作。

1.2 编制内容

（1）规划思想。污染物削减和环境治理是目前我国环境规划设定的主要任务目标，目前的环保工作也主要围绕这一目标开展。我国环境保护规划现阶段仍以污染防治为主，近年来部分规划进行了主动经济引导和空间布局方面的创新工作，但总体较难落实，切入点较难找准。环境保护规划与区域发展规划和产业规划的衔接有待强化，应变单纯的污染治理导向为污染治理和引导经济结构调整相结合的导向，在保证污染削减的同时实现对产业和区域经济发展的有效引导。同时，有条件的地区应在改善环境质量的基础上，逐步开展以人体健康和生态系统维护为导向的规划编制。

（2）规划期限。我国"七五"到"十一五"环境保护总体规划和要素规划（"三河三湖"、"两控区"、"生态规划"）基本以五年时间为限，属中期规划。我国缺少中长期环境保护规划实践，部分规划虽展望到 10 年，但主要还是以 5 年为主，对于 10 年目标只有定性描述，与 5 年任务之间并无直接关联性。另外，我国环境保护规划编制和批复的时滞性特征明显，如国家环境保护"十五"计划和"十一五"规划，都是滞后 1 年左右批复，部分流域规划批复滞后的时间更长，甚至存在"五年规划、规划五年"的情况，直接影响了规划的指导作用和实施状况。

（3）规划内容。目前，我国环境规划的内容主要包括：前期工作情况的总结（或上次规划的实施情况评估）；资源、经济、社会、环境现状调查；环境预测；环境规划目标和指标体系的建立；环境功能分区和区域布局；规划方案的设计与优选；重点任务；重点工程；规划实施和保障措施等。不同的规划内容表现形式略有差异。目前环境保护规划偏重于污染防治，但是从环境法学研究的角度出发，环境规划范围界定是以整体意义上的环境为基础，应该逐步覆盖污染防治、生态保护和资源开发 3 个方面。

（4）规划体系。环境规划按区域范围和层次可分为国家环境规划、区域环境规划、部门环境规划等；按规划性质可分为污染综合防治规划、生态规划及专题规划等；按环境要素可分为水污染防治规划、大气污染防治规划、固体废物处理处置规划、噪声控制规划等。按时段划分可分为长期环境保护规划、中期环境保护规划以及短期环境保护规划（年度环境保护计划）。各种规划组成了我国现阶段的环境规划体系，是整个国家总体发展规划中的一部分。如将不同行政级别的规划视为纵向规划层次，而不同环境要素的规划视为横向规划层次，则我国的环境规划体系呈现了"横向加纵向"的二维结构。但在对规划的重要性的认识上，对不同层次环境规划编制范围和内容的界定上，以及对规划编制方法体系的研究上和环境规划工作的开展上，还存在着相当大的差距和混乱。

（5）国家层次规划内容。以"十一五"环境保护规划为例，国家层面的规划由 4 个层次构成：第一层，国家"十一五"环境保护规划，是国家总体规划，确定国家层面的环境保护目标与指标、明确国家环境保护主要任务与措施、主要指标纳入国民经济与社会发展规划纲要。此规划属于国家宏观层次的规划，其在整个环境规划体系中占有重要的分量，指导我国未来 5 年环境工作的内容及未来的发展方向，是我国环境规划的核心体现。第二层，由国家环保总局牵头编制的国家环境保护专项规划，包括重点流域污染防治规划、酸雨控制规划、核安全及辐射防治规划、重点生态功能保护区建设规划、重点海域水污染防治规划等规划，解决环境保护的 5 个重点领域的突出问题。第三层，由其他部门牵头、国家环境保护总局参加的有关环保的国家专项规划，包括长江中下游水资源环境保护规划、重点行业污染防治规划、城市污水处理和再生利用设施建设规划、城市生活垃圾处理设施建设规划、环保产业规划、矿产资源勘察与环境保护、资源综合利用规划、水资源综合规划 8 个规划，这些规划体现了环境保护与资源、行业等部门规划的衔接。第四层，环保部门发展规划，包括国家环境监管能力建设规划、环境科技发展规划、环境保护人才规划、环境保护宣传教育规划。

（6）编制体例。国家环境保护"九五"计划按照工业、城市、生态、海洋、重点流域和地区、全球环境保护、环境管理能力建设等 8 部分展开。国家"十五"按照工业污染防治、城市环境保护、农村环境保护、海洋、生态、核与辐射 6 个工作领域确立主要任务。由于任务不按照要素区分，要素的管理散见于各个部分，缺少整合的管理措施与方法，同时由于总体规划和要素规划的指标设置没有充分衔接，总体规划和要素规划不具有直接的纵向联系。国家环境保护"十一五"规划按照水、气、固体、生态、农村、海洋、核与辐射、监管等方面展开，编制体例呈现出要素领域和工作领域相结合的特点。

（7）目标确定。目标设定是否合理也是影响规划编制和实施的一个重要因素。我国环境保护规划目标制定往往取决于良好的意愿，某些规划目标缺乏足够的科学依据，对污染治理的长期性、艰巨性、复杂性和治理难度估计不足，这就致使有些规划目标偏高，进而影响规划实施成效。一些环境保护规划对目标、指标、任务、措施、投资内在关系分析不够，许多省级规划目标过于乐观，投资需求不考虑供给，使环境保护规划实施的可行性大打折扣。部分省市规划的目标指标还存在与规划任务脱节的现象，目标与任务之间缺乏衔接，工程措施和可行性不够明确，费用效益分析方法和机制没有建立。因此，在未来规划制定目标时要从实际出发，以实际可能的预算投入为依据，充分认识任务的复杂性，合理确定规划的目标。

（8）规划指标。多年来我国尚未形成稳定的规划目标指标体系，历次五年规划目标指标项相差较大，这固然有我国正处于经济社会环境系统动态变革过程中的客观因素，但却使规划的长期指导性和滚动修订性大打折扣。初步统计，"八五"共有环境保护指标 84 项（其中重复指标 19 项，实际指标 65 项）；"九五"共有环境保护指标 98 项（其中重复指标 29 项，实际指标 69 项）；"十五"实际指标 35 项。不同历史时期、不同部门、不同场合应用共 127 项环境指标。其中一些指标难以考核、没有定期的监测数据。部分规划指标过多地涉及了外部门、外系统。另外规划指标中还包括了一些工作指标、评价指标，指标的层次性没有合理区分。此外，与我国目前环境状况和工作重点相适应，我国环境规划指标较多地涉及污染防治（以治理指标为主，以环境质量指标为辅），对于生态系统和人体健康涉及较少，这与美国等国家差异较大。

（9）保障措施。保障措施和规划实施要求也是规划必不可少的内容。环境保护规划保障措施多是：完善法规体系、加强环境管理能力建设、加强环境科技研究、加强环境宣教、提高公民意识、落实环保责任、拓宽环保筹资渠道、增加环保投入等。同时，也需要在规划中明确规划涉及的部门，如各级政府、发展改革部门、经贸部门、财政部门、建设部门等的职责，规定规划考核和中期评估要求。

（10）主要特征。国内外的环境规划虽在规划定位、方法和手段方面有所差异，但环境规划的目的趋同、特征类似，大致具有政策性、整体性、综合性、区域性、动态性以及系统性等基本特征。

1.3 规划衔接

1.3.1 横向部门衔接

环境保护覆盖水、气、噪声、固体、生态等要素，涉及多部门、跨地区，往往与国民经济和社会发展的各个领域都有十分密切的联系，同时，环境保护规划的实施往往落实到各部门、各方面，导致环境保护规划编制和实施协调难度较大。

另外，从近几次五年规划（计划）的实施效果看，经济发展方面往往能达到甚至远远超过既定目标，而环境保护方面只能完成部分目标。由于环境目标从属于经济发展目标，经济发展指标直接影响环境目标的实现，就需要充分认识环境保护规划体系与国家社会其他方面的相互联系的重要性。

环境保护部、国家发展与改革委员会、国土资源部、水利部、农业部等部门都分别针对全国范围、区域及相关要素制定本部门的规划，“多面出击”形成了多种规划对同一全国、区域及要素的“合围”态势。由于部门之间的利益冲突，导致各部门之间的规划从目标、指标、方案设计到规划实施保障都存在一定程度的冲突，突出反映出我国规划编制与管理的无序状态。这主要是部门职责边界界定模糊所致。目前国内主要的规划实施部门协调机制是部门联席会议，在一定程度上发挥了部门协调的重要作用。但我国现行各部门之间的规划多还停留在本部门内部范围，多在规划编制完成后公开向相关部门征求意见，较少在规划制定前召开联席会议对规划目标与内容进行协商。

1.3.2 纵向上下衔接

我国环境规划属于自上而下的组织方式，但我国国家环境保护规划与省级、地方环境规划仍然存在着纵向不协调的问题。从“十一五”省级环境保护规划和国家规划之间衔接来看，在规划目标指标、重点工作任务方面存在着一定的差异，地方规划难以体现国家总体规划的目标和要求，环境保护规划纵向和横向的统一性没有得到落实。

这主要有以下 3 方面的原因：①按照目前机制，省级环境保护规划只需要报本级政府批准，不需上级环境保护主管部门的审核；②国家环境规划的时滞性。国家环境保护规划往往批复发布比较滞后，造成了二者的时间错位，国家环境保护规划中的一些目标指标在省级环境保护规划中不匹配或不存在，任务考核实施时无法落实；③各省与国家之间协调程度不够，国家环境保护规划目标指标往往是全国总体性和均一性要求，未体现区域间的差异性和特征性，规划未落地，没有真正实现“规划到省”，从国家环境保护规划中难以找到各省的目标指标和任务要求。

此外，不少省市环保规划在规划指标、指导思想、规划原则和保障措施等方面表述上与国家规划雷同，规划定位不明确，缺乏具体化内容，任务措施针对性不足，工作重点不突出。大部分省市在未来的环保工作制定上普遍存在任务繁杂、涉及范围过广的问题，各要素和各领域任务要求平行推进，没有结合区域环境状况和特点明确本省工作重点，全面有余、重点不突出。规划保障措施过于宏观和原则化，没有结合本省实际予以具体化，往往放之四海而皆准。在规划具体任务实施上，责任主体和工作目标不明确，任务措施针对性不足。

1.4 规划实施

五年环境保护规划实施绩效大多不理想。目前我国环境规划的实施成效仍然不能令人满意。尽管在规划编制体系和规划实施评估体系中还存在着诸多问题和缺陷，但是环境保护规划的实施成效及其在我国环境建设中发挥的作用应该得到充分的肯定，在不同程度上改善了环境状况。但不可否认的是，“九五”、“十五”规划目标完成情况不好，这与国民经济和社会发展其他规划指标“超额”完成的情况形成了鲜明的对比。

规划资金投入需要更有力的保障。规划投入难以落实是制约规划实施和可操作性的主要因素。根据 2005 年年底的统计数据，列入国家环境保护“十五”计划的 2 130 项治污工程共完成 1 378 项，仅占总数的 65%；完成投资 864 亿元，占总投资的 53%。淮河、海河、辽河、太湖、巢湖、滇池治理项目的完成率分别只有 70%、56%、43%、86%、53% 和 54%。资金投入无法保障的原因主要是我国环境规划需求不是预算资金分配的依据，规划目标与任务的制定完全基于行政意愿，只关注需求而不考虑供给，制定了规划项目名单却未明确项目的资金来源。

规划编制和实施脱节比较严重，环境保护规划总体上仍然是软性规划。环境保护规划的跨部门、综合性特征，也在某种程度上决定了环境保护规划实施难度较大，国家调控力量较弱，环境保护部门承担实施环境保护规划的职责和手段明显不相符。总体来看，各部门对规划编制过程比较重视，但规划批复后各部门并未将规划作为五年工作的指导文件，并未将规划实施作为部门职责或与部门工作紧密联系。环境保护规划目标实施完成情况往往受制于人，而其他部门又往往并没有在本部门、本行业规划中将环境保护目标实施作为主要目标和任务。另外，在规划实施过程中，由于缺乏相应的实施评估机制、监督管理机制等，国家环境保护规划及地方环境保护规划执行情况不一，实施主体和责任不明确，监督考核机制需要进一步健全，导致环境保护难以按照预期的思路开展。规划以指导性、政策性为主，约束性不强，法律效应不足，规划实施评估远未实现制度化和规范化，若无强有力和科学的规划实施评估、考核机制等保障措施建立，环境保护规划将会继续停留在“规划规划、墙上挂挂”的状态。

环境保护目标制定的科学性不足制约了环境规划的实施状况。我国环境保护规划属于需求型规划，良好的环境目标政治意愿和社会呼声使规划目标指标的制定未能很好地关注技术经济可达性。规划对目标、指标、任务、措施、投资内在关系分析不够，政策、管理、规划目标没有有效匹配，内在逻辑性不足，更难以反映到规划投入、政策等保障条件落实上，没有因保障条件变化、经济社会前提条件变化而对规划进行反馈调整的先例。环境保护规划指标具有一定的被动性，环境保护规划目标的实现，往往依赖与之相关的燃煤量、耗水量等资源能源前端指标的降低，但往往这些社会经济指标没有得到有效控制，从而使环境保护规划目标难以实现，且往往缺乏过程调控和预警制度。

规划目标任务分解需要进一步细化以适应规划实施的要求。规划的顺利实施有赖于目标任务的分解细化，而目前我国环境规划目标指标分解机制尚未建立，环境保护指标总体性特征明显，考核性不强。许多指标没有分解到省，没有体现国家事权，没有公开发布，指标多，数据采集难度较大、数据质量难以保障，部分数据难以落实。在规划实施评估过程中，往往也是只能得到指标完成的总体情况，对未完成的指标，往往不能落实到具体的责任省份，不能通过规划实施评估掌握各省与目标之间的差异，难以预警和调控规划实施。

规划实施手段偏单一，经济手段和引导手段需要完善。目前我国环境保护规划的实施手段仍然以行政调控手段为主，规划的实施在很大程度上依赖于自上而下的任务分配和传达。约束性措施如污染物总量控制等在控制现有污染方面能够起到有效作用，侧重于"削减"和"控制","疏通"和"导引"不足。目前我国环境保护规划中引导性措施数量较少，大多还停留在原则和方针阶段，未制定详细的操作实施方法。规划只明确了"禁止做什么"而没有明确"应该做什么"，惩罚性措施居多而鼓励性措施不足，使规划的导向作用受到削弱，缺乏经济调控手段的支持。

规划实施技术支撑体系和监督机制需要制度化和规范化。我国在"十五"以前，长期不重视规划的实施工作，规划实施效果评估技术研究更是停留在空白或初级阶段，理论和技术贮备不足，规划目标、指标、任务、措施耦合关系分析需要强化，没有建立系统的规划实施评估考核平台，对于评估主体、评估时点、评估内容和评估方法等都没有明确的规定，没有形成机制化的规划实施数据采集、质量控制方法，规划的实施效果难以保障。中期评估的缺少导致反馈作用无法实现，规划文本一经确定就不再发生变动，即使其存在潜在的问题或者经济社会情景发生了巨大变化也无法修改和调整，难以实现规划目标的动态管理，削弱了规划的有效性和严肃性。

2 国际若干环境保护规划经验借鉴

2.1 规划法律地位

目前国际上环境保护规划法律地位有 3 个明显的特征。①国外的环境保护规划，特别是总体规划普遍得到环境基本法和行政法的支持，如美国的《国家环境政策法》和《政府绩效法》、荷兰的《环境管理法》、日本的《环境基本法》，这些法律不仅明确了环境规划的必要性和责任单位，还对环境保护规划的编制流程、编制内容、法律效力等做出明确规定。因此，国外的环境保护规划普遍具有法律效力，能够通过国家执法行为来确保环境保护规划的落实。②不少环境保护的目标、要求、措施乃至环境保护规划编制本身就是法律法规条文要求确定的。如美国 EPA（联邦环保局）战略规划的"5 年规划、3 年更新"（每 3 年发布新规划，规划年限为 5 年），荷兰前 4 个 NEPP（国家环境政策计划）每 4 年更新，日本前 3 个环境基本计划每 6 年更新。③不少法律、法规、规章实际上是以法律形式颁布的环境规划，明确规定了阶段环保目标、措施、任务和资金，提高了环境保护规划的执行力。这些规划法制化趋势，可以提高环境保护规划的约束性，使环境保护规划走向法制化、机制化的渠道。

2.1.1 美国

在众多环境法中，有两部法律对当前美国 EPA 的工作和环境规划的产生有直接影响。《国家环境政策法》明确授权 EPA 管理国家环境事务的权力与责任，《政府绩效法》明确规定了 EPA 战略规划体系的制定与执行。

《国家环境政策法》1969 年由国会通过，是美国环境领域的基本法。它规定了联邦政府的所有机构都负有环境保护的责任，任何决策和行动都不得有悖于相关环境政策，否则即为违法。《国家环境政策法》规定国家设立 EPA 管理国家环境事务，诸多原分属内务部、农业部等多个部门的环境事务全部转交给 EPA，使其在大部分环境领域具有明确的和独有的权力，并继承 1969 年之前制订的环境法的执法权力。1969 年之后制定的环境法也多由国会授权 EPA 执行，这些授权被记录在被授权的法律中。由于这些授权，EPA 具有制定和实施环境规划的两项基本权力：①环境法立法和执法的权力；②使用联邦环境预算的权力。

美国 EPA 根据国会颁布的环境法律制定和执行法规，环境规划编制及其编制行为是其执行法律法规的一个合理组成部分。为保障 EPA 的执法权力，EPA 形成 3 个重要的特点：①有自己的行政执法官，这是在联邦政府中设立的有处罚权的官员，目的在于迅速解决纠纷；②有 225 人编制的"绿色警察"队伍，主要管辖重大环境违法事件；③在与各州政府的关系方面，享有较大的权力，当各州未能执行环境标准时，可以独立于州直接执行和查处违反联邦标准的行为。

美国国会通过的部分环境法修正案和 EPA 颁布的环境法规具有和环境保护规划类似的职能，如《清洁空气法》1990 年修正案设定了两个阶段的 SO_x 和 NO_x 削减目标，而 2005 年 EPA 又发布了《清洁空气州际法规》，对美国东部地区未来的 SO_x 和 NO_x 削减目标作出更新规定。这些法律和法规严格规定了大气污染物的排放总量与分配、点源排放浓度、许可证交易、参与方式、预算保障等，具备环境保护规划的特征，属于实体化法律的范畴。

2.1.2 日本

日本与环境保护规划直接相关的法律是《环境基本法》，是在 1968 年颁布的《公害对策基本法》和《自然环境保全法》的基础上重新制定的、体现政府环境政策的法律。该法不仅详细规定了政府环境政策的基本理念、基本政策和经济措施，而且对制定实施环境基本计划和环境综合计划、进行环境影响评价等也都做出了具体规定。《环境基本法》规定了环境基本计划的地位、内容，使具有法定计划性质的环境基本计划成为日本环境基本法的中心，确立国家制定和实施相关政策的环保义务，对日本的环境保护规划具有重要的意义。

日本《环境基本法》第 15 条规定：①政府应制定环境基本计划以系统全面地推行环境保护相关政策；②环境基本计划应包含综合、长期的环境保护施政大纲和系统全面推进环境保护相关政策的必要事项；③环境大臣必须听取中央环境审议会的意见，完成环境基本计划提案，提交内阁审议批准；④环境大臣在完成内阁审议批准后及时公开发表环境基本计划；⑤前两项的规定也适用于环境基本计划的修订。

2.2 规划体系设置

2.2.1 美国环境保护规划体系

EPA 战略规划体系、联邦项目规划、联邦环境法及其修正案共同构成了美国联邦环境保护规划体系。

美国联邦环境法及其修正案是联邦环境规划体系的组成之一。环境管理中的一些基础和核心工作例如总量控制、环境项目设立、预算支配、执法部门权责分配等，可以通过或必须通过立法途径予以确认。因此，环境规划的很多要素都已经包含在联邦法律、州法律和 EPA 法规中。

“环境保护规划”一词在美国环境政策体系中并不常见，美国环境保护规划通常使用其他类似的表述。宏观和长期的规划称为战略规划或战略，如 EPA 在《政府绩效法》框架下制定的美国环保署战略规划。短期的规划通常称为计划、行动计划、执行计划或项目指导。

虽然美国早在 1960 年就制订了第一份大气环境全国行动计划，其后在水污染、饮用水、固体废物、生物多样性等多个要素领域基于环境项目制定全国性的管理措施和计划，但数十年间始终没有综合性的环境保护规划。直到 1997 年美国 EPA 根据《政府绩效法》规定制订 EPA 战略规划，美国才具有了国家级综合性的环境保护规划。经过 10 年发展，EPA 战略规划体系有了显著的改善与发展，内容逐渐丰富，并在 EPA 和美国环境工作中占据越来越重要的地位，真正成为具有战略高度的美国环境工作的指导规划。

按照《政府绩效法》的规定，美国战略规划体系分为相互联系的战略规划、年度计划和年度报告三级。EPA 战略规划在时间尺度上是一个逐渐细化的过程，在要素层面和区域层面是一个补充拓展的过程。EPA 战略规划目的主要是建立目标体系的总体框架，回答规划“目标是什么”和“为什么要做”的问题，并对实现目标的环境政策工具和环境项目作出纲领性的安排和说明。年度计划（全称为“年度绩效计划”）和国家项目计划（部门规划）关注于规划在每一年度的工作布局，回答“做什么”的问题。年度报告（全称为“绩效和责任报告”）关注于规划的实施效果评估，回答“做得好不好”的问题，是环境规划的“编制—实施—评估”中最后的一环。

在《政府绩效法》的规定之外，EPA 还要求自己的所属部门建立区域规划和部门规划。区域规划由 EPA 各区域派出机构制定，年限一般为 4 年，起始年为 EPA 战略规划起始年的后一年，终止年和 EPA 战略规划同时。部门规划全称为国家项目规划，由 EPA 下属的 7 个主要办公室如大气和辐射办公室、水办公室等编制，年限为 1 年，确定部门所管理的环境项目在该财年的绩效目标，对项目开展作进一步的阐述。部门规划是对以往分散管理的环境项目，按照负责办公室进行汇总和绩效目标，和我国的要素行动计划有相似性。

各州根据自身特点建立了不同的环境规划体系，彼此具有很大差异。就综合性规划而言，各州主要有以下 4 种做法：①模仿联邦 EPA 的战略规划体系，如加利福尼亚州；②有综合性的战略规划，但战略规划的内容、作用和联邦 EPA 不尽相同，如佛罗里达州和得克萨斯州；③有纲要性质的战略规划，提出环境战略目标，如伊利诺伊州和亚利桑那州；④各州根据自己的特点制订综合规划，根据本州规划开展环境工作，和国家 EPA 的战略规划没有对应关系，更不是对国家 EPA 战略规划的分解落实。

2.2.2 荷兰环境保护规划体系

荷兰环境保护规划体系包括环境政策计划、要素规划和行动计划，由国家到地方的规划体系对荷兰环境保护工作有宏观的、全面的指导作用。其中国家环境政策计划（NEPP）是荷兰环境规划体系的核心内容。要素规划和行动计划是荷兰各级政府制定的、以某一要素或主题为中心的规划，它们在内容上必须兼顾相应级别的环境政策计划。

环境政策计划是荷兰环境保护规划体系的主要内容。根据规划层次，可将其划分为国家级、省级、区域级和地方级等。省级环境政策计划是全省未来四年的环境工作指导，至少每四年制定一次，由省级议会负责，省行政管理委员会起草，与其有紧密联系的政府机构（如邻省行政管理委员会、规划中涉及的其他省级政府机构）也要参与，定稿后在《荷兰政府公告报》上发布完成稿，并交由住房规划和环境部（VROM）申请国会批准。作为国家环境政策计划的下一级计划，省级环境政策计划在 NEPP 的框架下制定。此外，省行政管理委员会每年需在充分兼顾现行省级环境政策计划的基础上起草一份环境纲要，其内容包括未来四年中由省级权力机构开展的环保活动和现行省级环境政策计划取得进展的报告等。

荷兰还根据需求制定环境要素规划。①根据《环境管理法》（EMA）的规定，VROM 应每四年制定一个废物管理规划，明确国家废物管理政策的主要特征、阐述这些特征在个别废弃物上的应用以及国际废物转移管理与政策的明确形式。目前荷兰已经制定了第一个国家废物管理规划，其规划期为 2002—2012 年，并经过 3 次修订。②地方污水处理规划。地方污水处理规划由地区行政管理委员会制定，参与人员还应包括省行政管理委员会、污水净化处理厂运营人员、地表水采集和排放管理人员等，其内容应包括对本地区污水的收集和排放设施的总体评价、设施更新时间、需要建造或更新的设施所需期限的总体评价等。规划定稿需刊登在地区发行的日报或其他报纸上。③自然规划。荷兰的自然规划类似于我国的生态规划，是为了恢复多年来工农业造成的环境破坏所作的规划。1990 年，自然规划由农业渔业部制定，概述了政府 30 年的政策和目标，并包括一个 5 年计划，指明国家管理的优先项目计划。

行动计划也是荷兰环境规划体系的一个重要组成部分。①环境健康行动计划。该计划选择的 6 个主题分别是：交叉耦合，研究、监测和早期警报，评估框架，地方政策，室内健康，联系，并通过目标群来开展这些主题，分析其存在的“瓶颈”、识别可能的解决方法。此计划的行动分为国际、国家和地方水平。②可持续发展行动计划。该行动计划的国内部分由 VROM 负责，目标是加速公众自发考虑自身行动选择所带来的社会、文化、经济和生态后果，促进可持续发展的基本社会变化。行动计划给出了一系列促进和支持政府、商业、公民社会组织和公众的可持续行动的措施。行动计划的国际部分由外交部进行协调，采纳了约翰内斯堡国际会议上所提出的 5 个优先主题，即水、能源、健康、农业和生物多样性。

2.3 规划衔接协调

2.3.1 总体规划与要素规划衔接

美国、荷兰和日本等国家要素规划编制启动早于总体规划。以美国为例，对《清洁水法》《清洁空气法》《安全饮用水法》等法律的制订和修正，就包含了对特定环境要素进行规划的内容，并在同一时期由联邦 EPA 牵头就大气领域制定了第一个国家性的要素规划《州执行计划》，而其全国性总体规划普遍在环境保护工作取得相当成果、要素规划层面发展成熟之后才逐步展开，如美国《EPA 战略规划》在 1997 年制定，荷兰《国家环境政策计划》在 1989 年制定，日本于 1977 年制定单独的《环境长期计划》，但持续发展和更新的《环境基本计划》是在 1994 年才开始制定，普遍晚于我国。这些国家在总体规划发展过程中，较少遇到我国在规划协调过程中凸显的种种问题，而是根据本国特点，形成了两种模式来面对这些协调总体规划和要素规划关系：

模式一　以美国为代表，要素规划推动总体规划，要素规划对总体规划的编制有显著影响。

在美国的环境规划体系中，丰富的要素规划是首要的和不可或缺的内容。美国的环境工作普遍以环境项目的形式进行，每个项目都有指导其工作开展的法律法规、规划或执行计划。因此，美国的要素规划数量很大，覆盖了美国环境管理的每个方面，是环境管理的主要方略。

美国这种层次分明的规划体系是在长期环境工作中自下而上形成的。美国自 20 世纪 60 年代环境运动兴起，始终走在环境研究与实践的前沿，环境领域不断拓展并包含新的内容，和这一特点相适应，美国通过设定环境项目的形式灵活适应和推动新兴环境问题的研究与管理。因此，美国要素规划比总体规划发展更快、领域更广泛，其制定不受总体规划框架的限制，要素规划的目标、内容、方法都不依赖于总体规划。

在 1997 年之前，美国始终没有综合各要素的总体规划，但是要素规划下的环境项目蓬勃发展，环境质量显著改善。但存在 3 个问题：①对全局缺少明晰的认识，各要素规划各自编制实施，难以对全国环境改善形成合力，对美国环境工作将走向何方，管理者和学术界争执不一；②美国环境工作重点发生改变，从污染控制转向人体健康，处于转型期的美国如何平衡两者的关系、如何整合和引导数量庞大的环境项目及其规划，这是美国环境管理机构面临的新问题；③EPA 各州强制执行联邦环境工作，标准日益严格，监测污染物种类数以百计，覆盖污染源数量大幅增加，很多排放量很低的污染源被纳入 EPA 管理范围之内，这些做法被认为使用较高投入取得较低环境收益，在实施过程中遇到阻力，公众也通过国会对 EPA 的投入产出比和管理绩效产生质疑。

针对这些问题，EPA 顺应美国政府绩效制度改革的要求，建立 EPA 战略规划体系，对联邦环境工作做出宏观安排和综合考虑。在 EPA 战略规划体系建立后，美国仍然延续了原有的要素规划主导环境进程的特点，设定环境项目所需要财政支持由国会批准，EPA 对环境项目的设立只有提议权而不具有决定权。因此，EPA 制订战略规划时，不能对环境项目作随意的支配，已经执行的环境项目需要全部接受，新的项目 EPA 能够提出设想，但能否设定取决于项目能否通过国会审议。即总体规划不是开展环境项目的依据。因此，在美国常常是先有要素规划，然后在下一次总体规划中，再把要素规划纳入，要素规划相比总体规划是先导的。

模式二 以荷兰为代表，总体规划指导下的要素规划，总体规划引导国家环境政策的基本方向，根据需要制订要素规划。

荷兰的总体规划，更类似于一个政策方案，多采用定性和半定量（增加或减少）的政策目标，只有部分有确定的规划指标，规划也不突出定量指标的作用。在规划体系的下一级即要素规划和省级规划中，再对这些目标进行定量和落实。例如，就交通排放政策，NEPP 在“排放、能源和机动车”部分作了原则规定，VROM 另行制订了《交通排放政策》保障政策规划能够得到贯彻实施。和美国不同，荷兰 NEPP 涉及的是国家环境政策的优先领域，随着荷兰环境保护工作的推进，有些环境问题并没有包含其中（如传统的固体废弃管理），其内容也处于不断调整的过程中，这些领域的战略原则和实施由要素规划补充。需要说明的是，荷兰国土面积狭小，环境问题单一，因此荷兰很少的要素规划就能满足全国环境管理的需要，这点和我国有极大差异。

比较国外的这两种模式，虽然其在组织形式和具体落实上有很大差异，但有 3 个共同点：①总体规划和要素规划的定位明确，角色有严格区分，总体规划主要站在战略高度引导国家环境工作方向，要素规划是开展环境工作的具体实施计划；②定量指标的选择与确定的过程中，要素规划先于总体规划，强调可达性；③要素规划和总体规划的编制年限不严格对应，要素规划有独立的指标体系和灵活的编制实施时间。

2.3.2 部门和目标衔接

（1）目标衔接。美国、荷兰的环境规划都有从上一规划直接继承或进一步沿用的指标，体现了长期目标指标跨规划期衔接协调的特点。美国 EPA 按照《政府绩效法》的要求，每 3 年更新一次未来 5 年的战略规划，并实现相应的制度化的渐进衔接。EPA 的战略虽然以 5 年为一个规划时期，但实际是通过不断更新的战略规划相互制约影响，形成一份连续的长期战略。同时，虽然美国战略规划期明确为 5 年，但很多目标都会规划到更远年份。如《2006—2011 年美国环保局战略规划》在具体目标“健康的室外空气”下设定了 3 个子目标和 15 个指标，其中规划到 2010 年的指标 2 个，2011 年 9 个，2015 年 2 个，2018 年 2 个，其中 2018 年的 2 个指标按将跨越多达 4 个战略规划周期。其他子目标与之类似，除了 2011 年或相邻年份的指标，有相当部分指标是中期目标，近中期目标相互结合。

（2）部门衔接。①美国的环境相关事务，除 EPA 外，农业部、内务部、能源部等也都有一定的涉及。这些部门也都有自己的战略规划和部门项目。在处理环境事务和制定环境规划时，这些部门通过以下途径进行权责分配和协调：根据《国家环境政策法》的规定，联邦所有机构都负有保护环境的责任，EPA 具有执行《国家环境政策法》的权力。因此，各部门的环境决策，包括其制定的战略规划和项目计划，EPA 都有权进行评估其是否合法；根据《国家环境政策法》的规定及美国多年来的实际操作，这个评估一般通过环境影响评价实现，对环境有重大影响的政策和项目，必须提交 EIA。美国的政府机构具有法定明晰的权责划分，这个划分避免了绝大部分的权责交叉。涉及多个机构的项目，可以使用联合制订的方式进行，如 EPA 和美国能源部制订的国家能源效率行动计划。部门战略规划的制定过程中，相关部门都可以提出自己的建议和意见，本部门进行协调。②荷兰 NEPP 是荷兰经济事务部、农业渔业部、运输和公共事务部和 VROM 协作努力的结果。此外，外交部负责荷兰环境政策的国际方面，并控制着约 10%的政府环境基金。这些部门就其所关心的方面任命政府代理机构在 RIVM 的协助下起草报告。在衔接上，这些政府部门也制定了各自部门环境管理计划，其与 NEPP 的目标相一致，在一些方面要求甚至高于 NEPP。

（3）上下衔接。①美国联邦与州之间的环境工作内容在双方协商后由法律协议规定下来，这种联邦与州的关系称为“联邦–伙伴关系”。EPA 区域办公室是实施伙伴关系的关键，由它们作为 EPA 的代表监督各个州的环境保护工作。每个区域办公室在所管理的州内代表 EPA 执行联邦的环境法律、实施 EPA 的各种项目，并对各个州的环境行为进行监督。②荷兰作为一个君主立宪制国家，在环境规划纵向协调关系上表现出自上而下的方式，各省和一些区域与地方政府也制定相应的环境政策计划，其目标根据 NEPP 的目标来确定，以保证 NEPP 的顺利实施。同时，在 NEPP 制定时，中央部门会与各个部门（包括省级地方政府）进行协调磋商，作为其实施保障的盟约在中央政府同地方政府签订的过程中也有反复磋商的程序。

2.4 程序与内容

2.4.1 美国战略规划

EPA 在制订战略规划之前，首先通过区域办公室咨询、搜集各州所关注的问题和优先领域，了解它们对 EPA 工作的期望和认同。区域办公室根据各州的意见整理成一份重点摘要，呈送给 EPA，由 EPA 将其发布在 EPA 网站上，并由 EPA 的相关部门做出初步的回应。

随后 EPA 制订战略规划大纲。该大纲除了在 EPA 网站公布，还将发送给相关机构和组织。同时，EPA 着手制订战略规划草案，草案同样将发送给上述机构。EPA 通过网络、邮件、电话等各种途径收取反馈意见。EPA 建立数据库整理这些意见建议，并对草案进行修改。

在草案基本形成后，EPA 将重点和各州（包括部落）及国会协商，EPA 根据他们的意见修改和调整战略规划。EPA 在形成最终文本之前，需要在参议院环境与公共事务委员会的主持下，向国会议员进行充分的咨询，任何对战略规划有兴趣的议员都可以参与其中并发表意见。在正式发布前，EPA 需要向该委员会提交简报。战略规划经美国环保局局长和各部分主要负责人签署后发布。

战略规划是整个战略规划体系中的核心部，分为 4 个部分：介绍、总体目标的分目标阐述（总体目标—具体目标—子目标—指标）、跨目标战略和附录。战略规划总体目标的建立、细化与阐述，是战略规划的主体部分。例如《2006—2011 年美国环保局战略规划》确立了 5 个总体目标。每个总体目标，战略规划对 EPA 在这一领域的工作做出概述，并设定具体目标。在具体目标之下，战略规划进一步确定更细致的子目标，子目标可以是定性（如“清洁空气与全球气候变化”）或定量的（如“清洁和安全的水”）。每一个子目标下再建立若干个可以定量评估的指标，指标是未来对子目标进行绩效考核的重要依据。

在建立起层层细化的目标体系后，战略规划着手论述实现目标的方法与战略设计。这些方法和战略设计按照子目标进行分类。如果子目标仍然包含多个工作领域的，则分类进行说明。对每个总体目标，在对具体目标进行分述之后，战略规划对实现该总体目标的保障措施予以说明，包括：①能力建设，论述 EPA 在该目标领域的人力资源储备和人力资源建设；②绩效评定，从本目标的角度简单说明战略规划与年度计划、年度报告的联系；③评估反馈，对近年来 EPA 工作绩效在政府绩效评估评分体系中的考评结果按具体目标作出说明；④问题和外部因素，对近年来 EPA 工作中所遇到的新问题进行识别，说明由于外部因素对环境工作造成的挑战。

2.4.2 荷兰环境政策计划（NEPP）

NEPP 的目标是以社会变化作为主要出发点，导向环境的可持续发展和经济增长。它是一个战略框架，识别环境问题及其原因，设定短期与长期国家环境目标作为环境管理执行的依据；同时又是一个行动计划，考虑每一阶段可以采取的措施，以特定的行动联系环境质量的结果与过程措施，如研究、政策文件生成、执行进展和强制机构等。NEPP 每 4 年更新一次，主题并不追求全面覆盖。

1989 年 NEPP1 公布，其目标是在一代人即 25 年之内达到可持续发展。内容包括对环境现状的详细描述和前景发展，要求从结构调整、总量控制和畜粪排放处理 3 方面控制人类对环境的破坏，并通过筹措资金和设立新税种两个方面来保证计划的实现。其主题有气候变化、酸雨、富营养化、扩散、废弃物处置、扰动、缺水、浪费，目标群包括农业、运输、电力和气体燃料、房地产、消费者、环境交易、研究和教育机构、环境和社会组织，目标水平包括地方性、区域性、流域性、大陆性和全球性目标。1990 年，又公布了 NEPP-90，作为对 NEPP1 的补充。

1993 年在对 NEPP1 和 NEPP-90 的评估中认识到，政府与企业间建设性对话、政府间持续一致合作的重要性，以及消费者、乘客、小型商业等分散人群并未涉及等问题。NEPP2 对 NEPP1 的初步结果进行了评估，并修改了部分目标，通过向各目标群提供明确的目标与清楚的信息来促进其实施执行，同时政府也密切关注其进展情况。

1997 年 NEPP3 公布，对上一个计划期内经验和教训进行简短回顾，认为过去 10 年中荷兰在享受经济增长的同时环境有很大提高——尤其在地方和区域水平上，但在气候变化、减少噪声和清除土壤污染物领域需要政府与民众更多的努力。

2001 年 NEPP4 以对 30 年环境政策评价为开始，提出的主题包括生物多样性丧失、气候变化、对自然资源过度消耗、健康威胁、外部安全威胁、对生存环境质量的破坏、可能的不可控制风险。NEPP4 提供到 2030 年的长期规划，以对这些持续性问题给予及时关注。同时，NEPP4 提出了制度创新，这是一种长期深刻的转变，包括技术、经济、社会文化和制度的变化，需要处理不确定性，包括向可持续能源系统、资源使用、农业的转变。

2.4.3 日本环境基本计划

日本国家级别的环境规划为环境基本计划，最早可以追溯到《环境基本法》制定以前。1977 年和 1986 年，日本环境厅（现为环境省）曾分别制定过《环保长期计划》和《环保长期构想》。1992 年《环境基本法》开始立法讨论，1993 年 11 月通过并公布实施，成为了日本政府有关环境保护领域基本施政策略的依据。根据《环境基本法》，日本政府先后制定了 3 次环境基本计划，成为中短期日本环境省施政的方向性纲领。

（1）第一次环境基本计划。1994 年 12 月通过，提出了构筑“循环”、“共生”、“参与”及“国际合作”等长期目标，以及为实现长期目标的施政纲领，明确了各社会主体的作用和政策手段等。

（2）第二次环境基本计划。2000 年 12 月通过，目标上沿用了第一次环境基本计划的四个社会长期目标，并进一步强调了“从理念向执行展开”和“确保计划的实效性”两个方面。“从理论向执行展开”针对全球气候变暖等 11 个领域设定了战略性计划，并给出了实施策略和工作重点。“确保计划的实效性”则推行环境保护体制和基本计划的进度检查。除此之外，第二次环境基本计划还涉及了消除化学物质对土壤污染及 PCB 等环境“负遗产”问题。

（3）第三次环境基本计划。2006 年 4 月通过内阁审议，提出了环境和经济发展良性循环环境政策发展方向，提出了“环境层面、经济层面和社会层面的综合提升”目标，明确了可持续发展的目标，即环境、经济、社会的良性循环，制定了 10 个重点领域的政策计划，规定了应尽可能采用定量目标和指标的管理方法。

根据《环境基本法》第 15 条第三项、第四项的规定，环境省制定环境基本计划的流程主要包括：环境大臣与中央环境审议会的意见交换与咨询、根据中央环境审议会的答复制成提案、提交内阁会议裁定、官方报告发表。

以 2006 年的第三次环境基本计划为例，其具体制定流程如下：①2005 年 2 月开始进行为期 5 个月的咨询与意见交换，包括对第二次环境基本计划的修正意见咨询，了解环境政策和各主体的基本状况、国外进展、环境政策相关的理念方法，确定目标、指标以及论点，完成第三次环境基本计划制定意向；②2005 年 7 月公示第三次环境基本计划制定意向，为期一个半月，收集 26 条国民意见；③与利益集团举行意见交换会，共计 13 次，召集民间、行业内、学术团体、地方公共团体、相关部门等 63 个团体与中央环境审议会进行意见交换；④重点领域的讨论。分为 10 个重点领域，平均每个领域约开 3 次讨论会；⑤第三次环境基本计划草案公示，募集 657 项意见；⑥地方团体公开募集意见；⑦第三次环境基本计划草案于 2006 年 3 月答辩；⑧2006 年 4 月内阁会议通过，2006 年 4 月官方报告发表。

2.5 规划实施保障

2.5.1 实施责任

日本环境基本计划制定并通过内阁审议以后，由环境省下属的各部门与其他省或都、道、府等地方政府合作，共同立项、建设、验收以完成环境基本计划规定的目标。

在荷兰 NEPP 的执行上，荷兰政府提供了政策和立法支持，除了经济调整、强制执行等手段，NEPP 还通过与目标群谈判协商签订盟约，以促进目标的达成，这也是 NEPP 实施的一个重要特征。

（1）盟约签订。盟约是政府和其他部门（如地方政权、各个产业和 NGOs）之间为了实现 NEPP 的政策目标而签订的书面协议。政府根据 NEPP 中制定的目标和与之相关的目标群进行谈判，最终确定某一期限下要达到的目标（如某年排放减少比例），但允许企业自主选择各种技术、经济等措施组合来达到这个目标。盟约具有民法契约的性质。

（2）法律地位。在 1990 年盟约推行之初，是以无法律约束力的形式加以诱导，也没有对协商和评估的安排。而现在则将其视为私法契约，具有法律效力，可以诉讼方式请求履行。但目前极少需要法院裁判，因为主管机关可以对不履行盟约者导入法规管制方式，或者利用许可制度以更为严格的排放标准促使其履行。

（3）监督机制。当盟约内容与当事人以外的第三人有直接利害关系时，协议内容或该协议重要部分应刊载于政府公报或以其他方式公开。同时，协议也应说明协议签订后的管理措施、评估方法、评估机关与评估时期等。实际上，一般协议均对监督、评估体系有所规范，设立监督委员会负责监督协议实施并提出建议。

2.5.2 实施评估

在美国 EPA 正式文件中，年度绩效计划经常与国会合理性论证作为一个完整文件出现。国会合理性论证部分和年度绩效计划相对独立，主要内容是 EPA 的机构工作和内务管理，不涉及具体的环境工作。“年度绩效计划与国会合理性认证”除了包含两个相对独立的内容外，还包括一个名为“核实与验证”的附件，它是对年度绩效计划的重要补充。这份附件，将对年度计划中的每一个绩效目标给出详尽的定量方法标准，包括：①定量的绩效目标；②源数据的来源数据库；③数据来源，指数据库中的源数据转化为可定量评价的数据的分类、计算和统计方法；④方法、假设及其合理性，针对源数据的收集和获取；⑤源数据的质量评价与质量控制（QA/QC）；⑥源数据质量；⑦数据的局限性；⑧误差估计；⑨新增或改进的数据种类或数据收集系统；⑩参考文献。这份附件建立了严格的数据获取和评估体系，保证数据的客观、精确和可靠，以及评估方法的科学性和可行性。

荷兰的 NEPP 中实行两个方面的监控：行动监控和环境监控。前者用来衡量政策和计划的成功，如对自愿协议措施的监控等；后者则是对环境因素（如排放数据、环境质量等）的监控。VROM 每年公布环境纲要，对当前的 NEPP 进行评估，并做出下年计划。国家公共卫生与环境保护研究院每年公布国家环境展望，提供国家环境状况详细信息并与 NEPP 中设置的目标相联系，讨论 NEPP 执行过程中的成就、障碍和遇到的问题，提出未来的发展趋势，并预测其对环境的影响，据此对下一个 NEPP 提出建议。每 4 年 RIVM 还需提交一份科学报告，详述至少一个 10 年的环境质量发展状况，主要概述在此期间最可能发生问题的有关条件状况，也包括在有理由认为会出现问题的不同发展状况。

日本的环境基本计划的实施通常情况下包括 3 大类的环境效果评估，即战略环境评价、环境点检制度和环境影响评价，分别针对环境基本计划的立项规划编制、环境关怀行动和项目实施后效果。其中环境点检制度是典型的规划实施评估制度。环境计划点检制度是根据《环境基本法》第 41 条建立，由中央环境审议会下的环境基本计划点检分委员会依法每年对环境基本计划的个别领域进行抽查，并对今后政策的方向性调整对政府报告。点检方法包括调查表调查和公开听证会两种方式，报告内容包括环境情报、环境保护行动现状、各府省的环境关怀方针检查结果以及环境基本计划重点领域执行状况，报告提交内阁会议，以协助完成环境保护经费预算修订和政策调整。环境基本计划的点检每年进行一次，点检的内容包括两大部分的内容：①相关政府部门的自主点检。作为自主点检重要的一环，需对“重点调查事项（中央环境审议会的关心事项）”进行深度分析，并报告中央环境审议会（仅限于与调查事项相关的部门）。除重点调查事项外，对环境关怀方针的运用状况进行综合调查。②中央环境审议会的点检：综合点检，即在公众监督下对环境基本计划总体实施状况进行综合评价；综合的环境指标，相关部门的环境关怀方针运用状况调查、其他各项调查等。重点领域的点检，即以环境基本计划第二部第一章中规定的重点领域政策项目为单位进行审议，每年选取 5 个重点领域作为重点领域进行点检。“重点点检领域”之中，中央环境审议会特别关心的“重点调查事项”由事前制定进行深度审议。重点点检领域的审议时，与重点调查事项相关的政府部门必须出席，并做出报告。灵活使用重点领域的特有指标体系、相关部门的自主点检、个别计划的点检内容相结合，每年点检报告提交中央环境审议会，对因为经济政治等条件改变而不再适合当时情况的环境基本计划相关内容作出修订建议，由中央环境审议会决定是否采纳和实施。

2.5.3 公众参与

美国《政府绩效法》规定，在制定战略规划的过程中，编制机构需要和国会协商，并且向受到规划潜在影响群体以及对战略规划感兴趣的群体征求意见，考虑其观点和建议。

公众参与在荷兰 NEPP 的制定中有很好的体现：EMA（环境管理法）规定，所有级别的环境政策计划在定稿后都要在相应级别的报纸上予以公布。VROM 依靠公众支持来对其它部门的环境不友好行为产生作用，同时也为公众提供及时准确的信息。而在公众参与中，NGOs 又起着举足轻重的作用。NEPP3 规定 NGOs 有 3 种参与政策讨论的方式：全参与讨论、参与部分与之相关的讨论、仅被告知进展。VROM 与 NGOs 之间联系密切，每次环境主题在政府内部成为次级优先时，NGOs 是 VROM 展示公众对强大环境政策支持的最好工具，能够对议会颁布的国家政策产生有利影响、促进政策执行或者向公众加强宣传的 NGOs 可能得到 VROM 资助。

2.5.4 实施手段

日本环境省为保证环境基本计划付诸实施，根据《环境基本法》设置了环境关怀方针、环境保护经费、环境基本计划调查、基本计划点检制度、环境管理系统、地域环境行政支援情报系统、环境影响、环境教育等一系列保障措施，确保环境基本计划能有效实施。

（1）环境关怀方针。环境关怀方针是日本环境省具体实施和有效推行环境基本计划建立的基本体制。环境关怀的基本方针包括 3 类：以环境保护为目的的政策筹划、立案和实施；公共设施建设等的环境关怀；对通常经济活动主体的活动的环境关怀。环境省制定《环境省环境关怀方针推进系统设置纲要》，对以环境保护为目的的政策筹划、立案和实施以及公共设施建设等的环境关怀实施“环境省政策评价基本计划”，而对通常经济活动主体的活动的环境关怀则使用“环境省环境管理系统”管理。

（2）环境管理系统。日本的环境管理系统包含两部分：为达成环境目标、方针等而实施的措施即环境管理；自主的客观的环境管理状况检查即环境检查。其环境管理系统的核心 ISO 14001 认证，建立以财团法人日本适合性认定协会（JAB）为中心的第三方认证审查登录制度。

（3）环境保护经费。为高效展开环境保护政策，依据《环境省设置法》第 4 条第 3 号规定，每年初编制预算，年中根据环境基本计划实施的情况进行修改。日本环境保护经费根据环境基本计划重点实施领域的项目分类编制。近年来，日本环境保护经费保持在 2 万亿日元以上（每年略有差异），巨大的投资和环境立国的国策，保证了日本环境的迅速改善。

（4）环境基本计划调查。日本环境基本计划调查是面向公众和社会团体的环境基本计划的实施状况调查。根据对象的不同，环境基本计划调查分为地方公共团体调查、民间团体调查和行业调查。调查采用邮寄形式，约每年进行一次调查。调查结果公布，并作为下一年度环境基本计划的实施提供参考。

3“十二五”环境形势与规划战略定位

3.1 充分估计我国中长期巨大环境压力

（1）增长的资源环境代价还将在一定时期内居高难下。我国经济发展正向工业化中期阶段过渡时期，经济增长的主要动力来自于第二产业的增长，传统意义上的污染型行业依然在增长。经济增长方式的转变需要一个过程，随着经济总量增长而持续增长的污染物产生量对环境安全的压力越来越大。工业各行业随着科技进步、技术改造、加强管理，单位产值（或产品产量）污染排放强度会降低，但是由于总的规模增长，污染物排放总量会居高不下，甚至有增加可能，对环境可能会造成更大的压力。

（2）人口增长和消费转型产生空前的环境压力。预计到 2020 年前后，我国城乡居民家庭逐步由温饱型生活向小康型生活转变，城乡居民消费类型将发生巨大变化。未来 10 年乃至更长一段时间，高档耐用工业产品、肉蛋奶等畜禽产品的消费总量不断增加，电器、房屋以及汽车等家用消费品的增长速度仍要加快，废旧家用电器、建筑废弃材料、报废汽车和轮胎等的回收和安全处置将成为未来 10 年乃至更长一段时间内一个重要的环境问题。另外，牛羊放养数量的增加和城市郊区规模化畜禽养殖业的大幅度增长也将进一步加大局部地区的环境压力。

（3）结构性污染和粗放型增长方式使环境资源压力持续增加。自 2002 年起我国经济进入新一轮重工业发展期，预计未来20年，一些传统意义上的污染较重的行业，如钢铁、水泥、有色金属、煤炭、石油工业、化学工业、电力、交通运输等原材料工业和基础工业还将保持相对平稳的增长态势，其中电力工业增长速度与经济增长速度保持 0.7～0.8 的比例关系。对全国总体而言，未来 20 年这些行业依然是国民经济发展的重要支柱产业，污染物排放量依然很大，煤炭在能源总消费中的比重虽然在持续下降，但消费总量有可能持续增加。

（4）城市化进程加速对环境造成较大的冲击负荷。到 2020 年，城市化率达到 50%左右，城市生活污水和垃圾产生量将比 2000 年分别增长约 1.3 倍和 2 倍。在绝大部分中小城市和城镇基础设施建设严重滞后的情况下，届时未经处理直接排放的城市污水量仍略高于目前水平。预计未来 10 年，城市大气污染暴露人口（PEP）将达 4 亿多，而且大部分集中在中小城镇地区。在城市化进程中，不仅要解决城市化滞后于工业化、基础设施欠账多等造成的传统的环境问题，而且要及时处理更为复杂的复合污染问题。

（5）经济全球化和科技发展对环境保护带来新挑战和新问题。未来大量进口石油、天然气及大宗矿产品，将带来能源安全和资源安全问题。2008 年前后我国 CO_2 排放总量将居全球第一，2020 年人均 CO_2 排放量将接近全球人均平均排放水平。另外，新技术发展在为解决环境问题提供有力工具的同时，可能会产生许多新的环境问题，带来新的环境挑战，如生物技术对生态环境的影响具有很大的不确定性，科学技术的快速发展导致和促进了大量的新化学物质的合成，而有些化学物质可能成为自然系统中新的持久性有机污染物（POPs），反过来对人类健康和自然生态平衡构成威胁，另外随着现代通信与信息技术的发展，也会产生大量的“现代垃圾”和电磁污染。

3.2 在 2020 年环境需求下看待“十二五”规划目标

分析认为，环境目标将是 2020 年全面小康社会建设目标最重要的、最薄弱的环节，“十二五”环境保护规划目标年应包括 2020 年，将 2020 年环境保护目标和任务有机纳入“十二五”环保规划，而不仅仅类似于“九五”计划展望到 2010 年的“虚拟”做法，应从 2020 年全面小康目标乃至 2030 年、2050 年环境保护目标出发看待 “十二五”目标、任务、措施。实际上环境保护作为基础性规划，应尽可能长远筹划，淡化应急功能，应在国家环境保护“十二五”规划编制上适度进行中长期环境规划的探索，使其具有一定的前瞻性和战略性。

根据过去 10 年的发展经验、资源环境状况、未来发展趋势、国家发展战略和环境需求，结合十七大提出的 2020 年全面建成小康社会的战略目标，确定我国环境保护的阶段目标是：

（1）2020 年。环境状况与全面实现小康社会相适应。基本完成或接近完成工业化，经济发展方式得到初步转变；主要能源、资源的需求总量快速增长的势头得到基本遏制，主要污染物排放得到有效控制；常规污染、城镇污染得到基本解决，环境建设大幅度加强，环境质量明显改善，现有饮用水水源不安全因素基本消除，生态恶化趋势得到基本控制，生态文明观念牢固树立。

（2）2030 年。环境质量全面改善，环境与经济社会基本协调。环境与经济社会基本协调、融洽和谐；有效克服人口、粮食、能源、资源、生态、环境等制约可持续发展的“瓶颈”，污染物排放总量得到全面控制；农村污染、非点源、新型环境问题得到基本解决，环境恶化趋势得到遏制，基本消灭全国劣Ⅴ类水体，饮用水水源、城市空气质量基本达到要求，生态系统结构趋于稳定，生态环境有所改善，农村环境状况基本保持稳定，环境质量实现根本好转，人体健康得到有效保障。

（3）2050 年。经济、环境发展呈现良性循环。人口、资源、环境、发展全面协调，资源节约型、环境友好型社会已见规模，全面达到世界中等发达国家的可持续发展水平，全国各地普遍实施环境优先的战略，生态文明蔚然成风，步入可持续发展的良性循环阶段；农村环境质量改善，环境质量显著改善，生态系统结构高度稳定，城乡环境清洁山川秀美；环境质量普遍达到功能区要求，全国环境状况与基本实现现代化相适应。

2020 年以前的环境保护中心任务仍是以削减污染物排放总量为代表的污染控制。污染减排是国民经济和社会发展的重要约束性指标之一。2020 年前后，中国资源、能源等的消费高峰陆续到来。在 2020—2030 年资源、能源、人口、工业化压力没有解决前，社会、经济发展对环境的压力依然是一段时间内持续的主题，基于总量控制的污染减排将是一个长期的、艰巨的、复杂的历史任务，2020 年前实施污染减排仍然有重大意义。

不宜对“十二五”环境质量目标提出过于乐观的要求。实现环境质量全面改善是 2030 年目标，实现生态良性循环是 2050 年目标，2015 年或者 2020 年在全国范围内应慎提环境质量的改善和非常规污染物的有效控制目标。中国目前现行的规划及措施的着眼点，无论是 COD 还是 SO_2 的污染减排政策基本上是针对点源污染的对策，而对非点源减排政策的制定与实施还有很大不足，这将在很大程度上影响污染减排对应的环境质量改善效果。对畜禽养殖、农村生活污水等 COD、氮和磷排放源，尚缺乏系统的应对措施。同时考虑到历史遗留的环境问题，以及类似的环境负荷逐步释放，试图在大规模环境建设之后很快取得环境质量的全面改善是不现实的。目前的设施建设，其运行效益的发挥、运营机制的建立也还需要一定的时日。

3.3 “十二五”环保规划面临的趋势和挑战

3.3.1 经济社会转型期、区域差异大加剧了规划编制难度

环境保护规划在某种意义上是“预测未来”，由于规划所包含的不确定因素太多，加上现有规划技术的有限和薄弱，环境决策带有很大的风险性。“十二五”期间乃至更长一段时间内，我国经济社会还将处于转型期，经济发展态势等存在一些不确定的因素，资源能源消耗发展趋势和拐点难以明确，城镇化速度、重化工进程、产业结构调整力度也难以准确模拟预测，政府的环境意志和全社会环境的支付意愿也是处于动态变化的，环境保护规划受这些社会经济发展态势、资源能源消耗、国际国内形势影响较大，这也使规划目标的实施难度加大。我国目前处于经济高速发展期，同时也是环境问题凸显期，必须从理论、方法、原则、工作程序、支撑手段、工具等方面逐步建立起一套动态监测、跟踪评估系统，同时根据社会经济发展情况不断更新调整、修订。

3.3.2 进一步凸显政府事权和国家意志

环境保护是政府的职责，规划是约束和指导政府行政的纲领性文件，政策性强。环境保护规划是政府环境保护决策在时间、空间上具体安排。编制和实施环境保护规划是落实科学发展观的重要举措和途径，是环境保护政府事权的客观要求，也是环保部门发挥环境综合管理职能，落实统一环境规划、统一执法监督、统一信息发布职责的具体体现。随着政府职能的逐步明确，环境保护规划的政府事权特征将日趋明确，并应进一步在规划编制的基础上落实包括中央政府在内的政府职责和事权财权。

“十二五”规划将进一步强调国家事权，理清政府间关系。①规划目标指标选择要进一步体现国家导向、国家事权，宏观反映全国总体趋势和特征，以国家重点工作为主，充分发挥规划指标对未来一段时间内国家环境保护重点工作的引导作用，并能够反映全国总体环境变化趋势以及特征表现，如国控断面、环境保护重点城市、全国性的总量控制因子等指标。②跨界和区域性环境问题将是“十二五”环境保护规划的重要内容。应在“十二五”前期研究期间，明确跨省界水体水质目标的阶段性要求，编制跨国界水体污染防治规划，强化区域性和重大环境问题的统筹解决，这也符合国家事权和环境规划日趋约束化的双重要求。

3.3.3 日益关注基于约束性目标要求的可达性分析

环境保护规划目标指标的约束性将越来越强，环境保护规划的法律化和环境法律的规划化是规划约束化、法律实体化的必然趋势。将资源环境保护作为各级政府必须履行的法律责任，并将目标量化为约束性指标，反映出促进由以环境换取经济增长向以环境优化经济增长转变的战略思想，这对于规划目标指标、任务的确定提出了新的要求，环境保护规划将逐步由“软规划”向“硬规划”过渡。

由于环境保护规划投入事前保障机制没有建立，约束性环境规划的资金保障等存在一定的不确定因素，以及环境质量目标的部分不可控性，这些都使约束性环境规划指标确保达到难度极大，与此同时，淡化、弱化、软化环境目标指标约束性要求的趋势也同时存在。

3.3.4 体现环境规划对环境政策、标准、工作的先导性

以统一环境保护规划为首要任务的“三统一”，一直是党中央和国务院赋予环境保护部门的职责。为加大环境政策、规划和重大问题的统筹协调力度，国务院已于近日组建了环境保护部，其主要职责是，拟订并组织实施环境保护规划、政策和标准，组织编制环境功能区划，监督管理环境污染防治，协调解决重大环境问题等。这从一个侧面充分说明了环境规划对环境保护工作全局性的指导作用。

环境规划是环境管理的首要职能，担负着从战略上、整体上和宏观上来研究和解决环境问题的任务，而不应将规划简单视做未来工作和现行政策的汇总。“十二五”期间，应进一步强化环境规划的宏观指导作用和政策性，超前谋划，统筹衔接，选择能够体现国家环保政策导向的关键指标，与国家宏观环境管理形势相一致，形成包括一个远景的框架（战略规划）、一个近期目标（年度计划）和行动指南在内的规划体系，进一步提升

规划目标和任务对环境保护工作的超前指导性，打造规划—政策—标准一体化的环境管理战略的先导体系，以规划指导环境保护的全方位工作。

3.3.5 以统一编制和实施环境规划作为跨部门系统管理的切入点

环保规划跨行业、综合性较强，统一规划编制的难度较大，环境保护规划编制的衔接问题，也一直是规划编制和实施的重要议题。环境保护规划编制和实施方面的问题实质上是环境保护行政管理诸多体制性、机制性问题的表现，长期以来统一环境规划的思想没有难以有效体现。

随着大部制的逐步实施、部门管理趋向政策和宏观调控和部分资源管理和产业管理职能的重新调整，“十二五”环境保护规划须定位在可持续发展层面，把握经济与环境的互动关系，将努力实现“历史性转变”作为“十二五”期间环境保护工作的主要着力点，务求统筹兼顾、远近结合、目标与措施相统一、需求与可达性相平衡，落实在规划、实施、管理全过程，通过环境规划的统一编制和实施，逐步实现环境保护的系统管理。

3.4 合理确定规划定位和作用

环境规划是一个动态的过程，具有较强的时效性，兼顾指导性和可操作性。环境规划具有较强的时效性。无论是环境问题（包括现存的和潜在的）还是社会经济条件等都在随时间发生着难以预料的变动，基于一定条件（现状或预测水平）制订的环境保护规划，随着社会经济发展方向、发展政策、发展速度以及实际环境状况的变化，势必要求环境保护规划工作具有快速响应和更新的能力。它的影响因素会随着时间推移而发生难以预测的变化，实现环境目标存在一定难度。因此目前有些人员认为规划是搞形式主义。也有一部分领导过分看重环境规划，希望把它编成具体操作手册，过分追求机械的可操作性。环境规划毕竟是一种不确定性很强的宏观规划，尤其是处于社会经济转型期间的我国，环境规划追求的是规划的整体性、综合性和长远性，总体规划不可能编得过分详细，也难以与具体区域输入响应直接挂接。这两种对环境规划的认识和定位都是不可取的。实际上，不同层次的环境保护规划，在宏观指导和可操作性之间往往是相互兼顾的。

不能将规划定位为部门工作汇总，丧失对政策、标准、工作的先行指导性。在环境保护规划编制中，还存在一种定位，将环境保护规划作为部门工作的汇总，重视本部门、本单位的工作在规划中有所表述，而对规划实施则重视不够。另外，一些规划在规划编制过程中往往比较拘泥，政策上不敢突破，形式上类似于领导讲话或政策文件，具体性体现不足，文字越来越精练，工程、项目、措施针对性不强，这也是与规划的约束性特征背道而驰的，应形成规划先行，规划指导环保政策、环境标准和环保管理工作的良好格局。

3.5 着力促进环保规划四个战略转变

基于国内外环境保护规划编制和实施的对比分析，充分考虑“十二五”环境保护的形势和挑战，为了加快实现环境保护工作的“历史性转变”，建设环境友好型社会，“十二五”环境保护规划应逐步实现以下 4 个方面的战略转变：

3.5.1 从目标规划向过程规划转变

我国目前的环境保护规划最直接的特征是目标规划，有时甚至是僵化、机械化的目标管理，轻视过程控制，这是规划编制与实施脱节、环境规划流于表面的一个重要原因。

（1）要改变把规划目标局限于一个孤立的指标值的做法，应该实施目标的动态管理。在规划编制过程中进一步协调统一思想，在规划实施过程中推进环境保护的综合管理，强化规划的公众参与、决策、动态调控、规划实施、监督考核，建立规划目标实施过程与社会经济发展的联动关系，有条件的，还可以对规划目标进行评估调整、定期修订。

（2）着重强调过程管理。对环境规划实施进行过程控制管理，对目标执行和实施过程进行规划，从目标制定到目标实施的全过程管理，对规划决策与实施过程的范式管理，公众参与和利益相关方参与管理，对规划执行与实施政策的制定和调整。

（3）加强环境规划管理，建立环境规划的行政体系。目前我国环境规划从编制到实施各环节职权内容和范围不清楚、监管难以到位。应明确规划制定和实施等环节的职责，改变不平衡的管理体制，加强跨部门的统一规划与管理，责权利分解落实。

3.5.2 从软性规划向约束型规划转变

第一，适应规划目标约束性要求，加强规划编制的技术研究分析工作，充分考虑社会经济发展不可控等因素，按照可达性原则合理确定规划目标指标。第二，目前我国环境保护规划一方面从计划转向规划，淡化行政计划和命令色彩，同时提出了约束性指标要求，应该从法律角度为其约束性和效力寻求依据，力争目标从行政约束力向法律约束力转变，从近期污染减排目标向中远期环境质量约束目标转变，从环境质量目标向公众健康和人与自然和谐目标深化。第三，应建立约束性目标规划要求约束性预算和约束性保障措施的要求，加强规划内容和任务对预算的导向作用。第四，强调规划目标的分解考核和责任机制，完善规划实施评估机制，逐步建立约束性规划编制和实施的技术方法体系。

3.5.3 从重环境保护规划编制向重规划编制和实施转变

我国环境保护规划执行力差的重要原因是编制和规划脱节，重编制而轻实施。从目前的经验来看，在规划实施过程中，由于缺乏相应的实施评估机制、监督管理机制等，国家环境保护规划及地方环境保护规划执行情况不一，且缺乏考核，导致环境保护规划难以按照预期思路得以贯彻执行，“十二五”规划需要切实改变规划编制和规划实施脱节的局面。

应建立规划投入保障落实下的规划编制技术路线。环境保护规划投资的不落实是规划目标难以落实的最重要原因。“十二五”期间，应逐步改变这种不与投资保障挂钩的规划编制方法，借鉴国际经验，结合部门预算体制和公共财政体系改革，进行预算投资规划编制的试点，逐步建立预算投资保障前提下的环境保护实施计划编制技术方法。应大幅度提前环境保护规划编制的时间要求，环境保护规划应在规划期初得到批复，以利于预算资金的落实和安排。

加大力度做好规划执行和督察工作，做到规划编制实施的“谋、断、行、督”4 个环节并举、不断线。国家环境保护行政主管部门应逐步树立规划实施情况督察定位，明确各级政府规划实施的主体地位，将规划目标任务的分解、实施评估、考核作为手段，着力强化规划的实施环节，中立、客观地评价规划实施状况，适宜进行规划目标任务的动态调整，向社会公开规划实施进展情况。

3.5.4 从污染防治规划向基础性、空间型、经济导向性规划转变

我国目前推行的规划主要是强调污染防治规划的特征，但在优化配置资源、预防环境污染发生、促进经济协调发展方面所起的作用还不明显，环境规划的编制理念仍停留在“就环境论环境”的阶段。“十二五”期间，应逐步开展基础性、空间型和经济导向性规划的试点。

（1）试点建立基础性的环境规划。应以区划为基本出发点，以大区域环境功能定位确定微观单元保护目标，进行承载能力或环境容量分析，提出中长期战略目标，提出基于环境约束的社会经济发展布局和总量约束条件，形成具有法律约束性的、基础性的环境规划，作为社会经济发展规划的前提条件，而不是由环境被动地适应经济社会发展。

（2）以环境与经济布局关系为突破口，解决格局性污染问题。环境保护问题往往是一个布局调控的问题。从“十一五”规划来看，省级规划普遍缺乏明确的空间布局要求，规划空间落地较少，无法实现对区域分类指导、优化经济布局的作用，对经济发展、产业布局等指导性不强。各省规划在目标、指标、任务、措施上统一讲得多，分区推进、分类指导的内容较少，空间调控的明确禁止要求就更少了。“十二五”规划编制和实施过程中，要强化区域发展的环境要求，对大、中、小城市，农村、城乡结合部提出不同的要求，妥善解决跨区域、跨流域的重大环境问题，促进经济布局的合理有序。

（3）要将引导经济发展作为规划的目的之一，提出可操作的引导调控手段。环境保护问题深层次问题是经济发展模式，环境保护与经济的融合是发展趋势，是解决环境问题的最根本途径，环境保护规划不能脱离这一认识而局限于污染治理层次。要明确以环境要求调控经济发展的方针，体现污染治理和经济导引的双重特征，强化向国民经济规划、产业规划和城市规划的渗透，实现约束性措施和引导性措施并重，加强多元化经济调控手段的应用。

4 “十二五”环保规划的若干建议

4.1 履行职责，统一环境功能区划和规划

（1）建议尽快出台《环境保护规划法》或《环境保护规划条例》，强化环境保护规划作用。环境保护部的职责第一条是拟订并组织实施环境保护规划、政策和标准。但目前环境保护规划尚未走上法制轨道，其报批、实施和检查仍无章可循，这不仅导致了在对

环境规划理解和认识上的混乱，而且在一定程度上影响了环境规划应有的权威性、严肃性和实施效果，更难以实现统一环境规划及其对政策、标准的引导性。在目前环境保护机制体制尚存在较多短期难以解决问题的客观现实下，建议出台环境规划法或条例，进一步强化环境规划的作用、地位，把规划申请、授权许可、公众参与、规划调整、规划实施等各个过程以法律的形式固定化，形成全面的环境规划法规体系，做到依法编制、依法行政。同时，这也可以从一个侧面为解决环境保护的机制体制问题做有益的探索。

（2）以统一环境功能区划为龙头实现统一环境保护规划。环境保护部的第二项职责是组织编制环境功能区划。建议环境保护部采取有效措施，以区划为龙头实现统一规划：①着力研究提出跨省界区划方案或者大区域性的环境功能区划，填补空白，以使对各省考核有目标、有要求；②研究集水、气、生态一体的环境功能区划，并做好与主体功能区的衔接；③将区划确定的目标作为规划的中长期环境目标，规划措施分期落实；④“十二五”规划编制进一步强调规划落地，落实于具体的功能单元。

（3）努力实现规划目标任务与实施手段和调控措施的匹配。过去的环境保护规划，往往规划目标属于环境保护系统管理，其他的工程、投资、建设都在外系统，环境保护规划的实施处于“吆喝”层次，是“两张皮”。本次国务院机构改革方案，在传统的监督管理环境污染防治职责外，第一次明确提出组织实施环境保护规划、协调解决重大环境问题等也是环境保护部的主要任务和职责。这要求应进一步转变观念，开拓进取，适度介入环境建设领域，超前谋划重大工程，力争投资等调控手段逐步到位，做到规划目标、任务、手段、措施的适度统一，“十二五”规划编制和实施应在规划宏观指导性和重点区域问题的可操作性两者之间做好衔接和平衡，进一步突出工程规划编制、衔接、跟踪实施力度。

4.2 构建合理有序的规划体系

（1）继承“横向+纵向”的规划体系，增加要素规划的覆盖面，试点编制复合型污染的环境规划。为提高规划的可操作性，建议在提高总体规划战略地位的同时，增加要素规划数量，提高要素规划对具体环境工作的指导性。随着国内及国际环境问题的不断变化、社会经济的飞速发展，目前横向环境要素规划已经不能完全体现新型环境问题（复合型、交叉性、多变性），建议改变单一要素的视角，结合贸易全球化及全球环境保护的发展趋势，进行复合型污染防治规划的试点。

（2）国家环境规划体系设想建议。具体包括总量控制实施规划、重点流域水污染防治规划（含近岸海域）、跨（国）界地区水污染防治规划、火电厂高架源污染防治规划、固体废物与土壤污染防治规划、气候变化应对规划、国家生态保护规划、重点行业污染防治规划、国际履约环境规划、重点环境保护设施工程建设规划、国家环境监管网络能力建设规划，以规划明确中央地方事权、财权，开启环境保护规划新篇章。

（3）着力加强环境规划体系相互衔接。各层次规划间以环境目标体系建立关联，改变“十一五”规划省级规划和国家规划之间缺乏衔接、环境保护规划纵向和横向的统一性没有得到落实的问题。同时，遵循“三个统一”，即环境总体规划与要素规划的统一，国家环境规划与区域、地方环境规划的统一，中长期规划与短期规划、实施计划的统一，理顺相关规划间的关系，确立层次分明、功能清晰的规划体系。

（4）理清各层级环境规划的重点和差异。对于省级以上环境规划以总体规划为主，以战略性、宏观性、指导性为主，给地方环境规划留以足够的灵活性；省级环境保护规划应兼顾政策性和具体性，以强化区域指导性，突出本省重点，尤其是直辖市规划具体性和针对性应更强。对于区县级以下的环境规划，要结合当地实际情况尽可能详细地编制，并给出具体的实施方案。区县一级环境保护规划应强调可操作性和实施性，可以纳入国民经济和社会发展规划中的环境保护篇章，并多以具体区域和流域治理实施方案形式出现。

（5）强化目标指标的可达性分析和关联度。环境保护规划可达性重点表现为规划目标指标的可达性。规划体系尤其要解决各层次环境规划之间的衔接，尤其是目标层次的衔接，通过下层规划的实施支撑上位规划的可达性。上一层次的规划是下一层次规划的依据和综合，起指导和约束作用；下一层次规划是上一层次规划的条件和分解，是其有机的组成成分和实施的基础。

（6）实现总体规划和要素规划的有机互补。总体规划应当反映国家环境发展的未来方向，通过宏观的环境政策、优先领域识别和全局规划目标，政策内容需要适度丰富、超前，引导而不是落实具体的环境工作。要素规划承启总体规划和具体的工作计划，应当具有可操作性和对实际工作的指导作用，较大程度地增加要素规划的数量，要素规划指标可以与总体规划在有所对应的基础上有所区别，并应落实工程、资金、权责。

4.3 实现编制和实施统筹衔接

（1）在规划编制全过程中广泛征求地方、部门意见建议并力求实质参与，实现规划实施的前置衔接协调。目前我国部分规划人员存在“思想错位”，在编制规划的过程中过分注重规划的编制技术，而对规划的实施考虑不够，从而对规划的部门协调、实施可达等重视不够，没有实现通过环境规划编制实施达到统一管理的目的。必须实现环境规划从重编制技术到重规划衔接和规划实施的战略转移，在规划编制全过程就实现部门和地方的实质参与和前置协调，有利于规划报批和规划实施。

（2）注重公众参与，在自上而下的体系中增加自下而上的因素。环境规划从本质上讲是保障公众利益的一种公共政策，从其制定到实施，都应有广泛的公众参与。目前公众参与的范围和途径有限，参与意识淡薄。①在规划制订阶段应引入公众参与，切实体现公众诉求；②规划的对外公布和广泛宣传，是市场经济条件下对规划工作的一个新要求，也是扩大规划编制实施中的民主参与的必要途径。在社会主义市场经济体制下，只要符合法律法规的规定，所有规划都应向社会公布，并采取多种形式进行广泛宣传；③在规划实施的检查、监督、问责过程中引入公众参与，及时处理公众的建议、意见以及举报，定期向有关部门报送公众参与报告，并在网站上公布。

（3）加快建立环境保护规划编制实施技术平台。鉴于环境本身的跨部门、多要素特征，环境保护规划涉及方方面面，尤其是社会经济发展的不可控性和资源、能源消耗等规划实施影响的制约性，建议尽快建立规划实施技术平台，优先启动经济—资源—能源—环境的跨部门预警平台，强化环境保护规划实施与经济社会的联动预警分析，加强规划实施评估，做好规划适时调整、修订的技术准备。

（4）完善环境规划的实施评估机制，实施环境规划行政问责。规划评估是保障规划有效实施的必要环节，也是一些市场经济国家和国际组织的普遍做法，而行政问责是指行政人员有义务就与其工作职责有关的工作绩效及社会效果接受责任授权人的质询并承担相应的处理后果，完善的规划行政问责机制有利于促进政府部门有效地完成环境规划的任务。①尽快建立规划实施技术方法体系，研究规划实施、规划管理技术方法，设计环境规划评估体系，建立我国环境规划评估考核的指标体系和技术方案；②以国家环境保护“十一五”规划中期评估为试点，形成规划实施评估机制，形成规划评估基础上编制下阶段环境保护规划的编制思想；③对于环境规划实施，必须具体明确各部门责任和任务，避免互相推诿、责任不清，解决环境保护综合性、跨部门的特征需求；④在规划实施评估的基础上，要完善异体问责，这主要包括人大问责和公众问责，规划实施评估结果应公开公示。

4.4 力争若干环保规划创新

（1）编制法律意义上的中长期环境规划。借鉴美国和荷兰成功经验，建议开始着手编制一个 10～20 年中长期的或更远期、基础性的全国性环境规划，由人大审议发布，明确区划和目标定位，编制合理可行的综合性环境功能区划，强化该环境规划的空间调控性，不仅仅局限于污染防治内容，强化环境规划对我国经济发展的约束导向功能，并作为今后中长期全国各项环保工作的战略指南，并通过五年规划、年度计划方式逐步予以实施。建议“十二五”期间将青藏高原规划作为此类规划的试点，编制完成后，由人大审批，并对规划实施、执行情况进行跟踪报告，作为基础性规划的试点。

（2）编制全面、可达的“十二五”总量控制实施规划。“十二五”期间，还难以实现全国环境质量的全面好转，实施主要污染物污染减排仍然是重要的内容。总量控制在“十二五”期间，还将继续实施，但实施方法、指标、绩效等需要优化调整。应改变“十一五”总量控制目标、任务、措施不衔接的情况（单独下达总量控制计划目标，滞后发布综合性工作方案、落实资金），编制总量控制规划，强化实施而不是仅仅局限于总量控制目标，以工程保障、立法明确、政府预算等为主要实施计划内容，编制基础条件具备、保障措施可行的总量控制实施规划。

（3）着手编制 3 年期重大预算项目战略规划。参考美国环境战略规划模式，编制国家环境保护部 2009—2011 年 3 年期重大预算项目概念性规划，将其作为年度预算的重点项目指南，提高预算编制的战略性、整体性、前瞻性，确定国家财政资金介入环保投资的方向和重点，并作为供给型规划编制的试点。各省应结合环保目标任务，在规划中应该明确环境治理的投资方向和宏观需求，加强资金的投资来源分析，逐步实现约束性指标、政府事权有相应的约束性预算和政府问责制度。

（4）编制统一的重点流域水污染防治规划。建议规划体系中不按“33211”分别编制规划，编制一套重点流域规划强调规划的普适性及其法律效力，“十三五”或更长一段时间内逐步扩展到编制全国水污染防治规划，规划中应规定省界断面和国控断面考核目标，强调国家事权，履行环境保护部组织编制功能区划的核心职责。

（5）在要素规划质量导向的基础上，试行人体健康和生态系统的规划战略重点转移。国外的环境工作已经基本实现了较好的环境质量和严格的污染控制，因此其关注的已经不是单纯的环境质量，而是环境要素对人类需求的满足程度，关注社会的可持续发展。因此，国外的目标设定，普遍转向从人体健康和社会效益角度进行。从主题演变来看，早期的荷兰 NEPP 主要关注企业部门的责任，涉及其减排、清除已存有毒污染物、创造更加环境友好的过程和技术等，而到后期则集中于更加广泛的社会责任，如公众的过度消费行为、社会结构变化、环境破坏和经济发展的分离等。这些反映了规划编制战略思想转变和环境保护的阶段性特征。我国地区经济社会发展水平存在较大差异，全国大部分地区还是以加大环境污染防治力度、促进环境质量改善为规划主要目标，但对经济实力强、社会环保意识高、污染控制有力、环境质量优良的区域，可以进行环境规划目标和编制思想转变的先期试点，适当考虑公众健康与生态系统保护，实现从环境质量目标向公众健康和人与自然和谐的目标深化。

4.5 合理规范规划文本结构

（1）“十二五”规划编制应淡化工作领域、强化要素导向。这是符合环境保护发展约束性趋势，以及从污染防治—生态系统—人体健康递进的环境保护目标要求。应强化土壤污染防治的内容，逐步建立水、气、土壤的环境要素规划体系。建议在“十二五”环境规划中，基本以环境要素为基础进行任务和措施规划。对管理能力建设等“软指标”的实现，或者近期内难以快速达到的目标，或不具有规划期治理见成效的领域，如农村环境保护等，可以采用环境工作领域导向文本写法，也可以采用要素规划与领域规划相结合的方式进行任务和措施的制定。

（2）处理好各类规划全国宏观要求和环境质量导向的差异。对于水、气污染防治规划，全国尺度上应以导向性为主，提出环境建设和治理的要求，慎提普遍性、全国性环境质量明显改善的要求，地方区域层次上可以明确具体的环境质量导向为主。对于生态规划，国家尺度上应以政策指导性和空间约束性为主，地方尺度上可以适度考虑生态恢复等工程内容。对于固体废物、能力建设，国家尺度和地方层次均应以工程建设和管理要求为主，不与环境质量改善建立直接的响应关系。

（3）处理好农村、固体废物、辐射任务措施的写法问题。“十二五”期间，农村环境保护规划任务暂可按工作领域来进行任务归类，待农村环境保护工作全面加强后，可以考虑将农村环境保护按照各自要素归集，城乡统筹，一并考虑。近期固体废物规划应强化工程治理专项规划编制，通过全国统一编制规划带动各方面投入，提升我国固体废物管理和处置水平。长远来看，应借鉴美国案例，将固体废物任务和要求纳入土壤要素，将其作为土壤的污染源看待，根据土壤环境质量的具体相关要求约束固体废物污染防治工作。与此类似，在美国环境规划中，其将辐射和温室气体纳入空气质量的范畴，这也是需要跟踪研究的一个问题。

（4）合理分清规划指标的层次性。目标指标属性可以分为约束性与预期性、考核性与评估性、关键指标与次级指标、规划指标与工作任务指标、定性指标与定量指标等不同分法类型，需要合理分清指标的层次性，按照不同属性对指标进行归集和分析。并不是所有带数据的定量指标都能归为规划指标，规划指标应具有一定的牵头作用，工作任务指标一般不应该纳入。规划指标原则上应是约束性指标、考核指标。部分考核指标可以在任务和要求层次而不一定体现在规划目标指标章节。评估指标还可以在规划定量指标外针对规划任务、保障措施。

（5）强化规划文本各部分的有机联系。建议“十二五”的国家环境保护规划中，实现一条工作主线，即基本分要素按照目标—指标—任务和工程—保障措施—实施考核基本贯穿的工作思路。即达到环保目标有相应指标（总目标、子目标、具体目标、规划指标、工作指标）来体现，对应指标有相应的任务和工程直接实施，对应任务和工程有相应的保障措施直接保障，使得目标实现不落空，任务工程有保障，提高规划的操作性和有效性。

（6）增加环境保护规划文本的附件内容。统一专项规划和各省的编制程序、依据和方法，设规划附本，主要内容为基础研究部分的现状分析、预测方法和社会经济基本情景、编制依据、编制过程、意见采纳、目标指标可达性分析、规划实施评估要求等，作为规划的有机组成部分，改变环境规划越来越薄、越来越宏观的不正确导向。

4.6 完善环保规划决策机制

（1）进行“十二五”规划编制的公开招标研究，超前进行前期预研。在 2008 年开始启动“十二五”环境保护前期研究，并采用社会招标的形式，委托一批需要公开研究的面上课题，并与国家环境保护部系统内部的前期重大基础性研究相互结合，共同推进“十二五”环境规划前期研究，超前谋划，统筹考虑。在充分考虑与中国环境宏观战略研究成果和“十二五”环境保护规划研究的衔接和差异性基础上，建议前期研究课题选择的重点领域为：①到 2020 年主要资源、能源、原材料需求趋势和拐点；②基于 2020 年全面小康建设目标的环境要求；③我国流域性区域性环境问题演变趋势与污染防治对策路线；④“十二五”环保规划思路、理念和方法创新；⑤我国规划发展走势与环境规划体系整合创新；⑥环境保护规划编制及其实施机制政策研究；⑦基于区域发展战略和主体功能区划的环境政策；⑧基于容量控制战略的总量控制和污染减排政策措施研究；⑨公共财政体系发展趋势与环境保护投融资；⑩农村环境保护的切入点和机制政策。

（2）加大规划研究投入力度，建立规划技术方法体系。加强对环境规划的编制单位和个人进行资质考核，建立规范的环境规划编制队伍。加强规划理论体系研究，制定环境保护规划编制技术规范，建立技术方法体系。尤其特别要加强如下方面的针对性方法研究：研究建立目标—预测—方案—措施—评估—调控一体化的规划技术方法体系；适应区域环境复合系统时空复杂性特征的社会经济环境耦合数学模型的研究；研究稳定持续环境规划的目标指标体系；研究解决高度复杂多变的、具有鲜明非线性和不确定性环境问题的规划技术方法；研究多学科交叉与合作、强化技术方法衔接性和兼容性的规划技术方法。

（3）强化规划决策技术支撑。环境规划过程涉及大量的定性、定量因素，而且这些定性、定量因素往往相互交织在一起，界限并不分明；同时它的环境、经济、社会以及科学与工程的多学科相结合要求也相当突出，特别需要逐步建立起一套将定性、定量因素相结合的处理方法、手段和工具，从技术角度逐步提高规划决策和规划实施的科学性。另外，如何应用冲突分析机制，把握规划的非线性特征，加强对规划全过程的科学认知和分析解释，强化费用效益和费用效果分析，也是规划决策技术需要迫切解决的问题。

（4）倡导公众参与和民主决策。环境规划是一种决策，同时属于行政范畴。目前当代环境的定义已经超越了自然界限，具有社会化、技术化和经济化的特征，实际上是社会经济自然复合的生态系统，环境规划实际上是以人–环境系统为调控对象。因此需要特别强调规划决策中规划的利益主体——公众的参与，依靠公众参与可以避免决策失误，可以实现权力的制衡，使各方面的环境利益得以表达，实现科学民主决策。

（5）努力减小部门因素对环境规划决策的影响。在强化规划决策技术支持体系的基础上，应完善环境规划实施责任体系，建立一套权责匹配的规划编制、决策与实施体制，重点解决不同部门利益争端影响规划编制、盲目提高环境规划目标影响规划实施、部门推诿影响规划政策措施落实等环境规划决策不科学问题。

（6）建立多目标决策和反馈机制。环境—社会系统是一个复杂的动态系统，决策者在进行决策时要综合考虑规划对象各相关因素之间的复杂关系。建立环境规划的科学的综合决策机制，根据经济、社会与环境协调发展，近期与远期全面考虑，全局与局部兼顾，经济效益与环境效益并重的原则，对各种方案进行系统分析，优化决策，以保证经济发展与环境保护工作的全面开展。

参考文献

[1] Texas Commission on Environmental Quality. Strategic Plan Fiscal Years 2005—2009 through 2003—2004.

[2] The California Environmental Protection Agency Office of the Secretary. Strategic Vision.

[3] The National Environmental Policy Act of 1969.

[4] US EPA Office of Air and Radiation. FY 2008 National Program & Grant Guidance.

[5] US EPA Office of Enforcement and Compliance. Assurance's Fiscal Year（FY）2008 National Program Manager Guidance.

[6] US EPA Office of Water. National Water Program Guidance Fiscal Year 2008.

[7] US EPA. 2006—2011 EPA Strategic Plan.

[8] US EPA. 2007 Annual Performance Plan and Congressional Justification.

[9] US EPA. 2008 Annual Performance Plan and Congressional Justification.

[10] US EPA. EPA’s 2007 Report on the Environment.

[11] US EPA. FY 2006 Performance and Accountability Report.

[12] US EPA.1997—2002 EPA Strategic Plan.

[13] US EPA.2000—2005 EPA Strategic Plan.

[14] US EPA.2003—2008 EPA Strategic Plan.

[15] Vedung E. Public policy and program evaluation [M]. New Brunswick（U. S. A）and London（U. K）: Transaction Publishers，1997.

[16] VROM. National Waste Management Plan（LAP）Amendment adopted. http://international.vrom.nl/pagina.html. 2007/08/12.

[17] VROM. The Dutch Nature Plan. http://international.vrom.nl/pagina.html. 2007/10/28.

[18] VROM. A National Strategy for Sustainable Development．2002/05.

[19] VROM. Environmental Health Action Plan．2002/05.

[20] VROM. National Waste Management Plan．2004/04/19.

[21] VROM. Sustainable Action-The results of the world summit on sustainable development translated into actions for the Netherlands．2003/08.

[22] VROM.《Where there is a will，there is a world：Working on Sustainability》．2001/10/08.

[23] 第二次環境基本計画－環境の世紀への道しるべ－. 日本环境省，2000. http://www.env.go.jp/policy/kihon_keikaku/plan/keikaku.pdf.

[24] 第一次環境基本計画. 日本环境省，1994. http://www.env.go.jp/policy/kihon_keikaku/plan/kakugi061206.html.

[25] 国家环保总局．国家环境保护“九五”计划及 2010 年远景纲要．

[26] 国家环保总局．国家环境保护“十五”计划．

[27] 国家环保总局．国家环境保护“十一五”规划．

[28] 国家环境保护局，译．选择还是放弃：荷兰国家环境政策计划．北京：中国环境科学出版社，1995.

[29] 秦虎，张建宇. 以“清洁空气法”为例简析美国环境管理体系．环境科学研究，2005，18（4）：55-63.

[30] 王金南，吴舜泽．《国家“九五”环境保护计划》实施的初评估．中国环境政策，2000，1（6）.

[31] 张璐．环境规划的体系和法律效力．环境保护，2006（6）：63-67.

[32] 邹首民，王金南，洪亚雄，等．国家“十一五”环境保护规划研究报告[M]. 北京：中国环境科学出版社，2006.

[33] 邹首民，田仁生，张治中，等．国家环境保护“十五”计划实施中期评估．中国环境战略. 2006.

以科学发展观为指导　开展地震灾区恢复重建

Recovery and Reconstruction of the Earthquake-Stricken Areas under the Guidance of Scientific Development Outlook

王金南　吴舜泽　董战峰

摘　要　四川汶川大地震造成了巨大的生命、财产损失，应该坚持以人文本、运用科学发展观指导灾区尽快恢复重建。本文建议灾区恢复重建应统筹全局、系统考虑、分步实施，科学开展灾区各种影响评估，编制好灾区重建规划和方案，合理布局城乡和产业，分步把灾区建设成避灾防灾、经济绿色、资源节约、环境友好的新家园。指出了应在调研的基础上，重视灾区的社会经济和生态环境损害评估，合理比对并优选灾区恢复重建规划方案，建立一个“灵活、快速的”规划评估机制，依法开展灾区重建。同时应积极采用基金、税收优惠、发行赈灾彩票、运用生态补偿机制等积极财政政策支持灾区重建。也要重视建立统筹协调全面重建的机制，切实做好灾区的恢复建设工作。

关键词　四川地震　灾区重建　思路　评估　规划　积极财政政策　机制　政策建议

Abstract　Big earthquake in Wenchuan，Sichuan province，China has caused huge life and property losses，how to effectively carry out the recovery and reconstruction of the earthquake-stricken areas is an urgent problem to be addressed. The paper proposed that People-oriented ideas and The Scientific Outlook on Development should be implemented to guide recovery and reconstruction of the earthquake-stricken areas，recovery and reconstruction of the earthquake-stricken areas should attach more importance to the socio-economic and environmental evaluation，take an in-depth comparative analysis of the alternative plans on the recovery and reconstruction of earthquake-stricken area，set up a flexible and rapid plan assessment mechanism. And recovery and reconstruction of the earthquake stricken areas should follow the laws and rules. At the meantime，positive financial policies including funds，taxation preference，lottery on relieving the disaster，ecological pays service mechanism should be adopted to supporting recovery and reconstruction of the earthquake-stricken areas and more emphasis should be placed on construction of the integrated and coordinated mechanism to sustain all-around reconstruction of the earthquake-stricken areas.

Key words　Earthquake in sichuan　Recovery and reconstruction of the earthquake-stricken areas　Methods　Socio-economic and environmental evaluation　Planning　Positive financial policies　Mechanism

Policy proposals

1 灾区重建应坚持以人为本，以科学发展观为指导

1.1 汶川震灾造成了巨大的生命和财产损失

2008 年 5 月 12 日四川汶川 8.0 级大地震震惊世界。截至 6 月 1 日 12 时，四川汶川地震已造成 69 016 人遇难，368 545 人受伤，失踪 18 830 人，紧急转移安置 1 514.74 万人，累计受灾人数 4 555.296 5 万人。据卫生部报道，截至 6 月 1 日 12 时，因地震受伤住院治疗合计 91 762 人，已出院 61 597 人，仍有 12 243 人住院，共救治伤员 541 258 人次。而且目前仍余震不断，唐家山堰塞湖次生环境灾害、饮水安全、灾后疫病等问题都存在很大的隐患。据四川省政府统计，重灾区德阳、成都、阿坝、绵阳、广元、绵竹 6 个城市受灾工业企业经济损失约 2 000 亿元，占总损失的 95%。据国家文物局统计，截至 5 月 29 日，2 700 件文物受损，修复约需 57 亿元。根据我们的初步统计，四川省环保系统国家财产（主要是房屋、车辆和设备等）直接损失 14.9 亿元。有关专家估计，汶川地震造成的灾区经济损失要超过 5 000 亿元。

1.2 国家和社会各界高度重视灾后重建工作

2008 年 5 月 23 日，国务院抗震救灾总指挥部在列车上召开第 13 次会议，会议决定成立国家汶川地震灾后重建规划组，主要负责组织灾后恢复重建规划的编制和相关政策的研究，启动灾后恢复和重建工作。6 月 3 日，国务院抗震救灾总指挥部召开第 16 次会议，讨论通过了《国家汶川地震灾后重建规划工作方案》。社会各界对灾后恢复和重建工作显示出了非常急迫的心情和高度的关注。但是，摆在灾后恢复重建面前一个十分重要的、需要冷静思考问题是，如何全面坚持以人为本，运用科学发展观，指导灾区恢复和重建。根据我们的一些初步研究，现提出以下政策建议。

2 科学开展地震灾区影响评估

2.1 总体思路

灾区损失和影响评估是地震灾区恢复重建的重要科学依据。由于震灾破坏十分严重，地震灾后重建我国也没有太多的经验可循，尤其是这次四川汶川大地震很多重灾区都在山区和青藏高原边缘地带。灾后恢复重建任务非常艰巨，涉及灾区社会体系、产业经济体系、行政体系、应急体系等的重新建设，必须要在科学发展观的指导下开展灾后重建

工作。建议的总体思路是：统筹全局、系统考虑、分步实施，科学开展灾区各种影响评估，科学合理布局城乡和产业，合理编制灾区重建规划和方案，分步把灾区建设成避灾防灾、经济绿色、资源节约、环境友好的新家园，把灾后恢复重建提升为中华民族腾飞发展的里程碑。

2.2 尽快开展灾区社会经济和环境损失调查评估

为了客观认识灾后的社会经济和生态环境影响，国务院应组织发改委、国土、交通、建设、卫生和环保等有关部门开展震后社会经济和环境损失调查评估。根据灾区影响评估结果，划定地震重灾区、一般灾区和影响区。评估既要全面也要有重点，不同受灾程度的灾区评估的范围和内容侧重点有所不同，但均应涵盖以下 4 个方面：①损失程度，包括灾区受灾面积、受灾人口、受灾人群等；②社会影响，包括社会心理影响、民族文化影响、灾后可能发生疫病以及社会稳定等；③经济影响，包括经济损失评估、灾情对中国经济增长的影响、对中国经济的冲击、对全球经济的影响等；④生态环境影响，包括核与辐射安全监控、城市选址的地质环境灾害风险、工业重新布局的环境风险、饮用水水源地环境风险、危险废物的集中安全处置、生物多样性生境破碎问题、堰塞湖次生环境问题等方面。根据评估的结果来选择合理的灾区重建方案，设计有针对性的重建规划，配套实施强有力的重建政策。

2.3 环境保护部要做好灾区生态环境安全评估工作

环境保护部开展了灾区生态环境安全评估工作，已着手制定《汶川特大地震灾后环境安全评估与应对措施项目》实施方案，并联合国土资源部、国家林业局和水利部联合开展震区生态环境评估，以识别并划定近中期生态环境风险源，包括饮用水源地风险、化工企业环境风险、核辐射环境污染、危险废物处置风险源等。2008 年 5 月 26 日，环境保护部成立了 7 个工作组，其中之一就是生态评估组，主要负责灾区生态环境和生物多样性影响评估。但是，生态环境评估工作非常复杂，环境保护部要协调解决中央和地方评估、国际和国内评估、要素评估和综合评估、近期影响和远期影响评估等层面的问题。

2.4 灾后生态环境评估要与国家主体功能区划相衔接

这次汶川特大地震灾区都是一些自然环境比较恶劣和各类自然灾害多发地区，是国家以及重要江河的重要生态屏障区，重灾区都处在龙门山地震带上，地震灾害、地质灾害、洪水灾害频发，生态环境极其脆弱。根据主体功能区划的原则，这些地区都应划成限制开发区或者禁止开发区。因此，灾区重建必须要考虑到这些问题，再不能简单地按照传统做法，把城市和高危产业布局在地震带上。

3 审慎制定灾区恢复和重建规划

3.1 根据灾区客观情况，合理比选不同重建方案

灾后重建工作需要认真仔细的前期规划。不仅要考虑当地的地质灾害潜在威胁和环境承载力，还要考虑这个地区以后的产业布局和经济发展。一般来说，灾区重建的可供选择的方案有 3 种：①原址重建。在原来的地方进行恢复和重新建设，相对来说用地比较节约。②迁址新建。由于地震发生在山区，房屋建筑等基础设施已经破坏殆尽，而且重建的话还可能有其他震后的遗留影响，可舍弃原来的地址，找寻一个新的合适的场所重新建设。③综合模式。把原址重建和迁址新建相结合。无论选取哪种恢复重建方案，都需要国家汶川地震专家委员会以及相关部门进行现场调研、地质地理条件评估、环境承载力评估，在科学论证和广泛讨论的基础上来确定。

3.2 认真规划灾后恢复和重建方案总体框架

灾后恢复和重建是一项需要统筹安排的浩大工程，也是一项长期而艰巨的任务。确定灾后重建的基本方案后，国家首先要做好汶川地震灾后规划的编制工作，编制出高质量、经得起历史检验的规划，为灾区人民绘制出重建美好家园的蓝图，为大规模的恢复重建奠定良好的基础和条件。规划组应构建由发展改革委牵头、国家相关部委、四川省政府等负责人组成的规划组织结构，才能保证规划的决策科学、协调得力、执行有效。重建规划总体方案应包括城镇体系规划、农村建设规划、基础设施建设规划、公共服务设施建设规划、生产力布局和产业调整规划、市场服务体系规划、防灾减灾规划、生态环境恢复规划、环境监管建设规划等规划。目前的规划体系没有把生态环境问题放到一个应有的高度，只是从属于这些规划的一个“陪衬”而已。

3.3 合理设定重建规划的阶段目标和中长期目标

重建规划应根据实际情况，设定分阶段目标：①根据国务院的部署，3 个月内解决当前的急切问题，如急用帐篷、临时住所、危险废物处理、饮水安全问题等；②争取 3 年内基本完成灾区的基本建设，也要具体设置一年目标、二年目标和三年目标；③ 5 年恢复重建目标，包括经济发展和社会事业的恢复；④由于灾区的影响表现是滞后深远的，而且也有很多后续的次生和衍生环境问题，如土壤侵蚀等生态环境问题、地质结构的变化等这些可能发生的长期问题，建议当前国家灾区重建总体规划也要设定 10 年或者更长的重建目标。

3.4 建立一个“灵活的、快速的评价机制”

从目前来看，要对重建总体规划和专项规划开展全面的环境影响评价，无论从时间安排、资源支持、地方配合等方面都有很多困难，因此要建立一个“灵活的、快速的评价机制”，重点对重点灾区重建的选址规模、工业布局规模、环境基础设施等提出要求。环境保护部可以利用已有的环境保护部战略环境影响评价专家委员会的专家资源，分组介入重建总体规划和专项规划编制工作，最后对重建总体规划和专项规划组织专家会议审查环境影响，提出相应的环保改进措施。

3.5 灾区重建应依法开展

建议国家加快制定《汶川大地震灾区灾后重建条例》，从法律规范的角度明确灾后重建主要目标、主要任务、进度要求，规范灾后重建工作中各方相关责任主体的职责和义务，确保灾区灾后能够依法重建。根据受援均等的原则，所有重建规划都必须包括陕西、甘肃等其他省市的受灾地区，避免造成新的社会问题。

4 实施积极财政政策支持重建

4.1 建立国家灾区重建基金

要充分认识到灾区重建是一项持久战。中央政府已经决定 2008 年中央财政投入 700 亿元。建议中央政府不仅要设立长期运作的灾区重建管理机构（如国务院汶川地震灾后重建领导小组），负责协调今后灾区重建工作，还要设立汶川大地震灾区重建国家基金，加大中央财政资金对该国家基金的支持力度，利用国家基金吸纳社会各界以及国际捐赠资金。基金运作维持时间至少 5 年，基金的资金主要用于灾区公共基础设施重建和公共事业恢复工作。同时，积极采取募捐等方式，汇集社会和国际捐赠资金，并采取有效措施，提高捐赠资金的使用透明度和使用效率。在尊重捐赠者意愿的前提下提高捐赠资金的集中使用。

4.2 实施灾区税收减免优惠政策

建议设立地震灾区或重灾区三年“特别免税区”，支持社会各界参加灾区重建工作和企业生产恢复工作。如果有困难，所有企事业单位免除国税部分或者根据灾情实行退税政策。另外，倡导企业发扬社会责任精神，鼓励企业积极捐赠。最关键的是要完善捐赠免税政策，提高企业免税捐赠占应纳税所得的比例，由目前的 3%提高到 10%以上。个人捐赠也应在个人所得税应纳税额中扣除。

4.3 发行赈灾或灾区重建彩票

建议民政部和财政部联合发行 500 亿元“四川汶川大地震灾区重建彩票”，甚至在灾区建设若干博彩公司或场所，快速促进地方经济尤其是旅游经济的恢复和发展，博彩和彩票收入全部纳入国家灾区重建基金。同时，鼓励中彩人继续捐赠。建议发行四川汶川大地震灾区重建附捐邮票。发行四川汶川大地震灾区重建附捐印花税票。附捐收入纳入国家灾区重建基金。这些做法也是继续发扬中华民族“一方有难，八方支援”精神、提升中华民族凝聚力的良好机制。

4.4 建立川北生态环境补偿机制

这次大地震对灾区的生态环境造成了巨大的影响和破坏，许多废墟乡镇都被山体滑坡包围着，未来的生存条件及其危险。因此，对那些地震毁坏严重、泥石流高发地区、饮用水有困难、交通条件很困难、原地重建成效不大的村庄，建议在资源环境承载力、地质环境风险、经济生产布局等评估基础上，进行整体彻底搬迁建设，但要做好相应的经济补偿等安抚工作。这些地方不搬迁重建，将来依然是一个受地质灾害、生态环境严重困扰的地区。同时，建议加快建立国家生态补偿进展，仿照国家对青海三江源生态保护机制的做法，制定川北生态环境修复和保护规划（目前环境保护部环境规划院等 10 家科研单位正在编制青藏高原环境保护规划），中央财政对岷江上游地区实施重点生态环境补偿。建议积极探索异地开发生态补偿机制，实施灾区向东部地区迁移的受灾移民“配额”制度。

5 建立统筹协调全面重建的机制

5.1 建立“一方有难，八方支援”的重建机制

除了中央实施积极的财政转移支付以及专项资金重点倾斜政策外，为了保障灾区建设的长效、持续运行，应动员社会各界力量，建立“一方有难，八方支援”的重建机制，尤其是鼓励东部省市与受灾县市“一对一”的重建支援计划，鼓励中央部委与受灾县市“一对一”的部门重建支援计划，鼓励东部省市环保部门与受灾县市环保部门“一对一”的重建支援计划，鼓励社会各界、企业单位与受灾乡镇“一对一”的学校、医院等重建支援计划等。

5.2 重视灾后灾区群众的社会心理的治疗

震灾对灾区当地的社会心理产生严重影响。此次地震灾害波及范围广，受灾人口多，

死伤人口巨大，造成了大量的人员失去亲人或伤残；学校和医院等公共场所死亡人口多而集中。青少年尤其儿童，人生阅历少、生活往往一帆风顺，对生离死别或残疾等地震带来的各种后果一时可能难以适应，容易造成严重的心理阴影。所以，及时的心理抚慰和治疗，无论是目前还是未来都非常重要。如果政府要实施大规模的移民措施，更要慎重做好相应的配套工作。在近几个月内，应急救援工作结束后，下一步民政部等部门应将重点开展“三孤”（孤儿、孤老、孤残）人员的收养或认养工作。同时，要充分考虑保护少数民族尤其是羌族文化在当地的延续。

5.3 实施“5·12汶川大地震遗产保护计划”

建议国家以汶川县、北川县、都江堰等重灾区为主实施“5·12汶川大地震遗产保护计划”，建设一个包括城市地震标本、乡村地震标本、自然地震标本在内的世界最大的地震与文化遗产群址。保留“5·12”大地震的汶川遗址、北川遗址等，在遇难同胞最多的汶川、北川、绵竹修建纪念场所，建设中国地震历史博物馆、人类自然灾害历史博物馆，汶川、德阳等志愿者公园等。建议把震灾遗产保护计划纳入灾后恢复重建规划方案，统筹安排。

5.4 尊重受灾群众意愿下实施移民重建

根据我们的初步调查，移民重建是一个非常重要的内容。要充分借助灾区重建的时机全面落实四大主体功能区划的布局。这次重建要有步骤地实施“四种移民”战略，具体包括以生态环境不适居住而搬迁的“生态移民”，到外地就学甚至以后在外地直接就业的“教育移民”，以青壮劳动力外地就业的“劳务移民”，以及集中赡养孤寡老人和残疾人的“福利移民”。这些移民可以减轻灾区以后的“生态足迹”，加快灾区生态环境的恢复。但在灾区重建规划、移民重建以及重建过程中，都要坚持以人为本的原则，了解灾区人民对于重建的期望，积极鼓励灾区群众的参与。要在考虑资源环境承载力的前提下，尊重受灾群众的意愿和感情，最大限度地保护当地文化和民族文化，特别是藏、羌文化。在建设地震遗址、博物馆等纪念建筑的时候，也要倾听受灾群众的意见。重建过程中要特别照顾山区农民和“三孤”人员的安置。

5.5 提高灾区重建的建筑标准和环保要求

要吸取地震教训，就要从现在开始。除做好重建规划外，更要提高各类建筑对地震、地质和山洪等突发性自然灾害的设防标准，尤其是学校、医院、交通、文化等公共场所应按照灾害避难场所的标准建造，以应对各类突发性自然灾害。对过去地质和山洪等自然灾害威胁比较重、已经被地震破坏的县市和乡镇，应从避灾防灾的角度重新选址建设，必要时要突破现有的行政辖区划分。要尽快从环境承载力和环境容量出发，对重建选址和建设规模（包括人口规模和产业规模）以及产业布局提出环境影响评价意见。要明确灾区重建的环保要求，提高环境基础设施建设标准。由于这些地区本身就是三峡库区影响区，建议对相关受灾县市，重建规划中都要建设城镇污水处理厂、垃圾处理厂和危险废物处置场等环保基础设施。

5.6 加快灾区灾后生态环境恢复重建

环境保护部门应联合有关部门和震区地方政府制定震区环保恢复重建规划和近期（2008—2009 年）灾区环境监管能力恢复方案。灾区恢复重建方案重点应包括：饮用水水源地安全应急监管、核和辐射安全应急监管、高环境风险源监控、灾区环境保护机构、环境保护办公设施、环境监测能力、环境执法能力等。这些规划和方案应该重点对过渡性安置期和恢复重建期分别做出安排。同时，应对已有的国家和地方规划，如《三峡库区及其上游水污染防治规划》进行调整，使之符合灾区环保重建需求。针对灾区特殊环境问题，当前的中央环保公共财政加大对灾区环保工作的投入力度，给予重点支持。建议今后 3 年中央政府有关环境保护的专项资金使用向地震灾区倾斜。

积极推进粤港澳区域环境合作 促进区域持续发展

Enhance Regional Environmental Cooperation Actively in Guangdong、Hong Kong and Macao，Promote Regional Sustainable Development

吴舜泽 周劲松 董战峰 逯元堂 严 刚 俞 海

摘 要 在过去的20年里，在粤港、粤澳合作联席会议框架下，粤港澳在水环境管理、空气质量管理、林业、海洋渔业、循环经济与清洁生产等领域进行了合作。在打造“绿色大珠三角优质生活圈”的大背景和倡议下，粤港澳三方对于如何深化环境保护合作具有不同的理解、诉求和关注点。本文在深入分析各方对深化合作的不同想法、关注点及内在的推动和限制因素，为促进区域环境合作，提出以下建议：①继续深化传统领域合作，提升区域整体环境质量水平；②开拓合作新领域，稳步推进区域环境保护合作持续深化；③进一步解放思想，促进区域合作机制政策创新；④对港澳提出有关合作建议的具体回应：区域温室气体减排问题、区域污染物减排目标指标问题与提高污染物排放标准问题。

关键词 环境合作 可持续发展 区域合作

Abstract Under the framework of joint meeting between Guangdong、Hong Kong and Macao，a tripartite cooperation was formed in the realm of water environmental management，air quality management，forestry，marine fisheries，circular economy and cleaner production in the past 20 years. There are differences in explanation，expectation and concerns about the proposal of building “High-quality Green Living Circle in Great Pearl River Delta” between the three parties. On the analysis of differences，constraints and advantages of parties involved in the field of environmental cooperation，it is suggested that: ①Continuing the tripartite cooperation in the traditional realm to improve environmental quality in the region. ②Developing new domain of tripartite cooperation to enhance regional environmental cooperation. ③Emancipating the mind further to innovate mechanisms and policies of regional cooperation. ④Responding specifically to regional greenhouse gas emission reduction problem，regional pollutant emission reduction targets and pollutant discharge standards improvement.

Key words Environmental cooperation Sustainable development Regional cooperation

1 粤港澳环保合作回顾

1.1 区域基本概况

1.1.1 区域社会经济发展

珠江三角区域位于珠江下游，濒临南海，是我国南亚热带最大的冲积平原，也是我国经济最发达的地区之一。未来，珠江三角洲将持续快速发展，将成为具有国际影响力的世界级大都市连绵带之一，并成为带动南中国经济发展的龙头。

珠江三角洲经济区 2005 年 GDP 达 18 060 亿元，预计 2010 年珠江三角洲经济区 GDP 将达到 31 800 亿元。香港经济自 2003 年以后平稳持续增长，预测 2007—2010 年中期经济名义趋势增长为 6%，香港 2007 年总用电量 149 682×10^{12} J（含输往内地电量）。澳门经济将延续 2000 年后平稳的经济增长势头，预测澳门 GDP 未来几年将维持在 5%～8% 的单位数升幅，澳门 2006 年发电总量 1 558 GW·h，总用电量 2 584 GW·h。

2010 年珠江三角洲经济区总人口将达到 5 000 万，相比 1997 年总人口 3 200 万，增长了 56%。香港预计 2015 年居住人口将增至 751 万（不含流动人口）。澳门预计 2010 年居住人口将增至 48.62 万（不含流动人口）。

1.1.2 区域环境保护工作

（1）空气环境保护。

广东珠三角地区 广东省采取了各种措施来实现国家的总量减排要求，以及粤港合作的空气污染减排合作承诺，制定并实施了以《珠三角环境保护规划》为代表的一系列环保相关的规章、制度、规划、政策措施，印发了《广东省机动车污染控制实施方案》，深入推进机动车排气污染防治。目前珠三角地区所有 12.5 万 kW 以上机组均建成脱硫设施，已建成脱硫设施的机组容量达到 1 510 kW。“十一五”以来，珠三角关停落后水泥企业 50 家，淘汰落后水泥生产能力 1 047 万 t，关闭小火电 58 家，装机容量 283 万 kW。

香港 香港政府于 2000 年推行了全面的车辆废气管制计划，采用严格的车用燃料及车辆废气排放标准；在可行的情况下，以低污染车种取代柴油车辆；为现有的旧型柴油车辆装设废气削减装置；加强检验车辆废气及检控喷黑烟的车辆等。2007 年和 2008 年又推出新措施，向欧盟前期及 I 期柴油商业车辆的车主更换更环保的新车提供优惠，并向欧盟 V 期柴油提供一定的优惠税率；通过宽减汽车首次登记税，鼓励市民使用环保汽油私家车；通过宽减汽车首次登记税。香港政府颁布了《空气污染管制条例》及其附属规例对发电厂、工商业、建筑工程、露天焚烧、含石棉物料、油站、干洗机等各类空气污染源做出规管。香港政府在 1990 年立例规限工业燃料的含硫量，并通过发牌制度，对发电厂的空气污染物排放做出严格的限制。香港政府非常重视的 VOCs 减排工作，制定了挥发性有机化合物规例（2007 年 4 月 1 日生效），以管制建筑漆料/涂料、印墨和六大类

消费品（即空气清新剂、喷发胶、多用途润滑剂、地蜡清除剂、除虫剂和驱虫剂）的挥发性有机化合物含量。

香港政府成立了一个由环保署领导，成员包括 5 个政策局和 16 个部门代表组成的跨部门工作小组——气候变化跨部门工作小组，负责统筹、协调、制订及推动政府在减少温室气体排放及适应气候变化等工作，并已实施一系列提倡使用清洁能源及再生能源、提高能源效益、节能、绿化及提高公众环保意识的措施。

澳门　澳门政府通过优化车用及生产电力的燃料以及改进电力生产的设施，硫氧化物、铅等排放曾一度大幅明显下降，但随着近年车辆数目的增加以及对电力需求量的加大，这两项污染物的排放在过去两年亦有轻微的回升。为了减低电力生产的硫氧化物排放，澳门地区近年来逐步使用含硫量较低的重油，并自 2003 年在电力生产的过程中引入了复式循环燃气涡轮机及安装选择性催化还原系统，发电产生的 NO_x 排放量由 2003 年的 16 559 t 减至 2004 年的 11 403 t 和 2005 年的 5 460 t，2003—2005 年的减幅达到 67.0%。

（2）水环境保护。

广东珠三角地区　广东省共取缔关闭二级饮用水源保护区内 2000 年以来新、扩建项目 364 个，整改二级饮用水源保护区内未达标排放的企业 99 个，全面清查威胁饮用水源水质安全的污染隐患。截至 2008 年 6 月底，珠三角地区已建成污水处理厂 103 座，日处理能力 781.3 万 t，占全省污水日处理能力的 83%。2007 年，珠三角地区城镇生活污水处理率达到 63%左右，但污水收集管网建设严重滞后，部分污水处理厂的进水是直接从河流中汲取，进水浓度普遍偏低，影响污水厂的处理效率。《中共广东省委、广东省人民政府关于争当实践科学发展观排头兵的决定》还明确提出 2009 年年底前珠三角地区的中心镇、东西两翼和山区的县城全面建成污水集中处理设施。广东省从 2002 年起，先后实施了珠江综合整治和治污保洁工程等重大环保工程，制定了“一年初见成效、三年不黑不臭、八年江水变清”的目标，目前工程进展良好，珠江广州河段、佛山汾江河、东莞运河、中山岐江河等 9 条主要流经城市河段已基本消除黑臭，水质恢复景观功能。

香港　2001 年，香港完成了维多利亚海湾的“净化海港第一期计划”，把整个九龙半岛、官塘、将军澳、青衣、葵涌、荃湾、筲箕湾及柴湾等地区所产生的污水收集，然后运往昂船洲污水处理厂作化学强化一级处理。目前维港一带的污水，其中 75%经收集后再进行化学处理，维港海水的溶解氧因而平均上升约 10%。居住在港岛北面和西面大约 100 万人口所产生的、余下 25%的污水尚未处理便已流入海港。由于昂船洲的已处理废水是未经消毒的，令西面水域的细菌浓度升高，导致荃湾 4 个泳滩基于健康理由须被关闭（在此以前，已有 3 个泳滩因该区的污染问题而关闭）。2005 年政府宣布分阶段开展第二期工程，目标是于 2013—2014 年完成第二期甲工程，扩建昂船洲污水处理厂，处理从港岛其余地区所收集的新增污水量，提早于昂船洲污水处理厂设置消毒设施，后续则在该厂加建生物处理设施。香港政府颁布了《水污染管制条例》，致力伸延公共污水渠网络到新界及各新发展地区，同时大力开展维港水污染治理工作。香港政府自 1995 年 4 月 1 日起，正式实施污水处理服务收费计划，开征了污水处理服务费。

澳门　澳门政府颁布了 35/97/M 号法令，禁止在海事管辖范围投掷或倾倒有害物质，以预防海事管辖范围污染和加强保护海洋环境。根据港务局提供的数据显示，在 2005 年

没有因不遵守有关规定而被处罚的个案。在清理流入澳门的水浮莲工作方面，目前采用人工打捞的方式进行处理，并通过粤澳环保合作专责小组下设的水浮莲专项小组，加强前山水闸开放联络机制以及加强打捞清理工作。澳门自来水股份有限公司在2006年展开了扩建路环水厂的工程，把该厂的处理供水能力加倍，由每日15 000 m^3的处理供水量提升至每日30 000 m^3。

（3）生态环境保护。

广东珠三角地区　广东省制定出台了一系列法规、规章、制度，从法律上、制度上加大了对生态用地的刚性管理。深圳市从2005年起将占全市土地近一半的面积划入基本生态控制线，实施“铁线”保护，提出了“国家生态区”、“国家生态工业示范园区”、“深圳市环境优美街道”、“绿色社区”四大创建主题。珠海市、中山市、深圳龙岗区等已被国家命名为国家级生态示范区。深圳、珠海、中山、江门等市正积极开展国家级生态市创建工作。到2007年，珠三角地区建成林业自然保护区55个，自然保护区面积占国土面积的4.77%；建立各类森林公园183处，总面积35.7万hm^2。珠三角自然森林植被破坏严重，2007年森林覆盖率仅39.1%，并有逐年下降的趋势。珠三角地区水土流失面积2 506 km^2，其中自然流失面积787 km^2，人为流失面积1 719 km^2，人为水土流失面积占水土流失总面积的68.6%。总体上，广东珠三角区域自然生态体系破碎比较严重，生物多样性降低，土壤环境质量堪忧。

香港　香港非常重视通过建立郊野公园和保护区等形式开展生态保护养育，已指定了23个郊野公园、17个特别地区（共占地约41 644 hm^2）、4个海岸公园和1个海岸保护区。另有6 600 hm^2的土地为法定规划图则上划定的自然保育地带，受严格的规划和发展管制。香港政府在新自然保育政策下，推行了两项试验计划，即管理协议及公私营界别合作的试验计划，以提高优先保育地点的生态价值。2005年非政府机构获得环境及自然保育基金（基金）拨款462万元后，在凤园及塱原展开了3个管理协议试验项目，除直接惠及物种外，管理协议计划亦提高了公众及当地村民的自然保育意识，在这计划下超过13 hm^2土地正进行积极保育工作。

澳门　澳门民政总署通过加强检疫手段及人工清除方式的措施来防治外来物种入侵，保护澳门核心林区的生态价值和抑制外来入侵物种之蔓延。澳门政府通过引入风土树种来提升绿化区的生态价值、预防及清除外来物种入侵、建设生态保护区、履行国际生物保护公约等方面。澳门政府开发了树木管理维护系统，记录树木护理数据，为制定树木管理方案和植树养护策略提供支撑。

（4）废弃物处理和处置。

广东珠三角地区　广东省出台了《广东省固体废物污染环境防治条例》，采取了强化环境监管，开展清洁生产，大力建设生态工业园，发展循环经济等各种措施来加大地区内废弃物管理和再循环的力度。以危险废物安全处理处置为重点，强化固体废物管理。加快危险废物、医疗废物、电子废物、工业固体废物等集中处理设施建设，加快生活垃圾收集和处理系统建设，推进现有生活垃圾处理设施无害化处理改造，提高固体废物综合处理水平。

香港　香港环境保护署1991年设立了电话热线，协助公众组织自发推行废物减量和回收计划。1998年推行了《减少废物纲要计划》，但经过努力，香港目前仍然没有达到设定的废物减量化目标。2007 年 5 月，环境保护署公布了征收购物胶袋环保费的建议方案，以减少滥用购物胶袋的情况。2007 年，香港共回收近 562 万 t 都市固体废物，其中 1%在本地循环再造，其余 99%运往内地及其他国家循环再造，为香港带来约 60 亿元的出口收入。在 2006 年实施建筑废物处置收费后，运往堆填区的建筑废物已由 2005 年的 6 560 t/d，减至 2007 年的 2 910 t/d。

澳门 澳门近年经济持续快速增长，人口及旅客人数不断增加，居民消费力普遍提升，产生的废弃物在数量上亦有所增加，而种类则日趋复杂化。另外，澳门由于市场规模和土地资源等因素的制约，使得废弃物处理问题更显得重要。目前在废弃物的管理事务上，由多个政府部门共同分担着收集、处理、政策制定和立法的责任，尚缺乏废弃物系统性的数据整合、法规和政策制定的协调机制。

1.1.3 区域环境状况

（1）空气环境状况。为了有效规管区域空气环境质量，广东省环境保护监测中心站和香港特别行政区环境保护署于 2003—2005 年联合构建了一个“粤港珠江三角洲区域空气监控网络”。监控网络于 2005 年 11 月 30 日正式启用并向公众发布区域空气质量指数。监控网络由 16 个空气质量自动监测子站组成，目前尚未将澳门地区纳入，分布于整个珠江三角洲地区。其中 10 个监测子站由广东省境内有关城市的环境监测站运作，3 个位于香港境内的子站由香港环保署负责，另外有 3 个区域子站则由广东省环境保护监测中心站运作。各子站均设有仪器测量大气中可吸入颗粒物（PM_{10}）、二氧化硫（SO_2）、二氧化氮（NO_2）和臭氧（O_3）的浓度。并联合发布珠江三角洲空气质素日报大珠三角区域三地的环境空气状况均有两方面影响因素，一是本地区的排污源，二是受区域整体性污染的影响。

广东珠三角地区 据 2007 年全年和 2008 年上半年监测数据显示，2007 年珠江三角洲地区各市 SO_2、NO_2、可吸入颗粒物年均浓度分别为 0.036 mg/m^3、0.042 mg/m^3、0.068 mg/m^3，2008 年上半年的 SO_2、NO_2、可吸入颗粒物年均浓度分别为 0.033 mg/m^3、0.043 mg/m^3、0.067 mg/m^3，均达到国家二级标准。多年来珠三角地区空气质量变化呈现如下特征：

- ☞ 可吸入颗粒物明显下降、SO_2 缓慢下降，NO_2 逐渐上升。1980—2008 年，珠江三角洲地区 SO_2 年均浓度范围在 0.029 ~ 0.053 mg/m^3，均达到国家二级标准，30 年间呈缓慢下降趋势；NO_2 年平均浓度范围在 0.018 ~ 0.049 mg/m^3，均达到国家二级标准，且 1980—2002 年间呈明显上升趋势，这与该地区的机动车保有量急剧增长是密切相关的，2002 年后基本保持稳定；可吸入颗粒物年均浓度范围在 0.062 ~ 0.168 mg/m^3，1990—2002 年，可吸入颗粒物浓度较高，超标情况较为严重，2001 年以后可吸入颗粒物明显下降，年均值一直保持在二级标准以下，30 年间呈明显下降趋势。
- ☞ 灰霾天数增加，细粒子污染较重，呈现区域性复合型污染态势。虽然从历年常规监测的统计结果来看，珠江三角洲地区的环境空气质量逐年好转，且还维持在较低的污染水平。但根据气象部门数据，珠三角地区灰霾天数在逐年增加，其中广州、佛山、东莞和肇庆为灰霾较为严重，均出现过一年中灰霾超过 90 天的现象，即平均 4 天有 1 天属于灰霾天气。这表明广东珠江三角洲地区的空气污染已从原来的煤烟型局地性污染转变为煤烟和光化学烟雾等二次污染相耦合的复合型区域性污染，其主要污染物为颗粒物细粒子（$PM_{2.5}$）和臭氧。现有的城市空气常规监测体系由于存在监测指标和点位布设等方面的不足，所以不能全面科学地反映空气污染的状况和变化趋势。

☞ 广东珠三角总体属于重酸雨区，酸雨污染较为严重。1998—2008 年上半年，珠江三角洲地区降水 pH 均值在 4.51～4.99 波动，酸雨频率均值为 34.1%～72.1%，除 1999 年、2000 年及 2002 年外，其他年份均属重酸雨区。珠江三角洲地区的 9 个城市中，每年都有 5 个以上的城市属于重酸雨区，尤其是广州及佛山，从 1988 年至今都属重酸雨区，酸雨污染较为严重。2001 年至 2008 年上半年，降水中硫酸根离子浓度与硝酸根离子浓度之比在 3.07～3.89，呈缓慢上升趋势。

香港 目前香港的空气污染问题，一是路边空气污染问题，二是区域性的烟雾问题。路边空气中的可吸入悬浮粒子和 NO_x 含量偏高，主要污染源为来自柴油车辆排放的废气；而区域性的烟雾问题则是由香港和珠江三角洲地区的车辆、工业及发电厂排放的污染物引起。与 1999 年相比，路边空气中的主要车辆废气排放物，包括可吸入悬浮粒子和 NO_x 的浓度，在 2007 年分别减少 15%和 24%。此外，遭检举的黑烟车辆数目自 1999 年至今亦减少了约 80%。

区域能见度在总体上呈逐渐下降态势，硫酸根浓度上升较快表明，细粒子对香港地区的污染贡献明显。香港的碳强度，即每单位本地生产总值（GDP）的 CO_2 排放量，1990—2005 年减少了 41%。香港灰霾问题目前仍然严重。

澳门 澳门的空气质量近年呈下降的趋势。非甲烷挥发性有机物、总悬浮粒子、可吸入悬浮粒子及氨气的排放多年来均持续呈增长的趋势。CO 的排放过去两年亦呈上升的趋势。澳门本地的空气污染排放源主要来自电力生产、交通运输、工业制程、焚化以及污水处理等过程。其中主要以发电及交通运输为主，电力生产是 CO_2、硫氧化物、NO_x 以及微粒等污染物的主要来源，而道路交通运输则是非甲烷挥发性有机物、CO 以及铅的主要来源。在铅排放方面，自轻型车辆引入无铅汽油的使用后，从 1999 年开始的排放量已显著回落，但随着车辆数目、发电量及焚化废弃物量的增加，2005 年总铅排放量较 2004 年呈轻微的增长。

（2）水环境状况。

广东珠三角地区 2007 年珠江三角洲地区江段水质优良率为 56.2%，区域总达标率呈显著上升趋势，区域内水源地水质以Ⅱ～Ⅲ类为主；1990—2007 年，珠江三角洲地区的江河水质总体保持稳定，大江大河干流和主要干流水道水质保持良好，饮用水源水质总达标率 87.7%，水质达标情况良好；2002—2008 年，珠江口海域功能区水质达标情况良好，总体呈显著上升趋势，惠州、珠海近海海域水质总体良好。总体而言，珠三角地区水环境局部有所改善，但恶化趋势仍未扭转，污染的范围仍呈扩大趋势，跨城市界污染问题突出，河涌治理难度大。

广东珠三角地区主要干流水道水质良好，但部分区域水质问题仍较突出。有可比数据的 1999—2007 年，广东珠三角地区的江河水质总体保持稳定，江段水质优良率和水质劣于Ⅴ类比例均略有上升，但变化幅度不大。主要的污染区域仍为珠三角流经城市河流和部分水量较小的跨市河流，主要污染物为氨氮和耗氧有机物，呈现较明显有机污染类型。珠三角地区中，氨氮呈上升趋势的江段占 46.9%，呈下降趋势的占 3.1%，高锰酸盐指数呈上升趋势的江段占 18.8%，呈下降趋势的占 31.2%。大江大河干流和主要干流水道水质良好，水质较差的主要污染区域为珠三角部分流经城市江段，主要集中在珠三角西北部的广州、佛山和东南部的东莞、深圳，主要污染物为粪大肠菌群、氨氮和部分耗氧有机物，呈现较明显的细菌和有机污染类型。

饮用水源水质达标情况良好，区域总达标率呈上升趋势。2001—2008 年，广东珠三角区域饮用水源水质达标情况良好，区域总达标率呈显著上升趋势，尤其自 2003 年出现区域最低达标点后即稳步上升，并于 2005 年开始稳定在 85%以上。区域内珠海、佛山、江门、肇庆、惠州、东莞、中山 7 市达标情况较好，基本保持稳定达标，广州、深圳部分水源地不达标，但达标率仍呈显著上升趋势。广东珠三角区域内水源地水质以Ⅱ～Ⅲ类为主，但 2004 年后水源水质略有下降，水质以Ⅲ类为主。超标水源地主要为广州的西部水源（江村、石门、西村水厂水源地）、深圳的罗田水库和石岩水库；广州超标水源地水质首要污染指标为氨氮，深圳为总氮。

近岸海域总体达标率上升，珠江口近海海域达标较差。2002—2008 年，珠江口海域功能区水质达标情况良好，总体呈显著上升趋势。其中，惠州、江门多年均保持完全达标，珠海、东莞、中山达标率呈显著上升趋势，尤其近两年均全部达标，深圳达标情况稍差，达标率偏低，但也呈不显著上升趋势。无机磷和无机氮是影响广东省珠江口近岸海域水质的主要污染物。

香港　环保署数据显示，香港的水质近年已略有改善，2007 年香港共有 34 个泳滩达到水质指标，比较 1997 年的 26 个显著增加，但情况仍未达到理想，特别是后海湾内海及维港的水质更值得关注。未来香港人口将持续大幅增长，如果不加大水污染防治力度，水污染问题必会日趋严重。

澳门　根据历年的水质污染指数显示，各沿岸水质监测点均呈不同程度如富营养化和重金属的污染，且恶化趋势加剧。在水体营养化程度方面，2005 年及 2006 年以内港监测点的富营养化指数最高。在重金属污染方面，2005 年，尤以北安监测点铅污染指数最高。近年随着全球气候的异常，雨量在秋、冬、春季持续偏少，天文潮汐的影响和区域经济发展以及人口增加而导致耗水量的增大等因素的影响，使包括澳门在内的珠江三角洲持续受到咸潮入侵的威胁。

1.2 区域社会经济合作情况

1.2.1 区域社会经济发展合作历程

广东毗邻港澳，地缘优势得天独厚。30 年前，中央赋予广东特殊政策和灵活措施，在改革开放中先行先试，启动了粤港澳合作。30 年来，区域社会经济合作促进了区域社会经济的迅猛发展，带动辐射了全国，使广东成为改革开放的排头兵、经济增长的发动机。改革开放以来的粤港澳合作，总体可分为两大时期：

（1）回归前的合作。这一时期，广东解放思想，对内推进改革，对外扩大开放，兴办经济特区，大力引进境外资金、技术和人才；香港由于经济环境变化，劳动力、土地等要素价格迅速上涨，大量加工制造企业迫切寻求新的出路；粤港之间形成了极强的经济互补关系，许多香港同胞纷纷到广东投资兴业，大量的“三来一补”和三资企业在广东涌现，粤港逐步形成紧密的经贸合作关系。

据统计，1979—1991 年，广东实际利用港澳资金 106.1 亿美元。1992 年，小平同志南方谈话后，粤港投资关系发展更加迅猛。1992—1997 年，广东省实际利用港澳资金达到 494.28 亿美元。1986—1996 年，广东批准设立的港资投资内地企业达 6.6 万家。粤港投资关系的飞速发展，形成了以广东为加工制造基地、以港澳为购销管理中心的产业跨地域分工格局，建立了“前店后厂”的独特合作方式。此外，广东对香港的投资自 20 世纪 80 年代起也逐步发展，投资范围包括金融、进出口、运输与货仓、房地产、制造业和基础设施工程等。其中不少企业还运用重组、业务调整、注入资产的方式，成功地在香港上市，筹集了大量资金。此外，这一时期粤港还在供水、商业、房地产、旅游探亲以及交通基础设施方面开展了一些合作，政府层面的接触和协调逐步增加。

投资关系的发展，带动了粤港贸易快速增长。据统计，1979 年，广东与港澳地区进出口贸易总额为 19.4 亿美元；1990 年，迅速上升到 163.09 亿美元；1997 年，达到 1 126.42 亿美元。广东省对香港的出口总额一直占广东对外出口总额 80%以上，从香港的进口额一直占广东省进口额 70%以上。

投资贸易的发展，直接促进了粤港的经济发展。数以万计的香港投资企业遍布广东各地，数以百万计的人员受雇于港澳投资企业，广东以珠三角地区为中心逐步形成了具有世界影响的加工制造业基地，实现了经济持续快速发展。香港也通过转移生产制造和加工贸易企业，提升了产业结构，强化了国际金融、贸易和航运中心地位，成功完成了从制造业向服务业的飞跃。

（2）回归以来的合作。1997 年 7 月 1 日，香港回归祖国，粤港合作迎来了新的春天。在“一国两制”方针的指导下，粤港合作从合作重点、领域、机制、范围都发生了深刻而重大的变化，社会经济合作进入了宽领域、多层次、务实推进的新阶段。

1998 年 3 月，经中央批准，粤港两地建立了粤港合作联席会议机制，会议由广东省常务副省长与香港特别行政区政府政务司司长共同主持，以优势互补、互惠互利、共同发展为原则，加强沟通协商，促进合作发展。联席会议原则上每年举办一次，并签署会议纪要，确定合作项目。同时，粤港双方组成若干专责小组，负责落实具体合作事项。建立粤港合作联席会议，对粤港合作具有标志性意义，提升了合作层次，把粤港合作推向新的水平。在政府的引导和推动下，粤港合作逐步由单纯的经贸合作，向口岸、旅游、环保、教育等宽领域、多层次发展。

2003 年 6 月 29 日，中央政府与香港特别行政区政府签署了《内地与香港关于建立更紧密经贸关系的安排》（CEPA）。同年，为适应粤港合作发展的需要，经中央批准，粤港合作联席会议升格由广东省省长与香港特别行政区行政长官共同主持，粤港合作达成了“前瞻、全局、务实、互利”的指导原则，粤港合作进入全面发展的新阶段，呈现出令人瞩目的变化：

☞ 粤港澳合作机制得到全面提升，在实践中不断巩固和完善，确保了合作的可持续发展。

- ☞ 粤港澳三方共同研究明确了各自的发展定位，理清了合作思路和方向，找到了三地优势互补、互利共赢的着力点，合作从此进入了稳步持续、务实推进的新阶段。
- ☞ 抢抓 CEPA 先机，在继续扩大经贸和生产投资领域合作的基础上，积极开展旅游、科技、教育、文化、环保、体育、卫生等领域的合作，特别是在拓展服务业合作方面取得重大进展。
- ☞ 合作区域从珠三角为主向珠三角和山区及东西两翼同步推进，并将合作腹地向泛珠三角区域推展。

1.2.2 改革开放以来粤港澳合作的作用

30 年来，粤港澳合作凭借制度创新优势、区位优势及资源禀赋条件的比较优势，取得了举世瞩目的丰硕成果，促进了三地的繁荣发展，对国家的改革开放和经济发展产生了积极影响，发挥了重要作用：

（1）粤港澳合作有力地促进了我国改革开放事业。

（2）粤港澳合作对于贯彻落实“一国两制”方针，保持香港和澳门长期繁荣稳定发挥了积极的作用。

（3）粤港澳合作为港澳通过广东进入内地提供了良好的途径，也为内地通过港澳这一国际大通道“引进来，走出去”创造了条件和便利。

（4）粤港澳合作在泛珠三角区域合作中起到了核心作用，不仅推动了泛珠三角区域合作的发展，也在区域经济合作方面起到了示范带头作用。

（5）粤港澳合作极大地促进了三地经济发展，三地经济实力不断壮大，区域竞争力不断增强，形成了大珠三角经济圈，在国家经济发展战略中的地位愈加突出。

（6）粤港澳合作通过互补互利，资源整合，务实推进，有效地构建起各自的产业优势，极大地提升了三地在世界经济格局中的地位。

1.2.3 粤港澳合作的经验与启示

30 年的粤港澳合作，特别是回归以来的粤港澳合作在为三地的发展作出贡献的同时，也积累了许多经验，为我们今后进一步推进和深化粤港澳合作，寻求新的突破提供了有益的启示。

（1）粤港澳合作的蓬勃发展，得益于中央高度重视和大力支持。

（2）粤港澳合作建立了行之有效的合作机制，为务实顺利推进合作提供了强有力的制度保障。

（3）改革开放以来的粤港澳合作实践证明，粤港澳三地互补性很强，粤港澳合作逐步形成了相互支持，互利共赢的良好局面。

（4）要切实把粤港澳合作推向深入，可持续地向前发展，就必须解放思想，大胆创新，不断实现新的超越。

（5）只有进一步加强和深化粤港澳合作，才能最大限度地促进港澳同胞人心回归，确保“一国两制”的贯彻落实。

（6）粤港澳合作已融入世界区域合作大潮，今后的合作发展必须站在世界的高度，谋划新的篇章。

1.3 区域环保合作发展历程与成果

广东与香港的环境保护交流始于20世纪80年代初，与澳门的环保交流始于90年代初，香港和澳门回归后，双方的合作更加紧密。自2000年以来，粤港澳的环保合作进入了新的发展阶段，合作领域包括水环境管理、空气质素管理、林业、海洋渔业、循环经济与清洁生产等方面，三方合作取得了可喜的成果。

1.3.1 粤港环保合作历程

广东与香港的环保合作始于1982年，具体合作历程以2000年为界，分为起步期与探索期。

（1）起步期（1983—2000年）。1983—2000年是粤港合作的起步阶段。1982年，香港方面向广东方面提出联合监测深圳湾大气、水体的建议，并在1983年开始合作，1986年完成并签订《粤港联合监测深圳湾大气、水体环境技术工作纪要》。此后粤港双方环保部门每年都开展互访，互相通报工作情况，相互交流经验等活动。随着经济发展，影响粤港边境的环境问题越来越突出，为处理两地的环境问题，1990年正式成立了粤港环境保护联络小组，负责协调和处理影响粤港两地的环境问题，为加强粤港环保合作奠定了基石。1997年香港回归后，双方在“一国两制”的体制下环保合作更加密切。

具体合作成果主要为：①1992年编写完成了《深圳湾及其集水区环境保护技术报告》，1993—1995年，对深圳湾大气、水质及沉积物进行了为期两年的联合监测，完成了《深圳湾空气、水质及沉积物联合监测终期报告》，拟定了深圳湾的环境策略研究计划。②1996—1997年开展大鹏湾环境质量及发展研究。完成了《大鹏湾环境保护研究第一阶段第一期报告》，以及《大鹏湾环境保护研究第一阶段第二期报告》。③每年在粤港两地轮流举行会议1～2次，交流工作情况，讨论工作计划，审议工作成果，交换深港重点项目资料及大气和水质监测资料，商讨解决影响两地环境污染问题的对策。此外，粤港澳三地于1999—2002年开展并完成了珠江三角洲空气质量研究，于1997年开展了中华白海豚保护的合作研究，并先后共同举办了：火电厂污染控制、环境法律、环境影响评价、保护中华白海豚、固体废物处理技术、海洋淤泥疏浚及倾卸、城市规划、空气质量监测技术等研讨会。

（2）探索期（2000—2008年）。随着经济的发展，环保问题涉及的领域和部门也越来越广，原粤港环保联络小组的工作范围已不能满足需要。为此2000年，粤港双方在原联络小组的基础上成立了“粤港持续发展与环保合作小组”，并成立了若干个环保合作专题小组，在粤港持续发展与环保合作小组以及粤港合作联席会议的框架下，探索开展合作，并取得了可喜的成果。

珠江三角洲空气质量专题小组　2002年4月，粤港双方政府公布了《改善珠江三角洲空气质量的联合声明》，声明中2010年珠江三角洲地区内SO_2、NO_x、可吸入颗粒物和挥发性有机化合物排放总量分别削减40%、20%、55%、55%，为实现减排目标，双方于2002年成立了珠江三角洲空气质量管理及监察专题小组，共同制定和实施区域空气管理

计划，监察区内空气质量变化、分析改善措施的成效，开展交流和培训，探讨新技术和措施引入区内实施的可行性。

2005年7月建成了覆盖粤港珠江三角洲区域的16个空气自动监测网络，与之配套的还有1个质控质保实验室、1个联合数据中心和2台流动监测车，并于2005年11月30日开始每天向公众发布珠江三角洲空气质量指数，以及于每年4月和10月向公众发布前一年度和当年上半年的《粤港珠江三角洲区域空气监控网络监测结果报告》，让两地市民更清楚了解区域空气质量状况，实现了粤港区域环境大气监测联网和监测数据即时共享。双方还不定期组织监测网络的质量控制和质量保证工作人员进行培训。专题小组定期或不定期就《珠江三角洲地区空气质量管理计划》以及区域内加强空气污染防治措施执行情况及效果进行会议评估及实地考察，交流和探讨进一步加强机动车排放污染的防治措施。

粤港两地环保部门还开展了《珠江三角洲火力发电厂排污交易实验计划》研究，于2007年1月公布了《珠江三角洲火力发电厂排污交易试验计划实施方案》，专责小组于同年5月成立了排污交易管理小组，举行了排污交易交流会。

粤港林业及护理专题小组　专题小组就物种资源保护、林业护理、林木病虫害防治、野生动植物保护、加强森林火灾的预防、预报与扑救信息以及稀有植物品种保护等方面进行交流。自2000年专题小组成立以来开展的主要工作有：①拓展了相互交流和人员培训，推行一系列林业科技人员培训班35批500多人次；开展野生动植物保护、林业执法管理等专题座谈和研讨会16次500多人次；②加强野生动植物保护合作，有力地打击了濒危野生动植物种的走私，遏制了非法贸易和非法携带濒危动植物及其制品的进出口；③加强了湿地保护宣传与建设方面的合作，合作开展了广东海丰湿地保护示范项目，编印宣传图册，合作申报并完成了海丰国际重要湿地的评审工作；④开展森林植物病虫害调查、防治项目的合作，联合开展薇甘菊综合防治的研究，合作完成了《香港森林植物病虫害调查》。

粤港海洋资源护理专题小组　加强粤港海域交界水域执法活动，促进珠江口海洋环境管理、珊瑚礁及中华白海豚的研究，人工鱼礁的发展、渔业资源增殖保护和赤潮预防，海龟保护等方面开展交流合作；双方开展海上联合执法行动，共同打击两地非法捕鱼活动。完成了中华白海豚保护的合作研究，广东省已划定了中华白海豚保护区。

珠江三角洲水质保护专题小组　为推进珠江三角洲水环境保护工作，粤港成立了专题小组和珠江三角洲水质模型研究管理小组，目前粤港共同研制的珠江三角洲水质模型已完成，模型研究成果具有科学性、实用性和可操作性，总体上达到国际先进水平。该模型将有助于提高粤港今后在珠江三角洲河口地区的水质保护及水环境规划工作效率。双方同意进一步商讨利用共同建立的珠江三角洲水质模型，评估分析在珠江河口不同水质目标下的纳污能力，为拟定区域水质管理目标，提供进一步的参考资料。

大鹏湾及深圳湾（后海湾）区域环境管理专题小组　粤港环保联络小组1990年成立。初期的主要目标是进行深圳环境保护研究。为此，10多年来专题小组主要完成了以下工作：

☞ 共同开展深圳湾环境保护研究：1992年完成了《深圳湾及其集水区环境保护技术报告》，在提出了深圳湾环境保护目标和污染管制对策的基础上，1993年双方进行了为期两年的空气、水质和沉积物的联合监测，并于 1996 年完成了《深圳湾联合监测大气、水质及沉积物联合监测终期报告》，摸清了深圳湾内空气、水质和沉积物等环境状况。

- 开展深圳湾水质区域控制策略研究：1996 年双方开展深圳湾水动力及水质模型研究，以确定深圳湾接纳污染的能力，于 1998 年完成了《深圳湾水质区域控制策略研究》，提出深圳湾水质控制和污染治理的对策和措施。
- 开展大鹏湾环境保护研究：这是继深圳湾之后的第二个重点研究区，编写了《大鹏湾环境保护研究第一阶段第一期报告》和《大鹏湾环境保护研究第一阶段第二期报告》，初步掌握了大鹏湾及集水区的环境状况，自然资源情况，为制定大鹏湾环境管理和污染管制的行动措施提供了依据。
- 建立定期交换环境监测资料，交换深圳湾和大鹏湾区域内大型项目建设的环境影响评估报告书。

深圳湾和大鹏湾水质区域的研究，推动了深港政府加强深圳河水系和深圳湾污染治理，有效地削减集水区的污染。针对深圳湾水质尚欠佳的状况，为进一步改善水质，香港方面已动用近 2 亿元为石湖墟污水处理厂建造额外处理设施，工程预计 2009 年完成。深圳市政府也全面启动了深圳河、湾支流截污及综合整治工程建设，积极落实《深圳河湾流域水污染治理实施方案》。

经过深港双方 3 年的共同努力，《深圳湾（后海湾）水污染控制联合实施方案》的第一次回顾工作已基本完成，为双方下一步进行深圳湾水污染防治制定近、中期目标及提出更进一步改善深圳湾水环境的措施提供依据。

东江水质保护专题小组　专题小组就粤港双方关心的东江水质问题加强沟通。为确保供港水质，广东省全面推行珠江综合整治、碧水工程计划等一系列污水截排工程，推动东深供水密封管道工程的建设以及石马河水污染综合整治计划实施，加快了片区集中污水处理工程的建设，有效地削减了污染负荷。粤方还每年向港方提供东江干流太园站附近断面每单月及年平均值的水质监测数据，并通过香港水务署网页对外公布。

粤港两地企业开展节能清洁生产专题小组　为推进粤港两地企业实施清洁生产，开展节能、提高资源利用效率、减少废物排污，从源头上减缓由于区域经济快速发展带来的环境压力和资源“瓶颈”效应，改善珠江三角洲地区的空气质量和生态环境，专题小组联手开展“3 个 1 项目”活动，即“一厂一年一环保项目”，以改善香港及珠三角地区的环境质量。活动计划从污染重、能耗物耗较大的行业，例如印染业、电镀业、化工业、造纸业、造鞋业、家具制造业中挑选首要治理的行业进行清洁生产审核及试点，开展清洁生产技术支持试验项目等，逐步将成功经验推广到其他行业，鼓励珠三角企业实行节能、清洁生产。

香港环保署 2006 年 11 月开展了清洁生产技术支持试验项目，通过实际案例及技术示范，鼓励珠三角的港资制造业实践清洁生产。省经贸委也协助组织港方专家对企业进行现场调研和交流座谈，以配合项目活动的开展。目前项目已顺利完成，为 15 家港资厂进行了清洁生产初步可行性评估和建议改善方案，协助其中入选的 4 家工厂完成了改良工序和装置设备，向业界示范采用清洁生产的可行性及效用，并为有关行业和工序制作了清洁生产应用手册。

在 2007 年 8 月 2 日的粤港合作联席会议上，双方签署了《关于推动粤港企业开展节能、清洁生产及资源综合利用的合作协议》，进一步加强和深化双方在推动粤港企业参与改善区内环境的工作。香港政府已向立法会申请拨款 9 300 万元，开展一项为期五年的清洁生产计划，由香港生产力促进局联合香港及内地的环保技术机构，为珠三角地区的港资工厂提供技术支持，协助及鼓励采用清洁生产及工序，实行节能及减少空气污染排放。

1.3.2 粤澳环保合作历程

粤澳环保合作始于 1990 年，中间曾有停顿，但后期恢复合作以来，工作成果颇丰。粤澳具体环保合作历程以 2000 年为界，分为起步期与探索期。

（1）起步期（1990—2000 年）。这是粤澳合作的起步阶段。1990 年，当时为解决澳门、珠海边境地区及附近海域的环境污染问题，广东省组织了广东省环境保护代表团访问澳门，就粤澳边境地区及附近海域环境保护问题与澳门有关方面举行了专题会谈，并促进澳门成立了环境保护技术办公室。此后，粤澳双方环保部门开始建立联系，交流主要以环保宣传教育为主，后因澳门环境保护办公室人员更换等原因，粤澳环保的交流和联系曾一度趋于停止。

（2）探索期（2002—2008 年）。由于经济的发展，环境污染日益严重，协商解决跨区域污染事宜、治理水质和大气污染、保护生态环境成为粤澳共同关心的焦点之一。区域性环境问题迫切需要加强粤澳的环保合作。为此，双方于 2000 年成立了粤澳环保合作机构，2002 年 5 月成立了粤澳环保合作专责小组，在粤澳联席会议框架下在环境管理、环境宣传教育、固体废物处理技术、水葫芦治理等方面开展交流合作。

开展环保宣传活动　双方积极推动“两地五市”（香港、澳门；广州、深圳、珠海、中山、东莞）每年联合举办 “6·5”世界环境日活动，向公众宣传环保意识，为增进相互了解和沟通打下良好的基础。

成立粤澳空气质量专项小组　随着珠江三角洲和澳门特别行政区经济与人口的迅速发展，空气质量成为近年来最为人们关注的议题。同时，粤澳各相关部门也装备了各种空气质量监测设备，各自建立了空气质量监测网以及空气质量指数、发布和预测方法等。为进一步推进改善区域空气质量的工作，双方于 2006 年在粤澳环保合作专责小组下成立了粤澳空气质量专项小组，在合作的初期，以交换资料和交流监测经验为主，选定有代表性的空气质量监测站作定期数据交换和分析，交流空气监测经验，逐步开展区域内空气质量合作研究，为今后探讨建立粤港澳珠江三角洲区域空气监控网络打基础。

开展水浮莲专项治理行动　由于水浮莲繁殖快，对中山、珠海、澳门一带水域和河道的航运、灌溉、水产养殖等造成极大的影响，成为三地关注的焦点问题之一。水浮莲的处理目前还是个世界难题，目前双方仍然采取打捞为主的对策，近年，三地有关部门投入资金专人打捞水浮莲。珠海、中山市政府统一部署，按照分级分段负责的办法，定期组织专项打捞行动。此外，结合珠江水环境综合整治方案以及治污保洁工程的实施，珠海市对前山河整治制定了总体规划，包括一河两岸整治规划，污水处理厂的建设，前山河码头的搬迁，成立专门的河道管理中心进行河道清淤等。中山市通过开展河流综合

整治，河道两侧底泥疏浚、围网拆除，利用潮差引水冲污，加快建设污水处理厂，同时实施工业污染排放全面达标等一系列措施，减轻污染，提高水环境质量，以减少水浮莲的生长。经过综合治理，近年内河河道上的水浮莲以及流入澳门海域的水浮莲明显减少，效果较好。此外，为使澳门方面能及时了解前山水闸开放时间，以便澳方打捞水浮莲或采取其他有效措施。2002 年建立了前山水闸开放联络机制。中山市三防办在开闸放水前 3 h 电话通知澳门港务局，联络机制一直正常运转。

向澳方提供水质监测数据 饮用水安全是澳门公众关注的问题。根据粤澳环保合作专责小组会议的商定，粤方每年向澳方提供珠海竹仙洞水库每单月的 23 项水质监测数据。

帮助澳门处理废有机溶剂 2004 年 6 月，澳门环境委员会致函广东省环境保护局，提出由于澳门没有一个专门的危险废物处理中心，近年积存了 4 700 多桶有机废液，大部分属危险废物，且该批有机废液堆存点位于澳门即将召开的东亚运动会主会场附近，澳门方面急需在东亚运动会前消除该安全隐患，希望通过粤澳环保专责小组的渠道，利用广东省已具备处置上述有机废液的能力，帮助其一次性进行无害化处置。经国家有关部门批准，原则同意澳门废有机溶剂一次性送广东省处理。这是广东省第一次为境外地区大规模处置废物的实践。根据国家环保总局提出的“安全第一、就近、从快”的原则，广东省环境保护局与有关部门协商，制定了《澳门废有机溶剂转移处置和通关方案》并做了大量的协调工作，在澳门东亚运动会开幕之前（2005 年 11 月 20 日）将存放的 4 700 多桶约 1 000 t 废有机溶剂全部安全运抵珠海，处理处置工作于当年春节前（2006 年 1 月 22 日）全部结束。

做好澳门废矿物油转移广东处理工作 澳门目前正在建设危险废物处理中心，但由于澳门受到地域的限制，无法对所有的危险废物都建设相应的处理处置设施，希望广东方面能够为澳门处理他们无法处理的危险废物。澳门方面于 2006 年 10 月提出，澳门电力股份有限公司目前储存了约 12 000 t 废矿物油，并以每月产生 800 t 的速度增加，而该公司的废油储存罐的储存能力为 16 000 t，超出其储存能力，迫切需要将该批废矿物油作无害化处理，希望利用广东现有的技术力量和设备，帮助澳门处理电厂废油。经报国家环保总局，同意澳门电力股份有限公司在发电过程中产生的废矿物油 20 000 t 转移到内地处理。第一批废矿物油运输于 2007 年 9 月启动，目前已运输 12 000 t，并陆续开展处理，预计 2008 年 6 月运输完毕。

协调处理有关跨境环境问题 2007 年 3 月，澳门方面提出：珠澳跨境工业区（澳门园区）内兴建了一座日处理 12 000 t 的污水处理厂，以便处理由澳门园区及邻近区域所产生的污水，计划将该污水处理厂处理后的污水排入鸭涌河，最终排入马骝洲水道。粤澳双方于 2007 年 4 月 25 日在珠海召开了会议，对跨境工业区的污水排放问题进行磋商和讨论。广东省认为，因污水排出口的选择还没有经过论证，污水排放对鸭涌河及马骝洲水道影响如何尚未清楚，建议澳门方面补充有关资料并经过论证后确定。之后，澳门方面已透过更改污水处理厂工程设计，取消了跨境工业区（澳门园区）污水处理厂的排水口设在鸭涌河的计划。

2 粤港澳三方对深化环保合作的诉求和关注点

2.1 粤港澳三方对深化环境合作的基本诉求

在打造“绿色大珠三角优质生活圈”的大背景和倡议下，粤港澳三方对于如何深化环境保护合作具有不同的理解、诉求和关注点。深入分析各方对深化合作的不同想法、关注点及内在的推动和限制因素，对于各方相互理解、求同存异，促进合作顺利进行具有重要意义。

2.1.1 香港

香港是打造“绿色大珠三角优质生活圈”的倡议者和发起者，香港在深化三方环境合作特别是港粤合作中的目标、标准和措施等方面有明确的构想。

（1）环境目标构想。

☞ 订立珠三角地区的空气质量指标：将按世界卫生组织的中期空气质量指标-1（IT-1），作为订立珠三角地区空气质量指标的基础，并争取在“十二五”计划中落实并于 2015 年前达标。从中长期来说，共同研究达到世界卫生组织中期空气质量指标-2（IT-2）和最终空气质量指标的可行性，以及制定达标的时间表及路线图。

☞ 制定珠三角地区及各分区的空气污染物排放容量：按达到世界卫生组织中期空气质量指标的需要，确定珠三角地区各地区的空气污染物排放容量，逐步收紧珠三角地区空气污染物排放总量和分区总量上限。

☞ 订立合适的减少温室气体排放目标：按国家控制温室气体排放的政策，研究可行方案。例如，以能源强度为指标，考虑到粤港两地未来发展的实际需要，在 2030 年或以前将能源强度在 2005 年的基础上降低不少于 40%；或以人均排放量为指标，借鉴欧盟及其他已发展经济体系的减排方向，将粤港两地的人均温室气体排放量控制在不高于欧盟在大幅减排后的人均排放量。

（2）环境标准构想。收紧区内交通源排放，特别是行驶于粤港两地的跨境机动车及船舶的排放标准；并且加强对主要污染源及高能耗工业的空气污染物排放管制。

☞ 机动车：在 2015 年与世界接轨，采用最先进的尾气排放标准、车用燃料标准及能耗标准。

☞ 船舶：粤港合作在珠江口及邻近水域联合实施排放控制区，实施更严格的船用燃料标准及船舶排放标准，例如限制区域船舶使用低含硫量（长远符合国Ⅲ或国Ⅳ标准）的油品。

☞ 发电厂：在 2015 年或以前，将香港发电厂的 SO_2、NO_x 和可吸入悬浮粒子排放总量上限，进一步收紧至 2010 年水平的一半。

☞ 高污染行业：对水泥、冶炼、陶瓷、焚化、制漆、炼油、化工等行业，制定与国际最高要求相匹配的排放标准（包括 SO_2、NO_x、粒子及挥发性有机化合物等）。

☞ 工商业燃料：收紧燃料质量标准（例如限制用于工商业的石化燃料含硫量，于2015年或以前达到高于全国的更高质量标准）。

（3）合作措施构想。

☞ 推行排污交易制度：对发电行业及高排放、高能耗企业，推行包括多种空气污染物及温室气体的总量控制及排污交易制度，即为有关固定源的每一种排放物订定排放上限，并定期向有关企业发放相应的排放配额，容许它们在需要的情况下把排放配额转让，以达到控制排放总量的目标。

☞ 建立低空气污染物排放区：区内禁止引入高污染排放源（包括固定源、高污染机动车及船舶）、限制或禁止露天焚烧。

☞ 减少交通源排放：合作扩大广东省轨道交通系统及公共交通系统的覆盖范围，加大铁路网络投资及两地铁路联系。

☞ 扩大清洁生产伙伴计划：深化粤港两地的清洁生产合作，在“清洁生产伙伴计划”基础上，推动更多粤港企业节能减排。可考虑扩大“伙伴计划”的规模，加强推动清洁生产及粤港环境技术服务行业发展。

☞ 优化发电燃料组合：增加粤港两地天然气发电及可再生能源的发电比例。

☞ 开发及推广清洁能源：开发海上风能、研发清洁燃煤技术、太阳能光伏技术等。

☞ 加强对区域空气质量的监控能力：优化现有的粤港区域空气质量监控网络，包括增加子站布点、扩大网络覆盖范围至澳门及珠三角以外的广东城市、巩固QA/QC系统及数据管理、加入适用的气象仪器（如激光雷达、逆温仪、气流剖析仪）等；把$PM_{2.5}$纳入监控网络，作为常规监测因子，使网络监测结果更能反映灰霾现象；建立超级监测站，加强对细粒子（$PM_{2.5}$）及光化烟雾研究；以监控网络作为平台，对其他污染物作项目性监测研究，如VOC、毒性污染物、有机碳/元素碳、硫酸盐、硝酸盐等。

☞ 加强污染排放预测及分析能力：加强对空气污染及灰霾的预测能力、发展适用于大珠三角的区域空气质量数字模型、加强数据分析工作等。

☞ 加强科研合作交流：加强对区域空气污染的成因、特征及机理作科学研究，并建议可行的防治措施，包括重点污染源排放特性、细粒子及灰霾现象、光化学烟雾、空气污染对公众健康及经济的影响、机动车尾气排放对空气质量的影响、新车废气排放标准和车用燃油品质等。

☞ 加强区内技术人员的交流：包括空气质量监测技术及质量保证、数据分析、计算排放清单、污染控制技术、空气污染科研成果、在用车排气污染治理方案等。

☞ 加强宣传教育：加强对市民有关节能减排及绿色生活的宣教活动的合作。加强合作发展两地生态保育及生态旅游，从而提升两地市民对生态保育的注意。

2.1.2 广东

广东省对于打造“绿色大珠三角优质生活圈”以及深化三地环境合作有着与香港不同的理解和看法。

（1）合作目标构想。广东省对于三地环境合作的近期目标是到2010年，力争实现污染物削减目标，建立多层次、全方位的合作机制，区域环境质量不断改善。远期目标是到2020年，基本建成以宜居城市群和生态城市群为特征的“绿色大珠三角优质生活圈”。

（2）合作领域构想。广东省期望的合作领域包括以下几个方面：

☞ 加强区域空气污染防治合作：进一步优化提升粤港区域空气质量监控网络，扩展监控范围，并依托网络提升区域环境质量监测水平。制定适应于当前社会经济发展水平的大珠江三角洲空气质量标准及评价指标体系，制定空气污染控制方案。加大区域机动车和火电厂污染防治工作力度。

☞ 加强区域水污染防治合作：探索建立有利于水环境持续利用和水环境有效保护的机制，继续开展珠江口水环境保护专项合作，拟定区域水质管理目标，分析评估不同水质目标下的纳污能力。积极治理水环境污染，提高东江、西江等供港、供澳主要江河的污染防治水平，确保供港、供澳水质安全；积极探索引入推动流域联防联治的经济激励政策，研究开展区域生态补偿试点工作，建立供港、供澳水质安全保障的长效机制。

☞ 加强区域生态良好创建合作：借鉴国际区域生态环境保护的成功经验，全面推进生态建设，打造具有国际影响力和知名度的自然保护区，共同提升区域生态品质。大力推进粤港澳三地林业交流合作，推进在珠江口红树林湿地保护工程建设、东江水源林工程建设、野生动植物保护与疫源疫病监测等方面的合作。

☞ 加强区域环境政策优化产业发展合作：研究在区域内实施更严格的环保准入标准，推动区域产业结构优化升级，同时引导低端产业按照区域环保发展规划的指引向区域以外的适宜区域转移。继续推行“清洁生产技术支援试验项目”，推进“一厂一年一环保”活动，加强粤港澳中介机构开展清洁生产技术咨询等方面的交流合作，建立粤港澳清洁生产技术依托单位的互认机制。

☞ 加强发展区域低碳经济合作：探索制定区域低碳经济发展战略，研究开发低碳技术和低碳产品，建立适应区域特点的推动低碳经济发展的市场体系和政策体系。研究激励性和约束性手段，引导、支持企业在低碳经济领域积极投资，参与开发清洁能源。推进能源资源价格改革，形成能够反映能源资源稀缺程度、市场供求关系和污染治理成本的价格形成机制。制定和完善能源总体规划以及煤炭、电力、核能、可再生能源等专项规划，调整产业结构和区域布局，提高能源的可持续供应能力。

☞ 加强区域环保宣传教育合作：联合开展以节能减排、保护环境为主题的大型环保宣传活动。相互学习借鉴环境宣传教育的经验，让生态文明观念在全社会牢固树立。以倡导绿色消费为重点，推动全社会形成绿色的生产生活模式。以维护环境公平为重点，健全环境信息公开机制，推动公众参与。

（3）合作机制构想。

☞ 建立大珠江三角洲区域污染联防联治工作机制：建立由粤港澳三地政府和相关部门负责人组成的区域环境保护合作联席会议制度，研究决定区域环境保护合作重大事项，包括建立跨行政区交界断面水质达标管理、水环境安全保障和预警机制，以及跨行政区污染事故应急协调处理机制；协调解决跨地区、跨流域重大环境问题；共同探讨空气污染区域防治途径，共同采取措施削减大气污染物排放量，逐步改善区域空气质量。

☞ 深化互访交流机制：三地环保部门每年可安排管理人员交流互访，相互了解介绍各自的环境管理体系和环境管理经验，也可就某项具体环境管理工作组织三地管理、技术人员开展互相培训交流，提高环境管理水平。

☞ 建立信息沟通机制：进一步畅通区域间信息沟通机制，通报和交流各地环境保护工作情况，组织各种形式的环境保护区域论坛、研讨会，开展环境管理、污染防治、生态环境保护、环境科技等方面的交流。

2.1.3 澳门

由于澳门的整体环境管理机构、法律体系尚在发展和建设中，环境管理能力相对较弱，相对于广东和香港，澳门对于打造“绿色大珠三角优质生活圈”以及深化三地环境合作基本上持谨慎的观望态度，主要是担心澳门无法适应合作后可能制定的硬性目标、标准和要求等。因此，澳门对于打造“绿色大珠三角优质生活圈”以及深化三地环境合作还没有明确的目标设想。

在历史上，粤澳环境合作较多，港澳合作很少。澳门期望未来广东与香港能够给予澳门环境管理以及能力建设更多的支持，向环境规划院提出了相应的环境规划技术支持要求。

澳门期望的合作领域特别是支持如下几个领域：①澳门整体环境发展规划；②澳门发展规划与项目等的环境影响评价；③废物特别是固体、危险和有机废物等处理；④水环境治理特别是水浮莲的清除等；⑤环境管理能力建设如立法、执法、监察、环境评估等方面。

2.2 三方深化环境合作诉求的共同基础和差异分析

粤港澳深化环境合作的共同基础表现为以下几个方面：

（1）面临共同的挑战。三地在经济、社会和文化高度融合的紧密地缘框架下，面临共同的区域环境问题的挑战。这些问题已经开始影响到本地的环境质量、公民身体健康以及经济社会的良性发展。共同解决这些问题挑战是深化环境合作的终极目的。

（2）有共同的政治意愿。各方政治高层从改善本地环境质量出发，通过推动区域环境合作，谋求区域环境问题的解决，共同打造“绿色大珠三角优质生活圈”，促进共同的可持续发展与繁荣。共同的政治意愿为深化环境合作奠定了政治基础。

（3）有共同的民众期望。随着经济发展，三地民众对环境质量改善的期望和呼声日益增加，民众的环境意识不断提高，民众对在优美的环境中生活的共同期望为深化环境合作提供了推动的力量。

（4）有相近的经济基础和技术能力。三地经济发展、规模与结构虽然还存在一定差距，但是从解决环境问题的角度，各方基本都具备了解决这些环境问题的经济基础和技术能力，这为深化环境合作提供了可靠的物质保障。

（5）具有联合科研与先期合作的基础。近几年来，粤港澳三地在相关区域环境问题、大珠三角城镇群规划中的环境问题、生态保护等领域开展了许多合作研究。三地在空气、水、生态保护、废物管理等方面也开展了许多联合监测、共同处置等先期合作，并取得了一定成果。这为深化三地环境合作提供了有力的技术和智力支持以及可供参考的成功经验。

尽管深化三地环境合作存在众多共同基础，但是三地在环境合作中的基本诉求并非完全一致。从前述的合作构想可以看到各方明显的关注点差异：

- ☞ 香港：关注点单一、目标刚性、未考虑经济因素。尽管香港提出的打造“绿色大珠三角优质生活圈”题目宏大，但是香港仅关注对其影响较大的空气质量问题，并提出了在具体年限内要实现的刚性目标。同时香港的深化环境合作构想仅就环境问题论环境问题，没有考虑各方特别是合作伙伴在解决环境问题时面临的经济发展等制约因素。
- ☞ 广东：关注点综合、目标弹性、考虑经济因素。广东则想通过打造“绿色大珠三角优质生活圈”的契机，全面深化和提升粤港澳三地的环境合作，改善整个珠三角地区的环境质量，包括空气、水、生态保护以及固体和危险废物管理等领域。在具体目标特别是环境质量目标控制上留有一定的弹性空间。更重要的是，广东提出的深化环境合作是想把环境问题的解决纳入大珠三角经济发展的大框架中综合考虑，通过环境政策优化珠三角产业布局和结构、大力发展低碳经济等促进珠三角地区经济与产业结构的转型，从根本上推动环境问题的解决。
- ☞ 澳门：关注点清晰、目标模糊、无明确的合作主张。澳门对于打造“绿色大珠三角优质生活圈”下的深化三地环境合作并没有明确的合作主张，对未来三地可能的合作缺乏系统深入的思考和准备。但是其关注的领域还比较清晰，主要集中在环境规划、环境影响评价以及技术能力提高等环境管理基础性工作方面以及废物、水浮莲的处置与管理等方面。

2.3 粤港澳三方对深化环境合作的推动和制约因素

粤港澳深化环境合作的意愿和行动既存在有利的推动因素，也有一定的制约因素和不利条件。增强有利条件，消除或转化不利因素是深化三方环境合作的重要保证。

2.3.1 推动三方环境合作的宏观背景和内部诱因

（1）广东。推动广东积极参与深化粤港澳环境合作，打造“绿色大珠三角优质生活圈”的因素主要有3个方面：

- ☞ 践行科学发展观的要求：2008年6月，广东省委、省政府做出《关于争当实践科学发展观排头兵的决定》，在环境领域，要求加快建立珠三角大气复合污染防治体系，粤港澳共建绿色大珠三角优质生活圈。加大珠三角污染和高耗能行业污染的防治力度，防止污染向山区和农村转移。构建环境监测预警和执法监督体系，提高污染事故应急处置能力。建立健全流域、区域污染治理联防联治机制。建立和完善流域、区域生态补偿机制等。这是广东积极参与深化粤港澳环境合作，打造“绿色大珠三角优质生活圈”政治意愿。
- ☞ 人民群众改变生活品质的需求：随着广东特别是珠三角地区经济增长以及人民群众物质收入的增加，人民群众对更好的生活质量特别是能够在良好生态环境中生产生活的追求和需求日益提高。需要通过三地深化环境合作，共同促进影响人民群众健康的环境问题的解决。这是广东积极参与深化粤港澳环境合作、打造“绿色大珠三角优质生活圈”的社会基础。

☞ 解决区域环境问题的外部压力：粤港澳三地唇齿相依、紧密联系，面对共同的区域环境问题需要共同来解决。香港方面吁请广东改善区域空气质量，共同打造“绿色大珠三角优质生活圈”确是广东采取相应行动的外部压力，但也是“以外促内”的动力。广东作为区域环境问题的主要贡献者也有责任和义务主动参与到问题的解决行动中。

（2）香港。香港作为深化粤港澳环境合作，打造“绿色大珠三角优质生活圈”的倡议者，其推动因素主要有两点：

☞ 民众及社会团体改善生活品质的关注与需求。当前，粤港澳地区的一些区域环境问题特别是空气质量问题是香港特区民众和社会团体关注的焦点问题，强烈要求特区政府加强与广东省合作来改善空气质量。这是香港提出粤港澳共同打造“绿色大珠三角优质生活圈”的主要因素，也可以说是特区政府面临的政治和社会压力。

☞ 香港特区经济发展和成长的需要。香港作为一个国际性城市，总部经济是其经济发展的优势和支撑之一，需要有良好的生态环境来吸引跨国公司以及金融机构的总部来投资落户。而当前的粤港澳区域环境问题特别是空气质量问题已经成为阻碍香港总部经济发展与成长以及跨国公司赴港投资的制约因素之一。因此，深化粤港澳环境合作，打造“绿色大珠三角优质生活圈”，创造良好的投资环境也是香港特区经济发展和成长的内在要求。

（3）澳门。澳门参与深化粤港澳环境合作，打造“绿色大珠三角优质生活圈”有着与香港和广东不同的推动因素：

☞ 环境意识的提高。随着澳门回归，澳门经济有了长足的发展。从特区政府到普通民众的环境意识也不断提高。澳门所面临环境问题的解决需要依托广东和香港的支持，因此澳门也期望参与到粤港澳三地的区域环境合作中，为澳门自身环境问题的解决寻求支持和帮助。

☞ 环境管理能力建设的需要。前面提到，由于历史原因，澳门的整体环境管理能力包括环境技术能力和人力资源都比较匮乏，无法满足澳门面临的日益增加的环境问题和压力。参与粤港澳三地环境合作有利于澳门借鉴广东和香港成功的环境管理的经验，大幅提升环境管理能力。

2.3.2 三方深化环境合作的制约因素

粤港澳深化环境合作的制约因素主要在于各方对于承诺合作伙伴的合作诉求存在一定难点，在某些问题上存在一定利益冲突。

（1）达标能力和途径有所差异。香港提出 2015 年要在大珠三角地区实现世界卫生组织的中期空气质量目标，而广东省珠三角地区出于产业结构、规模和经济增长趋势考虑，恐难以实现过高的目标。澳门由于自身环境管理能力较弱，也担心无法实现过高的硬性目标约束，因此无法进行承诺。

（2）目标和期望不完全一致。粤港澳三方的关注点不完全相同。广东期望提升全方位的环境合作，而不仅仅限于空气领域，也应包括水、固体废物转移、产业结构调整等，并期望香港能够给予技术、资金等方面的支持。这也超出了香港进行合作的预期。香港期望广东省在大珠三角区域空气质量的改善有更大的表现，与广东省的现实经济状况和环保能力存在一定差距等。

（3）合作起点和基础各异。粤港澳三地中，香港的经济、环境本底和环境管理能力较广东和澳门强。起点和基础不同，用同一目标或标准来要求各方实现或承诺，各方付出的合作代价和成本将差别很大，不利于各方达成有共识基础的合作。

3 粤港澳环保合作评估分析和未来障碍识别

3.1 粤港澳环保合作的成绩

在粤港、粤澳合作联席会议框架下，三地环保部门紧密合作，不断拓宽合作领域，在加强交流沟通和及时协调解决共同面对的环保问题方面做了大量卓有成效的工作，取得了良好效果。

3.1.1 促进了区域环境质量改善

为实现粤港政府签署的《改善珠江三角洲空气质量的联合声明》中 2010 年珠江三角洲地区内 SO_2、NO_x、可吸入颗粒物和挥发性有机化合物排放总量比 1997 年分别削减 40%、20%、55%、55%的目标，双方共同制定和实施区域空气管理计划，取得了较大进展。粤港双方 2006 年开展的珠江三角洲空气质量管理计划中期回顾研究结果显示，在火电厂发电量、机动车保有量大幅增加的情况下，由于广东省大力实施产业结构优化调整、工业技术水平提高、限制燃料含硫量、颁布严格的大气污染物排放标准、加大治理力度等原因，大气污染物排放量仅比 1997 年有少量增加。特别是“十一五”以来，主要污染物 SO_2 和化学需氧量的排放强度持续减弱，在 2006 年主要污染物排放总量下降的基础上，2007 年 SO_2 和化学需氧量排放总量分别比 2006 年减少了 5.05%和 3.02%。广东经济持续快速发展的同时，环境质量总体保持基本稳定。2007 年，广东全省 21 个地级以上市空气质量全部达到国家二级标准。主要江河和重要水库水质良好，全省饮用水源地水质总达标率为 89.6%，比 2002 年提高 6.3 个百分点。另外，三地的固体废物处理和生态保护合作方面也取得了一定的成绩。

3.1.2 探索了有效的合作模式和机制建设

在“一国两制”体制下，粤港澳三地重点在区域环境质量联合监测和信息共享、区域重点环境问题联合研究和控制、危险废物跨境转移处理处置、环境管理人员的交流培训等领域开展环保合作，并对珠江三角洲空气质量管理计划进行了中期回顾评估。开创了不同社会管理体制和不同经济发展水平区域环保合作的新模式，不仅解决了区域的环境问题，维护了区域环境安全，还为加强区域间沟通协作、解决区域环境问题提供了宝贵经验。

3.1.3 提高了区域环境管理能力和水平

粤港合作开展的珠江三角洲空气监测系统项目，经过两年多的建设、系统集成、试运行、标准比对实验和成效审核，监测系统的硬件装备水平先进，运行维护状态较好，监测数据具有准确性、可靠性和可比性，达到了预期建设目标，在 2005 年通过了鉴定，专家们给予了很高的评价。随着管理要求和技术水平的提高，该系统可逐步扩展、整合成为更大的网络系统，将成为区域性空气污染信息管理系统和我国重要的区域空气监测与研究中心。粤港珠江三角洲区域空气监测系统的建成，大大提高了广东省空气监测技术水平，可对珠江三角洲空气质量提供快速、准确的数据，有助于了解监测区空气质量的状况和失控变化规律，也有助于评估粤港两地各项污染防治措施对整体空气质量的影响效果。粤港澳环境问题和事务的联合开展也间接促进了粤港澳环保机构的发展，促进了三地环境部门技术能力和人力资源的能力发展。

3.1.4 促进了港澳的繁荣发展

香港、澳门公众对水质和空气质量等环境条件高度关注，各方加强环保方面的合作，及时沟通与协调处理出现的问题，对稳定公众情绪和维持香港、澳门的繁荣稳定发展起着重要的作用。如东江水质保护、珠江三角洲水质保护、大鹏湾及后海湾（深圳湾）区域环境管理、珠江三角洲空气质量管理与监察、水浮莲专项治理等行动，以及向香港、澳门提供供水水质监测数据等，取得了良好的效果。澳门由于受到地域的限制，难以做到所有的危险废物都能就地处理，广东省从大局出发，利用现有的技术力量和设备，帮助澳门处理了部分的危险废物以及电厂废油，解决了澳门的燃眉之急。

3.2 粤港澳环保合作的历史特征

粤港澳环保合作在特定的制度环境和背景下具有独特的历史特征。把握这些历史特征有助于三地充分认识合作历史中的缺陷和不足，在未来的深化合作中予以弥补和改善。

3.2.1 非对等合作

根据对粤港、粤澳合作历史的回顾，不难发现，这些合作呈现明显的单向性、相对被动性和非对等性，特别是粤港合作。由于“一国两制”下香港特区在国家中的特殊地位和作用，香港通常是直接向中央和广东提出自己在环境方面的要求，广东从政治大局出发，不讲条件，基本能够满足香港的要求，但也付出了相当的代价和成本，而香港对广东所做的努力支持则较少，在不少合作领域存在“无限要求、有限支持”的问题，如广东对香港供水水质中的水污染治理、珠三角区域空气质量管理、香港向广东的固体废物转移与处置等。这些合作都表现出强烈的非对等特征。缺乏对等和平等的基础，长期、深入的合作就难以有效开展进行。

另外，由于香港的社会政治制度不同，香港民众、社会团体以及环境非政府组织等在环境问题方面特别是大珠三角地区的区域环境问题方面对香港特区政府的压力很大，成为香港特区反对派、社会团体、非政府组织与特区政府谈判的政治筹码。香港特区政府通过中央政府将这些压力传递给广东省政府，两地政府都面临很大的政治压力。因此，香港特区社会对珠三角区域环境问题的泛政治化是形成粤港非对等合作的重要原因。

澳门本身的环境管理能力较弱，通常是澳门请求广东帮助解决其棘手的环境问题，也呈现出单向的合作特征。但是其中的政治压力和成分很少，基本属于平等协商下的双方合作。

3.2.2 非对称合作

当前，粤港澳在大珠三角地区的经济合作已经处于高度融合的状态，包括在具体的经济联系、产业分工、生产、消费、投资以及贸易等方面，区域经济一体化程度非常高。环境问题来源于经济增长和发展。但是与高度融合的经济合作相比，粤港澳环境合作并未同步发展，处于滞后状态，与经济合作相比，还没有形成真正意义上有效的环境合作机制。环境合作与经济合作的非对称性对于推动大珠三角区域环境问题的解决是一个不利因素。

3.2.3 非广泛参与合作

当前无论是粤港还是粤澳环境合作，都主要是在政府层面来磋商、决策和推动，并具有一定的组织机制，如粤港和粤澳合作联席会议机制。具体的合作与科研活动也主要在政府部门之间来开展。社会公众、社会团体以及工商业参与相关环境合作的决策与具体活动相对较少，包括缺乏合作渠道、合作机制、合作资金等。未来粤港澳在深化环境合作中增强参与主体的广泛性将会进一步改善大珠三角地区的环境治理结构。

3.2.4 非均衡发展合作

无论是粤港还是粤澳环境合作，过去都缺乏关于合作目标、领域、内容、方式和机制等的长期总体规划和设想，许多合作表现出“就事论事”、“一事一议”的状况。这种状况导致各方环境合作所要解决的问题无法有效地纳入到各方经济社会发展的总体规划以及决策中，也无法有效地将其纳入到部门的常规工作中。这种环境合作与经济社会发展总体规划的非均衡性以及脱节状况，使得合作经常处于被动应对的状态。

3.2.5 非全面领域合作

目前已有的粤港还是粤澳环境合作中，领域相对比较狭窄：①仅关注于与自己得失关系密切的具体领域，如目前香港仅关注对其影响最大的区域空气质量问题，对其他问题如已经基本解决的香港水源的污染防治问题、香港对广东影响较大的固体废物转移问题等并不关注；②通过环境合作来解决区域环境问题并未考虑要与整个珠三角地区的产业结构升级、低端产业转移以及经济增长方式的转变等结构调整相结合；③三方的技术能力建设支持、联合科学研究、人员交流等尚有欠缺。

3.3 粤港澳环保合作的障碍因素分析

粤港澳未来深化环境合作中的潜在障碍主要可能来自于三地在经济发展阶段、社会制度、产业结构、环境管理能力等方面的差异。正视这些差异，在现实基础上寻求各方能够接受的、合适的或者有差异的目标或途径，这样才有助于务实有效合作的顺利开展。

（1）发展阶段差异。2006 年，广东珠三角地区人均 GDP 为 5 908 美元，2007 年超过 7 000 美元。2007 年香港人均 GDP 达 23.28 万港元，约合 2.98 万美元；澳门人均 GDP 达到 192 165 澳门元，约合 3.64 万美元。香港和澳门基本属于经济发达地区的水平，珠三角尽管在内地经济发展属于前列，但和港澳相比，还属于发展中地区。一般来说，在不同的经济发展阶段和收入水平下，社会和公众对环境品质的需求和期望是不同的，对环境质量目标的要求也是不同的，同时解决环境问题的能力和基础也是不同的。可以说，三地特别是广东珠三角和港澳发展阶段的差异应该是未来深化环境合作中最大的障碍。

（2）经济和产业结构差异。粤港澳经济和产业结构也存在明显差异。香港主要是以服务、贸易、金融、旅游、航运业等第三产业为主经济体；澳门主要是以博彩业、服务业为主的经济体；广东特别是珠三角地区主要是以制造业为主的经济和产业结构，而且在未来很长一段时间内还将处于工业化特别是重化工业与城市化的发展阶段。经济和产业结构以及发展阶段的差异使得三地的环境问题的重点也有所不同，也导致在区域环境合作中各方合作诉求不同。也由于这种差异，使得各方在解决这些环境问题时的优先顺序、所采取的途径、手段和措施也应不同，所付出的代价和成本也会不同，即触及的利益问题有所不同。

（3）体制机制差异。在“一国两制”下，粤港澳三地的社会制度存在本质差异，体现在环境治理结构上存在很大差别。在广东的政府、企业和社会公众的三元环境治理结构中，政府的力量和主导性相对更强，环境决策机制主要是“自上而下”的方式，环境政策工具也主要是命令控制型；港澳的环境治理结构中，社会公众、企业的力量和作用体现比较充分，环境决策机制主要是“自下而上”的方式，环境保护的推动和压力主要来自社会公众的力量，环境保护中的市场化运营机制以及经济政策工具运用比较普遍。这些差异使得在三方深化合作中由于体制和机制无法对接而造成在合作程序、解决问题的思路等方面存在困难。

（4）环境问题差异。前面提到，粤港澳面临的环境问题是不同的。香港的环境问题主要是空气质量问题、固体废弃物的处置问题等；广东珠三角地区的环境问题是复合型、压缩性的环境问题，包括水环境、空气质量、固体废弃物、生态保护等问题，而澳门主要是固体废弃物处置、水生态环境问题。三方关注的区域环境问题的重点不同，合作的重点方向和政策取向也会不同。

（5）环境规划差异。2005 年，广东省组织环境保护环境规划院等单位编制了《珠江三角洲环境保护规划》以及《广东省环境保护规划》，对珠江三角洲的环境问题的判断和解决有长期的、综合的预测、判断和解决方案。港澳还没有长期的、综合性的环境保护或管理规划。更重要的是，三方在解决大珠三角区域环境问题方面还没有一个共同的区域性环境保护规划，不利于指导三方采取共同措施、协调统筹地解决这些共同的问题。

（6）环境标准差异。粤港澳三地的一些环境标准也是不同的。香港的空气质量标准是 1987 年制定的，目前尚未修改；燃油、机动车尾气排放标准也较低；燃煤电厂还没有完全安装脱硫设施，SO_2 排放标准也较低。相比而言，广东在空气质量标准、燃油、机动车尾气排放标准以及燃煤电厂 SO_2 排放标准等方面都较高。澳门在这些方面还没有强制性的标准，特别是在燃油、机动车尾气排放标准方面。环境标准差异直接关系到污染贡献者的行为不同。但是也要看到，在制定共同的区域环境标准时需要考虑各地的实际接受和实现能力，不能片面强求简单的相同。

（7）污染物排放强度差异。以大气污染物排放为例，根据香港提供的数据，香港和珠三角经济区按人口和土地面积分别计算的大气污染物排放强度各有高低不同。无论按何种口径计算，各方都应相互帮助，朝着降低排放强度的方向努力，促进区域环境问题的解决。

（8）环境目标期望差异。当前，粤港澳三地对未来打造“绿色大珠三角优质生活圈”，深化环境合作中的目标期望是不同的。相对来说，香港强烈期望在空气质量方面，在实现 2010 年粤港大气污染物减排目标基础上，到 2015 年在大珠三角地区实现世界卫生组织的中期空气质量目标-1，并将其作为强制的约束性目标纳入到未来合作中；并按世界卫生组织中期空气质量指标的需要，确定珠三角地区各地区的空气污染物排放容量。广东则考虑在空气质量方面，在实现 2010 年粤港大气污染物减排目标后，未来合作不设时限以及强制的约束性减排指标，给予一定弹性；并借粤港澳深化的环境合作，推动和提升包括空气、水、固体废物、生态保护等各领域的全面合作，以及带动珠三角经济和产业结构的升级。澳门也对设立强制的约束性环境目标持谨慎的态度。环境目标期望差异是能否达成一致合作意向的关键因素。

（9）环境管理和技术能力差异。当前，粤港澳三地的环境管理和技术能力等方面还存在一定差距。总体上，香港的环境管理和技术能力最强，广东和澳门次之。三地的未来环境深化合作需要在环境管理、技术能力特别是在人力资源方面加强交流和能力建设，夯实环境合作的硬件和软件基础。

3.4 基本认识和评价

根据前面的总结和分析，对于粤港澳共同打造“绿色大珠三角优质生活圈”、深化环境合作可以有以下几点基本结论和评价：

（1）粤港澳三地具有坚实的合作基础，深化区域环境合作大有可为。三地在地理上紧密相连、在文化上息息相通、在经济上高度融合、在政治上具有“一国两制”的特殊优势、在环境上面临共同的区域问题，重要的是，三地具有共同的解决区域环境问题的政治意愿、社会民众期望以及过去成功的合作经验和基础，这些合作基础使得深化区域环境合作大有可为，有利于粤港澳区域环境问题的缓解、改善和解决，同时三地的区域环境合作在全国具有一定的创新和典型意义，也可以为全国其他地区类似区域环境合作提供参考和可借鉴的经验。

（2）三地需要全面客观地正视存在的差异，增强理解，求同存异。如前所述，粤港澳三地在众多方面存在差异和差距，需要三地能够客观看待和对待这些差异，增强对合作伙伴困难和问题的理解，加强交流和协商，充分认识不同的自然本底和资源环境承载能力，污染物减排与环境质量改善的滞后效应，相互支持，在差异中寻找共同点，在协商一致的基础上，形成具有共识的合作原则、领域、内容、方式、机制和体制，确定切实可行的合作目标与具体的环境目标。

（3）需要将环境合作纳入到区域经济合作与可持续发展的大框架中。环境问题来源与发展，需要在发展中进行解决，区域环境问题的解决也需要在区域的经济合作与可持续发展的过程中进行解决。粤港澳三地的环境深化合作需要充分考虑三地的经济合作，通过在合作中的经济和产业合理分工，制造业向第三产业转变的结构调整、制造业中的自身的结构优化调整、清洁生产技术的引进等，从源头着眼于区域环境问题的解决，将解决区域环境问题作为粤港澳区域协调可持续发展的一个有机组成部分，以经济发展促环境保护，以环境保护优化经济增长。

（4）需要制定粤港澳区域环境保护规划。粤港澳区域环境问题的解决和环境质量的改善是一个长期的、复杂的和系统的过程，需要有长期的、综合的区域环境保护规划予以统筹安排和解决。通过区域环境保护规划，制定合理可行的目标、行动方案和保障措施。同时将区域环境保护规划纳入到各自的经济、社会和环境保护的总体规划中。三地优势互补、协调行动、循序渐进、形成合力，携手解决共同面临的区域环境问题。

4 新时期新形势下深化做好环保合作的总体设想

4.1 深化环境保护合作的必要性

粤港澳三地各自采取了积极的措施致力于解决本区域内环境问题，同时在区域环保合作上也已形成了一些较好的合作机制并取得了不少成果，区域环保合作正在稳步发展。香港由于环保基础好，也具有经济优势，环保工作一直走得较为靠前，对港地的水污染、水环境保护、空气质量问题、固体废弃物问题、机动车问题、湿地和生态廊道保育等方面都做了较多的工作；澳门地域面积较小，环保工作主要侧重于该地区的水环境问题和大气污染问题以及界河的富营养化问题等，尽管目前澳地环境问题不是太严重，但环保能力建设起步较晚，目前寄希望于粤港澳三地环保合作，加大步伐提升其环境管制能力；对于广东省而言，响应大珠三角区域环境整体性需要以及港澳环保合作的吁请，广东省从大珠三角区域整体性利益出发，积极协助港澳开展临界的水环境保护合作、生态保育合作、在改善珠三角地区空气质量合作、保证东江供水水质、珠江口水污染防治、消纳港澳两地产生的一些固体废弃物等方面均做了很多的工作，并积极采取各种对策履行与港澳合作达成共识的承诺，与全国其他省市相比，广东省环境保护工作应该说一直走得较为靠前。

总体而言，一方面要看到三地区域环保合作取得了不少成效，另一方面也要注意到当前合作态势与大珠三角区域环境可持续发展的客观需求还有较大的差距，如三地环境信息共享、民间环保交流与更深层次的联合环保规划环节等都存在不足或缺失，未来三地在合作思路、合作领域、合作机制等方面均有很大的提升空间。

粤港澳三地地域相邻，“同在蓝天下，共饮珠江水”，水环境和大气环境的整体性和不可分割性使得三地发展产生的环境问题和环境保护息息相关，特别是珠江三角洲城市群的崛起，产生的区域大气污染、固体废物处理处置问题、水资源问题都深深地带有区域性特征。粤港澳三方已经认识到通过任何单方面的努力寻求环境问题的解决并非明智之举，应该同心协力，共谋区域环境保护大业，同时，三地也认识到对珠江口、东江水质以及区域空气质量改善等这些区域性特征日益明显的环境保护问题合作也应当放到区域社会经济发展合作的领域来对待，才能务实推进三地的环保合作。

就大珠三角最为关注的大气环境问题而言，珠三角的灰霾与污染雾属于“洛杉矶烟雾”（机动车尾气排放污染），与黄淮海平原、长江河谷和四川盆地这些灰霾污染严重地区相比，只有珠三角一年四季都有稳定的灰霾出现，是灰霾现象较严重的地区。灰霾在珠三角主要集中在珠江口西侧，广州佛山是其中的核心地区，中山、东莞、深圳、香港等地在核心区的边缘上。究其原因，一是与珠三角的自然地理特征有关；二是与可控性的区域大气污染水平有关。珠三角背靠南岭山地，两侧丘陵，南面向海，此种地形不利于气流流通、扩散与稀释，珠三角城市群迅速膨胀以及高密度的高层建筑群（建筑设计时不太考虑风向流场，也是一个很重要的因素）也严重阻碍了气流的水平运动，使污染物横向稀释能力趋弱，从而严重影响空气质量。此外，珠三角的污染物排放量较大而污染防治水平和联合管制能力目前仍相对较低也是灰霾肆虐的主要原因，这类可控性因素，也是未来三地在空气环境污染联治联防合作的重点领域。

就大珠三角区域的水环境污染来说，三地在大鹏湾、深圳湾、珠江口的水污染防治和水生态保育以及东江供港水质等方面均开展了一系列合作，取得了积极成效，但仍需加大当前合作的力度并有继续深化的必要。整体来看，大鹏湾整体水质仍较欠佳，珠江口赤潮、底泥污染等水污染防治以及水生态安全也是需要区域长期致力于关注的领域，东江供港水质保障也是一个长期性问题，港澳双方也应商讨水质进一步改善合作的可操作性机制。

就大珠三角区域生态保育合作来说，目前合作尚未深入，从区域生态系统性考虑，未来应强化该方面合作，就如何建立区域性的生态保护地带、构建生态走廊等作为工作重点，关注米埔湿地、梧桐山—红花岭—八仙岭的绿色植被保护、大鹏湾海岸带红树林和中华白海豚保育，以及生态旅游合作等。尽快提高大珠三角地区整体生态保育水平。

就大珠三角区域固体废弃物的管理来说，三地都做了不少的工作，目前在区域层面上也有一定程度的合作，主要是粤方协助港澳两地消纳其产生的废弃物质并接受一定程度的经济补偿。未来合作的思路需进一步转换，对于可利用的废弃资源，应从区域整体资源利用优化的角度来考虑。对于当前技术能力下，不可循环再生利用的废弃物质三地应本着就地消解的原则，除非因特殊情况必须发生废弃物料转移处置和处理，各方应本着互惠互利，如何最大限度地减少废物污染的考虑，从资金、技术各方面商讨合作机制，确保合作的公平性和效率性。

粤港澳深化区域环境合作、共同打造绿色珠三角优质生活圈的必要性和意义体现在如下几个方面：

（1）区域经济一体化趋势的客观需要。党的十一届三中全会以来，广东经济持续发展，1978 年广东对外贸易进出口总额仅 19.42 亿美元，1996 年达 1 002.28 亿美元，而其中 80%左右是与港澳的贸易来往。粤港澳经济发展模式被经济界和理论界比喻为“前店后厂”，港澳作为与国际市场连接的“前店”，负责寻找客户、签订合约、引入资金和技术装备。珠江三角洲地区作为“后厂”，负责组织生产、提供劳动力、土地等生产资料。香港、澳门回归后，粤港澳经济合作更加紧密，“前店后厂”的发展模式逐渐改变，三地经济的一体化程度更加明显，统一市场正在形成，随着今后三地经济步伐的加快，这种密切的经济联系将日益强化。与此相应，客观上要求作为社会经济活动产物的环境问题的解决也必须融入区域经济一体化的趋势进程中去，要求大珠三角都市圈区域环境治理必须统一规划、统筹协调、综合考量。

（2）区域环境问题的互动性和复合性。三地地缘关系密切、唇齿相依，息息相关。日益紧密的社会经济分工格局和发展态势等都导致了三地的环境问题呈现强烈的区域性特点，三地任何一地的环境问题的现状与其他两地的环境问题特点和环保工作绩效紧密关联，也更与各自在大珠三角中的产业分工格局和产业构成紧密联系，而且，随着三地社会经济和环境问题的发展，区域环境问题的互动性以及复合性特点将日益明显。这也客观上要求三地务实的环保合作，应该是一个持续的、不断加强和深化的合作，而且合作的思路应该是从注重强化环保合作和经济发展合作的融合作为重要的突破口。

（3）区域环境整体性的必然要求。从大珠三角区域环境问题的特征来看，由于三地地理的比邻关系以及社会经济生活的紧密融合，区域性环境问题，如区域性大气污染物输送迁移、区域性二次污染问题、水环境和水资源问题解决需求、固体废物处理基于区域效益最大化的统筹治理等日益成为三地主要的环境问题和环保工作重点。并且不难预见，未来的社会经济和环境的发展态势将使得区域环境问题的整体性防治合作需求将日益凸显。

（4）环境问题对大珠三角综合竞争力提升的制约作用将越来越大。大珠江三角区域已逐渐成为世界经济最为活跃的地区，创造了世界经济发展的奇迹。但是综观目前制约珠三角整体发展的关键要素，不难发现资源环境的不可持续性即为其一，随着未来的发展需求，环境“瓶颈”将日益成为大珠江三角经济发展竞争力的障碍，因此，粤港澳在寻求经济发展的“突围”中，自然应当首先考虑该方面存在的问题，探讨采取何种区域合作模式和如何转变区域合作思路，才能整体优化区域环境质量，提升区域绿色竞争力，消除环境短板，破解经济发展的资源环境“瓶颈”。

（5）社会公众对环境质量的需求日益重视。近年来，无论是港澳，还是广东，环境纠纷、投诉都不同程度成为社会关注的新焦点。三地社会公众对大珠三角整体区域环境质量和三地政府环保工作的绩效越来越关注，而且参与意识也越来越强，三地面临的来自社会公众对美好环境质量需求的压力也越来越大，而其中，又以粤港两地为甚。如广东省近年有关环境问题的投诉和信访案件持续增加，2004 年，全省环保系统收到群众反映的环境污染和生态破坏信件和投诉案件近 8 万件，2007 年，已经突破 10 万。香港也面临着来自社会公众和环保 NGO 的巨大压力。

4.2 新时期下环境合作应实现的战略转变

合作，就其含义而言，“合”意为“共同、一起”，“作”意为“工作”，依此分析，“合作”意为“共同工作”。“合作”一词本身只是说明了一种群体行为与现象，但掩盖其下的合作主体构成、合作动机与目标、合作范围与领域、合作机制及其保障等才是合作得以成功的关键。具体来说，合作各方在各自的利益诉求不致相互抵触的基础上，在共同的合作领域内，在一定时期范围内，制订科学合理的共同目标（由参与各方协议达成的分目标组成），遵守自愿加入、契约公平、自由退出的三项原则，积极参与，互利共赢，才能达成共同的合作目标。

就粤港澳三地环保合作而言，粤港、粤澳已有成功合作的历史，如东江西江的水环境保护与饮用水水源水质提高。在未来相当长的一段时间内，粤港澳三地均有改善提高环境质量的意愿与动力（动力来源可能不同），有鉴于此，合作各方提出的共同战略目标为——打造绿色优质生活圈。因合作各方社会经济发展程度不同，各方（主要是粤港两地）对彼此应该承担的分目标存在一定分歧，主要体现在粤方社会经济发展相对落后，虽从提高区域竞争力角度出发，有一定的环境保护动力，但实行环境优先的目标政策具有一定的难度——可能导致产业的空心化以及由此引发的失业、财税损失以及经济动荡等一系列利益损失；港方民众政府为追求更高品质的生活，为提高城市竞争力，需要提高香港本地的环境质量；澳方因其自身环保能力建设落后，急需粤港两方给予技术支持，提升本地环境保护规划与评估能力。

基于以上分析，为巩固并促进区域合作，需进一步确定合作主体构成、明确合作目标与领域、协调各方利益诉求、确立各方均能接受的合作机制并制定相应保障措施。具体而言，粤港澳环保合作必须实现以下五大方面的战略转变。

4.2.1 合作模式：从双方单向的应急合作模式到三方双向的互利合作模式转变

就已有的粤港澳区域合作模式而言，存在的一个共同现象：港澳两地向粤方提出合作目标与要求，粤方做出响应并在一定程度上满足了两地的环境要求，如东江水质保护问题。为推进区域内三地合作，应本着共同促进，互利共赢的合作模式，减少相互指责，共同努力，各自发挥比较优势，避免合作各方过于自利而影响未来合作的成效。

有鉴于此，区域合作模式应从双方单向的应急合作转变到三方双向的互利合作模式之下：

（1）互利——环境保护合作的长期性要求。环境维护与改善的长期性，决定了环境保护合作的长期性，为维持并提高合作的水平，根据合作型博弈原理，合作各方应在此合作中彼此均能获益才是保证合作的必要前提。因此，粤港澳三地的环保合作应避免过分强调政治利害冲突，而忽视彼此基于利益关切（社会、经济与环境领域）的合作基石——互利。

（2）三方——利益相关方的共同参与。粤港澳三地共处珠江流域，环境污染与治理的溢出效应牵涉区域三方，作为利益相关的各方，如在此项合作中无正常参与渠道与合理影响方式，必将对将来的合作产生不利影响而无法持续优化而达到类似于帕累托最优

（Pareto Optimum）的状态。

（3）双向——打造区域绿色优质生活圈的参与方的差异性。因合作各方社会经济发展程度不同，不考虑各方差异而制定统一标准的目标必将影响合作的执行，因此必须增进参与各方的双向沟通协调才能制定共同但有区别的目标；因合作目标差异而导致的工作内容差异，需要参与各方互相了解，增进互信，维护合作的稳定性。此外，参与各方比较优势的充分运用、行为能力的差异性、国家环保规划对广东一方的硬性要求也是各方沟通协调需要理解并尊重的领域。

（4）未来合作实际工作的需要。未来合作水平的提高，有赖于社会、经济与环境相关信息的共享、监测站点布设的拓展、区域污染原理联合研究、区域环境治理与生态保护工程、环境监管行为的协同等各项具体工作的实施，这均需要在三方双向的互利合作模式下予以实施贯彻。

4.2.2 合作思维：由相对被动到积极主动转变

实现合作模式的转变，必须转变合作思维，从相对被动应对合作要求向主动建议合作转变。主动的含义包括以下 4 个方面：

（1）各方应全方位的主动宣传各自的工作及其成效——注意区域内不同各方受众的思维方式、语言习惯、文化差异。

（2）各方应主动提出自己的需求——各方均能够理解并认为合理的需求（也是其他各方均能参与的）。

（3）区域各方应积极承认工作中的不足以及以后的持续性改进措施并予以实行。

（4）主动响应区域各方的合理需求，并提出切实可行的共同工作方案。

4.2.3 合作领域：环保合作应与社会经济发展合作相融合

粤港澳环境保护合作的领域不应局限于环境监测科研、生态环境治理工程这些领域，应把环境合作尽可能融合到区域社会经济的全方位的合作中去，以环境保护优化经济发展，促进广东的环保产业经济发展，促进广东的产业结构转型和持续发展。

（1）在环保合作的各具体领域，各方应理解各自社会经济发展的阶段差异、经济主要发展模式以及上层建筑构建体制上的差异以及由此产生的环境压力，尝试运用以经济手段为主、行政手段为辅的各项具体措施，避免参与一方或几方利益受到不可承受的损害。

（2）在彼此尊重历史与现状的前提下，各方按照由易到难的原则，尝试逐步做出协商妥协，以全领域的合作促进环保合作的深入：如监测信息的共享、科研资金的共同投入、共同治理工程的费用分担等。

（3）目前，具体可行的领域包括：香港方面的投资引导，如何促进广东和区域的产业结构转型和持续发展；如何保障科研资金的投入与分配，促进共同科研活动的开展；如何促进环保产业与循环经济健康合理的稳步发展等。

4.2.4 合作保障：国家要求和区域各方合作需求相结合

粤港澳三地的合作，属于区域性质的合作，对于国家总体的环境保护需求背景与环境，区域各方应结合区域要求制定切实可行的任务与目标，在保证国家目标可达的基础上适度超前，满足区域环境需求。

（1）对广东的要求。在考虑国家总体前瞻性要求的基础上，统筹考虑国家要求和区域要求；在工作方向与国家环保需求保持一致的基础上，与港澳方面进行充分沟通，结合区域外部要求和内部要求，完善工作任务体系，适度提高规划目标，保证国家要求与区域合作要求的“双达标”。

（2）对港澳的要求。理解广东方面的国家环境保护规划要求，并探讨与之相关领域合作的可能性。

4.2.5 合作主体：由政府主体之间的合作到多主体全方位的合作

目前，粤港澳三地合作多局限于政府层面的交往，而民间组织、工商业界、学术界交往不够充分，为扩大交往合作范围，提升公众知情水平，缓解政府压力，合作主体必须多元化、丰富化。具体合作主体的范围扩展如下：

（1）区域政府间的合作深入。包括政府间关注领域的协商与共同环保行动的协调，如产业准入标准的协商、污染治理水平的协商、重大工程项目环评的参与等；积极做好一地政府、民间组织与另一地民间组织、群体交流的中介；引导本地与异地工商业界的投资行为等。

（2）民间组织间的交流合作。包括扩大环评与环境规划方面的公众参与范围，如异地公众的参与；加强舆论监督与媒体宣传提升公众知情权；加大 NGO 的互动合作；区域环保事务的公众联动参与等。

（3）学术界的交流合作。包括环境保护咨询领域的开放；环保相关信息透明共享；科研成果的联合发布；科研资金的合理流动等。

（4）工商业界的交流合作。包括促进区域内各方政府环保目标获得工商业界的认同与执行；促进区域各方工商业界之间加强技术信息交流，提升治理技术、提高治理水平；促进区域各方工商业界之间产业信息交流，转变产业结构。

4.3 指导思想

深入贯彻落实科学发展观，进一步解放思想，按照增进理解、互惠互利、稳步推进的合作原则，创新合作机制，强化共同治污，倡导绿色消费，优化经济发展，努力改变环境制约生活质量提升的局面，以区域环境质量改善为切入点，提高区域可持续发展水平，共同打造绿色大珠三角优质生活圈。

4.4 合作目标

（1）总体目标。按照科学发展观和以人为本为指导思想，通过粤港澳三方共同努力，持续推动大珠三角区域环境质量改进，提升区域整体竞争力，改善珠三角地区民生生活质量，创造国家区域环境合作典范。

（2）合作目标设置的基本考虑。合作目标的设置要考虑粤港澳三方的社会经济基础的阶段性差异，以及三方对合作目标需求的差异，从实现区域合作效益最大化入手，综合平衡各方面利益，拓宽并深化合作范围、转变合作模式，创新合作机制、共商合作政策，合作目标的设置应该具有弹性，有些是约束性指标，有些是预期性指标，指标的设置应做充分的环境经济评估分析，从已有的合作基础来看，指标的设置应主要体现为总量性指标，较少体现为环境质量指标，并且需要重视目标的阶段性安排的合理性。三者经济阶段和社会基础不同，合作的主要着力点和贡献也应有所差别，港澳经济体处于发达阶段，步子可迈大些，并积极扶持广东省产业结构的调整。广东省经济水平相对于全国平均水平来说，处于较发达阶段，快速提升环保能力建设也具有较好的基础，应结合国家要求，步子适当超前。粤港澳三地以深化环保合作、打造绿色大珠三角优质生活圈合作为驱动力和契机，积极推动大珠三角经济结构的不断调整和升级、环保质量的稳步提升、民生生活质量的持续改善，实现三方共赢。

4.5 基本原则

推进大珠三角区域民生生活质量的改善，联合打造绿色大珠三角优质生活圈，需要三方奉行相互增进理解，积极务实的合作态度。三方以实现大珠三角区域整体效益最大化为根本出发点，认识到社会、经济、制度体制的和合作需求的差异性和层次性，并积极协助对方是区域合作的难点，也是合作有效开展的基本切入点。基于此，合作应始终以下述五大基本原则为指导。

（1）国家要求和区域需求相结合，区域合作与常规主线工作相结合。区域环境合作的大方向应与国家政策要求基本保持一致，不承担与国家原则要求违背的责任和义务，并通过区域合作的探索为其他区域环境改善提供经验和借鉴，将粤港澳环境合作纳入国家和区域总体规划要求，力求事半功倍。

（2）以区域环境治理费用效益最大化为目标，以可达性分析为基础前提。粤港澳三方合作应从大珠三角区域整体环境治理效益最大化入手，根据三方各自的条件、能力和基础，正视阶段性、差异性和层次性，理解并尽可能采取措施解决对方的关注点，按照技术经济可达或者 BAT/BEP 为准则，不强求治理目标、治理重点、削减比例、环境要求的完全一致，科学分析可行性统筹平衡，稳步推进。

（3）环保合作和经济合作相融合。改变环境合作滞后与经济合作的局面以及环境合作与经济合作不协调的现象，经济合作考虑环境的要求，环境合作兼顾经济的影响，继续加强清洁生产、技术转移、环境融资等领域合作，探索实现环境与经济共赢的合作模式，通过两者的协调融合实现共同提升区域竞争力的共同目标。

（4）增进理解，互惠互利，共同发展。粤港澳三方应相互增进理解，加强沟通，清楚认识三方合作共同开展打造大珠三角绿色优质生活圈面临的问题和挑战，不单方面考虑自身需求，综合平衡三方的诉求，共同承担区域环境问题的压力，不试图追究环境问题上的所谓责任者，共同商讨三方各自应做出的努力和承担的分工，解放思想，积极务实，在区域合作中实现共同的改善和提升。

（5）由易而难，分步实施，有序推进。三方合作应立足于目前已有的基础，积极稳妥，逐步推进，共同商定合作的优先域、合作层次、区域环境共同治理的阶段性环境目标、实施方案以及保障措施等，确保共同打造绿色大珠三角优质生活圈的宏伟设计实现有序推进。

4.6 总体设想

粤港澳合作的共同目标为在致力于改善民生生活质量的前提下，综合考虑社会经济影响下的环境保护合作问题，联合打造“绿色”大珠三角优质生活圈。该目标指引下的区域性总体合作发展方向应为：研究区域性环境保护规划或者环境合作框架的问题，长期性合作目标的执行与责任问题，区域战略环境评价等。具体有待深化的合作方向和领域主要为：

（1）深化现有区域环境合作领域。主要包括：①空气质量监测网络，主要就新增布点、增加监测因子取得合作共识并实行。②将澳门纳入监测网络，全面掌握区域大气污染形成与演变规律。③进一步削减大气污染物（SO_2）。

（2）关注民生，打造绿色优质生活圈。主要包括：①区域大气灰霾问题。加强科研合作，掌握区域大气灰霾形成机理，制定相应污染治理措施。②深圳湾水质污染治理。提高水体污染物排放标准，提升环境治理水平，加强环境监管，逐步削减入河污染物总量。③“珠海市咸期应急供水工程”的持续改进——珠海澳门共同享有水质改善的福利。④提高城市污水处理水平，保护海洋生态环境。⑤粤澳界河水浮莲的治理。

（3）保护自然生态，夯实绿色基底。主要包括：①粤港大鹏湾生态保护，避免港口污染的影响，生态缓冲带的设置；②深港两地梧桐山—红花岭—八仙岭区域的生态保护；③粤港澳珠江口生态保护，底泥污染治理，上游企业污染治理。

（4）扩展合作伙伴，促进澳门环保能力建设提升。在遵循“小 9+2”模式下，将粤港、粤澳两方合作变为粤港澳三方合作，粤港两方为澳门的环境监测、评估和总体规划能力建设提供帮助。

（5）创新机制，探讨建立区域多方位多层面的环境合作框架。主要包括：①信息共享，监测信息的共享、科研信息的共享、公众知情权的保障与提升；②尝试进行区域环境保护规划的联合编制与实施；③进行区域战略环境评价，推进区域环境、社会与经济协调可持续发展。

（6）发挥科研先导作用，研判新的环境问题。主要合作方向包括：大气灰霾模型构建、污染预警体系联合建设、超级监测站点建设等。

（7）重视加强三地的软合作。在国家指导的基础上，循序渐进，加强环境政策标准、基础能力等方面的软合作，在长期推进区域环保政策和标准等的趋同，推进区域环境优质同质化建设。

（8）优化经济增长方式，实现环境与经济合作的协调融合。提升港资企业的生产者责任意识，加快在粤港资企业的技术升级和产业转型，并推出成功的清洁生产项目样板，加大宣传。加快三地环保产业和环保技术的输出转移方面的合作，为三地企业牵线搭桥，促进开展节能及资源综合利用工作的合作。

（9）倡导绿色消费，营造良好的区域环境氛围。联合采用各种激励措施，促进区域生产和消费的“绿色”转变，从源头控制污染，保护生态环境，加大在可再生能源开发和利用、节水和节能、绿色交通等方面的合作。研究产业政策和环境标准问题，联手出台政策措施遏制不合理的资源、能源消费。

5 重点领域和发展方向

5.1 深化传统领域合作，提升区域整体环境质量水平

粤港澳三方应首先认识到三地社会经济发展阶段、体制机制不同等个性差异，综合考虑各方社会经济发展和环保的差别需求，从珠三角区域整体效益最大化入手，以务实的态度，加强联动合作的力度，共商符合三地客观实际情况的操作合作目标、合作方案、合作机制、合作措施等，实施不同的渐进式协调发展策略，来更加有效地持续推进深化区域合作，齐心协力联合打造“绿色大珠三角优质生活圈”，提升大珠三角区域整体环境质素和综合国际竞争力。根据差别性原则和环保共同责任原则，香港在目前经济发达的条件下，应采用高环保标准，实施严格的环保政策。广东省应综合考虑社会经济发展的要求，以及港澳发展的需求，合理制中环长期定保政策方案和措施。澳门在目前经济财力非常充沛的条件下，应跨越式发展其环保能力，大打“绿色牌”，致力于建设“绿色澳门”，整体实现提升民生生活质量、环保优化经济发展的良好发展格局。

5.1.1 空气污染防治

强化大珠三角区域大气质量要素的合作，已成为粤港澳三地打造绿色优质生活圈的共识和关注重点。围绕“共建绿色大珠三角地区优质生活圈”的总体目标，在粤港已达成的 2010 年空气污染物减排目标的基础上，基于“共同但有区别”的合作思路，在加强空气污染物总量减排目标、空气质量目标、区域大气环境质量监测网络等合作的基础上，全面拓展粤港澳空气环境保护领域的合作范围和合作深度，将大珠三角区域建设成为全国区域性空气环境质量保护的“排头兵”，打造成为全国区域性空气污染联防、联治的典范。

（1）深化空气改善合作研究，共同进行中长期减排目标可行性分析。粤港澳三方对空气污染物 NO_x、SO_2、VOCs、PM_{10} 的近、中期和远期总量减排指标目标的设置，以及中长期实现 O_3 和 $PM_{2.5}$ 减排的要求，应根据国家的要求，结合粤港澳各方的具体情况，在进行科学预测分析的基础上来合理确定。阶段性目标建议为：

☞ 近期合作目标（2008—2010 年）：采取强制性保障措施，落实“珠江三角洲空气质量管理计划中期回顾研究报告”的减排措施，促进粤港双方全面完成 2003 年制订的《珠江三角洲地区空气质素管理计划》的 NO_x、SO_2、VOCs、PM_{10} 四项主要空气污染物的总量减排目标，同时积极协助澳门环境委员会，致力于增强澳门对空气环境质量的管理能力。

☞ 中期合作目标（2010—2015 年）：考虑采用基于健康为基础的 WHO 空气质量浓度指导值作为双方空气环境质量保护共同依据的可行性，并按照“共同但有区

别”的原则，基于最佳可行技术原则，不强求各方削减比例的均衡一致，确定2015年区域空气监控网络的合作目标，明确大珠三角经济区内空气监测上子站监测值达到WHO指导值的第一阶段目标值的比例以及三地的不同要求。

☞ 远期愿景（2015—2020年）：商讨促进大珠三角地区城市空气质量均达到WHO指导值第二阶段目标值的可行性及合作方案。

（2）继续加强区域空气质量监测网络建设，提高区域大气质量的监控能力。扩大监测网覆盖范围，增加监测点位。增加粤港区域空气质量监控网络的子站至澳门特别行政区，考虑2010年左右将澳门地区的空气质量监测站纳入到大珠三角空气监测网络系统中来。大珠三角范围内的广东其他九个城市也应逐渐增加监测子站。建议根据区域空气流场等因素，增加2015年区域空气质量监控网络子站数量。按照国家环境监管能力建设的发展趋势，增设农村空气站（区域对照点）、空气质量背景站（点）、质量监控点。同时，重视开展区域内空气质量自动监测网络数据交换、质量控制等方面的合作。

共同研究增加监测项目的可行性和实施方案。为了能够真实地反映区域大气环境质量，应进一步增加反映大气灰霾的 $PM_{2.5}$ 和 O_3 监测项目。三地共同商讨“十二五”期间把这两项指标纳入常规监测的可行性以及目标安排时期。考虑到国家环境监测没有针对 O_3 和 $PM_{2.5}$ 提出要求，广东省没有监测 O_3 和 $PM_{2.5}$ 的基础，澳门也不具备 O_3 和 $PM_{2.5}$ 的监测监管能力。大珠三角空气质量合作计划应允许三方将这两项指标纳入统一的空气质量监测网络有一定的缓冲期，在中长期环境监测能力和环保配套措施供给达到实际需要时，考虑将该两项指标纳入统一的空气环境质量监测网络，并逐步实行质量考核。由于各自发生源和控制手段不同，O_3 可以考虑对重点行业重点源实施总量控制或者排放许可，$PM_{2.5}$ 目前仍然应以质量评价考核为主，还难以纳入总量削减目标因子。建议“十二五”前期考虑将 $PM_{2.5}$ 作为常规监测因子纳入区域空气质量监控网络监测体系中的可行性，充分反映区域灰霾天气变化情况；“十二五”末期或“十三五”前期，建议在广东省珠三角地区和香港特别行政区内，分别建设一座超级监测站，加强对光化学烟雾和灰霾天气的监测、研究，监测结果及时提供给粤港澳政府，供决策参考。

加强监测技术的交流与合作。积极开展监测技术和监测人员的交流、培训工作，重点协助澳门有关监测技术人员全面掌握目前粤港在监测方面实施的QC/QA技术规范，为了保证监测质量，应强化三地的监测设备和监测数据管理，三地也应加强交流，并定期开展联合评估。

（3）继续加强影响空气质素的主要污染物防治的合作。空气综合污染防治科研合作。加强区域内空气污染的成因、特征及机理研究，强化利用监测数据对主要污染物预测和分析的合作研究，发展建立适用于大珠三角的区域空气质量模拟模型，加强科研数据的共享，开展区域落实空气质量目标的综合污染防治规划研究，为区域实施联合污染防治和达到空气质量目标提供技术服务。对一些毒性污染物、硫酸盐等开展项目性监测研究。

建立区域空气污染源排放清单。在粤港澳三地政府之间，在空气质素监察专职小组下，设立区域空气污染源排放清单编制技术小组，定期估算和更新区域内空气污染物排放清单，加强2010年联合申明的年度评估制度，为制定科学合理的减排措施、改善区域空气质量提供技术支持。

继续深化和推广排污交易机制的运用。排污交易制度是利用市场机制实现减排目标的有效经济手段。粤港澳三地应在已制定的《珠江三角洲火力发电厂排污交易试验计划实施方案》基础上，回顾排污交易实验计划的成效和经验，积极拓宽排污交易机制的合作范围和合作领域。对于火电行业 SO_2 排污交易，建议参考并借鉴国家火电行业 SO_2 排污交易管理办法，合理确定可交易配额的总量，完善珠江三角洲火力发电厂排污交易实施规则，切实服务于区域内火电行业 SO_2 减排目标的落实。同时，香港地区可研究在珠三角经济区内对港资企业实行基于绩效方法的交易制度的可能性，在确保实现脱硫的基础上，为港资企业在广东率先减排和达到先进环保水平提供灵活市场机制。

5.1.2 水污染防治

（1）扩大珠江三角洲水质保护专题小组的职能，纳入澳门特别行政区相关环境保护部门。

（2）鉴于目前深圳湾整体水质欠佳，水污染问题依然突出，应深化目前港粤深圳湾水污染控制联合实施方案，强化深圳湾水污染防治措施，确保目前正在推行的水污染控制联合实施方案的顺利实施。粤港澳三地也应加大深圳湾周边地区产业结构调整力度，逐步提高水体污染物排放标准，削减深圳湾水污染负荷。

（3）三地大力加强珠江口污染防治和生态保护的合作，进一步商讨珠江河口区域水质保护合作研究方案。进一步强化对珠江口上游企业污染治理的力度；联合开展珠江口底泥污染影响研究，商讨共同治理的方案和分工；联合开展珠江口生态保育工作，加强珠江口海域物种多样性调查；联合防治珠江口赤潮危害；开展珠江口底泥成分调查研究与直接排海污水口附近底栖生态群落调查等，促进珠江口海洋环境管理和持续发展。

（4）开展东江水质合作，持续改善东江水质，确保东江水质安全，并进一步提高东江水质标准。目前，东江水质基本稳定、不成为区域环境合作的敏感点，这是区域环境合作的显著成效，应将构建区域水污染预警系统，防范水环境风险，确保东江供水源地的水质安全，作为进一步努力的方向。

（5）粤港澳三地推进合作完成珠三角水质模型研究，提升对水环境风险进行预测和分析的能力，开展水环境突发事故预警合作，促进珠三角水环境管理的改善。构建大珠三角水环境管理平台，并考虑联手构建大珠三角水生态和水环境数据库。

（6）在实施相同的污水处理水平和排放标准化的前提下，逐步提高三地污水处理排放标准，保证废水处理达标率。加大澳门和广东省珠三角 9 市加强污水处理厂建设力度，实现城市污水处理率与香港的基本同步。从现在开始谋划，并在“十二五”期间逐步实施，力争香港和澳门的生活污水水平提升到二级处理水平。三地也要加强污水处理设施的管理维护，确保稳步提升出水标准等。

（7）加大大珠三角地区社会节水宣传，促进两地企业在中水回用和废水资源化方面加强技术交流和合作。

（8）研究区域以水为主要介质的生态补偿机制方案及其实施问题。

（9）对区域内的排海工程进行跟踪评估分析，淡化区域环境容量研究，慎提利用海域环境容量，尽可能提高处理水平，减少排海废水量，将海域环境容量严格控制并留作未来发展的底线。

（10）粤澳联合开展界河水浮莲打捞与防治工作：入海口河网地带水流较缓，易发生水体的富营养化，建议粤澳双方就水浮莲的打捞以及营养盐的排放进行技术、资金方面的相关合作。

5.1.3 固体废物防治

在珠三角区域内综合考虑生产者责任原则、污染者付费和使用者付费原则，确保固体废物产生—处理—处置的公平和有效，推行绿色消费，推行清洁审查，提高涉及资源、能源的价格水平，努力实施废物减量化和资源化，控制区域内废物产生量不合理的增长趋势。

开展区域内物流、能流的全过程分析，识别关键环节，有针对性地提出减少区域资源能源消费、减少区域废物产生量的措施。三方应逐步加强固体废物方面的信息交流，逐步联合构建废物监管平台。

目前阶段仍应坚持在各自范围内将一般废物进行综合处理处置的原则。对于确因废物量不大、处置难以达到规模效益和技术水平的，或者辖区范围内没有相应处置设施的特种废弃物，应在符合国家有关法律要求并实行预告和双方同意的情况下，开展废物的跨界处理处置，但应该显著提高收费水平，原则上应以在区域内处理处置的最高综合测算价格、最优的处理处置技术水平进行收费，避免降低成本和污染转移。

对海洋倾废区环境影响进行跟踪评估，并在此基础上提出合理对策。

5.1.4 生态保护

由于三方对区域生态保护争议不大，符合各自和区域整体利益，近期应将区域生态保护，尤其是联合建立区域性的生态保护地带、构建生态走廊作为区域环境合作的切入点，先行启动，优先关注领域主要为珠江口湿地圈工程、珠江口红树林、海洋（海底污泥）生态保护，按照生态系统的整体性理念，积极合作提高大珠三角地区生态保育水平，促进大珠三角区域生态系统的可持续发展。

粤港澳三方应加大在该方面合作的力度，联手开展生态廊道方面的调查、研究，粤港应加强米埔湿地、梧桐山—红花岭—八仙岭郊野公园、大鹏湾生态以及海洋环境保护合作，粤澳应加强界河水生态的保育，粤港澳应重视联合开展珠江口生态保育工作，以及加强生态旅游的合作等，并尽快提出合作方案和建议。

（1）粤港应强化米埔湿地保育的合作，保护好这块国际重要湿地，同时对香港地区生态系统的稳定也有重要意义。

（2）香港、深圳两地统筹协作梧桐山—红花岭—八仙岭的绿色植被保护工作，保证该区域内自然生态系统的稳定性。

（3）粤港联合开展大鹏湾生态保护。香港现有的 4 个海岸公园的 3 个都在大鹏湾，应在充分尊重香港方面的功能区划要求以及深圳港发展现状的基础上，加强海岸带红树林保育，海洋水质维护与改善、中华白海豚保育等方面的交流合作。就深圳港的生态缓冲带进行设定，合理开发利用港口资源，具体而言，就东区的盐田中西码头，中西区的沙鱼涌、华安、中鹏与光汇码头，制定相应的环境监管措施，保护大鹏湾生态环境。

（4）近期就粤港澳跨海大桥的生态环境影响做出全面细致的评估，确保规划建设方案环境影响降低到最低水平。

（5）三地应加强城市绿化的合作，加大城市绿化力度，提高城市绿化覆盖率，减少区内热岛效应。

（6）加强合作发展两地生态旅游合作。积极推动港澳“饮水思源”的生态旅游合作，促进内地服务型产业发展。

5.2 开拓合作新领域，稳步推进区域环境保护合作持续深化

5.2.1 强化三地清洁生产领域的合作

打造绿色大珠三角优质生活圈目标，离不开区域经济结构的转型和环境友好技术的推广应用，这也是以前合作的不足之处，今后三地应重视加强环境友好技术的交流、合作，通过推行相关政策，搭建合作平台，推进大珠三角区域内企业实行清洁生产。近期应结合港方启动的《清洁生产伙伴计划》，提高香港政府对港资企业的污染治理技术和资金支持力度，推进港资企业持续开展清洁生产项目，提高港资企业的生产者责任意识，加快在粤港资企业的技术升级和产业转型，并推广成功的清洁生产项目示范样板。

（1）当前三地清洁生产合作的重点是推进港澳资企业在粤实施清洁生产项目。考虑到港澳两地在粤企业，基本上是港资企业。推进珠三角地区港资企业采用清洁生产技术，主要以香港政府为主导、广东省政府配合，建议大力推动港方启动的《清洁生产伙伴计划》和香港总商会及香港商界环保大联盟倡议的《清新空气约章》实施，以及香港工业总会提出的“一厂一年一环保项目”计划，以此为切入点，加大在港资企业清洁生产技术的应用，提升港资企业的生产者责任意识，加快在粤港资企业的技术升级和产业转型，并推出成功的清洁生产项目样板，加大宣传，逐步拓宽、加大香港政府对港资企业的污染治理技术支持和资金支持，至 2015 年使得港资企业在珠三角经济区内污染排放方面处于率先垂范地位。

（2）全面推动粤港澳三地企业清洁生方面的合作。并积极推行清洁生产合作具体项目和措施，协助三地企业开展清洁生产，推进大珠三角区域内企业的升级改造。

（3）建立环境绩效评估指标体系，对广东省珠三角区域内港资、外资企业进行试点评价并实行公开，尽早建立在粤港澳企业的绩效评估和发布机制。

5.2.2 加大三地环保技术和环保产业合作的力度

三地政府积极牵线搭桥，促进三地企业开展节能、资源综合利用以及环保产业的合作和发展，鼓励区域环保产业项目的洽谈、宣传等，打造区域环保产业合作平台，也要致力于推进三地环保技术的输出转移方面的合作。

近期可以考虑设立区域环境保护技术合作转移中心，并力争纳入国家有关部委的建设重点，发挥环保产业转移桥头堡作用。

在进行污染防治技术合作转移的同时，强化区域环境保护技术产业合作，通过这两条线显著增加提升产业发展水平的技术转移，重点是降低资源能源消耗、降低污染物排放的清洁生产新技术新工艺，以达到通过环境保护合作提升技术水平的目的，实现环境合作与经济合作的高度融合，从源头减少区域环境压力。

5.2.3 先行启动区域环境规划编制研究合作

以绿色大珠三角优质生活圈为目标，应尽快启动以三方为主，国家有关部门均参与的区域环境规划编制，按照可达性原则，加强多方案比选，研究 2010 年后区域环境因子、目标、任务、措施和费效，深入分析政策的社会经济影响，加强空间格局性分析，并力争在 2010 年前形成共同成果，以便纳入国家和区域“十二五”规划，作为区域环境合作的蓝图。

联合编制规划本身就是推进区域环境保护合作，在联合研究过程中，三方能对各自实现 2015 年区域环境保护目标的难度、努力有了更深刻的认识，避免单方、临时提出的环境目标难以实施，没有科学基础，并给对方造成较大被动的局面。

应澳门方面的邀请，应优先进行澳门环境基础、区域规划基础能力方面的相关研究工作，以尽快形成三方协同的局面。

由于大珠三角区域面临的环境问题将是中国其他区域在未来时段内也将面临的问题，因此，区域环境目标的确定在尽可能与国家“十二五”环境保护重点保持一致的同时，可以适度先行试点，并将其纳入国家环境保护规划体系试点范畴。

5.2.4 全面拓宽和深化三地公众参与合作

（1）打造绿色大珠三角优质生活圈，和区域内每个公众息息相关，需要社会公众的广泛而深入的参与，仅靠政府的合作和企业的达标治理是不能从根本上实现合作目标的，必须实现合作模式由以前的政府间合作到政府间以及民众、学者、企业等各社会主体全方位的深度合作，政府层次的合作也应广泛引入民众和学者的参与，提高三地公众参与政府环境管理的力度，促进三地的环保工作形成多方合作机制。

（2）推动环境信息公开机制建设和平台建设，以利于公众及时而有效地获取区域环境质量信息，提高参与的热情和效果。

（3）考虑发布粤港澳环境合作的白皮书或年度合作报告，定期面向社会发布区域环境进展以及区域合作的成效信息，供三地各政府部门决策参考，也为公众和专家学者提供一个很好地了解大珠三角合作进程的一个有效途径。

（4）把加强环保宣教作为三地开展环保工作的优先领域，加强对市民有关节能减排及绿色生活的宣教活动合作，加强三地环保 NGO 的合作交流，促进三地的相互了解，避免误解。

5.2.5 进一步加大环境科研合作力度

（1）区域性环境问题的大尺度和复杂性等要求三地要加强环保合作，加强对区域空气污染的成因、特征及机理作科学研究。

（2）三地应加大在光化学烟雾以及灰霾等大气污染问题的机理、水质污染的预测等环保技术问题的研究合作的力度，为制定有效的区域环境治理措施提供科学依据。

（3）加强区内技术人员的交流，包括监测技术及质量保证、数据分析、计算排放清单、污染控制技术、空气污染科研成果、在用车排气治理方案等。

（4）在目前粤港环保合作中期评估的基础上，研究设计并形成粤港澳三方合作绩效的中期评估制度，三地可利用中期评估的结果，来有效调整合作期内工作的努力方向和重点以及合作策略，确保合作的效率和执行率。

5.2.6 开展机动车污染防治和油品保障经验交流

（1）充分利用香港在机动车污染防治方面的先进经验，全面加强粤港澳三地在机动车数量控制、油品保障和机动车检测方面的经验交流和合作培训，协助珠三角广东地区和澳门地区尽快完成新车欧Ⅳ标准乃至欧Ⅴ标准的准入方案。

（2）进一步加强三地在用机动车排气污染检测方法、排气污染限值、排气污染检测技术规范以及机动车强制淘汰方面经验的交流和技术合作，促进三地机动车污染得到有效控制，达到国内机动车污染控制领先水平。

（3）深入开展油品保障及低硫油控制等方面技术交流合作，满足不同时期各地机动车污染控制对油品的管理需求。

5.3 进一步解放思想，促进区域合作机制政策创新

三地应在系统回顾和总结以往合作绩效的基础上，进一步解放思想，通过促进区域合作机制的政策创新，加强大珠三角区域合作的"协调力"、"凝聚力"、"监管力"和"经济驱动力"建设，通过区域合作的"四力"持续提升，稳步推进区域合作绩效的提高。

5.3.1 完善区域合作协调机制，增强区域合作的"协调力"

（1）建立三方合作协调组织机构。加强区域协调力度的组织建设，完善目前的合作小组沟通机制，更加有效发挥粤港持续发展与环保合作小组的协调作用，强化与澳门的区域合作，建立粤港澳环保合作协调组织。

（2）构建更高层次的协调组织。建议环境保护部等国务院有关部门参与粤港澳环保协调组织会议，强化粤港澳区域环境保护协调工作。

（3）加强区域环境资源利用的统筹合作。在粤港合作联席会议和泛珠三角区域行政首长联席会议制度的基础上，共同商讨构建粤港澳环境资源合作小组的可行性，该组织机构主要负责设计区域环境总量控制战略和总量达标的统筹协调等，来保护粤港澳的大环境和各类要素资源。

（4）试行区域政策的联合评估。对区域发展规划、环保相关政策等实施环境影响评估，保障区域整体决策的环保水平，在规划和政策源头上，保证区域环境质量的持续改善，真正深化区域合作的层次和水平。

5.3.2 创新区域联动协作，提升区域环保凝聚力

（1）全方位促进三方协作联动。目前的港粤政府之间合作相对较为深入，但仍继续检查联动合作存在的信息渠道是否通畅、合作平台是否有效等问题，相对而言，澳门与粤港合作范围还是水平都亟须提高与提升，与大珠三角区域一体化管理建设仍存在较大差距，应深化澳门与港粤之间在大气、水和固废管理的防治以及生态保护的协作，重视采用大珠三角区域环境规划和战略环评机制应用，加强三方的互通和联动机制建设，提

高区域联动水平。

（2）构建环境宣教合作机制。长期以来，粤港澳区域环境宣教合作机制尚未建立，各方对区域合作工作的开展状况、重点领域、合作成效等缺乏必要的认识，对其他区域污染控制措施、力度及区域环境质量改善的贡献知之甚少。深化合作要求各方都有义务宣传区域合作的成效，取得民众的理解和配合。因此，要把宣教作为工作的优先领域，构建环境宣教合作机制，定期或不定期地联合开展粤港澳地区环境宣教，并通过人员互访，共同举办环保展览等活动，加强相互了解，避免民众的误解。强化环境宣教合作的辐射作用，合理引导社会舆论，促进 NGO 的规范有序化，也要加强对公众进行有关节能减排和绿色生活的宣教合作。

（3）促进多主体之间的互动。在目前政府为主导的合作机制的基础上，三地共同议定能够促进包括政府、企业、专家学者、NGO 和一般社会公众等各主体广泛而深入参与的促进政策，通过政府政策的驱动，改变目前合作主要仅限于政府间合作的态势，切实促进三地企业加强交流，促进公众参与和 NGO 的互访，逐步构建政府主导、公众和 NGO 广泛参与，涉及环保科研、技术、环保产业、清洁生产、宣教等诸多领域的新型多方合作机制。最终形成政府、企业、社会公众和专家学者等多主体参与区域整体治理的良好合作机制。

（4）重视信息公开和平台建设。充分而有效的信息沟通和信息获取渠道的畅通是区域合作成效的有力保障，三地联动应该重视环境信息公开机制建设，加强信息公开的力度，并构建信息公开平台。实现三地数据共享，便于各方及时获取所需的信息，形成有效决策。

5.3.3 深化区域环境监管，提高区域环保治理的监管力

重视区域大气、水污染以及废弃物的监管能力建设，加强区域监管的协作，商谈区域监管的合作方案和对策，建设监管合作平台。

（1）形成定期公开环境污染和环境质量信息的机制。三地在目前定期发布环境质量的基础上，加强对污染源治理、区域污染综合治理等措施的信息公布。对重大环境影响项目建设与重点污染源排放等信息在区域范围内予以公布，接受三方共同监督，实现污染源、治理措施、环境质量三位一体的信息公开机制。在每年联席会议前，由粤港澳三方共同发布粤港澳环境合作白皮书，对粤港澳环境合作的重点领域、区域污染防治措施、区域环境质量状况、环境合作成效等予以公布。

（2）扩大监测点位和监测项目。完善珠江三角洲区域空气质素监测网络，在现有 16 个监测子站的基础上，扩大网络的覆盖范围及密度，增加子站布点、扩大网络覆盖范围至澳门及珠三角以外的广东城市，并将澳门纳入监测网络，以增加网络的代表性。扩大监测因子范围，将 $PM_{2.5}$ 纳入常规监测因子，并对 VOCs、O_3、硫酸盐等污染物进行常规性和项目性监测，加强对灰霾现象的观测能力建设。商讨水污染物的监测平台建设方案，以及联动监管区域内废物的转移处理、处置和利用。

5.3.4 强化环境经济政策应用，激发区域环保合作的经济驱动力

构建大珠三角地区合作的环境经济政策机制，利用资金筹措、排污交易、环境信贷

市场准入、生态补偿等环境经济政策，形成区域环保的外在压力和内在动力，构建区域环保的长效机制。

（1）创新资金筹集机制。由于粤港澳地区经济发展存在一定的差异，按照粤港澳环境合作的目标要求，对经济相对落后的广东省来说，其环境合作的额外成本较高，目前的资金筹措难以满足实现粤港澳环境合作目标的需要。在粤港澳环境合作的基础上，创新资金筹措机制，研究设立环境合作环保基金或多边基金，由粤港澳三方共同筹集资金，资金来源包括政府财政资金、社会捐赠资金、其他合作资金等。建立资金帮扶制度，对实现目标存在较大难度的一方实行资金帮扶，共同实现区域环境合作目标。

（2）重视生态补偿机制的运用。生态补偿能够促进提供生态服务和生态损失的主体得到合理的补偿和赔偿。是体现社会和经济公平性的有效手段，在区域内开展环境合作，生态补偿应作为一个重要的政策手段，建议粤方供港东江水质改善以及珠江口水环境治理等可采用生态补偿机制。

（3）推行区域环境信贷准入政策。利用信贷手段，在企业融资链条的整个过程对企业进行规管，提高企业市场准入的环保标准，逐步推进区域产业结构的调整和技术升级。

6 深化合作的具体建议和工作安排

6.1 对港澳提出有关合作建议的具体回应

6.1.1 关于区域温室气体减排问题

温室气体的减排是当前国际社会普遍关注的热点环境问题。但从历史和人均的角度来看，发达国家对气候变化应承担主要责任。中国作为发展中国家，在温室气体控制方面必须坚持“共同但有区别”的原则。根据《后京都议定书》（2020 年前）前期谈判情况来看，中国在 2020 年前应不会承担明确的减排任务。

对于三地而言，由于粤港澳三方的基础建设和经济阶段实际情况不同，是否做温室气体减排指标要求，建议不应“一刀切”。香港地区可根据目前的污染策略，预测减排量，可提出减排目标。广东省在国家统一的温室气体政策框架下，可以不做该方面的削减目标，鉴于国家在未来肯定要履行温室气体定量减排承诺，当前应从提高能效入手，注重温室气体减排的能力建设，为未来承诺定量的减排要求做储备。澳门目前不具备条件，影响也不大，近期可不做减排要求，当前应集中于加强温室气体减排能力建设，打温室气体减排“绿色牌”，藉此提升城市的竞争力。

根据“巴厘岛路线图”达成的协议，2012 年后发展中国家也要采取可测量、可报告、可核实的适当减排温室气体行动。因此，为积极履约和维护负责任大国形象，中国政府必将在能效管理方面继续加大工作力度，能源效率改善将成为《京都议定书》第二时期中国控制温室气体排放的主要措施。

鉴于此，建议粤港澳关于温室气体排放领域合作重点近期应主要集中于提高能效方面的合作，这符合双方的共同利益和关注焦点。香港近年来在能效改善方面有很大进步，广东方面也在能效提高方面取得很大进步，建议粤港澳三地应在提高能效、发展低碳技术以及资金支持等方面开展更为深入的合作。

同时，可以开展区域重点源温室气体排放因子的测算分析工作，逐步加强温室气体排放的监测与统计分析，摸清区域温室气体排放的基础数据，增加减缓温室气体排放适应能力建设。

另外，广东省应结合目前的节能减排工作，设立课题，或者与国家有关科研课题相结合，专题研究节能减排等国家重点工作对于温室气体减排的贡献情况，确定协同效应数量，宣传在减缓温室气体排放方面所做的工作。

6.1.2 关于区域污染物减排目标指标问题

香港方面提出了“一揽子”的 2015 年多方面的环境合作目标和具体要求，广东和澳门方面具体目标指标尚未明确。

报告认为，2010 年《改善珠江三角洲空气质量的联合声明》到期后，确应提出区域环境保护合作的目标，但该目标指标的确认应深入研究，分析可达性和各自难度，并可以扩展到空气之外的领域，仍然保留总量和质量双目标制，并尽可能使该目标与“十二五”期间环境保护工作主线相衔接。

建议实行差别式共同目标制。由于经济基础和减排能力不同，三地的环保目标不应完全一致。从保障环保绩效的目标操作性来看，三地主要污染物减排分工可不以标准而以目标的形式，应有总量减排目标要求，但应合理确定环境目标，不应出现减排要求严重阻碍区域经济发展的情形，而且这样也有损目标的可达性。

建议三方通力合作，投入资金并组织该方面的研究，在了解各自的难度和基础的前提下，合理设定目标，分析政策目标的社会经济影响，明确目标的可达性，强调技术可达性而不仅仅是单纯提出减排目标。目标也应同公众讨论。

对于香港方面提出的采用世界卫生组织标准事宜，报告认为，在我国现行标准管理体制下，考虑到各地不能制定环境质量标准，因此，可以在现行国家标准评价的基础上，将世界卫生组织标准作为区域环境合作的规划目标，实行双重评价，但应切实注意相应标准的可达性问题。

结合 2008 年的粤港合作中期评估工作，努力建立区域合作绩效的政策和目标的定期评估机制，在目标实施过程中对相关的措施和方案进行评估和调整，保证目标的可达性。

建议广东省在 2009 年底左右确定具体“十二五”的总量减排目标，并将其纳入国家和广东省“十二五”环保规划。广东省的总量减排目标可放在“十二五”和 2020 年框架下统一考虑，纳入广东省的整体部署。

6.1.3 关于提高污染物排放标准问题

三地应加大在机动车辆排放标准、燃油油品标准、企业市场准入等标准方面的合作。标准的实施具有阶段性，西方发达国家的经验启示，环保标准的设置应与经济发展阶段相应，不应超越经济发展的阶段，应体现标准的配置与经济社会发展的协调和平衡，因此关于标准的实施有些方面可统一，有些方面不应统一标准。

建议加强该方面的研究和沟通，重点加强技术的合作和政策的交流，广东省应对区域环保目标的责任，应重点在总量减排目标方面。主要污染物的环境质量标准可以不提，机动车辆燃油标准采用国Ⅳ应科学论证实施后的政策影响，设置合理的政策实施时段。但根据经济阶段，广东省在燃料油品、机动车尾气排放方面应实施严于国家的标准。

根据三地具体实际情况，考虑加强各种交通源、发电厂和高污染行业固定源等排放标准的合作，粤澳两地应积极分享香港政府关于机动车排放和燃油标准实施的经验，可以逐步但不同步提高油品、排放标准等。

香港可根据地区的实际需要和社会经济发展预期，在履行统一的总量减排目标下，通过社会经济影响的可行性分析，自主设置环境质量目标。澳门目前的环保监测等能力不配套，环保质量目标可以不提，但是由于具备经济基础，标准政策的实施应加快步伐，尽快实施燃料品质、汽车尾气的高标准限值要求，至于轮船尾气排放标准的合作，广东省目前可不做要求，香港可先做示范。

6.1.4 关于加强船舶污染控制问题

香港方面提出在珠江口及邻近水域联合实施"排放控制区"，实施更严格的船用燃料标准及船舶排放标准合作问题。

在考虑资金投入和工作精力有限的条件下，建议 2015 年前粤港澳空气质量保护合作中，不宜将船舶污染控制作为区域合作的共同重点。三地可根据未来工作需要，共同进行船舶污染控制管理及控制技术方面的前期研究，为远期共同合作奠定良好基础。

根据香港提供的"重点排放源占当地排放总量的百分比"结果来看，目前船舶的污染排放贡献比例仍然很小。在香港重点排放源清单中，船舶 NO_x 排放贡献仅为 3%左右；在珠三角经济区内，船舶 SO_2 和 NO_x 排放贡献比例也分别仅为当地排放总量的 2%和 8%。因此，香港提出在加大机动车和工业源污染控制力度之后，船舶污染排放贡献比例呈加大趋势，但不难看出这种份额所占排放总量份额仍较少，不是当前合作的重点。而且对于广东省来讲，合作也存在较大的难度。港澳可提前实施较高的船舶污染排放标准，作为示范，为在远期广东省实施严格的船舶排放标准，以及构建"排放控制区"打好基础。

6.1.5 关于加强区域联动监测问题

从充分、有效了解区域环境状况来看，有必要扩充现有监测点的点位，扩大监测范围，应进一步研究其具体实施途径和安排落实问题。

目前三地的经济条件均已具备提供监测能力供给，监测网络构建技术也较成熟，应该从区域环境整体性管制出发，构建系统有效的环境监测网络体系和管理平台，为区域水污染、空气环境污染和固体废物监管提供基础，保证各方能够及时有效区域环保决策的监测信息，各方也应加强监管的组织机构能力建设，明确各方监测部门的权责等，为监测网络和监管平台提供组织保障。

6.1.6 关于固体废物跨区输出转移问题

目前阶段仍应坚持在各自范围内将一般废物进行综合处理处置的原则，努力实现香港本身的废物减量化目标。对于难以进一步减少废物量，确因废物量不大、处置难以达到规模效益和技术水平的，或者辖区范围内没有相应处置设施的特种废弃物，应在符合国家有关法律要求并实行预告和双方同意的情况下，开展废物的跨界处理处置，但应该显著提高收费水平，原则上应以在区域内处理处置的最高综合测算价格、最优的处理处置技术水平进行收费，避免降低成本和污染转移。

对海洋倾废区环境影响进行跟踪评估，并在此基础上提出合理对策。港澳在广东省的填海废物除了与海事部门沟通外，也要通告广东省环保局，共同商讨废弃物料管理合作的方式和可行性，并明确各自的责任分工。

6.1.7 关于区域战略环评问题

香港方面提出，多年前深圳湾的环境影响评价是统一编制实施的，区域内空间格局相互关联性日益重要，应加强空间布局的战略规划，加强重大问题的统一环境影响评价工作。

为了能在宏观上有效促进区域环保质量的不断改进，稳步提升区域社会经济发展水平和民生生活质量，原则上有必要三方联动在大珠三角地区推行区域战略环境规划和评价机制，并在长期形成规范性的区域战略环境规划和战略环境影响评价制度。

在实践操作上，战略规划及环评机制应建立在更高层次上的合作，也需要做好三地相关信息的沟通衔接、组织协调等基础工作，近期可以考虑对典型战略、规划、工程进行共同实质性参与的环境影响评价，但全面铺开则难以操作。

6.2 近期优先启动的工作及其建议

针对粤港澳环境合作中面临的一些问题，需要国家部委研究、决策并给予支持的事宜为：

（1）空气质量评价体系或者标准问题。结合大珠三角地区实际，目前我国环境质量空气标准中标准值、标准项上与其实际需求有一定差异。针对其具体诉求，建议环境保护部研究是否可以制定或者授权制定国家空气标准中没有的项目，对于同一标准项但世界卫生组织标准值较严的情况，若难以实现国家标准的修订，则建议将其定位为评价标准或者合作目标。

（2）油品问题和机动车污染物排放控制标准问题。建议国家有关部委，进一步研究在适当时机、适当条件下批准在珠三角提高油品质量、加严机动车污染控制标准，充分论证其前提条件和社会经济影响，进一步改善区域环境质量。

（3）在有利于环境保护的财税政策等方面，如促进清洁生产、综合利用政策等，研究具体环境经济政策，在珠三角地区先行先试。

（4）在国家环境保护“十二五”规划编制和实施过程中，强化区域环境保护，进一步体现珠三角等区域环境保护的分类管理。

（5）探索相邻地区项目环境影响合作的新机制和新模式，如对于同一项目分属各自行政范围的，可以试点进行联合统一环评，而不是现在的“花开两朵、各表一枝”，对于环评信息交流、双方意见采纳等也有许多方面需要开拓创新。

在粤港澳环境保护合作中，也涉及广东省政府层面需要研究并进一步推进的若干具体事宜：

（1）进一步加强空间规划、产业规划、城市规划等方面与粤港澳的交流、合作，加强战略规划环境影响评价，相互衔接，合作共赢。

（2）对海洋倾废、排海工程、进口废物监管等环节进行跟踪分析，识别环境影响，提出优化建议。

（3）在现有粤港澳环境合作机制基础上，增加珠三角内有关城市，实现决策和执行的统一，增加部分专家和公众代表，进一步增加省环保局推进粤港澳环境合作的能力和人员。

（4）研究进一步加大投入、创新政策，与香港清洁生产活动一起推进区域经济清洁化、绿色化，以环境保护优化经济发展。

经过调研分析，认为如下事务符合区域发展方向，应尽快启动、落实，以实际行动推进区域环境合作：

（1）增加区域空气监测因子，扩大测点，把澳门纳入区域空气监测网络，充分发挥其作用。

（2）粤港澳三地政府联合编制区域环境合作白皮书，宣传区域环境合作的工作、成绩，加大公众宣传力度，并以此为契机，将中期评估制度化、深化。

（3）鉴于 2010 年之后环境合作目标的重要性，建议在 2008 年年底前，确定粤港澳区域环境合作规划研究工作的组织机构、时间安排、工作重点、人员安排等，为 2009 年共同研究确定合作规划奠定基础。

（4）加大环境保护专业人员、技术、产业等方面的培训、交流、互访、研讨力度，共同进行珠三角中资、港资、澳资企业的环境绩效评估试点。

（5）对珠三角节能减排等主要战略行动进行其温室气体协同减排定量效应的研究工作，向世界宣布区域在推进温室气体减排等方面的工作成效。

节能减排

关于美国金融危机对我国污染减排的影响分析

Influence Analysis of Financial Crisis on Pollution Reduction

王金南　逯元堂　朱建华　贾杰林

摘　要　受经济危机的影响，我国各行业均遭受不同程度的损失。本文分析了金融经济危机对污染减排的影响，结果表明，以美国次贷危机为导线的金融经济危机对我国节能减排工作的影响短期来看相对有限。长期来看，各种政策措施将对污染减排产生较大的影响。并从加大结构减排力度，加强环境保护投资，制定污染减排优惠政策和严格环保要求等方面提出了建议。

关键词　金融危机　污染减排　影响

Abstract　Influenced by the financial crisis，the industry is suffered at different degree in China. The article analyzed the influence of financial crisis on pollution reduction. The result shows that the influence is limited in the short term. But in the long term，the influence will be increasing followed the publishing of policies and measures. Some suggestions，such as strengthen the pollution reduction in structure adjustment，add the environmental investment，formulate preferential policies and improve the requirement of environmental protection were put forward.

Key words　Financial crisis　Pollution reduction　Influence

0 引言

2007 年，美国次贷危机席卷全世界，我国各行业均遭受不同程度的损失。GDP 增速在 2007 年二季度达到高点后出现了连续 4 个季度的减速，这不仅是由于受经济危机的影响，也和我国近期实行的防止经济过热的财政和货币政策有关。但是，可以看到经济危机对于我国污染减排的影响可谓是“双刃剑”，既是挑战，也是机遇。在制定措施顺利度过经济危机，保持经济稳定发展的同时，要充分考虑环保要求，避免以牺牲环境保护来维护宏观经济的稳定和企业“经济效益”。适时采取有效的对策措施，保障环境保护投入，促进企业治污积极性，加快产业结构调整和升级改造，在工程减排空间逐步减小的同时，着力加大结构减排力度，促进污染减排目标的实现。这是落实科学发展观，建立资源节约型、环境友好型社会的必然要求。

1 次贷危机对全球经济的影响正在蔓延

2007 年，引发全球经济危机的是美国次贷危机，这是自 20 世纪 70 年代石油危机以来最严重的经济问题——次贷危机。美国银行首席市场策略分析师昆兰指出，这场从美国境内燃烧到世界各国的危机，是全球金融业有史以来最严重的灾难之一。美元贬值，从而增加美国产品的国际竞争力，同时使很多国家国际资产大幅缩水。就像每一次经济危机都会对国际货币体系产生影响一样，这次也不例外。持续性的美元贬值，必将导致目前以美元为主的货币体系的崩溃，这样必将对全球经济产生沉重的打击。美元的崩溃，国际货币将面临新的格局，将会改变过去单一货币主导全球货币体系的格局，形成多种货币共同构成新的货币体系格局。目前，全球经济正处于下滑阶段，现在很多国家都出现了严重的危机。当美国次贷危机刚刚开始冲击欧美金融市场时，一些西方经济学家将其形容为“噩梦”。而噩梦已经变成了席卷全球的狂风恶浪。进入 2008 年以后，花旗、美林等机构公布的次贷相关亏损再次超过预期，引发全球金融市场的大规模动荡。2008 年 9 月 15 日，雷曼兄弟公司申请破产保护，把次贷危机狂潮再次推高。另据报道，美国第三大投资银行美林公司被美国银行收购。美国保险巨头美国国际集团因财务危机被迫向美联储出手求救。美国第二大投资银行摩根士丹利也在与美国第四大银行美联银行洽谈合并事宜。9 月 25 日美国联邦储蓄保险公司宣布，美国摩根大通公司以 19 亿美元的价格收购了陷入困境的美国第一大储蓄银行华盛顿互惠银行的部分资产。2008 年 9 月 29 日，美国政府 7 000 亿美元的金融救援计划在国会众议院受挫。美国政府调整后的金融救援计划终于在 10 月 1 日和 10 月 3 日在参议院和众议院先后获得通过。

美国政府的金融救援计划核心内容是授权政府购买银行以及其他金融机构不良资产，帮助他们摆脱困境。支持者认为，如果得以实施，该方案可以促使停滞的信贷恢复流动，从而避免金融危机恶化，防止经济陷入衰退。一切表明，华尔街已经陷入一场空前的金融风暴之中。危机发生后，不仅美国经济受到冲击，而且也波及整个世界经济。据 IMF 估计，这场金融危机将对全球金融市场造成近 1 万亿美元的损失。美国纽约州政府官员 9 月 18 日预测说，席卷华尔街的金融危机可能令该州在未来 2 年内损失高达 4 万个工作岗位及 30 亿美元税收。美国政府 10 月 3 日公布的数据显示，9 月份美国新增失业人数创下五年新高，失业率则高达 6.1%，比 2007 年同期高了 1.4 个百分点。

另外，有关资料显示，自 2004 年开始中国对美国债券的持有一直在高速增长，2004—2007 年惊人地增长 3 倍，仅 2006—2007 年间，中国对美国债券的持有增长 66%。目前，中国持有美国债券达到 9 220 亿美元，其中对美国“两房”的债券就达 3 763 亿美元。在经济全球化和中国持有美国大量债券的背景下，经济危机肯定会影响到我国的金融市场和宏观经济形势，而国内经济形势的变化也将不可避免地对我国的节能减排，特别是污染减排工作产生深远的影响。

2 金融经济危机对污染减排的影响

总体上说，以美国次贷危机为导线的金融经济危机对我国节能减排工作的影响是间接的、短期的，对我国节能减排的影响短期来看相对有限。

2.1 工业产品出口受冲击较大，产业结构调整存在契机

美国次贷危机对工业的主要影响是出口。据统计，2008 年 1—7 月，尽管美国仍然为我国的第二大贸易伙伴，但在我国进出口总额中的比重已由 2007 年同期的 16.2%下降至目前的 12.8%。其中，我国对美出口 1 403.9 亿美元，增长 9.9%，增速下滑 8.1 个百分点，这是自 2002 年以来我国对美出口增速首次回落至个位数；自美进口 487.2 亿美元，增长 23.8%，增速提高 7.9 个百分点；对美实现贸易顺差 916.7 亿美元，增长 3.8%，占同期我国贸易顺差总规模的 74.1%。受次贷危机等复杂的内外因素影响，我国钢铁、矿产资源类以及纺织业等部分“两高一资”型行业受冲击较大。

在这些行业中，钢铁行业受冲击较大，有利于产业结构调整与升级。危机已使美国房地产市场遭受较大损失，而房地产市场直接主导着建筑钢材的需求强度。美国房地产市场衰退所引发的次贷危机，其影响还不仅仅局限于中国对美国钢材出口的直接减少，有可能对全球钢铁业产生较大冲击。2007 年全年，中国共出口钢材 6 265 万 t，同比增长 45.8%，增速回落 11.1 个百分点，四季度还出现了负增长。根据 2007 年下半年出口增速回落的趋势，2008 年中国钢材出口增速会继续回落。据中国钢铁工业协会有关人士预测，2008 年钢材出口量将同比下降 20%，钢坯出口则下降 50%以上。出口量的减少，有利于中国钢铁工业通过淘汰落后产能、改善品种结构、提高产业集中度来实现产业结构的调整与升级，有利于钢铁工业的健康持续发展，有利于国家促进污染减排目标的实现。

对矿产资源类出口行业来说，受次贷危机的冲击和影响可能较大。一方面，受宏观调控影响国内投资需求增速不断下降；另一方面，美国经济下滑及其房地产市场低迷，都使得境外对有色金属等矿产资源的需求下降。这些因素的存在，将共同导致资源开发、有色金属、石油化工等行业的出口受到较大冲击，高能耗、高污染、资源性行业的增长趋势将得以延缓，短期来看有利于污染减排目标的实现。

消费品制造业，也将受到次贷危机的较大冲击。其中，纺织业出口状况可能进一步恶化，很多生产加工型、以出口为主、没有品牌的纺织企业将被淘汰。其他一些低价消费品业，将面临外需减少与国际贸易保护主义抬头的双重影响。

2.2 出口企业信贷趋于收紧，加大了产业结构调整的可能

受宏观调控政策的影响，2007 年年底，我国确立了 2008 年按季度进行信贷控制的政策后，由于雪灾等种种因素的冲击，2008 年 1 月份信贷规模超过 8 000 亿元。为保持从紧效果，据悉此后的信贷政策将按月份进行控制，这将进一步压缩各商业银行的放贷能

力。而在信贷额度受限的情况下，商业银行会首先压缩不符合国家政策导向的贷款，因此包括“两高一资”在内的许多出口企业将首当其冲，面临更紧的信贷环境。受生产成本激增、外部需求减弱、人民币升值等因素影响，部分以出口为主的企业在产品出口量下降、银行信贷困难的双重压力下，尤其是“两高一资”型企业，生产经营压力加大，企业融资困难、资金短缺的现象十分突出，一些中小企业面临停产甚至倒闭的困境，进一步加大了产业结构调整的可能，有利于促进结构减排。

2.3 人民币升值有助于企业走出去，减排压力将进一步缓解

海关总署近日发布的报道指出，次贷危机负面影响蔓延和人民币对美元持续升值，是 2008 年以来我国对美出口减速和进口提速的主要原因。我国外部经济环境不确定性因素也随之增多。在美国经济不断下滑、市场流动性趋紧、企业竞争环境恶化的情况下，中国企业的“走出去”将拥有更多便利条件。人民币升值将促进企业直面挑战和压力，努力提高技术水平和出口产品技术含量，最终提高我国在国际经济结构中的地位。同时，民营企业的资本实力不断增强，许多行业龙头企业在产能过剩的压力下，会更积极地在海外寻找潜在市场。从长远来看，有利于产业结构的优化，有助于减缓固定资产投资过快增长带来的环境压力。

2.4 减排信贷资金受冲击较小，企业自筹难度加大

目前，工商银行、交通银行和招商银行三大商业银行行长均表示次贷危机对中资银行警示大于直接影响，此次次贷危机对我国银行并未造成大的冲击。从近年来工业污染源治理投资来源分析，尽管国内贷款资金的比例从 2001 年的 38.45%下降到 2006 年的 6.22%，下降幅度较大，但金融机构贷款依然是环保投资的重要来源渠道。污染减排是“十一五”期间重点工作之一，在危机对银行经营影响不大的情况下，预计金融行业对污染减排工作的贷款也不会受到较大的影响，能够确保污染减排信贷资金的持续投入。同时应注意，由于企业自筹资金比例显著上升，受经济危机的影响，企业利润下降，企业用于污染治理的资金将难以稳定投入。

2.5 绿色能源项目面临威胁，污染减排压力上升

尽管雷曼不是绿色能源领域最大的投资者，但是它以其在可再生能源领域的大规模投资而闻名。雷曼在太阳能及风能公司的投资中有着举足轻重的地位。因而金融危机的爆发对绿色能源项目融资造成一定的威胁，从而对能源结构调整带来一定的影响。另外，国际原油价格近期波动较大。美国经济滞胀形势向纵深发展，美次贷危机为影响国际油价变动重要因素。虽然油价的持续高位将有利于提高能源利用效率和技术进步，从而有助于污染减排，但是在绿色能有项目受阻，清洁能源难以替代传统能源的情况下，对煤炭的需求量将有大幅度提升，煤炭消费在一次能源中的比重将进一步上升，这在一定程度上加大了污染减排的难度。

综上所述，此次经济危机对于污染减排来说，既是一次机遇，也是一次挑战。一方面，我国经济发展增速放缓，出口贸易下降，资源能源价格上涨，产业结构调整加速，对污染减排的压力有一定的缓解，使经济逐渐步入循环的可持续发展的轨道上来；另一方面，企业污染治理面临融资困难，能源结构调整存在一定的压力，给污染减排目标的实现造成一定的阻力。

3 新形势下推进污染减排的政策建议

污染减排是一项长期性、复杂性的工程。在经济危机给污染减排工作带来机遇的同时，我们也必须要清醒地认识到，为减少经济危机对经济发展的影响，国家势必会出台一些鼓励经济发展的政策措施，这在某种程度上将给污染减排带来一定的压力。面对新一轮经济危机对我国经济的冲击，为推进污染减排工作，实现“十一五”主要污染物减排10%的目标，促进经济的可持续发展，应积极采取相应措施，建议：

3.1 强化结构减排力度，促进产业结构调整和技术升级

近 3 年来污染减排措施和未来两年污染减排计划表明，工程减排是污染减排的主要手段，结构减排占主要污染物减排量的比例相对较低。2007 年，COD 结构减排仅占全部减排量的 1/4 左右，SO_2 结构减排比例为 30%左右。随着减排工作的深入开展，城镇污水处理设施和燃煤电力脱硫设施纷纷投产，未来两年工程减排空间逐步减小，难度加大，必须要充分重视结构减排在实现污染减排目标中的作用。应充分抓住经济危机的冲击下，产能落后的高能耗、高污染小企业难以支撑这个时机，加快产业结构调整，着力推进主要污染物的结构减排，推进污染减排工作进一步发展。在制定措施稳定经济发展的同时，应充分考虑环保要求，对高能耗、高污染、缺乏竞争力、面临淘汰的中小企业坚决予以取缔；政府部门也要改变以往的支持地方主义的做法，严禁借国家扶持中小企业发展之机，放松对“高耗能、高污染”企业的淘汰关停和升级改造工作，按照“有保有压”的原则，从土地和信贷两方面继续对高能耗、高污染企业进行控制，提高节能环保标准门槛。同时，应制定和完善产业机构调整的退出补偿机制，鼓励部分“两高一资”企业主动关闭。鼓励企业采用先进的、经济的污染治理技术和手段，提高环境治理效率，降低企业污染治理成本，提升产品国际竞争力。

3.2 加大政府环保投资力度，强化财政资金引导

当前污染减排中 SO_2 和 COD 两项污染物减排进程充分说明了企业和政府两个减排主体的差异性，以企业为主体的 SO_2 减排进程明显快于以政府为主体的 COD 减排进程。因此，从现在开始就必须明确各级政府污染减排权责，加大政府环境保护投入，保障重点污染治理资金需求。构建环保投资增长与经济发展的内生增长机制，建立健全环境转移支付制度，稳定长期建设国债用于环保。着重强化财政资金的引导作用，运用以奖代补、

贷款贴息等方式，从企业、社会、外资等多渠道筹集污染治理资金。加强财政资金监管，建立国家财政资金跟踪问效机制，强化资金环境效益。

3.3 制定污染减排优惠政策，鼓励企业、社会污染治理投入

由于受出口下降的影响，部分企业面临被淘汰的可能。受经济波动的影响，企业污染治理投入将受到一定的影响。对污染减排工作实施奖励、激励政策，加强环保投资的风险内控。对企业污染减排制定优惠政策，如污染治理设施加速折旧、进项抵扣等。稳定金融机构的环保贷款并专门用于污染治理，增加企业污染治理贷款、延长还款期限。制定鼓励社会环保投资的用地、用电、设备折旧、贷款等扶持政策措施，发行企业债券，保障污染治理资金的持续投入，促进减排目标的实现。

3.4 严格环保要求，防治污染转移

无论经济形势发生怎样的变化，都不能放松污染减排要求。由于大批中小企业经营困难，企业利润下降最有可能首先挤压环保，企业会为了提高利润减少环保投入，甚至以牺牲环境来增加企业效益。为节约成本，企业有可能不正常运行甚至不运行污染减排设施，同时经济不景气也会导致地方政府更加侧重于 GDP 增长，增加对环境违法企业的保护。从土地和信贷两方面对高能耗、高污染企业进行控制，严格控制新建高耗能、高污染项目，提高环保市场准入门槛，推进产业结构转变，防止通过保护“两高一资”企业的发展保持经济增长。防止企业为降低生产成本等因素，形成向中西部地区转移的现象，避免造成“污染转移”。

参考文献

[1] 艾博，胡雷森. 美元崩溃、长周期经济危机与新能源崛起[EB/OL]. [2008-08-04] http://bbs.cenet.org.cn/dv_rss.asp？boardid=27&id=397677.

[2] 刘戒骄．节能减排：完善机制 破解难题[J]．中国国情国力，2007，8.

[3] 伞锋.中国经济质量观察：节能减排拐点正在显现 [EB/OL]. [2007-08-23] http://news.xinhuanet.com/fortune/2007-08/23/content_6590355.

[4] 张业亮．美国金融风暴威胁绿色能源项目．中国环境报，2008-09-26.

[5] 车晓蕙. 美国次贷危机影响广东对美出口乏力．新华网.

[6] 陈佳贵，汪同三，李雪松. 美国次贷危机对我国经济的影响. 中国社会科学院院报.

[7] 次贷危机可能加快我国钢铁行业调整步伐[EB/OL]. 兰格钢铁．http://www.lgmi.com/info/detailnewsb_oldall.asp？infoNo=498036.

全国各省2008年度总量减排计划与形势分析

Analysis of the 2008 Annual Planning for Pollution Reduction and Situation in China

吴舜泽　贾杰林　徐 毅　于 雷　李 键　赵喜亮

摘　要　本文对全国各省2008年主要污染物总量减排计划进行了深入分析，并结合近两年减排工作实施和核查中发现的问题，提出了进一步做好“十一五”期间污染减排工作的建议。建议应进一步发挥减排计划对减排工作的指导性，研究规范直接影响减排数据质量的一些重点问题，并推进污染减排工作的系统管理。

关键词　减排计划　COD　SO_2　分析

Abstract　In this paper，systematic analysis was made on the 2008 Annual Pollution Reduction Planning of 31 provinces in China. combined with the questions found in the past two years work of the Pollution reduction，recommendations doing a better job in “Eleventh Five-Year” period has been proposed. The recommendations are we should further exert the planning guidance on the job，research to norm some key issues that has a direct impact on data quality and promote the systems management of the pollution Reduction.

Key words　Pollution reduction plans　COD　SO_2　Analysis

1 各省（区、市）2008年污染减排计划基本情况

1.1 北京市

北京市2008年减排目标为SO_2和COD排放总量分别控制在13.65万t和10.22万t，比2007年分别削减10%和4%。其中，SO_2已经超额完成2010年控制在15.2万t的减排目标，COD满足责任书中确定的10.8万t的中期考核目标。

北京市的减排计划仅对污染物新增量、减排量和年度目标可达性作了简要说明，缺乏对于计划的保障措施和工程项目的风险因素分析等内容。项目清单中居民煤改电采暖、

市区新增人口 COD 集中处理等项目其减排量无法落实到具体的减排工程上，不利于将来的项目核实和总量核查；京能热电脱硫项目与已经列入国家公布的 2007 年脱硫设施投运清单冲突。COD 减排重点为污水处理厂建设，项目大部分为城镇污水处理厂（站），但是许多污水处理厂（站）设计日处理规模在三四百吨左右，全年 COD 减排量只有 2～3 t。

1.2 天津市

天津市 2008 年减排目标为 COD 和 SO_2 排放总量分别控制在 13.59 万 t 和 24.22 万 t，比 2007 年分别削减 1%、1%，其中 COD 排放量满足责任书中确定的 13.9 万 t 的中期考核目标。

天津市 2008 年计划安排 COD 减排项目 77 项，SO_2 减排项目 60 项。天津市的减排计划存在的问题是文本太简单，仅对 2008 年的工作目标和减排项目总体情况做了简要说明，没有具体的新增量预测、可达性分析、保障措施和风险因素分析等。COD 减排项目清单中所有项目均没有提供具体的减排量，从分类上看，天津市在 2008 年重点加强了工业园区污水处理厂项目建设，项目清单中共有 16 个工业园区的污水集中处理建设项目。SO_2 减排项目清单中 2008 年减排项目大部分为社区和企业的供热站和供热锅炉，但是没有具体说明采取何种减排措施。

1.3 河北省

河北省 2008 年减排目标为 COD 和 SO_2 排放总量分别控制在 62.42 万 t 和 141 万 t，比 2007 年分别削减 6.5%和 5.5%。按照上述目标，2008 年河北省的 COD 排放量将无法完成责任书中规定的 60.8 万 t 的中期考核指标；而且按照计划预计到 2008 年，河北省 COD 和 SO_2 两项污染物仅仅分别完成“十一五”总减排任务的 36.8%和 38.2%，剩余两年的净削减量仍高达 6.32 万 t、13.9 万 t，后面两年的减排任务极为艰巨，压力巨大。

河北省的减排计划内容较为完整，对污染物排放现状和减排战略重点进行了分析，按照最不利情况进行了新增量测算。提出 COD 减排仍以污水处理厂建设和产业结构调整为重点，2008 年年底前 89 座污水厂全部开工建设，2010 年前所有县级市建成污水处理厂；SO_2 减排重点是钢铁和电力行业，且钢铁行业减排压力很大。为推进减排工作，对省内 30 个重点县（市、区）和 30 个重点企业（简称“双三十”），实行节能减排工作目标省直接考核。加快推进重点工程建设，对重点治污项目明确内容、时限、责任单位和督导单位，逐个落实考核。从 2008 年开始，对全省 726 家省重点企业实施环境五级信用管理制度。河北省目前正在起草《河北省污染减排条例》，为污染减排工作提供法律保障。减排项目表较为完整，但是仍存在污水厂和脱硫电厂分类不细的问题，减排项目中部分工业治理项目全年 COD 减排量只有几吨甚至不足 1 t。

1.4 山西省

山西省2008年减排目标为COD和SO_2排放总量分别控制在36.2万t和133.8万t，比2007年分别削减3.3%和3.5%。相对来说，山西省COD减排的形势不容乐观，目前只完成总减排任务的25%，按照2008年减排目标也仅能完成五年任务的49%。

山西省的减排计划比较全面地分析了2008年的减排任务和减排措施，但是新增量测算部分较为简单，尤其是COD新增量测算没有说明计算参数及取值依据，减排目标可达性及风险因素分析也较为薄弱。山西省将控制高耗能高污染产业发展、遏制SO_2新增量作为2008年重点工作。山西省提出在2008年6月底前，完成全省所有燃煤机组的烟气脱硫设施建设任务，实现全行业烟气脱硫。2008年“蓝天碧水”工程范围内所有市县污水处理厂建成并投入运行，其他县（市、区）污水处理厂开工建设，2009年全部建成并投运。山西省按照项目类别对减排工程做了较好的分类汇总，但存在着大量COD和SO_2减排量很小的煤矿治理项目。

1.5 内蒙古自治区

内蒙古自治区2008年减排目标为COD和SO_2排放总量分别控制在28.41万t和143.72万t，比2007年分别削减1.25%和1.28%，其中SO_2截至2008年仅完成总减排任务的33.6%，后两年需要在控制增量的情况下实现净削减量3.72万t，减排压力很大。减排计划未对责任书中确定的自治区内黄河、松花江、辽河和海河流域2008年COD总量控制中期考核目标的完成情况进行说明。

2008年预计全区SO_2和COD新增量分别为10万t、4万t，但新增量预测是按照核算细则的规定对计算系数进行了扣除，有可能造成不利情况下减排工程削减量能力不足。2008年，内蒙古将新建投运13台总装机261万kW的老机组脱硫设施，建设30家污水处理设施，设计处理能力83.1万t。同时继续确保33台833万kW火电机组脱硫设施、13个污水处理厂等2007年已建成减排工程的稳定运行也是自治区2008年减排工作的重点。

1.6 辽宁省

辽宁省2008年减排目标为COD和SO_2排放总量分别控制在59.89万t和113.51万t，比2007年分别削减4.59%和8%，到2008年年末SO_2仅完成五年总减排任务的43%，COD也刚过半，后两年减排压力仍然比较大。责任书中确定的辽宁省辽河流域2008年COD总量控制中期考核目标为比2005年削减7%，控制在47.2万t。减排计划未对2008年辽河流域COD减排的完成情况进行说明。辽宁省预测本省2008年COD和SO_2新增量分别为4.18万t、7.18万t，但是没有具体说明预测过程。辽宁省减排计划中对减排目标的可达性分析不足，应该充分考虑年度减排目标实施的不确定因素，减排项目中部分工业治理项目太小可操作性差，非环统企业关停减排项目比重较大，同时项目信息也需要进一步完善。

辽宁省将在 2008 年进一步强化政府减排责任，实行“三个挂钩”，即将污染减排工作完成的好坏与领导干部的政绩挂钩、与升迁挂钩、与评优考核挂钩。全面启动污水处理厂建设，2008 年年底全省 56 个省级以上开发区（工业园区）全部建成污水处理厂，2009 年年底全省 44 个县级城市建成污水处理厂，其中 2008 年计划建成运行 26 座，新增污水日处理能力 121.8 万 t。加大燃煤电厂和工业企业治理力度，要求 2009 年年底，全省所有燃煤电厂（含热电）、烧结机必须全部完成脱硫，其中 2008 年计划完成燃煤电厂脱硫项目 52 项。计划淘汰省内所有小造纸生产线，并对大型造纸企业实施停产治理。2008 年年底前，所有国控重点源、污水处理厂、燃煤电厂建成自动在线监测系统。

1.7 吉林省

吉林省 2008 年减排目标为 COD 和 SO_2 排放总量分别控制在 39.03 万 t 和 39.1 万 t，比 2007 年分别削减 2.4%和 2%。按照上述 2008 年减排目标计算，截至 2008 年吉林省 COD 仅完成总减排任务的 39.8%，SO_2 排放量仍然高于 2005 年排放量 0.9 万 t，后两年将需要净削减 COD 和 SO_2 总量 2.53 万 t、2.7 万 t，减排压力巨大。减排计划未对 2008 年省内松花江流域和辽河流域 COD 减排的完成情况进行说明。

吉林省预测 2008 年 COD 和 SO_2 新增量分别为 3.04 万 t、2.45 万 t，但在预测新增量时采用的是总量核算方法，扣减了部分计算系数，没有按照减排计划编制指南要求的最不利原则进行预测。吉林省 2008 年减排措施主要有推进松花江、辽河流域水污染防治“十一五”规划内的城市污水处理厂建设，2008 年松花江和辽河规划中的城市污水处理厂、重点污染源治理工程必须开工建设。SO_2 减排的重点是实现 10 个电厂燃煤机组脱硫工程投运和设施正常运行，加强循环流化床锅炉的监督管理，同时关停 4 个小火电机组。从目前的项目情况来看，吉林省污水处理厂建设相对滞后，需要进一步落实《松花江流域水污染防治规划》要求，加大、加快城市污水处理厂建设力度。吉林省采用循环流化床和炉内喷钙脱硫的脱硫设施占有很大比重，必须建设在线监测建设与联网工作，确保有效减排。从全国来看，吉林省的 SO_2 减排形势极为严峻，应充分挖潜，并通过严格控制煤炭消费量增量进行源头减排。

1.8 黑龙江省

黑龙江省 2008 年减排目标为 COD 和 SO_2 排放总量分别控制在 47.87 万 t 和 51.33 万 t，比 2007 年分别削减 1.9%和 0.4%。按照上述 2008 年减排目标计算，截至 2008 年黑龙江省仅能完成 COD 总减排任务的 48.7%，SO_2 排放量仍然高于 2005 年排放量 0.53 万 t，后两年减排压力仍然比较大。减排计划未对 2008 年松花江流域 COD 减排的完成情况进行说明。

黑龙江省预测 2008 年 COD 和 SO_2 新增量分别为 2.16 万 t、2.02 万 t，但是 COD 预测时采用的是总量核算方法，扣除了监察系数和低 COD 排放行业，没有按照减排计划编制指南要求的最不利原则进行预测。2008 年，黑龙江省计划建设污水厂 8 座，增加处理能力43.25万t；SO_2减排工作重点为结构调整项目，预计实现减排量1.22万t，此外还将建设投运电力机组脱硫项目6项。

黑龙江省减排计划中对减排目标可达性分析不足，责任分解、保障措施等内容也需要进一步加强。减排项目表不规范，没有对减排项目按照项目类型进行分类汇总。面对未来艰巨的减排任务，尤其是SO_2极为不利的减排形势，黑龙江省减排计划应对减排形势与风险、未来工作安排有一统筹考虑，应进一步加大工作力度，充分挖潜，严格控制煤炭消费量增量，加大产业结构调整力度，力争为实现2010年减排目标创造条件。

1.9 上海市

上海市2008年减排目标为COD和SO_2排放总量分别控制在28.26万t和47.29万t，比2007年分别削减4%和5%。按照上述2008年减排目标计算，截止到2008年上海市COD和SO_2分别完成总减排任务的47.6%和30.2%，均未过半，后两年减排压力仍然比较大。责任书中确定的上海市2008年COD总量控制中期考核目标为比2005年削减7%，控制在28.3万t，上述年度减排目标基本能够满足中期考核目标要求。

上海市在减排计划中全面回顾了2007年减排工作，提出2008年要抓住世博会契机，以污染减排为核心，以环保3年行动计划为抓手、创模为载体，控制增量削减存量。上海市预计2008年COD和SO_2新增排放量分别为2.42万t和2.55万t。主要减排措施是加快推进污水处理厂和燃煤电厂脱硫设施建设，2008年计划建成和扩建15座污水处理厂，设计处理能力242.5万t；建成投运14个机组总装机545万kW的现役机组脱硫设施。严格实施“批项目、核总量”制度，严格控制增量。为加快推进产业结构优化升级，上海制定了《淘汰劣势产业导向目标》，计划在“十一五”期间淘汰焦化、铁合金、年产80万t级以下水泥企业、不达标冶金炉窑等3 000家企业。

1.10 江苏省

江苏省2008年减排目标为COD和SO_2排放总量分别控制在86.22万t和116.82万t，比2007年分别削减3.3%、4.1%。责任书中确定的2008年江苏省淮河流域和太湖流域COD总量控制中期考核目标为37.5万t和27.4万t。减排计划未对2008年省内淮河流域和太湖流域COD减排的完成情况进行说明。江苏省减排项目各项信息较为完整，但是项目按照地市分类，难以从全省的层面对各类项目进行汇总分析和数据的统计校核。

江苏省在减排计划中全面回顾了前两年减排情况，但在测算新增量时，按照核查方法对低排放行业和监察系数进行了扣减。对于COD减排，江苏省采取四大减排措施：①源头减排；②工程减排，把太湖水污染综合治理和水源地保护作为重中之重，进一步加强重点流域的水污染防治，2008年抓好太湖流域169座城镇污水处理厂提标改造工作，全省新增城镇污水处理能力100万m^3/d；③结构减排，2008年将关闭所有的石灰法制浆企业；④管理减排，实现减排台帐电子动态化，完善全省重点污染源在线监控系统。SO_2减排以电厂脱硫作为减排重点，并以省政府与国家签订的SO_2削减目标责任书中规定的项目为基础。为保障减排目标完成，江苏省加强源头减排力度，2007年出台了《关于加强苏北地区新建化工项目管理的意见》，把苏北化工项目准入门槛从2 000万元提高到5 000万元。制定实施 9 项新的地方环境标准，其中《太湖地区城镇污水处理厂及重点工业行业主要水污染物排放限值》与国际先进标准接轨，促进太湖流域产业结构的大幅调整、污染治理水平的有力提高。对产业政策确定的限制类项目，其新增 COD 和 SO_2 总量必须通过老企业减排的两倍总量来平衡，实施“减二增一”。

1.11 浙江省

浙江省 2008 年减排目标为 COD 和 SO_2 排放总量分别控制在 54.7 万 t 和 77.3 万 t，均比 2007 年削减 3%。责任书中确定的浙江省太湖流域 2008 年 COD 总量控制中期考核目标为控制在 19.6 万 t。减排计划未对 2008 年太湖流域 COD 减排的完成情况进行说明。

减排计划简单回顾了 2007 年减排情况，将紧密结合“811”环境保护新三年行动实施，继续狠抓减排工作。主要减排措施有新建、扩建和增加收集管网等措施的 168 座污水处理厂（站），确保计划内华能玉环电厂和台州电厂等 19 个减排项目如期配套脱硫工程，继续深化化工、医药、制革、印染、造纸、电力热力、冶炼、建材等重点行业污染整治，建立和健全减排项目排放增量、减量、变量等“三量”台帐和排污总量动态管理信息系统，继续开展“百厂千次”飞行监测行动。浙江省认为影响 2008 年减排的主要不确定因素：①污水收集管网建设投入和进度；②循环流化床脱硫设施烟气在线监测是否正常运行和校核验收，联网数据是否可靠和是否经得起校核。

浙江省的减排项目表仍有待进一步优化调整，污水厂减排量测算要充分考虑纳管企业是否属于环统、进水浓度偏高等因素，非环统企业项目比较多，污染治理项目中存在大量年减排量只有几吨的小项目。

1.12 安徽省

安徽省是 2007 年两项主要污染物排放量仍未降低至 2005 年水平的 8 个省份之一，安徽省确定的 2008 年减排目标为 COD 和 SO_2 排放总量分别控制在 44 万 t 和 56.63 万 t，比 2007 年分别削减 2.5%、1%。按照上述 2008 年减排目标，截至 2008 年，安徽省 COD 和 SO_2 总减排任务的完成率只有 13.8%和 20.4%，均排在全国后几位。同时，安徽省 2008 年还将面临淮河流域和巢湖流域总量中期考核，要求淮河流域和巢湖流域 COD 分别削减 5% 和 4%。虽然减排绝对量不是很大，但是由于工作相对滞后，安徽省污染减排形势极为严峻。

安徽省预测 2008 年 COD 和 SO_2 新增量分别为 3.1 万 t 和 4.53 万 t，但是未提供测算的具体依据。减排项目清单的项目信息不完整，项目清单有待于进一步调整和分类汇总。此外，安徽省应充分考虑后两年减排任务，加大工作力度，项目安排突出重点，特别是加快推进污水厂、电厂脱硫设施等重点项目的建设。

1.13 福建省

福建省 2008 年减排目标为 COD 和 SO_2 排放总量分别控制在 38.3 万 t 和 44.07 万 t，

比 2007 年分别削减 0.05%、1.1%。相对来说，福建省 2008 年 COD 减排力度稍小，除去新增量净削减量只有 200 t。同时由于两项主要污染物总减排任务完成率截至 2008 年后都刚刚过半，后两年需要进一步加大减排力度。

福建省提出 2008 年度通过结构、工程、监管、政策、责任“五管齐下”，完成污染减排目标任务。主要包括淘汰和改造（转型）落后水泥产能 558 万 t，淘汰落后造纸行业产能 3 万 t；华能福州电厂 4 台机组建成烟气脱硫设施，推进钢铁企业烧结机脱硫和非电工业锅炉（窑炉）脱硫工程；新建、改扩建污水处理厂 28 座，实施工业开发区污水集中处理，全省现有未建污水集中处理设施的工业开发区 2008 年年底前建成污水集中处理设施并投入运行。城市污水处理厂实行处理运营费同处理效果挂钩政策，电厂实行差别电量和替代发电政策。

1.14 江西省

江西省 2008 年减排目标为 COD 和 SO_2 排放总量分别控制在 44.8 万 t 和 60 万 t，比 2007 年分别削减 4.4%、3.4%。截至 2008 年，江西省 COD 和 SO_2 分别完成总减排任务的 39.1%和 30.2%，最后两年需要完成剩余的 60%、70%，减排任务比较重。

2007 年江西省的 COD 和 SO_2 排放量与 2005 年相比仍分别增长 2.58%和 1.30%，落后于全国的总体进度。针对治理设施建设进度缓慢的问题，江西省 2008 年计划新上污水处理厂 10 座（污水处理能力 42.5 万 t/d），同时加大已建污水厂配套管网建设，预计新增污水处理能力 20 万 t/d；加快燃煤电厂脱硫设施建设进程，计划建成投运 171.2 万 kW 机组脱硫设施。但江西省减排计划存在的主要问题是减排计划项目安排较少，对不利因素考虑不充分，有可能对年度减排目标的实现带来较大风险。

1.15 山东省

山东省 2008 年减排目标为 COD 和 SO_2 排放总量分别控制在 68.4 万 t 和 171.3 万 t，比 2007 年分别削减 5%和 6%。山东省是 SO_2 减排的重点省份，山东省内淮河流域和海河流域 COD 排放量也要完成 2008 年国家规定的中期考核目标要求。

减排计划全面回顾了 2007 年减排工作，较好地分析了 2008 年减排重点方向和途径。在测算新增量时没有对测算系数进行扣减，保证了新增量测算的最不利条件。2008 年山东省确定的主要减排工作：①重点抓好 40 个治污减排任务重的县（市、区）；②计划新（扩）建 103 座污水处理厂，完成 63 个原有污水厂提高项目；③通过地方标准的实施推进重点区域污染物减排；④18 台国家和省重点现役机组脱硫设施提前至 2008 年 7 月 1 日前建成，装机容量为 6 300 MW；重点项目现役机组 6 643 MW 提前至 2008 年 7 月 1 日前建成；⑤加大关停淘汰力度，2008 年计划关停小火电装机 130 万 kW，关停 5 万吨以下草浆生产线，分解落实第二批淘汰落后钢铁产能任务。山东省计划 2008 年所有市县全部完成污水处理厂建设，实现一县一厂，2008 年全部完成省控重点污染源、城镇污水处理厂的自动监测设施安装、建设任务。

1.16 河南省

河南省确定的2008年减排目标为COD和SO_2排放总量分别控制在65.57万t和146.69万t，比2007年分别削减5.5%、6.2%。河南省是污染减排的重点省份之一，省内淮河、海河、黄河以及南水北调中线4个重点流域都面临2008年中期考核任务，同时SO_2减排绝对量也比较大。

河南省减排计划确定的减排重点仍是污水处理工程和电厂脱硫设施建设，主要措施包括：2008年将新建污水处理厂17座，处理规模30.8万t/d，有15座污水处理厂将实施管网改造，6座污水处理厂将实施中水回用工程；2008年计划新建88台机组脱硫工程，装机规模7 708 MW。此外2008年河南省还计划淘汰小火电机组100万kW，淘汰落后产能焦炭60万t。

减排计划中存在的主要问题是测算新增量时取2007年COD和SO_2核算新增量作为2008年新增量，两年之间新增量没有变化，有可能导致新增量预测偏乐观。另外，河南省面临的流域治理中期考核任务较重，减排计划应该对流域减排目标及其任务进行分析。

1.17 湖北省

湖北省确定的2008年减排目标为COD和SO_2排放总量分别控制在59.24万t和69.2万t，比2007年分别削减1.5%、2.2%。湖北省应完成责任书要求的省辖三峡库区及其上游、南水北调中线流域的COD总量削减中期考核任务。湖北省SO_2目前仅完成总减排任务的不足20%，按照2008年目标也只完成45%左右，后两年需要实现净削减3万多吨，减排任务较重。

2008年湖北省将实施的减排重点项目包括计划新建33个污水处理厂（新增污水处理能力130多万t），建设武汉钢铁（集团）公司等180家企业工业废水处理设施，建成投运14台发电机组总装机容量1 488 MW的烟气脱硫设施，完成13台共230.9 MW的小火电机组的淘汰工作。湖北省制定了力争实现2008年全省设市城市污水处理率不低于60%的目标。

湖北省在测算COD新增量时扣减了监察系数，计算火电SO_2新增量时按照新建电厂新增排放量计算，有可能导致新增量预测偏乐观。目前的减排项目中结构减排比重较大，存在一定的重复计算和不确定因素，应综合考虑后3年的减排任务，加快城市污水处理厂与燃煤电厂脱硫工程建设进度。

1.18 湖南省

湖南省2008年减排目标为COD和SO_2排放总量分别控制在85万t和87.4万t，比2007年分别削减5.9%、3.35%。除两项约束性指标外，湖南省还自行确定了两项污染物控制指标，分别是砷排放量由2007年的70.34 t减少到66.82万t（削减5%）；镉排放量由2007年的16.55 t减少到15.72 t（削减5%）。

湖南省将实施全省城市生活污水3年行动计划，力争“十一五”后3年全省所有县以上城镇建成城市污水处理厂。2008年计划新建生活污水处理厂15座（处理规模158.43万t/d），并有7座污水处理厂将实施管网改造；开展湘江水污染综合整治和造纸、麻纺业污染整治专项行动；2008年将有2家燃煤电厂4台机组新建完成脱硫工程，装机规模1 800 MW。

湖南省减排项目中存在减排项目结构调整比例过大的问题，同时，项目信息不完整，需要进一步核实减排项目基础信息，加强数据校核。此外，湖南省在测算COD新增量时扣减了监察系数。

1.19 广东省

广东省2008年减排目标为COD和SO_2排放总量分别控制在97.15万t和114.29万t，比2007年分别削减4.5%、5%。广东省是污染减排的重点省份，两项污染物减排绝对量大，相对来说，今后3年COD的减排任务更重，按照上述目标，后两年COD仍需净削减7.3万t，占总减排任务的45.6%。

广东省2008年主要减排措施：①加大淘汰落后差能力度，2008年关闭小火电机组585万kW；②大力推进全省城镇污水处理设施建设，加快污水处理厂配套管网的建设和改造，预计2008年新建成污水处理厂处理规模152.7万t/d；③确保在2008年前完成全省所有单机12.5万kW以上现役火电机组脱硫治理工程建设，预计2008年建成现役火电机组脱硫工程111.5万kW；④加快重点污染源尤其是电厂脱硫设施在线监控系统联网工作；⑤制定出台严格的火电、造纸等行业污染物地方排放标准。

广东省减排计划存在的主要问题是年度目标实现的保障率低。①新增量测算对不利因素考虑不充分，测算结果偏乐观；②通过可达性分析，两项污染物年度削减量与完成目标所需减排量都仅相差几百吨，治污工程安排不够，给目标完成带来较大的不确定性。

1.20 广西壮族自治区

广西2008年减排目标为COD和SO_2排放总量分别控制在101.6万t和94.47万t，比2007年分别削减5%、4%。广西在今后3年COD需要净削减12.3万t，SO_2需实现净削减6.83万t。在2008年减排目标实现的情况下，后两年仍需净削减COD近7.6万t，占总减排任务的58%。

广西2008年COD减排重点是加快推进城镇污水处理厂建设，以制糖、淀粉行业为主攻方向，重点抓好造纸、酒精行业的水污染物削减工作。SO_2减排重点是以火电行业为重点，同时抓好非金属矿物制品（陶瓷等）、水泥、有色金属冶炼、化工等行业的污染削减。主要工程有新增污水处理厂15个，制糖、造纸、酒精等重点行业治理工程97项，5个现役燃煤电厂共9个机组建成烟气脱硫设施，新实施关停淘汰落后产能项目近500个。

广西减排计划存在的主要问题是新增量测算没有按照不利情况考虑，项目中结构调整项目过多，虽然已认识到城镇污水处理厂建设是保证化学需氧量减排目标实现的基础条件，但在项目安排上城镇生活污水处理设施建设力度仍有待加强。

1.21 海南省

海南省2008年减排目标为COD和SO_2排放总量分别控制在10.14万t和2.2万t，COD排放量与2007年持平，SO_2比2007年削减14.06%。海南省2007年两项污染物指标都有所增加，但增幅与2006年同比有所下降，其中COD减排相对更为滞后。

海南省COD减排的问题主要是城市生活污染治理设施建设严重滞后，18个市县中有16个市县没有生活污水处理设施。2008年COD减排工作重点是加快城镇污水处理厂及其配套污水管网的规划与建设，确保5个污水处理项目在2008年竣工并投入使用，推进海口长流等7个污水处理项目于2008年6月底前开工建设。SO_2总量减排的重点在于华能海口电厂的4台125 MW火力发电机组脱硫设施的建设和2台50 MW火力发电机组的关停。

1.22 重庆市

重庆市确定的2008年减排目标为COD和SO_2排放总量分别控制在24.62万t和78.52万t，比2007年分别削减2%、5%。重庆市SO_2的减排形势相对较为严峻，前两年只完成了总减排任务的11%，今后3年需要实现SO_2净削减8.9万t。

重庆市减排应抓住3个重点：①抓好万州、涪陵等六个重点地区减排工作；②电力、钢铁、建材、有色、化工、轻纺六大重点行业污染减排和污水处理厂建设、营运工作，全市力争实现每个区县都要建成污水处理厂；③通过行政、经济、法律等各种政策措施抓好重点企业减排工作。重庆市减排计划存在的主要问题是新增量预测部分过粗，年度目标可达性分析不足。2008年计划所列脱硫设施改造项目和小型城镇污水处理厂较多，应密切关注其实施情况。

1.23 四川省

四川省确定的2008年减排目标为COD和SO_2排放总量分别控制在76.34万t和115.56万t，比2007年分别削减1%、2%。

2008年，四川省主要减排措施有2008年计划建成并投入运行成都江安污水处理厂等42家污水处理厂，新增污水处理能力60万～80万t/d，同时还将有19家污水处理厂提高污水处理率。以造纸、食品酿造、化工、纺织印染等行业为重点行业有机废水生化处理，抓好非金属矿物制造业、化工制造业、黑色金属冶炼、有色金属冶炼等非电行业脱硫设施建设工作，强化燃煤电厂SO_2治理。

四川省减排计划存在的主要问题是减排计划相对简单，应该进一步细化新增量测算，给出测算依据，强化减排计划目标的可达性分析。减排项目中结构调整减排项目数量比重比较大。此外，2008年四川省部分地区遭遇严重的地震灾害，对于已建和在建的减排设施造成了不利的影响，对此应在2008年的减排计划中给予充分的考虑。对于国家要求的四川省辖三峡库区及其上游流域的 COD 中期考核目标的完成情况，也应给予必要的分析说明。

1.24 贵州省

贵州省确定的2008年减排目标为COD和SO_2排放总量分别控制在22.22万t和123.78万t，比2007年分别削减2.1%、10%。贵州省SO_2排放量比较大，减排任务比较重，2007年SO_2实现排放量下降6.1%，但是仍然比2005年增加了1.7万t。

贵州省对减排形势的总体认识是“COD减排形势很严峻，SO_2减排保障较充分”。COD减排形势严峻的原因主要是城市污水处理设施建设进度缓慢，运行不正常。2008年建成投运贵阳市、遵义市等21个污水处理工程，总设计规模48.3万t/d，年内开工建设开阳、六枝等28个污水处理工程，已建的污水处理厂要求2008年内完善污水收集管网。针对电厂SO_2减排，贵州省15 590 MW火电总装机容量2007年年底已有58.18%的机组建成脱硫设施，其余机组的脱硫设施均已开工建设将在2009年年底前全部建成投运。

减排计划的主要问题是对于2008年全省耗煤量下降这一结论需进一步论证，避免新增量预测偏小。从可达性分析来看，虽然按照计划项目削减量的85%考虑，但是总体上目标的保证程度仍然不够充分，两项污染物都刚刚满足实现年度目标要求。此外国家要求贵州省辖三峡库区及其上游COD中期考核排放量控制在15.72万t，比2005年削减0.71万t，但是按照贵州省减排目标安排，2008年全省COD排放量仅能够在2005年基础上削减0.42万t，国家设定的中期考核目标将无法实现。

1.25 云南省

云南省2008年减排目标为确保COD和SO_2排放总量分别控制在28.27万t和51.76万t，比2007年分别削减2.5%、3%，并力争完成两项污染物削减4%的年度目标。2007年两项指标出现双降，但是COD和SO_2总量仍比2005年分别增加了2.24%和1.75%，即使按照2008年目标考虑，COD和SO_2也仅仅能够完成总减排计划的16.4%和21%，减排目标完成情况仍然很不理想，是全国减排任务完成率最低的几个省份之一。其中COD在2005年基础上实现减排0.23万t，而国家中期考核目标要求云南省辖三峡库区及其上游、滇池流域分别削减0.5万t和0.08万t，云南省实现国家中期考核目标的困难很大。

云南省根据各地上报的污染减排计划，筛选确定了一批2008年污染减排重点项目，主要包括118个重点工程减排项目、96个重点结构减排项目和13个重点管理减排项目。污染减排工作的重点将在城市污水处理、制糖、造纸、食品、电力、钢铁、有色、化工、建材、煤炭等重点行业全面开展。主要项目：①新建投入正常运行城市污水处理厂12个，新增污水处理能力12.5万t/d，并力争26个左右城市污水处理厂新开工建设；②在制糖、造纸、食品等行业强化污染治理，加大以滇池为重点的九大高原湖泊水污染综合治理力度；③完成阳宗海电厂等6台机组脱硫，加快曲靖电厂4台机组脱硫设施建设；④预计关闭6×100 MW的机组和小水泥、小建材、小钢铁等落后产能31项。

云南省减排计划存在的主要问题是新增量测算不规范，且低COD排放行业扣减比例较大。考虑到今后 3 年的减排任务，减排计划项目安排仍然偏少，对不利因素考虑不充分，有可能对年度减排目标和 2010 年目标的实现带来较大风险。

1.26 西藏自治区

西藏自治区 2008 年减排目标为 COD 和 SO_2 排放总量努力控制在 1.5 万 t 和 0.2 万 t，COD 比 2007 年削减 405 t，SO_2 保持零增长。

西藏自治区 COD 减排项目主要是加快建设城镇污水处理厂，开展工业与医疗污水治理。在城镇污水处理厂建设方面，昌都镇污水处理厂正在实施阶段，计划 2008 年投入运行。“十一五”期间还将陆续建设拉萨市、日喀则市等 8 个污水处理设施建设。

1.27 陕西省

陕西省 2008 年减排目标为 COD 和 SO_2 排放总量分别控制在 33.45 万 t 和 89.94 万 t，均比 2007 年分别削减 3%。按照此目标，SO_2 仅仅完成总减排任务的 20.4%，是全国 SO_2 减排任务完成率最低的几个省份之一。相对来说 COD 减排形势稍好，但也只是完成了总任务的 44.3%，后两年的减排形势仍不容乐观。陕西省还应采取措施，确保省辖黄河、南水北调中线流域实现 COD 总量削减中期考核目标。

陕西省预测 2008 年将是电力企业发展较快的一年，电力 SO_2 新增量较大，陕西省应大力推进产业结构调整，以小焦化、小火电、小造纸、小水泥等为重点做好落后产能的淘汰关停。积极促进减排工程建设，力争韩城二电厂等 9 台现役火电机组脱硫设施年内投产；加快渭河流域西安第四污水处理厂等 28 家新开工污水处理厂建设进度，渭河流域未建成或未开工建设污水处理厂的县（市）争取年内全部开工建设；完成铜川、杨陵、汉中等污水处理厂的管网扩建工程；加快陕北两市和陕南三市的污水处理厂建设进度，年内建成榆林锦界、商洛市、神木县、靖边县等污水处理厂。积极推行循环经济和清洁生产；抓好杨陵示范区、神府锦界开发区等 5 个重点开发区循环经济试点工作。

陕西省 2008 年减排项目电厂和非电脱硫项目中存在大量的循环流化床和添加固硫剂脱硫项目，应充分认识到此类项目监管或在线监测等不到位带来的减排风险。

1.28 甘肃省

甘肃省 2008 年减排目标为 COD 和 SO_2 排放总量分别控制在 17.15 万 t 和 51.27 万 t，比 2007 年分别削减 1.5%、2%。

甘肃省计划安排 COD 减排项目 44 项，SO_2 减排项目 14 项。主要的措施是重点抓好燃煤电厂烟气脱硫、有色冶炼企业烟气综合治理、工业废水治理和城市污水处理厂建设与配套管网改造等工程；做好小火电机关停工作，继续加大对造纸、淀粉、酒精等不符合产业政策的重点涉水行业的关停力度，以产业结构调整促进污染减排。

甘肃省减排计划未对新增量测算进行具体说明，缺少结合新增量对减排目标的可达性分析，减排项目清单不规范，缺少减排量等必要的相关信息。

1.29 青海省

青海省2008年减排目标为COD和SO_2排放总量分别控制在7.65万t和13.53万t，比2007年分别增加0.9%和1.1%。目前，青海省两项污染物排放总量仍然在继续增加，对此青海省应给予充分重视，特别是青海省还需要完成责任书中要求的省辖黄河流域COD总量控制中期考核目标。

青海省2008年主要减排工作任务：①淘汰高污染、高耗能落后产能和关停桥头铝业等3台小火电机组；②加快格尔木市污水厂管网配套建设，建成投运西宁城南新区污水厂，重点推进德令哈市、共和县、大通县污水厂建设，争取年内开工；③加大150家国控、省控重点污染源的日常监管力度，对38家国控、省控重点企业限期安装自动在线监测装置。

青海省减排计划主要问题是新增量预测没有按照要求，总体上减排项目安排偏少，进展不快。为完成“十一五”减排任务，青海省应充分考虑后3年的减排形势，合理安排工程措施，加快工程进度要求，强化目标可达性分析。

1.30 宁夏回族自治区

宁夏2008年减排目标为COD和SO_2排放总量分别控制在13.3万t和35.5万t，比2007年分别削减3%、4%。宁夏SO_2形势比较严峻，按照减排目标，2008年排放量比2005年仍多1.1万t，后面两年除新增量外还需要净削减4.3万t，减排压力很大，必须尽快推进火电脱硫设施建设。COD减排的情况较好，年度目标满足责任书中规定的COD总量削减中期考核目标（13.3万t）。

宁夏2008年的减排工作措施主要是加强重点减排项目工程的建设，确定了一批包括污水厂、电厂脱硫和造纸污水治理的重点减排工程，力争按期建成、投入运行；年底前建成全区污染源监控中心和5个市级污染源监控中心，全区重点污染源和已建成投入运行的城市污水厂全部安装自动在线监测并联网；加大对造纸、化工、酿造、制药等重点行业的监察频次和污染治理力度等。

1.31 新疆维吾尔自治区

新疆2008年减排目标为COD和SO_2排放总量分别控制在27.6万t和56.46万t，均较2007年增长1%以内。2007年新疆COD和SO_2排放量仍然处于上升趋势，但增长幅度有所下降，由于正处于经济高速发展时期，污染物新增量还将急剧增加，因此今后3年两项污染物总量控制面临的工作任务比较艰巨。

2008年新疆自治区共计划安排COD减排项目47项，SO_2减排项目40项。其中新建、扩建16座污水处理厂（站），工业企业污水治理项目21个，发电机组新建脱硫设施项目3个，非电企业工程治理减排项目16个。

另外，新疆生产建设兵团2008年减排目标为COD和SO_2排放总量分别控制在1.62

万 t 和 2.09 万 t，均与 2007 年持平。新疆生产建设兵团在提出了 2008 年主要减排措施：①工业企业 COD 减排工程 5 项，预计削减 COD 约 2 235 t；②电厂脱硫工程 5 项，预计实现 SO_2 削减 1 060 t；③淘汰小水泥企业 5 家。

2 年度减排计划的特色

总体上看，全国各省（区、市）都按照环境保护部的要求编制并上报了本辖区的 2008 年主要污染物总量减排计划，提出了 2008 年本辖区减排目标，规划了本年度的减排工程措施，对各省减排工作具有较好的指导作用。

2.1 重视从源头上控制污染物新增量

不少地区通过加强能源需求侧管理，优化能源消费结构和能源利用效率，以及实施严格的“环境准入”制度，从决策的源头上防治环境污染，可以起到事半功倍的作用，有效地推进污染减排工作。如浙江省积极推进煤炭的清洁高效利用，充分利用现有电源资源，提高核电和天然气等清洁能源在能源消费结构中的比重，并否决和缓批了上千个不符合环保要求的建设项目。2008 年黑龙江省推出污染减排与项目审批挂钩等一系列政策措施，对上一年度污染减排没有完成的市县，在翌年暂停审批其增加同类污染物排放总量的建设项目。山西省“围追堵截，全面清剿，强势推进除黑增绿工程”，建立项目新增能耗等量淘汰制度。山东省要求建设项目环评审批按照“先算、后审、再批”程序，上海市强化了“批项目、核总量”制度，把总量减排作为环评审批的前置性条件。

2.2 严格监督管理促进政策落实和目标完成

近年来，随着污染治理设施的大量建设完成，设施的运行监管越来越重要。由于配套政策、机制、措施不健全，容易造成部分企业从眼前利益出发，停运或不正常运转治污设施，削弱了工程设施的减排效果。随着污染减排工作的深入开展，各地逐渐加大了环境监管的力度，相应的政策、措施也不断完善。上海建立了 COD 和 SO_2 两个协调小组，建立了联络员制度、定期现场核查和评估等制度。福建严格实行电力企业脱硫电价同脱硫效率挂钩政策，严格实行城市污水处理厂处理运营费同处理效果挂钩政策，严格实行减排设施运行评估奖惩政策。湖南省通过加快在线监控设施建设和实施脱硫处理设施第三方运营等一系列措施，积极推进燃煤电厂 SO_2 减排工作。

2.3 提高排放标准推进产业结构调整

通过适度提高污染物的排放标准，不仅可以减少企业端的污染物排放，还可以合理推进产业结构调整的步伐，避免工业结构调整大多采用行政手段的弊端。山东省“十一五”期间先后颁布实施了南水北调沿线，以及小清河流域、海河流域和半岛流域综合排放标准。这些地方性综合排放标准要求的COD排放限值均严于目前各地执行的排放标准且分时段逐步加严，小清河流域将在2008年7月1日执行更加严格的第III时段标准，这将促使一批工业污染源新上废水深度治理和中水回用工程，以确保达标排放。江苏省从2008年1月1日起实施在太湖流域实施最严格的环境准入条件和更加严格的污染排放标准。参照国际先进标准，对太湖地区城镇污水处理以及纺织印染、化工、造纸、钢铁、电镀、食品（味精和啤酒）行业制定严于国家要求的地方污染排放标准，提高COD、氨氮和总氮、总磷排放限值。

2.4 污染减排的奖励资金逐步落实

为了调动地方和排污企业治污减排的积极性，各地纷纷出台和实施减排引导激励政策，设置“以奖代补”和结构调整补偿资金，有力地推动了污染减排工作的开展。如陕西省级专项资金将向重点减排项目倾斜，设立奖励资金，对按期完成减排任务的地方给予一定奖励。山东省出台了污染减排和环境改善考核奖励办法，设置了总量减排、河流水质改善、城区空气质量改善、重点企业监管等奖项，省级每年拿出2.01亿元，对完成情况好的市实行“以奖代补”。山西、福建等省份也制定了污染减排激励表彰或补偿政策。

2.5 污染减排的法规制度体系初步建立

结合国家和环境保护部出台的一系列减排规章制度，各省结合本省实际出台了本省减排工作的配套规章或实施办法，对国家要求进行了补充细化，增强了可操作性。如大部分省市均制定了本辖区的主要污染物总量减排统计、监测及考核办法，对国家污染减排统计监测考核办法进行了细化和量化。河北省正在起草《河北省污染减排条例》，为污染减排工作提供法律保障。山东省下发了《环境自动监测系统建设运营管理意见》，确立了“四统一、两分级”的建设、经营和管理模式，制定了焦化、水泥和小火电等结构调整本省实施方案。上海市出台了《上海市电力行业大气污染治理设施环境管理台帐要求》。河南省出台了《关于实行节能减排目标责任制和“一票否决”制的规定》，严格减排目标考核。

2.6 污染减排与本省具体工作实现有机结合

很多地区将污染减排与正在主抓的环境治理工作有机地结合起来，既推动了污染减排工作，也有力地促进了本省工作的实施效果和力度。如上海将2008年减排工作与第三轮环保3年行动计划结合起来，以环保3年行动为抓手保障污染减排。浙江省年度减排任务紧密结合正在开展的“811”环境保护新3年行动，大力推进污染减排和重点行业、重点区域污染整治。湖南省结合污染减排工作契机，加大湘江流域镉、砷污染治理力度，分步关停淘汰涉镉、涉砷企业。

3 存在的问题

从各省（区、市）减排计划的审查情况来看，仍然存在着一些较为共性和突出的问题，是下一步继续完善的方向。

3.1 年度减排计划的编制水平差异较大

各省（区、市）减排计划的质量存在较大的差异。部分省市如江苏、浙江、山东、湖北等一些省编制的减排计划内容完整，目标明确，对新增量、可达性包括影响减排的不利因素做了较好的分析，减排工程措施的责任落实到了具体的单位和部门。但同时存在部分省市编制的减排计划质量不高，计划缺乏实质性内容，突出表现在内容过粗，整个减排文本甚至只有1～2页，年度的减排工作任务不明确，任务的责任落实情况也较差，缺乏年度目标与工程任务的匹配性、可达性分析。

3.2 减排工程结构安排合理性欠佳

有的省市在减排计划中安排的非环统项目太多，非环统类减排项目所占比例过高。不少省市在年度减排项目的安排上重点项目不突出，污水厂和电厂脱硫设施等减排效益显著的大项目不多，大量充斥的是减排量很少的小项目，淘汰关停项目由于本身就是不符合产业政策和环境政策的小企业，其减排量本身较小，还有一些项目一年减排量只有几吨，甚至不足 1 t，这些项目在实际工作中缺乏可操作性且难以监管考核，对此类企业开展污染治理的经济绩效不合理，存在为减排而拼凑减排量的可能。

在总量核查和年度计划审查中发现，有些地方出现环统重点企业减排“三年循环”问题，如在 2006 年环统中新增加了许多污染源，在 2007 年就被作为关停淘汰企业纳入到污染减排项目清单，2007 年和 2008 年都可以计算减排量。这部分企业在环统中存在的时间很短，第二年纳入环统，第三年即关停淘汰，在一定程度上是为污染减排工作服务的。“十五”期间环统基表中重点源清单变化很小，但“十一五”期间环统基表中重点源清单每年都将有较大变化，这有其必然和合理的一面，但也直接改变了基数的口径、存在数字减排的问题。

3.3 减排计划的内容规范性需要加强

《主要污染物总量减排计划编制指南》对编制减排计划的内容提出了明确、具体的要求，是各地编制年度减排计划的依据和参考。但是从各地减排计划的内容上看，不少地方的减排计划内容不规范，与指南的要求存在着较大差距。有的减排计划内容不完整，主要是缺少新增污染物排放量情况预测分析，无法判断减排计划中削减能力是否支持年度减排目标的实现；有的减排计划的分析性不足，原则性表述过多。尤其是对于年度减排目标的依据、合理性和可达性分析不足，包括对于2008年年度目标和“十一五”整体目标的综合考虑；新增量预测和减排量计算方法不正确，没有充分认识减排计划事前预测与减排核查事后性的区别，新增量预测和项目减排量计算等完全照搬核查细则方法，其中全国仅有河北、山东、陕西和宁夏四省区COD新增量测算符合要求。另外，应注意，从总量核查和计划审查来看，7个低污染行业占各省GDP增量的比例有逐步增加的趋势，也即各地新增COD测算中扣减的成分越来越大，需要加以充分注意。

出现问题最多的是减排项目清单不规范，格式多样，工程项目缺乏系统统筹和信息核对。许多省只是将下面地市上报的项目直接照搬简单罗列起来，缺少系统的整理，也没有对项目进行检查筛选和信息核对，很多项目的关键数据信息缺失，出现如关停企业规模信息与发改委公布的关停企业规模信息不一致，结构调整减排量大于环统排放量的情形。有的按照地市分类汇总减排项目，有的简单按照COD减排和SO_2减排两大类将项目简单罗列，缺乏项目的整体分类汇总分析，对全省情况缺乏汇总和整体了解。

3.4 部分省市年度减排目标的制定不尽合理

部分省市如北京、天津、山西、山东等省市制定的年度减排目标偏高，对于2008年减排的风险因素考虑和分析不足，对于减排形势的判断过于乐观，尤其是南方许多省市2008年遭遇严重的雪冻灾害，导致大量的污染治理设施停运和损毁，但在减排目标制定中没有考虑这方面影响；还有部分省市如河北、吉林、云南等在2008年目标制定过程中缺乏对于“十一五”整体目标进度的考虑，年度减排目标的要求偏低，导致剩余两年的减排工作任务过重、压力过大，“十一五”减排的形势较为严峻。还有一个较为普遍存在的问题是，位于重点流域的省份在制定本辖区2008年COD减排目标时，没有考虑减排责任书中重点流域的中期考核目标要求，减排责任书中规定2008年开工或要求建成的考核项目也没有纳入到减排计划中，无法根据减排计划判断辖区年度减排目标能否支持重点流域中期考核目标。

3.5 年度减排工作的指导性和计划性有待进一步提升

有些省市的减排计划仍然偏简单，对工作的指导性和计划性不强；一些省市的减排计划中缺少新增污染物排放量情况预测分析，无法判断减排计划中削减能力是否支持年度减排目标的实现；还有一些省市缺少减排目标的合理性和可达性分析；大部分省份减排计划中都存在的问题是减排项目表不符合减排计划编制指南的要求，项目表中减排项目分类混乱，减排工程的减排信息填报不完整，如缺少上年环统排放量、没有注明是否环统重点企业、燃煤电厂脱硫项目没有填报机组编号、装机容量、脱硫技术等关键信息。有的省份年度计划与年终核查时的减排项目存在较大差异，或者项目的实施情况与计划差异很大，形成年度计划与年终核查“两张皮”，导致计划没有指导性，而有误导性，日常督察检查围着计划转，而年终核查项目变化大，造成日常督察查不到，年终核查来不及。

减排计划为事前预测，与减排核查有不同要求，目的在于通过减排计划尤其是项目安排督促政府加大减排工作力度，推进重点减排工程的落实和实施，并逐步实现污染治理和环境质量改善。一些省市对于减排计划的目的、作用和重要性认识不足，在年度的减排项目和工程安排上缺乏针对性，对于重点减排工程特别是污水厂等重点项目的安排少，拼凑了大量的小项目，失去了编制减排计划指导年度减排工作，以计划促减排的真正意义，也失去了开展减排工作推动污染治理工程建设的目的。

4 从2008年度减排计划看各省减排形势

4.1 COD减排形势

按照全国各省2008年减排计划初步汇总结果，2008年全国COD排放量1 334.7万t，将超额完成年初设定的实现比2005年减排5%的目标，但是也只完成“十一五”总减排任务的52.9%，后两年还需要完成总减排任务的47.1%，实现COD净削减70.83万t。因此“十一五”最后两年的减排形势仍然很严峻，压力很大。

COD减排重点省份：按照各省本年度减排计划，只考虑净削减量而暂不考虑新增量因素，广西、广东、河北、湖南、江苏、浙江、辽宁、山东、黑龙江、山西10省2009年、2010年净减排量都比较大，后两年合计还需实现COD净削减46万t，占全国净削减总量的71%。这几个省减排工作完成的好坏对于全国的减排工作能否完成起着至关重要的作用。

表1 各省COD减排任务年度分布

省（区、市）	2005年排放量/万t	2008年计划排放量/万t	2010年控制排放量/万t	后两年净削减任务/万t	2008年总减排目标完成率/%	2008年总减排目标完成率排名
广西	107	101.6	94	7.60	41.54	–7
广东	105.8	97.15	89.9	7.25	54.4	–17
河北	66.1	62.42	56.1	6.32	36.8	–4
湖南	89.5	85	80.5	4.50	50	–13
江苏	96.6	86.22	82	4.22	71.1	–20
浙江	59.5	54.7	50.5	4.20	53.33	–15
辽宁	64.4	59.89	56.1	3.79	54.34	–16
山东	77	68.4	65.5	2.90	74.78	–22
黑龙江	50.4	47.87	45.2	2.67	48.65	–11
山西	38.7	36.2	33.6	2.60	49.02	–12
吉林	40.7	39.03	36.5	2.53	39.76	–6
安徽	44.4	44	41.5	2.50	13.79	–1
上海	30.4	28.26	25.9	2.36	47.56	–9
陕西	35	33.45	31.5	1.95	44.29	–8
四川	78.3	76.34	74.4	1.94	50.26	–14
新疆	25.67	27.6	25.67	1.93	—	—

省（区、市）	2005年排放量/万t	2008年计划排放量/万t	2010年控制排放量/万t	后两年净削减任务/万t	2008年总减排目标完成率/%	2008年总减排目标完成率排名
江西	45.7	44.8	43.4	1.40	39.13	–5
河南	72.1	65.57	64.3	1.27	83.72	–27
贵州	22.6	22.22	21	1.22	23.75	–3
云南	28.5	28.27	27.1	1.17	16.43	–2
宁夏	14.3	13.3	12.2	1.10	47.62	–10
福建	39.4	38.3	37.5	0.80	57.89	–18
湖北	61.6	59.24	58.5	0.74	76.13	–25
重庆	26.9	24.62	23.9	0.72	76	–24
内蒙古	29.7	28.41	27.7	0.71	64.5	–19
海南	9.5	10.14	9.5	0.64	—	—
青海	7.2	7.65	7.2	0.45	—	—
天津	14.6	13.59	13.2	0.39	72.14	–21
甘肃	18.2	17.15	16.8	0.35	75	–23
北京	11.6	10.22	9.9	0.32	81.2	–26
新疆生产建设兵团	1.43	1.62	1.43	0.19	—	—
西藏	1.4	1.5	1.4	0.10	—	—

COD减排难点省份：安徽、云南、贵州、河北、江西、吉林、广西、陕西、上海、宁夏等省、市、自治区的COD减排任务进度在全国相对落后（表1）。按照2008年减排计划，至年末这几个省均无法完成“十一五”总减排任务的50%，其中安徽、云南、贵州仅完成了总任务的13.79%、16.43%、23.75%，河北、江西、吉林也全部不到40%。除河北、广西两省、区外，其他省份的绝对减排量相对来说都不是很大，但是这些省市大部分位于我国中西部地区，由于经济发展水平相比东部地区较为落后，在减排资金、人员、设施和机制等方面存在着较多的困难，前两年减排工作进展缓慢，减排任务完成率低。这些省份绝大部分的减排任务需要在“十一五”最后两年完成，保障减排的基础能力在未来短时期内发生根本的改变也需要付出巨大的努力。

从各省情况分析，广西、广东、河北、安徽4省、区无论从净削减量还是削减比例来看，COD减排任务仍然比较重，减排压力较大。

4.2 SO_2减排形势

全国各省2008年减排计划初步汇总结果表明，2008年全国SO_2排放量2 366.6万t，将超额完成年初设定的实现比2005年减排6%的目标，将完成“十一五”总减排任务的60.4%。后两年还需要实现SO_2净削减119.9万t，考虑到两年的新增量，减排任务仍然比较艰巨，不能有任何的盲目乐观。

SO_2减排重点省份：按照各省本年度减排计划，只考虑2009年和2010年后两年净削减量而暂不考虑新增量因素，河北、山东、上海、陕西、贵州、辽宁、河南、新疆、重庆、宁夏10省、市、自治区，后两年还需实现SO_2净削减86.44万t，占全国净削减总量的 72%以上。考虑到新疆的实际情况和国家的特殊要求，SO_2 净削减量可能会小于上值，但是即便不考虑新疆，其他 9 个省的净削减总量仍很大，是全国 SO_2 减排的重点省份。

表 2 各省 SO_2 减排任务年度分布

省（区、市）	2005 年排放量/万 t	2008 年计划排放量/万 t	2010 年控制排放量/万 t	后两年净削减任务/万 t	2008 年总减排目标完成率/%	2008 年总减排目标完成率排名
河北	149.6	141	127.1	13.90	38.22	–10
山东	200.3	171.3	160.2	11.10	72.32	–19
上海	51.3	47.29	38	9.29	30.15	–7
陕西	92.2	89.94	81.1	8.84	20.36	–4
贵州	135.8	123.78	115.4	8.38	58.92	–16
辽宁	119.7	113.51	105.3	8.21	42.99	–11
河南	162.5	146.69	139.7	6.99	69.34	–18
新疆	50.24	56.46	50.24	6.22	—	—
重庆	83.7	78.52	73.7	4.82	51.80	–13
宁夏	34.3	35.5	31.1	4.40	–37.50	–3
广东	129.4	114.29	110	4.29	77.89	–21
江苏	137.3	116.82	112.6	4.22	82.91	–22
浙江	86	77.3	73.1	4.20	67.44	–17
湖南	91.9	87.4	83.6	3.80	54.22	–14
内蒙古	145.6	143.72	140	3.72	33.57	–9
山西	151.6	133.8	130.4	3.40	83.96	–23
湖北	71.7	69.2	66.1	3.10	44.64	–12
江西	61.3	60	57	3.00	30.23	–8
吉林	38.2	39.1	36.4	2.70	–50.00	–2
广西	102.3	94.47	92.2	2.27	77.52	–20
安徽	57.1	56.63	54.8	1.83	20.43	–5
福建	46.1	44.07	42.4	1.67	54.86	–15
云南	52.2	51.76	50.1	1.66	20.95	–6
黑龙江	50.8	51.33	49.8	1.53	–53.00	—
四川	129.9	115.56	114.4	1.16	92.52	–25
青海	12.4	13.53	12.4	1.13	—	—
新疆生产建设兵团	1.66	2.09	1.66	0.43	—	—
天津	26.5	24.22	24	0.22	91.20	–24
西藏	0.2	0.2	0.2	0.00	—	—
海南	2.2	2.2	2.2	0.00	—	—
北京	19.1	13.65	15.2	–1.55	139.74	–26
甘肃	56.3	51.27	56.3	–5.03	—	—

SO_2 减排难点省份：黑龙江、吉林、宁夏、陕西、安徽、云南、上海、江西、内蒙古、河北 2008 年年末均尚未完成“十一五”总减排任务的 40%。其中黑龙江、吉林、宁夏 2008 年排放量仍然高于 2005 年排放量，陕西、安徽、云南也仅仅完成总任务的 20%左右。

从各省情况分析，河北、上海、陕西、宁夏和辽宁 5 省、区无论从净削减量还是削减比例来看，SO_2 减排任务仍然比较重，减排压力较大。

综合上面结果，COD 和 SO_2 减排压力都比较大的省份有河北、黑龙江、安徽、吉林、陕西、贵州。

5 下一步的工作建议

针对年度减排计划审查中发现的问题，有必要采取措施进一步规范减排计划的编制。同时，减排计划中出现的问题也暴露了当前污染减排工作仍然有待于进一步改善。

5.1 进一步发挥减排计划对减排工作指导性

（1）加强减排计划的编制培训工作，提高减排计划编制质量。推广浙江、山东等减排计划编制较好的省份的经验，进一步明确减排计划的内容和技术要求，提高减排计划的严谨性、科学性和规范性，对新增量、减排量、目标合理性和可达性以及减排风险因素要有系统分析，增加减排工作的计划性和指导性，减排计划中明确减排任务的责任部门，做到任务有保障，考核有对象，充分发挥政府各部门的能力，调动政府各部门共同参与减排。

加强对重点省份的业务指导，按照《减排计划编制指南》的要求，按照确保 2010 年污染减排目标和 2008 年目标责任书、流域规划目标完成的基本原则，充分估计冰冻雪灾、地震灾害等因素的不利影响，加强分析，加大任务措施力度，落实责任，确保可达，加强数据审核和宏观分析，完善实施方案，进一步推进重点省份减排工作的深入开展。

（2）加强省级计划的校核分析工作，发挥减排计划对于核查的先导作用和龙头作用。

针对部分地区仍然存在的对于减排计划的编制领导重视不够、人员不足的问题，进一步完善和加强年度减排计划审查工作，同时结合减排核查工作加强减排计划的实施评估，定期了解减排计划实施情况，提高各地对主要污染物减排计划编制的重视程度，加强组织领导和技术指导，充分发挥减排计划的作用，以计划促污染减排（工程建设），以污染减排推动污染治理和环境改善。

各省应避免对各地市减排项目清单简单汇总的做法，加强分析校核，从全省一盘棋的角度提出重点地市和重点领域的要求，一旦明确计划内容后，应纳入常态管理，及时调度，核查和日常督察应围绕计划项目进度和减排效益核查进行，抓好落实。

5.2 对减排计划制定和减排工作中的一些重点突出问题进行研究，明确对策

（1）对减排目标分解和考核内容、方法进行研究，探索建立更加合理和更具可操作性的减排目标分解和考核方法。按照平均原则进行减排目标层层分解和层层考核对于小区域（县、区和镇）来说存在一定的不合理性。可以考虑对于地市以上可按照目标分解的原则进行考核，设定年度减排目标，考核减排目标完成情况；地市以下县（区、镇）不强求削减率的平均考虑，按照完成全省减排计划要求的对应任务的方法进行考核，根据当地情况安排减排工程项目，项目应以污水厂、重点污染治理设施为主。

（2）推进行业减排的同时，加强工业废水处理工程工艺合理性、可行性分析和论证，在此基础上进行减排量的认定。造纸、印染、制革等中水回用、零排放等问题特别突出。

企业方希望回用率越大越好，但技术上、理论上回用存在极限：①随着回用量和回用次数的增加，水溶性无机盐含量随之增加，从而影响曝气系统的曝气效果，最终影响生物水处理系统的正常运行；②对于生化系统处理后出水的COD值不能无限得小，出水COD越低，则需加强生化处理，但投资和运行费用随着出水COD的降低呈现显著增加；③随着回用量的增加，生化和物化难以去除的溶解性有机物的量将随之增加，从而增大生化处理系统的有机物负荷，出水COD将高于无回用时的COD值。因此，权衡回用量和投资、运行费用的经济效益，不同行业废水回用一般应有一定的比例，不能无限大，在减排量测算和认定上往往存在较大的差异，需要规范其认定工作。

（3）城市污水处理厂在未实行深度治理改造、未扩容的情况下，通过年度进水出水浓度差变化形成的减排量如何认定问题。污水处理厂的进水COD浓度变化是影响减排量计算的关键因素之一。在减排核查和年度计划审查中发现，污水处理厂进水浓度高增往往没有有效的核证，污水处理厂普遍出现由于进水浓度变化新增COD减排量，而且这部分减排量较大。通常情况下，污水厂处于稳定运行阶段后，在没有大量高浓度工业污水汇入的情况下，进水的COD浓度不会出现明显变化。因此，污水厂进水浓度正常的波动变化带来的减排量不应计算在新增减排量中。据测算，按照2010年全国城市污水处理规模为1亿t/d的规模进行测算，如果我国污水处理厂进水浓度每年增加10 mg/L，仅此一项，将使2010年COD削减比例增加3个百分点（占10%削减率要求的32%）。

减排应该是对新建治污工程本身等工程性因素的减排量进行核算，不能套用两年排放量的差值测算减排量。要慎重甄别分析进水浓度变化、燃煤硫分变化等不稳定可靠因素对污染减排量的影响。这些不稳定的变化因素导致的减排量虚增因素，应该与污水处理规模、深度治理等工程性因素相区别，可以归为监督管理减排，只能在严格进水数据管理、明确没有外源性污染源输入（如面源等）后，才能谨慎认定。

（4）城市污水处理厂接纳了不少非环统企业或者原面源部分，其新增水量部分与2005年基数存在较大差异。有些地区存在大量的非环统重点企业污水进入污水处理厂处理，按照要求这部分污水实际上并不在2005年环境统计基数中，但是在实际核算时也无法真实和准确核定这部分污水量。据测算，假定全国工业COD减排量年平均削减2%，全国非重点环统企业削减量为上年度非重点污染源排放量（按照工业COD排放量的15%计）的10%的情况下，非环统重点企业削减量占到“十一五”总削减量的7%（GDP增长10%的情况下）。如果各地按照核算要求规定的上限统计非环统重点企业减排量的话，这部分减排量将达到“十一五”总削减量的14%（GDP增长10%的情况下），对减排数据核定的准确性造成较大的影响。

（5）严格意义上讲，由于SO_2新增量测算来源于新增煤量，关停、煤改气形成的环境效益目前既计算在新增煤量的减少，同时又计算在原企业SO_2排放量的扣减上，存在双重计算的因素。SO_2新增量直接采用当年的耗煤量进行计算，耗煤量减少SO_2排放量自然减少，因此理论上所有直接体现为耗煤量减少的项目不应再重复计算SO_2新增削减量。小火电机组关停减少了发电耗煤量，直接体现在SO_2新增量的变化上。清洁能源替代燃煤的项目SO_2削减量同样已经反映在新增量的变化中。在实际核算中，对这部分削减量的计算导致了SO_2减排量的虚增。不考虑清洁能源替代项目，仅按照5 000万kW机组关停重复计算其减排量将虚增SO_2减排量200万t左右，占“十一五”总削减量的30%多（GDP增长10%）。

污染物减排10%的目标是以2005年环统排放量为基准的。核算时可以采用上一年环统为基准，但是应该尤其注意环统中新增减的重点污染源的变化情况（污水处理厂除外）。对于2005年后新纳入环统的项目实施淘汰关停的，特别是纳入环统不满两年的，减排量认定的应予谨慎，建议可以采用从严要求不予认定。对于非环统项目、燃煤型项目的关停与清洁能源替代，建议修改试行的核算细则，重新考虑对这些项目的减排量认定问题。或者将这些项目作为地方的工作成果单列公布，但不参与减排量的核算。

5.3 进一步推进污染减排的系统管理

污染减排是一项长期工作，必须纳入长效常态管理，确保有效监控、有效管理。目前部分设施存在管理台帐还不够规范、污水进出水浓度和在线监测设备不稳定等情况，关键是健全以排污许可证为核心的污染减排监管体系，做好相关环境管理制度衔接，并加强日常运行管理。

大部分地区很重视重点污染源在线监测系统的建设，江苏、浙江等一些省市的在线监测系统已经初具规模，但是中西部地区不少省份由于多方面原因，在线监测系统建设仍然比较滞后，部分企业未安装在线监测设备，即使安装在线系统也未与环保局联网。即使在线监测系统建设较好的地方，仍然存在很多问题。不少企业端在线监测缺乏有效的认证、数据校核，在线监测系统安装后的维护和维修等相关服务不能及时到位。监控系统实时显示功能大于历史数据分析功能，现场检查时不少在线监测装置不能查询历史监测记录，在线监测发现的超标问题也没有反馈应用于环境管理，海量的在线监测数据也没有进入数据库进行系统的分析、整理，更谈不上与环境统计、排污收费等其他数据库和环境管理的对接。

企业和环保局的在线监控系统，还是以浓度监测为主，考虑浓度的成分多，考虑水量、烟气量的成分少，不少流量、烟气量数据记录出现不能解释的数据、存在较多的问题。大部分污水厂和企业只在出水侧安装在线检测装置，进水侧进水浓度和水量监控和数据管理较弱，甚至没有在线监测。同时，由于监测探头的原因，废水浓度偏高时，在线监测数据存在着较大的误差。

监督性监测不能满足污染减排核算的要求。在核查中发现，核查企业自身运行监测数据和环保系统监督性监测数据以及在线监测数据存在较大的差异，很多企业自身的日常监测的减排效益甚至远小于环保局监督性监测数据。造成这种现象的原因有两个：①不少地方监督性监测频次和覆盖面较低，不能达到相关要求。按照要求，未安装在线监测的国控污染源的监测频次应不少于每季度一次，但在核查中发现，有些企业一年只有1～2次监督性检测数据，甚至有些企业未开展监督性监测，总量核算时无法取用监督性监测数据。②企业有多次监督性监测数据，但是在企业上报时有选择地使用监测数据，如只上报浓度低的数据，不上报浓度高的数据。监督性检测数据普遍存在的另一个问题是以浓度监测为主，很多监督性监测报告中只有水质浓度数据而没有水量数据。

在污染源普查的基础上，逐步建立、完善以排污许可证为核心的污染源管理制度，实现排污许可证制度与总量控制、排污申报、建设项目环境管理等制度的有效衔接，逐步实现污染源管理从单纯浓度控制向以浓度、总量、质量相结合的综合控制转变，鼓励有条件的行业、区域试行排污交易。

附表1　全国各省（自治区、直辖市）COD总量减排年度目标汇总表

单位：万t，%

省（区、市）	年度排放量					2008				2010		2008年总减排目标完成率	2008年后净削减量
	2005年排放量	2006年排放量	2007年排放量	2008年计划排放量	2010年控制排放量	较上年削减量	较上年削减率	比2005年削减量	比2005年削减率	比2005年削减量	比2005年削减率		
北京	11.6	11	10.65	10.22	9.9	−0.43	−4.04	−1.38	−11.90	−1.7	−14.7	81.2	0.32
天津	14.6	14.3	13.73	13.59	13.2	−0.14	−1.02	−1.01	−6.92	−1.4	−9.6	72.14	0.39
河北	66.1	68.8	66.74	62.42	56.1	−4.32	−6.47	−3.68	−5.57	−10	−15.1	36.80	6.32
山西	38.7	38.7	37.42	36.2	33.6	−1.22	−3.26	−2.5	−6.46	−5.1	−13.2	49.02	2.60
内蒙古	29.7	29.8	28.77	28.41	27.7	−0.36	−1.25	−1.29	−4.34	−2	−6.7	64.50	0.71
辽宁	64.4	64.1	62.77	59.89	56.1	−2.88	−4.59	−4.51	−7.00	−8.3	−12.9	54.34	3.79
吉林	40.7	41.7	40	39.03	36.5	−0.97	−2.43	−1.67	−4.10	−4.2	−10.3	39.76	2.53
黑龙江	50.4	49.8	48.8	47.87	45.2	−0.93	−1.91	−2.53	−5.02	−5.2	−10.3	48.65	2.67
上海	30.4	30.2	29.44	28.26	25.9	−1.18	−4.01	−2.14	−7.04	−4.5	−14.8	47.56	2.36
江苏	96.6	93.7	89.14	86.22	82	−2.92	−3.28	−10.38	−10.75	−14.6	−15.1	71.10	4.22
浙江	59.5	59.3	56.4	54.7	50.5	−1.70	−3.01	−4.8	−8.07	−9	−15.1	53.33	4.20
安徽	44.4	45.6	45.1	44	41.5	−1.1	−2.44	−0.4	−0.90	−2.9	−6.5	13.79	2.50
福建	39.4	39.5	38.32	38.3	37.5	−0.02	−0.05	−1.1	−2.79	−1.9	−4.8	57.89	0.80
江西	45.7	47.4	46.88	44.8	43.4	−2.08	−4.44	−0.9	−1.97	−2.3	−5.0	39.13	1.40
山东	77	75.8	71.99	68.4	65.5	−3.59	−4.99	−8.6	−11.17	−11.5	−14.9	74.78	2.90
河南	72.1	72.1	69.39	65.57	64.3	−3.82	−5.51	−6.53	−9.06	−7.8	−10.8	83.72	1.27
湖北	61.6	62.6	60.14	59.24	58.5	−0.90	−1.50	−2.36	−3.83	−3.1	−5.0	76.13	0.74
湖南	89.5	92.3	90.36	85	80.5	−5.36	−5.93	−4.5	−5.03	−9	−10.1	50.00	4.50
广东	105.8	104.9	101.73	97.15	89.9	−4.58	−4.50	−8.65	−8.18	−15.9	−15.0	54.40	7.25
广西	107	111.9	106.31	101.6	94	−4.71	−4.43	−5.4	−5.05	−13	−12.1	41.54	7.60
海南	9.5	9.9	10.14	10.14	9.5	0.00	0.00	0.64	6.74	0	0.0	—	0.64
重庆	26.9	26.4	25.13	24.62	23.9	−0.51	−2.03	−2.28	−8.48	−3	−11.2	76.00	0.72
四川	78.3	80.6	77.1	76.34	74.4	−0.76	−0.99	−1.96	−2.50	−3.9	−5.0	50.26	1.94

省（区、市）	年度排放量					2008				2010		2008年总减排目标完成率	2008年后净削减量
	2005年排放量	2006年排放量	2007年排放量	2008年计划排放量	2010年控制排放量	较上年削减量	较上年削减率	比2005年削减量	比2005年削减率	比2005年削减量	比2005年削减率		
贵州	22.6	22.9	22.7	22.22	21	−0.48	−2.11	−0.38	−1.68	−1.6	−7.1	23.75	1.22
云南	28.5	29.4	29	28.27	27.1	−0.73	−2.52	−0.23	−0.81	−1.4	−4.9	16.43	1.17
西藏	1.4	1.5	1.54	1.5	1.4	−0.04	−2.60	0.1	7.14	0	0.0	—	0.10
陕西	35	35.9	34.48	33.45	31.5	−1.03	−2.99	−1.55	−4.43	−3.5	−10.0	44.29	1.95
甘肃	18.2	17.8	17.41	17.15	16.8	−0.26	−1.49	−1.05	−5.77	−1.4	−7.7	75.00	0.35
青海	7.2	7.5	7.58	7.65	7.2	0.07	0.92	0.45	6.25	0	0.0	—	0.45
宁夏	14.3	14	13.71	13.3	12.2	−0.41	−2.99	−1	−6.99	−2.1	−14.7	47.62	1.10
新疆	25.67	27.21	27.33	27.6	25.67	0.27	0.99	1.93	7.52	0	0.0	—	1.93
新疆生产建设兵团	1.43	1.59	1.62	1.62	1.43	0.00	0.00	0.19	13.29	0	0.0	—	0.19
总计	1 414.2	1 428.2	1 381.8	1 334.7	1 263.9	−47.1	−3.4	−79.47	−5.62	−150.3	−10.6	52.9	70.83

附表2　全国各省（自治区、直辖市）SO_2总量减排年度目标汇总表

单位：万t，%

省（区、市）	年度排放量					2008				2010		2008年总减排目标完成率	2008年后净削减量
	2005年排放量	2006年排放量	2007年排放量	2008年计划排放量	2010年控制排放量	较上年削减量	较上年削减率	比2005年削减量	比2005年削减率	比2005年削减量	比2005年削减率		
北京	19.1	17.6	15.17	13.65	15.2	−1.52	−10.02	−5.45	−28.53	−3.9	−20.4	139.74	−1.55
天津	26.5	25.5	24.47	24.22	24	−0.25	−1.02	−2.28	−8.60	−2.5	−9.4	91.20	0.22
河北	149.6	154.5	149.25	141	127.1	−8.25	−5.53	−8.6	−5.75	−22.5	−15.0	38.22	13.90
山西	151.6	147.8	138.67	133.8	130.4	−4.87	−3.51	−17.8	−11.74	−21.2	−14.0	83.96	3.40
内蒙古	145.6	155.7	145.58	143.72	140	−1.86	−1.28	−1.88	−1.29	−5.6	−3.8	33.57	3.72
辽宁	119.7	125.9	123.38	113.51	105.3	−9.87	−8.00	−6.19	−5.17	−14.4	−12.0	42.99	8.21
吉林	38.2	40.9	39.9	39.1	36.4	−0.8	−2.01	0.9	2.36	−1.8	−4.7	−50.00	2.70
黑龙江	50.8	51.8	51.54	51.33	49.8	−0.21	−0.41	0.53	1.04	−1	−2.0	−53.00	1.53
上海	51.3	50.8	49.78	47.29	38	−2.49	−5	−4.01	−7.82	−13.3	−25.9	30.15	9.29
江苏	137.3	132.3	121.8	116.82	112.6	−4.98	−4.09	−20.48	−14.92	−24.7	−18.0	82.91	4.22

省（区、市）	年度排放量					2008				2010		2008年总减排目标完成率	2008年后净削减量
	2005年排放量	2006年排放量	2007年排放量	2008年计划排放量	2010年控制排放量	较上年削减量	较上年削减率	比2005年削减量	比2005年削减率	比2005年削减量	比2005年削减率		
浙江	86	85.9	79.7	77.3	73.1	−2.4	−3.01	−8.7	−10.12	−12.9	−15.0	67.44	4.20
安徽	57.1	58.4	57.17	56.63	54.8	−0.54	−0.94	−0.47	−0.82	−2.3	−4.0	20.43	1.83
福建	46.1	46.9	44.57	44.07	42.4	−0.5	−1.12	−2.03	−4.40	−3.7	−8.0	54.86	1.67
江西	61.3	63.4	62.1	60	57	−2.1	−3.38	−1.3	−2.12	−4.3	−7.0	30.23	3.00
山东	200.3	196.2	182.23	171.3	160.2	−10.93	−6.00	−29	−14.48	−40.1	−20.0	72.32	11.10
河南	162.5	162.4	156.42	146.69	139.7	−9.73	−6.22	−15.81	−9.73	−22.8	−14.0	69.34	6.99
湖北	71.7	76	70.76	69.2	66.1	−1.56	−2.20	−2.5	−3.49	−5.6	−7.8	44.64	3.10
湖南	91.9	93.4	90.43	87.4	83.6	−3.03	−3.35	−4.5	−4.90	−8.3	−9.0	54.22	3.80
广东	129.4	126.7	120.3	114.29	110	−6.01	−5.00	−15.11	−11.68	−19.4	−15.0	77.89	4.29
广西	102.3	99.4	97.39	94.47	92.2	−2.92	−3.00	−7.83	−7.65	−10.1	−9.9	77.52	2.27
海南	2.2	2.4	2.56	2.2	2.2	−0.36	−14.06	0.00	0.00	0	0.0	—	0.00
重庆	83.7	86	82.62	78.52	73.7	−4.1	−4.96	−5.18	−6.19	−10	−11.9	51.80	4.82
四川	129.9	128.1	117.87	115.56	114.4	−2.31	−1.96	−14.34	−11.04	−15.5	−11.9	92.52	1.16
贵州	135.8	146.5	137.51	123.78	115.4	−13.73	−9.98	−12.02	−8.85	−20.4	−15.0	58.92	8.38
云南	52.2	55.1	53.37	51.76	50.1	−1.61	−3.02	−0.44	−0.84	−2.1	−4.0	20.95	1.66
西藏	0.2	0.2	0.2	0.2	0.2	0	0.00	0	0.00	0	0.0	—	0.00
陕西	92.2	98.2	92.72	89.94	81.1	−2.78	−3.00	−2.26	−2.45	−11.1	−12.0	20.36	8.84
甘肃	56.3	54.6	52.33	51.27	56.3	−1.06	−2.03	−5.03	−8.93	0	0.0	—	−5.03
青海	12.4	13	13.39	13.53	12.4	0.14	1.05	1.13	9.11	0	0.0	—	1.13
宁夏	34.3	38.3	36.98	35.5	31.1	−1.48	−4.00	1.2	3.50	−3.2	−9.3	−37.50	4.40
新疆	50.24	52.96	55.9	56.46	50.24	0.56	1.00	6.22	12.38	0	0.0	—	6.22
新疆生产建设兵团	1.66	1.94	2.09	2.09	1.66	0	0.00	0.43	25.90	0	0.0	—	0.43
总计	2 549.4	2 588.8	2 468.1	2 366.6	2 246.7	−101.55	−4.1	−182.8	−7.2	−302.7	−11.9	60.4	119.90

附表3 全国各省（自治区、直辖市）2008年度减排计划COD项目汇总表

省（区、市）	新建污水处理厂			原污水处理厂新增处理能力提升		上年污水厂结转		工业源治理		结构调整削减量（环统内）		结构调整削减量（环统外）	
	项目数	设计规模/万t/d	削减量/万t	项目数	削减量/万t	项目数	削减量/万t	项目数	削减量/万t	项目数	削减量/万t	项目数	削减量/万t
北京	32	40.82	0.83	3	0.13	15	0.3	2	0.006 5	2	0.06	—	—
天津	8	14.2	—	3	—	—	—	42	—	24	—	—	—
河北	52	192.85	7.41	—	—	20	2.18	173	5.22	46	2.06	13	0.24
山西	38	62.8	1.9	5	0.54	19	1.79	146	3.61	84	1	—	0.5
内蒙古	30	83.1	4.06	—	—	13	1.42	60	4.56	16	0.09	14	0.01
辽宁	26	121.8	2.12	—	—	12	3.45	89	6.63	133	3.05	60	0.25
吉林	3	22.5	0.14	—	—	8	2.43	25	3.05	6	0.24	9	0.24
黑龙江	4	—	0.2	2	0.65	2	0.35	57	1.17	61	0.95	前数据包括环统外	
上海	14	42.5	0.49	12	2.04	6	2.65	1	0.03	8	0.02	—	—
江苏	272	—	9.73	污水厂未按照类型汇总				418	4.45	317	2.66	前数据包括环统外	
浙江	90	152.43	2.61	44	2.45	16	2.31	347	1.49	101	1.81	31	0.3
安徽	39	—	1.7	17	1.65	—	—	118	1.34	85	1.25	前数据包括环统外	
福建	24	69.3	0.8	14	0.75	16	0.74	133	1	181	0.58	—	—
江西	10	42.5	0.68	5	0.48	6	1.32	150	2.17	166	1.23	11	0.06
山东	103	280.95	7.81	63	3.22	15	1.56	373	5.85	63	1.87	—	—
河南	17	30.8	1.27	21	2.68	85	11.47	186	3.74	62	1.95	94	1.02
湖北	33	127.86	2.06	3	0.06	—	—	108	2.55	29	0.49	—	—
湖南	15	158.43	2	7	1.26	7	0.6	187	5.61	132	3.39	—	—
广东	93	322.2	3.06	15	4.23	21	1.06	106	—	45	—	26	—
广西	15	133.5	1.94	—	—	2	0.77	143	9.89	67	7.97	—	—
海南	10	14.39	0.23	—	—	4	0.09	2	0.11	—	—	—	—
重庆	40	64.51	1.66	27	4.33	1	0.01	72	0.77	36	0.7	—	—
四川	247	206.75	8.77	—	—	13	11.16	426	6.31	408	7.91	916	0.36

省（区、市）	新建污水处理厂			原污水处理厂新增处理能力提升		上年污水厂结转		工业源治理		结构调整削减量（环统内）		结构调整削减量（环统外）	
	项目数	设计规模/万 t/d	削减量/万 t	项目数	削减量/万 t	项目数	削减量/万 t	项目数	削减量/万 t	项目数	削减量/万 t	项目数	削减量/万 t
贵州	18	25	0.48	—	—	5	0.17	181	0.46	106	0.22	73	0.04
云南	12	12.5	0.58	11	0.91	—	—	45	3.26	3	0.15	—	—
西藏	1	—	0.02	—	—	—	—	2	0.02	—	—	—	—
陕西	25	100.8	2.05	3	0.24	2	0.06	112	3.58	69	2.75	—	—
甘肃	14	—	—	2	—	—	—	23	—	1	—	—	—
青海	1	2.25	0.02	—	—	2	0.33	15	0.18	2	—	—	—
宁夏	4	—	0.11	—	—	4	0.5	18	0.59	11	0.72	—	—
新疆	15	31.79	1.22	1	0.006	—	—	26	4.98	4	0.15	1	0.01
新疆生产建设兵团	—	—	—	—	—	—	—	5	0.22	—	—	—	—

注：管理减排工程项目及削减量未纳入汇总表。

附表 4 全国各省（自治区、直辖市）2008 年度减排计划 SO_2 项目汇总表

省（区、市）	新投运脱硫设施			上年投运脱硫设施结转			非电脱硫设施		结构调整削减量（环统内）		结构调整削减量（环统外）	
	项目数	装机容量/MW	削减量/万 t	项目数	装机容量/MW	削减量/万 t	项目数	削减量/万 t	项目数	削减量/万 t	项目数	削减量/万 t
北京	1	—	0.25	1	—	2.26	1	0.55	3	0.03	—	—
天津	6	725.8	1.47	4	1 236.9	0.79	74	0.22	9	0.02	—	—
河北	39	5 948.8	13.32	22	3 019	6.26	74	4.03	139	5.86	77	1.93
山西	29	5 541	9.35	25	6 029	14.51	182	4.87	321	8.17	—	1.29
内蒙古	13	2 610	6.12	33	8 330	11.72	30	2.2	66	4.89	56	1.6
辽宁	24	2 650.6	2.97	28	3 856.6	8.13	59	2.55	266	5.43	123	0.19
吉林	5	1 700	0.52	21	1 690	2.07	13	0.43	15	0.37	32	0.16
黑龙江	6	—	0.27	—	—	—	19	0.78	54	1.22	前数据包括环统外	
上海	14	5 450	2.7	5	1 024	2.19	—	—	36	1.86	9	0.02

省（区、市）	新投运脱硫设施			上年投运脱硫设施结转			非电脱硫设施		结构调整削减量（环统内）		结构调整削减量（环统外）	
	项目数	装机容量/MW	削减量/万t	项目数	装机容量/MW	削减量/万t	项目数	削减量/万t	项目数	削减量/万t	项目数	削减量/万t
江苏	90	—	14.41	56	—	11.16	45	0.94	250	3.42	前数据包括环统外	
浙江	6	1 990	2.68	11	5 620	9.67	98	4.57	154	2.24	77	0.14
安徽	10	—	1.85	13	—	6.91	82	1.07	153	5.14	前数据包括环统外	
福建	22	1 711.5	2.35	16	1 841	1.79	76	1.68	159	0.85	—	—
江西	8	1 172	2.8	6	835	2.63	14	0.76	197	2.46	53	0.14
山东	150	12 530.2	14.9	44	6 435.5	7.41	132	5.15	234	8.31	前数据包括环统外	
河南	61	7 979	10.61	23	9 464	16.67	79	1.1	222	20.96	5	0.39
湖北	14	1 488	1.9	—	—	—	103	0.88	201	2.32	5	0.18
湖南	4	1 800	1.36	22	8 800	12.22	125	5.85	203	6.87	6	0.32
广东	7	1 115	0	11	3 095	4.66	73	—	240	—	8	—
广西	3	874	2.43	2	275.8	0.56	81	2.73	384	11.15	118	0.14
海南	4	500	0.67	2	—	0.15	—	—	—	—	—	—
重庆	18	4 190.1	5.91	—	—	—	76	1.08	94	1.86	—	—
四川	18	3 296.75	18.56	2	2 400	6.06	71	3.17	252	15.41	295	0.42
贵州	20	5 040	8.39	13	4 150	9.78	3	1.86	167	6.5	29	0.03
云南	5	2 300	10.52	3	1 200	1.44	27	1.08	33	6.31	—	—
西藏	—	—	—	—	—	—	—	—	—	—	—	—
陕西	26	10 397	12.51	11	2 623	2.37	31	1.12	283	8.15	—	—
甘肃	1	—	—	—	—	—	3	—	4	—	—	—
青海	—	—	—	1	300	0.2	8	0.23	9	0.03	—	—
宁夏	3	1 920	0.87	3	2 190	2.5	25	0.45	11	1.38	—	—
新疆	3	—	0.47	—	—	—	17	2.09	15	0.22	3	0.004 5
新疆生产建设兵团	5	—	0.1	—	—	—	—	—	5	0.04	—	—

注：清洁能源替代、管理减排工程项目及削减量未纳入汇总表。

我国污染减排的效应分解实证分析研究报告

Research Report on Empirical Analysis of Pollution Control Effects Decomposition in China

吴舜泽　逯元堂　叶　帆　朱建华　贾杰林　徐　毅

摘　要　本文基于污染变化的分解分析方法，分析了工业 COD 减排的驱动因素。并对环保投资对 COD 减排的长期均衡关系与环保投资的 COD 减排效应进行了分析。结果表明，规模效应一直都是造成污染排放增加的主要因素，广义的技术效应对污染减排贡献较大。环境治理投资与 COD 削减存在长期均衡关系，其中城市基础设施对 COD 减排影响较大。环保投资的规模效应对 COD 去除量贡献最大，环保投资表现为粗放型投入模式。

关键词　污染减排　效应分解　实证分析

Abstract　Based on the decomposition analysis method of pollution change, the article analyzed the driving factors of industrial COD reduction. And the long-term equilibrium relation between environmental investment and COD reduction, and the effects decomposition of environmental investment were all analyzed. The result shows that scale effect is the main factor leading to increase of pollution, and the contribution of general technology effect is very important to pollution reduction. There is a long-term equilibrium relation between environmental investment and COD reduction, of which environmental infrastructure investment has great influence on COD reduction. The scale effect of environment investment makes the largest contribution to the removal of COD, and the environmental investment performs an extensive model.

Key words　Pollution reduction　Effects decomposition　Empirical analysis

0 引言

自 Grossman 和 Krueger 首次用负的规模效应、正的结构效应和技术效应这三类效应来解释环境库兹涅茨倒 U 形曲线之后，国内外学者对污染变化的成因进行了一些研究、探讨。一般而言，在实际经济活动中，经济增长对环境的影响可分解为 3 种效应：规模效应、结构效应和技术效应（图 1）。其中，结构变化、技术进步、需求模式改变和更有效的法规等被认为是污染下降的主要原因。经济增长过程中环境污染的变化方向是这 3 种效应共同作用的结果。

一般认为，工业规模或经济规模的扩大是污染排放增长的直接原因，规模效应指的是随着经济规模的扩大，其对资源环境的压力也随之增加，如果经济结构和技术水平不变，经济规模作用的结果将使污染增加。这是因为经济规模的扩大增加了对投入品的需求，如果生产过程仍然沿用原有的技术，在缺乏有效的环境政策的情况下，自然资源的使用和污染物的排放将增加，从而使环境形势趋于恶化。

经济增长过程中的产业结构升级会导致环境库兹涅茨曲线的演变，这属于结构效应。结构效应反映经济过程和经济结构的自然演进呈现的如下趋势：在经济增长的早期，第二产业迅速增长，第二产业中污染较重的矿产资源开发、金属冶炼、重加工业等产业增长速度较快，经济结构向污染加重的方向转变；而在经济增长的后期，第三产业迅速增长，第三产业重污染较轻的金融、通信等服务业的增长速度较快，经济结构向污染减轻的方向转变。如果经济规模和技术水平不变，经济结构作用的效果是使污染先上升后下降，环境形势将出现“先恶化、后改善”的趋势。

经济发展到一定阶段就可能产生技术上的突破，采用较清洁的技术，这属于技术效应。技术效应指的是通过技术进步、环境政策和管理政策使单位经济产出的污染排放量下降。技术效应包括两个方面：①投入—产出效率的提高；②清洁技术的采用。在经济增长过程中，如果经济增长方式实现由外延向内涵型转变，经济活动和投入之间的技术转化系数不断提高，单位经济活动的环境资源投入随时间而递减，那么产出的扩大并不一定增加对环境资源的消费，这就可能消除经济规模扩大对环境的负面影响，使污染持续下降，从而实现可持续发展。

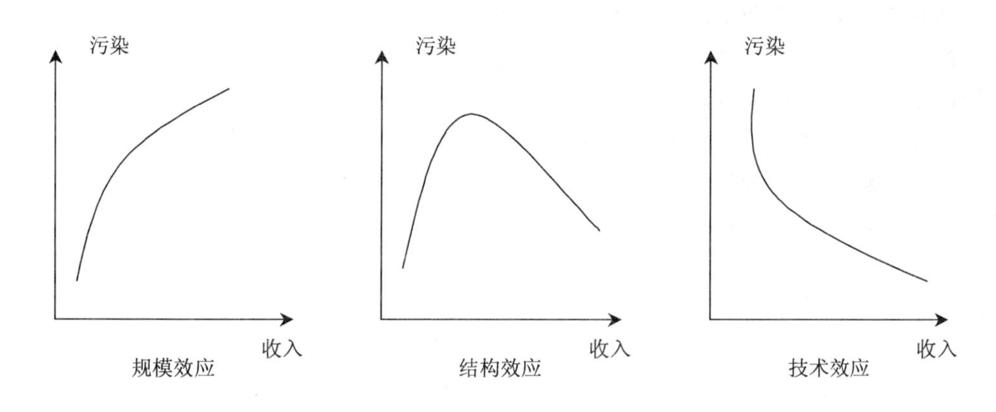

图 1　经济增长的环境效应示例

近年来，分解分析（decomposition analysis）被引入研究中，以确定各种机制的相对重要性，特别是确定结构变化对降低污染的贡献。分解分析方法由于分离了各种可能机制对污染变化的贡献，为分析污染变化的主要影响因素提供了实证依据，受到越来越多的重视。基本的分解模型将污染变化分解为经济规模扩大导致的规模效应、经济结构变化导致的结构效应，以及各部门污染强度变化导致的技术效应，其扩展模型可以进一步将技术效应分解为能源组成、能源效率和其他技术效应。如 de Bruyn 使用分解方法分析了结构变化和环境政策在 SO_2 排放变化中的贡献，认为环境政策是荷兰和西德在1980—1990年 SO_2 排放下降的主要原因；Selden 等人分析了 1970—1990 年美国空气清洁法案所确定的 6 个污染物的变化，认为结构效应本身不足以导致污染物排放的下降，并特别强调了美国空气清洁法案在其他技术效应中的关键作用。但是在国内这方面的研究并不多见。

本研究基于效应分解模型对污染减排的驱动力、成因等进行了尝试性的实证分析。本文进行了 3 个相互关联，但有所差异的工作：①利用分解模型对我国近年来污染变化各因素的效应进行了分析，对经济增长的规模效应、结构效应和技术效应进行了定量分解，以明确工业行业 COD 排放量变化的经济驱动成因；②分析了环保投资对于 COD 减排的长期稳定均衡关系，研究确定了环保投资各部分对于 COD 减排的作用时差，回答环保投资与 COD 减排是否存在关联性；③在第二部分研究的基础上，进一步分析了环保投资对污染物排放量的效应，主要从环保投资总量、环保投资结构和环保投资绩效等方面定量研究了其对 COD 减排的贡献。

经济增长和工业化过程中的污染物排放如何变化，这决定于经济增长的规模效应、结构效应和技术效应的力量对比。从统筹社会、经济、环境的角度，需要对污染物排放变化的驱动力、治污投资对污染物排放量变化的影响等方面进行深入的实证分析，为做好污染减排工作提出明确的方向，这是总量控制工作的必然趋势，也是新时期下环境保护工作“同步、并重、综合”的要求，具有十分重要的理论和现实意义。

1 工业 COD 排放总量变化的行业驱动成因分解

多年来，我国工业 COD 排放呈现下降趋势，本研究引入污染物排放量变化的分解分析方法，并对其适用性加以扩展，以定量分析规模效应、结构效应、技术效应对于污染排放或资源消耗变化的贡献。由于 COD 排放量与水资源消耗之间具有一定的关系，所以本研究在对工业 COD 排放量进行分解分析的同时，也对工业水资源消耗情况进行了分解分析，以便进一步挖掘其效应和驱动机制。但由于生活 COD 排放主要来源于人口增长和城镇化进程，其关系是明确的线性关系，本研究不对其进行分析研究。

1.1 分析方法与数据处理

对某种污染物排放量变化因素进行分析的 de Bruyn 分解模型的基本公式为：

$$E_t = V_t \sum_i S_{it} I_{it} \quad (1)$$

式（1）表示污染排放的变化来自于 V_t 的变化（规模效应）、S_{it} 的变化（结构效应）和 I_{it} 的变化（技术效应）。其中：E_t 为 t 年统计行业的污染排放量，V_t 为 t 年统计行业的工业增加值，V_{it} 为 t 年工业行业 i 的工业增加值，E_{it} 为 t 年工业行业 i 的污染排放量，S_{it} 为 t 年工业行业 i 的工业增加值份额（$S_{it} = V_{it}\, S_{it}=V_{it}/V_t$），$I_{it}$ 为工业行业 i 的污染排放强度（$I_{it}=E_{it}/V_{it}$）。

其中，规模效应是指由于工业增加值的变化所产生的污染物量的变化，结构效应指由于各行业工业增加值份额的变化所造成的污染物量的变化，而技术效应则指造成污染物排放强度变化的各种因素的综合。

如果数据充分，在式（1）的基本框架下可以将污染物排放强度 I_{it} 进一步分解，I_{it} 一方面决定于单位产出的污染产生量，另一方面决定于所产生污染量的排放比例。用 E_{it}^* 表示工业行业 i 的污染产生量，并分别定义 $I_{it}^*=E_{it}^*/V_{it}$ 为工业行业 i 的污染产生强度，$R_{it}=E_{it}/E_{it}^*$ 为工业行业 i 的污染排放率，显然有：

$$I_{it}=\frac{E_{it}}{V_{it}}=\frac{E_{it}^*}{V_{it}}\times\frac{E_{it}}{E_{it}^*}=I_{it}^*R_{it} \tag{2}$$

I_{it}^* 越低表示生产技术清洁度越高，R_{it} 越低表示污染治理度越强。将式（2）代入式（1），有

$$E_t=V_t\sum_i S_{it}I_{it}=V_t\sum_i S_{it}I_{it}^*R_{it} \tag{3}$$

式（3）表示污染排放量的变化来自于 V_t 的变化（规模效应）、S_{it} 的变化（结构效应）、I_{it}^* 的变化（清洁技术效应）和 R_{it} 的变化（污染治理效应），从而分离了清洁技术和污染治理对减少污染的贡献。这里清洁技术效应是指造成污染物产生强度变化的各种因素的综合，污染治理效应指造成污染物排放率变化的各种因素的综合。

同理，将此模型应用于水资源消耗量变化的分析中，则有：

$$C_t=V_t\sum_i S_{it}I_{it}=V_t\sum_i S_{it}I_{it}^*R_{it} \tag{4}$$

其中：C_t 为 t 年统计行业的新鲜水资源消耗量，S_{it} 为 t 年工业行业 i 的新鲜水资源消耗量，I_{it} 为 t 年工业行业 i 的水耗强度（$I_{it}=C_{it}/V_{it}$）。$I_{it}^*=C_{it}^*/V_{it}$ 为工业行业 i 的用水强度，$R_{it}=C_{it}/C_{it}^*$ 为工业行业 i 的新鲜水耗用率。

式（4）表示水资源消耗量的变化来自于 V_t 的变化（规模效应）、S_{it} 的变化（结构效应）和 I_{it} 的变化（技术效应）。如果数据充分，技术效应可以继续分解为 I_{it}^* 的变化（清洁技术效应）和 R_{it} 的变化（循环利用效应），从而分离了清洁技术和水资源循环利用对减少水耗的贡献。

要将污染排放或资源消耗的变化量完全归入各种效应，需要处理分解余量（来自于各因素变化量的耦合）。目前广泛使用的方法包括固定权重方法、适应权重方法（AWD）、平均分配余量方法等。本文利用分层次的分解方法以实现对污染排放或资源消耗变化的完全分解，该方法将式（3）或式（4）看作 3 个层次的连续分解：第 1 个层次为 $E_t=V_tI_t$（$C_t=V_tI_t$ 同理），将污染排放总量（水资源消耗量）分解为工业增加值和宏观强度；第 2 个层次为 $I_t=\sum_i S_{it}I_{it}$，将宏观强度分解为工业行业构成和各工业行业的强度；第 3 个层次为 $I_{it}=I_{it}^*R_{it}$，将各工业行业强度进一步分解为污染产生强度（用水强度）和污染排放率（新鲜水耗用率），并在每一个层次中使用平均分配余量方法。

分层次分解方法可以根据数据可获得性来选择其分解层次的深入程度，如果由于数据缺乏，上述模型只能分解到第 2 层次，则污染排放或资源消耗变化 G_{tot} 分解为规模效应 G_{sca}、结构效应 G_{str} 和广义的技术效应 G_{int}；当数据充分时，则可分解至第 3 层，污染排放

变化或资源消耗分解为规模效应 G_{sca}、结构效应 G_{str}、清洁技术效应 G_{tec} 和污染治理效应 G_{aba}（循环利用效应），如式（5）。规模效应 G_{sca}、结构效应 G_{str}、广义的技术效应 G_{int}、清洁技术效应 G_{tec} 和污染治理效应 G_{aba}（循环利用效应）的计算公式分别见式（6）～式（10）。

$$G_{tot}=G_{sca}+G_{str}+G_{int}=G_{sca}+G_{str}+G_{tec}+G_{aba} \tag{5}$$

$$G_{sca}=g_V(1+\frac{1}{2}g_I) \tag{6}$$

$$G_{str}=\sum_i e_{i0}g_{si}(1+\frac{1}{2}g_{Ii})(1+\frac{1}{2}g_V) \tag{7}$$

$$G_{int}=\sum_i e_{i0}g_{Ii}(1+\frac{1}{2}g_{si})(1+\frac{1}{2}g_V) \tag{8}$$

$$G_{tec}=\sum_i e_{i0}g_{I_i^*}(1+\frac{1}{2}g_{Ri})(1+\frac{1}{2}g_{si})(1+\frac{1}{2}g_V) \tag{9}$$

$$G_{aba}=\sum_i e_{i0}g_{Ri}(1+\frac{1}{2}g_{I_i^*})(1+\frac{1}{2}g_{si})(1+\frac{1}{2}g_V) \tag{10}$$

其中：当计算污染变化的各种效应时，G_{tot}=（E_t–E_0）/E_0 为 t 年相对于基年的污染变化，$e_{i0}=E_{i0}/E_0$ 为基年工业行业 i 的污染份额；当计算水耗变化的各种效应时，$G_{tot}=(C_t-C_0)/C_0$ 为 t 年相对于基年的水耗变化率，$e_{i0}=C_{i0}/C_0$ 为基年工业行业 i 的水耗份额；$g_x=(x_t-x_0)/x_0$ 为 t 年变量 x 相对于基年的变化率，x 代表 V、I、S_i、I_i、I_i^* 和 R_i。

本研究选取 COD 排放和水耗这两个指标为分析对象，分析时间为 2001—2006 年，工业行业划分采用《中国统计年鉴 2006》所划分的 39 个工业行业，剔除不具有行业代表性的其他采矿业、工艺品及其他制造业和不具有五年连续数据的废弃资源和废旧材料回收加工业，因此分析的工业行业数为 36 个（i=1，2，…，36）。

效应计算所需要代入的数据均来源于环境年报和统计年鉴的数据。E_{it} 为各工业行业的 COD 排放量，E_{it}^* 采用各工业行业的 COD 排放量与去除量之和；C_{it} 为各工业行业的新鲜水资源消耗量，C_{it}^* 为各工业行业的用水总量；g_x 为各指标 2006 年相对于 2001 年的变化率。另外，由于环境年报的工业行业的统计范围与统计年鉴的统计范围并不一致，所以，给出的污染排放和资源消耗数据只代表总体趋势，不排除统计范围调整所带来的波动。

1.2 COD 排放和水耗变化的成因分析

相比于 2001 年，2006 年我国统计工业行业的 COD 排放和水耗总量均呈现下降趋势，即 $G_{tot}<0$，其中 COD 排放下降 8.8%，水耗下降 4.7%，而在这期间统计行业的工业增加值增加了 223.2%。这些数据表明，我国工业在经济发展的同时，污染物排放量和资源消耗量并没有同时增长，结构调整、技术进步、环境管制等因素已经取得了一定的成果。

根据式（6）～式（10），计算了 COD 排放和水耗变化中的规模效应 G_{sca}、结构效应 G_{str}、广义的技术效应 G_{int}、清洁技术效应 G_{tec} 和污染治理效应 G_{aba}（循环利用效应）。2001—2006 年，我国工业行业 COD 排放和水耗变化的效应分解结果如图 2 和图 3 所示，各效应的贡献值见表 1。

表 1　2001—2006 年 COD 排放和水耗变化的各种效应值/%

类别	G_{tot}	G_{sca}	G_{str}	G_{int}	G_{tec}	G_{aba}
COD 排放	−8.8	143.1	−5.5	−146.4	−134.3	−12.1
水耗	−4.7	144.5	−14.7	−134.5	−86.2	−48.3

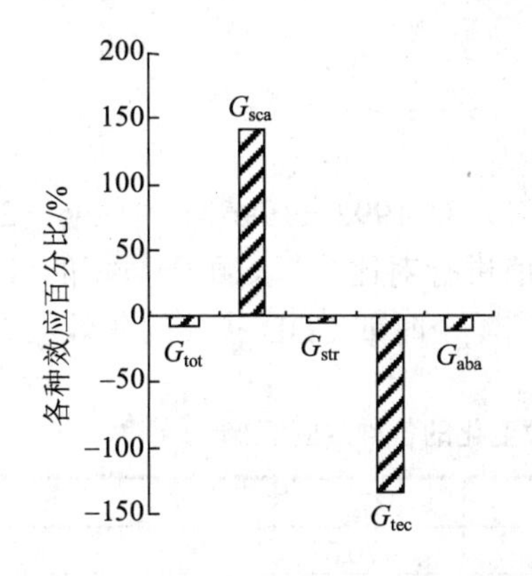

图 2　COD 排放变化的各种效应分解分析

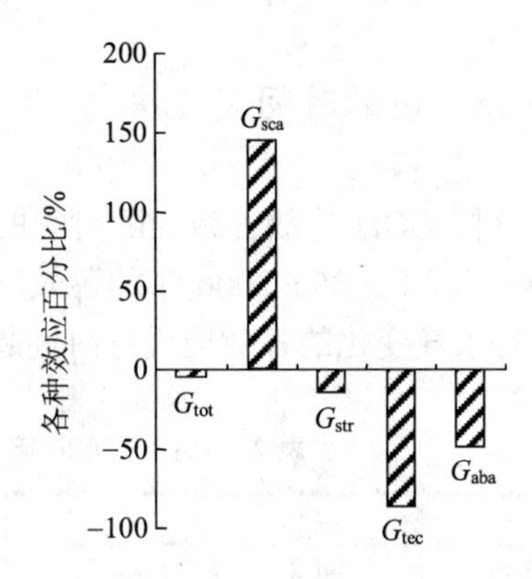

图 3　水耗变化的各种效应分解分析

具体来看，2001—2006 年 COD 排放的规模效应为 143.1%，结构效应为−5.5%，广义的技术效应为−146.4%，其中清洁技术效应为−134.3%，污染治理效应为−12.1%。2001—2006 年水耗的规模效应为 144.5%，结构效应为−14.7%，广义的技术效应为−134.5%，其中清洁技术效应为−86.2%，循环利用效应为−48.3%。

应说明的是，按照分解模型的内涵，此模型解决的是规模效应、结构效应与技术效应对特定的污染控制效果下各效应的贡献率，并非三者对污染控制的灵敏性。

在各种效应中，规模效应表现为较大的正值，是造成我国资源环境压力不断增大的主要原因。广义的技术效应是造成统计行业 COD 排放和水耗降低的关键因素，进一步的分解可知清洁技术效应表现为最大的负值，其次是污染治理或者循环利用效应；结构效应也表现为较小的负值；在这三种效应的影响下，抵消了规模效应所带来的污染物排放或资源消耗的增长效应，并实现了总量削减。

结构效应表现为数值较小的负值，这表明中国经济的结构变化倾向于减少污染和资源消耗，但在 5 年期间，按照全国尺度来看，其贡献不是很大。从五大 COD 排放行业所占的工业增加值的比例来看，2001 年为 18.1%，2006 年为 17.4%，五大水耗行业所占的工业增加值比例由 2001 年的 27.5%变为 2006 年的 27.3%，我国工业行业的结构并没有发生较大的变化。这也说明我国近年来的结构调整政策缺乏配套政策，实施难度较大，往往“雷声大，雨点小”，没有取得较大成效。工业结构调整大多采用行政手段，涉及企业关闭、人员安置以及地方税收减少等问题，具有短期性、阶段性和易反弹等缺陷，还形成了污染转移的现象。除小火电关停外，其他产业淘汰的补偿政策比较缺乏。另外，产业政策随意性大，部分产业政策缺乏长效机制，这也导致了产业结构调整的实施成本上升。

同时对于广义技术效应的进一步分解表明，在 5 年时间尺度内，污染治理水平并没有明显增加，而清洁生产水平增加幅度相对较大，清洁技术效应要大于污染治理或循环利用效应。这可能说明在选择减少污染产生（资源消耗）和增大污染治理（循环利用）这两种策略时，人们更倾向于前者，也可能说明采用清洁技术的效果比投资于污染治理设备（循环利用设备）的效果更为明显，同时也间接说明，我国环境监管力度仍然需要加严，需要通过外部监管内生为污染治理水平的提高。

1.3 效应分解值的时间变化分析

为了分析 COD 排放各效应随时间的变化趋势，对 1992—1996 年、1996—2000 年、2001—2005 年和 2005—2006 年的各效应的贡献值进行对比分析。由于数据的可获得性原因，没有对水耗变化的各效应进行时间趋势分析。4 个时期 COD 排放的各效应见表 2。

表 2　1992—2006 年 COD 排放变化的各种效应值/%

年份	G_{tot}	G_{sca}	G_{str}	G_{int}	G_{tec}	G_{aba}
1992—1996	–4.8	44.3	21.3	–70.3	—	—
1996—2000	–3.7	30.6	–5.3	–29.0	—	—
2001—2005	–4.1	107.3	–2.4	–109.0	–103.6	–5.4
2005—2006	–4.9	22.9	–1.9	–26.0	–21.8	–4.2

其中：1992—1996 年、1996—2000 年的数据来源于文献，其工业行业的划分采用《中国统计年鉴》的 18 个行业。

由于之前的年份行业划分标准和 2001—2006 年的不一样，因此可能会对数据的连续性造成一定的影响，但通过比较 3 个时期的各大效应的变化，仍然能发现一些规律。

比较 3 个时期的规模效应可知，规模效应一直都是造成污染排放增加的主要因素。1992—1996 年、1996—2000 年、2001—2005 年和 2005—2006 年规模效应的贡献率分别为 44.3%、30.6%、107.3%和 22.9%，同样是 5 年期间的规模效应对比，2001—2005 年期间的规模效应压力要明显大于 1992—2000 年（2005—2006 年规模效应基本保持 2001—2005 年期间的平均状况），说明我国近年来经济的迅速发展给环境带来的压力越来越大。

结构效应在 1992—1996 年为正值，此后为较小的负值，这说明我国工业行业的结构变化正由使得污染增加转向污染减少，但环境因素并不是产业结构调整的出发点。1992—1996 年期间，结构调整对污染减排的效应为正，即结构调整是朝着有利于 COD 增加的方向进行的，这是一个十分需要关注的问题。对比 2001—2005 年和 2005—2006 年间的结构效应的贡献率可得，“十五”期间的结构效应总值为–2.4，而 2006 年一年的结构效应贡献达到了–1.9，这说明随着我国污染减排等措施的实施，结构调整的力度加大，结构效应在三大效应中的贡献率将呈增大趋势，一年期间结构效应的作用基本与“十五”期间相差不大。

对于广义的技术效应，1996—2000 年和 2001—2006 年间只能刚刚好抵消掉工业规模的影响，而在 1992—1996 年技术效应要远大于规模效应的影响，这说明广义技术效应作为减少污染排放的主要贡献因子，其作用正在减弱，通过技术进步等因素，进一步减少污染物排放的难度越来越大。广义技术效应综合反映了各种减污措施的效果，维持较强的广义技术效应意味着持续不断地提高生产技术的清洁度，或者扩大污染治理投资，而这需要越来越严厉的环境政策以刺激企业或地方政府采取这些措施说明了随着我国工艺技术的发展和污染治理水平的提高，减污措施的边际效益越来越小。广义的技术效应的进一步分解表明，与 2001—2005 年相比，2006 年的污染治理效应贡献率在广义技术效应贡献率中的比重明显增大，2006 年一年期间的污染治理效应贡献情况与“十五”期间基本类似，这说明随着污染减排工作的大力开展，工业的污染治理能力和水平在稳步上升。

2 环保投资对 COD 减排的长期均衡关系和时差分析

本研究对 COD 排放量与环保投资进行实证分析，基于协整分析研究各部分治理投资与 COD 排放量的长期关联性，基于时差相关分析研究环保投资结构对 COD 排放量的时滞性影响，进而为环境管理提供理论依据。

2.1 协整分析

协整分析可以用来分析存在长期均衡关系的经济变量之间的关系，协整检验可以得出经济变量之间是否存在长期均衡关系。由于多年污染治理投资难以完全分解对应到水、气要素，因此本研究采用全部环境保护投资与污染物排放量进行关联分析。

表 3　COD 排放量与环保投资构成基础数据

年份	COD 排放量/万 t	城市环境基础设施投资/亿元	工业污染源治理投资/亿元	建设项目“三同时”环保投资/亿元
1997	1 757	257.3	116.4	128.8
1998	1 499	456	123.8	142
1999	1 389	478.9	152.7	191.6
2000	1 445	561.3	239.4	260
2001	1 404.8	595.7	174.5	336.4
2002	1 366.9	789.1	188.4	389.7
2003	1 333.6	1 072.4	221.8	333.5
2004	1 339.2	1 141.2	308.1	460.5
2005	1 414.2	1 289.7	458.2	640.1
2006	1 428.2	1 314.9	483.9	767.2

从表 3 可以看出，COD 排放量整体上呈下降趋势。城市环境基础设施投资保持较快增长，尤其是近几年已经初具规模。而工业污染源治理投资增长较慢，规模很小，从近几年的数据来看，这种状况还可能会持续。建设项目“三同时”环保投资 2000 年以前投资规模小，增长速度慢，但是随着经济的发展和政府对环保重视度提高，改变了以往先污染后治理的思路，使污染治理和经济发展并行，所以近几年来，这方面的投资力度加

大，增长速度较快。

在进行协整分析之前，先对数据进行处理。设定 COD 排放量简称为 COD，城市环境基础设施投资为 X1，工业污染源治理投资为 X2，建设项目“三同时”环保投资为 X3，同时对变量分别取对数得 LCOD、LX1、LX2、LX3（图 4、图 5）。

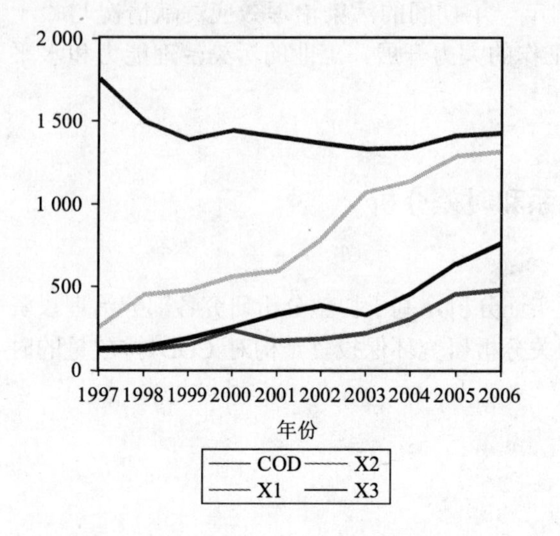

图 4　环保投资与 COD 协整分析数据

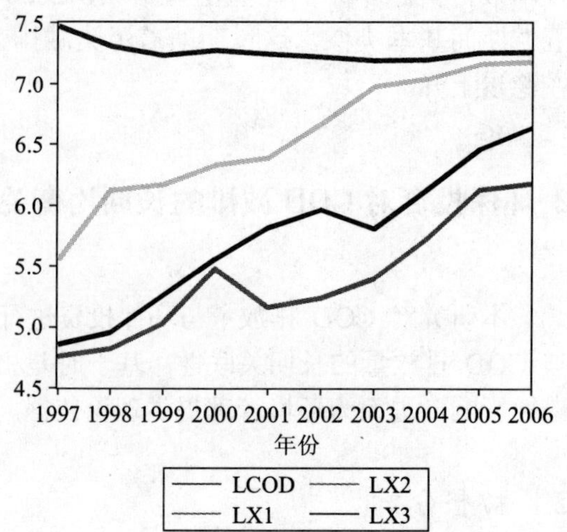

图 5　环保投资与 COD 协整分析对数数据

然后对 4 个变量进行单位根检验，采用 ADF 检验法。检验发现，原序列不平稳。差分后再进行检验，满足平稳性校验条件。结果如表 4 所示。

表 4　环保投资与 COD 协整分析各变量 ADF 检验结果

变量	检验形式（C，T，K）	ADF 检验值	5% 临界值	平稳性	变量	检验形式（C，T，K）	ADF 检验值	5% 临界值	平稳性
LCOD	（C，0，1）	−2.116 1	−3.335 0	非平稳	ΔLCOD	（C，T，1）	−4.894 3	−4.353 5	平稳
LX1	（0，0，1）	2.475 4	−1.989 0	非平稳	Δ^2LX1	（0，0，1）	−1.991 5	（−1.645 8）	平稳
LX2	（C，T，1）	−1.874 0	−4.196 1	非平稳	Δ^2LX2	（0，0，1）	−2.783 1	−2.005 6	平稳
LX3	（C，T，1）	−2.933 3	−4.196 1	非平稳	Δ^2LX3	（0，0，1）	−2.653 9	−2.005 6	平稳

注：其中检验形式（C，T，K）分别表示单位根检验方程包括常数项、时间趋势和滞后项的阶数，Δ表示差分算子，滞后阶数选择采用 AIC 原则，加括号的为 10%的临界值。

从表 4 检验结果可以看出，一次差分后 LCOD 为平稳序列，LX1、LX2、LX3 二次差分后变平稳。数据经处理能够回归平稳性这一性质是进行协整检验的前提。小样本下采用拓展的 EG 检验法，检验方程为：

$$LCOD=7.983\,32-0.225\,429\times LX1+0.151\,196\times LX2-0.009\,067\times LX3 \quad (11)$$

（35.366 18）　（−2.689 935）　（1.615 858）　（−0.093 137）

产生的残差序列 e 经单位根检验，结果见表 5。

表 5　环保投资与 COD 协整分析序列 e 的 ADF 检验结果

统计检验（C，T，1）	−6.931 069	1%　临界值	−5.749 2
		5%　临界值	−4.196 1
		10%　临界值	−3.548 6

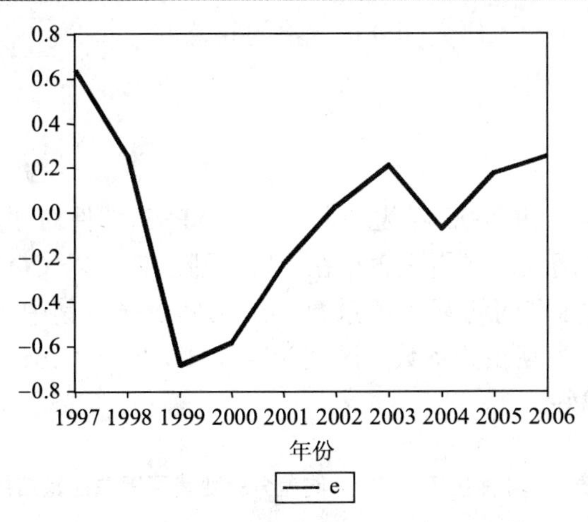

图 6　环保投资与 COD 协整分析 e 数据

残差 e 的检验值比 1%显著性水平下的临界值都小，那么 e 是平稳序列，说明 LCOD、LX1、LX2、LX3 之间存在长期均衡关系，（LX1，LX2，LX3）由 I（2）阶单整序列经线性组合后降为 I（1），且（LX1，LX2，LX3）与 LCOD 经线性组合构成 CI（1，1）。而且，回归方程产生的残差基本上分布在[−0.6，0.6]之间。

上述数据表明，COD 排放量、城市环境基础设施投资、工业污染源治理投资和建设项目“三同时”投资最初为非平稳的时间序列；取对数调整后的各时间序列仍含有较强的波动性，为非平稳的时间序列；经差分处理后，它们回归平稳，且存在一个长期均衡关系。

由此说明：从长期角度来看，三部分治理投资对于削减 COD 排放起着一定的作用。残差变动幅度在 2000 年以前较大，2000 年以后变动较为平缓，基本上在[−0.2，0.2]之间。2000 年以前变动幅度较大是因为环保投资资金来源相对不稳定，落实到三项投资的投资比例分配不合理，使估计的治污效果和实际的治污效果存在较大的偏差。2000 年以后，随着经济的发展，资金渠道相对稳定一些，资金来源扩大，从中央和地方预算、设立专项资金以及发行国债等多渠道融资体制开始构建，还有多年治理经验的积累，使得污染治理效果更加显著，并得以持续保持。所以，这一时期估计的治污效果和实际的偏差缩小。

采用同样的方法分析 SO_2 排放量与城市环境基础设施投资、工业污染源治理投资和建设项目“三同时”投资之间的关联性，得出的结论截然相反，SO_2 排放量与城市环境基础设施投资、工业污染源治理投资和建设项目“三同时”投资之间不存在一个长期均衡关系。这说明，SO_2 排放和削减行业特征明显，与总体环保投资关联不大，但环保投资对于 COD 减排有其实质性的推动作用。

三部分投资对于 COD 排放量的影响程度却有所不同。由方程（11）可知，根据 t 检验值，城市环境基础设施投资对 COD 排放量的影响较为显著，城市环境基础设施投资增加显著地降低了 COD 排放；建设项目“三同时”投资对 COD 排放量的影响较弱，也即建设项目“三同时”投资尽管有利于降低 COD 排放量，但实际作用小，迫切需要加强其投资绩效。而工业污染源治理投资与 COD 排放量呈现反常的正相关，也即工业污染源治理投资增加，COD 排放也相应增加，分析其原因，主要是由于环保投资采用全口径计算以及投资的规模效应引起的，同时，工业污染源治理投资总量较小，对 COD 排放影响较小，这是需要进行进一步深入研究和分析解决的问题。

2.2 时差相关分析

充分考虑时差因素，以 2006 年为基期，使用 SPSS 软件对序列之间的相关性作进一步的分析，观察变量之间发生作用是否存在一定的滞后期。以 COD 指标作为基准指标，通过计算得出 4 个指标之间的互相关系数，结果见表 6。其中，Lag 为滞后期，区间为[−6，6]，Cross Corr. 为互相关系数，区间为[−1，1]，Stand. Err. 为标准误差，这个数值没有区间界定，越小越好。

表 6　环保投资与 COD 时差分析变量互相关检验结果

Total cases：10　　Computable 0-order correlations after differencing：8

Transformations：natural log，difference（2）Cross Correlations：

COD---X1			COD---X2			COD---X3		
滞后期	互相关系数	标准误差	滞后期	互相关系数	标准误差	滞后期	互相关系数	标准误差
−6	−0.248	0.707	−6	−0.071	0.707	−6	0.057	0.707
−5	0.037	0.577	−5	0.363	0.577	−5	0.05	0.577
−4	−0.102	0.500	−4	−0.304	0.500	−4	0.026	0.5
−3	0.079	0.447	−3	−0.047	0.447	−3	0.125	0.447
−2	0.534	0.408	−2	−0.058	0.408	−2	−0.552	0.408
−1	−0.759	0.378	−1	0.012	0.378	−1	0.325	0.378
0	−0.112	0.354	0	0.720	0.354	0	0.376	0.354
1	−0.162	0.378	1	−0.663	0.378	1	−0.019	0.378
2	0.180	0.408	2	−0.154	0.408	2	0.021	0.408
3	0.402	0.447	3	0.140	0.447	3	−0.736	0.447
4	−0.214	0.500	4	0.136	0.500	4	0.278	0.5
5	0.044	0.577	5	0.292	0.577	5	0.414	0.577
6	0.047	0.707	6	−0.174	0.707	6	−0.148	0.707

理论上，到城市环境基础设施投资、工业污染源治理投资、建设项目“三同时”环保投资与 COD 排放量之间应该呈负相关，所以从表 6 可以看出：

城市环境基础设施投资 X1 属于先行指标，该投资治理污水效果反应较快，当滞后期 Lag=−1，Cross Corr.=−0.759，即在城市环境基础设施投资在投资发生的下一年对 COD 的排放量产生影响的可能性较大；

工业污染源治理投资 X2 属于一致指标，当滞后期 Lag=0，Cross Corr.=0.720，即当期投资基本上当期就对 COD 的排放量产生影响；

建设项目“三同时”环保投资 X3 属于滞后指标，当滞后期 Lag=3，Cross Corr.= −0.736，最能反映它们之间的关系，但是考虑到滞后期为 3 的经济意义并不大，从表中还可以观察到当滞后期 Lag= –2，Cross Corr.= –0.552，该项投资治理污水的效果一般在未来两年基本显现。

以上分析表明，除工业污染源治理投资外，城市环境基础设施投资、建设项目“三同时”环保投资对 COD 排放量的影响具有一定的滞后性，其主要原因是城市污水处理厂、新建项目等建设需要一定的周期，从项目开工建设、竣工验收以及稳定运行所需时间较长。

3 环保投资对 COD 减排作用的效应分解

3.1 分析方法和数据处理

3.1.1 内涵拓展

基于污染变化的分解分析方法，对分解模型的内涵进行延伸，将此模型推广应用到污染去除因素分析中，对环保投资增长的规模效应、结构效应和技术效应进行了定量分解。其中，规模效应是指随着环保投资规模的扩大，污染物去除量也随之增加，如果投资结构和污染治理技术水平不变，投资规模作用的结果将使污染去除量增加。结构效应是指环保投资中城市环境基础设施投资、工业污染源治理投资、建设项目“三同时”投资的污染治理效果有所差异，环保投资结构的变化对污染物去除水平造成一定的影响。技术效应是指通过污染治理技术进步，单位投资的污染物去除量随之增加。

3.1.2 模型构建

基于对污染物排放量变化分解分析方法内涵的扩展，以定量分析环保投资的规模效应、结构效应、技术效应对于污染去除的贡献。

对某种污染物去除量变化因素进行分析的 de Bruyn 分解模型的基本公式为：

$$E_t = V_t \sum_i S_{it} I_{it} \tag{12}$$

式中：E_t——t 年统计污染物削减量；

V_t——t 年统计的环保投资；

S_{it}——t 年环保投资构成 i 的份额（$S_{it}=V_{it}/V_t$）；

I_{it}——构成 i 的污染削减强度（$I_{it}=E_{it}/V_{it}$）。

式（12）表示污染削减的变化来自于 V_t 的变化（规模效应）、S_{it} 的变化（结构效应）和 I_{it} 的变化（技术效应）。这里规模效应是指由于环保投资总量的变化所产生的污染物去除量的变化，结构效应指应环保投资构成份额的变化所造成的污染物去除量的变化，技术效应则指造成污染物削减强度变化的各种因素综合。

将污染去除量变化完全归入各种效应，需要处理分解余量（来自于各因素变化量的耦合），目前广泛使用的方法包括固定权重方法、适应权重方法（AWD）、平均分配余量方法等。本文利用分层次的分解方法以实现对污染物去除量变化效应的完全分解，该方法将式（12）看作两个层次的连续分解：第 1 个层次为 $E_t=V_tI_t$，将污染物去除量分解为环保投资总量和宏观去除强度；第 2 个层次为 $I_t = \sum_i S_{it} I_{it}$，将宏观强度分解为环保投资构成和各构成的去除强度。

分层次分解方法可以根据数据可获得性来选择其分解层次的深入程度，则污染去除量变化 G_{tot} 分解为规模效应 G_{sca}、结构效应 G_{str} 和广义的技术效应 G_{int}、规模效应 G_{sca}、结构效应 G_{str}、技术效应 G_{int} 的计算公式分别见式（13）～式（16）。

$$G_{tot} = G_{sca} + G_{str} + G_{int} \tag{13}$$

$$G_{sca} = g_V(1 + \frac{1}{2}g_I) \tag{14}$$

$$G_{str} = \sum_i e_{i0} g_{si}(1 + \frac{1}{2}g_{Ii})(1 + \frac{1}{2}g_V) \tag{15}$$

$$G_{int} = \sum_i e_{i0} g_{Ii}(1 + \frac{1}{2}g_{si})(1 + \frac{1}{2}g_V) \tag{16}$$

其中：当计算污染去除量变化的各种效应时，$G_{tot}=(E_t-E_0)/E_0$ 为 t 年相对于基年的污染去除量的变化，$e_{i0}=E_{i0}/E_0$ 为基年环保投资构成 i 的污染去除份额；$g_x=(x_t-x_0)/x_0$ 为 t 年变量 x 相对于基年的变化率，x 代表 V、I、S_i、I_i。

3.1.3 数据选取

大气、固体废物治理指标无法对应到工业污染源治理投资、建设项目“三同时”环保投资和城市环境基础设施投资三部分。COD 去除量指标可以对应到工业污染治理投资（工业污染源治理投资与“三同时”环保投资用于废水的部分之和）和城建环境基础设施投资两大部分中。因此，在此选取 COD 去除量指标分析环保投资的污染控制效应。

本节选取 COD 去除量为分析对象，分析时间为 2001—2006 年。效应计算所需要带入的数据均来源于环境年报和统计年鉴的数据。围绕 COD 去除量变化，综合考虑规模效应（环保投资总量）、结构效应（工业投资与城建环保投资）、技术效应（单位投资 COD 去除量）。g_x 为各指标 2006 年相对于 2001 年的变化率。

表 7 “十五”环保投资与 COD 去除量

年份	COD 去除量/万 t	全口径环保投资			废水治理投资		
		城市环境基础设施投资/亿元	工业污染源治理投资/亿元	建设项目“三同时”环保投资/亿元	污水处理投资/亿元	工业废水治理投资/亿元	“三同时”废水治理投资/亿元
2001	1 186.99	595.7	174.5	336.4	116.4	72.9	67.3
2002	1 847.07	789.1	188.4	389.7	144.1	71.5	78.3
2003	1 243.18	1 072.4	221.8	333.5	198.8	87.4	97.5
2004	1 348.95	1 141.2	308.1	460.5	174.5	105.6	151.5
2005	1 462.85	1 289.7	458.2	640.1	191.4	133.7	197.3

3.2 实证分析

3.2.1 以环保投资全口径计算

2001 年环保投资总量 1 106.6 亿元，其中城市环境基础设施投资 595.7 亿元，污水处理厂 COD 去除量 141.24 万 t，去除强度 0.237 t/万元；工业污染源治理投资与“三同时”环保投资合计为 510.9 亿元，工业 COD 去除量 1 045.75 万 t，去除强度为 2.05 t/万元。2006 年环保投资总量为 2 566 亿元，其中城市环境基础设施投资为 1 314.9 亿元，污水处理厂 COD 去除量为 483.03 万 t，去除强度为 0.367 t/万元；工业污染源治理投资与“三同时”环保投资合计为 1 251.1 亿元，工业 COD 去除量 1 099.27 万 t，去除强度为 0.879 t/万元。

表 8　2001 年与 2006 年环境保护投资与 COD 去除量比较

行业	2001 年投资/亿元	2006 年投资/亿元	2001 年 COD 去除量/万 t	2006 年 COD 去除量/万 t
工业	510.9	1 251.1	1 045.75	1 099.27
城建环保	595.7	1 314.9	141.24	483.03
合计	1 106.6	2 566	1 186.99	1 582.3

基于效应分解模型和方法，从规模效应、结构效应与技术效应 3 个方面，统筹考虑，对 COD 去除效应予以计算，计算结果见表 9。

表 9　全部环保投资对 COD 变化的效应分解计算结果

G_{tot}	G_{sca}	G_{str}	G_{int}
0.333 036	1.038 486	0.046 471	−0.751 92

表 8、表 9 结果表明：2006 年与 2001 年相比，COD 去除量增加 33.3%，其中环保投资规模效应贡献率为 103.8%，环保投资结构效应贡献率为 4.6%，环保投资技术效应为 −75.2%。

从规模效应分析，2001—2006 年，环保投资总量增长较大（增长 131.88%），对 COD 去除量增加影响较大。

从结构效应分析，其中 2001 年工业投资占 46.17%，城建环保投资占 53.83%，而 2006 年工业投资占 48.76%，城建环保投资占 51.24%，环保投资结构变化较小，对 COD 去除量影响相对较小。

就技术效应而言，环保投资去除强度明显下降，其中 2001 年单位投资 COD 去除量 1.07 t/万元，2006 年为 0.62 t/万元，下降 42.1%，表现为环保投资对于 COD 的减排主要是投资规模的简单扩大。

3.2.2 以废水治理投资口径计算

“三同时”和工业污染源用废水治理投资、城建环境基础设施建设中污水处理投资计算。由于缺少相关数据，以 2005 年与 2001 年比较为例。

2001 年用于废水治理的环保投资总量 256.62 亿元，其中城市环境基础设施投资 116.4 亿元，污水处理厂 COD 去除量 141.24 万 t，去除强度 1.21 t/万元；工业污染源治理投资与“三同时”环保投资中用于废水治理的投资合计为 140.22 亿元，工业 COD 去除量 1 045.75 万 t，去除强度为 7.46 t/万元。2005 年环保投资总量为 522.41 亿元，其中城市环境基础设施投资中用于废水治理的投资为 191.4 亿元，污水处理厂 COD 去除量为 374.59 万 t，去除强度为 1.96 t/万元；工业污染源治理投资与“三同时”环保投资中用于废水的投资合计为 331.01 亿元，工业 COD 去除量 1 088.26 万 t，去除强度为 3.29 t/万元。

表 10　2001 年与 2005 年废水治理投资与 COD 去除量比较

行业	2001 年投资/亿元	2005 年投资/亿元	2001 年 COD 去除量/万 t	2005 年 COD 去除量/万 t
工业废水治理	140.22	331.01	1 045.75	1 088.26
城建污水处理	116.4	191.4	141.24	374.59
合计	256.62	522.41	1 186.99	1 462.85

基于效应分解模型和方法，从规模效应、结构效应与技术效应三个方面，对 COD 去除效应予以计算，计算结果见表 11。

表 11　废水治理投资定量效应计算结果

G_{tot}	G_{sca}	G_{str}	G_{int}
0.232 403	0.831 376	0.108 393	−0.707 37

表 10、表 11 计算结果表明：2005 年与 2001 年相比，COD 去除量增加 23.2%。从效应分解可以看出，规模效应贡献率为 83.14%，结构效应贡献率为 10.84%，技术效应贡献率为−70.74%。去除量的增加主要是受环保投资总量影响较大，环保投资结构与技术效应影响较小，其中技术效应表现为负值。

2005 年较 2001 年环保投资总量增长 103.6%，环保投资结构中工业污染治理投资比例从 54.64%增加到 63.36%，对 COD 去除量的增加起到一定的作用。环保投资去除强度由 2001 年的 4.6 t/万元下降到 2005 年的 2.8 t/万元，COD 去除量变化的技术效应表现为反向负值。

综上所述，2001—2006 年，COD 去除量增长近 1/3 左右，主要受环保投资总量增长较快的影响，规模效应对 COD 去除量贡献最大。环保投资结构的变化对 COD 去除量的增加影响不大。由于污染去除强度下降明显，因而技术效应表现为负数。仅依靠环保投资规模的快速增加，以及资金的大量投入来提高污染物去除量，是一种粗放的污染治理模式，污染治理效果相对较低，环保投资的环境效益难以发挥。

鉴于此，改变污染治理的高投入、低效率的模式，通过清洁生产等前端减排技术，从源头减少污染物产生量，同时提升产业技术水平和污染治理技术水平，提高单位环保投资的污染物去除量，实现全过程污染减排，才能有效提高污染治理效率，充分发挥环保投资的治理效果。

石油价格上涨及其对中国节能减排的影响分析

Analysis of Rising Oil Prices and Its Impact on Energy Saving and Emission Reductions in China

严 刚 杨金田 王金南

摘 要 本文在分析近期国际石油价格不断飙升的主要原因及相应的连锁反应的基础上，重点分析了石油价格暴涨对中国实现节能减排战略目标的可能影响，并提出了有效可行的应对策略。本文认为，石油价格飙升对新能源和生物质能源将产生促进作用，但对粮食安全也产生一定的影响；对减小我国国际贸易的能源净出口和污染物净进口的“生态逆差”发挥积极作用；对推动能源技术进步、新能源开发、低碳经济发展等产生正面的效应；对建设资源节约型和环境友好型社会，特别是生态文明有很好的促进作用。但是，短期内石油价格的飙升对进一步理顺能源价格体系、引入能源税、燃油税和碳税可能产生一些负面的影响。

关键词 石油价格 上涨 节能减排 能源

Abstract Based on the analysis of the main reasons for the recent surge in international oil prices and the corresponding chain effect，this paper focuses on oil prices surge and its possible impact on China's implementation of energy saving and emission reductions. Then the feasible strategy is put forward. This article holds the following views: ①rising oil prices will not only promote the new energy and the biomass energy，but also have a certain impact on food security; ②enhance reducing the “ecological deficit” of international trade energy net exporter and pollutants net import in our country; ③accelerate the progress on the promotion of energy technologies; ④promote new energy development as well as the low-carbon economic development; ⑤play a positive role in building a resource-conserving and environment-friendly society，especially in achieving ecological civilization. However，the short-term oil prices surge will also produce some negative impact on further rationalization of the energy prices system，introduction of energy taxes，fuel taxes and carbon taxes.

Key words Oil prices Surge Energy saving and emission reductions Energy

1 油价飙升的背后分析及连锁效应

1.1 世界经济进入高油价时代，投机炒作、美元疲软与供需矛盾是促成油价飙升的主要原因

2004 年下半年以来国际油价在震荡中大幅攀升，不断刷新历史纪录。2008 年 1 月 2 日，美国轻质原油期货价格盘中历史上首次突破每桶 100 美元大关，奠定了全年高油价的基调。这一转折点，不仅关系到世界经济格局的变迁，更使得能源供应安全再次成为关注焦点。此后油价一路飙升，频频刷新历史纪录，2008 年 6 月 27 日，原油期货价格突破每桶 140 美元。高油价时代的到来，造成社会生产成本的上升，进而导致成本推动型通货膨胀的发生，并且直接关系到世界经济增长率和就业水平。据有关国际组织统计，每桶石油价格上涨 10 美元，就会使通货膨胀上升 0.15%，使经济增长率降低 0.125%，失业率增长 0.101%。

关于油价飙升的原因众说纷纭。一些经济学家判定，几大国际投资集团公司的幕后操作，是导致石油价格上涨的根本原因。德国经济学家、《石油战争》的作者威廉·恩道尔分析指出，油价上涨的主要原因是期货市场无法控制的炒作，得出油价上涨 70%的因素都是金融炒作的结论。另外，美元贬值自然带来石油价格增加。但从本质上讲，供求失衡仍是高油价的基本因素，以中国、印度为代表的新兴发展中国家对石油消费需求增长迅速。尽管有观点认为，投机资金才是油价飞涨的元凶，但投机的基础是供求关系，如果没有供不应求的客观现实及远景预期，投机资金也就无从炒作。

1.2 中国成为驱动全球石油需求增长的重要动力，“中国能源需求引起石油价格上涨”的声音不绝于耳

我国经济经过多年的持续快速增长，目前已进入新一轮增长期和重化工业阶段。随着消费结构升级，特别是汽车开始进入普通家庭，我国石油需求量和进口量越来越大。2003 年，我国石油需求量达到 2.167 亿 t，是 1978 年的 3 倍，超过日本成为世界第二大石油消费国。2006 年我国石油消费达 3.47 亿 t，石油净进口 1.63 亿 t，石油对外依存度 47%。统计资料表明，我国的 GDP 每增长 1%，石油消费就增加 0.7%～0.8%。1981—1990 年，我国平均 GDP 增速 9%，同期石油消费增长了 5.94%，石油消费弹性系统为 0.66。1991—2000 年，我国 GDP 增速为 9.8%，同期石油消费增长了 7.0%，石油消费弹性系数为 0.71。2001—2007 年，我国 GDP 增速为 10%左右，同期石油消费增长了 6.95%，石油消费弹性系数为 0.69。

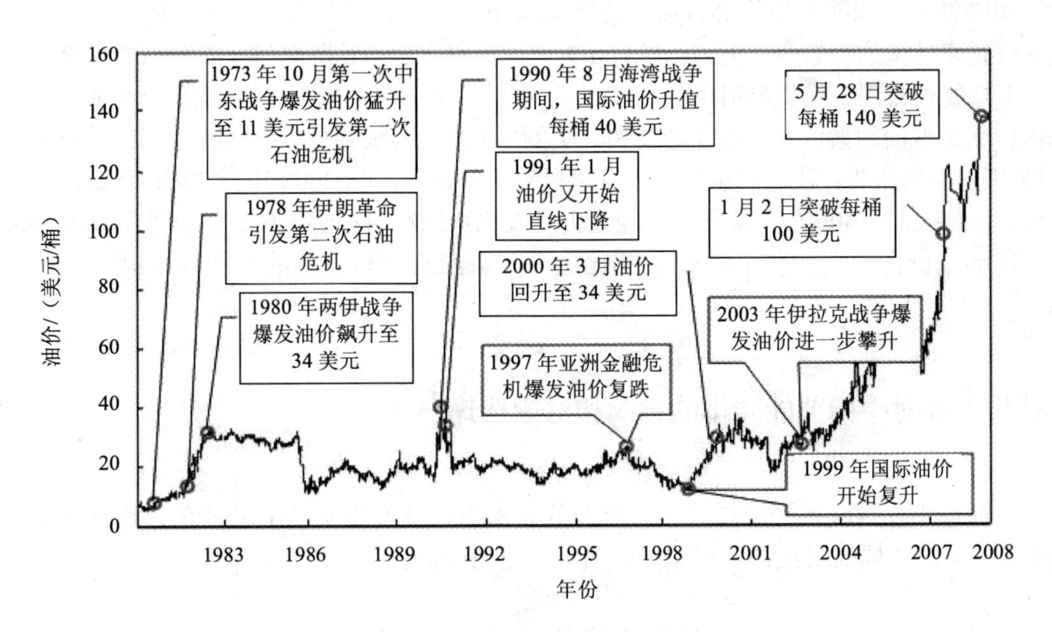

图 1　国际油价主要变动回顾

随着石油消费量的大幅提高，我国在世界石油消费中的比重呈现出快速增长趋势。2005 年，我国石油消费占世界石油消费的比例达 7.18%，较 1999 年提高 3.03%。根据国际能源组织(IEA)的预测，这一比例到 2010 年和 2020 年还将分别增长到 8.13%和 10.10%。由于在全球石油需求中所占比例持续增长，中国已成为驱动全球石油需求增长的重要动力。2004 年、2005 年中国石油需求增长占全球石油需求增长的比例均达到 30%以上。根据英国石油公司（BP）统计，2000—2005 年，全球石油消费增长 3 亿 t 以上，其中，发展中国家消费增长 2.12 亿 t，占消费增长的 70.7%；在此期间，中国石油消费增长为 1.0 亿 t，是发展中国家石油消费增长的 47%。在煤炭消费方面，中国更是占据了全球煤炭增长的 72.8%。由此导致国际上“中国能源需求引起石油价格上涨”的声音不绝于耳。

1.3 油价上涨促成全球新能源投资迅猛增加，生物燃料的大规模发展导致粮价不断攀升

由于油价的持续高速增长，以及对气候变化的担忧和政府对能源安全的持续关注——所有这些因素使得 2007 年全球可再生能源投资创下新纪录。联合国环境规划署（UNEP）2008 年 7 月 1 日发布的一份名为《2008 年全球可再生能源投资趋势》的报告指出，全球可再生能源投资在 2007 年再次创下新纪录，达 1 484 亿美元，与 2006 年相比，增长超过 60%。风能领域再次吸引了大部分投资，达 502 亿美元。但全球对太阳能领域的投资增长最为迅速，吸引了大约 286 亿美元的新资金，并且自 2004 年以来，由于大型项目融资的推动，投资平均增长率高达 254%。对此，新能源融资有限公司 CEO 米切尔・利伯瑞奇说：“对清洁能源工业而言，2007 年是一个标志性年份。”

作为原油暴涨的副产物，替代能源在国际能源上涨过程中获得机遇，特别是转基因

能源作物种植面积随着生物燃料需求的增加而不断扩大，导致关于生物燃料的发展引发的争议越来越激烈。如今，美国已经有 1/3 玉米被用来生产乙醇燃料，欧盟范围内也有大约一半植物油被用于生物燃料生产。过去 3 年里，全球平均粮食价格上涨了 83%，生物燃料贡献 30%的因素，并造成全球 2 900 万人因此而受到粮食危机的威胁。来自新华社电《世界银行秘密报告：生物燃料导致粮食危机》更是指出，从 2002 年至 2008 年 2 月，全球粮食价格上涨 140%中，美国与欧盟大力开发生物燃料对粮价上涨的“贡献”最大，相当于推动粮价在同期上涨了 75%；相比之下，能源与肥料价格的上涨只让粮价上涨了 15%。

2 油价上涨对中国节能减排的影响和对策选择

高油价不仅对我国经济增长、物价和就业水平、政府收支乃至国家安全等方面将产生重要的影响，同时对我国环境保护、国家节能减排也将产生重大影响。

2.1 油价上涨推动能源价格的整体攀升，对我国贸易的巨大“生态逆差”将产生有利作用

长期以来，我国在环境保护过程中往往习惯于将目光更多地聚集于产品生产是否存在消耗能量和污染物排放的问题上，而对于产品出口到另一国的消费问题并未给予应有重视。实质上由于我国在国际产业分工体系中位于产业链的低端，出口贸易的一半以上来自附加值较低的加工贸易，资源和能源密集型产品出口所占比例较大。因此，我国贸易顺差的扩大和高耗能产品的大量出口，使得我国已经成为了一个内涵能源净出口大国。据中国海关公布的数字显示，2007 年，中国对外贸易顺差额在 2006 年创历史最高纪录的基础上，再次猛增近 50%，达到 2 622 亿美元。而在“两高一资”产品裹挟下的能源消耗和能源的变相出口也愈发严重。

研究表明，中国在巨额外贸顺差的同时存在着巨大的“生态逆差”。2002 年，我国出口货物的内涵能源总量大约为 4.1 亿 t 标煤，占当年我国一次能源消费总量的 27.6%。同期，我国进口内涵能源总量大约为 1.68 亿 t 标煤。出口总量减去进口总量，2002 年我国在 310 亿美元外贸顺差的同时，净出口内涵能源约 2.4 亿 t 标煤，占当年一次能源消费量的 16%。随着我国外贸顺差的不断扩大，2006 年我国内涵能源净出口高达 6.3 亿 t 标准煤，约占当年一次能源消费总量的 1/4。从能源价格补贴角度分析，这说明我国能源补贴的大约 1/4 被补到了国外。按目前我国动力煤价格与国际差价 300 元/t 标煤计算（成品油、焦煤差价更大），相当于 2006 年我国向国外补给了价值 1 890 亿元的能源。同时，内涵能源的不断扩大也带来了大量污染物排放和温室气体排放留在国内。根据测算，2006 年我国净出口内涵能源 CO_2 排放值超过 10 亿 t，SO_2 排放量达 660 万 t。

但这一局面随着石油价格上涨、人民币升值、劳动力成本上升以及出口退税等政策的调整等已悄然发生改变。许多资源密集型和劳动力密集型的出口企业开始面临生存压力。2007 年前三季度，广东已有大约近千家鞋厂及相关配套的企业倒闭或外迁其他地区

发展。2008 年一季度，上海口岸以钢材为代表的“两高一资”（高污染、高能耗、资源性）类产品出口增幅明显趋缓，一些产品甚至出现负增长。这些迹象表明，能源价格大幅上涨以及 2007 年我国实施的出口退税政策的调整对减小我国贸易“生态逆差”将发挥积极作用。

2.2 油价上涨必然刺激我国能源利用的技术进步，进而推动产业结构升级与优化

受石油价格上涨影响进而带动天然气、煤炭价格的大幅上涨，将提高企业生产经营成本，改变各行业间利润分配格局。我国能源消费以煤为主。由于油价持续高涨和国内煤炭供需失衡的影响，国内煤炭价格猛涨，当前秦皇岛港吨价煤炭高达 800 元人民币。能源价格的普遍高涨增大了企业生产运行成本与居民生活消费负担，这将会使得企业重视节能技术的开发与应用。

从长远来看，高油价、高煤价将对我国交通运输业、化学工业、钢铁、水泥、建材等高耗能行业产生较大影响，将会使部分高耗能企业和行业退出市场，进而实现我国产业结构的调整和优化升级，降低国内生产总值的单位能耗。持续过高的能源价格也将使得部分效率低下的企业与产业将会在国内与国际竞争中失利，进而被市场淘汰。所以在一定程度上油价上涨有利于减缓高耗能产业的发展，间接地降低了高耗能产业的污染物排放。在高耗能产业发展减缓的同时，必将使得这些产业出口贸易增速也呈快速下降的趋势，产品出口的锐减，无疑减少了大量污染物和 CO_2 的排放。

2.3 促进居民消费行为的转变，利于“生态文明”观念树立

高油价改变的不仅仅是企业的生产方式，也改变了居民的生活方式。油价的大幅攀升，再次向市场传达了一个明确的信息，油价的上涨不可逆转，以往过度依赖石油的大规模生产、大规模消费型模式已经难以为继，人类社会不得不面对“低碳时代”的严峻挑战。高油价对汽车行业影响最为直接，在高油价的强大压力下，经济型轿车再次成为各厂商投产的主要车型，经济节能车型将成今后汽车消费主流。

实际上，随着油价的飙升，节能已成为居民消费选择的重要判断依据。近几年，日本企业丰田的低油耗汽车在北美市场备受青睐，而美国通用公司的豪华汽车价格一降再降。来自美国《消费者报道》的调查，似乎也在印证着高油价对汽车消费的影响。数据显示，由于油价过高，37%的美国受访者表示正考虑更换家庭用车，55%的人声称打算购买更小排量的汽车，50%的人说会考虑购买油电混合动力车，38%的人表示打算购买可变燃料或柴油车。另外，针对我国出租车行业而言，油价的提高，也必将导致出租车运营在减少空驶率上下足工夫。目前，北京市出租车数量为 6.6 万辆，只占到机动车保有量的 1/50，但是马路上出租车比例占到 20%～30%。出租车空驶率过高，既占用了大量的道路资源，也造成能源的无谓消耗。

2.4 高油价导致能源价格间优势发生转变，油替代品和可再生能源得到大力发展

为了摆脱对石油资源的依赖，许多国家开展了石油替代能源的研究开发和推广利用。我国是一个“富煤、贫油、少气”的发展中国家，发展煤基石油替代燃料具有重要战略意义。在煤变油项目上，业界普遍认为，当油价高于30美元/桶，折合人民币1 800～1 900元/t时，煤变油就具有竞争力。而目前的汽油市场价格每吨超过6 000元，利润空间巨大。随着油价的节节攀升和供需矛盾紧张，这使得长期以来步伐缓慢、未能如期进入工业化阶段的煤制油工业项目在我国得到较快发展。“十一五”以来，本着“有序推进”的原则，我国先后批准了7个煤直接、间接液化制油示范项目。我国神华集团在内蒙古鄂尔多斯开工建设的“煤制油”直接液化工业化装置首条生产线现已建成，2008年9月已试产。项目投产后，每年可转化约350万t煤，生产煤油、液化石油气、石脑油等产品108万t。

受石油价格上涨进而带动的化石能源价格普遍高涨更是推升了可再生能源在中国的发展。据报道，中国、印度和巴西在可再生能源投资方面吸引到的投资份额已从2004年占全球的12%上升至2007年的22%，金额由18亿美元增加到260亿美元，增加了14倍以上。进入2007年后，中国在非水电可再生能源上的投资更是增长了4倍多，达到了108亿美元。2007年中国风电装机容量达590.6万kW，较2006年增长了127.2%，累计风电装机容量排名世界第五位。2007年，我国水电装机容量达1.45亿kW，较2006年增长13%。高油价对可再生能源发展的推动作用可见一斑。

2.5 油价上涨进一步推动煤炭需求过快增长，某种程度上增大了节能减排压力

综合考虑煤炭、石油与天然气的比价关系和进出口关系，在短期内，石油价格的上涨，导致了对煤炭需求的过度增长和煤炭资源开采强度的进一步加大，这无疑在一定程度上对中国生态环境保护带来更大压力。首先，国际油价持续上涨，我国石油进口面临巨大压力，因此我国经济的持续快速发展所需的能源也不得不更多地依靠煤炭。其次，国际油价的上涨，不仅直接带来我国石油、天然气价格的上涨，同时也引起煤炭等价格上涨，进一步刺激了煤炭的开采，导致许多小煤窑死灰复燃。这样，煤炭消费的增长和煤炭在一次能源消费中的比重上升，在一定程度上加大了我国节能减排的压力。

不仅如此，在国际油价不断攀升、我国石油资源供应不足的背景下，高油价为煤化工行业的发展提供了新契机。然而，在煤制油过程中存在大量的能源和水资源浪费。数据资料表明，煤间接和直接制油的能源利用效率分别低于30%和50%；合成1 t油的耗水量在10～12 t；每吨产能的CO_2排放量也是原油精炼工艺的7～10倍。煤化工业的高耗能、高耗水、高排放势必造成SO_2、CO_2、工业废渣、废水的大量排放，甚至破坏地下水系。因此，煤化工的大力发展必将增加我国节能减排的压力。

2.6 高油价不应影响我国能源税改革的步伐，建立健全能源价格形成机制至关重要

能源问题的不断恶化不但制约着社会经济的可持续发展，而且直接影响着人们的生存质量。为了解决能源问题，世界各国无不以政治、法律、行政、经济等各种手段进行综合治理。其中，税收手段的运用已成为各国能源政策的一个重要组成部分。税收政策作为国家宏观调控的重要工具，在促进能源节约及可持续开发和利用上具有其他经济手段难以替代的功能。在国外，面向能源的税收主要包括两个方面：①能源消费税，包括对交通燃料以及其他能源原料所征收的基本税；②针对能源消费过程中排放的污染物而征收的环境税，如硫税和碳税，等等。

当前，我国正在积极筹划燃油税的改革。但是，一般情况下，在国际油价处于高位时调整国内成品油税收政策风险较大。但从另一方面考虑，目前的高油价很可能长期维持，因此拖延下去不切实际，必须尽快研究在高油价背景下出台燃油税的问题。通过明确的政策信号，对社会发展选择产生积极影响。当然，我国能源相关的税率可以采用逐渐提高的方法，以避免对大众生活和经济产生大的冲击。

3 结语

总之，在高油价时代，我国应尽快建立节约、高效的能源利用系统，有必要进一步改革和完善能源价格形成机制，使之对国际油价变化作出合理反应，将价格信号尽快传递给市场。事实上，只要能够做到在不影响经济发展的前提下，为保障能源的可持续利用、改善生态环境质量，以能源税为核心的生态税改革就应成为我国可持续发展领域宏观经济调控的重要手段。要加快采取措施减轻能源价格上涨对污染减排的短期影响，避免刚刚出现的污染减排好转形势被能源价格上涨而“埋葬”。

环境（经济）政策

中国环境保护投资现状、问题与对策

Status, Problems and Countermeasures of Environmental Protection Investment in China

吴舜泽 逯元堂 刘 瑶 孙钰如 葛察忠 苏 明[①] 裴晓菲[②]

摘 要 本文从环保投资规模、结构、资金来源、投资口径、投资效果等方面对环保投资现状进行了综合分析，结果表明环保投资存在总量不足、结构不合理、政府环境事权财权不匹配、投资渠道不畅、口径不清、投资效率较低等问题，并从建立环保投资渠道，环境事权财权相匹配，加强环保投资激励措施，调整环保投资口径等方面提出了建议。

关键词 环保投资 统计口径 投资渠道

Abstract The article analyzed the scale, structure, fund source, statistical caliber, and investment effects of environmental protection investment. The result shows that there are some problems such as quantity deficiency, unreasonable structure, unmatched financial and administrative powers, blocked channels, undefined caliber, and low efficiency. The article puts forward some suggestions from establishing channels, matching financial and administrative powers, strengthening encouragement and adjusting statistical caliber.

Key words Environmental protection investment Statistical caliber Investment channel

1 环境保护投资现状分析

1.1 投资总量

环保投资绝对量总体上逐年增加，但增速有所趋缓。多年来我国环保投资总量总体上呈逐渐上升趋势。“七五”期间全国环保投资 476.42 亿元；“八五”期间达到 1 306.57

① 财政部财政科学研究所。
② 环境保护部环境与经济政策研究中心。

亿元，是“七五”期间的 2.74 倍；“九五”期间的投资是“八五”期间的 2.69 倍，达到 3 516.4 亿元；“十五”期间环境保护投资为 8 399.3 亿元，是“九五”期间的 2.4 倍。“八五”、“九五”、“十五”期间环保投资年均增长率分别为 43.56%、33.8%、27.7%，投资绝对量逐步增加，但增速有所趋缓，尤其是 2006 年增速仅为 7.45%，是 20 世纪 90 年代以来的次低值（最低值发生在“一控双达标”后的 2001 年 4.3%）。考虑到环保投资均为当年价（未扣除物价上涨等因素），2001 年和 2006 年环保投资总量增幅实际会更小。

环保投资占 GDP 的比重波动大，随机性较强。①一些年份环保投资占 GDP 的相对量比率较上年有一定程度的下降。1999 年该值首次突破 1.0%（按照经济普查调整后的 GDP 计算，1999 年该比例有所降低，首次突破 1.0%实际发生在 2000 年），“十五”期间占同期 GDP 的比例分别为 1.18%，最高峰在 2004 年，环保投资占 GDP 的比例经历了先增后降的案例，2001 年比率数小于 2000 年，2005 年、2006 年该比率数据连续走低，若无 2007 年度更进一步的节能减排强力推动，该比率存在进一步下降的可能。②两个时段集中出现了环保投资增长率小于同年 GDP 增长率的现象。尽管“六五”、“七五”、“八五”、“九五”各个五年计划内环保投资增长率均高于同期 GDP 的增长率，但 1994 年、1995 年、1996 年、2001 年、2005 年、2006 年均出现了环保投资增长率小于当年 GDP 增长率的情况。回顾分析来看，若无经济财政政策和国债发行等政策性因素，可能 1994—1996 年环保投资下滑的趋势可能还会继续较长的一段时间。预测分析，若无节能减排，2005 年、2006 年环保投资下滑的势头可能还会进一步持续一段时间，2007 年应力争实现环保投资下滑的“拐点”。③环保投资弹性系数变化起伏较大。从 1997 年以来，我国环保投资弹性系数（相对于 GDP 增长）基本保持在 1.0 以上（2001 年和 2004 年仅为 0.86 和 0.98）。但从连续数据分析，年际环保投资弹性系数出现先增后减的现象，2006 年仅为 0.51，环保投资增长率波动性比较大。另外，往往在五年计划的起始年度环保投资增长率呈现下降趋势，而在五年计划的最后一年环保投资增长率呈现增长的趋势。

表 1 我国环保投资总量变化情况

时间	环保投资总量/亿元	占同期 GDP 比例/%	占社会固定资产投资的比例/%	环保投资增长率/%	同期 GDP 增长率/%	环保投资弹性系数
“六五”	170.00	0.5	—	—	—	—
“七五”	476.42	0.69	2.41	—	—	—
1991	170.12	0.84	3.09	—	—	—
1992	205.56	0.86	2.62	20.83	23.22	0.90
1993	268.83	0.86	2.16	30.78	30.02	1.03
1994	307.20	0.68	1.88	14.27	35.01	0.41
1995	354.86	0.62	1.77	15.51	25.06	0.62
“八五”	1 306.57	0.73	2.10	174.25	159.31	1.09
1996	408.21	0.60	1.78	15.03	16.09	0.93
1997	502.49	0.68	2.01	23.10	9.69	2.38
1998	721.80	0.92	2.30	43.64	5.21	8.37
1999	823.20	1.00	2.76	14.05	4.75	2.96
2000	1 060.70	1.19	3.22	28.85	9.02	3.20

时间	环保投资总量/亿元	占同期 GDP 比例/%	占社会固定资产投资的比例/%	环保投资增长率/%	同期 GDP 增长率/%	环保投资弹性系数
“九五”	3 516.4	0.89	2.48	169.13	108.49	1.56
2001	1 106.6	1.15	2.97	4.33	8.77	0.49
2002	1 367.2	1.30	3.14	23.55	8.07	2.92
2003	1 627.7	1.39	2.93	19.02	11.62	1.64
2004	1 909.8	1.40	2.71	17.36	16.60	1.04
2005	2 388.0	1.30	2.69	25.04	33.18	0.75
“十五”	8 399.1	1.31	2.84	138.86	62.93	2.21
2006	2 566.0	1.22	2.33	7.45	15.68	0.48

数据来源：中国环境统计公报、中国统计年鉴，环保投资弹性系数＝环保投资增长率/同期 GDP 增长率 × 100%；本表按 GDP 调整前当年价格计算。

环保投资总体上占固定资产投资比率有所上升，但近年来环保投资增长率小于固定资产增长率。“七五”、“八五”、“九五”“十五”五年平均该比率分别为 2.41%、2.1%、2.48%、2.84%，总体有所上升。但应注意的是：①该比率变化较大，且无规律性，如“八五”期间该比率是逐年下降，环保投资占 GDP 比率与其占固定资产投资比率没有直接对应性；②新建项目“三同时”环保投资占全社会固定资产投资比重偏低，如在重化工、重污染行业迅猛发展的 2003—2006 年，新建项目环保投资占全生活固定资产投资的比率平均仅为 0.692%，占同期全部环保投资占固定资产投资比率（2.66%）的 26%；③环保投资占固定资产投资比重增加主要来源于城市基础设施的拉动。从环保投资占全社会固定资产投资比例来看，2002 年以前，环保投资的增长率均高于固定资产投资增长率，但绝对量增加并不明显。从 2003 年开始，社会固定资产投资的增长率已全面超过环保投资的增长率。在经济快速发展、社会固定资产投资迅速增加的同时，环保投资的增长速度反而相对放慢，尤其考虑到新一轮固定资产投资高峰有不少集中在高耗能、高污染行业，应对目前的环保投资保持一个清醒的认识。

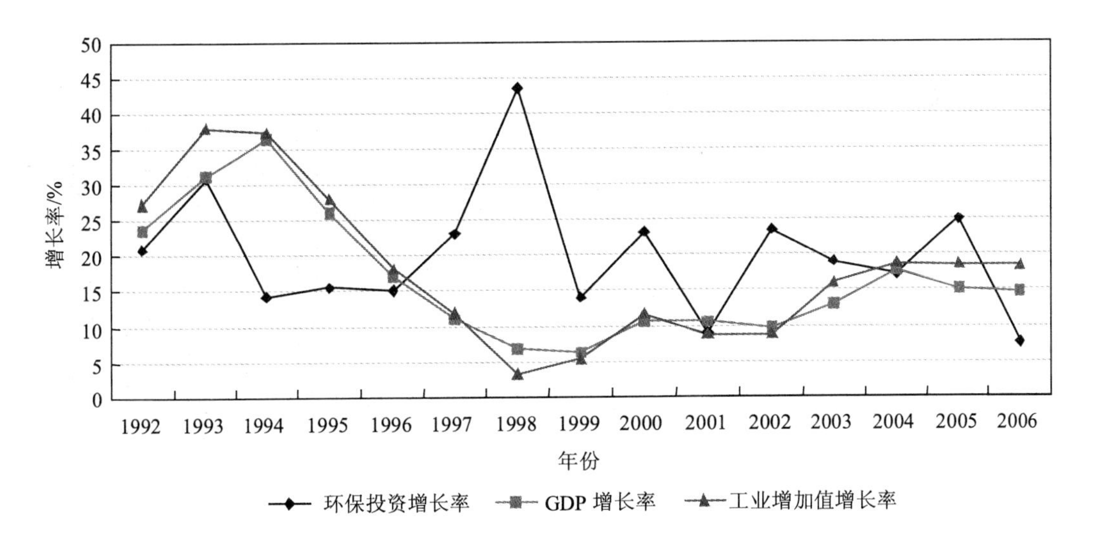

图 1　环保投资增长率与经济增长率比较（当年价格）

环保投资呈现明显的地区“贫富”差异。2005 年全国环保投资总量为 2 388 亿元，占 GDP 的比例为 1.30%。从资总量分析，江苏、山东、广东、浙江、辽宁、河北、上海 7 个省市环保投资总量较大，合计占全国环保投资总量的 50%以上。经济较为发达的地区，环保投资总量相对较高。从各省环保投资相对量分析，环保投资占 GDP 比例最高的省份为宁夏（2.02%），另外天津（1.95%）、内蒙古（1.78%）、重庆（1.64%）、辽宁（1.61%）、江苏（1.61%）等省份环保投资占 GDP 的比例均超过 1.3%，山东、新疆、北京、福建、河北、浙江、山西、四川、甘肃、广西省（市、自治区）环保投资占 GDP 的比例也均在 1.0%以上。

1.2 投资结构

水、气污染治理投资比重较大。按环境要素分类，全社会环境污染治理投资包括水污染治理、大气污染治理、固体废物治理、噪声治理以及其他等方面的投资。“十五”期间水污染治理投资总量为 2 658 亿元，占总投资的 31.6%；大气污染治理投资总量为 2 359.1 亿元（包含燃气、集中供热），占总投资的 28.1%；水、气治理投资约占全部总量的 60%。固体废物治理投资为 681.6 亿元，占总投资的 8.1%；噪声治理投资为 83.7 亿元，占总投资的 1.0%；其他投资为 2 617.3 亿元，占总投资的 31.2%。

城市环境基础设施投资是环保投资口径“三大块”的主体。按照目前中国环保投资统计的口径，环境保护投资范围主要包括城市环境基础设施建设投资、工业污染源治理投资（老工业污染源治理）、建设项目“三同时”环保投资 3 个方面。其中城市环境基础设施投资占环保投资总额的比例最大，1998 年以后基本保持在 60%左右，最近几年这个比例开始小幅度下降。工业污染源治理投资占环保投资总额的比例呈下降趋势，2001 年以后只占 16%左右。建设项目“三同时”环保投资占环保投资总额的比例多年来一直相对稳定，多年平均为 26%。

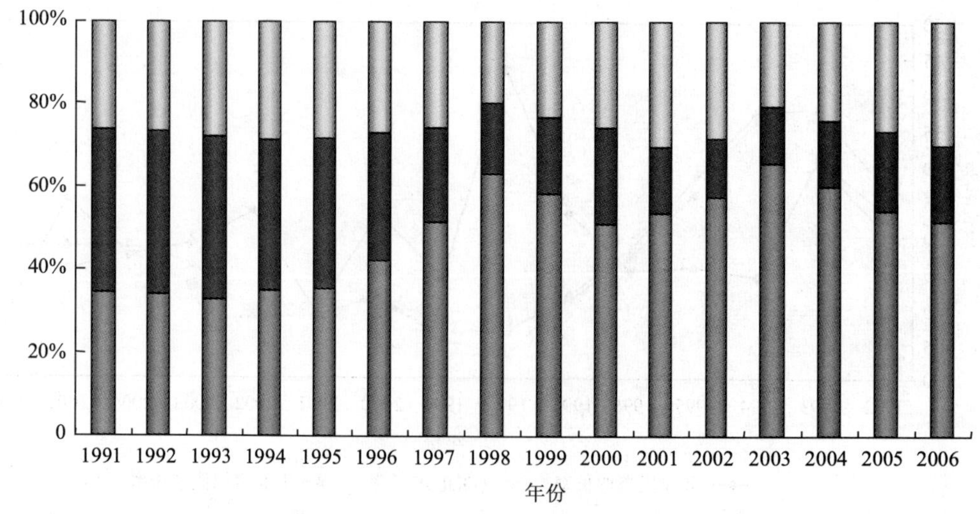

图 2 1991—2006 年全国环境保护投资结构变化

1997 年以来的积极财政政策直接拉动了城市环境基础设施总量及其比例。1981—2006 年，我国城市环境保护基础设施建设投资量逐年增加，从“六五”期间的 51 亿元，增加到“十五”期间的 4 888.1 亿元，其占环保投资增量的比例也逐步加大，近年来略微趋缓。由于 1997 年前后我国实施积极财政政策，发行国债、加大了基础设施投资力度，城市环保基础设施投资有较大幅度的增长，1998 年的增长率达到历史最高（77.23%）。从弹性系数来看，1997 年城市环境基础设施建设的弹性系数达到 5.23，远远超过同期 GDP 的增长速度，1998 年城市环境基础设施建设的弹性系数更是达到最大值 14.82，带有强烈的时间特征和政策特征。

工业污染源治理投资的增长速度波动较大，占环保投资的比例偏小。2000 年工业污染源治理投资增长最快，弹性系数达到历史最高 6.29。1996 年、1997 年、2001 年则出现了负增长，2002 年以后开始稳定增长。1992—1997 年，工业污染源治理投资的增长率均低于同期的 GDP 增长率，工业污染源治理投资弹性系数也比较小，1999 年的投资还不到 1995 年的 1/3。1998—2002 年弹性系数呈现较大的波动，2001 年出现了历史最低值–3.09。近年来，全国工业污染源治理投资的总量变化不大，但其占总投资的比例呈现下降趋势。“七五”期间，我国老污染治理投资占全部环保投资的 41.18%，在环境保护投资中份额最大。而“十五”期间工业污染源治理投资 1 351 亿元，占环保投资总额的 16.1%，占社会固定资产投资中更新改造资金的 2.74%。2003—2004 年工业污染源治理投资结构发生变化，废气治理投资占工业污染源治理投资的比例超过废水治理投资的比重，这可能与电厂脱硫力度开始加大等政策因素有直接的关系。

图 3　城市环境基础设施投资增长率与经济增长率比较（当年价格）

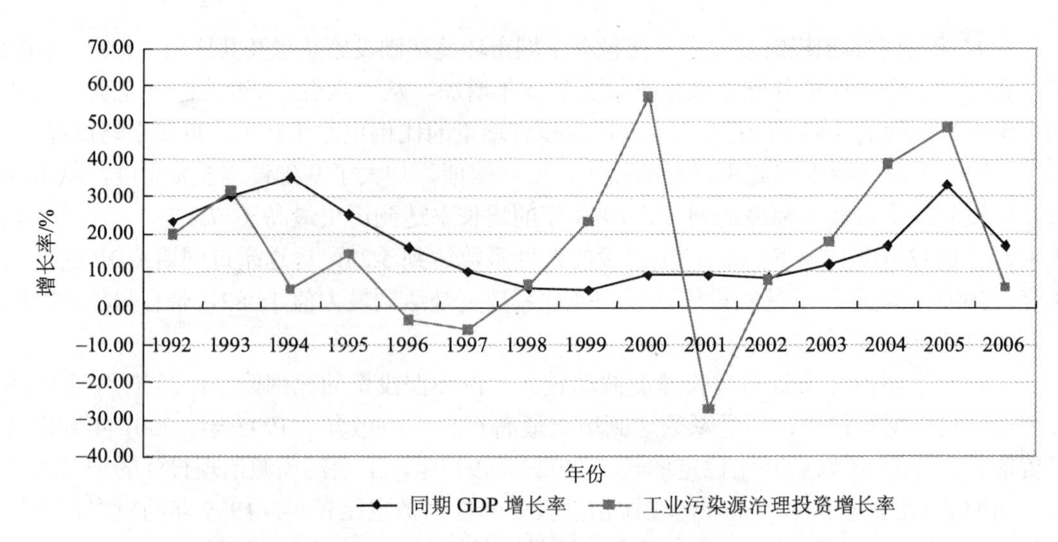

图 4 工业污染源治理投资增长率与经济增长率比较（当年价格）

建设项目“三同时”环保投资呈逐年增加的趋势，占环保投资的比例相对较为稳定，但应执行“三同时”项目投资占全部固定资产投资比率偏低。①从项目“三同时”环境保护投资占应执行“三同时”的建设项目总投资的比例来看，基本保持在 4%左右（2000 年接近 6%），对于控制新建项目的污染发挥了重要的作用。②1992—1996 年建设项目“三同时”环保投资增长率均低于同期经济增长率，1997 年以后建设项目“三同时”环保投资增长率开始高于同期经济增长率，1999 年建设项目“三同时”环保投资的弹性系数达到最大 7.35。但 2000 年以后增速有所放缓，2003 年弹性系数达到历史最低值–1.24，不升反降。③2006 年建设项目“三同时”环保投资为 767.2 亿元（占环保投资总额的 28.9%），比 2005 年增加 127.1 亿元（增长 19.9%），是环保投资三个构成部分中增速最快的部分，建设项目“三同时”对环保投资的增长贡献率为 71.4%，环保投资的增长绝大部分靠建设项目“三同时”投资拉动，同时占有绝对环保投资比重的城市基础设施环保投资近年来增速显著放缓。但即使如此，2006 年建设项目“三同时”环保投资占建设项目投资总额的比率为历年最低，说明 2006 年国家建设项目投资过多、过快，而相应的环境治理投资却未能足额到位，也间接反映了 2006 年环保投资整体有较大幅度的下滑趋势。④1991 年到 2006 年，“三同时”环境保护投资占应执行“三同时”的建设项目总投资的比例为 4.4%，但仅占全社会固定资产投资的 0.655%，应执行“三同时”的建设项目投资仅占全社会固定资产投资的 19%，相当于全社会固定资产投资总量的 81%的投资没有执行“三同时”，这需要进行慎重分析。

表 2 1991—2006 年建设项目“三同时”环保投资情况

年份	环保投资额/亿元	占建设项目投资总额/%	占全社会固定资产投资总额/%	占环保投资总额/%
1991	44.49	4.18	0.80	26.15
1992	55.51	3.99	0.69	27.00
1993	74.91	3.51	0.57	27.87

年份	环保投资额/亿元	占建设项目投资总额/%	占全社会固定资产投资总额/%	占环保投资总额/%
1994	88.52	3.99	0.52	28.82
1995	101.23	3.93	0.51	28.53
1996	110.83	3.69	0.48	27.14
1997	128.8	5.31	0.52	25.63
1998	142.0	4.07	0.50	19.67
1999	191.6	4.47	0.64	23.28
2000	260.0	5.94	0.79	25.62
2001	336.4	3.6	0.90	30.40
2002	389.7	5.2	0.90	28.50
2003	333.5	3.9	0.60	20.49
2004	460.5	3.9	0.65	24.11
2005	640.1	4.0	0.72	26.80
2006	767.2	1.0	0.70	29.90

1.3 来源渠道

“十五”期间，污染源治理项目投资 1 351 亿元，其中国家预算内资金 118.55 亿元，环保专项资金 59.22 亿元，企业自筹资金 746.51 亿元，银行贷款和利用外资 236.71 亿元。其中，政府投资占 13%，企业自筹占 72%，银行贷款占 15%。环保投资另外两部分即建设项目“三同时”和城市环境基础设施建设投资具体来源不清。

环保投资与经济发展指标关联性微弱，缺乏持续、稳定的资金供给。分析表明，环保投资增长与 GDP、财政收入、固定资产投资、工业增加值等指标环比增长率的相关系数分别为–0.12、–0.34、0.16、–0.117。环保投资与财政收入为弱的低度相关，与 GDP、固定资产投资、工业增加值等均为微弱相关。这说明：①财政资金的环境保护投入总体上来说年际变化不大，并没有发挥主体或主导作用，新增财力向环境保护倾斜没有实现；②环境保护投资长期以来并非固定资产投资的优先领域，环境保护的欠账有进一步拉大的可能；③随着固定资产投资、工业增加值的增加并不代表着环保投资的必然增加。总之，环保投资基本与经济发展指标没有很强的内在关联性，环保投资缺乏持续、稳定的资金供给，环保投资相对于经济增长速度较快的局面缺少机制性的保障因素，保证环保投入增长幅度高于经济增长速度难度较大。

1984 年，国务院在《关于环境保护工作的决定》（国发［1984］64 号）中，确定了环境保护资金的 8 条渠道，即环保投资主要来源于如下方面：①新建项目“三同时”污染防治资金；②老企业更新改造投资中的 7%用于老污染源治理资金；③城市基础设施建设中的环保投资；④排污收费的 80%用作治理污染源的补助资金；⑤企业综合利用利润（5 年内不上交）留成用于治理污染的投资；⑥防治水污染问题的专项环保基金；⑦治理污染的示范工程投资；⑧其他。近年来中国环境保护投融资的方式和渠道也在不断发展，出现了一些新的融资手段，包括发行国债、BOT 项目融资、利用外资等。总体来看，传统环保投资渠道在萎缩、失效，新的有效渠道尚未建立，大多渠道没有约束性，环境保护的重要性并没有落实于可操作性的机制、渠道、来源。

（1）基本建设项目“三同时”环境保护资金执行较好但缺乏明确的数量约束性要求。防治污染和其他公害的设施，必须与主体工程同时设计、同时施工、同时投产，这是环境保护投资中具有间接法律约束要求的渠道，多年来新建项目“三同时”环保投资也是一个稳定的环保投资来源，环境保护基本建设投资呈增长的趋势，这和近年来“三同时”环境保护投资的增加是分不开的。但其所占全国基本建设投资的比例仍然逐年下降，大量的固定资产投资并没有实施“三同时”，即需要实施“三同时”治污投资的建设项目长期占全社会固定资产投资比率一直不高，尤其是考虑到大量的高耗能、高污染产业发展势头，这说明该渠道仍然有较大的发展空间。另外，目前缺乏对各行业尤其是高耗能、高污染行业新建项目“三同时”环保投资比率指导性要求，也使该渠道的实施力度在实际中容易“走样”。

（2）技术更新改造投资中环境保护资金已经不能作为有效渠道。按照原规定，各级经委、公交部门和地方有关部门及企业所掌握的更新改造资金中，每年拿出 7%用于污染治理，污染严重、治理任务重的，用于污染治理的资金比例可适当提高，企业留用的更新改造资金，优先用于治理污染。但由于国家财税体制改革后，企业实行资本金制度，取消了更新改造基建等专项基金管理，原更新改造基金中提取 7%作为环保技改基金的政策已经不能实施，该资金渠道没有很好地发挥作用。1991—2000 年 10 年间该比率实际只有 0.74%，仅占要求的 10%。从“八五”以来，环境保护更新改造资金呈现下降的趋势，“九五”期间的投资比“八五”低了 30 亿元左右，同时，其占环境保护总投资的比例也呈现明显的下降趋势，其占全国更新改造投资的比例没有达到规定的 7%，而且呈下降的趋势。

（3）城市基础设施建设中的环境保护资金发展较快。按照原规定，大中城市按固定比率提取的城市维护费，要用于结合基础设施建设进行的综合性环境污染防治工程，如能源结构改造建设，污水、垃圾和有害废弃物处理等。城市基础设施建设的环保投资 60%以上来源于城市建设维护税和地方财政拨款（含土地收入），城建基础设施环境保护投资总量近年来呈现了明显的增长趋势，尤其是 1998 年、1999 年和 2000 年，每年的增长幅度都在 100 亿元左右。城建环境保护投资所占城市基础设施建设总投资的比例自“八五”以来呈逐年上升的趋势，2000 年的比例达到 27.27%。这一方面说明了国家和地方政府近年来对城市环境保护基础设施的建设给予了高度重视，加大了这方面的投入；另一方面说明了这部分投资的历史欠账较多。

（4）排污费补助用于污染治理资金部分实施效果有所好转。根据原规定，企业交纳的排污费要有 80%用于企业或主管部门治理污染源的补助资金，以解决老企业污染治理资金的不足。2004 年《排污费征收、使用与管理条例》出台后，要求实施收支两条线管理，排污费性质和使用发生了变化，不执行先征后返的操作方法，但排污费用于治理部分的比例和总量都有较大幅度的增加，这对于增加环保投入起到了十分积极的作用。2003 年排污费改革后，各地排污费集中 10%形成中央环境保护专项资金，根据国家指南的要求，全部用于污染防治项目。2004—2007 年，财政部和国家环境保护总局分别下达了 2.767 亿元、8.14 亿元、11.4 亿元、14.1 亿元中央环境保护专项资金，分别支持环境监管能力、集中饮用水源地污染防治、区域环境安全、农村小康环保、新技术新工艺推广应用等项目。与此对应，各地排污费也集中用于各地的污染防治工作，对全国环境质量的改善起到了积极的作用。

（5）综合利用利润留成用于污染治理的资金渠道已经没有实际意义。按照原规定，综合利用产品实现的利润可在 5 年内不上缴，留给企业继续治理“三废”。但“八五”期间经济体制改革后企业税后利润全部归企业自有，这条政策就不起作用了。综合利用利润留成用于企业治理污染，很好地体现了环境效益和经济效益的统一。从综合利用利润留成的情况来看，这部分资金用于环境保护投资的数额十分有限，占全部环境保护投资的比例维持在 1%左右。但有关分析表明，用于环境保护的资金占工业“三废”资源综合利用产值的比例不足 10%。

（6）银行和金融机构贷款用于污染治理的资金渠道政策“瓶颈”没有突破。1996 年以前，由于污染治理的直接经济效益不明显，银行贷款遵循效益原则，因而环境污染治理项目几乎得不到贷款，这部分资金在环境保护总投资中所占的比例很小。近年来，金融机构为了支持环境保护这类公益性事业，制定出了有利于环境保护的信贷政策，对企业污染治理项目给予较优惠的信贷条件。随着绿色信贷政策的实施，银行贷款在限制高污染高耗能行业方面也开始发挥作用。但总体而言，信贷投入不是环境保护的主要部分，仅占工业污染源治理投资的 15%左右，尚未发挥间接融资的主体作用。

（7）污染治理专项基金渠道有一定程度的强化。按照原规定，国家计委和一部分省市拨出专款，用于一些重点污染源、重点区域的治理。但这部分资金是和国家与地方的环境保护目标和政策紧密相连的，一般处于“一事一议”的性质，国家污染治理、环境保护的专项资金一直没有建立。一般是由国家或地方政府从财政收入中拿出一部分资金作为污染治理专项基金或专项贷款，支持某些“大”、“重”、“急”的环境保护项目。随着政府对环境保护的重视和污染防治力度的加大，这部分资金出现增长的趋势。例如，近年来，许多地方省、市政府也积极致力于环境保护，安排一定资金专项用于重点污染治理项目。

（8）环境保护部门自身建设经费。国家每年拨出一定数量的资金用于环境监测、环境科研、环境宣传教育、自然保护以及放射性废物库建设等方面。排污费改革前，地方排污收费的 20%部分也用于环境保护部门的自身建设。该渠道与环境污染治理投资没有直接的关系。随着排污费的改革，环保部门自身建设经费难以保障，能力建设资金渠道不畅通，对环保部门自身能力建设带来了较大的难度。

1.4 投资口径

按照现行环保投资的定义和统计方法，我国环保投资包括城市环境基础设施建设投资、工业污染源治理投资和建设项目“三同时”环保投资。工业污染源治理投资指工业企业治理废气、废水、废渣、噪声、震动、辐射等污染和“三废”综合利用的在建工程或设施的建设投资。实际执行“三同时”项目环保投资指实际执行“三同时”建设项目的环保设施实际投资。城市环境基础设施还进一步细分为 5 大类。“十五”期间，城市环境基础设施建设投资总量为 4 888.1 亿元，占城市建设固定资产投资 20 301.9 亿元的 24%，占到环保总投资的 58.2%。城市环境基础设施建设投资包括燃气、集中供热、排水、园林绿化和市容环境卫生 5 部分组成，投资分别为 588.1 亿元、742.8 亿元、1 595 亿元、1 495.4 亿元和 467 亿元，占城市环境基础设施总投资的比例分别为 12.0%、15.2%、32.6%、30.6% 和 9.6%。

欧盟实施的环保投资统计制度是世界范围内较为成功有效的制度，在全世界范围内具有较好的借鉴意义。对比来看，我国的环保投资口径存在如下差异或问题：

（1）欧盟环保支出的口径中不包括具有环境效益的项目的投资（简称环境受益活动）。按照欧盟国家的标准，环境保护投资都包含污染防治和一部分城市公用基础设施的投资，指由专门的环保机构和单位所采取的环境保护活动，一般有专门的环保设施，其主要目的就是环保。但是环境受益活动的支出并不包括在环保支出内，环保受益活动主要指的是那些融入一般经济活动之中的环保活动，其主要目的一般并不是环保，只是在达到另一经济目的的同时产生了环保作用。我国环保投资中燃气投资对象主要为（人工煤气、天然气、液化气）生产能力、储气能力、供气管道、燃气汽车（船舶）加气站等，如液化、气化工程（燃料液化、气化厂、贮运设施、管网及供应网点建设）投资、型煤生产及供应网点建设投资等；集中供热投资包括城市集中供热工程（含集中供热锅炉、配套设施、厂房及供热管线）、热电厂工程（供热部分及管网投资）热电厂、生活和商业炉灶（含取暖炉）改造等方面的投资。我国环保投资中关于集中供热、燃气等部分，属于典型的环保受益活动，不属于国际环保投资通行口径范围。

（2）欧共体统计局 2005 年的环保支出统计报告中，园林绿化投资方面，仅有工业园区、工厂和企业周围的树木、绿化带和绿化屏障方面的支出包括在内。英国的环保支出统计口径中，明确指出不包括城市环境方面的支出。我国园林绿化投资主要包括公共绿地、公园、居住区绿地、单位附属绿地、防护绿地、生产绿地（为城市园林绿化提供苗木、花卉、草皮、种子的圃地）、道路绿地和风景林地面积，范围较广，主要是城市公共绿化方面的投入，并不是国际上绿化投入概念，我国所谓的园林绿化投资是不包括在欧盟的环保投资范畴内。

综合上述两点，我国现有城市环境基础设施统计口径偏大，我国城市环境基础设施建设投资口径问题较多，城市环境基础设施建设投资中真正用于污染治理的资金比重较小，需要研究建立环保系统自身的城市环境基础设施统计口径，而不是直接采用城市建设年报数据。比照欧盟口径，现行口径中的燃气工程建设、集中供热工程建设、园林绿化工程建设等与环境污染治理关系较为间接，实际为环境受益活动或者扩大了绿化范围，不应归为环保投资，但这三部分投资所占比例较大。与环境污染治理关系较为紧密的仅为排水和市容环境卫生两部分，占城市环境基础设施投资的 40%左右，而这两类中仅一半左右的资金用于污水处理、垃圾处理（其他用于雨水管网、城市管网建设、路面清洁、洒水车供水站、进城车辆清洗站等）。以此估算，城市环境基础设施建设投资中仅有 24%左右的资金真正用于环境污染治理。按此口径计算，环境保护投资总量将缩水 50%左右，“十五”期间真正用于环境保护的投资为 4 534.6 亿元，仅为 8 399.3 亿元的 54%左右，仅占调整后 GDP 的 0.64%左右。

（3）欧盟国家的环保投资中包括企业的清洁生产投资。在欧共体统计局的污染防治的投资性支出的概念中包括综合工艺费用，而综合工艺费用被定义为采用新工艺实现清洁生产而支出的费用。这也就是说清洁生产投资包括在欧盟环保支出的范畴内。这在具体界定时需要十分具体地加以甄别，并应严格区分环保活动和环保受益活动。

（4）除了我国固定资产投资概念外，欧盟一般通行的环保投资实际上是环保投入概念，包括了治污设施的运行费用。欧盟污染治理的经常性支出中包括了与污染处理设备运作和监测有关的支出，比如污水处理厂的运行费用，固体废弃物收集和处理的支出，以及污染水平定级和监测方面的支出等。欧美等发达国家多采用环境保护投入这个概念，其构成中包括了投资性支出和经常性支出两个部分，与国内环保投资的定义相比，其范围更广，口径远大于环保投资。考虑到欧盟包括运行费在内的环保投入实际上仅占 GDP 的 1.8%左右，我们尤其需要对我国环保投资真实有效性进行深入分析。应特别注意环保投资口径差异以及其数据的可比性。我们研究结论是，将环保投资应理解为固定资产投资，环保投入应包括运行费等经营性支出，而环保支出则还应包括管理费用等财政预算保障支出部分。

1.5 投资效果

从环境保护投资方面分析，“十五”期间有效环保投资不足，投资没有落实到污染治理项目，环保投资需求与实际有效投资之间存在一定的差距，环境建设相对滞后，污染治理设施运转不佳，大量资金用于与环境污染治理关系不紧密的方向。

在总投资超过预期的背景下，区域、流域环境保护重点工程及工业污染源治理项目资金不足，“十五”计划确定的重点环保项目无法按期完成，影响了环境质量改善目标的实现。其中，两控区：50%脱硫项目按计划完成。“十五”计划期间安排重点 SO_2 治理项目 256 个，计划投资总额为 360.9 亿元，建成后可形成 307.6 万 t/a 的 SO_2 削减能力。截至 2005 年年底，已建成的项目 140 个，占计划总数目 54.7%；在建项目 101 个，占计划项目总数的 38.3%。已建和在建项目占总项目数的 94.1%，脱硫能力占 95.1%。其中，重点流域：60%的项目按计划完成，投资完成 50%左右。“十五”以来，重点流域所在 18 个省、市、区人民政府和国务院有关部门按照重点流域水污染防治“十五”计划的要求，强化了对污染防治工作的领导，积极采取各项综合措施。截至 2005 年年底，列入计划的 2 130 项治污工程，已完成 1 378 项，占总数的 65%；在建 466 项，占 22%；未动工 286 项，占 13%。完成投资 864 亿元，占总投资额的 53%。453 个水质监测考核断面中，270 个断面达标，占断面数的 60%。

目前，针对环保投资实施后的环境效益缺乏相应的监管机制和评估机制，严重影响了环境污染治理项目的绩效。有关调查显示，环境污染治理设施有 1/3 能正常运行，1/3 不运行，1/3 运行但达不到应有的效率和处理效果。在 2003 年审计署对 28 个省（市、区）的 526 个利用国债资金建设的城市基础设施项目的审计结果中，有 136 个未按照中央有关部门与有关省（市、区）政府签订的建设责任书或项目计划建成，其中：污水 68 个，垃圾 18 个，供水 29 个，供气 16 个，供热 5 个。这些项目尚有 85.47 亿元投资未如期完成，占计划投资额的 26.8%。

环保投资对经济也有一定的拉动作用。环境规划院由污染治理投资对经济贡献度模型及相关数据，依据计量经济学软件 TSP 进行了分析研究，结果表明，污染治理设施的投资增加了国内生产总值（GDP），并且随着投资的增加，对 GDP 的贡献也随之增大。1998

和2000年，污染治理投资分别为72 518亿元和1 062亿元，占当年GDP的0.93%和1.19%，净增GDP 1 068.21亿元和1 560亿元，占GDP总量的1.36%和1.70%。污染治理投资还增加了利税和就业机会。以2000年为例，当年污染治理投资1 062亿元，净增利税736 168亿元；净增就业人数908 166万人。污染治理设施运行的中间消耗对GDP的贡献是负值。以2000年为例，污染治理运行成本为242 127亿元，减少GDP 121.13亿元，占GDP的0.13%，减少了利税242.27亿元，占利税总额的0.96%。但污染治理的运行增加的劳动工资支出和折旧对GDP是正面影响，而污染治理运行所增加的中间消耗、工资支出和折旧对利税的影响都是负面影响，污染治理设施的运行对利税的影响大于对GDP的影响。

2 问题和原因分析

2.1 环保资金缺口逐年累积，投资总量难以满足环境保护需求

传统发展模式和财税制度使环保投资缺口多、基数少、保障难。在以经济发展为目标导向的传统发展模式下，以产值来源（增值税、所得税）为主要税源的收入结构，使得地方偏好于粗放型经济增长模式，造成对资源和环境的过度开发和攫取，地方政府也缺乏足够的积极性和激励机制来投入环保。以流转税为主体的财税制度下，地方政府税收主要靠产业流转税和企业所得税的工业，特别是短期内利高税大的重工业项目，而恰恰是这些项目对地区环境带来的压力最大。

中国目前处于人均GDP尚较低的发展阶段，长期以来对环境保护问题并没有真正提到议事日程，中国近几十年来在环保领域的投资无论从数量上还是从实现的实际效果上，都处于相当低的水平。当前中国已经在环保投资方面积累了大量的历史欠账，逐年的环保投资供需缺口积累造成了目前巨大的资金需求压力。

中国目前污染物排放量居高不下，已经出现了较严重污染问题，工业污染、城市生活污染、生态系统功能失衡、新污染问题和全球环境问题等组成了复合型环境问题，结构污染突出，投资需求巨大。以城市污水管网缺口为例，按照《城镇污水处理及再生利用设施建设规划》，要使我国城镇污水处理设施达到合理负荷，需要新建、改建污水管道长度约17万km，而1994—2004年全国已建的污水管道总长度仅有7.8万km，建设缺口和资金需求较大。“十五”期间真正用于环境保护的投资仅占调整后GDP的0.64%左右，我国真实环保投资并没有表面数据显示得那么乐观，总体上仍然处于新账不断阶段，并没有大规模偿还历史欠账，且环保投资的有效性需要加以调控。

中国目前全面建设小康社会将带来的新一轮经济增长高峰和快速工业化、城市化进一步增加了生态环境保护的压力。同时以国内目前的经济发展速度和不断提升的对发展质量的要求来看，新增的环保投资需求也是水涨船高日益膨胀，数额十分巨大。

另外，广大基本解决了温饱问题的老百姓对环保的要求日益高涨，环境保护等“软”因素在总体价值取向中的权重越来越高，中国严峻的环境形势和环境质量改善需求决定了巨大的资金需求。

2.2 环保投资结构不合理，投资重点与需求不匹配

大量无效的城市环境基础设施建设投资拉高了环保投资总量。近年来，城市环境基础设施建设投资比重较大，占总投资的 60%左右。“十五”期间，城市环境基础设施建设投资总额 4 888.1 亿元，其中燃气工程建设投资、集中供热工程建设投资、园林绿化工程建设投资占环境基础设施投资总额的 57.8%，占环保投资总额的 33.7%。2004 年，以人工景观建设、风景名胜区建设为主体内容且投资高达 300 余亿元的园林绿化建设投资甚至还高于城市污水处理和垃圾处理投资总和。大部分投资用于与污染治理关系较为间接的燃气、集中供热、园林绿化等方面。受积极财政政策影响，近年来各地相继加大了城市排水、集中供热、燃气、园林绿化、市容环境卫生等方面的投资，1994—2005 年，环保投资年均增长 20.31%，其中，城市环境基础设施建设投资平均增长率 23.11%，为最高。从 2005 年数据来看，除燃气工程建设投资有所减少以外，市容环境卫生、集中供热、园林绿化三部分的投资均有较大提高，增加幅度在 10%以上。城市环境基础设施增长带动了整个环保投资的增长，但污染治理投资需求方向、效果与统计投资数据之间存在较大的反差，“无效”的环保投资造成了环保投资的“虚火”，对环保事业的可持续发展造成了一定的不利影响。

工业污染防治投入不足，波动较大，渠道缺乏。工业污染防治资金投入不足是制约环保投资指标完成与否、环保目标实现与否的关键。历次五年环保计划工业污染防治投资（包括新建项目“三同时”环保投资和老工业污染源治理投资）均没有实现预期目标。1994—2005 年，工业污染防治投资年度增长情况和 GDP 增长情况也都小于城市基础设施投资和环保总投资，工业污染源治理投资弹性系数在 1997 年和 2001 年两年间甚至出现负增长。我国并没有真正走入工业污染防治大功告成的阶段，工业污染防治投入仍然是我国环保的重要方面。

“七五”期间，我国老污染治理投资占全部环保投资的 41.18%，在环保投资中份额最大，但随后这比例明显下降。1998—2004 年，工业污染源治理投资占环保投资比例呈波动趋势较为明显，其中 1998—2000 年呈上升趋势，但 2000—2004 年总体呈现下降趋势。从老污染源治理投资占企业技术更新改造固定资产投资比例来看，也是呈现明显下降趋势。由于更新改造基金中提取 7%作为环保技改基建政策、“三废”综合利用留成等老工业污染源治理资金渠道不能实施，企业没有对治污设施进行扩建改造的“硬性”资金渠道，且监管要求相对不严、激励机制没有有效实施，企业没有加大环保投资的驱动力，多年来我国老污染源治理投资一直偏低，且反复较大。2000 年工业污染源治理投资达到了 239.4 亿元，而随后的 2001 年、2002 年、2003 年工业污染源投资均小于 2000 年，在“一控双达标”之后投资量和投资比例一路走低，这是与越来越大的污染源存量市场改造需求、大量企业没有实现稳定达标排放现状背道而驰的，需引起警觉。

新建项目“三同时”环保投资滞后于固定资产投资。新建项目“三同时”环保投资渠道实施一直较好，是环保部门介入社会经济综合决策的有效手段，其占环保投资的比例相对比较稳定，但总量增加速度有所放缓。“十五”期间，建设项目“三同时”环保投资总额为 2 160.2 亿元，占环保投资的比例为 25.73%，占实际执行“三同时”的建设项目

总投资的比例多年来基本维持在 4%左右。总体来看，新建项目“三同时”环保投资占全社会固定资产投资的份额较小，污染治理配套设施建设滞后，难以保证“不欠新账”。

2.3 政府间环保事权财权不匹配，稳定财政投入保障机制远未建立

中央和地方政府环境事权与财权分配格局不匹配。环境保护投融资政策设计的基石是明晰的事权和财权。在从财政包干制到分税制改革过程中，并没有以规范的方式明确各级政府间事权关系，由于中央与地方政府之间的环境保护事权划分不明确，致使环境保护投入重复和缺位并存，各级政府不能很好地履行其环保责任。财税体制改革时中央和地方财权划分未考虑环境事权因素，中央、地方财税分配体制与中央、地方政府环境事权分配体制反差较大，转移支付不能代替税源、税基和权责的一致性。国有大中型企业利润上交中央、治污包袱留给地方，一些税收尤其是资源开发企业大部分上缴总部，也与环境的辖区属性特征不匹配。许多历史遗留环境问题、企业破产后的污染治理问题都要事发多年后的当地政府承担，贫困地区、经济欠发达地区财力更难以承担治污投入，地方政府环境责任和财税支持条件不对等。

财政投入尤其是地方财政投入不到位。①从财政包干体制向分税制改革的体制变革过程中，地方政府履行基本职能面临巨大的财政压力，地方政府用于环保的投资缺乏有效的能力保障，难以充分履行环保责任。②在体制转轨过程中，地方政府缺乏足够的积极性和激励机制来投入于环保。在目前的以流转税为主体的财税制度下，地方政府税收主要靠产业流转税和企业所得税的工业，特别是短期内利高税大的重工业项目，而恰恰是这些项目对地区环境带来的压力最大。③由于各地发展水平不平衡，而中央政府的宏观调节能力又有限，各地区环保投资力度差异很大。中西部的不少省份，尽管受到经济条件限制，也都不断加大环保投入的力度，但环保投入比重极低。

由政府职能“越位”、“缺位”引起的财政支出的“越位”、“缺位”。由于长期实行计划经济体制的惯性，政府行政干预多，政府大包大揽的局面仍然未得到根本改变。对在市场经济体制下出现的新问题，如社保、环境保护等方面，政府则投入严重不足，是目前财政支出“越位”或“缺位”的最主要表现。中央与地方、地方各级政府之间事权交叉部分，国家财政收入主要集中在中央和省、市三级政府中，而占全国人口、土地面积和社会管理与服务的大部分的县、乡两级政府可支配的财力有限。特别在经济困难地区，政府财政拮据，只能保吃饭，保最低行政教育经费，财政部门为平衡预算，不得不砍掉一些预算项目支出，财政“缺位”现象相当严重。在此情况下，环境保护投入资金更是难以落实和保障。

环保资金供给上缺乏稳定有效的财政制度保障。近些年来政府的大幅增加环保财政支出主要是“环境问题导向”的应急式投资，缺乏持续性的保障。事实上，我国当前日益严重的环境污染问题，也正是缺乏保障环保投资的制度建设的一种反映。具体而言，主要表现在以下几个方面：①还没有建立起有利于财政投资稳定增长的政策法规体系。尽管我国已经围绕公共财政体制的建立进行了多年改革，但目前还没有建立起有利于财政环保投资稳定增长的政策法规体系，以确保政府对环保的刚性投入，提高财政投资的效率和效益。②我国现行税制中大部分税种的税目、税基、税率的选择都未从环境保护

与可持续发展的角度考虑，尤其是消费品税收的作用还未发挥出来，还没有真正意义上的环境税，只存在与环保有关的税种，即资源税、消费税、城建税、耕地占用税、车船使用税和土地使用税。尽管这些税种的设置为环境保护和削减污染提供了一定的资金，但难以形成稳定的、专门治理生态环境的税收收入来源。③在环境经济政策方面，当前我国推行的环境经济政策还很有限，尚未形成有利于环保投融资的经济政策体系，财政资金的拉动力不强，资金引导性不足，绩效不高。

2.4 环保投资渠道不畅，投融资机制尚未形成

环保投资渠道不畅、相对单一，一些传统渠道已经逐渐萎缩。1984 年城乡建设环境保护部、国家计委、科委、经委、财政部、中国人民银行、中国工商银行的《关于环境保护资金渠道的规定的通知》规定了 8 条投资渠道分别为：①基本建设项目“三同时”的环境保护投资。②更新改造资金中拿出 7%用于污染治理。③利用城市建设维护税的专项资金用于城市环境基础设施建设。④超标排污费的 80%补助用于企业治理污染。⑤凡综合利用“三废”生产产品的利润 5 年内可不上缴，留给企业继续用于治理污染。⑥企业从银行和金融机构贷款用于治理的投资。⑦各级政府利用财政建立的污染治理专项资金，用于一些重点污染源和重点区域的治理。⑧环境保护部门自身建设的投资。分析来看，“三同时”、城市建设维护费投资渠道还比较顺畅，但是其他渠道都存在一定问题。由于国家财税体制改革后，企业实行资本金制度，取消了更新改造基建等专项基金管理，原更新改造基金中提取 7%作为环保技改基金的政策已经不能实施。由于污染治理设施难以产生直接经济效益，由此银行环保贷款和国外环保投资往往总量较小。“三废”综合利用留成是指允许企业将综合利用利润交财政的那部分资金在头 5 年内可留在企业治理污染，但“八五”期间经济体制改革后企业税后利润全部归企业自有，这条政策就不起作用了。总体来看，我国现有投资渠道还十分有限，约束性的环境保护目标没有约束性的投入保障作为支撑，难以满足我国对环保投资的迫切需要。由此，在基于明确的事权和财权的基础上，研究政府和企业污染防治的资金筹措的渠道、机制、重点、政策等问题，是新形势下一个需要迫切解决的新问题。

环境保护投融资机制长期不发育。我国环保投资主体单一，私人资本介入较少。监管力度不够，也造成环保投资的潜在需求没有完全转化成有效需求。目前我国大部分的环境保护法律法规缺乏关于环保基础设施市场化方面的具体内容，特别是在关系城市环保基础设施建设与运营市场形成的污染治理负责主体、产权制度和价格制度等方面没有规定或规定的内容不利于市场化。“污染者付费原则”的制度基础还不健全，企业生产对环境造成负外部成本还没有完全内部化，环境保护领域的垄断仍未真正打破，国家缺少相关的激励和引导政策，银行信贷，私人资本等社会资金难以介入。政府还未退出企业生产投资与经营决策领域。长期以来，排污收费标准远远低于治理成本，极大地制约着企业治污积极性。以中下企业为例，我国 99%的企业属于中小企业，创造了 50.5%的国内生产总值、76.6%的工业新增产值、43.2%的税收和 75%以上的就业人数。同时，中小企业的污染主要集中在技术水平低、污染治理难的造纸、制革、电镀、印染、水泥、制砖、煤炭、有色金属、非金属和黑色金属矿物采矿业等行业。由于相当多的中小企业经

济实力弱，用于污染治理的自有资金非常有限；融资成本高和信贷风险大，很难获得污染治理资金；在分享政府环保资金，如环境保护专项资金和一些地方政府实施的财政补贴等投融资安排上，往往处于劣势，这些都严重制约着中小企业的污染治理。

我国的经济激励制度体系也很不完善。我国的经济激励制度种类较多，以税收手段、收费制度和财政手段为主体，但缺乏配套措施，并没有起到应有的作用。近年来，国务院有关部门虽然发布了征收城市污水、垃圾集中处理费的政策，但目前全国城市生活污水处理费开征面仅在60%左右，收费标准基本在0.2～1.2元/t，且绝大部分收费低于处理设施的建设与运营成本，垃圾处理费征收面也仅为16%左右。加上税收、土地等政策不配套，极大地限制了民间和外国资金进入城市环保基础设施建设领域。银行是企业借贷的主要来源之一，也是企业污染治理资金的主要来源之一。1995年中国人民银行在《中国人民银行关于贯彻信贷政策与加强环境保护工作有关问题的通知》（中国人民银行银发［1995］24号）中规定：对从事环境保护和治理污染的项目和企业，各级金融部门应根据经济效益和还款能力等不同情况，区别对待，择优扶持。对环境效益好、经济效益不明显，但具有还款能力的国家重点环保项目，在落实还款资金来源前提下，国家开发银行等政策性银行在安排贷款时要予以支持。但污染严重的企业，往往是生产经营不善的企业，而经济效益不好的企业，又常常会面临更艰巨的污染治理任务。由于缺乏相应的引导政策，这些企业想治理却无资金投入，欲贷款，却难以争取到。

2.5 环保投资口径不清，造成环保投资失真

环保投资范围不清且不规范，造成环保投资虚化严重。按照目前中国环保投资统计的口径，环保投资范围主要包括城市环境基础设施建设投资、工业污染源治理投资、建设项目“三同时”环保投资3个方面。但各地在环保投资数据处理上往往存在多个口径，2005年关于淮河污染治理投资的争论从一个侧面也说明了需要对环保投资口径进行规范。分析来看，各地对环保投资口径的理解差别主要集中在如下几个情况：①运行费用是否可以纳入环保投资口径。②生态保护和建设投资是否纳入环保投资口径。③环境管理能力建设和环境管理服务费（含科研）是否纳入环保投资口径。④具有环境效益的项目投资是否纳入环保投资口径（如集中供热、燃气等）。⑤清洁生产、循环经济、环保友好产品生产项目建设是否纳入环保投资口径。

分析各省“十一五”环保规划环保投资构成，摘取部分数据，这可以集中反映投资口径上的差异，如第二条输气管道建设及室内配套工程（127.8亿元）、燃气发电厂工程（7.16亿元）、热力管网工程（12亿元）、燃煤锅炉清洁能源改造（37亿元）、加油站建设（7.5亿元）、老旧车辆更新淘汰与低硫燃油补助、企业调整搬迁（103亿元）、公园绿地建设（17.5亿元）、新能源开发投资，以及8个模范城市、4个生态市、40个生态县创建投资打捆项目等。这些项目往往具有一定的环境效益，但归根结底实质上均为城市建设和生产性项目，将其均归属为环保投资将无疑扩大了环保投资的内涵。另外，在城市环境综合整治定量考核中，环保投资往往还包括运行费和环境管理投入，各地也存在自觉或不自觉地片面扩大环保投资范围、增加环保投资绝对量的思想，导致各城市环保投资普遍偏高。

2.6 环保投资缺乏监管，环保投资效率不高

在投资总量不足的同时，我国还普遍存在环保投资管理不当、资金使用效率不高等诸多问题，这在客观上无疑进一步加剧了环保投资资金供给压力。表现为工程质量存在问题，环境保护设施运转效率低下，长期运行费用难以保障，环境污染治理效果不佳，环保资金使用效率不高，环保设施未能充分发挥效益。

其主要原因是 5 个方面：①缺乏预算约束机制和有效的监督制度，许多企业把应该用于污染防治的预算资金挤占或挪用，或将治污资金的相当比例用在人头费及其它装备上。②缺乏治污工程全过程技术管理的意识，长期以来还停留在末端达标排放的管理层次。设计不合理、处理设施技术不过关、工程质量差、管理水平低等问题在很大的范围内存在。③缺乏有效监管。目前，针对环保投资实施后的环境效益缺乏相应的监管机制和有效的评估制度，资金投入后，对污染治理设施的建设情况、建成后的运行情况等监管措施不到位，污染治理设施资金难以到位、建设滞后、不能有效运行等问题。④对建成项目的后续运行缺乏持续的资金投入。企业以追求利益最大化为目的，缺乏主动治污的主动性，运行经费投入难以保障。一些地方管网投资和处理费用不落实，已经建成的处理设施无法运行，目前的实际处理率仍然相当低。⑤缺乏持续运行的机制政策。我国污染治理设施的运行没有引入市场机制，现行环保投资的行为方式和经营管理方式严重滞后于社会整体的市场化进程，缺乏竞争机制，运行服务的社会化还没有大范围推广。

3 政策建议

3.1 建立有效渠道和稳定制度，确保良性、持续增长

（1）做实 211 环境保护科目，建立长期稳定的环保经费增长机制。2006 年财政部正式把环境保护纳入政府预算支出科目，当前的主要任务是将其做实，确保“有渠有水、源源不断”。应将环境保护提升到与农业、教育、科技等并重的位置上，构建环保支出与 GDP、财政收入增长的双联动机制，确保环保科目支出额的增幅高于 GDP 和财政收入的增长速度。同时，为了保证这一经费增长机制的顺利实施，应将这一机制指标化，作为官员政绩考核的指标之一，并配以相应的奖惩、问责制度。在建立稳定增长的环保预算经费来源方面，可以循序渐进地采用 3 种办法：①规定当年政府新增财力主要应向环保投资倾斜；②规定各级财政预算安排的环保资金要高于同期财政总收入的增长幅度；③规定财政环保支出应占国内生产总值或财政总支出的一定比例。

（2）新增财力更多地用于环境保护。建议将增加环保投入作为环保法重要的修改内容，明确政府在环保投入的引导作用，确保最基本的财政投入底线。为了落实相关政府部门和行政官员的环保责任，在人大预算讨论的环节，要确立环保支出的优先和重点保

障地位，设定具有约束力的环境投入目标要求。

（3）设立国家环境保护预算内基本建设专项资金。专项资金纳入国家发改委基本建设程序统一管理，或者采用日本环境事业团的做法，环保部门积极发挥行业主管作用，引导地方和企业投资到位，共同推进污染治理。

（4）建设项目“三同时”中规定一定比例用于污染治理项目投资。建议强化建设项目“三同时”执行力度，确保“三同时”项目落实，规定建设项目“三同时”环保投资占固定资产投资的比例，对不同行业区别对待并硬性规定。

（5）积极推行市政（环境）债券发行。配合《预算法》修改，在严格规范、积极试点的基础上，推进市政（环境）债券发行，避免积极财政政策淡出后出现环保投资急剧下滑的局面，引导政府和社会投资投向公共领域。

（6）将出口退税和石油特别收益金所得资金部分用于减排治理工程，拓宽污染减排和环境保护的融资渠道，保障资金筹措到位。

（7）稳定长期建设国债用于环保的支出。从 2005 年开始，我国已转为实行稳健财政政策，长期建设国债发行规模有所降低。但考虑到未来我国环保投资的巨大缺口，我国在长期建设国债总体规模下降的同时，应在国债项目结构的选择上，以科学发展观为导向，继续采取倾斜扶持安排，以确保整个政府环保财政投资保持相当规模，不至于下降过猛，从而确保我国环保事业发展的连续性。

3.2 实施“一级财权一级事权”制度，加大政府投入力度

（1）中央政府在污染减排上发挥与财权相适应的事权权责，改变以事权确定环境财权的做法。财税体制对环境保护投资影响巨大，目前的中央、地方财税分配体制与中央、地方政府环境事权分配体制反差较大。环境作为一种特殊的准公共物品，在不同时间、不同发展阶段事权财权划分存在不同的特点。应完善体制，落实责任，科学界定中央与地方的环境事权，明确中央与地方、地方各级政府之间环境事权划分及其投资范围和责任，构建与财权相匹配的环境事权分配格局，环境事权应更多地根据财权分配进行合理界定。

（2）除承担国家本级环境事权之外，国家财权还应重点支持如下领域：全国性或大区域性的环境问题、与财税体制发展相关的历史遗留问题、国际环境履约、极端重要性的环境事务。另外，要将环境服务均等化作为公共财政保障重点，重点弥补由于经济发展水平导致的污染治理水平、环境质量水平的显著差异，保障基本供给。在短期事权划分难以明确的情况下，可先借鉴美国、日本等国家的经验，以国家统一编制、批复专项规划、计划的形式确定中央政府财权和事权。

（3）考虑到环境保护的紧迫性和长期性，建议借鉴美国等联邦政府在污水、垃圾处理建设上承担较大财权的做法，中央财政加大环保在优先领域的份额，制定国家在环保领域更积极的投资政策，建议中央政府率先垂范，在每年新增财政收入中按照 5%～10%的比例专项用于环境保护。

（4）强化各级财政对环保的预算投入，逐步提高政府预算中环保投资的比重。在市场失灵的环境保护领域，公共财政应承担如下的主体作用或主导作用，这主要体现在：

承担事权担当性投入，承担建立环境监管能力、保证各类主体履行环保投入职责的强制作用，准公共物品的引导投入，政策性的激励投入（补贴等），解决无责任主体、历史遗留问题的投入。

（5）财政转移支付应加大环境保护的权重，建立健全环境财政转移支付制度。①在转移支付公式中充分考虑环境因素。根据环境要素的特点，可以考虑在中央一般性转移支付制度中，增加国土面积这一因素、现代化指数、生态功能。②加强地区间基于环境因素的横向转移支付制度建设，实现环境服务制度化、有偿化和效益化。③将环保特别是功能区作为转移支付制度考虑的一个重要因素，逐步建立考虑主体功能因素的财力性转移支付框架，第一，在分档确定一般性转移支付系数时，考虑主体功能区的因素，适当提高限制和禁止开发区的转移支付系数，降低重点开发区的转移支付系数，以体现财政对放弃开发权的地区的倾斜，并通过纵向转移支付的形式体现横向转移支付的目标；第二，设立限制开发区和禁止开发区转移支付类别，灵活采用增量返还、定额补助和比例补助等方式，加大对限制和禁止开发区的转移支付力度，切实起到均衡区域财力和公共服务能力的作用；第三，参照农村税费改革转移支付和调整工资转移支付，结合现有的退耕还林、退牧还草转移支付，对推进主体功能区形成造成的增支减收按照一定的系数予以补偿，降低主体功能区形成对地方财力造成的影响，实现平稳过渡。

3.3 监管和激励并重，促进企业加大环保投入

（1）严格监管，明确企业必须承担污染防治的成本。①在经济激励措施方面，提高排污收费标准，使征收的排污费高于污染治理运行费用，超标罚款大大高于企业违章获得的收益；②通过严格执法与相关政策的实施，增强企业治污责任，加大治污投入，防止“守法者吃亏”的现象发生；③对经营集中治理污染业务的企业，在严格监督的同时授予一定的专营权，保证废物的供应量和经济效益，从而保持这些企业的投资和经营信心。

（2）制定并实施鼓励企业治污的优惠政策。①尽快实施企业治污设备投资抵免税费并纳入增值税从生产型到消费型转型试点，建立对用于污染治理、节能减排等方面的企业设备允许增值税进项抵扣或者按一定比率实施所得税税额抵免政策。②对环保产业和有明显污染削减的技术改造项目免征投资方向调节税。③给予治污设施加速折旧以及土地、用电价格优惠。④对经营环境公共物品的企业实行税前还贷还债，以鼓励环境基础设施的投资。⑤借鉴国外对企业污染防治实行的延长企业还款期、降低贷款利率和实行税收优惠等政策，完善我国的企业污染防治优惠政策。

（3）进一步发展企业债券。根据相关金融政策改革趋势，企业债券将得到进一步发展，中国应在城市基础设施建设领域和大的企业集团积极利用企业债券融资手段。配合《企业债券条例》的修改，制定相关配套政策，进一步推动债券市场的平稳健康发展，努力扩大企业债券发行规模，大力发展公司债券，完善债券管理体制、市场化发行机制和发债主体的自我约束机制。

（4）建立企业环境治理与生态恢复的责任共担机制。①应增加中央财政的投入。中央从矿业权改革的收益中，除了一部分要建立地质勘探基金，加大对矿业企业和地勘单

位的支持力度外，另一部分要用于支持资源性矿区生态环境治理。此外，还要通过中央财政的预算结构调整，适度安排资金用于这方面的支出。②要加强地方财政的投入。地方从矿业矿改革中得到的收益，要主要用于矿区生态环境。③矿山企业应从企业销售收入中，提取一定比例资金，列入成本，专门用于矿山生态环境补偿，当年实际发生的矿山环境治理费用冲减预提的费用。

（5）完善企业环境信息公开制度，激励企业加大治污力度。从上市公司和国资委管理的中央企业入手，强化环境责任和社会责任意识，试行上市公司环境绩效评估与信息披露制度，鼓励民众支持环境行为良好的公司和治污项目。

3.4 开拓间接融资渠道，发挥信贷导向作用

（1）实施机制创新和金融产品创新。进一步论证并积极筹建建立国家环保政策性投资开发公司。以国家开发银行为基础进行中国环境保护“绿色”银行的建设试点。考虑创建政策性投资开发公司，以弥补现有政策性银行在环保投融资方面的不足，还应配套创建议一些政策性担保或保险公司。借鉴日本环境事业团经验，积极建立环保信贷非盈利操作平台。以财政资金等为基础设立环保信贷政策性担保和保险机制，引导试行建立环境公益信托基金，银行信贷资金、财政投入、专项资金等混合使用，分担风险，放大国家财政资金的杠杆作用。可以国家财政担保，由金融机构发行绿色金融债券，使金融机构筹措到稳定且期限灵活的资金，投资于一些周期长、规模大的环保型产业。开展治污设备融资租赁试点。

（2）将环境保护思想融入金融活动全过程。①强化银行环保责任。第一，应强化金融机构在环保和节能减排方面的社会责任意识和风险防范意识。第二，要建立有利于环保和节能减排的信息机制，加强环保信贷政策窗口指导，将企业排放和环境违法信息逐步纳入企业征信系统，健全信息披露制度。第三，银行应对政策执行情况进行重构并持续改进，定期披露执行环保政策等履行情况。第四，要将环境保护责任作为银行内在或法律性的责任，进一步建立约束机制，加强银行业“两高”行业贷款投放管控，落实绿色信贷政策，实行有差别的监管激励与约束政策。②实施绿色金融，从单纯规避风险到主动支持环保。第一，具体信贷活动中严格遵守各项环保要求。依据国家产业政策，依照环保法律法规的要求，严格现有企业的环境监管和流动资金贷款管理，防范可能的信贷风险。第二，强化贷款项目环境准入条件。细化环保贷款的准入目录，分层次建立准入条件。有针对性地调整贷款结构，压缩相关产业贷款风险敞口，增强治污项目投入贷款力度，加大项目贷款环境保护准入门槛。将环境作为项目风险分类的主要因素，并明确体现在审批标准中。第三，积极实施赤道原则。邀请外部机构或环保主管部门对待审查项目分类准确进行甄别。对 A 类和 B 类项目必须完成环境评估，提交环境评估报告。对所有的报告进行形式和实质审查。第四，实施环保优先的贷款体系。项目贷款审查中将环境政策审查作为信贷审查的重要内容和前置条件，增加贷款项目环境绩效指标，优先支持环境绩效好的贷款项目，实施更优惠的环保信贷政策。

（3）完善还贷机制，降低信贷风险。①实行借款人与项目法人分离。选择城市基础设施综合开发部门作为借款人，实行城市环境基础设施项目借款人和项目业主分离。地

方政府对借款人在项目综合开发、土地批租、财政贴息和担保以及发债和上市融资等方面给予政策扶持，形成项目还款的保障。②由项目的控股股东对项目借款人实施担保。在这一方式下，项目借款人仍是项目业主本身，但要求项目资本金的最大出资人对借款人实施担保。担保人仍选择能得到当地政府扶持的城市基础设施综合开发部门。③由地方政府赋予借款人其它项目的开发权，并指定其他项目收益作为环境项目的还款来源。④与其他城建开发项目一起申请打包贷款。对不同的城建开发项目进行打包，例如将污水处理项目和城市供水项目捆绑打包申请贷款，用不同项目的综合收益还款。⑤利用政府贴息资金、发债、债券转股权和邀请贷款银行充当借款人的财务顾问等方式，增强借款人的还贷能力。⑥借鉴国外经验，制定环保风险定级标准，金融部门据此决定信贷投向，建立信贷环境风险防范机制。⑦利用多方委托银行贷款方式融资方式投入环境保护，适度分散项目风险。

（4）继续推进开发性环保金融。开发性金融是我国环保产业投融资的重要渠道。开发性金融模式能较好地解决以政府主导投资的污染治理项目、生态保护、环保建设等项目资金需求大、周期长，而资金投入少这一问题。开发性金融可以通过低息贷款、无息贷款、延长信贷周期、优先贷款等方式，弥补循环经济基础项目长期建设过程中商业信贷缺位的问题。应利用好现有政策性银行，来强化对环境保护的资金支持，帮助相关市场体制的形成。

（5）突破工业全程减污贷款导向。①优先支持产业循环经济发展和绿色产品生产项目。要利用好现有政策性银行强化对循环经济的资金支持，帮助相关市场体制的形成。②加大前端和中端污染减排贷款力度。应进一步强化以结构调整为主的、减少资源能源消耗的前端污染控制，强化促进技术进步为主的、减少污染物产生量的中端污染控制，将末端治理投资与前端、中端投资打捆贷款，形成在解决技术改造和新建项目贷款同时，要求对企业原有环境问题一并解决的信贷机制。③重点突破工业污染治理“瓶颈”。降低信贷中间成本与贷款风险。适当调整银行信贷资金投向，提高工业污染治理项目贷款比重。明确工业污染治理贷款项目的重点领域与切入点。在国家建立的“中小企业发展基金”和“扶持中小企业发展专项资金”下分别设立中小企业污染防治专项，同步解决中小企业融资与金融信贷风险问题。加大对先进治污技术示范应用的引导性信贷投入。

3.5 创造政策和市场环境，积极引导社会资金投入

（1）完善收费制度，通过使用者付费吸纳社会资金。提高排污收费标准，今后排污收费的标准仍应逐步提高，在近中期使其达到污染减排成本，在远期最终使其反映污染的全社会成本。通过产权转让等市场化手段吸引社会投入。

（2）加快建立反映环境成本的资源价格体系。加快资源税改革步伐，提高地方政府环境保护的投入能力。改革的思路可考虑分两步走。①近期提高资源税税额标准；②改变计税依据。在充分考虑资源有效利用率的基础上，研究将资源税由从量计征改为从价计征，即将资源产品销售收入作为计税依据，以改变资源税收入与资源收益脱节的状况。另外，资源有效利用也应纳入资源税的考虑范围之内，对资源利用率高的资源性企业，其资源税税率应适当给予优惠。同时，积极推进环境税的试点和实施。

（3）积极鼓励社会中介机构承担环保融资和投资事务，推进环保投资 PPP 模式（公私合作），鼓励组建环境保护产业投资基金，利用其开放融资、共担风险的优势，面向社会筹集大量资金。完善相关政策，充分利用银行信贷、债券、信托投资基金和多方委托银行贷款等多渠道商业融资手段，筹集社会资金，重点利用好银行信贷和企业债券。

（4）积极利用清洁发展机制促进环保筹资和投资。①提出行业指导意见并组织好系统的培训工作。有关主管部门应尽快对受影响或即将受到影响的重点工业行业（如钢铁、冶金、煤炭、火电、水泥、化工等）提出应对《京都议定书》利用机遇的行业指导意见，引导企业根据自身情况研究如何利用所提供的引进外资和技术转让的重大机遇，并组织全国范围的系统性的知识培训。②建立 CDM 的联系机制。建立各有关部门项目联系机制，研究、筛选一批有前途的项目，尽快建立有一定规模的权威的项目库，并利用商务部门在国内外的专业投资贸易平台向国际发布。③组建 CDM 的专业研究机构。有关主管部门应尽快牵头组织建立专业研究机构，需要对 CDM 的运行机制、我国工业实施项目面临的问题与可持续发展目标的实现等一系列问题进一步开展研究。④建立 CDM 的中介机构并做好 CDM 的推介工作。

（5）完善政府绿色采购制度。①完善政府绿色采购的立法及实施机制；②建立绩效考评制度并制定法定购买比例，建议将政府机关绿色采购的绩效评价指标和考核办法纳入年度考核中进行考评，同时还应当增加对绿色产品的强制性购买规定，并制定绿色采购的法定强制购买比例，而且这一比例还应逐年加以提高；③扩大政府绿色采购产品的范围，在继续加强绿色产品采购的标准化、规范化、法制化管理的基础之上，不断扩大绿色采购清单中产品的范围，使政府绿色采购能够发挥更大更有效的示范和引导作用；④给予绿色产品适当的价格倾斜。

（6）研究建立生态环境基金彩票发行制度，或者在现有的福利、体育彩票中增加环保特色，在现有支出渠道中增加环保领域，应重点向欠发达地区、重要生态功能区、水系源头地区和自然保护区倾斜，优先支持生态环境保护作用明显的区域性、流域性重点环保项目。

3.6 调整环保投资口径，强化环保投资监管

（1）调整环保投资口径，真实反映环保投资水平。应合理借鉴欧盟环保支出统计中投资性支出的口径，对我国现行的环保投资统计口径进行调整：①以污染防治为核心，缩小城市环境基础设施建设投资口径。建议将园林绿化、排水和市容环卫中与环保污染治理领域中不相关的部分从现行的环保投资口径中剔除，城市环境基础设施建设投资中仅保留原有的污水处理以及垃圾处理的合理投资构成部分。②明确环境管理能力建设投资归属。治污设施配套的能力建设部分，若以固定资产投资为主，应纳入环境保护投资的范畴。对于政府监管部门能力建设投资，应与部分管理费用等一起，纳入环保支出。③增加生态环境保护投资，包括农村环境保护和国家重点生态功能保护区和自然保护区建设工程投资等，其具体范围需要合理研究界定。④欧盟环保支出里包括了企业清洁生产投资，这需要进一步研究明确其具体构成的基础上，合理吸收有效部分纳入环保投资，应仅限于实现环境污染防治而采取的工艺改造直接部分投资，而非整个生产线和完全以

生产设备购置为主的建设投资。绿色产品、环境友好型产品生产线投资不作为环保投资。⑤将运行费纳入环保投入，不作为环保投资的范畴。环保投资以形成固定资产投资为主。

（2）建立财政资金跟踪问效机制。预算安排和执行的环节，要严格相关制度和操作规程，确保环保预算资金安全、有效地用于环保支出；建立健全环境保护目标责任制，加强评估和考核。强化监督，确保证中央和上级环保专项资金和转移支付资金必须切实、全部、有效地运用到环境保护项目的支出上，杜绝任何形式的挪用和截留。建议完善财政支出效益评价和投资评审工作，努力提高财政资金使用效益。对由财政拨付的项目资金使用实行了财政部门及用款单位主管部门共同负责的双重跟踪问效机制，财政部门主要负责跟踪资金的落实、到位、专款专用和工程款审核等情况，主管部门主要跟踪项目的组织、立项、招投标、工程进度、合同履行等情况。

（3）加强污染治理设施运行监管。建立健全城镇污水处理厂监管制度和目标考核制度，实施城镇污水处理厂运行全过程进行监管，强化污水处理厂实际处理能力，进出水量和主要水质指标进行实时监测，强化信息公开等。加大工业污染治理项目的监督检查力度，增加监管检查频次，确保企业在生产过程中正常使用治污设施，遏制企业擅自停运污染治理设施，杜绝违法排污行为发生，严格控制企业违法排放，加大企业违法处罚力度，切实发挥污染治理设施建成后的环境效益。

（4）优化财政投入方式。预算内环保投资可选择一些公益性强、投资额大、战略意义突出的项目，通过直接投资的方式予以支持，也可以通过多种公私合营、合作的方式进行；同时，财政预算投资也可更多地采取贷款贴息、担保、BOT、TOT、PPP（公私合营）、PFI（私人资本参与）的方式来支持环保项目建设，支持和引导多元化、多渠道的环保投入机制的形成，可以使有限的预算资金通过乘数效应放大投资效果。

中国环境责任险实践评析和政策路径

Environmental Liability Insurance in China：Practices and Policy Proposals for the Future Reform

董战峰[①] 王金南 葛察忠 蒋洪强

摘　要　在环境污染事故日益频发、未来中国环境政策将更多地利用市场力量的背景下，分析了在中国实施环境污染责任险的必要性、紧迫性和可行性。评析了中国环境污染责任险实践存在的问题，并提出了未来改革的政策建议。认为近期内中国在国家层面大范围推广环境责任险政策条件尚未成熟，当前应主要在典型地区、重点行业深化推进政策试点，相关部门应积极配合、联合研发政策推行所需的关键支撑技术和信息平台，并积极培育政策向成熟发展所需配备的制度、法制和政策环境。

关键词　环境经济政策　环境污染责任险　进展　综述　政策设计

Abstract　The paper analyzed the necessity，urgency and feasibility for the implementation of environmental liability Insurance in China in the context of increasingly environmental pollution accidents and more used market-based instruments to regulate environmental issues，reviewed the practices of environmental pollution liability insurance in China and proposed the policy choices for future reform. The paper concluded that the circumstances have yet not fully formed to operate the environmental liability insurance policy at the national level in the near future. Presently，the focus should be placed on the advancement of environmental liability insurance pilots in some high pollution industries in typical regions. With the pilot projects experiences concluded to further promote the policy at a broader range and lastly at the national level，at the meantime，more importance should be attached to fostering the institutional，legal and political circumstances that functioning the policy，and in the process of promoting environmental liability insurance policy in China，the related departments should unite to develop key supporting techniques and information platforms of environmental liability insurance policy.

Key words　Environmental economic policy　Environmental liability assurance　Prospects　Review. Policy design

---

① 南京大学环境学院，南京，210039。

0 引言

环境责任保险又常称为环境污染责任保险、环境侵权责任保险、绿色保险、属地清除责任保险、污染法律责任保险等，是与环境侵权、环境风险、环境事故、污染损害、污染赔偿、责任保险紧密关联的一个概念，是责任保险理论在环保领域的创新应用[1, 2]。目前各界对环境责任险内涵的理解差异较大，但综观可见主要是学科背景不同和研究角度差异造成的，在一些实质内容上并没有太大差异。一般都认为环境责任险是责任保险的一个下位概念，是一种污染损害赔偿的财务保障机制，是以污染行为者的环境风险事故行为对第三者造成的损害应负的赔偿责任为标的的保险[3~6]。尽管中国已经开展了近20年的试点探索，但环境保险尚未成为一项常规政策手段。在美国、瑞典等不少国家，环境责任险已经成为一项基于市场的协调政府、污染企业、污染受损者等相关方利益诉求的环境风险社会治理机制[7, 8]。中国应该加大力度，深化推进该政策实施。

1 国家环境安全管理对环境保险政策手段有客观需求

1.1 中国处于污染事故高发期迫切需要引入环境保险政策

目前中国已进入重化工经济发展阶段，处于重大环境污染事故高发期。据原国家环保总局 2005 年年底启动的全国化工石化项目环境风险大排查行动结果，总投资近 10 152 亿元的 7 555 个大型重化工业项目中，81%布设在江河水域、人口密集区等环境敏感区域，45%为重大风险源，而配套的风险防范措施却存在缺陷[9]，与环境风险管理的客观需要有较大差距。据统计，2005 年全国共发生环境污染与破坏事件 1 406 起，造成直接经济损失 10 515 万元（未包括松花江污染事故损失），2006 年和 2007 年，全国总共发生严重环境污染事故分别为 161 起和 108 起，平均每两天一起。突发性环境污染事件已成为新时期社会经济发展中的重大隐患，渐发性、持续性的污染也成为许多地方突出问题，如湘江的镉污染问题。在这种背景下，迫切需要在国家环境政策体系中引入环境污染责任险手段，形成分散环境风险的社会治理机制。

1.2 环境险政策能够有效平衡污染损害相关方利益

环境污染责任险政策是一种能够实现相关方利益平衡、协调的机制。目前，中国环境风险事故管理的模式大体为：发生了风险危害事故的企业（特别是石油、化工、采矿、造纸、核燃料生产、危险废弃物处理等高风险性行业企业），在对公众、对环境造成损害后，事故企业通常只是给予受害相关方一定的赔偿，并不会足额赔偿利益相关方损失，由于损赔的不对应，往往引发企、民矛盾，而为了化解社会冲突，最后政府不得不“埋单”。具体而言：①由于信息、能力不对称等原因，受害者公众相较企业而言，其博弈力量对比极其悬殊，发生环境风险事故后，自身没有能力来依法得到合理、及时、足额的受偿。②由于国家法律法规对企业环境损害的处罚额度太低，环境风险事故企业往往只是对公众的财产权、健康权损害给予一定的赔偿，其环境权益并不能得到合理赔偿。③环境风险事故一旦发生，由于公众损害和受偿的强烈不对称性，易引发社会问题，在此情形下，承担社会管理职能的政府出于社会安全的考虑，不得不拿出公共财政资金，替污染企业买单。可以看出，目前的环境风险管制政策不能有效平衡环境风险事故相关方利益，具有不合理、非公平、非效率性，产生了“污染企业违法获利，环境损害大家买单”的政策扭曲问题。

在很大程度上，环境保险政策恰可弥补当前企业环境风险管理政策的缺失。对企业而言，只要通过从其生产成本中支出少量的确定性保费，就可将风险分散转移到保险公司，从而可减少未来环境风险可能对其发展带来的不确定性，避免了环境责任风险对企业经营造成较大的冲击甚至破产，规避了财务风险，利于企业的正常稳定运营。对潜在的环境风险事故受损害的公众而言，可以确保一旦遭受风险事故的财产和健康，乃至环境权损害，就可及时从保险公司得到符合法定要求的赔偿，从而利于化解社会矛盾；从政府角度来看，不仅减少了化解社会矛盾冲突的行政成本，也减轻了政府的财政负担；从社会整体来看，利于促进环境资源有偿使用、污染者付费环保意识的形成，是科学发展观的真正落实。所以这项政策的推行也可说是一项构建和谐社会的民生工程。

1.3 可充分调动市场力量监管环境风险企业

中国环境政策的总体发展趋势是更加重视引入市场力量到环保领域，积极发挥市场机制的作用，环境责任险是一个能更大范围调动市场力量加强环境监管的政策手段。环境污染责任险作为基于市场的重要环境经济政策类型，其功能起码有三方面。其一，企业投保后，会更加注意防范环境风险危害的发生，尽量减少环境污染事故发生的频率和损失的严重程度，以相应减少保险金的赔付，自觉改善其环境绩效；其二，保险公司会从社会第三者角度对投保人的环境风险范围和程度进行评估，提出消除环境风险因素的建议，保险人还可以采取差别费率措施，对多年无赔付的投保人给予优惠费率，对赔付记录较多的投保人则提高费率，来鼓励投保人加强环境风险管理工作，这样有助于较好地促进环境风险企业提高能动性；其三，保险公司的第三方介入不仅对环境风险企业起到监管、规制作用，帮助企业改进其风险管理能力和意识，也可以减轻政府等利益相关者的负担。

1.4 能够促进绿色经济的发展

环境责任险政策是统筹考虑经济发展与环境安全管理的一类政策手段，能够积极推动中国绿色经济的发展。可从三方面得到体现：①环境污染责任险政策能够利用市场监管力量“倒逼”国内企业加快技术、产品升级和改造，加速淘汰落后产能，促进产业结构调整步伐，创造更多的绿色财富，提升中国企业整体形象。从该角度看，环境责任险属于一种间接性“调结构、促转型”政策类别。②环境责任险政策扩展了传统保险业的业务范畴，促进传统保险业服务领域扩展至环境保护领域，不仅利于国家环境安全公益事业建设，也进一步提升了中国保险业的竞争力，是中国保险业顺应科学发展观要求向“绿色化”发展的重要环节和方式。③环境责任险种的设立，在很大程度上，将催生与保险相关的污染风险度评估、污染损害水平评估等新型环保中介业务，这些中介服务公司将作为第三方，提供企业环境风险水平评估、环保理赔鉴定等服务，形成新型“绿色”产业类型。

2 实施环境污染责任险的条件已经基本具备

2.1 制度环境

随着中国市场经济体系的不断完善，目前我国的环境保护工作正处于“历史性”转变的关键时期，环境治理更倾向于综合采用行政管制和经济激励相结合的思路，以充分发挥政府和市场力量的各自优势。中国共产党十七大报告、《国务院 2007 年工作要点》、《节能减排综合性工作方案》等党中央和国务院重要文件，都明确提出要充分利用经济手段、市场力量来促进“两型”社会和生态文明社会建设。目前，各部门都在积极参与研究、制定环境经济政策，环境保护部也在联合相关部门积极构建包括环境责任险政策在内的国家环境经济政策体系。

2.2 社会条件

随着社会生活水平的提高，公众的环保意识迅速觉醒并快速发展，公众对与其生存质量密切相关的环境质量状况也越来越多地给予关注，改善环境质量、严管风险企业的呼声越来越高，国家在这种社会氛围下，出台有利于推进企业安全管理的措施符合社会公众对“良政”的需求，也就是说，中国已经具备了建立环境责任保险制度的良好社会基础条件。

2.3 法律法规

经过多年的法制建设，中国法律法规体系建设逐步发展并不断完善，已经建立起了较为完备的法律法规体系，无论是环境保护还是保险，立法和执法的机构及程序等能力建设已经较为健全。绿色资本市场政策也在不断建立和逐步规范，在此基础上，增添有关环境保险立法的条款，协调相关法律条款和规定，出台相关政策，容易操作。

在相关的环保法律法规、政策建设方面，典型的如 1986 年颁布的《民法通则》第 124 条就明确了了环境污染的民事赔偿责任，1989 年 12 月通过的《中华人民共和国环境保护法》第 41 条规定了污染损害主体的赔偿损失和索赔程序问题，1999 年 12 月修订的《中华人民共和国海洋环境保护法》第 6 条进一步规定了国家在海洋油污污染领域建立油污保险制度，1983 年通过的《海洋石油勘探开发环境保护管理条例》和 1997 年通过的《船舶载运装油类安全与防污染监督管理办法》分别对从事海洋石油勘探开发主体需要进行保险或取得其他财务保证作了相关规定。2007 年国家环境保护总局与中国保监会发布《关于环境责任保险工作的指导意见》中明确了环境责任保险的发展战略。自 1983 年以来，中国政府也颁布了一系列的保险法律，1995 年 6 月 30 日全国人民代表大会颁布了《中华人民共和国保险法》，2002 年 10 月 28 日，为适应入世的要求和完善保险监管，全国人民代表大会修订并颁布了新的《保险法》。保险法相关的程序法和实体法建设渐趋规范。

2.4 能力基础

从环境责任险涉及的主要部门的能力配备基础来看，经过多年的机构改革，环保部门的人事、机构能力建设得到很大提升。环保监测监察能力不断提高，2006 年，全国环保系统实有人数 17.03 万人。对 113 个环保重点城市的调查，目前已实现了 3 006 个排污单位的 3 225 个排污口的自动监控，在线监测仪器近 7 000 套。各级环保部门已建立了不同规模的监控中心 84 个。

中国保监会（全称“中国保险监督管理委员会”）自 1998 年 11 月 18 日成立以来，在监管中国保险市场、防范保险业风险、保证保险业的有序、健康发展起到了重要作用，在监管包括环境责任险在内的公益性险种的操作方面也取得了不少的经验。另外，经过多年与环保部门以及其他相关部门联合开展不同险种试点示范也积累了较为丰富的试点操作经验。为今后深化开展环境责任险险种的试点示范提供了很好的基础。

中国保险业发展很快，截至 2007 年 6 月，总资产达到了 2.533 4 万亿元。从 1980 年恢复国内业务以来，保险业积累第一个 1 万亿资产用了 24 年，积累第二个 1 万亿资产仅用了 3 年。保险业资本金总量超过 2 000 亿元，是 2002 年的 5.6 倍。保险法人机构 100 家，比 2002 年增加了 1 倍以上，初步形成了国有控股（集团）公司、股份制公司、政策性公司、专业性公司、外资保险公司等多种组织形式、多种所有制成分并存及公平竞争、共同发展的市场格局，保险市场活力明显增强。2005 年保费收入近 5 000 亿元，是 2002 年的 1.6 倍[6, 13]。另外，保险公司积极为社会公益事业开拓新的保险业务，近年不少保险公司开展的业务都涉及了公益性风险的承保，充分发挥保险业促进社会经济发展、完善社会保障体系、辅助社会管理的三大作用 [13]，保险业的迅猛发展为环境责任保险的开展提供了良好的经济条件。环境保护也属于社会公益范畴，完全可以通过设立环境责任保险的方式建立环境安全风险的保障机制。

2.5 技术支持

（1）中国在环境监测监管技术、环境风险分析技术、环境事故损害评估技术、环境经济综合评估技术、环保工作信息化管理等方面已经取得较大进展，为环境责任险的推行提供了很好的监管、评估、事故核定能力基础。

（2）中国的保险行业逐步规范发展，迅速壮大并逐渐成熟，不仅保费收入逐年不断增加，在设计险种能力、险种承保范围设计等保险技术研发能力也已经有了很好的基础。

（3）我国保险业规模迅速扩大，保险公司数量明显增加，多主体的市场格局已经基本形成，再保险风险分担操作也有较多经验。

2.6 国外经验

不少国家，如美国、德国、瑞典、英国、法国、丹麦、俄罗斯、印度等国家的环境责任险已经取得了较大的进展，其经验可为中国构建环境责任保险制度提供很好的借鉴。如可通过分析各国家环境责任险的演变驱动要素有哪些，保障环境责任险顺利实施的制度条件是如何形成的，保险品如何设计更有效，投保的范围、保险费率、保险的赔付率等如何设定的，各种环境责任险模式的优缺点有哪些，环境责任险模式在不同国家实践有很大的差别背后的深层次诱因是哪些等问题，提炼各国实践经验并作为参照系，为中国推行环境责任险政策提供借鉴。

3 实践进展

中国环境污染责任险政策经过 20 年的试点发展，总体而言，并不是较成功，目前中国没有关于环境责任保险的专门立法，发生的损害赔偿问题主要是由民法中的损害赔偿责任制度来调控。在中国，环境责任保险政策并没有像美国、瑞典、德国等国家成为一项制度性的环境管理手段，但是随着市场经济的不断发展健全、国家高度重视利用市场力量促进发展与环保的协调。自 2006 年始，环境责任险受到社会各界的广泛重视，试点工作积极推进，随着配套制度和政策环境的不断改进，环境污染责任险政策有望在该阶段取得较大进展。但不可否认的是我国环境责任险政策目前仍尚处于试点探索阶段。大体上，中国的环境污染责任险政策实践可粗略分为两个阶段，一是试点起步摸索阶段，二是试点稳步推进阶段。

3.1 试点起步摸索阶段（1990—2006 年）

中国保险界、环保部门、保监会于 20 世纪 90 年代初联合推出了环境污染责任保险业务（表 1），大连市是我国最早开展污染责任保险的城市，继大连市开展这项试点工作后，沈阳、长春、吉林、丹东、本溪等一些城市也进行了污染责任保险试点，并出台了地方性政策文件来规范试点工作的开展。与此同时，国家也出台或发布了相关政策法规，推进环境污染责任险政策，但由于相关政策、制度环境等当时不配备，政策试点进展成效不尽如人意。该阶段政策试点的特点可归纳为：政策法规支持不足，投保企业积极性不高，技术支撑不够，保险规模较小，投保量不大，投保范围狭窄，一些试点城市投保不断下降甚至停顿，成功案例较少。该阶段已经实施的环境污染责任险政策对象也主要针对油污企业，针对其他类型的高环境风险企业的污染责任险政策并没有推开，国内企业自动投保环境污染责任险，主要是那些风险意识强的母公司在国外的外资或合资企业，主要原因是国内的保费比国外低。总的来说，中国环境责任保险政策试点在该阶段并没有取得太大成功，并一度没有予以充分重视，但同时，也初步摸索了不少政策试点经验，为后续试点工作的深入开展提供了较好的基础。

表1　我国环境责任保险发展情况[6，10～13]

起始时间	政策空间范围	主要政策探索和试点事件
1980年	中国海域	我国加入《国际油污损害民事责任公约》，要求：在缔约国登记的载运2 000 t以上散装货油船舶的船舶所有人必须进行保险或取得其财务保证。为处理海上油污事故损害赔偿提供了良好的法律保障
1982年	中国海域	《海洋环境保护法》第28条第2款规定："载运2 000 t以上的散装货油的船舶，应当持有有效的《油污损害民事责任保险或其他财务保证证书》，或《油污损害民事责任信用证书》，或提供其他财务信用保证
1983年	中国海域	国务院发布的《海洋石油勘探开发环境保护管理条例》第9条规定：从事海洋石油勘探开发的企业、事业单位和作业者应具有有关污染损害民事责任保险或其他财务保证
1991年10月	地区（大连市）	环保部门联合保险公司推出环境污染责任保险，首先在大连市试点，截至1994年10月4年间，累计共有保户15家，累计保险费收入220万元。4年间保险公司只有一次赔偿，赔款金额12.5万元，赔付率为5.7%
1992年6月	地区（长春市）	人保公司1992年只有1户企业投保，收保险费0.5万元，保险期内未发生事故，第二年却发生了事故，但因未续保而未能得到经济补偿
1993年9月	地区（沈阳市）	人保公司到1995年9月，两年累计投保企业共10家，保险费收入95万元，此期间无事故发生，赔付率为零
1995年10月	地区（吉林市）	由太平洋保险公司承办，到1996年上半年无企业投保
1997年	中国海域	《船舶载运装油类安全与防污染监督管理办法》规定：从事海洋石油勘探开发的企业、事业单位和从事海洋运输者必须进行保险或取得其他财务保证。从事海洋运输不论吨位大小必须进行保险或取得其他财务保证
1999年	中国海域	《海洋环境保护法》修订，规定国家实施船舶油污损害民事赔偿责任制度，按照船舶油污损害赔偿责任由船东和货主共同承担风险的原则，建立船舶油污保险、油污损害赔偿基金制度
1999年1月5日	中国海域	中国成为《国际油污损害民事责任公约》议定书的缔约国。议定书第13条第4款规定：缔约国实施油污损害的强制责任保险
1999年12月25日	中国海域	《海事诉讼特别程序法》第97条规定：油污受损害人可以直接向承担船舶所有人油污损害责任的保险人或者提供财务保证的其他人提出赔偿请求，为船舶油污损害责任保险制度中责任限制基金的设立提供明确的法定程序保障

3.2 试点稳步推进阶段（2006 年至今）

随着国家环保战略思路从传统的行政管制手段转变到注重综合运用行政、法律以及市场和自愿手段，最近几年各级政府日益重视市场在配置环境资源、促进环境安全中的重要作用，环境责任险政策试点受重视力度和推动力度较以前明显加强，特别是由于 2005 年 11 月 13 日发生的中石化吉林分公司双苯厂的爆炸并引发松花江水跨国污染事件，使国家意识到环境风险管理的严重性，环境责任险被充分重视，该事故发生后，国家环境保护总局与中国保监会组成联合调研组，多次赴吉林、浙江省进行了调研。此后，2006 年 6 月国务院发布《关于保险业改革发展的若干意见》，明确提出要大力发展环境责任保险。国家环境保护总局也提出要适应社会主义市场经济建设加快构建中国环境经济政策体系，并于 2007 年启动了国家环境经济政策研究与试点项目，探索绿色信贷、环境保险、绿色贸易、环境税、生态补偿和排污交易等政策。并积极联合保监、保险公司、各地方政府部门等共同开展环境污染责任险研究和试点。2007 年 12 月，国家环境保护总局与中国保监会联合出台《关于环境污染责任保险工作的指导意见》，正式着手启动绿色保险制度建设，明确了环境责任险政策推进的初步路线图，最近，在环保部、保监会大力推动下，湖南、江苏、湖北、宁波、沈阳等省市先后开展了环境污染责任保险试点工作。该阶段的特征主要为：①国家高度重视，地方试点热情高涨，环保部门、保监部门、行业协会、保险公司以及其他相关部门积极互动，合作能力较以往明显增强。②试点思路突出由易到难，逐步推进，以典型地区存在高环境风险的重点行业试点为“抓手”，逐步推进。③注重试点的规范和指导作用，国家积极出台相关政策在一般性问题上给予原则性指导，地方也积极出台相关政策，促进试点的深入探索。④注重实效和可操作性。相关部门积极联合开展地方和行业调研，从操作性和实用性考虑联合研发环境险的关键技术。

表 2　我国环境责任保险发展情况[11～15]

起始时间	政策空间范围	政策探索和试点事件
2006 年 1 月 24 日	国家	国务院发布的《国家突发环境事件应急预案》规定：可能引起环境污染的企业事业单位要依法办理相关责任险或其他险种
2006 年 6 月 15 日	国家	《国务院关于保险业改革发展的若干意见》：采取市场运作、政策引导、政府推动、立法强制等方式，发展……环境污染责任等保险业务
2006 年 9 月 19 日	中国海域	《防治海洋工程建设项目污染损害海洋环境管理条例》第 27 条规定：海洋油气矿产资源勘探开发单位应当办理有关污染损害民事责任保险
2007 年 3 月 21 日	国家	《国务院 2007 年工作要点》将“……完善……金融政策……”作为抓好节能减排工作的重要任务
2007 年 4 月 10～13 日		国家环境保护总局和中国保监会组成联合调研组，赴吉林、浙江省就开展环境污染责任保险的相关问题进行调研，听取环保、保监、运管、安监部门，石油化工、危险品运输、危险废物处理等企业，以及保险公司等代表的意见和建议

起始时间	政策空间范围	政策探索和试点事件
2007年5月23日	国家	《国务院关于印发节能减排综合性工作方案的通知》：要研究建立环境污染责任保险制度
2007年12月17日	国家	国家环境保护总局与中国保监会联合发布《关于环境污染责任保险工作的指导意见》，指出要加快建立我国环境污染责任保险制度，进一步健全我国环境污染风险管理制度
2007年12月29日	国家	华泰保险公司推出的"场所污染责任保险"及"场所污染责任保险（突发及意外保障）"两款产品通过了保监会的备案批准，正式向市场推出。这意味着华泰保险公司成为内资保险公司中首家试水环境责任保险的企业
2008年		湖南省开展了环境污染责任保险试点工作，将18家化工、有色、钢铁等环境污染风险较大的重点企业纳入试点。目前已有7家投保，其他企业也表示将积极参加
2008年7月31日		农药生产企业株洲昊华公司购买了平安保险公司"污染事故"赔偿险，投保额为4.08万元
2008年8月	区域（江苏省）	江苏省推出了船舶污染责任保险，交通、环保、保监等部门推动，由人保、平安、太平洋和永安4家保险公司组成共保体，承保2008—2009年度江苏省船舶污染责任保险项目
2008年9月		湖北省启动了环境污染责任保险试点工作，在武汉城市圈范围进行试点，其中，武汉市专门安排200万元资金作为政府引导资金，为购买保险企业按保费50%进行补贴
2008年9月	地区（宁波市）	宁波市已有4家保险公司开展了环境污染责任保险业务，并在危险品运输、化工园区开展试点
2008年9月11日		北京召开环境污染责任保险赔偿标准的研讨会
2008年9月28日	地区（株洲市）	湖南株洲昊华公农药公司发生了氯化氢泄漏事故，污染了附近村民的菜田。企业将情况报告了投保的平安保险公司。保险公司经实地勘察，查证，依据《环境污染责任险》条款与村民们达成赔偿协议，保险公司如期支付1.1万元赔款
2008年11月10日		全国环境污染责任保险试点工作会议在江苏省苏州市召开，环境保护部分管环境经济政策的主要领导，中国环保产业协会、中华环保基金会的代表，江苏省、重庆市、苏州市等地区环保系统和保监局代表，人保总公司、平安保险总公司等保险公司代表参加了会议
2008年12月		环境保护部向各地环保部门印发了《环境污染事故调查表》、《环境污染事故损失明细表》，将逐步建立和完善基础数据库
2009年1月1日	地区（沈阳市）	《沈阳市危险废物污染环境防治条例》明确规定，"支持和鼓励保险企业设立危险废物污染损害责任险种；支持和鼓励产生、收集、贮存、运输、利用和处置危险废物的单位投保危险废物污染损害责任险种"。沈阳市率先在地方环境责任险立法实现突破
2009年3月		第二届环境污染责任保险制度构建与环境损害鉴定评估高级研讨交流会在北京召开

4 存在问题

从以上分析可知，环境责任险政策无论对于企业分散环境风险，还是对于确保污染受损者受偿，减少政府环保压力，体现环境公共品的社会公平使用等都是有益的，但为什么经过近 20 年的政策实践推进，环境责任险仍然处于试点摸索阶段，我们认为推动政策实施的关键技术、能力建设支持、制度环境等要素没有到位是环境责任险政策效能没有有效发挥的始因。另外，由于环境责任险政策涉及的政策主体包括了环保部门、保监会、保险公司、环境风险企业、社会公众以及其他相关部门，以往政策试点游戏规则的制定没有充分考虑各方的声音，没能充分体现并协调各博弈主体利益，也是一个主要原因。

4.1 法制建设较为滞后

尽管我国环境法制建设取得了很大的进展，出台了国家环境保护法以及 20 多部环境专项法律，近百部环境行政法规，但缺少污染赔偿方面的法律规定，也没有关于环境污染责任险的法律法规，法律法规基础薄弱。①责任保险是因为侵权法才产生的险种，但中国的侵权法虽经近 20 年的发展，但至今尚未有一部独立的侵权法典；②企业是否投保只是自主行为，对那些高环境风险行业企业没有强制力；③尽管现有环保法律法规、民事赔偿责任中有关于污染赔偿的规定，但是这些法律界定不够系统和完善，从《民法通则》和《环境保护法》等有关环境法律来看，对于过错责任只有原则框架，而关于归责原则、赔偿标准等内容及条款的解释不够系统和明确[16]；④我国目前环保法律体系并没有关于环境权的法律规定，环境公益诉讼权在现有的民法、国家环保基本法以及其他相关单行环保法中也均未有规定，致使环境风险企业产生环境侵权损害行为后，并不会发生相应程度的赔偿；⑤目前关于企业环境损害赔偿的法律规定原则性强，偏“软”，对污染行为者处罚额度“低”，力度不够，缺少硬约束，客观上不能对污染企业形成压力。加上执法不严，虽然污染环境造成了损失，污染者却很少承担赔偿责任，或承担了一定赔偿责任，但往往远小于实际发生的损害，从而无法给企业提供改善其风险管理的压力和动力。对于企业而言，由于保险费用来自企业成本，存在影响企业竞争力风险的可能性，所以对环境造成的损害也自然不会纳入到企业生产经营管理中去考虑。特别是社会整体环境不具备时，个别企业不会自发考虑投保决策。此外，保险公司经营环境责任保险也缺乏法律依据。

4.2 制度环境不够完备

由于现有的政治考核体制性原因，官员考核主要靠 GDP，而不论是“绿色 GDP”，还是“黑色 GDP”，致使不少地方领导为了在任期内出政绩，存在“护短”行为，使得地方政治经济一体化趋势严重，由于中国很多排污企业都是地方的利税大户，对当地的财政有重大影响，地方政府为了保护自身利益，往往对当地经济支柱性污染产业大开“绿灯”，一旦出了污染事故，实际发生的赔偿案例，常常是企业污染承担较少的损害赔偿责任，由国家和社会充当“风险事故救火员”、“重大经济损失买单者”的角色。一般来说，企业是否从事某项行为的积极性来源于国家政策法规要求和政府态度，如果形成地方政府对一些违法企业“纵容”的制度环境，企业肯定缺乏忧患意识，不会有自发投保环境责任险的积极性。所以影响政策推行不力的众多力量中，地方政府的环境行政执法不严、“消极怠工”，甚至说“拖后腿”行为对环境责任险政策的推行有很大不良影响。

4.3 政策支持尚未到位

现有政策对环境责任保险的支持力度不够，保险业整体税赋偏重，保险业税收的税基是保费收入，由于保费收入的大部分以赔款形式返还给投保人，目前按保费收入的 5%收取营业税的做法，给环境责任保险的发展带来不小的障碍。另外，环境责任保险赔付率过低，而保费却过高，也使得投保人无利可图，投保人宁愿自己背负环境侵权赔偿责任也不愿投保。

相关配套政策也没有到位，如低水平的重污染高风险企业的退出政策机制尚未形成，使得现有政策对环境风险企业的规制力不足，不能促进企业积极与保险公司合作投保环境责任险。另外，环境影响评价中的“三同时”制度，以及正在推行的环境信贷政策也未考虑与环境责任险政策的辅协作用。

4.4 关键技术支撑不足

（1）保险费率的确定缺乏科学性。由于对投保企业环境污染事故风险评估和概率统计分析技术落后，致使保险费率的有效界定等成为难题。在以前的试点工作中，各地实行的按照排污费大小确定投保人的保险金额缺乏科学依据，致使费率的确定具有很大的盲目性，造成保险费率过高，最低费率为 2.2%，最高为 8%，较其他险种只有千分之几的费率要高出好几倍[17]。

（2）保险赔付率过低。如大连市 1991—1995 年的赔付率只有 5.7%，沈阳市 1993—1995 年的赔付率为零，远低于国内其他险种 50%左右的赔付率，也远低于国外保险业 70%～80%的赔付率[18]。在赔付率很低的情况下，坚持高费率不做调整，必然会影响投保者企业投保的积极性和数量，反过来又使得保险业务开展的风险性较大。这与保险责任范围过窄，投保风险就相应减少有很大关系。

（3）保险经营技术不够成熟。环境责任保险不仅涉及行业广泛，而且涉及复杂的污染事故损失的经济核算方法、保险率测算方法、赔偿标准、风险分担方法等技术问题。目前尚没有成熟、规范的污染事故损失核算方法。对于投保风险特别大，投保额过小的投保，保险公司风险大，即使根据“大数效应”采取再保险的方式，开展业务也较难，往往人力、物力、财力投入不具有经济性。而且，环境污染风险的不确定性也导致保险率的难预测性，保险公司没有经验数据或企业相关损害数据作为支持，没有保险精算的支持，保险产品的测算标准、测算方法等就难以有效设计，目前环境责任险费率的确定主要依据经验和市场竞争情况，所得费率难以反映承保风险的大小[16]。

5 改革方案

5.1 推进原则

（1）各方利益兼顾，社会效益最优原则。从公平公正性、效率性角度，通过政策扶持和约束，统筹考虑、综合平衡相关方的不同利益诉求，相关方主要包括保险公司、投保企业、第三方评估机构、社会公众主体。同时各级环保部门、保监会、行业协会、相关政府部门等主体在政策推进中的职责分工要明确，也要加强协调。

（2）先典型地区、重点行业试点示范，再大范围推广原则。环境责任险推行，仍面临一系列的管理、技术、法理难题。当前工作重点是，在大范围推广环境责任险政策前，应该抓住有利时机，在经济较发达、条件较好、积极性高的地方，在高风险行业的政策优先域，大力推行改革方案，扶持保险公司开发区域性产品、探索经营模式，继续积累经验，待时机成熟后，再拓展到其他行业，在国家层面大范围铺开。

（3）强制为主，自愿为辅原则。环境责任险的主要特征不仅体现在其商业性，更在于其具有公益性、社会性特点，是保障社会安全、环境安全，体现民生要求的一项政策。从投保企业角度考虑，如果配套政策环境不具备，大多数企业是不会主动投保的，对于那些高环境风险企业来说，仍会存在投机心理，逃避一旦发生风险事故后的全成本清偿责任。单从企业社会责任的角度考虑，多年的试点实践表明，自愿投保是难以奏效的。所以应该考虑企业差异，区别对待不同风险强度的企业，不搞“一刀切”，对高风险行业要求其“强制”投保，其他风险较低的行业企业则可选择“自愿”投保方式。

（4）逐步扩大政策范围，分步有序推进原则。政策推行初期，政策范围应该有针对性，重点解决高风险、易发生事故企业的投保问题，解决好保险费率、赔付费率、环境风险级别评定、污染危害计量等技术问题，各部门单位的管理协调问题，扶持环境保险的专项基金、利税优惠等配套政策问题。并根据政策进展状况，适时扩大投保范围。

5.2 政策目标

（1）总体目标。构建环境风险社会化管理机制，充分运用市场力量改善环境安全管理绩效，维护污染受害者公众环境权益，提高环境风险防范能力，促进国家环境经济政策体系的建立。

（2）阶段目标。近期，改进各级政府环境执政能力建设，加强环保、保监等相关部门间工作协调机制，制定全国开展环境污染责任保险的行业与工艺指导目录，开展各类环保责任保险产品的分析、评价，通过针对投保费税收优惠等配套政策性支持，推动环境污染责任保险在湖南、湖北、宁波等地在高污染、高环境风险重点行业企业的试点示范工作；中期，加强环境责任险法制建设，建立规范的环境事故责任认定、损失评估、资金赔付程序，逐步扩大投保范围；“十三五”期间，在全国范围内应用与推广环境责任险，基本构建较为健全的环境污染责任保险制度，使环境污染责任险制度成为利用市场机制管制环境安全和社会安全的重要制度。

5.3 政策措施

在明确了我国环境责任险推行中遇到的主要问题、政策实践现状、政策推行的关键约束要素等基本问题的基础上，应结合改革目标和改革基础来确定是否采用、如何采用、何时采用某些政策措施，也要考虑需要哪些配套政策，以及如何促进这些配套政策到位等问题。建议国家加快环境责任险法制建设步伐，合理厘定不同利益相关方的权责，重视开展相关技术研究，加大国家的政策扶持力度，逐步培育并规范政策推行的制度环境。

5.3.1 加快环境保险立法建设，强化环境执法

推行环境责任险首先要解决的就是立法问题，保证政策实施的规范性和权威性，使得相关方具有明确的政策预期，这样才能减少改革的阻力，如企业认识到其经营行为具有环境风险特征，可能产生很高的财务风险，就会有分散、转移其环境风险的需求和内在动力，会去自发投保。在操作层面上：①推动试点地区和行业的环境责任保险立法，以尽快推动环境责任险在试点地区的推行。②修订《环境保护法》以及《水污染防治法》和《大气污染防治法》等专项环保法律，增添两类条款：一为“环境污染责任保险”条款，确定环境污染责任保险的法律地位，以尽快弥补地方推行环境责任险实践上位法不足的缺陷；二为“环境权”条款，明确社会公众的环境权益，也可将其纳入公众的生存权或发展权范畴。③在《民事诉讼法》《行政诉讼法》等诉讼法中，明确环境公益诉讼权，为环境侵权诉讼提供法律依据。④在《保险法》中增添环境责任险的规定，对于责任保险的险种进行明细分类，明确规定环境责任保险险种。⑤制定专门的《环境损害赔偿法》，对有关环境损害赔偿的所有问题进行系统全面的规定，并加大对污染损害赔偿的惩罚力度。⑥逐步制定有关环境责任保险制度的专门行政法规、部门规章，细化有关责任事故认定、损失评估标准、保险保障范围、操作流程、再保险合同形式等具体内容，增强其可操作性。为此，建议环保部联合相关部门开展立法的前期研究工作。

5.3.2 加强地方政府绩效评估与考核机制建设，消除阻碍政策推行的制度因素

任何政策的推行都与政府的态度和行为有关，包括中央政府、地方政府的态度和行为。事实上，中国的环境管理存在一定程度的上下脱节，“上令难以下达”问题，这也是中国目前突出的环保治理困境，也是包括环境责任险在内的全成本环境污染责任负担机制至今没有形成的重要制度原因之一。多年来，尽管中央政府一直在倡导科学发展观、构建和谐社会，但是这些很好的理念被各级地方政府在多大程度上落实仍是一个难以回答的问题。一个常态的现象是，发展的短视行为，“唯 GDP”论在不少地方仍有相当大的市场。这种政策悖论后面掩藏的深层次诱因是国家的政绩考核体制与科学发展观要求的不一致问题，如何破解？需要突破两个关键点：①国家要尽快落实一套可持续发展指标考核体系，将环境资源效率、环保规划完成绩效、公众对环境质量的满意度、污染事故

发生率等指标纳入到指标体系中，长期应推行绿色 GDP；②政绩考核体系的真正“落地”要由健全完善的环境监测监管体系支撑，要形成良好的公众参与社会治理的公民社会，消除地方考核指标数据“弄虚作假”的可行性空间，这样才能确保各级地方政府不仅在口头上，也在行动上真正落实科学发展观，避免对污染企业的“袒护”行为，进而促进企业的风险问题自己去解决，造成的污染损害自己去清偿，消除企业投机心理存在的制度环境。从该角度看，在国家层面形成完备的环境责任险的制度环境氛围需要较长时期，但同时，应明确这并不妨碍政策可优先在一些具备良好实施条件的一些地方、一些行业的推行。

5.3.3 国家加大政策支持力度

（1）加强部门联动，加大试点推进力度。目前环境责任险政策在我国还不具备全面推开的条件，应在高环境风险重点行业和具备一定条件的地区先行试点，积累经验，逐步完善配套政策与实施条件，稳步推进。环保部门、保监部门、环保产业部门等相关政府部门既要良好分工、各负其责，更要加强协调和沟通。其中，环保部门主要负责加强对污染企业的环境监管，提出企业投保目录以及损害赔偿标准；保监部门履行监管职责，制定行业规范，加强对保险机构的市场执法监管，督促保险机构认真履行保险合同，为投保企业提供保障。在协调配合上，环保部门与保监部门要建立环境事故勘察与责任认定机制，规范理赔程序和信息公开制度，监督发生污染事故的企业行为，相关保险公司、企业、各级环保部门应根据国家有关法规，公开污染事故的有关信息。

（2）推行强制险和自愿险相结合的投保模式，政策范围初期应主要针对突发性环境风险事故。在投保方式上，建议对于不同风险度的行业采取强制与引导相结合的投保方式。在承保范围上建议先考虑突发性环境风险的承保问题，再考虑渐进性、持续性环境风险的承保问题。①考虑到环境责任险的公益性，以及长期存在的“企业污染、百姓受罪、政府买单”、企业普遍存在侥幸、投机心理的现状，对生产、经营、储存、运输、使用危险化学品的企业，易发生污染事故的石油化工企业，危险废物处置企业，采矿，造纸等高环境风险行业企业应该具有强制性性质，并扩展投保标的范围，实施事故损害惩罚性赔偿，这样可以加大一些企业对环境责任的认识，特别是一些资金雄厚的高环境风险污染大企业，打破其认为没有必要参保的认识误区[19]。也可促进投保规模的形成，从而解决过去费率过高造成企业投保积极性不高的问题。②建议实施强制险的同时，支持鼓励对环境责任保险予以再保险，中国其他险种的实践经验表明，再保险是分散承保风险的一个较好的选择。特别是对于规模大的高环境风险企业的环境污染责任险，建议通过几个保险公司共同承保，或一个保险公司承保后再向其他保险公司分保等再保险方式来尽量减少保险公司的承保风险；对其他污染程度较轻的行业或已采取清洁生产等有效环保措施的单位，可采取积极引导企业自愿购买环境责任保险的方式。③在承保范围上建议现阶段环境污染责任保险先考虑突发性、事故性环境风险的承保问题，并且承保标的以突发、意外事故所造成的环境污染直接损失为主，待时机成熟再承保渐进性、持续性的环境污染行为，并且在承保累积性、持续性污染事故时，应附加严格的限制条件，因为某些环境损害效应表现出来可能要几年或几十年，鼓励对这类环境责任保险在环境责任保险单中采用相对较长索赔时效的“日落条款”（Sunset Clause）。

（3）加强配套政策建设。环境责任险政策手段应该内置于整体环境政策框架体系中，不仅要考虑与相关环境经济政策手段的协调，也要考虑其他政策手段与其的关联性。为了有效地推进环境责任险政策，应该考虑长期构建形成环境定价机制以及环境损失全成本赔偿机制，这样不仅可提高企业对环境容量资源化和价值性的认识，也促进企业重视对其行为的约束，强化自身环境风险管理。为此建议：①利用所得税、增值税转型的有利时机，降低企业税负，提高收费标准，适时推进排污规费改税改革，同时开征污染产品税、碳税等税目，促进企业排污外溢成本的内在化。②通过环境影响评价的“三同时”制度、环境信贷政策配套，在企业的准入端和融资链条对其采用环境责任险予以规制。

（4）从资金、技术、服务上给予大力支持。①对于突发性环境风险行业的投保额、风险较大的再保险行为，建议政府出面引导保险公司建立共保联合体，对于渐进性的环境损害，由于其运作风险性较大，财产保险公司对此类环境责任保险可能力不从心，可考虑借鉴美国做法，由政府全部或部分出资组建专业的保险机构，来开展相应业务；②为了更好地规范保险业市场秩序，应政策性支持第三方污损评估机构、责任认定机构的建立，环境污染损失的评估和责任认定，不鼓励只有保险公司单方面确定，应该有相关方的介入、参与，这样可保障保险费率的公平、中立；③建议环保部联合相关单位构建国家层面的环境风险管理数据库，包括环境风险场数据、环境风险事故损失案例数据、污染损失核算海量数据、污染损害价值核算方法、标准等。保险公司、环保部门也要联合相关单位考虑开发环境风险责任险数据库，集中管理保险有关数据，如保费、不同行业企业的投保范围、一定时间尺度的环境损害历史数据等，为环境责任险的有效开展提供信息平台数据支撑。

（5）赔偿范围、标准等基本规范应尽快出台政策明确。①赔偿范围应合理适度。赔偿范围的设定是环境责任险政策的一个难点，有不少研究人员进行了讨论，如李华有等提出了赔偿范围可涵盖财产损害、环境修复成本、人体健康损害、舒适度损害、存在价值损害等内容[20]，建议环境责任险范围近期不应太大，太大使得许多险种在出险后无力赔偿，责任范围过窄，对投保企业的环境风险又转移得太少，企业就没有积极性投保环境责任保险。从操作性角度来看，近期建议涵盖直接相关的财产损害、直接环境损害修复成本、人体健康损害三部分，其中前两部分容易计量，后一部分核算方法和技术仍存在争议，需要进一步完善，但在实践中可以先行考虑医疗成本、潜在危害的粗评估等进行协议解决。②在赔偿限额上，由于环境责任险与普通的财产保险和人身保险相比，要复杂得多，包括环境本身所遭受的损失，以及由环境危害所致使的受害者的财产、生命、健康和精神损失，总体损失一般都相当巨大。所以采取限额做法是较好的选择，利于经济的发展和社会的稳定。这也是其他一些国家常采用的做法。在初期，对于由于非法、非正常生产、故意行为所引起的赔偿责任、预防性费用等可作为除外责任对待。

（6）加大宣教力度。向社会各界深入广泛地开展环境责任险宣传，并加大培训力度，使企业认识到推行绿色保险可以提高企业防范风险的能力，能够有效化解企业的风险，对企业持续发展有重要意义，在某种程度上也是企业社会责任的一种反映，促进企业积极参保。

5.3.4 加大技术方法和相关理论研究力度

（1）开展人保、华泰、大地等企业各类环保责任保险产品的分析、评价，支持开发操作性强的险种，为政策研究定位提供依据。建议分类厘定费率，在对各个行业进行深入细分的基础上，针对不同行业制定差异化费率水平。

（2）保险公司联合或者与相关单位合作，开展环境责任保险精算方法、事故损害核算、投保或承保范围、除外责任、理赔程序、投保承保方式、赔偿限额、再保险操作、巨灾保险证券化、国家环境保险基金、索赔时效等方面的研究[20～22]，为开展环境损害责任认定、核查、监管、评估等提供基础。

（3）加强国外实践经验和理论研究分析，国外环境责任险有三种模式[5，22]：①美国和瑞典实行强制保险制度；②法国及英国等国家以任意责任保险为原则的保险制度；③德国兼用强制责任保险与财务保证或担保作为环境损害赔偿的保障制度。在我国，目前呼声较高的是在高风险行业优先实施强制险、其他风险较小的领域推行自愿险，为此，应认真分析国外强制险实施的政策环境、配套政策做法、自愿险发挥效能的领域和体制机制环境等，借鉴国外成功的经验，吸取失误的教训。

（4）加强环境责任保险试点地区、行业的调研力度，注重上下对接，各方联动。近期应促进宁波镇海开展石化行业环境责任保险试点、湖北等地开展饮用水源地环境责任保险的试点工作，积极鼓励湖南、沈阳市等地的试点探索。

6 结语

我国目前处于人均 2 000 多美元的重化工发展阶段，环境污染呈现出复合型、压缩性、累积性等特征，由于历史原因以及发展阶段原因，造成了我国目前环境状况处于一种高污染状态下的环境保护态势，致使环境事故风险频发。在这种背景下，众多环境经济政策手段中，环境责任保险政策是应对环境风险、保障环境安全的优先政策选择。当前我国环境污染责任险推进的政策环境已经具备，国家应抓住有利时机，加大政策推进力度。近期，应突出政府力量在试点工作中的主导作用，加强保险、保监、环保、行业协会和研究机构等单位的联动合作，边研究、试点，边总结，尽快推进在典型地区、重点行业政策试点的深化，积极促使地方政策法规出台，同时根据地方经验，尽快总结、制定国家层面的法律法规和实施办法、细则等规范性文件，待法律、技术、监管、意识等政策操作要件基本到位、政策环境基本满足的情况下，政府应调整角色，从主导向“服务”转变。环境责任险将逐步基于市场机制开展商业化运作，并发展成为利用市场力量管制环境安全的高效手段，中国也将建立符合科学发展要求的环境责任险制度。

参考文献

[1] 李华．论我国“二元化”环境责任保险制度构建[J]．中国人口·资源与环境，2006，16（2）：110-113.

[2] 王干，鄢斌．论环境责任保险[J]．华中科技大学学报（社会科学版），2001，15（3）：33-36.

[3] 吴绍凯．我国环境责任保险制度的分析与展望[J]．中南财经政法大学研究生学报，2008，1：146-150.

[4] 秦桂芬．在中国构建环境责任保险制度的初探[J]．法制与社会，2009，1：1-2.

[5] 刘金章．责任保险[M]．成都：西南财经大学出版社，2007.

[6] 曹静．环境责任保险制度研究[D]．湖南大学，2008.

[7] 别涛．国外环境污染责任保险[J]．求是，2008，5：60-62.

[8] 阳露昭，刘艳．美国环境责任保险制度审视及启示[J]．法学杂志，2005，6：110-112.

[9] 熊英，别涛，王彬．中国环境污染责任保险制度的构想[J]．现代法学，2007，29（1）：90-101.

[10] 别涛，王彬．中国环境责任保险制度构想[J]．环境保护，2006（11）：25.

[11] 王晓辉．我国环境责任保险制度的建构[J]．环境教育，2008，2：65-67.

[12] 王金南，等．中国环境宏观战略研究与环境经济政策设计报告[R]．2008，10.

[13] 张丛军．论环境责任保险制度在我国的建构[D]．西北农林科技大学，2008，4.

[14] 环境经济政策与研究试点项目组．2008 年环境经济政策研究与试点年度总结报告[R]．2008.

[15] 贾靖峰，潘岳．四方面推进环境污染责任险[EB/OL]．[2009-01-07] http://news.xinhuanet.com/politics/，新华网.

[16] 王颖，何宏飞．我国环境污染与环境责任保险制度[J]．经济理论与经济管理，2008，12：57-61.

[17] 安树民，曹静．试论环境污染责任保险[J]．中国环境管理，2000（3）：19.

[18] 别涛，王斌．环境污染责任保险制度的中国构想[J]．环境经济，2006，35：49-55.

[19] 苗昆，杨奕萍．绿色保险：行行重行行[J]．环境经济，2008，9：12-20.

[20] 李华有，曾贤刚，冯东方．污染损害赔偿标准："绿色保险"的实施基础[J]．环境经济，2008，9：23-27.

[21] 竺效．实践环境责任保险须再保险配套立法[J]．环境保护，2008，393（4A）：49-50.

[22] 余敏．建立环境责任保险制度的价值分析[J]．经济与管理研究，2005，5：61-64.

应对气候变化的中国碳税政策框架

Policy Framework of Chinese Carbon Tax for Addressing Climate Change

王金南　严　刚　姜克隽　杨金田　葛察忠

摘　要　征收碳税已成为发达国家减排 CO_2 的重要手段，对促进节能减排、应对气候变化和提高国家形象具有重要的意义。在分析国外碳税模式、征收方式及实施效果的基础上，设计出我国实施碳税的三个基本情景，并预测了不同碳税情景下的税收征收效果，结果表明：征收碳税对我国未来 GDP 产生的负面影响有限，但对 CO_2 排放的抑制作用明显，而且能促进我国的能源技术进步和产业技术升级。在充分考虑我国的国情和借鉴国外成功经验的基础上，本文提出了我国碳税方案的具体实施战略，涉及实施目标、设计原则、实施方案及碳税收入的使用管理四个方面。此外，本文还就实施中可能出现一系列问题进行了初步探讨，建议我国碳税征收方式的选择应与碳税所要发挥的社会作用相结合，碳税征收与环境税或排污费等一并征收，重点用于对可再生能源发展和企业节能的鼓励，实行专款专用。

关键词　碳税　CO_2　能源

Abstract　Carbon tax has become an important means of reducing emissions of CO_2 in developed countries. And it has influence for energy saving and emission reductions, climate change and national environmental image. Base on analyzing the pattern of foreign carbon taxes, the collection method and the implementation effect, three basic scenarios of carbon tax implement of our country are designed, and then the tax levy effects of different carbon tax scenarios are predicted. The results showed that it will promote CO_2 emissions reduction, energy technological progress and industrial technology upgrading, but the limit negative impact of carbon taxes on our country's GDP in the future. On the basis of full consideration of China's national conditions and the successful experience from abroad, this paper propose specific implementation strategy for the carbon tax program, involving the implementation objectives, designing principles, implementing scheme as well as the use management of the carbon tax revenue. In addition, the article also carries on preliminary discussion on a series of questions that may arise during the implement process. We suggest that the way of carbon tax levy should combine with the social function of carbon tax agency and the carbon tax should be levied together with environmental taxes or sewage charges. The tax revenue should focus on renewable energy development and the encouragement for enterprises' energy conservation.

Key words Carbon tax CO_2 Energy

0 引言

温室气体的减排是当前国际社会普遍关注的热点环境问题。为此，国际社会提出了多种政策工具和合作机制推进全球温室气体的减排。征收碳税被认为是减少碳排放最具市场效率的经济手段，对能源节约和环境保护具有积极的作用。同时其政策实施的可操作性较好，并且在一些国家已取得实践经验。我国在制定节能减排和应对气候变化的政策措施时，应将碳税政策作为一个重要的选择加以考虑，建立适宜的国家碳税政策和必要的调整措施，努力消除其对经济的不利影响，从而有效地利用碳税这一经济手段，促进我国节能减排和对温室气体排放的控制，并在国际谈判中争取更大的主动权。

1 开征碳税的必要性和意义

碳排放引起气候变化实质上是福利经济学中的一个外部不经济性问题，由此构成碳税的理论基础。如果税率确定合理，那么碳税将是一种直接使温室气体排放的外部费用内部化的有效手段。并且实行碳税将对我国节能减排等当前工作重点有很好的协同效应。因此，近期在我国试行碳税具有重要意义。

1.1 开征碳税是促进节能减排的有效工具

征收碳税实际上是根据化石燃料中的碳含量或碳排放量征收的一种产品消费税，是对煤、石油、天然气等产生 CO_2 的化石燃料征税，影响能源的价格，其目的是减少能源的使用，这也正是我国政府当前工作的重点。“十一五”期间，我国提出了明确的节能减排目标，并作为“十一五”期间社会经济发展的重要约束性指标。从节能减排的工作需求角度分析，降低能源消耗是我国全面落实节能减排目标的根本性措施，这与碳税政策的设计理念和社会效应表现一致。因此，开征碳税对我国促进节能减排工作将具有重要的协同推动作用。国际经验亦表明，碳税的征收对降低能源使用具有显著的刺激作用。

我国是以煤为主要能源的国家，污染严重、能效低下，“十一五”期间面临巨大的节能减排压力。而且世界经济发展的经验数据表明，当国家和地区的人均 GDP 处于 500～3 000 美元的发展阶段时，往往对应着人口、资源、环境等“瓶颈”约束最为严重的时期。目前我国正处于这一爬坡阶段，随着工业化进程的推进，我国的国民经济还将保持较快的增长速度，能源需求量将继续增大，相应的温室气体排放也必然要继续增加。面临着国内节能减排和国际应对气候变化的双重压力，这就要求我国应更多从政策创新角度出发，利用协同机制促进目标的共同实现。碳税正是落实这两项国家目标的有效经济手段之一。

1.2 开征碳税是我国应对气候变化的积极响应

我国已成为世界上 CO_2 第二大排放国，并呈快速增长趋势。根据国际能源署预测，2009年以后我国的温室气体排放量将超过美国位居第一。虽然《京都议定书》对于发展中国家并没有规定必须执行的量化指标，CO_2 也不是目前我国环境保护的主要污染物。但是随着我国国际地位的提高，CO_2 排放总量的持续增长以及国际间碳交易需求的增加，我国迟早要面对 CO_2 减排的压力。根据“巴厘岛路线图”达成的协议，2012 年以后发展中国家要在可持续发展的前提下采取对国家合适的减缓行动，同时对这种行动要以可测量、可报告和可核实的方式提供技术、资金和能力建设方面的支持。面对国际压力，我们必然要在政策建设方面有所突破。

运用环境经济手段已经成为国际上控制温室气体排放的最主要政策。尤其是碳税的运用已成为发达国家提高能源效率和减排 CO_2 的重要手段。在英国、丹麦、荷兰、瑞典等国家，碳税已作为一种促进企业节能减排的有效性鼓励措施。发达国家碳税的成功实践，在为国际应对气候变化提供可借鉴的经验的同时，客观上也对我国碳税的实施施加了压力。未来，发达国家利用碳税差异制造关税绿色贸易壁垒，将对我国产品的国际竞争力产生不利影响。因此，加强碳税研究，争取在近期开征碳税，既能缓解国际压力，消除不利的国际影响，同时也符合国际环境政策的发展趋势。

1.3 开征碳税有利于提高国家环境形象

我国是世界第二大温室气体排放国。根据 2007 年出版的《气候变化国家评估报告》，2000 年中国化石燃料燃烧产生的 CO_2 排放量约为 34 亿 t（约为 8.7 亿 t C），占世界总排放量的 12.78%，居世界第二。2004 年，我国温室气体排放量已经达到 61 亿 t。随着我国经济和社会的快速发展，CO_2 的排放量将不断增加。作为国际社会中举足轻重的大国，我国所要承担的减排压力也将不断增大。

2007 年 6 月 4 日，中国政府发表了《中国应对气候变化国家方案》，这是发展中国家第一个应对气候变化的国家方案。方案明确了到 2010 年中国应对气候变化的具体目标、基本原则、重点领域及其政策措施。到 2010 年，中国将努力实现单位国内生产总值能源消耗比 2005 年降低 20%左右，相应减缓 CO_2 排放；力争使可再生能源开发利用总量（包括大水电）在一次能源供应结构中的比重提高到 10%左右；努力实现森林覆盖率达到 20%。该方案中也明确提出“研究鼓励发展节能环保型小排量汽车和加快淘汰高油耗车辆的财政税收政策，择机实施燃油税改革方案”。这为我国环境政策设计，包括碳税的制定指明了方向。在 2007 年年底巴厘岛召开的联合国气候变化大会上，我国政府承诺通过政策制定和实施来减缓温室气体的排放。所以，为了维护负责任的大国形象，近期可以考虑将 CO_2 作为征税对象。通过碳税的建立，提高我国在气候变化领域的国际形象，向国际社会发出应对全球气候变化的积极信号和表达对人类高度负责任的大国形象。

2 国外碳税实践

当前，碳税还不是一项普及的政策制度，但国际社会对此所展开的讨论已经很多，一般倾向于在某种国际协议的框架下，由各国来制定相应的碳税制度，即采用国家碳税的模式，而国际碳税还只是一种概念模式，在国际范围内还没有任何先例。已经征收碳税的国家包括丹麦、芬兰、荷兰、挪威、意大利和瑞典等，而且都采取国家碳税模式。从其征税实践来看，只有挪威和瑞典的碳税制度才具有足够有效的刺激作用。奥地利和德国最近也引入了能源税，但不是根据能源的含碳量征收。英国 2001 年开始征收气候变化税。日本、新西兰、瑞士准备开征基于碳排放的燃料税。

2.1 芬兰碳税

芬兰 1990 年引入 CO_2 税，征税范围为所有矿物燃料，并根据燃料的含碳量计税。开始时，税率较低，后几年逐渐增加，目标是在 20 世纪 90 年代末将 CO_2 排放的增长率降低为零。在 1994 年，芬兰的能源税进行了重新调整，提高了税率。大部分能源征收燃料税，其中包括两部分：一部分是“国库收入”部分，对柴油和汽油实行差别税收；另一部分是“能源/碳税”。对于煤、泥炭和天然气不征收基本税，只征收能源/碳税。1995 年，混合税中的能源税税率为 3.5 芬兰马克/kW，碳税税率为 38.3 芬兰马克/t CO_2（相当于 7.0 美元/t CO_2）。电力部门也通过对矿物燃料征收碳税被纳入征税范围。对于使用水力和核能生产的能源和能源产品征收一种特别电力税。对工业中使用的原材料和国际运输用油是免税的。1995 年，能源/碳税收入为 24 亿芬兰马克（相当于总税收收入的 1.4%），其中来自碳税的部分约占 40%。

2.2 瑞典碳税

瑞典的 CO_2 税是在 1991 年整体税制改革中引入的。作为税制改革的一部分，现存的能源税税率被降低。CO_2 税的目的是在 2000 年时将 CO_2 排放保持在 1990 年的水平。CO_2 税适用于所有种类的燃料油，其中对电力部门使用的部分予以豁免。税收根据不同燃料的含碳量不同而有区别。纳税者为进口者、生产者和贮存者。在最初，对私人家庭和工业的税率为 250 瑞典克朗/t CO_2。1993 年，税收计划进行了重大调整以保证瑞典工业的国际竞争力。对于工业部门的 CO_2 税降为 80 瑞典克朗/t CO_2，同时对于私人家庭的税率增加到 320 瑞典克朗/t CO_2。此外，对于一些能源密集型产业，采取了进一步减免措施。CO_2 税的总负担被限制在生产产值的 1.7%（随后降为 1.2%）。这一项最高限额计划在 1994 年被取消，海外航空和海运活动是免税的，在 1994 年以后，对于税率实行了指数化，使真实税率保持不变。在 1995 年，一般 CO_2 税率为 340 瑞典克朗/t CO_2，工业部门为 83 瑞典克朗/t CO_2（相当于 38.8 美元/t CO_2 和 9.5 美元/t CO_2）。

1994 年，瑞典公布了应用经济手段的评价研究报告。报告称，在许多情况下，能源生产厂家因碳税的实施更换了燃料。报告还发现，工业燃料用油消耗呈上升趋势，但同时工业生产却稍有下降。这可能是因为 1992 年后这一部门税收减轻的原因。能源集中的造纸和纸浆业的燃料消耗一年中上升了 30%，而同期工业总消耗的增长率为 20%，说明了免税对环境造成的不良作用。

2.3 丹麦碳税

丹麦在 1992 年引入了 CO_2 税，其目的是在 2000 年将排放量保持在 1990 年的水平上。丹麦对汽油、天然气和生物燃料以外的所有 CO_2 排放都征收 CO_2 税。该税以每种燃料燃烧时的 CO_2 量为基础，税率为 100 丹麦克朗/t CO_2（相当于 14.3 美元/t CO_2）。截至 1995 年，对于交纳增值税的企业，所交 CO_2 税的 50%返还企业（用作机动车燃料的柴油征收的 CO_2 税除外）。因此，其税率只是规定税的一半。如果 CO_2 净税负（包括返还后）超过其销售额的 1%，则税率将下降为规定税率的 25%。如果 CO_2 净税负在销售额的 2%～3%，则有效税率降至规定税率的 12.5%。对于 CO_2 净税负占销售额的比率超过 3%的，则总的税率降为规定税率的 5%。因此工业部门的实际税率约为私人家庭税率的 35%。

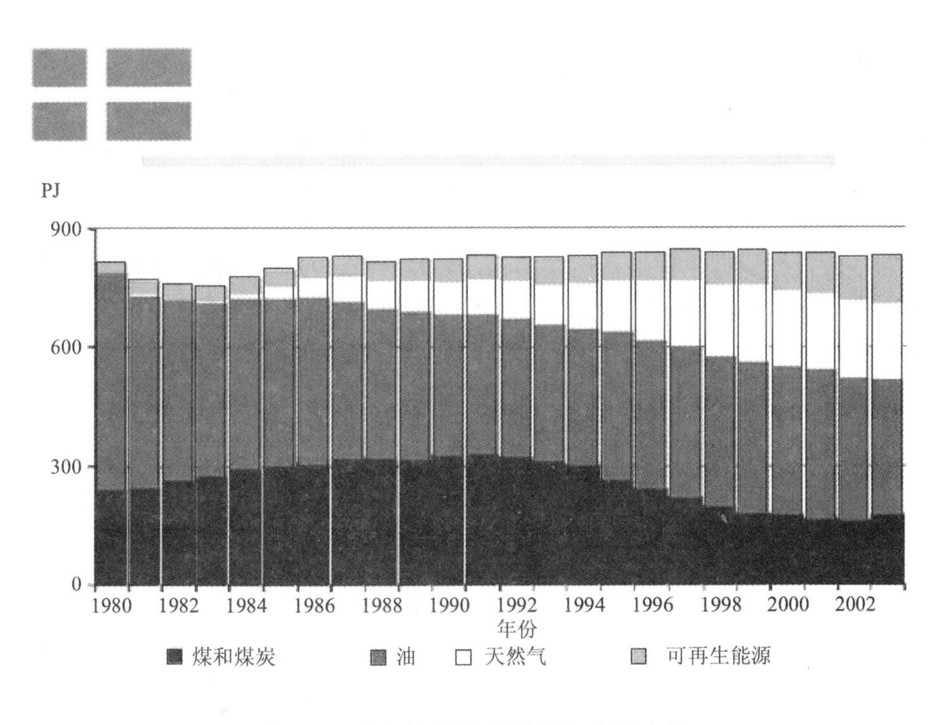

图 1　丹麦征收碳税后燃料能源结构变化

2.4 荷兰碳税

荷兰 1988 年开始征收环境税，用燃料的环境税收代替了一系列的专项收费。燃料被纳入了税收范围，是因为人们感到燃料消费与大范围空气污染问题直接相关，而且燃料使用被认为能大体上反映产出污染的经济活动水平。税收收入被用于与环境有关的公共开支。1990 年，CO_2 税被纳入能源税基中。但税收收入的专款专用受到了各种批评，1992 年 7 月，税收收入被纳入一般财政，由财政部负责。1992 年整个税基转变为能源/碳税，比例各为 50%，CO_2 税对所有能源适用。电力是通过对燃料的征税而间接纳税的。对于一些能源密集型部门（大型天然气消费者），能源税是豁免的。因此，天然气使用超过 1 000 万 m^3 的生产厂家，其环境税（能源/碳税）的税率要低于 40%左右。碳税不存在豁免问题。矿物燃料的 CO_2 税，是由那些商品税交纳者支付，对于天然气和煤，CO_2 税是由这些燃料的挖掘、生产者和进口者交纳。在 1995 年，税率为 5.16 荷兰盾/t CO_2（相当于 25 美元/t CO_2），能源消耗 CO_2 的税收收入达到 1.4 亿荷兰盾，为总税收收入的 1.3%。

2.5 挪威碳税

挪威从 1991 年开始对汽油、矿物油和天然气征收 CO_2 税。其目的是将 2000 年 CO_2 排放量稳定在 1988 年的水平上。1992 年，CO_2 税扩展到煤和焦炭。但对航空、海上运输部门和电力部门（因采用水力发电），碳税是豁免的；对于造纸等行业，实际税率仅为规定税率的 50%。CO_2 税根据燃料的含碳量有所差别，如在 1995 年对汽油征税为 0.83 挪威克朗/L，对柴油征税为 0.415 挪威克朗/L。CO_2 税随燃料种类不同而不同。目前，大约有 60%的 CO_2 排放被征税，税率为 110 挪威克朗/t CO_2 和 350 挪威克朗/t CO_2（相当于 13.8 美元/t CO_2 和 43.7 美元/t CO_2），年税收收入为 60 亿挪威克朗，约为整个税收收入的 2%。

挪威对税收效果进行了评估。结果显示，税收导致 1991—1993 年间 CO_2 的排放下降了 3%～4%。税收的最大效果是对造纸工业，并计算了这一效果。如没有税收，造纸行业油的消耗要提高 21%。税收对中间产品部门和政府服务部门的影响分别为 11%和 10%，对其他部门的影响要小得多。税收对家庭取暖用能影响较小，因为用于这一目的的石油所占比例较少（不到 10%）。

2.6 国外碳税经验的启示

分析各国碳税征收的实践经验，得到以下启示：

（1）目前，在减排温室气体的长期战略讨论中，发达国家更倾向于实施碳税政策，认为这是一项富有经济效益的政策方案，并得到了国际社会认可和推荐。但征收碳税时也会遇到一些困难，如很可能产生预期不到的不良效应，如在社会的某些特定阶层中（如贫困家庭）或者在竞争的工业部门中，产生不均衡效应。同时，政策的制定也有可能会陷入政治争论中。

（2）目前已经征收碳税的国家包括丹麦、芬兰、荷兰、挪威、意大利和瑞典等，而且都采取国家碳税模式。从其征税实践来看，只有挪威和瑞典的碳税政策才具有足够有效的刺激作用。

（3）从碳税的国际协调程度及其发挥的功能来看，分为国家碳税和国际碳税两种，共有 6 种模式分别为：①基于筹资的单方国家税；②基于筹资的经协调的国家税；③基于刺激的单方国家税；④基于刺激的经协调的国家税；⑤基于筹资的国际税；⑥基于刺激的国际税。

（4）从征收方式上看，各国基本上都按 CO_2/CO 排放量征收的。从实际征收情况来看，碳税往往是对煤、石油、天然气等化石燃料按含碳量设计税率征收（丹麦、瑞典、挪威等国），只有少数国家（波兰、捷克等）直接对 CO_2/CO 的排放征税。这主要是由于直接以 CO_2 的排放量为征税对象，在技术上不易操作；况且，化石燃料的消耗所产生的 CO_2 占排放量的 65%～85%，因此，对化石燃料征收 CO_2 税基本覆盖了 CO_2 排放的大部分源。不过严格地说，对化石燃料征收 CO_2 税，与直接对 CO_2 排放征税相比，是存在差别的，前者只鼓励企业减少化石燃料的消耗，而不利于企业致力于对 CO_2 排放的消除或是回收利用的技术研究。

总结各国碳税征收情况，见表 1 和图 2。

表 1　一些国家碳税/费征收情况

国家	税/费	税基	税率/欧元
波兰	空气污染费	CO_2	0.051 8/t
	空气排放费	CO	5.4/t
捷克	空气污染费	CO	17.627 6/t
爱沙尼亚	空气排放费	CO	0.61/t
丹麦	CO_2税	煤炭	32.485 8/t
		褐煤	23.894 5/t
		焦炭	43.359 1/t
		柴油	0.036 2/L
		电力	0.013 4/kW•h
		焦油	0.037 6/kg
		燃料油	0.043/kg
		煤油	0.036 2/L
		天然气	0.029 5/m^3
		液化石油气	0.021 5/L
		液化石油	0.040 3/kg
		炼油厂气体	0.038 9/kg
瑞典	能源及燃料（除汽油）CO_2税	柴油（Ⅰ级环境标准）	0.337 2/L
		柴油（Ⅱ级环境标准）	0.362 5/L
		柴油（Ⅲ级环境标准）	395.779 7/L
		热油	0.270 7/L
		天然气（固定源）	170.175 6/1 000 m^3
		甲烷（移动源）	115.287 1/1 000 m^3
		天然气（移动源）	170.175 5/1 000 m^3

国家	税/费	税基	税率/欧元
瑞典	能源及燃料（除汽油）CO_2税	液化石油气（移动源）	140.246 2
		甲烷（固定源）	170.175 6/1 000 m^3
		液化石油气（固定源）	219.121 3/t
		煤炭与焦炭	201.509 5/t
		用于供热的天然松树油	270.660 2/L
	能源及汽油 CO_2 税	无铅汽油（Ⅰ级环境标准）	0.499 2/L
		无铅汽油（Ⅱ级环境标准）	0.502 4/L
		其他汽油	0.572 7/L
挪威	矿物产品 CO_2 税	煤炭	0.060 9/kg
		焦炭	0.060 9/kg
		柴油	0.060 9/L
		重燃料油（普通税率）	0.060 9/L
		重燃料油（纸浆、渔业使用）	0.030 4/L
		重燃料油（削减税率）	0.034 8/L
		含铅汽油（普通税率）	0.090 7/L
		含铅汽油（削减税率）	0.032 3/L
		轻燃料油（普通税率）	0.060 9/L
		轻燃料油（纸浆、渔业使用）	0.030 4/L
		轻燃料油（削减税率）	0.034 8/L
		挪威各机场飞机使用的矿物油	0.034 8/L
		做燃料油使用的其他油类	0.060 9/L
		无铅汽油（普通税率）	0.090 7/L
		无铅汽油（削减税率）	0.032 3/L
	在大陆壳开采的石油 CO_2 税	在开采平台上点燃的天然气	0.090 7/m^3
		在开采平台上点燃的石油	0.090 7/L

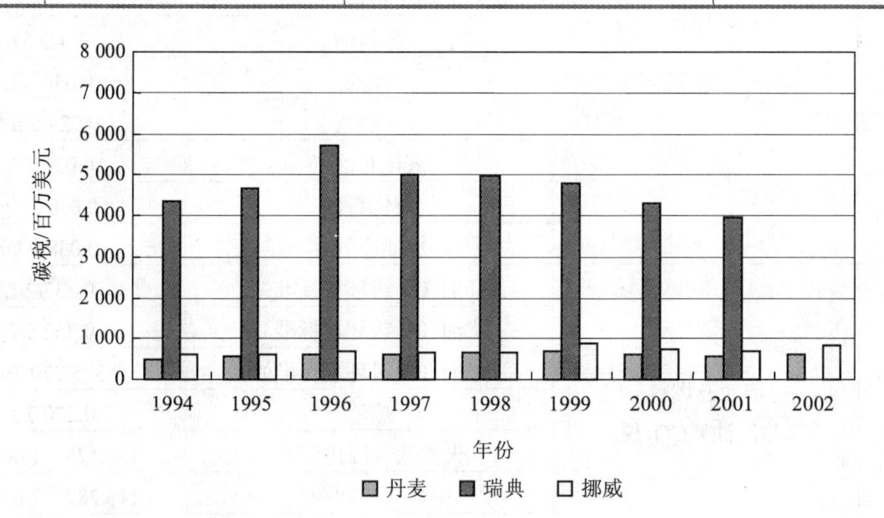

图 2　一些北欧国家碳税收入情况

3 碳税征收影响分析

3.1 情景方案设计

在我国实施碳税要进行充分的研究和论证，碳税税率的制定要根据我国的具体国情而定，不能过多影响我国产品的国际竞争力，同时不能过度降低低收入人群的生活水平。根据我国目前的 CDM 市场价格，每吨 CO_2 排放权转让价格一般为 6 美元左右；并结合国外一些国家所采用的税率；同时考虑了初始征收以较低税率开始，不要对我国的经济产生大的影响，设计了以下 3 种税率情景方案，见表 2。

表 2　碳税税率情景方案　　单位：元/t C

方　案	2005 年	2010 年	2020 年	2030 年
高方案	0	100	150	200
中方案	0	50	75	100
低方案	0	20	30	40

3.2 税收征收效果分析

碳税作为环境税的一种，其直接目的是刺激污染者主动降低生产过程和消费过程中产生的 CO_2 水平。征收碳税后，各种能源的消费成本会有所增加，而由于使用不同能源种类 CO_2 排放当量不同，征收碳税后，消费者在使用各种能源时所需付出的附加成本也不同。因此，消费者一方面会因为能源成本上升而致力于提高能源使用效率，另一方面也会主动调整能源结构，选择清洁能源。本节试图模拟的在不同碳税情景下，碳税对 GDP 损失率、能源需求以及碳排放控制产生的影响和作用，在一定程度上反映出碳税政策实施的可能效果。

3.2.1 不同碳税情景对 GDP 影响的模拟分析

征收不同税率碳税后对我国经济发展的影响结果见图 3～图 5。从图中可以看出，征收碳税后必然会对 GDP 的增长速度产生一定影响，降低 GDP 的增长速率。碳税税率征收方案越高，对 GDP 的损失影响越大。总体而言，3 种碳税税率情景方案对 GDP 的损失影响都不超过 0.5%。其中，高碳税税率方案对 GDP 损失贡献最大，2025 年损失贡献达到 0.45%；低碳税税率方案对 GDP 的损失影响很小，甚至可以忽略，仅为 0.1%左右。

从碳税征收对 GDP 损失影响的时间变化趋势来看，2025 年前，随着税率的不断提高，碳税征收对 GDP 损失影响的贡献越来越大，但在 2025 年之后呈明显下降趋势。由此可以判断，从长远角度分析，碳税的征收对 GDP 损失影响不大，甚至呈逐年下降趋势。

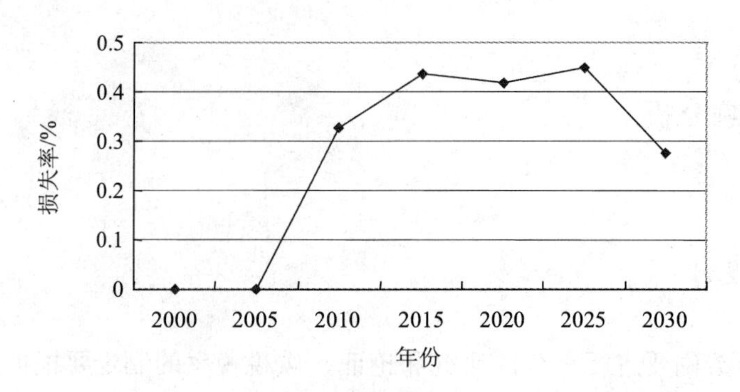

图 3　高税率情景方案对 GDP 的影响

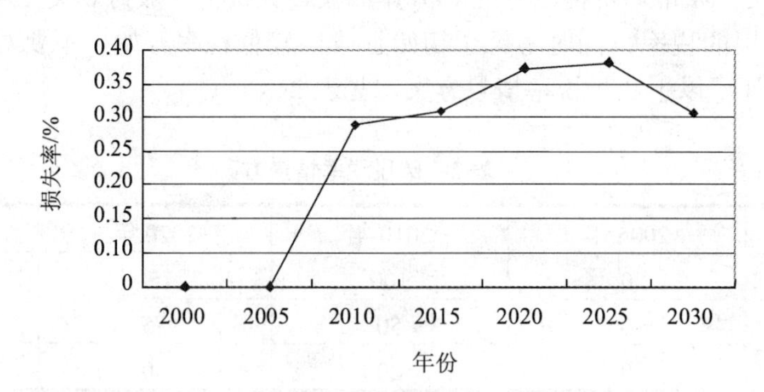

图 4　中税率情景方案对 GDP 的影响

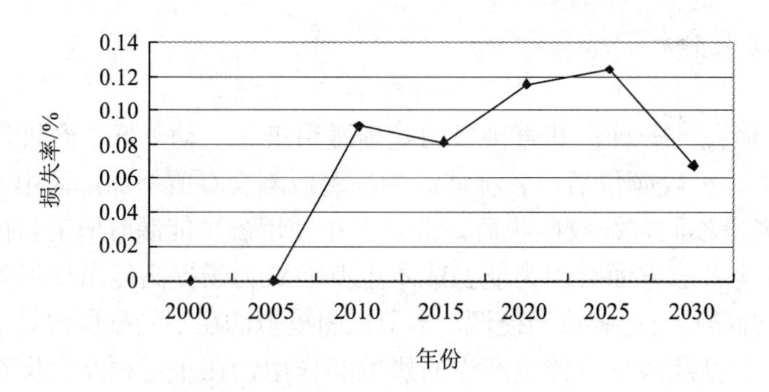

图 5　低税率情景方案对 GDP 的影响

3.2.2 不同碳税情景对节能影响的模拟分析

征收碳税会直接促进企业提高能源效率，实现节能目标，图 7、图 8 为不同碳税情景方案对节能贡献率的影响结果。从图中可以看出，随着碳税税率的提高，碳税对节能贡献呈明显增长趋势。在高碳税税率情景方案中，当税率提高到 200 元/tC 时，节能贡献率可达到 20%以上，节能贡献显著。即使采取低税率碳税方案，当 2010 年征收碳税税率为 20 元/tC 时，碳税征收对节能贡献率也将接近 3%左右。由此可见，近期征收碳税即使是税率很低，通过传达一种信号观念，对促进我国节能也将有显著效应。

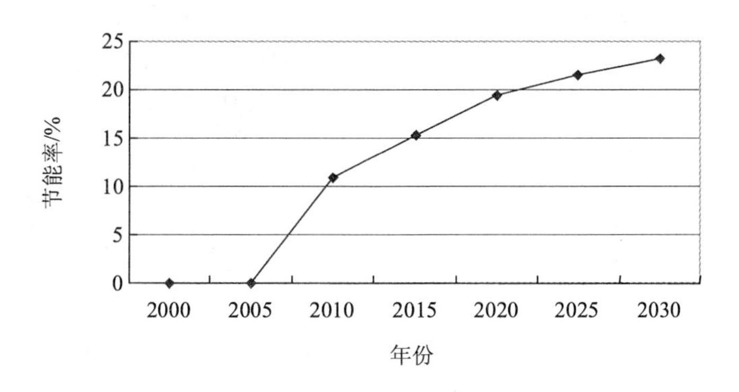

图 6　高碳税税率情景方案对节能的影响

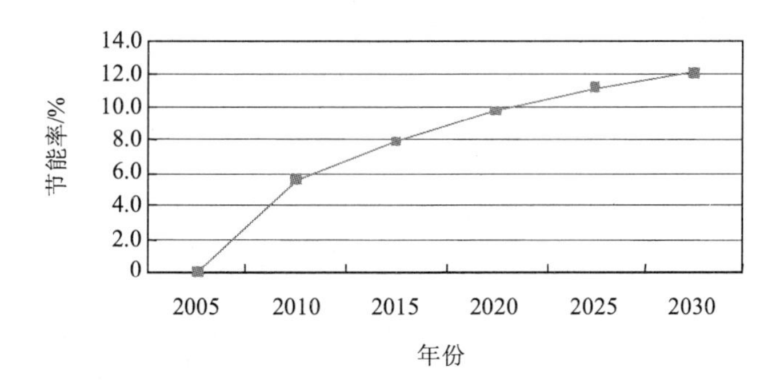

图 7　中碳税税率情景方案对节能的影响

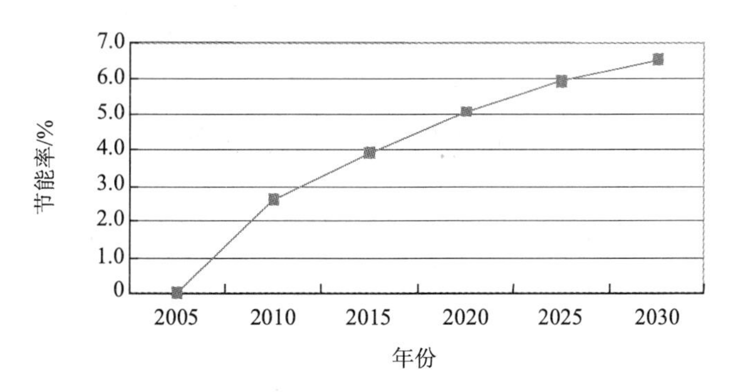

图 8　低碳税税率情景对节能的影响

3.2.3 不同碳税情景对 CO_2 减排影响的模拟分析

碳税征收最直接的影响结果即为 CO_2 减排。从模拟结果（图 9～图 11）可以看出，碳税的征收对 CO_2 减排有明显的刺激作用。尤其是在高碳税税率情景方案下，当碳税税率从 100 元/t C 提高到 200 元/t C 时，CO_2 减排率从 12%提高到 26%，减排贡献率增长幅度超过一倍以上。比较图 9、图 10 和图 11 也可以看出，在不同时间征收同一税率对 CO_2 减排贡献率也并不相同，而且差异较大。在高碳税税率情景方案中，当碳税税率为 100 元/t C 时，碳税对 CO_2 减排贡献仅为 12%；而在中碳税税率情景下，当税率达到 100 元/t C 时，

碳税征收对 CO_2 减排贡献率达到 18%；在低碳税税率情景下，即使 2030 年税率为 50 元/t C 时，碳税征收对 CO_2 减排贡献也可达到 11%。由此可见，采取不同情景碳税方案，在不同时段即使征收同样的税率，其对 CO_2 减排贡献的差异显著。

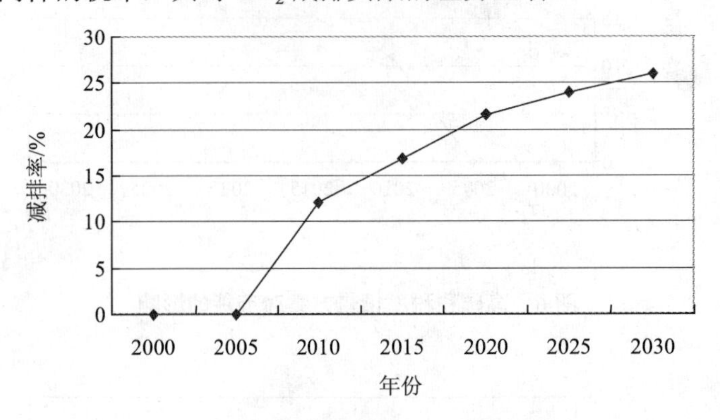

图 9 高碳税税率方案对 CO_2 排放的影响

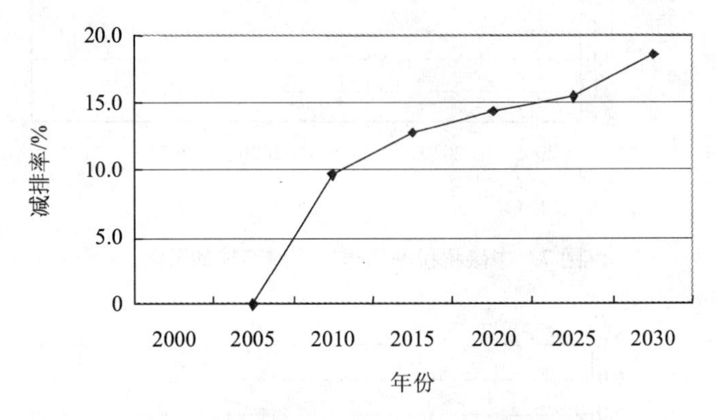

图 10 中碳税税率方案对 CO_2 排放的影响

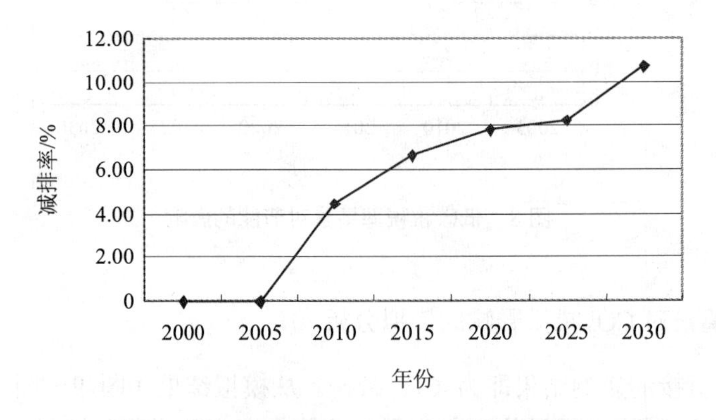

图 11 低碳税税率情景方案对 CO_2 排放的影响

3.2.4 不同碳税情景对部门产出的影响模拟分析

采用碳税后对各部门产出的影响见表 3～表 5。由表中可以看出，征收不同税率碳税对各部门产生影响的效果各不相同。在高、中碳税税率情景方案中，由于碳税的征收，对各用能部门的产出水平都有负影响，尤其是对天然气和煤炭生产行业而言，产出影响幅度最大，达到 10%以上。在低碳税税率情景方案中，碳税的征收对各部门产出影响不大，对天然气和炼油行业部门的产出甚至呈现了正贡献。总体而言，当碳税税率较高时，会对各部门的产出构成较大的影响。

表 3 高碳税税率方案对各部门产出的影响 单位：%

行业 \ 年份	2010	2020	2030
农业	−0.35	−0.33	−0.23
其他产业	0.90	0.64	0.86
原油生产	−0.39	−0.81	−0.98
天然气生产	−16.95	−10.47	−11.68
煤炭生产	−13.38	−20.77	−21.74
焦炭生产	−7.68	−8.52	−9.91
发电	−4.12	−5.83	−6.68
炼油	−3.32	−3.79	−2.21
木材制造业	−1.26	−1.61	−1.38
化工	−2.51	−2.82	−2.68
水泥	−1.80	−2.11	−1.97
钢铁	−2.50	−2.28	−2.79
其他工业	−1.63	−1.69	−1.67
客运	−1.28	−2.66	−2.17
货运	−1.04	−1.90	−1.61

表 4 中碳税税率方案对各部门产出的影响 单位：%

行业 \ 年份	2010	2020	2030
农业	−0.35	−0.33	−0.23
其他产业	0.90	0.64	0.86
原油生产	−0.39	−0.81	−0.98
天然气生产	−16.95	−10.47	−11.68
煤炭生产	−13.38	−20.77	−21.74
焦炭生产	−7.68	−8.52	−9.91
发电	−3.34	−3.01	−4.09
炼油	2.34	1.11	0.91
木材制造业	−1.03	−1.45	−1.87
化工	−1.84	−2.52	−3.04
水泥	−1.25	−2.01	−2.16
钢铁	−1.53	−2.43	−2.96
其他工业	−0.98	−1.68	−1.63
客运	−1.13	−1.90	−2.24
货运	−0.86	−1.47	−1.76

表 5　低碳税税率方案对各部门产出的影响　　单位：%

行业＼年份	2010	2020	2030
农业	−0.09	−0.11	−0.08
其他产业	0.15	0.20	0.23
原油生产	−0.10	−0.18	−0.32
天然气生产	0.20	1.10	4.50
煤炭生产	−0.60	−1.45	−15.66
焦炭生产	−2.21	−6.23	−8.33
发电	−1.67	−2.05	−1.66
炼油	1.17	2.37	3.27
木材制造业	−0.44	−0.59	−0.75
化工	−0.79	−1.10	−1.27
水泥	−0.52	−0.90	−0.92
钢铁	−0.66	−1.17	−1.42
其他工业	−0.41	−0.76	−0.68
客运	−0.47	−0.76	−0.88
货运	−0.36	−0.62	−0.72

3.3 小结

上述分析研究表明，征收碳税对我国未来 CO_2 排放的抑制作用明显。与基准情景相比，到 2010 年征收碳税税率为 50 元/t C 时，CO_2 排放将下降 9.6%，约减排 1.1 亿 t C；到 2030 年税率为 100 元/t C 时，CO_2 排放将下降 18%，约减排 4.3 亿 t C（表 6）。征收碳税也会对 GDP 产生一定的负面影响，但影响有限。在高情景方案下，2010 年征收碳税，与基准情景相比 GDP 损失为 0.34%，2030 年 GDP 下降了 0.26%。这主要是由于能源价格的上升导致了对有关经济部门的抑制作用和能源产业产值下降。但研究中没有充分考虑我国减少进口对经济的促进作用，以及减少国内对能源产业的投资而增加对一些新兴产业投资所带来的效果。如果考虑这些效果，GDP 的损失将非常有限，或为正面影响。同时从 GDP 增长率来看，基本没有变化。另外需要关注的是，损失的 GDP 是比较“污染”的 GDP，如果考虑绿色 GDP 的话，这些损失则会大大减小。

表 6　不同碳税情景下碳排放量预测　　单位：Mt C

年份	BAU	碳税 20 元/t C	碳税 50 元/t C
2000	879	879	879
2005	1 479	1 479	1 479
2010	2 021	1 931	1 828
2015	2 304	2 150	2 009
2020	2 541	2 343	2 177
2025	2 749	2 522	2 324
2030	2 958	2 642	2 408

从长期来看，采用碳税，或者与能源税相结合的碳税是一种可行的选择。采用碳税会实现较好的 CO_2 减排效果，同时对经济影响有限。根据国际上的经验，征收碳税会促进新的行业发展，如包括脱碳、储碳技术的清洁煤技术行业，可再生能源行业，核电，节能技术行业等。如果考虑征收碳税可能会促进我国一些新兴行业发展的作用，在未来几十年里将促进我国的能源技术进步和产业技术升级，进而促进这些行业的发展。同时到 2020 年以后，中国的经济竞争力已经较强，成为世界经济强国，有可能在全球环境问题上扮演更为主动角色，这些也是未来采用碳税的良好基础和驱动因素。

4 碳税方案实施战略

4.1 实施目标

近期我国碳税实施的总体目标为：尽快试探性出台对煤、石油、天然气等化石燃料消费的碳税政策，依据循序渐进的原则，逐步形成我国的碳税税制，促进国家节能减排目标的落实和温室气体排放的控制，扩大我国在国际社会的影响，表明我国在应对全球气候变化和环境保护方面的坚定立场，赢得在国际谈判上的主动权。

4.2 设计原则

4.2.1 兼顾约束和激励双重功能

碳税政策的设计应体现约束和激励两个方面。一方面，通过制定碳税政策建立健全有利于能源资源节约和环境保护的税收激励和约束限制并重的机制，促使企业降低能源消耗，提高能源利用效率，减少温室气体排放，转变我国能源消费结构不合理和能源效率低下的不利局面；另一方面，通过税收收入，建立可再生能源发展基金或用于提高能效等方面研究，实现税收的激励功能。

4.2.2 选择合理征收方式和征收对象

从征收方式上看，国际基本上都按 CO_2/CO 排放量征收的，从实际征收情况来看，既有对煤、石油、天然气等化石燃料按含碳量设计税率征收，也有直接对 CO_2/CO 的排放征收。前者容易操作，但并不是对所有排放源进行征收；而后者对二氧化碳排放计量统计有着高精度的技术要求。因此，我国在开征碳税时，要合理考虑我国的国情，设计合理的征收方式。

4.2.3 碳税税率要充分考虑企业承受能力和对社会经济的影响

对于碳税的定价要科学合理，应充分考虑我国国情和经济发展状况，不能定价过高，否则可能影响企业的国际竞争力，影响社会稳定和经济持续健康发展。为此，在对碳税定价时，要进行系统模拟各种税率对我国社会经济的影响和企业可承受能力，确定出合理税率。

4.2.4 税率制定遵循循序渐进的过程

碳税毕竟是一项新型政策。在经济全球化的背景下，国内外大量实践证明，征收碳税将影响企业国际竞争能力。为此，许多国家对于高耗能行业采取低税率和鼓励节能的减免政策。我国仍属于发展中国家，保持经济持续稳定发展和提高人民生活水平是当务之急。因此，碳税方案的制订必须遵循渐进过程。

4.3 实施方案

4.3.1 征收对象

向大气中排放 CO_2 的所有单位，包括国有企业、集体企业、私有企业、外商投资企业、外国企业、股份制企业、其他企业和行政单位、事业单位、军事单位、社会团体及其他单位。现阶段，为了减少操作成本，个人可以考虑暂时不作为纳税义务人。

4.3.2 计税依据

从征收方式上看，各国基本上都是按 CO_2 的实际排放量征收，从实际征收情况来看，往往是对产生 CO_2 的煤、石油、天然气等化石燃料按含碳量测算排放量作为计税依据（丹麦、瑞典、挪威等国），而只有少数国家（波兰、捷克等）直接将 CO_2/CO 的实际排放量作为计税依据。结合我国的实际情况，建议对产生 CO_2 的煤、石油、天然气等化石燃料按含碳量测算排放量作为计税依据。

4.3.3 税率方案

依据碳税征收的模拟效果分析，结合国际发展趋势和我国应对气候变化的压力，建议在近期可实施碳税政策。但考虑到我国社会经济的发展阶段，短期内应选择低税率、对经济负面影响较小的单方国家碳税。碳税征收起始时间建议从 2012 年开始，原因为《京都议定书》规定附件 1 国家的履约时间为 2012 年，2012 年后全球为应对气候变化必然会形成新的格局，也必然会对我国控制温室气体排放施加更大的压力。在此背景下，为履行我国在“巴厘岛会议”许下的承诺，我国应在政策制定方面有所突破。因此“2012 年”应是我国实施碳税最为理想的时限。具体碳税税率征收方案见表 7。

表 7　我国碳税税率实施方案

时　限	2012 年	2020 年	2030 年
碳税税率/（元/tC）	20	50	100
煤炭碳税/（元/t）	11	27	54
石油碳税/（元/t）	17	44	87
天然气碳税/（元/1 000 m³）	12	29	59

4.3.4 减免

对能源密集型行业实行低税率或税收返还制度，这也是国际上为消除碳税征收对企业国际竞争力影响而采取的通行办法。虽然在客观上会降低碳税的实施效果，但考虑到我国的国情，这是不得已而为之举，但高耗能行业必须做出节能降耗的努力，如与国家签订自愿协议。

4.4 碳税收入的使用管理

如果按照 20 元/t C 征收碳税，2012 年我国碳税收入为 400 亿元左右，约占我国 GDP 的 0.1%；当 2020 年碳税征收为 50 元/t C 时，碳税收入为 1 800 亿元左右（表 8）。相对 GDP 而言，虽然碳税收入并不多，但资金的合理使用将对碳税发挥更大作用有着重要影响。建议国家可以利用碳税收入的资金建立国家专项基金，用于提高能源效率、研究节能新技术、开发低排放的新能源、实施植树造林等增汇工程项目以及加强有关的科学研究与管理，促进国际交流与合作等。

表 8　不同碳税情景下税收收入预测　　单位：亿元

年份	碳税 20 元/t C 方案	碳税 50 元/t C 方案
2000	0	0
2005	0	0
2010	386	965
2015	538	1 355
2020	703	1 757
2025	883	2 219
2030	1 057	2 642

5 碳税征收的若干问题讨论

尽管近期我国可以考虑实施碳税政策，但在实际实施中仍有一些问题急需明确，包括征收环节的考虑、资金使用管理等系列问题，都需要在政策实施前予以明确。

（1）征收方式。从国际实践来看，各国碳税征收往往是对煤、石油、天然气等化石燃料按含碳量设计税率进行征收，只有少数国家（波兰、捷克等）直接对 CO_2/CO 的排放征收碳税。这主要是由于直接以 CO_2 的排放量为征税对象，在技术上不易操作。但严格来说，对化石燃料征收 CO_2 税，与直接对 CO_2 排放征税相比，是存在差别的，前者只鼓励企业减少化石燃料的消耗，而不利于企业致力于对 CO_2 排放的消除或回收利用的技术研究。因此，碳税征收方式的选择必须与碳税所要发挥的社会作用有机结合。

（2）征收对象。从充分发挥碳税政策的社会效应角度考虑，碳税征收应在消费环节，这样更有利于刺激消费者减少能源消耗。但从实际管理和操作角度考虑，在销售环节征收碳税更容易操作，但这对消费者而言，只相当于提高了能源的购买价格，并不能很好地发挥碳税的社会效应，况且在近期我国征收碳税的税率必然很低，因此在销售环节征收碳税可能导致碳税政策社会效应的丧失。因此，建议碳税征收仍应在消费环节，可与环境税或排污费等一并由同一部门征收，减小社会管理成本。

（3）资金使用管理。对我国而言，碳税税收的最大目的是促进企业节能和鼓励可再生能源的发展。因此，碳税收入应重点用于对可再生能源发展和企业节能的鼓励，而不应作为国家税收的收入来源。因此，建议碳税税收实行专款专用。

（4）加强企业的统计工作。碳税的征收依据是企业化石燃料的消耗数据，这些数据需要通过企业申报获得。目前我国对企业能源统计的管理工作基础薄弱，为配合国家节能减排和实施碳税政策，应全面加强企业能源消耗的统计工作，建立准确可靠的申报和核实制度。

参考文献

[1] 王金南，葛察忠，高树婷，孙钢，等. 环境税收政策及其实施战略[M]. 北京：中国环境科学出版社，2006.

[2] 王金南，葛察忠，高树婷，严刚. 关于独立型环境税方案的框架性建议[A]. 重要环境信息参考，2008，30：1-43.

[3] 朱光耀. 重视气候外交[N]. 瞭望，2008.

[4] 高鹏飞，陈文颖. 碳税与碳排放[J]. 清华大学学报（自然科学版），2002，42（10）：1335-1338.

[5] 王淑芳. 碳税对我国的影响及其政策响应[J]. 绿色经济，2006：67-69.

[6] 马杰，陈迎. 碳税：减排温室气体的重要税收制度[J]. 涉外税务，1999，10：9-13.

[7] 葛察忠、高树婷，等. 环境税收与公共财政政策[M]. 北京：中国环境科学出版社，2006.

[8] 刘强，姜克隽，胡秀莲. 碳税和能源税情景下的中国电力清洁技术选择[J]. 中国电力，2006，9：19-23.

排放权交易的市场创新
——美国芝加哥气候交易所（CCX）调查报告
Market Innovations in Emission Trading：Chicago Climate Exchange（CCX）Investigation Report

戴宪生[①] 任王征[①] 宣力勇[①] 岳留强[①] 王 崑[①] 徐 静[①] 郭艽辰[①] 郭桂英[①]
王金南 李云生 吴悦颖 杨金田 严 刚

摘 要 芝加哥气候交易所是（简称“CCX”）全球第一家也是北美唯一一家自愿型并有法律约束力的排放权交易所，为北美、欧洲和全球其他地区的温室气体及其他排放源与补偿项目提供审计、核证、登记、交易和结算等方面的服务，同时，为社会公众和政策制订者提供有关减少温室气体排放成本的有效价格信息，协助他们制订应对气候变化的对策。本文在实地调研的基础上，详细说明了交易所的发展历史，股权结构的演变，经营业绩及主要的财务数据，内部的部门分工和职责，并且介绍了 CCX 所采用的交易系统，及其第三方认证体系。CCX 及其关联企业拥有国际排放权交易领域的大部分市场份额，具备国际领先优势，是我国建立排污权交易市场，尤其是碳市场机制的一个理想的国际合作机构。

关键词 芝加哥气候交易所 温室气体排放 碳交易 交易系统

Abstract Chicago Climate Exchange（CCX）is the world's first and North America's only voluntary, legally binding greenhouse gas（GHG）reduction and trading system for emission sources and offset projects. CCX facilitates the transaction of GHG allowance trading between emission sources and offset projects in North America, Europe, and other regions of the world. CCX offers a wide variety of services ranging from auditing, verification, registration, trading, to clearing and settlement. Moreover, CCX provides public and policy maker effective price information of GHG reduction cost to assist government and private sectors in developing strategies addressing climate change. The history, ownership structure evolution, operation performance, and the responsibilities of individual departments of CCX are presented in this article based upon careful on-the-spot investigation. Also, the trading system and independent third party verification employed by CCX are introduced. CCX members are leaders in GHG management and

① 中国石油天然气集团公司，北京：100724。

global emission trading. And CCX could be a perfect international partner for China to establish emission trading，particularly carbon trading market.

Key words Chicago Climate Exchange Greenhouse gas emission Carbon trading Trading system

0 引言

由中国石油天然气集团公司资本运营部、法律事务部、安全环保部、中油资产管理有限公司及项目法律顾问金杜律师事务所组成的气候交易所项目工作团队一行 8 人于 2008 年 4 月 8～11 日对芝加哥气候交易所进行了尽职调查。环境保护部环境规划院王金南副院长于 2007 年 10 月 11～17 日，率团赴美进行排污权交易机制及管理体系考察，访问了美国环保局（EPA）和芝加哥气候交易所（CCX），受到了芝加哥气候交易所的高度关注。CCX 向两个考察团详细介绍了公司的发展历史、运营状况以及各部门职责，并演示了 CCX 的核证、登记、交易和结算系统，现货、期货和期权产品的交易情况，考察调查团对 CCX 有了更为深入的了解。

1 CCX 公司发展历史

CCX 是一家按照美国特拉华州法律设立的有限公司，是全球第一家也是北美唯一一家自愿型并有法律约束力的排放权交易所，为北美、欧洲和全球其它地区的温室气体和其它排放源和补偿项目提供审计、核证、登记、交易和结算等方面的服务，同时，为社会公众和政策制订者提供有关减少温室气体排放成本的有效价格信息，协助他们制订应对气候变化的对策。

创建 CCX 的工作始于 2000 年，先后由 Joyce 基金向美国西北大学提供了 113.4 万美元资助其进行自愿碳交易的可行性研究。历时 3 年，分可行性研究和市场设计两个阶段。CCX 的可研和筹建工作由环境金融产品公司联合西北大学 Kellogg 管理学院牵头负责，来自电力、林业、制造业、油气和农业领域的一百多位专家参加了相关工作。2003 年 1 月 17 日，13 家机构、芝加哥市分别与 CCX 签署了绝对减排《承诺函》并成为 CCX 的创始会员。CCX 的首笔交易发生于 2003 年 9 月 30 日，是一笔 13 万 t CO_2 当量配额的拍卖。

为筹集 CCX 的开办运营费用，一家名为芝加哥环保公司的基金于 2003 年 8 月 12 日在马恩岛注册设立，并于当年 9 月在英国伦敦证券交易所创业板市场（AIM）首发上市，募得 1 500 万英镑并投资于 CCX，占股 25%。担任前述交易投行的是 Rothschild 公司，该公司曾参与设计英国温室气体减排计划，在该领域具有丰富经验和一定的市场影响力。2003 年 12 月，CCX 实现连续的电子交易，第一笔 CO_2 现货交易（CFI）诞生。

2004 年 11 月，芝加哥环保公司发行 1 500 万股新股，以每股一英镑作价，融得 1 500 万英镑用于向 CCX 进行追加投资，目的是为 CCX 设立欧洲气候交易所（简称“ECX”）和芝加哥气候期货交易所（简称“CCFE”，CCX 持股比例 100%）两家附属机构提供资金。这次投资完成后，芝加哥环保公司在 CCX 的持股比例升至 40%，并同时拥有 ECX 49%

股份。芝加哥环保公司在此时更名为气候交易所集团（下称“CLE”）。2004 年 12 月首个 SO_2 期货交易在 CCFE 诞生，2005 年 4 月第一笔欧洲排放权期货交易在 ECX 诞生。

2006 年 9 月，CLE 以现金和增发新股的方式募集资金继续收购剩余的 CCX60%股份和 ECX51%股份。由于在此之前，CLE 已拥有 CCX40%的股权和 ECX49%的股权，这次并购交易完成后，CCX 和 ECX 均成为 CLE 的全资子公司，CLE 遂转变为控股公司。2006 年 10 月第一笔基于欧洲碳排放期货交易的期权合约产生。CLE 集团的组织结构见图 1。

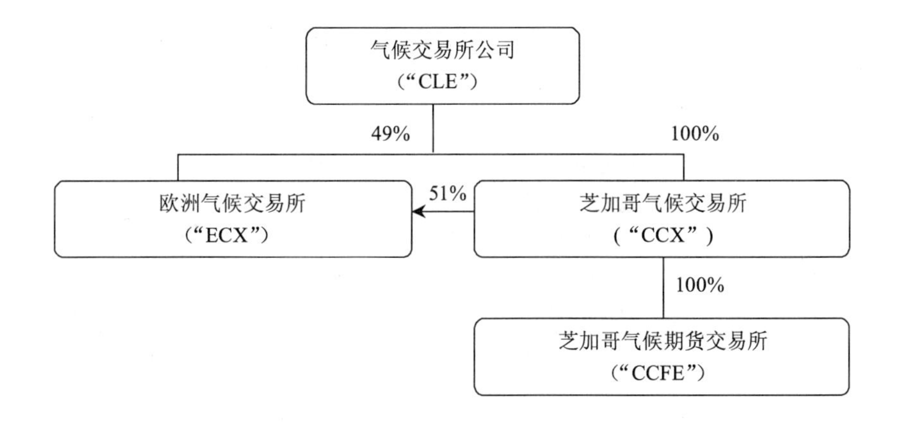

图 1　CLE 集团的组织结构

目前在 CCX 上交易的产品为基于温室气体的碳金融合约（CFI），该合约为现货交易，每笔合约代表 100 t CO_2 当量。而 CCFE 主要提供标准化的期货及期权交易，主要交易品种包括：二氧化硫期货和期权交易、保险期货交易（IFEX，一种为规避美国飓风所导致的巨大经济损失的衍生产品），基于 CFI 的期货交易以及基于 Wilderhill 清洁能源指数的期货交易（ECO-Index）。ECX 的主要交易产品为基于欧洲碳排放的期货及期权交易。

CLE 集团除了在 CCX、ECX 和 CCFE 的 3 项核心业务外，还于 2005 年 12 月与加拿大蒙特利尔交易所合资组建了蒙特利尔气候交易所，为加拿大温室气体及其它环境产品提供交易平台。

截至 2008 年 4 月 1 日，CLE 集团的股权结构见表 1。

表 1　CLE 集团的股权结构

主要股东名称	拥有股票数	占总发行量的百分比/%
Invesco Perpetual	13 141 796	29.30
Harbinger Capital Partners	9 164 414	20.40
Sandor 博士	8 173 820	18.20
BlackRock Investment Management	3 581 499	8.00
RBC Europe	1 436 675	3.20

2 经营业绩及主要财务数据

CLE 集团自 2003 年 9 月以每股 1 英镑首发上市以来，截至 2008 年 4 月 21 日，CLE 集团每股价格已达 17.8 英镑，市值已达 8.35 亿英镑。股票价格较首发价格增长了 17 倍。表 2 是 CLE 集团自上市以来至 2007 年年末的历史市值及股价。

表 2　CLE 集团历史市值及股价

日期	发行股票数	股票价格/便士	市值
2003-09-18	15 000 000	100p	£15 000 000
2004-10-20	15 000 000	102p	£15 300 000
2004-12-31	30 000 000	200p	£60 000 000
2005-12-31	30 000 000	297.5p	£89 250 000
2006-12-31	41 329 665	525p	£216 980 741
2007-12-31	41 856 810	1 005p	£420 660 940

注：2008 年第一季度的股票发行数及相关信息将在 CLE2008 年第一季度的季报中披露，目前 CLE 还没有提供该信息。

2007 年同时也是 CLE 集团繁荣发展的一年，在先后推出多种交易产品的同时，交易量实现快速增长，具体数据见表 3。

表 3　CLE 集团 2007 年交易

<table>
<tr><th>交易产品</th><th>2007 年</th><th>2006 年</th><th>增长率</th><th>备注</th></tr>
<tr><td rowspan="4">ECX</td><td colspan="3">期货合约/个</td><td rowspan="4">ECX 每个合约代表 1 000 t 欧盟 CO_2 排放许可</td></tr>
<tr><td>980 780</td><td>452 774</td><td>117%</td></tr>
<tr><td colspan="3">期权合约</td></tr>
<tr><td>57 541</td><td>560</td><td>10 175%</td></tr>
<tr><td rowspan="2">CCX</td><td colspan="3">CFI 合约/个</td><td rowspan="2">CCX 每个合约代表 100 t CO_2 当量</td></tr>
<tr><td>229 375</td><td>102 724</td><td>123%</td></tr>
<tr><td rowspan="8">CCFE</td><td colspan="3">二氧化硫期货合约/个</td><td rowspan="8">其他包括 ECO-Index 期货 IFEX 以及 CER 期货合约</td></tr>
<tr><td>181 030</td><td>28 924</td><td>526%</td></tr>
<tr><td colspan="3">二氧化硫期权合约/个</td></tr>
<tr><td>91 858</td><td>—</td><td>—</td></tr>
<tr><td colspan="3">氧化亚氮期货合约/个</td></tr>
<tr><td>3 465</td><td>—</td><td>—</td></tr>
<tr><td colspan="3">其他</td></tr>
<tr><td>7 405</td><td>—</td><td>—</td></tr>
</table>

ECX 2007 年交易费及会员费总额 374.5 万英镑，较 2006 年的 171 万英镑增长 119%。CCX 2007 年交易费、会员费以及对 ECX 的管理费用合计 647.2 万英镑，较 2006 年的 180.1 万英镑增长 259%。CCFE 2007 年的交易费及会员费合计 408.6 万英镑，较 2006 年的 103.9 万英镑增长 293%。CLE 集团 2007 年实现收入总额 1 377.5 万英镑，较 2006 年的 109 万

英镑增长 1 164%。虽然 2007 年 CLE 集团仍未实现扭亏为盈，全年净亏损 409.3 万英镑，但较 2006 年的 1 050.9 万英镑亏损，集团经营业绩有明显好转。CLE 集团 2008 年经营规模也呈整体上升趋势，CCX 2008 年第一季度交易量几乎与 2007 年持平，CCFE 和 ECX 2008 年第一季度交易量也已达到 2007 年全年的 1/2。

CLE 各业务板块的会员量也呈整体上升趋势，具体数据见表 4。

表 4　CLE 集团会员表

会员	2007 年	2006 年	2005 年
ECX 会员	84	71	54
CCX 会员	401	238	131
CCFE 会员	239	154	58

3 部门分工及职责

芝加哥气候交易所共有 6 个主要部门，包括交易运营部、合规部、信息技术部、研究部、招聘及公共政策部、会员服务部。CCX 员工总数约 40 人，与 CCFE 共用一套人马合署办公。CCX 各部门职责简介如下：

3.1 交易运营部

交易运营部监管所有交易产品的实时交易，并确保在 CCX 上的所有交易不受干扰并符合监管要求。

主要职责：

☞ 交易市场监督，包括交易平台以及交易竞价监管。

☞ 市场合规监管。

☞ 根据市场条件，监管交易价格。

☞ 交易清算和担保（CCX 以现金结算，买方应在下一个工作日将款项付给卖方）。

3.2 合规部

CCX 合规部是与 CCX 各部门、CCX 服务提供商以及市场参与者联系最紧密的部门。合规部门的职责是确保 CCX 的所有交易会员满足 CCX 设定的减排要求，并确保其核证体系的合规。CCX 的合规体系来源于 CCX 多数会员用于设计和监管的 CCX 运作体系。

主要职责：

☞ 批准会员。

☞ 为新会员注册并设立交易系统。

☞ 市场监督。

☞ 提交交易数据。

- ☞ 核证排放数据，包括减排数据。
- ☞ 注册系统维护和调整。
- ☞ 与第三方认证机构 FINRA 保持密切联络。

3.3 信息技术部

信息技术部为 CCX 提供所有交易及日常管理的信息技术服务。

主要职责：

- ☞ 办公室电脑、邮件、互联网的维护，以及员工培训。
- ☞ 软件以及系统升级，负责软件的设计、升级、应用以及所有商业软件的应用，包括网站。
- ☞ 技术支持，确保交易系统的正常运作。
- ☞ 为会员提供技术支持与服务。

3.4 研究部

研究部门主要提供国际经济焦点问题和产品的研究，以支持新产品的设计和现有产品的更新。该团队同时负责产品的维护和推广，以及市场初期培训。除此以外，研究部门还负责监管 CCX 交易委员会，该委员会由会员、外聘专家以及辅助人员组成。

主要职责：

- ☞ 识别和参与全球化市场趋势。
- ☞ 带领设计多样化产品。
- ☞ 识别适当的研究路径。
- ☞ 测试理念并设计。
- ☞ 管理补偿类项目。
- ☞ 指导研究人员。
- ☞ 管理补偿类项目的登记和核对路径。
- ☞ 在公众会议以及其他相关场合中介绍 CCX。

3.5 招聘及公共政策部

招聘及公共政策部的职责包括通过扩大 CCX 会员基数以及基准线来扩大 CCX 的经营，同时建立和保持与所有相关公共政策实体的联络。该部门的核心是拓展公司业务和扩大外部交流，与不同规模、不同性质和不同排放特点的企业进行交流。

主要职责：

- ☞ 分析潜在客户。
- ☞ 检测潜在客户的排放义务并利用公共信息形成文件。
- ☞ 安排与潜在重要客户的会议。
- ☞ 向潜在客户解释 CCX 的会员制度。

☞ 与所有相关的专业和工业方面人员的交流。
☞ 在公众会议以及其他相关场合中介绍 CCX。
☞ 按照需求与合规部和会员进行沟通。

3.6 会员服务部

会员服务部负责为 CCX 所有会员提供全方位的客户服务。
主要职责：
☞ 确保会员得到所需的所有服务。
☞ 帮助新会员进入 CCX。
☞ 升级相关会员制度。
☞ 主持会员活动。
☞ 与会员沟通并满足所有会员的要求。

4 CCX 交易系统概述

CCX 交易系统由注册系统、交易平台以及清算和结算平台三部分组成，这三部分整合在一起构成完整的 CCX 交易体系，向登记账户持有者提供实时交易数据，帮助会员管理基础排放数据，减排目标以及合规状态。

4.1 CCX 注册系统

CCX 注册系统是作为 CFI 官方登记和交易的电子数据库，所有 CCX 交易会员均拥有 CCX 注册账户。CCX 注册系统通过追踪一系列温室气体排放许可量，向 CCX 账户持有者提供整套数据管理和汇报工具以帮助会员管理其温室气体排放许可，补偿类排放以及前期行为信用。CCX 注册账户持有者可以通过注册系统进行以下活动：
☞ 管理温室气体排放存量。
☞ 管理 CCX 碳金融合约（CFI）。
☞ 搜索交易和排放许可权转让。
☞ 查询会员状态。
☞ 查阅会员相关信息。

4.2 CCX 交易平台

CCX 会员通过互联网在 CCX 交易平台上执行交易，并通过独立的双边协议完成并上传交易信息。CCX 交易平台是一个匿名的、完整的电子体系，注册用户可以通过该平台上传和接受 CFI 合约的竞价买卖。CCX 标准化碳交易通过电子化交易平台实现了价格透明和匿名制。CCX 的清算和结算系统保证了 CCX 所有交易的正常履行。CCX 注册账户持有者之间 CFI 合约交割与交易同日发生。由于银行原因，实质上 CCX 在 T+1 日实现付款和收款。

4.3 清算和结算平台

清算和结算平台将处理 CCX 交易平台当日所有交易行为的数据信息。该系统直接与 CCX 注册系统链接以帮助 CCX 注册用户实现 CFI 合约的当日交割。在交易平台上执行的所有买卖交易通过 CCX 清算和结算系统进行清算和结算，CCX 的 CFI 合约则相应的在会员之间传递。CCX 注册账户持有者之间 CFI 合约的交割在交易当日发生。由于银行原因，实质上 CCX 在 T+1 日实现付款和收款。CCX 会员可以通过登录 CCX 注册系统接收每日和每月的清算结果。清算信息通常可以在芝加哥时间当日下午 3：30 以后进行查询。会员清算报告的主要内容包括：

☞ CFI 合约的交易账户行为。
☞ 前期（2004—2006 年）最佳交割提示。
☞ CFI 合约转让行为。
☞ 费用和折扣信息。
☞ 结算指南。
☞ 当日 CFI 持有状态。

5 第三方认证体系简介

CCX 将会员排放数据第三方认证业务外包给 FINRA，由 FINRA 提供独立的第三方认证报告。尽职调查团队本次也与 FINRA 的检测部门芝加哥负责人 Matthew J.Reyburn 先生进行了沟通，并对 FINRA 有了初步了解。

FINRA 是金融行业监管组织的简称（Financial Industry Regulatory Authority），是美国最大的证券交易非政府监管组织。FINRA 监管美国境内的近 5 000 家证券经纪公司，超过 17 万家分支机构以及近 68 万注册证券交易代表。FINRA 成立于 2007 年 7 月，由 NASD 和纽约证券交易所的会员监管及仲裁部门整合而成。FINRA 通过有效的法规、监管以及技术支持来整合市场从而保护投资者利益不受损失。FINRA 的监管覆盖证券业的各个领域：从注册和指导行业参与者，到监测证券公司，编纂规则，确保该规则与联邦法规的合规，为投资人及证券公司提供仲裁决议探讨，FINRA 同时为 NASDAQ、AMEX、ISE 以及芝加哥气候交易所提供市场监管。FINRA 在华盛顿、纽约以及美国境内的 15 个地区设有办公室，拥有近 3 000 名员工。

CCX 的交易会员首先会自己联系 SGS，DNV 等在全球开展业务的领先的独立温室气体核查机构，对自身的温室气体减排量进行技术核证。DNV 或 SGS 是由 UNFCCC（联合国气候变化框架公约）授权的清洁发展机制（CDM）指定经营实体（DOE），在主要 CDM 领域都有核查资质。除 DOE 资质外，DNV 同时还具有经美国加州气候行动登记处和芝加哥气候交易所授权的认证商资格。

FINRA 将会对交易会员提供的温室气体排放量核证报告进行认证和公证，以确保排放数据的公正和透明。目前 FINRA 为 CCX 工作的人员有 10 人。

6 结论

通过本次尽职调查，我们认为，CCX 及其关联企业拥有国际排放权交易领域的大部分市场份额，具备国际领先优势，主营业务收入快速增长，拥有包括产品设计、会员发展、核证、登记、交易、结算等各项排放权交易领域的自主知识产权。CCX 在与我方合资气候交易所中知识产权出资的估值低于其知识产权的市场价值。最近两年，CCX 也一直在中国与有关机构沟通，寻找合作的可能和渠道。根据我们的考察和判断，CCX 是我国开展排污权交易市场，尤其是碳市场机制的一个理想的国际合作机构。

推行 SO_2 排污交易　建立减排长效机制

Carry out SO_2 Emission Trading Program to Set up Long-term Mechanism for Emission Reduction

严 刚　杨金田　王金南　陈潇君　许艳玲

摘　要　排污交易是以污染物总量控制为前提，通过完善污染物总量指标的分配方法，建立供求双方交易市场等措施，探索出一条将市场机制引入环境保护的有效途径。本文分析了我国开展排污交易的基础条件，总结了美国的排污交易制度和全球碳排放贸易实践经验，并指出了在我国开展排污交易的目的与意义。结合近 20 年的研究与实践，重点评估了我国火电行业 SO_2 排污交易进展和地方有关 SO_2 排污交易情况。本文认为，开展火电行业 SO_2 排污交易试点十分必要，且已具备基本条件；排污交易政策研究和地方排污交易试点已取得丰硕成果，但总量指标分配不完善、政策预期性不强等对交易市场的建立构成重要影响。在此基础上，提出了下一步工作建议和安排，包括完善火电行业 SO_2 排污交易管理办法、开发排污交易管理平台、出台非电行业 SO_2 排污交易的指导框架及建立公平的分配体系等。

关键词　火电行业　SO_2　排污交易　总量控制

Abstract　Emission trading program explore a market mechanism and is introduced into environmental protection on the basis of total amount control policy，through improving the distribution method of total pollutant emission indicators as well as setting up trading market for both supply and demand. This paper analyzes the basic conditions of carrying out emission trading in China，and then sums up the practical experiences of US emission trading system and global carbon emission trading. The purpose and significance of emission trading program in our country are also pointed out. Focus is on the assessment of the progress on SO_2 emission trading in power plants and local situations of SO_2 emission trading in China, which is combined with the research and practice of nearly 20 years. This article holds that carrying out the thermal power industry SO_2 emission trading program is quite necessary，and it has been equipped with the basic conditions. Emissions trading policy research and local emissions trading pilot project has been very successful. But the distribution method of total pollutant emission indicators is still imperfect，and the future policies are indistinct. These problems have affected the establishment of the trading market. On this basis，recommendations and further work arrangements are proposed，including the improvement of SO_2 emission trading management in electric sector，the development of emissions trading management platform, introduction of non-electric industry SO_2 emission trading guiding framework as well as the establishment of a fair distribution system.

Key words　Electric sector　SO_2　Emissions trading　Total amount control

0 引言

环境是一种重要资源，同时又是一种公共产品。如何创新机制，发挥市场对环境资源的配置作用，是环境保护政策措施的重要内容。随着全国污染防治工作的全面推进，排污交易制度近年来在我国得到广泛关注和大力推广，成为保障我国总量控制目标不断深化、促进经济与环境协调发展的重要手段。在此，重点将我国火电行业 SO_2 排污交易进展和地方有关SO_2排污交易情况作以系统总结和评估，供决策参考。

1 排污交易开展的背景

1.1 总量控制制度成为我国环境管理的核心手段，为排污交易的开展奠定了基础条件

“九五”以前，我国主要实施以污染源达标排放为核心的污染控制制度，但随着污染物排放总量的不断增大，这种环境管理制度在政策上的缺陷逐步暴露出来，其局限性随着社会经济的快速发展愈发突出，国家逐步开始引入总量控制制度。从“九五”开始，我国全面开始实施主要污染物排放总量控制制度。在推行的 10 多年过程中，总量控制制度不断得到完善，其框架下涉及的总量指标分配方法、指标管理考核办法、污染排放跟踪体系、排污许可证制度、排污收费制度以及其他配套经济政策等都在不同程度上得到加强，这为总量控制制度成为我国环境管理的核心奠定了坚实的基础。

不仅如此，随着我国工业化和城市化的加速发展，污染排放压力陡然增加，环境容量对社会经济发展的约束作用越发突出。在这一发展形势下必然使得总量控制制度在我国环境管理中的地位越来越重要。为此，“十一五”期间，国家将主要污染物排放总量削减 10%确定为“十一五”期间社会经济发展的重要约束性指标，标志着总量控制已成为我国环境管理的核心，是环境管理的基本手段。由于总量管理地位在我国的确立，作为控制污染的“总闸门”，与总量控制制度相配套的排污交易和排污权有偿分配等制度便应运而生，这些制度由于其市场灵活性和激励性等特点将有效弥补完全行政管理条件下总量控制制度的一些缺陷，必将成为我国环境管理的重要选择。

1.2 国务院文件明确提出要开展排污交易试点工作

国内外大量实践经验证明，排污交易是一项有效配置环境容量资源的市场手段。为

尽快推动排污交易机制在我国的应用，建立有效激励和约束机制以更好地推动全国污染减排工作，国务院《关于落实科学发展观 加强环境保护的决定》（国发［2005］39 号）提出，“有条件的地区和单位可实行二氧化硫等排污权交易”。国务院印发的《节能减排综合性工作方案》（国发［2007］15 号）中也强调，要“抓紧完成节能监察管理、重点用能单位节能管理、节约用电管理、二氧化硫排污交易管理等方面行政规章的制定及修订工作”。在党的十七大报告关于“完善基本经济制度，健全现代市场体系”中强调：要建立“反映市场供求关系、资源稀缺程度、环境损害成本的生产要素和资源价格形成机制”。这些国家文件为排污交易的开展奠定了法律基础。

1.3 美国利用排污交易机制控制酸雨取得重要成功

SO_2 污染防治是全世界普遍面临的共性问题，为有效控制酸雨污染，美国自 20 世纪 70 年代起，开始实施了总量控制与排污交易制度，并取得了巨大成功。归纳总结，美国的排污交易制度的研究和应用主要经历了以下 3 个显著不同的发展阶段。

1.3.1 1970—1990 年：排污交易的探索阶段

在 20 世纪 70 年代中期美国环保局开始采用基于市场机制的补偿政策，要求新、改、扩建企业应从老排放源的排放削减中获取排放配额，用以保证空气质量不达标地区环境质量逐步得到改善。1977 年补偿政策被列入《清洁空气法》修正案中，并建立了以泡泡（Bubble）、配额储存（Banking）和容量节余（Netting）为核心的排污交易政策体系（Emission Trading Program）。

美国早期的排污交易实践并不是很成功，交易量很少，但通过实践证明了排污交易对刺激企业加强污染深度削减和节省社会治理总成本具有巨大潜力，为美国下一阶段在酸雨计划中成功应用排污交易奠定了坚实的基础和提供了宝贵经验。

1.3.2 1990—2005 年：排污交易的成功应用阶段

1990 年美国在清洁空气法修正案中建立了酸雨计划，正式确立了排污交易的法律地位，提出在全国范围内利用排污交易机制削减 SO_2 排放、降低酸雨污染危害，力图使电力部门 SO_2 排放总量较 1980 年减少 50%。为实现这一目标，美国将酸雨计划划分为两个实施阶段，第一阶段 1995—1999 年，重点对电力部门中 263 个 SO_2 排放量较高的大型发电厂发放排放许可，推动排污交易制度的实施；第二阶段 2000—2010 年，对所有装机容量大于 25 MW 的发电厂发放排放许可，利用排污交易机制使全国 SO_2 排放总量控制在 850 万 t。

经过多年的运行，美国的 SO_2 排污交易政策取得了明显的经济效益、环境效益和社会效益。统计数据显示，1990—2006 年，美国电力行业在发电量增长 37%的情况下，SO_2 排放总量下降了 40%，NO_x 排放总量下降了 48%。主要污染物排放量的大幅度削减，使得美国中西部和东北部大部分地区湿硫酸盐沉降较 1990 年水平下降了 25%～40%。预计到 2010 年从酸雨计划减排中获得的生态和健康收益将达到 1 420 亿美元。

在酸雨计划取得成功的同时，美国于 1998 年在东部 37 个州推行了 NO_x 预算交易项目（NO_x Budget Trading Program，NBP），以期解决东部地区臭氧污染严重的问题（NO_x 的二次生成物）。该计划不仅囊括了电力污染源，而且还涵盖一些工业源，目前参与到 NO_x 预算交易项目的污染源达 2 579 个。通过项目的实施，2006 年东部地区 NO_x 排放量较 1990 年减少了 74%，较 2000 年也减少了 60%，而且由于 NO_x 排放量的削减引起近地面臭氧浓度下降了 5%～8%，较大程度地改善了美国东部地区的大气质量。

1.3.3 2005 年至今：排污交易的延伸和全面推广阶段

为实现未来 15～20 年内 SO_2、氮氧化物以及汞等大气污染物排放的进一步削减，并显著降低臭氧和细颗粒二次污染，2005 年美国制定了以清洁空气州际规划（Clean Air Interstate Rule，CAIR）为核心的综合性规划。计划通过 CAIR 的实施，使美国东部地区 28 个州和哥伦比亚地区到 2015 年 SO_2 排放量较 2003 年减少 70%以上，NO_x 排放减少 60%以上，每年获得的健康和福利收益达到 1 000 亿美元。至此，美国排污交易机制在大气污染控制方面已得到全面应用和推广，为进一步降低臭氧和细颗粒污染等将发挥更大作用。

1.4 碳排放贸易已成为全球应对气候变化的重要机制，其应用范围和影响力在不断扩大

排污交易这项制度，以其灵活和高效的特点在国际的应用范围迅速得到了拓展。国际上正在讨论建立总量约束下的碳排放配额交易机制，注重发挥市场定价、成本转移与转换的作用，解决碳排放、总量约束与个量灵活调整的问题。1997 年签订的《京都议定书》中确定了 3 种基于市场的灵活机制，实质就是在不同国家之间进行碳排放交易，通过给予各国在温室气体减排投资上的灵活性，更好地推动全球应对气候变化。在欧盟，碳排放交易体系已经建立，碳减排交易成为了欧盟温室气体减排战略的重要机制和手段。综观国际发展趋势，排污交易机制已跃升为环保领域不可或缺的重要经济政策之一。

目前欧盟排放交易体系（EU Emissions Trading Scheme，EUETS）是世界上影响力最大的排放配额交易市场。2003 年欧洲议会达成了温室气体排放贸易的一揽子计划，建立了欧盟排放交易体系，支持企业进行温室气体的排放指标交易。根据方案要求，欧盟各国政府将从 2005 年开始，向温室气体排放的主要企业颁发排放许可证，提出限制温室气体排放的最高额度，要求超限额排放企业向排放较少的企业以交换物品等形式购买额外排放指标。据世界银行和国家排放贸易协会 2007 年 10 月发布的《2006 年碳市场发展状况与趋势分析》显示，截至 2006 年 9 月底，欧盟排放交易体系的成交额达到 189 亿美元，占全球碳市场总规模的 87%。

美国尽管不是《京都议定书》的签约国，但东部和西部一些州政府建立了联合自愿减排计划，其积累的市场化创新能力使其率先建立了碳减排交易机制，即 2003 年建立的芝加哥气候交易所（CCX），成为全球第一个也是北美地区唯一一个以自愿性参与温室气体减排量交易并对减排量承担法律约束力的先驱组织和市场交易平台。2004 年，CCX 针对欧洲的情况发起设立了欧洲气候交易所（ECX）。2007 年以来两个交易所的交易量非常

活跃，2008 年以来更是跳跃式增长。CCX 已经成为全球气候交易的领先者，其会员已由成立之初的 14 名发展到目前的 361 名。

2 我国开展排污交易的目的与意义

2.1 当前减排形势和经济发展需求迫切需要引入交易机制

“十一五”期间，我国 SO_2 污染减排主要依靠火电行业脱硫工程的建设和小火电机组淘汰，火电行业成为“十一五”SO_2 减排的“主战场”。但随着污染减排工作的不断深入、污染减排形势的日益复杂化和减排潜力的不断缩小，总量控制的一些制度性缺陷不断暴露出来，成为影响全国各地 SO_2 持续减排的主要症结和障碍。突出表现为：

（1）我国社会经济正处于高速发展阶段，对电力等能源需求旺盛，未来 10 年火电装机容量必将继续保持高速增长态势。但目前对火电行业实施的“以新代老”的项目审批管理方式，随着小火电机组逐步被淘汰完毕，其管理模式已逐步不适应新形势下的发展需要。火电行业的持续快速发展需求与当前的总量控制管理模式间矛盾越来越突出，势必需要对当前总量控制管理方法、项目审批方式等进行革新，引入市场机制，通过市场调节等手段优化配置社会资源，实现经济与环境的协调发展。

（2）我国地区之间发展不平衡，不同省份电厂装机容量、燃煤硫分相差迥然，地区之间环境容量资源禀赋更是差异显著，各地污染减排、改善环境、持续发展面临的问题不尽相同。全部采用“一刀切”式的行政命令规定统一的减排标准，而不配套相应的灵活市场调节机制显然不是解决问题的最好方法。以黑龙江省为例，区域电厂燃煤都属于 0.4%以下的特低硫煤，从环境效益和经济效益角度来看，不适宜大规模配套建设脱硫设施；且黑龙江省火电机组装机容量不大，2007 年年底火电装机容量为 1 600 万 kW 左右；再加上该区域环境容量空间较大，硫沉降承载力远远大于地区实际硫沉降量，不适宜要求黑龙江省必须通过本省的污染源削减实现“十一五”SO_2 减排目标。经过两年多的减排实践亦表明，黑龙江省通过结构调整、加强监督等措施难以完成 SO_2 总量减排目标，迫切需要国家制定出灵活性的市场机制，在保障全国总量减排目标落实的前提下，也为各地落实减排目标提供灵活手段，保障污染减排工作的持续稳定向前推进。

2.2 有利于促进减排长效机制的建立，推动产业结构升级

开展排污交易有利于树立“环境是资源、资源有价值”的理念。与排污收费制度不同，排污交易制度是先确定排放总量后再让市场确定价格。市场确定价格的过程也是优化资源配置的过程。在国家减排政策持续稳定的前提下，排放企业会自行比较购买排放配额与建设脱硫工程或利用清洁技术之间的成本差异，从中选择更适宜于企业发展的减排措施，使企业真正成为污染治理的主体。这种市场化的配额交易制度将有利于调动区

域和企业的内在积极性，使它们主动地、持续地减少污染排放，便于因地制宜，比政府“一刀切”的行政手段更有生命力。

不仅如此，企业有了积极参与减少排放的积极性，从过去被动的治污行为向主动减排转变，通过加强排放指标的度量及市场监督和核查、完善激励约束机制，将有效刺激企业创新性地采取新的适用性技术和新的控制方式实现削减，推动企业技术革新和行业的产业结构升级，切实实现环境优化经济增长的目的。在总量控制的前提下，通过排污交易，利用市场机制优化配置，让一批高技术、高附加值、污染小、真正有市场竞争力的行业、企业拥有排污指标，而一些高污染、高消耗、低效益的行业、企业被逐步淘汰，从而促进产业结构调整和升级。同时，通过排污权的有效配置，使得环境容量较小区域的排污指标远比环境容量较大的区域昂贵，企业就会顺势流动，生产力布局也将逐步得到优化，有效地平衡地区之间的差异。

排污交易的实施也有利于加强政府进行宏观调控的能力，强化环境管理职能实现。把“排污权”推向市场，将使环保部门的管理职能由管理变为监督，工作手段由直接管理变为市场调节，工作方法由堵塞变为疏导，不仅可以提高政府工作效率，减少环境管理的费用，而且还有助于减少对企业生产的干预，更易为企业所接受。污染减排也从一种中央政府强制行为向地方政府和企业的自主市场行为转变，有利于减排长效机制的建立。中央政府的职能转变为排放配额交易市场的监管者和规则制定者。

2.3 有利于推动我国污染减排的定量化管理

污染排放的准确计量与定量化管理是环境保护执法和落实污染减排任务的重要基础。为切实推进减排工作、提高对污染减排的支撑能力，全国各级环保部门积极争取资金，掀起能力建设的高潮。2007 年，中央投入 20 亿元资金，加上地方配套资金，三大体系能力建设总投入达 70 亿元。项目建成后，污染源监测能力将明显增强，现场执法与核查的能力将大幅提高。

但目前实际情况并不容乐观，一些地区在监控平台建设完成后，并没有紧密服务于污染减排和环境执法。原因是监控平台的维护工作量非常大，一些地区并没有专项经费支持，而且污染排放总量数据和浓度数据并没有实现监测指标间的相互校验。总量减排的数据核算仍主要依靠于物料平衡计算。通过排污交易制度的实施，无疑将为在线监测系统的更好运行注入了新的生命力，有效解决在线监测系统的运行费用问题，推动在线监测系统和企业日常监督性检查不断完善，从而真正实现污染减排的定量化管理。

2.4 市场机制的建立将有效降低污染减排社会总成本

研究结果表明，燃用不同硫分煤炭和采用不同规模机组，电厂 SO_2 边际治理成本差异显著，可达 1 倍以上。成本差异成为在火电行业实行 SO_2 排污交易试点的主要动力。通过实行火电行业 SO_2 排污交易，将有效促使污染削减发生在边际治理成本较低的火电机组上，从而降低火电行业 SO_2 控制成本，达到利用较少投入实现总量控制的目的。

在我国，湿式石灰石（石灰）–石膏法技术是火电行业普遍使用的脱硫技术，以其脱硫效率高、大部分设备国产化、并适宜于各种含硫煤的特点而被广泛采用。在电厂脱硫过程中，单位 SO_2 的平均治理成本（含设备折旧、维修和运行费用等）主要与燃煤含硫量和机组装机容量大小两个主要因素相关。在此，以湿式石灰石（石灰）–石膏法技术为例，分析我国电厂之间去除单位 SO_2 平均治理成本的差异。

2.4.1 同一装机容量下新建机组燃用不同硫分煤炭单位 SO_2 治理成本分析

以装机容量为 30 万 kW 的新建机组、年利用小时数为 5 500 h、发电煤耗为 315 g 标煤/(kW • h)、硫分转换率为 85%、烟气综合脱硫效率为 85%作为基本情景进行分析，当燃煤含硫率从 0.3%增加到 3%时，电厂单位 SO_2 的平均治理成本变化曲线如图 1 所示。

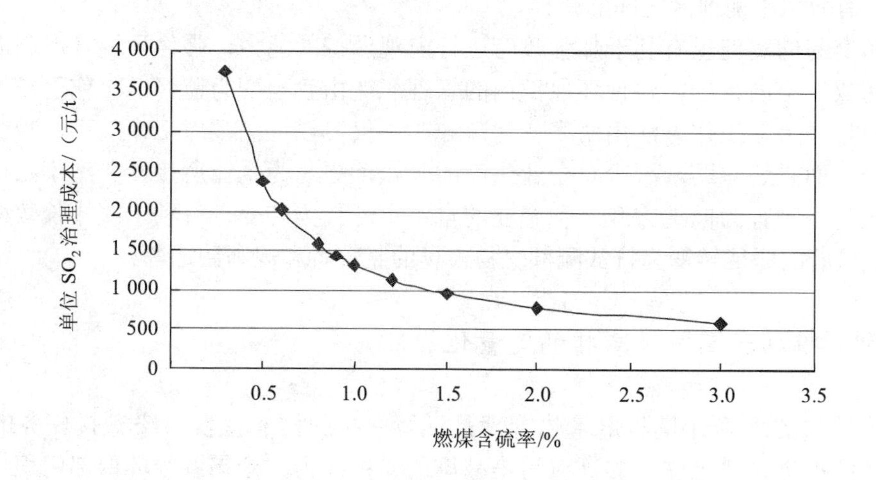

图 1　装机容量为 30 万 kW 的新建机组燃用不同硫分煤炭单位 SO_2 治理成本

从图 1 可以看出，同一装机容量条件下，随着燃煤含硫率的增加，单位 SO_2 治理成本显著降低。按照上述情景进行计算，当含硫率从 0.3%增加到 3.0%时，单位 SO_2 平均治理成本将从 3 756 元/t 降低到 616 元/t，成本差异达 5 倍左右；当含硫率从 0.5%增加到 1.5%时，单位 SO_2 的平均治理成本也将从 2 361 元/t 降低到 965 元/t，成本差异达 1 倍以上。据统计，我国燃煤电厂中，燃煤含硫率在 0.5%以下（含 0.5%）和 1.5%以上的机组容量占燃煤电厂总装机容量的比例为 19.3%和 12.9%。可见，从污染治理的成本经济效益角度分析，火电行业实行 SO_2 排污交易潜力巨大。

2.4.2 同一含硫率下不同装机容量的新建机组单位 SO_2 治理成本分析

情景设定为电厂燃煤含硫率为 1%、发电煤耗为 315 g 标煤/(kW • h)、机组年利用小时数为 5 500 h、硫分转换率为 85%、烟气综合脱硫效率为 85%。以机组装机容量为 10 万 kW、20 万 kW、30 万 kW、60 万 kW 和 100 万 kW 分别进行计算，电厂的单位 SO_2 平均治理成本变化曲线见图 2。

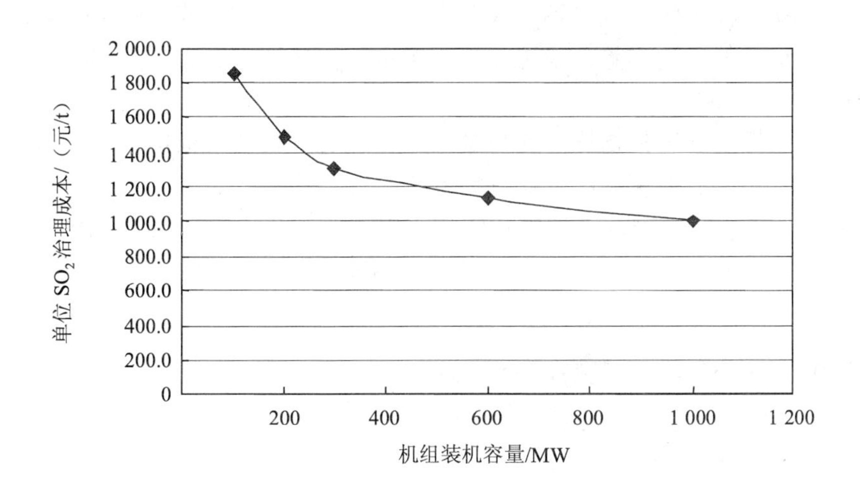

图 2　含硫率 1%下不同装机容量新建机组单位 SO_2 治理成本分析

从图 2 可以看出，在燃煤含硫率一定条件下，随着机组装机容量的增大，其单位 SO_2 治理成本逐渐降低。按照上述情景计算得出，当机组装机容量从 10 万 kW 增加到 60 万 kW 时，单位 SO_2 治理成本将从 1 849 元/t 降低到 1 130 元/t，成本差异为 60%以上。上述分析充分说明同一硫分条件下，大容量机组配套建设脱硫设施的社会效益将显著好于小容量机组。

2.5 为应对气候变化开展碳排放交易提供技术储备

全球气候变化应对已成为国际社会普遍关注和全球最为热点的环境问题。根据政府间气候变化专门委员会（IPCC）第四次气候变化评估报告的最新研究结果，地球气候正经历一次以全球变暖为主要特征的显著变化，全球气候变暖已是不争的事实。为积极应对气候变化、抑制温室气体排放，国际社会提出了多种政策工具和合作机制以推动温室气体的减排，充分强调市场机制在气候变化应对中的核心作用。在诸多促进温室气体减排的经济政策中，碳排放贸易机制由于其灵活性强、经济刺激作用显著等特点，在欧盟和美国得到广泛应用，并一经推出，其应用范围立即呈现出快速发展态势。相信在未来全球气候变化应对过程中，碳排放贸易机制必将成为落实总量控制目标、促进温室气体减排的重要经济政策之一。

我国是《联合国气候变化框架公约》及其《京都议定书》的缔约方，温室气体排放量目前排在美国之后居世界第二位，并有可能在 2010 年之前超过美国。虽然《京都议定书》对于发展中国家并没有规定必须执行的量化指标，CO_2 也不是目前我国环境保护的主要污染物。但随着我国国际地位的提高，CO_2 排放总量的持续增长以及国际间碳交易需求的增加，我国在温室气体排放控制方面面临着前所未有的压力。根据“巴厘岛路线图”达成的协议，2012 年后在要求发达国家承担可测量、可报告、可核实的减排义务的同时，也要求发展中国家采取可测量、可报告、可核实的适当减排温室气体行动。这是在国际社会关于全球气候变化的政策文件中首次明确要求发展中国家采取可测量、可报告、可核实的减排行动。我国作为世界第二大温室气体排放国，首当其冲受到影响。面对国际压力和维护负责任的大国形象，我国在抑制温室气体排放方面必须加强研究，加大全球气候变化应对的技术储备。

碳排放贸易机制与污染物排污交易是一脉相承的，其理论依据都是源自科斯定理的产权理论。二者实施的理论方法，对分配方法、管理体系、监测体系、市场体系及监管体系的要求基本上一致。因此，积极开展 SO_2 排污交易的试点，建立完整的适宜于我国国情的排污交易体系，对未来我国落实温室气体减排任务具有重要的战略意义。

3 全国火电行业 SO_2 排污交易试点进展

3.1 开展火电行业 SO_2 排污交易试点的必要性

火电行业是我国 SO_2 排放的主要行业，占全国 SO_2 排放总量的 50%以上，是影响我国酸雨污染的主要来源，也是我国“十一五”期间 SO_2 污染减排的“主战场”。为积极推动火电行业加快污染减排的步伐，盘活排放指标有效解决火电发展与完全行政命令式总量管理之间的突出矛盾，在火电行业优先试点 SO_2 排污交易非常必要。为此，2006 年 5 月，国家财政部和环保总局联合开展了全国排污权有偿使用和排污交易的调研工作，召开了专家座谈会，征求了上海、江苏、浙江、天津、山西、山东、河南、广东、福建、广西等省的财政和环境保护部门，以及国家电网、南方电网、五大电力公司和部分地方电力公司的意见，认为火电行业排放绩效明确、环境治理技术成熟，可在全国范围率先推行排污交易试点工作。

3.2 火电行业实施 SO_2 排污交易具备的条件

国内外大量实践证明，实行排污交易是一个漫长和复杂的过程，必须以高规格的硬件技术和软件管理作为基础支撑。我国实施 SO_2 总量控制和开展排污交易试点研究已有多年，目前已初步具备了对火电行业实行 SO_2 排污交易的技术条件和管理条件，具体表现在以下三方面。

3.2.1 均质影响：火电行业 SO_2 排放主要造成区域酸雨污染，适宜进行总量控制和排污交易

均质影响是实施污染物排放总量控制和进行排污交易的基本前提，即污染物在 A 地排放造成的影响与在 B 地排放造成的影响相同或基本接近。火电行业属高架排放源，排放的 SO_2 通过远距离传输形成区域性酸雨污染，是造成我国酸雨污染严重的主要原因。从全国酸雨污染控制角度考虑，对火电行业的 SO_2 排放控制必须打破行政界限范围，实施统一管理。这种管理需求就决定了需要在国家层面统一组织对火电行业 SO_2 排放实施总量控制，确定单独的行业总量控制目标，并配套实施必要的排污交易经济政策等，以

推动火电厂不断加强污染治理，促进火电行业 SO_2 排放量大幅度降低，实现酸雨污染的有效控制。

3.2.2 分配基础："十一五"明确了火电行业 SO_2 排放总量控制目标和分配方法

根据《国家"十一五"环境保护规划》，我国对火电行业的 SO_2 排放总量控制实施"计划单列"，确定 2010 年控制目标为 1 000 万 t 以内。不仅如此，"十一五"期间，国家对火电厂 SO_2 排放总量指标的分配采取了相对科学合理的绩效分配方法，综合考虑了地区经济、环境、燃煤硫分以及机组建设时段等因素的差异，制定出全国统一的火电行业 SO_2 排放总量指标分配方法，从而在排放指标分配上为火电行业实行 SO_2 排污交易奠定了管理基础。

3.2.3 排放计量：具备了对火电行业 SO_2 排放实施定量化管理的初步条件

准确计量污染排放是火电行业实行 SO_2 排污交易的基础。根据环境保护部调查结果显示，2007 年全国燃煤电厂安装脱硫设施的装机容量比例已达 40%以上。根据国务院 2007 年发布的《主要污染物总量减排监测办法》规定，"国控重点污染源必须在 2008 年年底前完成污染源自动监测设备的安装和验收；监测数据必须与省级政府环境保护主管部门联网，并直接传输上报国务院环境保护主管部门"。为此，各地正积极推进火电厂锅炉烟气排放连续监测系统的安装、标准化管理和数据联网，这些工作的开展为准确核定火电厂 SO_2 排放数据奠定了坚实的计量基础。

目前，国家已启动了环境保护业务专网系统的建设，共涵盖全国 31 个省和新疆生产建设兵团，346 个地级城市（含地区、州、盟和兵团 14 个师）、2 860 个县和兵团 175 个团和 6 个国家环境督察中心，计划于 2009 年年底之前完成。2006 年已经建设完成了总局和省级环保部门的联通。目前环保部与 31 个省（区、市）、5 个副省级中心城市和新疆生产建设兵团具备了通过网络渠道实现信息交换的基础条件。

3.3 当前主要工作进展

3.3.1 起草了《火电行业二氧化硫排污交易管理办法》及编制说明

依据国务院《关于落实科学发展观 加强环境保护的决定》和国务院印发的《节能减排综合性工作方案》对排污交易工作的具体规定，项目技术组在环境保护部污染控制司的直接领导下起草了《火电行业二氧化硫排污交易管理办法》（以下简称《办法》）及编制说明。目前正在对《办法》作进一步修订和完善。从组织层面来看，《办法》定位于在国家层面统一组织实施火电行业 SO_2 排污交易；从政策定位来看，确定排污交易在实施过程中对其他法规政策不具有排他性；在内容构成方面，《办法》对火电行业 SO_2 排放指标的分配、排污交易程序和条件、排污交易需遵循的原则、各级环保部门的监管职责以及处罚措施等都提出了具体要求和规定，共包括总则、排放指标分配、排放配额管理、排放配额交易、监督与处罚以及附则六部分内容。目前针对《办法》已组织召开了 2 次专家讨论会和 1 次环保部内部相关业务部门意见征求会。

3.3.2 中美火电行业 SO_2 排污交易合作项目进入实施操作阶段

火电行业 SO_2 排污交易项目是中美第三次战略经济对话（SED）在能源环境领域确定的重要合作项目。项目合作的主要目的为：充分利用中美战略经济对话的工作机制，建立起 SO_2 排污交易技术、方法和应用的交流合作平台；系统学习和借鉴美国有关排污交易管理办法、技术方法、操作平台和排放跟踪系统的构建方法，在此基础上，设计出适合中国国情的火电行业 SO_2 排污交易管理办法，使得排污交易这项经济手段能够在中国扎根实施，全面服务于污染减排工作；制定和完善中国污染排放监控的相关技术标准、方法，开展系列污染排放监控的技术交流和培训活动，显著提高中国污染排放计量的定量化管理水平。

根据合作方案，双方于 2008 年 4 月 14 日在京召开了项目启动会，确认了项目合作的具体目标、活动内容、项目产出和进度安排。在此基础上，中方开展了有关国内 SO_2 排污交易试点情况、各地排污交易形式、存在的主要问题以及火电行业 SO_2 排放监控等方面的调研和评估；美方完成了有关排污交易经验总结的案例研究报告，在中国进行了 3 次环境法规评估方法方面的技术培训。目前该项目已进入实施阶段，进展顺利。

3.3.3 建立了火电行业 SO_2 排放基础数据库

基于全国电力环保数据库（1998—2002 年）、电力行业基础数据库（2003—2006 年）、六大电力集团公司分机组 SO_2 排放数据库（2004—2006 年）、全国 6 000 kW 以上火电机组排污申报登记数据库（2003 年）、国家环境统计数据库（2003—2005 年）以及全国脱硫机组建设情况（2005 年、2006 年）六大数据库，项目技术组系统整合建立了 2004—2006 年全国火电行业 SO_2 排放的基础数据库，包括电厂位置、机组生产情况、机组投产时间、燃料消耗情况、SO_2 排放量等基本信息，为火电行业 SO_2 排放总量指标分配和排污交易的实施奠定了数据基础。目前，该项工作将结合全国污染减排核查进展和污染源普查数据，作进一步修正和完善。

3.3.4 启动了排污交易管理平台开发工作

排污交易管理平台建设是火电行业 SO_2 排污交易试点工作的一项重要内容。该管理平台将承担火电行业 SO_2 排放指标与配额核定、排放计量、交易管理、信息发布等功能。经过认真考察与前期交流，环境保护部环境规划院委托北京思路创新科技有限公司负责开发火电行业 SO_2 排污交易管理平台系统。目前已形成《火电行业二氧化硫排污交易平台开发建设方案》，于 2008 年 6 月通过专家论证。交易系统将采用“面向管理者”和“面向交易者”的设计思路，通过 Internet 和政府专网为政府管理部门、企业用户提供服务和综合信息参考。

3.3.5 开展了四大电力集团公司 SO_2 总量平衡方案的研究

环境保护部污染控制司对国电、华能、中电投以及华电四大集团公司，组织开展了集团公司 SO_2 总量平衡的分析研究，完成了四大电力集团公司 SO_2 总量平衡核准方案。工作的基本思路是：系统调查各集团公司现役机组的 SO_2 排放现状，全面分析“十一五”

期间现役机组建设脱硫设施和实施关停可能形成的 SO_2 减排量，预测“十一五”期间电力发展新增的 SO_2 排放量；通过分析三者之间的数量关系，依据 2010 年各集团公司 SO_2 排放总量的控制指标要求，结合电厂的布局规划，制定出集团公司内部新源和老源之间、地区和地区之间电厂 SO_2 总量控制的平衡方案，从而在各集团公司层面提出了火电行业 SO_2 排污交易的可行方案，为近期火电行业 SO_2 排污交易的推行提供了重要信息参考。

4 地方 SO_2 排污权有偿使用与交易试点进展

4.1 总体进展

自 20 世纪 90 年代我国引入排污交易概念并开展系列试点研究以来，历经 10 余年，排污交易已在我国多个地区开展过试点工作，得到了广泛探索，为我国排污交易制度的建立奠定了重要实践基础。总体而言，我国排污交易试点总体经历了 3 个发展阶段。

4.1.1 20 世纪 90 年代：排污交易概念引入与初步探索阶段

从 20 世纪 90 年代初我国就开始讨论和试点排污交易，结合新建项目的管理，在一些地区开展有偿转让的案例。1994 年国家环境保护局（现环境保护部）在 16 个城市大气排污许可证试点的基础上，在包头、开远、柳州、太原、平顶山、贵阳 6 个城市进行了大气排污交易政策试点。在试点研究过程中，结合中国国情对大气排污交易政策在中国实施的条件、交易的方式、交易的技术步骤和方法、费用、管理和运行机制进行了探索，形成初步的政策、技术、管理框架。交易以指标转让的方式进行，具体包括企业内部转让、企业向环保局交纳环境补偿费取得排污权、企业出资治理面源取得排污权、有多余许可指标的企业将剩余许可指标转让给其它指标不足的污染源或新建企业。这期间重点对排污交易理论和我国开展排污交易的方式进行了积极探索。

4.1.2 2000 年前后：交易案例试点研究阶段

1999 年 4 月，朱镕基总理访问美国期间与美国政府就环保领域的合作达成了一揽子协议，国家环保总局与美国环保局签署了关于“在我国运用市场机制减少 SO_2 排放的可行性研究”的合作协议，探讨在中国实施排污交易政策的可行性，举办了多次国际研讨会，并先后在江苏、山东、浙江、山西、山东开展了电力行业的 SO_2 排污交易试点研究，为进一步推广排污交易应用打下了基础。

2002 年在亚洲开发银行的协助下和有关研究机构的合作下，山西省太原市开展了 SO_2 排污交易的试点，制定了《太原市二氧化硫排放交易管理办法》。同年 3 月，国家环境保护总局下发了《关于开展“推动中国二氧化硫排放总量控制及排污交易政策实施的研究项目”示范工作的通知》，在山东、山西、江苏、河南、上海、天津、柳州市共 7 省市，开展了 SO_2 排放总量控制及排污交易的试点工作。在这些项目的推动下完成了多项排污交易案例，为我国排污交易制度的推行积累了重要的实践经验。

除了 SO_2 排污权交易试点工作外，我国还积极探索了水污染物排污权交易试点。2001年，浙江省嘉兴市秀洲区出台了《水污染物排放总量控制和排污权交易暂行办法》，实行了水污染排污初始权的有偿使用，这是我国真正意义上的排污初始权有偿分配和使用的实践。

总体分析，通过积极探索，这段时期形成了几笔在全国范围影响较大的排污交易案例，为“十一五”期间全国各地排污交易的积极探索做了良好铺垫，但形成的交易案例大都是政府部门“拉郎配”，排污权有偿取得和排污交易市场并未形成。

4.1.3 近期：掀起了排污交易试点浪潮

最近两年全国排污交易实践有了新的进展和突破，掀起了排污交易试点浪潮，已有多个省、市全面开展了排污交易的推行工作，并制定出地方排污交易管理办法，寄希望通过这项经济政策的运用为解决当地经济发展和环境保护的矛盾提供一条新的途径。

2007 年 1 月 30 日，广东省环保局和我国香港特区政府环境保护署发布了《珠江三角洲火力发电厂排污交易试验计划》实施方案，标志着我国跨省际排污交易试点工作的开始。2007 年底前，江苏省制定了《江苏省二氧化硫排放指标有偿使用收费管理办法（试行）》和《江苏省太湖流域主要水污染物排放指标有偿使用收费管理办法（试行）》，于 2008 年 1 月 1 日开始执行。浙江省则实行自下而上的方式，由杭州、嘉兴、诸暨、桐乡等地分别出台了《杭州市主要污染物排放权交易管理办法》《嘉兴市主要污染物排污交易办法》《诸暨市污染物排放总量指标有偿使用暂行规定》《桐乡市主要污染物排污权交易暂行办法》等相关文件，分别实施排污交易政策。目前浙江省正在制定全省的《主要污染物排污权有偿使用和交易办法》。

在天津、北京、湖北、湖南等地，目前也启动了相关工作，同时加强了产权交易市场的建立工作。2007 年，湖北省审批通过《湖北省主要污染物排污权交易办法（试行）》，在武汉光谷产权交易所建立排污权交易平台，是我国首次尝试把排污权交易引入产权交易市场。2008 年，天津市制定了《关于建设天津排污权交易所的总体方案》，拟在天津滨海新区建立服务于全国排污交易的天津排污权交易所。与此同时，北京也在积极开展相关方面筹备工作，拟建立北京环境交易所。

总体而言，自“十一五”期间全国加强污染减排和考核以来，各地在积极探索排污交易方式，但交易形式“五花八门”，对排污交易的理解和实施交易的目的也不尽相同，迫切需要国家尽快出台《火电行业二氧化硫排污交易管理办法》以及非电行业 SO_2 排污交易的指导意见，以尽快引导和规范全国对排污交易政策的运用，推动排污交易制度真正服务于全国污染减排工作和协调经济发展与总量控制之间的矛盾。

4.2 江苏省排污权有偿使用与排污交易试点进展

4.2.1 江苏省电力行业 SO_2 排污交易试点

为实现 SO_2 排放总量控制目标，按照国家环保总局（现环境保护部）2002 年下发的关于开展 SO_2 排放总量控制及排放权交易示范工作的总体部署，江苏省在电力行业开展

了 SO_2 排放权交易试点工作。2002 年，江苏省环境保护厅、经济贸易委员会联合发布了《江苏省电力行业二氧化硫排污权交易管理暂行办法》。办法对交易参与者、交易方式、配额分配、交易跟踪、监管等方面作出了具体规定。2003 年江苏省又发布了《江苏省电力行业二氧化硫排放控制配额分配方案》，对江苏省统调电厂的 SO_2 排放配额进行了分配。在这些文件的指导下，江苏省完成了南京下关电厂与江苏太仓港环保发电公司等数起交易。但交易的市场并不活跃，部分城市推行排污交易的难度很大。从效果来看，排污交易虽未明显地降低减排成本，却给电力行业的发展提供了环境空间。在此基础上，江苏省计划 2010 年前后推行非电行业的 SO_2 排放交易，加大政府回购力度，促进企业间交易，推进江苏省的环保改革。

4.2.2 江苏省太湖流域 COD 排放指标与 SO_2 排放指标有偿使用试点

环境资源作为一种公共的、有限的资源，具有价值的观点越来越为人们所认识和重视。然而，我国关于环境资源的产权、占用权和使用权等界定问题一直模糊不清，导致了环境资源的无序占有和过量使用，企业往往热衷于排污总量指标的获得，而缺乏污染治理的积极性。为改革排放指标无偿占用的现状，江苏省率先对电力行业 SO_2 排放指标和太湖流域 COD 排放指标实行有偿分配，出台了《江苏省二氧化硫排放指标有偿使用收费管理办法（试行）》和《江苏省太湖流域主要水污染物排放指标有偿使用收费管理办法（试行）》。

根据办法要求，江苏省先在电力行业开展试行 SO_2 排放指标的有偿使用，要求已运行机组实际排放 SO_2 超过核定指标的差额部分和新投产机组排放 SO_2 需占用排放指标的部分，必须通过有偿取得方式获得排放指标，设定电力行业 SO_2 排放指标有偿使用收费标准为每年 2 240 元/t。

对于太湖流域主要水污染物的有偿使用，根据计划，江苏省首先建立了 COD 排污权一级市场，即“初始有偿出让”，对直接向环境排放且占用 COD 排放指标的排污单位，征收排放指标有偿使用费。2008—2010 年，逐步建成排污权动态数字交易平台，形成排污交易二级市场，即企业与企业之间的交易市场。初定 COD 收费标准为污水处理行业 2 600 元/t，其他行业 4 500 元/t。试点范围包括太湖流域内江苏省的苏州市、无锡市、常州市和丹阳市的全部行政区域，以及句容市、高淳县、溧水县部分区域，涉及纺织染整、化学工业、造纸、钢铁、电镀、食品制造（味精和啤酒）、污水处理七大行业。

4.3 浙江省排污权有偿使用与排污交易试点进展

近年来，浙江省排污交易工作发展迅速，杭州、嘉兴、诸暨、桐乡等城市都先后出台了排污交易管理办法。但由于各地对排污交易制度的理解、交易的目的及交易推行中遇到的困难不尽相同，实行的排污交易形式也是各有差异。

杭州市重点推行有偿分配与有限无偿分配相结合的方式，以激活排污交易市场，激励老企业加大污染削减为经济发展腾出环境空间。嘉兴市是我国率先探索排污权有偿使用与排污交易试点的城市，历经 5 年多的积极探索，2007 年出台了《嘉兴市主要污染物排污权交易办法（试行）》，并成立了“嘉兴市排污权储备交易中心”。至今，嘉兴市已有

15 家企业与中心签订了排污权转让合同。为积极盘活交易市场，嘉兴市规定“无偿获得排污权的市场主体如发生关闭、破产、迁出等情况，其排污权由储备交易中心无偿收回，特殊情况酌情补助。转让获得的排污权，闲置期（扣除建设期）不得超过 5 年，超过的，环保部门确认后由储备交易中心无偿收回。”桐乡市排污交易程序和形式与嘉兴市较为接近，具体时限和操作要求等略有不同。诸暨市重点试行污染物排放指标的有偿使用，出台了《诸暨市污染物排放总量指标有偿使用暂行规定》和《实施细则》，要求对所有排污单位的指标分配，包括 2006 年年底前的老源和《规定》实施之日起所有新建、改建、扩建和技术改造项目的排污总量指标获取，均采用有偿申购方式，但新源和老源的有偿使用价格有较大差异。

在全省范围内，浙江省为积极推进排污交易的试行，规范各地排污权有偿使用和交易试点的程序、方法，浙江省于 2007 年出台了《浙江省推行排污权有偿使用和交易制度的总体框架》，以规范和引导各地排污交易制度的运行和交易市场的建立。同时要求，各设区市在 2008 年年底以前选择 1 个以上县（市、区）开展交易试点工作，保障排污交易制度在浙江省的全面推行。目前《浙江省主要污染物排污权有偿使用和交易办法》和交易中心组建方案正在制定和上报过程中。

5 推行火电行业 SO_2 排污交易面临的主要障碍

排污交易制度在我国研究和试点已有 10 余年，取得了重要进展和实践经验，目前火电行业已初步具备试行排污交易的基本条件，但在推行过程中仍面临许多障碍，突出表现为以下几大方面。

5.1 排放指标分配不完善影响交易制度的推行

“十一五”期间，我国对火电行业的 SO_2 排放总量控制实施“计划单列”，确定 2010 年控制目标为 1 000 万 t 以内，同时综合考虑了地区经济、环境、燃煤硫分以及机组建设时段等因素的差异，制定出全国统一的火电行业 SO_2 排放总量指标绩效分配方法，这是我国自“九五”实行总量控制制度以来关于排放指标分配的一次重要改革和进步，但由于这是第一个五年规划试行相对科学、公平、合理的绩效分配方法，在确定具体指标分配值和各级政府具体将指标分配到火电企业时，与推行火电行业排污交易制度的高标准要求仍有一定差距，具体体现为：

（1）“十一五”期间制定的“火电机组 SO_2 总量指标分配绩效值”仅是 2010 年的目标指标，而非 2006—2010 年每年的年度指标，这就导致在“十一五”期间对于具体的火电企业而言，并没有一个明确的每年允许 SO_2 排放的总量要求，这样在运火电企业之间 2010 年前并没有交易市场需求。但对于新建企业而言，由于要获取 SO_2 排污权，需要通过与老源之间进行交易获得排污指标。

（2）第 1 时段绩效分配值不尽公平、合理。“十一五”期间“火电机组 SO_2 总量指标分配绩效值”是综合考虑火电机组分布区域和建设时段两个重要因素制定的。不同时段机组排放绩效值的制定重点参考了《火电厂大气污染物排放标准》。在绩效值制定过程中，由于没有考虑到第 1 时段机组要在“十一五”时期建设脱硫设施，因此对其排放绩效值要求很松。随着“十一五”期间全国各地在总量减排过程中对火电行业的“从严”要求，许多地区第 1 时段机组也都配套建设了脱硫设施，使得国家无偿指标过大分配给该类型机组，造成分配不公的问题，不利于排污交易制度的推行。

（3）一些地区仍没有将总量指标具体落实到源。自 2006 年起，国家便将《二氧化硫总量分配指导意见》下发给各地，但由于各种因素，截止到目前仍有许多地区没有按照国家制定的“火电机组 SO_2 总量指标分配绩效值”将总量指标具体分配到火电企业，成为影响排污交易制度推行的重要制约因素之一。

5.2 总量分配政策预期性不强，激活交易市场困难重重

从目前的调研情况来看，江苏和浙江省当前推行的排污交易重点是排污权的有偿使用，排污交易并没有真正意义上的推开。企业对排污交易反应“冷淡”，有富余指标的企业多存在“惜售”心理，从而导致排污权供给严重不足。原因是，在“十一五”严格减排条件下，向社会各界发出了一个明确信号，总量指标意味着“发展权问题”，已成为影响各地经济发展的硬约束条件。因此，大到各级政府、各大电力集团公司，小到具体企业，都不愿意将总量指标转让给他人，即使是有偿行为，这就造成了交易市场非常有限。

追究其深层次原因，主要表现为我国总量控制政策制定预期性不强，政策发展走向不明朗，各类企业、各大电力集团公司，乃至地方各级政府对“十二五”、“十三五”国家污染物总量控制如何发展并不清晰，更不清楚自己未来拥有多大的总量指标，从而导致企业“惜售”心理。宁可不通过交易获得收益，也不愿意因为排放指标的出售失去发展空间，从而导致我国老污染企业挤占过多污染排放指标，影响高效益、低排放新项目的建设发展，进而影响我国产业结构的调整力度。相比而言，美国在制定酸雨计划时，其政策连贯性、预期性都很强，在指标初始分配时，将多年的年度总量指标具体分配到企业，这就使得企业很清晰未来环境保护对企业的发展要求，完全可做到统筹考虑生命周期内污染减排问题，决定企业是通过交易还是通过污染治理方式实现控制目标。

总量分配的政策预期性不强是导致我国交易市场发育缓慢、无法盘活交易市场的重要制约因素。解决这一问题的唯一方式是提前给出未来总量指标的具体分配方法或分配原则。

5.3 在线监控平台的建设尚不足以满足对企业实施污染排放自动监控的要求

自“十一五”我国全面加强“三大体系”能力建设以来，全国各地重点污染源自动监测设备的建设和各级政府污染源在线监控系统的建设得到前所未有的加强，并取得重要进展。但距离实施重点污染源的在线自动监控要求仍有一定差距。

江苏和浙江省是我国污染源在线监控系统建设较早，也是平台建设较为先进的省份。但根据调研考察的结果，目前这些省份都没有将自动监测数据，尤其是排放总量数据直

接应用于污染减排的考核中，仅是使用了其中一些设备脱硫效率、运行时间等数据服务于电厂脱硫电价的管理。原因有多方面，突出体现为：①数据之间的验证、校核工作尚未有效开展，没有形成相互咬合、彼此验证的"数据网"，导致监测的排放数据准确度不足；②监控平台的维护工作量非常大，需要专项经费予以支持；③对监控数据的需求性不强，目前污染减排工作尚未要求各地应用自动监测数据，重点仍是通过物料衡算的方式核算污染减量与增量。

但随着我国环境保护能力建设的加强和环境保护业务专网系统建设的全面铺开，以及污染减排工作对自动监控数据应用的加强，自动监控系统的建设必将得到进一步完善，可满足排污交易对数据定量化管理的需求。

5.4 现行的部分法规政策对排污交易制度的推行有一定"阻力"，需进一步协调和衔接

（1）为加快燃煤机组烟气脱硫设施建设、提高脱硫设施投运率，国家发展改革委会同环境保护部制定了《燃煤发电机组脱硫电价及脱硫设施运行管理办法》（以下简称《办法》）。《办法》的出台对刺激我国火电厂脱硫设施的建设无疑发挥了重要作用。但同时也对企业间排污交易带上了"紧箍咒"。按照《办法》要求，"安装脱硫设施后，其上网电量执行在现行上网电价基础上每千瓦时加价 1.5 分钱的脱硫电价政策"，并提出"投运率低于 80%的，扣减停运时间所发电量的脱硫电价款并处 5 倍罚款"。从降低污染治理社会总成本角度而言，这一要求将不利于企业采取灵活机制和更低成本实现总量控制指标，在一定程度上影响了交易的市场空间。

（2）"十一五"期间，为加强对各省、自治区、直辖市人民政府主要污染物总量减排完成情况的考核，国家出台了《主要污染物总量减排考核办法》。但在考核办法中没有规定跨区域交易可计入总量减排考核范畴，这在一定程度上也成为制约区域间企业交易的主要障碍。

为进一步推动排污交易政策的实施，必须加强排污交易与上述政策的有效衔接和协调。

6 下一步工作建议与安排

6.1 加强对地方交易试点的调研与评估，征求部内相关业务职能部门意见，完善火电行业 SO_2 排污交易管理办法

继续加强地方排污交易方式和交易效果的调研与评估，对各地开展的排污交易执行情况、交易体系建设状况及取得的经验教训进行系统总结。加大与环保部总量办、环评司、评估中心、政策法规司等单位的沟通和协调，紧密结合我国当前污染减排新形势和项目审批的要求及面临的主要问题，深入探讨火电行业 SO_2 排放总量指标分配、指标考

核、监管措施、监督处罚等核心事项。在此基础上，不断完善《火电行业二氧化硫排污交易管理办法》。并针对火电行业近期发展需求和部分省份重大项目建设需要，组织开展一批电厂间排污交易试点案例，以达到完善排污交易管理办法、细化排污交易实施方法、健全排污交易保障体系的目的。

6.2 制定“十二五”火电行业SO_2总量指标的分配原则，建立科学、公平的分配体系

继承“十一五”火电行业SO_2总量指标的绩效分配思路，根据“十一五”期间各地火电机组总量指标分配情况和绩效指标值在实际操作中存在的主要问题，加强“十二五”期间火电行业SO_2排放总量指标的分配研究，制定出指标分配的基本原则，建立起科学、公平的分配体系。初步设想为：①火电行业SO_2排放总量控制全面实行“计划单列”，不再与非电行业一起纳入地方环境指标考核；②结合国家五年规划，每五年对火电行业SO_2排放总量指标进行一次分配；每个五年规划期内新审批的火电机组不参加总量指标分配，必须通过交易市场购买获得排放指标，符合政策要求的，在下一个五年规划期内参加指标分配；③制定的火电机组SO_2总量指标分配绩效值必须为年度指标，即2011—2015年每年都有一个对应的指标值要求，而非“十一五”期间仅有一个目标指标值；④火电机组SO_2排放总量指标绩效值的制定，要减小不同时段间差异，尤其是对第1时段机组也应有相对严格要求；⑤总量指标分配绩效值的制定，要充分考虑未来煤电的装机容量，确保火电行业总量控制目标的实现。

6.3 注重排放指标有偿分配与排污交易的政策组合，有效盘活排污交易市场

江苏、浙江等地方研究试点证明，排放指标有偿分配是实现市场化排污交易的重要基础。原因在于，实施排放指标有偿分配后，企业将综合考虑各种经济利益因素，不再热衷于总量指标的获得，而会根据自身发展需求和污染减排状况，申购合适的总量指标，从而从源头上杜绝企业“囤积”总量指标的行为，即过去污染重、对环境损害大的企业，用相对较低的成本占据着大量的排污权指标。以此方式有效激活排污交易市场，同时也为污染轻、效益好的企业发展腾出更多环境空间。

6.4 加快排污交易管理平台的开发，为排污交易的推行奠定“硬件”条件

建设交易管理平台是推行排污交易工作的重要内容之一。强大的交易管理平台不仅能保证交易工作的有序开展，同时也将有助于交易市场的扩大、加大对外宣传和促进污染控制定量化管理等。近期将紧密结合火电行业SO_2排污交易政策的研究进展，参考美国排污交易管理系统的设计经验，开发出适合我国污染控制和排污交易的管理平台框架和主体业务功能。此基础上，逐步细化各功能模块。同时，要充分做好与环境保护部其他数据信息系统的衔接。该项工作计划于2009年年底前初步完成。

6.5 出台非电行业 SO_2 排污交易的指导框架

从实施战略和推进层面角度分析，火电行业 SO_2 排污交易应在国家层面统一组织实施，非电行业 SO_2 排污交易应重点在地方推行。为有效指导地方排污交易的有序开展，规范排污交易方法和程序，减少无谓重复工作，确保交易工作紧密服务于地方经济与环境的协调发展和污染减排工作，建议在国家层面统一组织提出《非电行业二氧化硫排污交易的指导框架》，供各地参考。

6.6 充分利用中美战略经济对话平台，深入学习和借鉴美国排污交易经验

排污交易的实施是一项系统工程，涉及总量分配、交易规则、排放跟踪、监督处罚等诸多内容，同时也涉及与其他政策协调和衔接等问题。因此，借鉴国外成功经验非常必要。中美战略经济对话为中美双方火电行业 SO_2 排污交易合作搭建了良好平台。在此平台下，应充分利用这一资源优势，系统学习和研究美国有关排污交易管理办法、技术方法、操作平台和排放跟踪系统的建立方法；同美方一道联合开展污染排放监控和排污交易管理的培训活动，推动我国排污交易工作不断向前迈进，为完善我国火电行业 SO_2 排污交易的有关技术文件提供技术支持，为全面推行火电行业 SO_2 排污交易提供经验借鉴。

我国环境保护投资与宏观经济指标关联的实证分析

Empirical Analysis on the Correlation between China's Environmental Protection Investment and Macroeconomic Indicators

吴舜泽　朱建华　逯元堂　王金南　张晓丽

摘　要　我国环保投资逐年增长，且与经济发展呈现关联性。本文从绝对量、增长率、弹性系数3个方面，对环保投资与GDP、固定资产投资、财政收入等经济指标进行简单关联性分析及协整分析。分析得出，环保投资和各经济指标之间在总量和增长率上存在着不同的关联性，且环保投资和每个经济指标之间也存在不同的关联性，且环保投资与财政收入关联性较大，两者之间存在着长期均衡关系，说明需要进一步加强财政资金的环境保护投入机制。

关键词　环境保护投资　GDP　固定资产投资　财政收入　实证分析

Abstract　China's environmental protection investment has increased year by year and it has shown relevancy to the economic development. Starting with three aspects, which are the absolute volume, growth rate and the elasticity coefficient, this Article makes a simple correlation analysis and cointegration analysis between the environmental protection investment and economic indicators, such as GDP, fixed assets investment and fiscal revenue. According to the analysis, it exists different correlations on both the gross volume and growth rate between environmental protection investment and each economic indicator. In addition, the correlations between environmental protection investment and each economic indicator are not in the same level. It shows a distinct correlation between environmental protection investment and fiscal revenue. The long-term equilibrium relationship between them indicates that the environmental protection investment mechanism of the fiscal funds should be further enhanced in future.

Key words　Environmental protection investment　GDP　Fixed assets investment　Fiscal revenue　Empirical analysis

1 我国环保投资总体情况

多年来我国环保投资总量总体上呈逐渐上升趋势。“七五”期间全国环保投资 476.42 亿元；“八五”期间达到 1 306.57 亿元，是“七五”期间的 2.74 倍；“九五”期间环保投资达到 3 516.4 亿元，是“八五”期间的 2.69 倍；“十五”期间环境保护投资为 8 399.3 亿元，是“九五”期间的 2.4 倍。“八五”、“九五”、“十五”期间环保投资年均增长率分别为 43.56%、33.8%、27.7%，投资绝对量逐步增加，但增速有所趋缓，尤其是 2006 年增速仅为 7.45%，是 1990 年代以来的次低值（最低值发生在“一控双达标”后的 2001 年 4.3%）。一般在每个五年计划最后一两年会有大幅增长，然后接着下一年度增速开始减慢。考虑到环保投资均为当年价（未扣除物价上涨等因素），2001 年和 2006 年环保投资总量增幅实际会更小。经环保部门初步统计，由于节能减排等政策性因素的驱动，2007 年同比大幅增长 31.89%。总体而言，环保投资绝对量总体上逐年增加，但增速有所趋缓，环保投资增长带有较强的不稳定性。

按环境要素分类，全社会环境污染治理投资包括水污染治理、大气污染治理、固体废物治理、噪声治理以及其他等方面的投资。“十五”期间水污染治理投资总量为 2 658 亿元，占总投资的 31.6%；大气污染治理投资总量为 2 359.1 亿元（包含燃气、集中供热），占总投资的 28.1%；水、气治理投资约占全部总量的 60%，是环保投资的重点领域。固体废物治理投资为 681.6 亿元，占总投资的 8.1%；噪声治理投资为 83.7 亿元，占总投资的 1.0%；其他投资为 2 617.3 亿元，占总投资的 31.2%。

按照目前中国环保投资统计的口径，环境保护投资范围主要包括城市环境基础设施建设投资、工业污染源治理投资（老工业污染源治理）、建设项目“三同时”环保投资 3 个方面。其中城市环境基础设施投资占环保投资总额的比例最大，1998 年以后基本保持在 60%左右，最近几年这个比例开始小幅度下降。工业污染源治理投资占环保投资总额的比例呈下降趋势，2001 年以后只占 16%左右。建设项目“三同时”环保投资占环保投资总额的比例多年来一直相对稳定，多年平均为 26%。

总体来看，从 20 世纪 80 年代初至今，中国环保投资的总量呈现上升趋势，尤其是 90 年代末期，环保投资总量有了较大幅度的增加，在部分领域和地区，环保投资增加的效应开始显现。环保投资的逐年增加为强化污染治理、促进环境质量改善或减缓污染趋势提供了重要的物质保障，但也存在着投资总量不足、投资结构不合理、投资机制不健全、投资效益不高等问题。目前阶段环保总量不足仍然是制约我国环境保护的主要因素，究其原因，环境保护投资与 GDP、财政收入、固定资产投资等宏观经济参数缺乏稳定、可靠的关联，环保投资增长的内生机制没有建立。因此，科学分析环保投资与宏观经济参数的关系具有十分重要的理论和现实意义。

2 计量经济学研究方法

本文从绝对量、增长率、弹性系数 3 个方面，对环保投资与 GDP、财政收入、固定资产投资、工业增加值等经济指标进行关联性分析。在进行关联性分析时，将首先从基本数据角度入手进行分析，然后采用相关系数法进行简单相关性分析，最后采用协整分析进行长期稳定均衡关系的识别判断。

2.1 简单关联性分析

在计量分析中，一般会先分析两个或多个变量间关系的情况。有时是为了了解某个变量对另一个变量的影响强度，有时则是要了解变量间联系的密切程度。前者一般用回归分析来实现，后者则需要用相关分析来实现。可以采用 SPSS 软件的相关分析功能，它一般包括以下 3 个过程：

（1）Bivariate 过程。此过程用于进行两个/多个变量间的参数/非参数相关分析，如果是多个变量，则给出两两相关的分析结果。这是相关分析中最为常用的一个过程，对它的使用可能占到相关分析的 95%以上。

（2）Partial 过程。如果需要进行相关分析的两个变量其取值均受到其它变量的影响，就可以利用偏相关分析对其它变量进行控制，输出控制其它变量影响后的相关系数，这种分析思想和协方差分析非常类似。Partial 过程就是专门进行偏相关分析的。

（3）Distances 过程。调用此过程可对同一变量内部各观察单位间的数值或各个不同变量间进行距离相关分析，前者可用于检测观测值的接近程度，后者则常用于考察预测值对实际值的拟合优度。该过程在实际应用中用得非常少。

2.2 协整分析

经典回归模型（Classical Regression Model）是建立在稳定数据变量基础上的，对于非稳定变量，不能使用经典回归模型，否则会出现虚假回归等诸多问题。由于许多包括环保投资在内的许多经济变量是非稳定的，这就给经典的回归分析方法带来了很大限制。但是，如果变量之间有着长期的稳定关系，即它们之间是协整的（Cointegration），则是可以使用经典回归模型方法建立回归模型的。

经济理论指出，某些经济变量间确实存在着长期均衡关系，这种均衡关系意味着经济系统不存在破坏均衡的内在机制，如果变量在某时期受到干扰后偏离其长期均衡点，则均衡机制将会在下一期进行调整以使其重新回到均衡状态。

假设 X 与 Y 间的长期均衡关系由式（1）描述：

$$Y_t = \alpha_0 + \alpha_1 X_t + \mu_t \tag{1}$$

式中：μ_t——随机扰动项。

该均衡关系意味着：给定 X 的一个值，Y 相应的均衡值也随之确定为 $\alpha_0+\alpha_1X$。

在时期 t，假设 X 有一个变化量 ΔX_t，如果变量 X 与 Y 在时期 t 与 $t-1$ 末期仍满足它们间的长期均衡关系，则 Y 的相应变化量由式（2）给出：

$$\Delta Y_t = \alpha_1 \Delta X_t + \nu_t \tag{2}$$

式中：$\nu_t=\mu_t-\mu_t-1$。

如果 $Y_t=\alpha_0+\alpha_1X_t+\mu_t$ 正确地提示了 X 与 Y 间的长期稳定的均衡关系，则意味着 Y 对其均衡点的偏离从本质上说是“临时性”的。

式（1）是变量 X 与 Y 的一个线性组合，经过移项整理可得：

$$\mu_t = Y_t - \alpha_0 - \alpha_1 X \tag{3}$$

如果 $Y_t=\alpha_0+\alpha_1X_t+\mu_t$ 所示的 X 与 Y 间是长期均衡关系，那么式（3）表述的非均衡误差应是一平稳时间序列，并且具有零期望值，即是具有 0 均值的 I（0）序列。因此，一个重要的前提就是：随机扰动项 μ_t 必须是平稳序列。

由以上可知：非稳定的时间序列，它们的线性组合也可能成为平稳的。如果序列 $\{X_{1t}$，X_{2t}，…，$X_{kt}\}$ 都是 d 阶单整，存在向量 α=（α_1，α_2，…，α_k），使得：

$Z_t=\alpha X_T \sim I$（d-b），其中，$b>0$，X=（X_{1t}，X_{2t}，…，X_{kt}）T，则认为序列 $\{X_{1t}$，X_{2t}，…，$X_{kt}\}$ 是（d，b）阶协整，记为 $X_t \sim CI$（d，b），α 为协整向量。

由此可见：如果两个变量都是单整变量，只有当它们的单整阶数相同时，才可能协整；如果它们的单整阶数不相同，就不可能协整。此条件不适用于多变量协整检验。三个以上的变量，如果具有不同的单整阶数，有可能经过线性组合构成低阶单整变量。

例如，如果存在：

$W_t \sim I(1)$，$V_t \sim I(2)$，$U_t \sim I(2)$，并且 $\begin{matrix} P_t = aV_t + bU_t \sim I(1) \\ Q_t = cW_t + eP_t \sim I(0) \end{matrix}$，那么认为 $\begin{matrix} V_t, U_t \sim CI(2,1) \\ W_t, P_t \sim CI(1,1) \end{matrix}$。

这也解释了尽管这两时间序列是非稳定的，但却可以用经典的回归分析方法建立回归模型的原因。

协整检验有多种方法，这里主要采用：两变量的 Engle-Granger 检验和多变量协整关系的检验—扩展的 E-G 检验。

（1）两变量的 Engle-Granger 检验。为了检验两变量 Y_t 和 X_t 是否为协整，Engle 和 Granger 于 1987 年提出两步检验法，也称为 EG 检验。

首先，用 OLS 方法估计方程：$Y_t=\alpha_0+\alpha_1X_t+\mu_t$，并计算非均衡误差 $\hat{e}_t$。然后检验 $\hat{e}_t$ 的单整性。如果 $\hat{e}_t$ 为平稳序列，则认为变量 Y_t 和 X_t 存在协整关系。单整性的检验方法一般采用 DF 检验或者 ADF 检验。

（2）多变量协整关系的检验—扩展的 E-G 检验。多变量协整关系的检验要比双变量复杂一些，主要在于协整变量间可能存在多种稳定的线性组合。

假设有 4 个 I（1）变量 Z、X、Y、W，它们有如下的长期均衡关系：

$$Z_t = \alpha_0 + \alpha_1 W_t + \alpha_2 X_t + \alpha_3 Y_t + \mu_t \tag{4}$$

其中，非均衡误差项μ_t一定是稳定的 I（0）序列。对于多变量的协整检验过程，基本与双变量情形相同。在检验是否存在稳定的线性组合时，需通过设置一个变量为被解释变量，其他变量为解释变量，进行 OLS 估计并检验残差序列是否平稳。

3 总量关联性分析

3.1 基本数据分析

随着我国国民经济和社会发展，环保投资、GDP、固定资产投资和财政收入均整体呈逐年上升趋势。从 1980 年代到现在，在相对较宽松的国际环境中，我国的经济快速发展，GDP 的增长速度相对较快，年平均增速在 10%左右，只有在 1997—1999 年受亚洲金融危机影响增速减慢。社会固定资产投资在 1980 年代后期开始形成规模，在 1989 年出现偶然的负增长，1990 年代固定资产投资以较快的速度增长，由于受国家积极的财政政策影响，1997—2005 年，在政府采购、发行国债和降息的刺激下，我国社会固定资产投资逐年攀升。财政收入随着国民经济的增长而稳定增长，占国民经济的比重也有所提高。尽管环保投资近些年来增长较快，但环保投资占 GDP 的比重一直偏低，而且波动大，随机性较强，一些年份环保投资占 GDP 的相对量比率较上年有一定程度的下降，如 1983—1984 年、1988—1990 年、1994—1996 年等。

表 1　环保投资总量与宏观经济参数总量基本数据

年份	环保投资总量/亿元	调整后的 GDP/亿元	社会固定资产投资/亿元	财政收入/亿元
1981	25	4 891.6	961.0	1 175.79
1982	28.7	5 323.4	1 230.4	1 212.33
1983	30.7	5 962.7	1 430.1	1 366.95
1984	33.4	7 208.1	1 832.9	1 642.86
1985	48.5	9 016.0	2 543.2	2 004.82
1986	73.9	10 275.2	3 120.6	2 122.01
1987	91.9	12 058.6	3 791.7	2 199.35
1988	99.9	15 042.8	4 753.8	2 357.24
1989	102.5	16 992.3	4 410.4	2 664.90
1990	109.1	18 667.8	4 517.0	2 937.10
1991	170.12	21 781.5	5 594.5	3 149.48
1992	205.56	26 923.5	8 080.1	3 483.37
1993	268.83	35 333.9	13 072.3	4 348.95
1994	307.2	48 179.9	17 042.1	5 218.10
1995	354.86	60 793.7	20 019.3	6 242.20
1996	408.2	71 176.6	22 974.0	7 407.99
1997	502.5	78 973.0	24 941.1	8 651.14
1998	721.8	84 402.3	28 406.2	9 875.95
1999	823.2	89 677.1	29 854.7	11 444.08

年份	环保投资总量/亿元	调整后的GDP/亿元	社会固定资产投资/亿元	财政收入/亿元
2000	1 060.7	99 214.6	32 917.7	13 395.23
2001	1 106.6	109 655.2	37 213.5	16 386.04
2002	1 367.2	120 332.7	43 499.9	18 903.64
2003	1 627.7	135 822.8	55 566.6	21 715.25
2004	1 909.8	159 878.3	70 477.4	26 396.47
2005	2 388.0	183 867.9	88 773.6	31 649.29
2006	2 566.0	210 871.0	109 998.2	38 760.20
2007	3 384.3	246 619.0	137 239.0	51 304.03

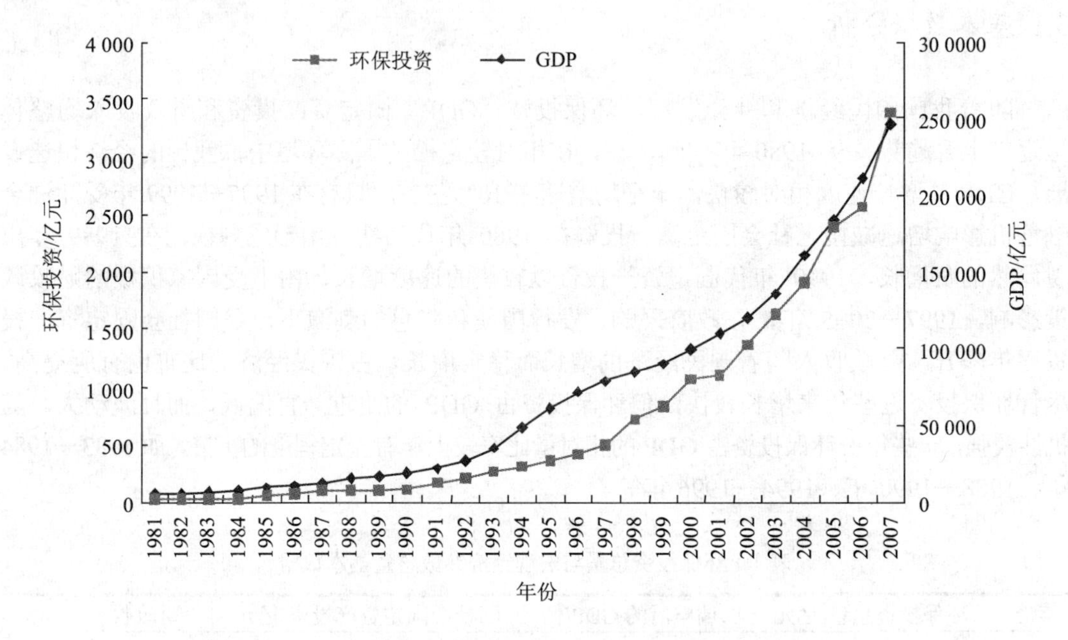

图1 我国环保投资与GDP变化曲线

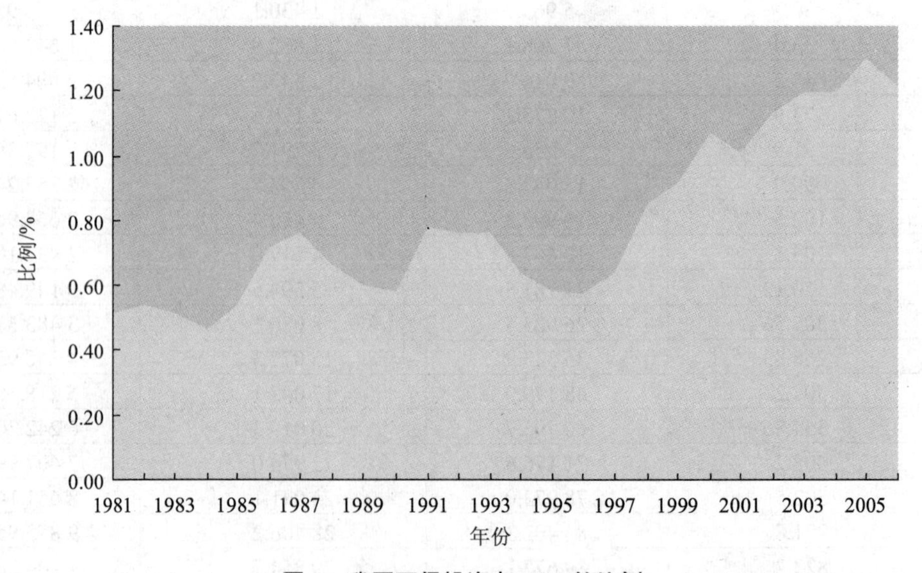

图2 我国环保投资占GDP的比例

3.2 简单相关性分析

首先，设环保投资为 EP，GDP 总量为 GDP，固定资产投资为 AI，财政收入为 PF，通过 SPSS 软件计算出 4 个变量之间的相关系数。

表 2 环保投资与宏观经济参数关联系数

关联系数				
	EP	GDP	AI	PF
EP	1			
GDP	0.983 893 5	1		
AI	0.991 159 6	0.979 325 7	1	
PF	0.995 809 2	0.978 037 1	0.996 466 2	1

统计学上一般规定关联系数在 0.8 以上就表示变量之间关系性很强，0.3 以下表示变量之间关联性很弱。从表中可以看出，单纯从总量数据来看，环保投资和 GDP、固定资产投资和财政收入的关联性很强且呈正相关。相对而言，环保投资和财政收入的关联性最强。

3.3 协整分析

对环保投资、GDP、固定资产投资和财政收入四变量取对数，同样不改变它们的性质。设对数化后的四变量分别为 LEP、LGDP、LAI、LPF，进而分析它们之间是否存在长期均衡关系。

首先，对四变量进行单位根检验，同样采用 ADF 检验法，检验结果见表 3。

表 3 环保投资与宏观经济参数协整分析 ADF 检验

变量	检验形式（C，T，K）	ADF 检验值（t 统计量）	5%临界值	变量	检验形式（C，T，K）	ADF 检验值（t 统计量）	5%临界值
LEP	（C，T，1）	−4.106 547	−3.602 7	ΔLEP	—	—	—
LGDP	（C，T，1）	−2.625 494	−3.602 7	ΔLGDP	（C，0，1）	−3.066 292	−2.990 7
LAI	（C，T，1）	−3.556 181	−3.602 7	ΔLAI	（C，0，1）	−3.248 487	−2.990 7
LPF	（0，0，1）	3.182 233	−1.955 2	ΔLPF	（C，T，1）	−3.851 666	−3.611 8

注：其中检验形式（C，T，K）分别表示单位根检验方程包括常数项、时间趋势和滞后项的阶数，Δ表示差分算子。

由表 3 可知，LEP 在 5%显著性水平下为平稳序列，即 LEP～I（0）。LGDP、LAI 和 LPF 的 t 统计量值比显著性水平为 5%的临界值大，所以，三序列都存在单位根，都是非平稳的。然后对三序列进行差分，再对进行单位根检验。经一阶差分后，三序列在 5%的显著水平下是平稳的，得到 LGDP～I（1）、LAI～I（1）、LPF～I（1）。从各分量上看，环保投资和 GDP、固定资产投资以及财政收入之间不存在长期均衡关系，因为它们之间不满足同阶单整。但三经济指标和环保投资的单整情况满足拓展的 EG 两步法检验变量间是否存在协整关系的必要条件，也就是说，3 个经济指标可能与环保投资共同构建一种长期均衡关系，那么构造检验方程：

$$LEP=-6.209\,697+0.554\,129\cdot LGDP+0.221\,186\cdot LAI+0.455\,438\cdot LPF \quad (5)$$
$$(-8.260\,497) \quad (2.079\,223) \quad (0.863\,701) \quad (3.306\,070)$$

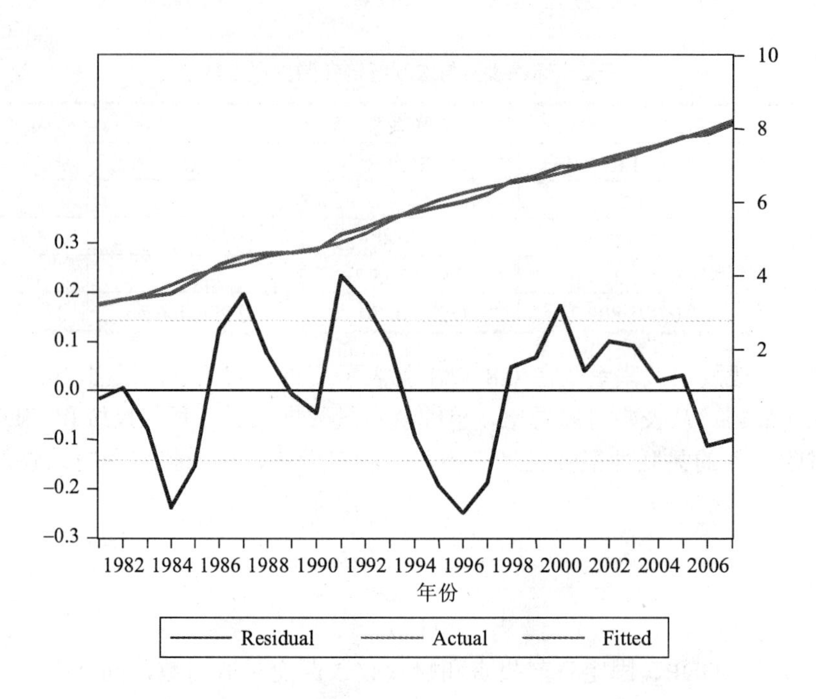

图 3　环保投资与宏观经济参数拟合效果及残差分布

同样对残差序列 e 进行单位根检验，结果见表 4。

表 4　环保投资与宏观经济参数协整分析序列 e 的 ADF 检验结果

统计检验	−3.624 533	1%　临界值	−2.660 3
		5%　临界值	−1.955 2
		10%　临界值	−1.622 8

从表 4 中可以看出，残差序列是平稳的，说明它们之间存在协整关系。从拟合效果图来看，回归方程拟合得很好，残差均匀地分布在[−0.3，0.3]之间，和经济事实很接近。而且，从估计系数的 t 检验值可以证实简单相关性分析的结论，即财政收入的 t 检验值最大，它与环保投资的关联性最强。

从图 3 中可以看出，1982—1990 年估计的环保投资与实际环保投资出现两次较明显误差，分别出现在 1984 年和 1987 年。1984 年估计的高于实际的环保投资，1987 年估计的低于实际的环保投资。由于我国环保投资事业从 1970 年代刚起步，环保投资资金来源渠道不稳定，存在突变性，所以出现偏差的情况较明显。1991—2000 年估计的环保投资与实际环保投资出现两次误差，分别出现在 1991 年和 1995—1998 年。1990 年代初，受我国固定资产投资大幅增长的影响，投资用于环保部分的总量也大幅增长，所以出现了实际投资高于估计的数值的情况。而 1995—1998 年这一阶段，受亚洲金融危机的影响，我国的经济增长必然受到冲击，经济发展的回落导致环保投资的增长减缓，经济社会发展偏离正常轨道，这是长期均衡方程无法考虑的，这一时期会出现估计的环保投资高于实际值。2001—2006 年估计的环保投资和实际值拟合得很好，偶尔出现微小的误差也是正常的，因为这一时期经济处于快速健康发展阶段，国家提高了对环保投资的重视，突变产生误差的可能性也降低。整体来看，在 1982—2006 年的研究时段范围内，1984 年、1996 年、2006 年 3 年其间，环保投资与其长期均衡曲线偏差较大，且低于预期，是应尽力避免的不利局面；1987 年、1991 年、2000 年偏离较大但是属于高于预期的有利政策情景，全部年份共有 5 年出现残差偏离程度大于[–0.1，0.1]范围，近年来拟合曲线离散程度越来越小。

由此说明，方程（5）比较真实地反映了环保投资总量和 GDP、固定资产投资以及财政收入之间的长期均衡关系。GDP 指标最能较全面地反映经济的增长，随着经济的增长，财政收入必然随之增加，政府一般会加大环保投资。所以，它们三者之间存在着较为密切的关系。这说明从长期历史趋势来看，环保投资与 GDP、固定资产投资和财政收入是存在长期的均衡关系的。但这并不是一种必然，其关联强度的强弱也存在较大的差异。环保投融资的发展方向，就是让长期均衡关系在目前或者各阶段都能呈现，尽可能减少年度投资与长期均衡关系的残差，并成为一种机制性因素。

其中，环保投资与 GDP 和财政收入之间的关系较明显，而和固定资产投资之间的关系相对较弱，这说明在工业污染防治领域，工业治污投入总量并没有随着固定资产投资相应增长，工业污染防治投资领域还存在一定的欠账。

3.4 2008 年环保投资总量预测

根据上述分析，环保投资与 GDP、固定资产投资、财政收入在总量上存在长期均衡关系，近几年来基于 GDP、固定资产投资、财政收入的弹性系数变动趋势趋于平缓，且方向上有相似的变动趋势。

根据温总理在 2008 年年初“两会”上发布的消息，2008 年预计 GDP 增长目标为 8%左右，且 CPI 控制在 4.8%以内，那么假设名义 GDP 增长率为 12.8%，那么 2008 年的 GDP 总量预计将达到 278 186.23 亿元。根据社科院研究分析，2008 年固定资产投资增速仍在偏快区间运行，预计 2008 年全社会固定资产投资名义增长率为 23.5%，那么预计固定资产投资总量将达到 169 490.17 亿元。根据十一届全国人大一次会议审查的财政预算报告显示，2008 年全国财政收入预计达到 58 486 亿元。将得到的数据对数化以后，利用回归方程（5）：

$$LEP=-6.209\,697+0.554\,129\cdot LGDP+0.221\,186\cdot LAI+0.455\,438\cdot LPF$$

根据环境保护投资总量与 GDP、财政收入、固定资产投资等宏观积极参数的长期协整关系，研究预测 2008 年预计环保投资将达到 4 447.07 亿元左右。如果按照[–0.3，0.3]之间的误差波动的话，预计环保投资的波动区间在[3 294.47，6 002.91]。但是从近几年来回归估计的残差波动较小，基本上在[–0.1，0.1]之间，那么可以进一步缩小预计的环保投资波动区间为[4 023.87，4 914.77]，似乎更接近经济实际。即若按照长期发展态势、环保投资与宏观经济关系，2008 年全国环保投资预计较大可能将达到 4 447 亿元，一般最低达到 4 023 亿元，最高达到 4 914 亿元。

4 增长率关联性分析

从总量绝对量上对环保投资与各经济指标之间的相关性分析，但是，这并不能全面反映它们之间的关系，虽然它们都有所增长，但是增长的幅度有所不同。本文同时从各指标的环比增长率角度分析它们之间的关系。

4.1 基本数据分析

多年来，年度环保投资增长率处于 7.45%～55.93%，平均年增长 20.13%；增长率最高的是 1991 年，达到 55.93%；增长率最低的是 2006 年，仅为 7.45%，这说明环保投资增长率波动较大。同时，总体来看，1982—1995 年，四指标增长率变动幅度都较大，且差异较大。1995 年以后，环保投资、GDP、固定资产投资和财政收入这四者的增长率都相对平缓，且规律性不明显。多年来环保投资增长率与宏观经济参数增长率的数据如表 5 和图 4 所示。

表 5　环保投资与经济增长率数据比较

年份	环保投资增长率/%	GDP 增长率/%	固定资产投资增长率/%	财政收入增长率/%
1982	14.80	8.83	28.03	3.11
1983	6.97	12.01	16.23	12.75
1984	8.79	20.89	28.17	20.18
1985	45.21	25.08	38.75	22.03
1986	52.37	13.97	22.70	5.85
1987	24.36	17.36	21.51	3.64
1988	8.71	24.75	25.37	7.18
1989	2.60	12.96	−7.22	13.05
1990	6.44	9.86	2.42	10.21
1991	55.93	16.68	23.85	7.23
1992	20.83	23.61	44.43	10.60
1993	30.78	31.24	61.78	24.85
1994	14.27	36.36	30.37	19.99
1995	15.51	26.18	17.47	19.63
1996	15.03	17.08	14.76	18.68
1997	23.10	10.95	8.56	16.78
1998	43.64	6.87	13.89	14.16
1999	14.05	6.25	5.10	15.88
2000	28.85	10.64	10.26	17.05

年份	环保投资增长率/%	GDP 增长率/%	固定资产投资增长率/%	财政收入增长率/%
2001	4.33	10.52	13.05	22.33
2002	23.55	9.74	16.89	15.36
2003	19.05	12.87	27.74	14.87
2004	17.33	17.71	26.83	21.56
2005	25.04	15.00	25.96	19.90
2006	7.45	14.69	23.91	22.47

注：均按调整后当年价格计算。

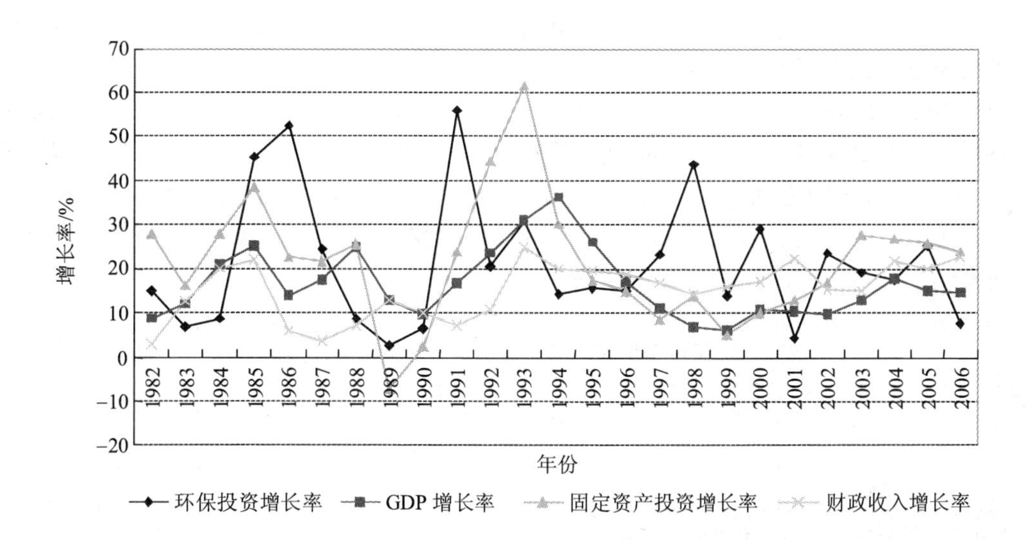

图 4　环保投资增长率和宏观经济指标增长率对比

从环保投资增长率与 GDP 增长率对比发现，环保投资增长率随经济发展的波动性比较大。尽管“六五”、“七五”、“八五”、“九五”各个五年计划内环保投资增长率均高于同期 GDP 的增长率，但 1994 年、1995 年、1996 年、2001 年、2005 年、2006 年均出现了环保投资增长率小于当年 GDP 增长率的情况。另外，环保投资受政策影响较大，经济发展速度相对较快的年份，环保投资增速也相对较高，而经济发展相对较慢的年份，环保投资的增长率也会大幅下降。回顾分析来看，若无经济财政政策和国债发行等政策性因素，可能 1994—1996 年环保投资下滑的趋势可能还会继续较长的一段时间；若无节能减排，2005 年、2006 年环保投资下滑的势头可能还会进一步持续一段时间。

尽管环保投资总体上占固定资产投资比率有所上升，但该比率变化较大，且无规律性，近年来环保投资增长率小于固定资产增长率。如“八五”期间该比率是逐年下降，环保投资占 GDP 比率与其占固定资产投资比率没有直接对应性。2002 年以前，环保投资的增长率均高于固定资产投资增长率，但绝对量增加并不明显。从 2003 年开始，社会固定资产投资的增长率已全面超过环保投资的增长率。在经济快速发展、社会固定资产投资迅速增加的同时，环保投资的增长速度反而相对放慢，尤其考虑到新一轮固定资产投资高峰有不少集中在高耗能、高污染行业，应对目前的环保投资保持一个清醒的认识。多年来环保投资增长速度一直小于固定资产投资增速，且近年来逐年有所降低，说明环保投资长期以来并非固定资产投资的优先领域，环保的欠账有进一步拉大的可能。

1991 年以来，我国财政收入一直保持着稳定的增长，年增长率在 15%～20%。但环保投资的增长率波动较大，财政收入在稳定增长的同时对环保投资的影响较小，这说明环保投资占财政资金的比例相对较小，财政资金的环保投入总体上年际变化不大，并没有发挥主体或主导作用，新增财力向环境保护倾斜尚未实现。

4.2 简单相关性分析

本文选取 GDP 增长率、固定资产投资增长率以及财政收入增长率三项指标，分析环保投资与经济增长之间的关联性。

应用 SPSS 相关性分析，计算结果表明，GDP、财政收入、固定资产投资、工业增加值等各项指标环比增长率大多与环保投资环比增长率微弱相关（与财政收入为弱的低度相关），相关系数分别为–0.12、–0.34、0.16、–0.117，且没有内在的关联性，波动和差异性较大。因此，环保投资增长率 GDP 增长率、财政收入增长率和社会固定资产投资增长率之间密切程度均较差，几乎不存在相关关系。

表 6　环保投资增长率与宏观经济增长率相关性分析

	环保投资增长率/%	GDP 增长率/%	固定资产投资增长率/%	财政收入增长率/%
环保投资增长率/%	1	—	—	—
GDP 增长率/%	0.039 207 716	1	—	—
固定资产投资增长率/%	0.312 226 788	0.668 083 484	1	—
财政收入增长率/%	–0.179 664 115	0.300 894 282	0.203 727 787	1

总体来看，经济的各项指标增长率变化较为平缓，而环保投资增长率年度变化差异较大，锐增或锐减的局面较为普遍，环保投资与经济发展的各项指标存在较弱的相关性，随机性较多、波动较大，环保投资缺乏固定的来源渠道，也没有建立与 GDP、固定资产投资和财政收入等稳定的、有约束的联动机制，难以形成长期、稳定、持续的投资渠道，环保投资受经济发展等外部制约性较大，缺乏环保投资随经济增长而快速增长的内生增长机制，这也就造成环保投资弹性系数演变缺乏一定的规律性。

从绝对量分析来看，环保投资与 GDP、财政收入等宏观经济参数总量之间存在一定的关联性。而从增长率来说，环保投资增长率与宏观经济增长率之间关联性较弱。这说明环保投资总量与宏观经济参数总量之间处于稳步提高的过程，尤其是在积极财政政策和国债政策的一段时期，占环保投资主体的城市环境基础设施与财政收入、GDP、固定资产投资总量关联性强，但是 GDP、财政收入等宏观经济增量并没有向环保投资倾斜，环保投资增长率已经呈现出乏力的态势，这是对未来环保投资十分不利的局面。

4.3 协整分析

设环保投资增长率为 EP，国内生产总值增长率为 GDP，财政收入增长率为 PF，国定资产投资增长率为 AI[①]。在做协整分析之前，可以先对样本数据进行对数化处理，不改变变量特征。那么，对数化后的变量可分别设定为 LEP、LGDP、LAI、LPF[②]。需要进行 ADF 检验和 EG 两步法检验。

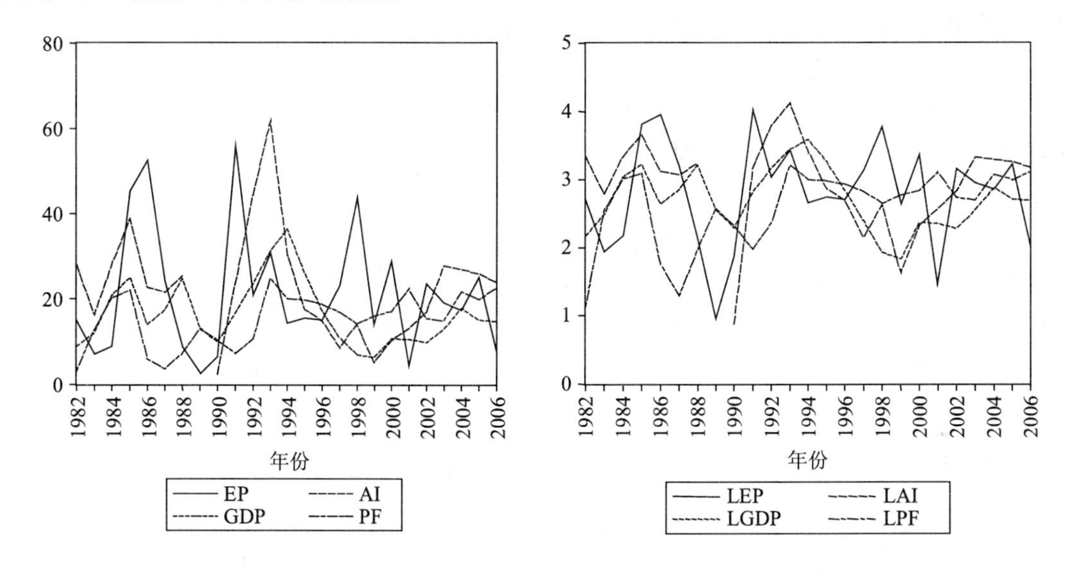

图 5　环保投资增长率和宏观经济增长率及其取对数后的数据

如果一个时间序列的均值或自协方差函数随时间而改变，那这个序列就是非平稳的。序列是否平稳就看序列是否存在单位根，可以通过 ADF 检验来完成。检验结果见表 7。

表 7　环保投资增长率与宏观经济增长率变量 ADF 检验

变量	检验形式（C，T，K）	ADF 检验值（t 统计量）	5%临界值	变量	检验形式（C，T，K）	ADF 检验值（t 统计量）	5%临界值
LEP	（C，0，1）	−3.862 569	−2.996 9	ΔLEP	—	—	—
LGDP	（C，0，1）	−2.955 290	−2.996 9	ΔLGDP	（0，0，1）	−4.696 263	−1.957 4
LAI	（C，0，2）	−2.618 806	−3.040 0	ΔLAI	（0，0，2）	−3.439 628	−1.964 2
LPF	（C，0，1）	−3.126 894	−2.996 9	ΔLPF	—	—	—

注：其中检验形式（C，T，K）分别表示单位根检验方程包括常数项、时间趋势和滞后项的阶数，Δ表示差分算子，检验方程中滞后项阶数采用 AIC 原则来确定。

由表 7 可知，序列 LGDP 和 LAI 的 t 统计量值比显著性水平为 5%的临界值大，所以，两序列都存在单位根，都是非平稳的。然后对序列进行差分，再对序列进行单位根检验，

① 四变量定义的符号与 4.1.2 节相同，但代表的意思不同，本节代表增长率，4.1.2 节代表绝对量。
② 同上。

经一阶差分后，两序列在5%的显著水平下是平稳的，得到LGDP～I（1）、LAI～I（1）。其余LEP和LPF两序列都在5%的显著水平下是平稳的。因此，满足拓展的EG两步法检验变量间是否存在协整关系的必要条件。构造拟合方程：

$$LEP=2.779\,134-0.319\,645\cdot LGDP+0.463\,504\cdot LAI-0.155\,551\cdot LPF \quad (6)$$
$$(-0.753\,621) \qquad (1.661\,454) \qquad (-0.615\,745)$$

发现方程中各估计变量没有通过t-检验，无法进行残差的单位根检验，说明环保投资增长率和GDP增长率、固定资产增长率和财政收入增长之间关联性很差，四者同时不存在协整关系、不存在长期均衡关系。这也再次证实简单相关性的结论。

简化分析过程，由于环保投资增长率和GDP增长率及固定资产投资增长率之间不满足同阶单整，所以环保投资增长率和GDP增长率、环保投资增长率和固定资产投资增长率不存在协整关系。

而环保投资增长率和财政收入增长率满足同阶单整，所以，单独分析环保投资增长率和财政收入增长率之间是否存在长期的均衡关系。一般两个平稳的序列可直接采用经典最小二乘法回归，回归方程能够较好地反映二者之间的关系，且存在长期均衡关系。那么，构造回归方程：

$$LEP=1.021\,515\cdot LPF \quad (7)$$
$$(13.030\,52)$$

对残差序列e进行单位根检验，结果见表8。

表8　环保投资增长率与财政收入增长率序列e的ADF检验结果

统计检验	-4.035 287	1%　临界值	-2.664 9
		5%　临界值	-1.955 9
		10%　临界值	-1.623 1

从表8中可以看出：残差序列是平稳的，再次证实它们之间存在协整关系，结论是必然的。可以建立误差修正模型：

$$ILEP=-0.752\,043\,888\,7\cdot ILPF-0.876\,987\,914\,9\cdot e(-1) \quad (8)$$
$$(-2.786\,718) \qquad (-4.727\,067) \qquad R^2=0.566\,913 \quad D.W.=2.050\,562$$

由此说明，式（7）和式（8）比较真实地反映了环保投资增长率和财政收入增长率之间的短期波动和长期均衡关系。

上文得到的协整检验结果表明，环保投资增长率和财政收入增长率存在长期的均衡关系，但协整关系检验并不能确定二者是否具备统计意义上的因果关系，只能说LEP与LPF之间具备了存在格兰杰因果关系的可能性。这种均衡关系是否构成因果关系还需要进一步验证。验证也可以通过Eviews完成。输出结果见表9。

表 9　环保投资增长率与财政收入增长率协整分析格兰杰因果关系检验

零假设	样本	F-统计量	相伴概率
LPF does not Granger Cause LEP	24	2.855 91	0.105 83
LEP does not Granger Cause LPF		0.497 07	0.488 54

由此可见，对于 LEP 不是 LPF 的格兰杰成因的原假设，拒绝它犯第一类错误的相伴概率约是 0.5，表明 LEP 不是 LPF 的格兰杰成因的概率较大，不能拒绝原假设。反之，对于 LPF 不是 LEP 的格兰杰成因的原假设，拒绝它犯第一类错误的相伴概率约是 0.1，LPF 不是 LEP 的格兰杰成因的概率较小，表明至少在 95%的置信水平下，可以认为 LPF 是 LEP 的格兰杰成因，亦即说明财政收入增长对环保投资存在一定推动作用。

分析来看，环保投资增长率与财政收入增长率之间存在长期均衡关系，财政收入增长对环保投资具有一定的促进作用，但是由于政府投入所占的比例较小，因此对环保投资增长的促进作用并不显著。

因此，从长期数据分析角度来看，环保投资增长率与 GDP 增长率、固定资产投资增长率之间不存在长期均衡的关系。而理论上，环保投资增长率与 GDP 增长率、固定资产投资增长率之间应存在一定的关联性，如何在未来强化这种关联性、构建内生的机制，是环境保护投融资应该首先关注的。

5 弹性系数分析

5.1 环保投资弹性系数内涵

经济学中的弹性是指一个变量变动的百分比相应于另一变量变动的百分比来反映变量之间的变动的敏感程度。弹性的大小可用弹性系数来衡量，弹性系数=y 变动的百分比/x 变动的百分比。弹性系数是一定时期内相互联系的两个经济指标增长速度的比率，它是衡量一个经济变量的增长幅度对另一个经济变量增长幅度的依存关系（孟维华等，2008）。从计算方法上看，弹性系数又有名义弹性和实际弹性之分。名义弹性系数是用相关指标现行价格数值计算得到的速度之比；而实际弹性系数考虑了物价因素，是用不变价格或扣除了物价因素以后计算的速度求得的比率。

对弹性系数的概念予以延伸，环保投资弹性系数被定义为环保投资对经济增长的反应程度（张乔，1987），即环保投资增长率与经济增长率之比，其公式为：$ET=(\Delta EI/EI)/(\Delta Y/Y)\times 100\%$。式中，ET 为环保投资弹性系数，EI 为环保投资，ΔEI 为环保投资增长量，Y 代表 GDP 或其他经济指标，ΔY 代表其增量。按上式计算，ET＝1 表示环保投资与经济同步增长；当 ET＞1 时，表明环保投资增长快于经济增长，并且环保投资参与新增国民收入分配的比重有上升趋势；当 ET＜1 时，表明尽管环保投资绝对量可能增大，但增长速度慢于经济增长速度。

5.2 弹性系数变化

根据环保投资弹性系数概念和计算公式，表 10 是计算出来的 1992—2006 年我国环保投资弹性系数。

表 10　1992—2006 年我国环保投资弹性系数

年份	基于 GDP 的弹性系数	基于固定资产投资的弹性系数	基于财政收入的弹性系数
1992	0.88	0.45	1.97
1993	0.99	0.50	1.24
1994	0.39	0.47	0.71
1995	0.59	0.89	0.79
1996	0.88	1.04	0.80
1997	2.11	2.61	1.38
1998	6.35	3.14	3.08
1999	2.25	2.75	0.88
2000	2.71	2.81	1.69
2001	0.41	0.33	0.19
2002	2.38	1.37	1.51
2003	1.50	0.70	1.30
2004	0.98	0.65	0.81
2005	1.67	0.96	1.26
2006	0.51	0.31	0.33

从图 6 可以看出，“九五”之前，基于 GDP、固定资产投资、财政收入的环保投资弹性系数变动平缓，基本处于[0，2]。“九五”期间出现高峰，1998 年出现峰值。“十五”和“十一五”呈间歇性升降趋势，变动幅度较“九五”减缓，且变动方向趋于一致。

5.2.1 基于 GDP 的弹性系数分析

环保投资增长率小于同年 GDP 增长率的现象普遍存在。1982—2006 年 25 年间，环保投资弹性系数小于 1 的概率为 52%，其中“八五”期间最为明显。回顾分析来看，若无经济财政政策和国债发行等政策性因素，可能 1994－1996 年环保投资下滑的趋势可能还会继续较长的一段时间。若无节能减排，2006 年环保投资下滑的势头可能还会进一步持续一段时间，2007 年应力争实现环保投资下滑的“拐点”。

环保投资弹性系数变化起伏较大。从 1997 年以来，我国环保投资弹性系数（相对于 GDP 增长）基本保持在 1.0 以上（2001 年、2004 年和 2006 年仅为 0.41、0.98 和 0.51）。但从连续数据分析，年际环保投资弹性系数出现先增后减的现象，2006 年仅为 0.51，环保投资增长率波动性比较大，保证环保投入增长幅度高于经济增长速度难度较大。另外，往往在五年计划的起始年度环保投资增长率呈现下降趋势，而在五年计划的最后一年环保投资增长率呈现增长的趋势，这也间接说明环保投资缺乏稳定投入的机制和渠道。

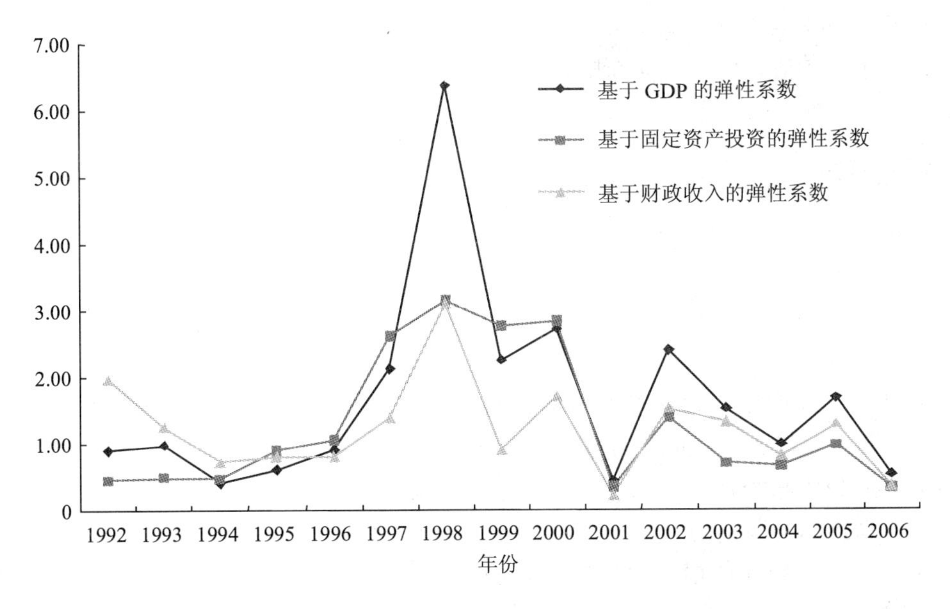

图 6　环保投资弹性系数变化趋势

5.2.2 基于固定资产投资的弹性系数分析

环保投资增长率小于同年固定资产投资增长率的年份占到了统计总数的 56%。1992—1995 年、2001 年、2003—2006 年均出现了环保投资增长率小于当年固定资产投资增长率的情况。“九五”期间，受国家积极财政政策的影响，环保投资增长普遍较快，环保投资增长率大于固定资产投资增长率，这也与加大工业污染源治理和“三同时”投资有很大关系。但“十五”以来，由于固定资产投资保持稳定增长，而环保投资增长率波动比较大，导致了弹性系数一直小于 1。基于固定资产投资的弹性系数逐年下降的趋势表明，固定资产投资增长相对较高，基于目前的经济发展模式和产业结构，必将带来污染物新增量的迅速增加，在环保投资增长缓慢的情况下环境污染治理的压力日趋升高。

5.2.3 基于财政收入的弹性系数分析

时间序列数据表明，1994 年前，财政收入增长相对较慢，基于财政收入的环保投资弹性系数始终高于基于 GDP 和固定资产投资的弹性系数。1994 年实行分税制以后，财政收入增长相对较高，且较为稳定，基于财政收入的环保投资弹性系数始终开始下降，并介于基于 GDP 和固定资产投资的弹性系数之间。环保投资增长率小于财政收入增长率的年份约占 44%，且近年来呈隔年间歇性交替的现象，但整体而言逐年降低。这表明环保投资缺乏固定的投资渠道，难以保障环保投资的稳定增长，环保投资难以随财政收入同步增长。

上述分析表明，近年来环保投资的增长速度整体低于经济、社会固定资产投资、财政收入和工业增加值的增长速度。“九五”以来，环保投资的“五年周期”特征明显，即五年计划的第一年环保投资增长率均有较大程度的下降，而在五年计划的最后一年增幅明显。相对而言，GDP、固定资产投资、财政收入等增长率相对较为稳定。这种差异表明环保投资的随意性较大，缺乏随经济稳定增长的内生增长机制。若这种情况不发生根本转变，环境保护难以做到不欠新账、多还旧账，环境保护的压力还将逐步加大。

6 结论与建议

6.1 结论

研究表明，环保投资和各经济指标之间在总量和增长率上存在着不同的关联性，且环保投资和每个经济指标之间也存在不同的关联性。

（1）环保投资与宏观经济指标整体关联性：从总量上看，环保投资与 GDP、固定资产投资、财政收入之间存在一个长期均衡关系，因为从长期的变动趋势来看，它们的总量都呈上升趋势。但是从增量上来看，它们之间不存在长期均衡关系，环保投资增长率和 GDP 增长率、固定资产投资增长率、财政收入增长率变动趋势差异性很大。单纯从总量上并不能全面描述经济现象，总量分析往往掩盖了增量变动的差异。

（2）环保投资与 GDP 的关联性：从总体上看，虽然环保投资占 GDP 的比重逐年增加，但是波动大，随机性较强，说明环保投资缺乏稳定的经济支撑。从环保投资增长率与 GDP 增长率对比发现，环保投资增长率随经济发展的波动性也比较大，往往在五年计划的起始年度环保投资增长率呈现下降趋势，而在五年计划的最后一年环保投资增长率呈现增长的趋势。环保投资和 GDP 无论从绝对量还是从相对量上都不存在长期均衡关系。工业增加值变化趋势与 GDP 基本一致，环保投资随工业增加值的变化情况与 GDP 相似。另外，环保投资受政策影响较大，经济发展速度相对较快的年份，环保投资增速也相对较高，而经济发展相对较慢的年份，环保投资的增长率也会大幅下降。虽然环保投资总额以及占 GDP 的比例呈上升趋势，但是基于 GDP 的环保投资弹性系数出现先增后降的趋势。“十五”期间的环保投资弹性系数基本在 1.0 左右，与经济发展速度基本持平，但 2006 年环保投资弹性系数下降到了 0.51。这说明环保投资缺乏持续、稳定的资金供给，环保投资难以与较快的经济增长速度相对同步增长，考虑到我国积极的财政政策正在转变，保证环保投入增长幅度高于经济增长速度的难度较大。

（3）环保投资与财政收入关联性：从总体来看，20 世纪八九十年代，虽然环保投资和财政收入在总量上都有所增加，环保投资占财政收入的比例逐年增长，但是增速较慢。主要因为当时经济建设是第一要务，大量财政资金投入到生产建设当中，甚至是高消耗、高污染的行业，没有给予环保投资一定的重视，环保意识较差，这也为将来治理污染带来压力。进入 21 世纪，随着环境恶化，环境治理问题凸显。政府在经济建设的同时，开始着重考虑治理污染。环保投资和财政收入在绝对量上不存在长期均衡关系，但在增长率上却存在长期均衡关系，新增财政收入是环保投资增加的重要潜在渠道。基于我国积极的财政政策的影响，环保投资占财政收入的比重比 20 世纪八九十年代要高，但是增速仍然较慢。说明政府财政没有较大转变，环保投资的重视度还是不够，而且 2005 年、2006 年还出现了下降，这和我国开始向稳健甚至紧缩的财政政策的转变存在很密切的关系。

从增长率上来看，除一些年份外，总体上变动趋势一致。说明从长期角度来看，财政收入的增长必然拉动环保投资的增长，政府在发展经济的同时越来越注重环境效益。而且基于财政收入的环保投资弹性系数小于 1 的情况相对较多，整体而言呈降低趋势。因此，保证环保投资持久稳定快速增长的机制尚未成熟，环保投资存在一定的波动性，且资金缺口尚无法弥补。

（4）环保投资与固定资产投资的相关性：近年来从总量绝对量上看，环保投资占全社会固定资产投资的比例基本保持在 2%～3%，但多年来固定资产投资呈较快的增长趋势，而环保投资增长速度间歇性的高于或低于固定资产投资增速，且近年来有低于固定资产投资增速的趋势，环保投资与固定资产投资之间存在较强的波动性说明环保投资长期以来并非固定资产投资的主流优先领域，环保的欠账有进一步拉大的可能。环保投资和固定资产投资无论从绝对量还是从相对量上也都不存在长期均衡关系。从 2003 年开始，社会固定资产投资的增长率已全面超过环保投资的增长率。在经济快速发展、社会固定资产投资迅速增加的同时，环保投资的增长速度反而相对放慢，尤其考虑到新一轮固定资产投资高峰有不少集中在高耗能、高污染行业，治污压力较大，加大环保投资对于推进污染减排是非常必要的。而且，基于固定资产投资的环保投资弹性系数变动差异性很大，没有规律性，也证实了环保投资和固定资产投资之间不存在长期均衡关系。

综上所述，环保投资和各经济指标在总量上一直保持增长，环保投资与财政收入关联性较大，说明需要进一步加强财政资金的环境保护投入机制。环保投资增长率随经济发展的波动性比较大，往往在五年计划的起始年度呈现下降趋势，而在五年计划的最后一年环保投资增长率呈现增长的趋势。经济的各项指标增长率变化较为平缓，而环保投资增长率年度变化差异较大，环保投资弹性系数变动也较大，锐增或锐减的局面较为普遍，环保投资增长率与经济发展各项指标增长率存在较弱的相关性，随机性较多，环保投资缺乏固定的来源渠道，也没有建立与 GDP、固定资产投资和财政收入等稳定的、有约束的联动机制，难以形成长期、稳定、持续的投资渠道，环保投资受经济发展等外部制约性较大。总体上来说，近年来环保投资的增长速度已经低于经济、社会固定资产投资、财政收入的增长速度，若这种情况不发生根本转变，环境保护难以做到不欠新账、多还旧账，环境保护的压力还将逐步加大。

6.2 建议

上述分析表明，环保投资缺乏机制化、约束化、稳定化的保障渠道，与污染减排、环境改善需求存在差距。依据国家环境保护“十一五”规划目标、任务和重点工程规划，“十一五”环境污染治理投资需求约为 15 300 亿元，约占同期 GDP 的 1.35%（比“十五”提高 0.16%）。2006 年，按统计口径上的环保投资占 GDP 的比例仅为 1.22%，达到“不欠新帐、多还旧帐”的要求存在一定难度。当前，污染减排投资还存在巨大缺口，尤其是政府投入没有到位。需要中央政府落实的 1 500 亿元资金，按照现有渠道仅落实了 350 亿元，国家尚未建立预算内环境保护专项资金，不少地方环境保护“211”财政科目还存在“有渠无水”的统计归集状态，投入渠道的问题尚未解决。基于以上存在的问题，提出几点建议：

（1）明确划分各级政府事权，做到财权与事权相匹配。由于大部分的预算资金以及财政转移支付都集中在国家和省一级，所以合理界定国家、省及以下各级政府的经济社会事务管理责权范围和财政支出责任，防范国家、省级政府财权大于事权，地方政府严重缺乏资金影响环保事业的进行。对于环境保护事权划分，不能孤立地将本级事务理解为本级事权，而应从财税体制及其政府间财政收入划分关系入手，调整事权划分格局，进一步明确划分省及以下各级政府的财政支出责任。完善体制，落实责任，科学界定中央与地方的环境事权，明确中央与地方、地方各级政府之间环境事权划分及其投资范围和责任，构建与财权相匹配的环境事权分配格局，环境事权应更多地根据财权分配进行合理界定。

（2）构建环保投资增长与经济发展的内生增长机制。“211”环境保护科目是建立长期稳定的环保经费增长机制的关键一环。2006 年财政部正式把环境保护纳入政府预算支出科目，表明政府开始重视环保事业发展，并开始致力于绿色经济发展道路。但是环境保护的地位尚未达到与农业、教育、科技等并重的位置上，所以构建环保收支渠道并与GDP、财政收入增长的双联动机制，以确保环保投资增长速度与经济增长率并行，甚至高于经济增长。在建立稳定增长的环保预算经费来源方面，可以采用以下方式：规定当年政府新增财力主要应向环保投资倾斜，促使新增财力更多地用于环境保护，同时为了保证这一经费增长机制的顺利实施，应将这一机制指标化，作为官员政绩考核的指标之一，并配合相应的奖惩制度；建议将增加环保投入作为环保法重要的修改内容，明确政府在环保投入的引导作用，确保最基本的财政投入底线，规定各级财政预算安排的环保资金要不低于同期 GDP 或者财政总收入的增长幅度；结合税费改革，明确财政资金收入中用于环保的支出及比例，如与环境保护相关的资源税、消费税、出口退税等税收中固定一定比例用于环境保护，保障环保投资有渠有水；强化各级财政对环保的预算投入，逐步提高政府预算中环保投资的比重。财政转移支付应加大环境保护的权重，建立健全环境财政转移支付制度；稳定长期建设国债用于环保的支出；建设项目“三同时”中规定一定比例用于污染治理项目投资，对不同行业区别对待并硬性规定。

（3）完善环保投资的优惠政策。尽快实施企业治污设备投资抵免税费并纳入增值税从生产型到消费型转型试点，建立对用于污染治理、节能减排等方面的企业设备允许增值税进项抵扣或者按一定比率实施所得税税额抵免政策。对环保产业和有明显污染削减的技术改造项目免征投资方向调节税。给予治污设施加速折旧以及土地、用电价格优惠。对经营环境公共物品的企业实行税前还贷还债，以鼓励环境基础设施的投资。借鉴国外对企业污染防治实行的延长企业还款期、降低贷款利率和实行税收优惠等政策，完善我国的企业污染防治优惠政策。鼓励环保企业上市，争取在股票市场中形成绿色环保板块。完善收费制度，通过使用者付费吸纳社会资金。

（4）强化环保规划项目资金落地。由于环保投资缺少硬性的来源渠道，在此情况下，环保资金的筹措和落实尤为重要，对于规划的污染治理项目而言，要结合环保目标任务，在规划中应该明确环境治理的投资方向和宏观需求，加强资金的投资来源分析，明确哪些需要政府投入，哪些是要企业投入或可以吸引社会投资的。对于重点工程，要落实工程项目和建设内容，努力使措施到位、投资到位。

绿色核算与统计

- 从绿色 GDP 核算看北京奥运环境的改善
- 中国环境经济核算研究 2006
- 新形势下开展环境审计工作的几点建议
- 关于环境统计制度改革与创新的思考
- 关于 COD 总量减排及核查工作的几点建议

从绿色 GDP 核算看北京奥运环境的改善

The Environmental Improvement of Beijing Olympic Games from the View of Green GDP Accounting

王金南 於 方 赵 越 赵学涛 曹 东 蒋洪强

摘 要 本文主要从绿色 GDP 核算角度出发，对近几年北京环境保护支出和环境改善效益等方面进行了核算比较。核算结果表明，北京市近几年环境保护支出占 GDP 比例远高于全国平均水平，环境污染治理水平较高，北京市环境污染损失占 GDP 的比例也低于全国的平均水平，北京市完全能够兑现“绿色奥运”承诺。

关键词 环境改善 奥运 绿色 GDP 核算

Abstract From the view of green GDP accounting, this paper contrasts the environmental protection expenditure and improvement benefit in recent years of Beijing. The result shows that the proportion of environmental protection expenditure to GDP is higher than the national average and its pollution control level is comparatively high. The proportion of environmental pollution losses to GDP of Beijing is lower than the national average, and Beijing has the ability to implement the promise of green Olympic Games.

Key words Environmental improvement Olympic Games Green GDP Accounting

0 引言

北京奥运举世瞩目。2001 年，北京向全世界做出的“绿色奥运”的庄严承诺，如何兑现也为国际社会各界高度关注。本文主要从绿色 GDP 核算角度出发，对近几年北京环境保护支出和环境改善效益等方面进行了核算比较。核算结果表明，北京市近几年环境保护支出占 GDP 比例全国最高，占同期 GDP 总量的 2.82%，远高于全国平均水平 1.2%；自 2006 年以来北京 GDP 的污染扣减指数全国最低，从 2004 年的 0.71%下降到 2006 年的 0.55%，3 年共下降 22.5%；北京市环境污染损失占 GDP 的比例也低于全国的平均比例，2006 年的环境污染损失占 GDP 比例为 2.41%，低于全国平均水平 0.41%。2007 年北京市环境污染损失占 GDP 的比例 2.09%，比 2006 年下降 13.4%。预计 2008 年北京市环境污染经济损失占 GDP 的比例在 2%左右，比 2007 年下降 0.09 个百分点。核算证明，北京市通过在城市建设、环境保护等方面所做的大量积极而有效的工作，北京的“蓝天”从1998年的100天增加到2007年的246天，全市林木绿化率也超过了51.6%，北京市完全能够兑现“绿色奥运”承诺。

1 近7年北京环境保护的成绩

1.1 北京承诺绿色奥运

2001年7月北京市代表我国申奥成功，并向全世界做出了庄严的“绿色奥运”承诺，承诺在2007年之前将投资122亿美元，完成20项治理环境的重大工程。到2008年，北京将为运动员提供一个清洁的环境，奥运会期间北京的空气质量将达到国家标准和世界卫生组织指导值，这项承诺意味着北京市在未来7年中在环境质量改善方面必须承担巨大责任。

事实上，北京市对于环境保护工作的承诺从准备申奥的1998年就已经启动。为了确保绿色奥运承诺的实现，推动经济增长方式向循环经济模式的转变，北京市自1998年正式提出申办奥运以来，对环境保护和污染治理工作极为重视，近7年在环保方面已经累计投入1 220.5亿元，用于防治烟煤型污染、机动车污染、工业污染、扬尘污染、生态保护和建设等方面，连续实施了14个阶段、200多项治理措施，空气质量连续9年得到改善。北京的“蓝天”从1998年的100天增加到2007年的246天，全市林木绿化率也超过了51.6%。同时根据预案，奥运会期间，北京一旦出现极端不利的气象条件，更为严格的临时措施将发挥作用。预计，北京市2008年的“蓝天”将会超过256天。

1.2 八项环保措施兑现绿色奥运承诺

自2001年申奥成功以来，北京市在城市建设、环境保护等方面做了大量积极而有效的工作，通过建设城市、平原、山区三道绿色屏障、强制治理搬迁污染企业、发展清洁能源、大力兴建城市污水处理厂等工程和措施，有效地改善了城市环境质量，全面促进了城市经济、社会和环境的协调发展。具体来看，北京市通过采取八项环境保护措施保证了“绿色奥运”承诺的成功兑现。

1.2.1 京津风沙源治理工程建立北京绿色生态屏障

通过实施京津风沙源治理工程和强化对西部地区生态的治理，建立北京绿色生态屏障，改善和优化北京及其周边地区的生态状况，减轻风沙危害。据监测，近5年京津工程区流动沙地减少3.9万hm^2，半固定沙地减少11.6万hm^2，地表起沙得到有效遏制。据全国第三次荒漠化监测表明，工程区固定沙地增加79.3万hm^2，沙化耕地减少53.4万hm^2，林地面积增加46.8万hm^2，草地面积增加32.5万hm^2，治理水土流失面积59.4万hm^2。京津地区防护林体系已初步形成，沙化程度明显减轻。截至2006年年底，北京林地总面积为105.4万hm^2，林木覆盖率达到51%，基本形成了城市、平原、山区三道生态屏障。

1.2.2 大气污染综合防治有效增加北京蓝天数量

改善城市大气环境，始终是北京市政府关注的重点。1998—2007 年，北京市有针对性地实施了 14 个阶段的 200 多项环境保护措施，采取多种手段对工业、居民生活、交通、建筑扬尘 4 个主要大气污染源进行综合整治，使城市大气环境质量逐年提高。

在工业污染源治理方面，治理和搬迁了 197 个污染严重、群众反映强烈的企业；强制要求电厂安装脱硫设施，至 2007 年国华、京能、高井、华能四大燃煤电厂脱硫设施全部投入运行，北京京能热电公司、大唐北京高井热电厂、华能北京热电公司、国华北京热电分公司在全国率先完成高效脱硫除尘治理工程的基础上，又建设并投入运行了脱硝治理工程，污染物排放达到世界先进水平；同时，严格执行环境准入制度，对不符合环保要求的开发区实施“区域限批”、控制污染“增量”，关停 24 家铸造、化工、造纸、水泥、印染等企业。

在居民生活污染源方面，北京市针对平房区冬季采暖造成的低空污染，进行燃煤锅炉改造，北京市在东城区和西城区开展了电采暖示范工程。到 2007 年北京市实施第十三阶段控制大气污染措施，全年完成 1 105 台 20 t 以下燃煤锅炉改造治理，累积中心区 1.6 万多台 20 t 以下燃煤锅炉全部完成改造治理。

在交通污染源方面，北京市在大力发展公共交通、加强交通设施建设的同时，不断严格机动车排放标准，2005 年开始实行国Ⅲ标准，并于 2008 年 3 月提前执行国Ⅳ机动车排放标准，同时全面供应国Ⅳ标准燃油；陆续淘汰老旧出租车和公交车，2006 年有 3 759 辆天然气公交车投入运营。

在建筑工地和道路扬尘方面，北京市连续出台了一系列加强对裸露地面、施工工地和道路扬尘的监督管理，制定了施工工地环境保护标准，加强城市绿化，控制扬尘污染。

此外，针对周边省市的污染物将会影响北京空气质量的现实情况，北京与河北、天津、山西、内蒙古、山东六省区市，共同制定了奥运会空气质量保障措施，联手打造“蓝天工程”，保障北京的空气质量。

1.2.3 降低能耗、优化能源结构全面诠释绿色奥运理念

以节能减排和实现“绿色奥运”主题为工作主线，北京市政府出台了一系列节能规划、计划、发展纲要和清洁能源利用补贴政策。如表 1 所示，通过近十年的努力，北京市的万元 GDP 能耗显著降低，2006 年比 1998 年降低 32.0%，比全国平均值高出 22 个百分点。从能源消费结构来看，北京市重视对清洁、环保、可再生能源使用，随着“绿色奥运”主题的提出，北京市明显加快了利用清洁能源的步伐，2006 年北京天然气供应量达到 38 亿 m^3，在终端能源消费中，优质能源比重达到 78%。能源结构的优化在一定程度上缓解了北京市的能源危机。

在奥运场馆建设中，也处处体现了节能和清洁能源理念。新建场馆在采光、照明、采暖等方面都充分考虑使用节能产品，并积极利用自然采光、通风技术、地热、太阳能和风能等绿色能源技术，使北京奥运场馆的绿色能源提供比例高达 26%以上，北京奥运场馆成为世界上利用太阳能发电量最多的建筑群之一，太阳能发电系统在国家体育馆等 7 个奥运场馆中得到应用，年发电量达 58 万 kW·h，相当于北京市近万人口一年的生活消

费用电量，仅此一项就可减少 CO_2 排放量 570 t。除了北京，作为奥运会分赛区的青岛、天津、秦皇岛等城市在推进建设“绿色奥运”的过程中也注重细节。青岛奥帆中心建立了全国第一个海水源热泵应用示范工程，采用了太阳能热水系统、风能和太阳能路灯、中水回用系统等先进的绿色环保技术。清洁能源在奥运场馆的全面应用也极大地提高了公众对清洁能源的认知程度。

表1 1998—2006 年北京市和全国的万元 GDP 能源消耗

年份	GDP 能耗（标煤）/（t/万元）		万元 GDP 能耗减率/%	
	北京	全国	北京	全国
1998	1.60	1.57	6.94	12.39
1999	1.46	1.49	8.11	6.32
2000	1.31	1.40	5.40	4.74
2001	1.14	1.31	9.44	4.79
2002	1.02	1.26	6.31	2.90
2003	0.93	1.29	5.93	–4.56
2004	0.85	1.27	3.19	–5.21
2005	0.80	1.22	4.06	–0.11
2006	0.75	1.17	5.49	1.35

注：北京市万元 GDP 能耗数据来自《北京市统计年鉴 2007》，全国万元 GDP 能耗根据《中国统计年鉴 2007》数据按现价计算，减率按可比价格计算（以 1978 年为 100）。

1.2.4 城市污水综合整治工程保障碧水环绕京城

为保证城市生活供水安全，北京市进一步加强了密云、怀柔水库的水源保护，整治水库周边环境，建立防护网，拆除违章建筑，取缔库区网箱养鱼，保证了水资源清洁。在城市污水处理方面，北京市加强了城市污水处理厂建设和市区河道清理工作，加快城市污水管网和处理系统建设，到 2007 年城八区和郊区污水处理率分别达到 92%和 47%，同时开展大规模的城市河湖水系综合整治工作，六环路以内市属城市河湖治理基本完成，部分河道实现了“水清、流畅、岸绿”的目标。推动工业企业水污染防治，基本实现了工业污水达标排放。开展水源地保护和执法检查，新建 20 条清洁小流域，同时加大河湖水质巡查和汛期水环境监管力度。

北京市在再生水利用方面走在全国前列，2007 年全年利用再生水量 4.8 亿 m^3，其中城市河湖环境用再生水达 1 亿 m^3，目前再生水正在取代清洁水源成为工业用水的主要水源。城市的园林绿化、道路降尘、洗车、冲厕的再生水利用率大幅增加，2007 年北京市已成为全国再生水利用率最高的城市。

在奥运工程的环境污染防治方面，北京市要求所有涉及奥运的工程建设必须执行环境影响评价，并且把防治污染工程的设计与主体工程设计融为一体，所有场馆都要求使用节水型器具，中水回用、屋顶收集雨水等措施得到了广泛应用，实现了水资源的有效节约和保护。

1.2.5 强化噪声废物管理打造北京城区新面貌

针对群众对噪声扰民反映突出的情况，北京市政府颁布了《北京市环境噪声污染防治办法》，进一步明确了各有关部门监管职责和各类噪声污染防治要求。针对交通噪声问题，在五环路44个噪声敏感点实施了降噪工程，京承路二期工程穿越村庄路段安装了隔声屏障，在四环路看丹桥至科丰桥段铺筑了1.8 km沥青混凝土低噪声路面，首都机场扩建飞机噪声污染搬迁治理工程也正在推进之中。同时，各有关部门加大了对建筑施工和社会生活噪声污染的查处力度，妥善解决了市民的噪声投诉。

针对固体废弃物，北京市积极推行垃圾分类和垃圾综合处理厂的建设，完善生活垃圾处置设施，到2007年城八区生活垃圾和无害化处理率分别达到99.87%和76.48%。高安屯和南宫医疗废物集中处置设施已投入使用，北京水泥厂危险废物焚烧改造工程也已完成。北京危险废物集中处置中心已开工建设，工程完工后，危险废物贮存、处理处置行为将得到有效规范，700余家企业的1.8万t危险废物将得到安全转移。

1.2.6 重视城市绿化工作展现“绿色”北京

2001年北京申办奥运会时承诺了7项绿化指标，到2007年，北京当初承诺的奥运绿化的7项指标全部兑现：全市的林木绿化率达到了51.6%；山区林木绿化率达到了70.49%；“五河十路”两侧建成了2.5万 hm^2 的绿化带；城市绿化隔离地区建成1.26万 hm^2 林木绿地；三道绿色生态屏障基本形成；城市中心区绿化覆盖率达到43%；自然保护区面积达到了全市国土面积的8.18%。

2001—2007年，北京新增城市绿地1万 hm^2，树木2 271万株，草坪4 653万 m^2，大大改善了市区的生态环境，实现每年固定 CO_2 21.1万t。城市增添了绿色，市民增加了氧吧。

1.2.7 加强环境执法监督、重视公众宣传教育保证环保措施成效

环境质量的改善离不开严格的环境监管，为监督检查各项奥运环保措施落实情况，北京市加强了环境执法监察体系建设以及环境安全监管。北京市环保局在加强污染减排工作督促检查的同时，还在北京市政府的积极协调下，与其他相关部门联合，按重点、分专项，集中人员、时间和力量，加强对燃煤、机动车、工业和扬尘等污染源的监管工作；对于重点地区空气质量管理工作，建立了重点地区污染源台账和每日巡检制度，并按要求将重点地区污染源标在图上，达到了奥运期间对重点地区全天候巡查、及时发现问题并迅速解决的要求。

加强“绿色奥运”宣传活动，公众积极参与环保活动也是保证环保成效显著的重要手段。为支持绿色奥运，北京市奥组委通过学校教育、专业培训、知识讲座、经验交流等多种形式，普及环境政策及相关知识，极大地提高了公众的环保意识。主要活动包括：与在京的民间环保组织开展活动，交流开展环境宣传教育工作的经验；在北京奥组委官方网站绿色奥运频道开展了绿色奥运网络有奖答题活动，为广大关注“绿色奥运”的公众提供一次参与绿色奥运和了解绿色奥运的机会；参与各高校学生环保社团开展的绿色学校、保护野生动物等活动；此外，有关单位和组织也举办了“绿色奥运我参与”中英双语演讲比赛等环保宣传活动，使更多的公众积极参与到保护环境、节约资源、办好绿色奥运中来。

1.2.8 加大新农村建设力度全力服务奥运

北京市在探索新农村建设的途径上，坚持从实际出发，认真贯彻落实“生活发展，生活宽裕，乡村文明，村容整洁，管理民主”的20字方针，主要从突出重点，培育产业；转变

增长方式，发展农村二、三产业；把握难点，调动主体积极性等三个方面进行了探索与实践。

在奥运来临之际，北京新农村建设还增加了全力服务奥运的主题。按照“绿色奥运”要求，北京市加大了农村生态环境改善力度，全面加强村庄环境整治，完成 200 个村庄基础设施“五项工程”建设，硬化街坊路 100 万 m^2，完成 70 万农民安全饮水工程，新建无害化户厕 10 万个，改造乡村公路 200 km，开通农村客运线路 25 条，实现“村村通公交”，确保全部行政村实现“干净、整洁、路畅、村绿、建制”的目标，让农民享受到和城里人一样的便捷、舒适和高品质生活，实现城乡一体化发展。

在新农村建设中，不仅为农民创造了更好的生产、生活条件，着力营造经济发展、社会祥和的良好局面，还以服务于举办一届有特色、高水平的奥运会、残奥会为宗旨，在农村地区推广使用清洁能源和新能源，加大农村污水和垃圾整治力度，搞好村容村貌，提高农民文化素质，向五湖四海的来京宾客，向全世界展示北京新农村繁荣、文明、和谐、宜居的新风貌。

1.3 环境保护投资到位保障绿色奥运

根据北京市 2001—2007 年的环境状况公报，7 年来，北京市环境保护投资（包括城市环境基础设施建设、污染源治理、污染治理设施运行费用、环境管理能力建设）总额达 1 220.5 亿元，占同期 GDP 总量的 2.82%，从表 2 可以看出，这一比例远远高于同期全国环保投资占全国 GDP 的比例 1.20%；其中，2001 年、2002 年以及 2006 年环保投资占 GDP 的比例超过了 3%。根据发达国家的经验，一个国家或地区在经济高速增长时期，环保投入要在一定时间内持续稳定达到国民生产总值的 1%～1.5%，才能有效地控制住污染；达到 3.0%才能使环境质量得到明显改善。因此，从环保投资占 GDP 比例的角度来看，北京市的环境保护投入已经为北京市环境质量的根本好转奠定了坚实的经济基础。由于北京市的环保投资基数较大，因此，7 年中北京市环保投资的年均增长率小于全国环保投资的平均增长率。

表 2　2001—2007 年北京市和全国的环保投资

年份	北京			全国		
	环保投资额/亿元	GDP/亿元	占 GDP 比例/%	环保投资额/亿元	GDP/亿元	占 GDP 比例/%
2001	121.4	3 710.5	3.27	1 106.6	109 655.2	1.01
2002	134.2	4 330.4	3.10	1 363.4	120 332.7	1.13
2003	146.0	5 023.8	2.91	1 627.3	135 822.8	1.20
2004	141.0	6 060.3	2.33	1 909.8	159 878.3	1.19
2005	179.3	6 886.3	2.60	2 388.0	183 867.9	1.30
2006	250.4	7 870.3	3.18	2 566.0	210 871.0	1.22
2007	248.2	9 353.3	2.65	2 900.0*	246 619.0	1.18
合计	1 220.5	43 234.9	2.82	13 861.1	1 167 046.9	1.19
2001—2007 年增长率/%	104.4	152.1	—	162.1	124.9	—
年均增长率/%	14.9	21.7	—	23.2	17.8	—

注：* 2007 年全国环保投资数据尚未公布，表中数据为笔者估计数值，请勿引用。

数据来源：2001—2007 年《北京市环境状况公报》，2001—2007 年《中国环境统计年报》《中国统计年鉴 2007》，北京市统计局。

1.4 环境质量改善实现绿色奥运

从环境改善的效果看，据《2007 年北京市环境状况公报》，2007 年北京市空气质量二级和好于二级天数达 246 天，占全年天数 67.4%。空气中 SO_2、CO、NO_2、可吸入颗粒的年质量浓度值分别为 0.047 mg/m^3、2.0 mg/m^3、0.066 mg/m^3 和 0.148 mg/m^3。与 1998 年相比，全年空气质量二级和好于二级的天数增加 146 天，大气环境中的 SO_2、CO、NO_2 和可吸入颗粒物年均质量浓度分别下降了 60.8%、39.4%、10.8%和 17.8%，其中，前三项污染物年均质量浓度已经达到国家标准，可吸入颗粒物年均值虽未达标，但也有较大幅度下降。表 3 为 1998—2007 年北京市主要空气污染物的年均质量浓度。

表 3　1998—2007 年北京市主要空气污染物年均质量浓度　　单位：mg/m^3

年份	SO_2	NO_x	NO_2	TSP	PM_{10}
1998	0.120	0.152	—	0.378	—
1999	0.080	0.140	—	0.364	—
2000	0.071	0.126	—	0.353	—
2001	0.064	—	0.071	—	0.165
2002	0.068	—	0.076	—	0.166
2003	0.061	—	0.072	—	0.141
2004	0.055	—	0.071	—	0.149
2005	0.050	—	0.066	—	0.141
2006	0.052	—	0.066	—	0.161
2007	0.047	—	0.066	—	0.148

注：2001 年后空气污染物监测指标有所调整。

数据来源：1998—2007 年《中国环境统计年鉴》。

表 4 为 2001—2007 年北京市河流、湖泊和水库达标百分比，从表中数据可以看出，通过水污染综合整治工程，到 2007 年北京市的河流、湖泊和水库达标百分比分别比 2001 年提高 28.1%、59.1%和 31.3%，水环境质量得到极大改善。

表 4　2001—2007 年北京市河流、湖泊、水库达标百分比

指标	2001 年	2002 年	2003 年	2004 年	2005 年	2006 年	2007 年
河流达标河段长度百分比/%	39.8	36.4	42.2	45.2	45.3	47.0	51.0
湖泊达标水面面积百分比*/%	49.9	49.3	48.4	35.2	35.7	40.8	79.4
水库达标库容百分比/%	67.4	66.9	67.2	67.2	66.1	88	88.5

注：＊2005—2007 年统计指标为湖泊达标水面面积比例，2001—2004 年对应的统计指标为达标湖泊容量占实测容量比例。

数据来源：2001—2007 年《北京市环境状况公报》。

依据《生态环境状况评价技术规范（试行）》对北京市 2007 年的生态环境状况进行评价，结果显示，2007 年生态环境指数（EI）为 64.7，生态环境质量级别为良。同时，联合国环境规划署发布的《北京奥运会环境审查报告》也充分肯定了北京市在环境保护

方面所作的努力，该报告认为，尽管北京和整个中国仍面临许多挑战，但是申奥所做出的环境承诺已经付诸实施。

2 从GDP污染扣减指数看环保工程

2.1 GDP污染扣减指数的含义

根据胡锦涛总书记“要研究绿色国民经济核算方法，探索将发展过程中的资源消耗、环境损失和环境效益纳入经济发展水平的评价体系”的指示，原国家环保总局和国家统计局2004年联合开展了《综合环境与经济核算体系（绿色GDP核算）研究》项目以及全国10省市的绿色国民经济核算和污染损失评估调查试点工作，并于2006年完成了国家和10个试点省市2004年基于环境污染的绿色国民经济核算。此后，国家项目组继续开展了环境主题的绿色国民经济核算，以2004年国家层面和试点省市开展绿色国民经济核算所建立的技术方法体系为基础，进一步扩大核算范围，完善核算方法，完成了2005年和2006年经环境污染因素调整的GDP核算。由于历史原因，本项工作初始称之为绿色国民经济核算研究，为了突出环保部门的工作重点，从2006年起我们正式将此项研究工作更名为环境经济核算研究。

根据我国的环境经济核算框架，近期核算内容包括三部分：①环境污染实物量核算。运用实物单位建立不同层次的实物量账户，描述与经济活动对应的各类污染物的产生量、去除量（处理量）、排放量等，具体分为水污染、大气污染和固体废物实物量核算。②环境污染价值量核算。在环境污染实物量核算的基础上，运用治理成本法和污染损失法两种方法估算各种污染排放造成的环境退化价值，运用这两种方法得到的核算结果分别称为虚拟治理成本和环境退化成本。③经环境污染调整的GDP核算，核算体系中将虚拟治理成本占传统GDP的百分比定义为GDP污染扣减指数。

虚拟治理成本是指目前排放到环境中的污染物按照现行的治理技术和水平全部治理所需要的支出。治理成本法核算虚拟治理成本的思路是：假设所有污染物都得到治理，则当年的环境退化不会发生；从数值上看，虚拟治理成本可以认为是环境退化价值的一种下限核算。GDP污染扣减指数表示了虚拟的、排放到环境中没有得到治理的污染治理支出占GDP的比例。因此，污染扣减指数越低，就表示实际发生的环保设施运行支出越高，未治理的污染物越少，虚拟治理成本越低。反之，则表示实际发生的环保设施运行支出越低，未治理的污染物越多，虚拟治理成本越高。

2.2 北京市GDP污染扣减指数逐年降低

环境经济核算研究中心从2004年开始进行环境经济核算，到目前为止共完成2004—2006年3年的核算，具体核算结果见表5。其中，与2004年相比，2005年和2006年的环境污染实物量与虚拟治理成本核算增加了一项内容，即交通运输的污染物实物量核算和虚拟治理成本核算。因此，为了对北京市近 3 年的污染扣减指数进行比较，笔者对北京市 2004 年的交通运输虚拟治理成本进行了补充计算，表 5 中同时列出了 2004 年的两个核算结果，其中，调整前为 2006 年原国家环保总局和国家统计局联合发布的《中国绿色国民经济核算研究 2004（公众版）》中的数据，调整后为加入交通运输虚拟治理成本后的核算结果。从表中数据可以看出，北京市近 3 年的污染扣减指数逐年下降，其中，2006 年比 2005 年下降 10.6%，高于全国污染扣减指数的下降幅度 4.8%。

表 5　2004—2006 年北京市和全国的虚拟治理成本与污染扣减指数

年份		北京			全国		
		虚拟治理成本/亿元	调整前的地区生产总值/亿元	污染扣减指数/%	虚拟治理成本/亿元	调整前的国内生产总值/亿元	污染扣减指数/%
2004*	调整前	25.9	6 060.3	0.43	2 874.4	159 878.0	1.8
	调整后	43.2	6 060.3	0.71	—	—	—
2005		42.6	6 886.3	0.62	3 843.7	183 084.8	2.1
2006		42.9	7 870.3	0.55	4 112.6	210 871.0	2.0

注：* 调整前为 2006 年原国家环保总局和国家统计局联合发布的《中国绿色国民经济核算研究 2004（公众版）》中的数据，调整后为加入交通运输虚拟治理成本后的核算结果。本文仅加入北京市调整后的核算结果，未对全国的核算结果进行调整。

2.3 北京市污染治理水平居全国前列

根据表 6、表 7 和表 8 中近 3 年的环境统计数据和环境污染实物量核算数据，可以看出，北京市的工业污染和城镇生活污染治理水平都明显高于全国平均水平。其中，北京市的工业废水排放达标率接近 100%，比全国平均高约 9%；2006 年工业 COD 去除率达到 80.8%，比全国平均水平高 13.8%；在近 3 年中，SO_2 去除率增长 103.7%，提高速度高于全国平均水平 28.4%；在城镇生活污水治理方面，2006 年北京市的城镇生活污水处理率已经达到 89.3%，比全国平均水平高出 45.5%，3 年中提高近 50%，其中生活污水再利用率更是高达 37.9%，是全国平均水平的 8 倍；同时，城镇生活垃圾处理率也位居全国首位，到 2006 年城镇生活垃圾处理率达到 87.6%，而且全部是无害化处理，这在全国也是绝无仅有的。

表 6　2004—2006 年北京市和全国的工业废水处理水平

年份	北京					全国				
	排放达标率/%	污染物去除率/%				排放达标率/%	污染物去除率/%			
		氰化物	COD	石油	氨氮		氰化物	COD	石油	氨氮
2004	98.6	99.4	75.9	94.7	41.8	90.7	96.3	67.2	92.3	52.5
2005	98.6	99.0	74.3	95.2	49.6	91.2	96.8	66.2	92.1	47.9
2006	99.3	99.8	80.8	96.2	76.0	90.7	97.2	67.0	94.0	56.6

注：表中数据根据 2004—2006 年《中国环境统计年报》数据整理获得。

表 7　2004—2006 年北京市和全国的工业废气和工业固废处理水平

年份	北京				全国			
	工业废气污染物去除率/%			工业固废处置利用率/%	工业废气污染物去除率/%			工业固废处置利用率/%
	SO_2	烟尘	工业粉尘		SO_2	烟尘	工业粉尘	
2004	19.6	98.6	97.2	91.5	29.1	95.3	90.4	76.9
2005	29.4	99.3	97.5	85.5	32.2	95.6	87.6	79.6
2006	39.9	99.4	98.5	95.4	37.3	96.5	90.0	84.3

注：表中数据根据 2004—2006 年《中国环境统计年鉴》数据整理获得。

表 8　2004—2006 年北京市和全国的城镇生活污水和垃圾处理水平

年份	北京				全国			
	城镇污水		生活垃圾		城镇污水		生活垃圾	
	处理率/%	再利用率/%	处理率/%	无害化处理率/%	处理率/%	再利用率/%	处理率/%	无害化处理率/%
2004	60.0	17.0	80.0	80.0	32.3	10.2	65.3	42.0
2005	73.1	37.0	80.9	80.9	37.4	10.5	67.4	43.3
2006	89.3	37.9	87.6	87.6	43.8	4.7	58.2	41.8

注：表中城镇污水处理率根据 2004—2006 年《中国环境统计年报》数据整理获得，城镇污水再利用率根据 2004—2006 年《中国城市建设统计年报》数据整理获得，城镇生活垃圾相关数据来自 2004—2006 年环境经济核算结果。

从表征污染治理水平的各项指标来看，就不难得出北京市污染扣减指数必然处于全国较低水平的结论。2004—2005 年的环境经济核算结论表明，北京市在全国 31 个省市中，污染扣减指数处于倒数第二位，并且与倒数第一位（最好的）省市的差距正在不断缩小，预计 2007 年位于污染扣减指数的倒数第一位。

3 从环境污染损失看环境质量的改善

环境经济核算的一项重要内容是估算污染排放到环境造成的经济损失，基于环境损害的污染损失评价方法是借助一定的技术手段和污染损失调查，计算环境污染带来的种种损害，如对农产品产量和人体健康等的影响，然后通过一定的定价技术将污染损害实物量转化为货币量，进行污染经济损失的评估。目前定价方法主要有人力资本法、旅行费用法、支付意愿法等。与治理成本法相比，基于损害的估价方法（污染损失法）更具合理性，体现了污染带来的真实危害，但由于涉及参数较多，环境污染经济损失的评价也具有一定的不确定性。

核算研究表明，2006 年全国环境污染损失占 GDP 的比例为 2.82%，北京市的环境污染损失占 GDP 比例为 2.41%，比全国平均水平低 0.41 个百分点。通过进一步分析可以得出以下两点结论：

3.1 环境污染损失随 GDP 的增加而增加

由于目前环境污染损失的评价主要采用了基于 GDP 的人力资本法以及市场价值法，因此，北京市环境污染损失绝对量的变化幅度基本与 GDP 的变化同步，2004—2007 年，环境污染经济损失的绝对量增加 54.7%，比同期 GDP 增幅高 0.4 个百分点。

3.2 环境污染损失占 GDP 的比例从 2007 年开始出现下降趋势

大气污染是北京市的首要污染问题，2004—2007 年的环境污染损失估算结果表明大气污染造成的经济损失占总环境污染经济损失的 80%以上。因此，改善大气环境质量对于降低北京市环境污染经济损失、提高人民健康水平至关重要。在目前的核算体系中，大气污染的健康损失评价采用的污染因子为 PM_{10}，虽然近年来北京市的蓝天数量在不断增加，但 PM_{10} 浓度的下降幅度却不如 SO_2 明显。其中，2006 年还出现较大幅度的反弹，其主要原因是颗粒物的污染源比较复杂，由于近年来北京市机动车数辆增长较快、施工工地多等综合因素，导致 PM_{10} 浓度下降难度大。但总体来看，北京市颗粒物浓度还是呈下降趋势，其中，2007 年 PM_{10} 浓度比 2004 年下降 8.6%，环境污染占 GDP 的比例在 2007 年也出现大幅下降 13.4%。4 年中随着大气和水环境质量的改善，环境污染经济损失占 GDP 的比例共下降 4.1%。

4 结论和建议

4.1 北京市环境质量明显改善，绿色奥运承诺付诸实施

北京市自 1998 年正式提出申办奥运以来，对环境保护和污染治理工作极为重视，在环保方面累计投入 1 200 亿元，用于防治烟煤型污染、机动车污染、工业污染、扬尘污染、生态保护和建设等方面，连续实施了 14 个阶段、200 多项治理措施，空气质量连续 9 年得到改善。北京的“蓝天”从 1998 年的 100 天增加到 2007 年的 246 天，全市林木绿化率也超过了 51.6%。联合国环境规划署发布的《北京奥运会环境审查报告》充分肯定了北京市在环境保护方面所作的努力，该报告认为，尽管北京和整个中国仍面临许多挑战，但是申奥所做出的环境承诺已经付诸实施。

4.2 北京市环保投资到位，污染扣减指数连续下降

在 2001—2007 年 7 年间，北京市环境保护投资总额达 1 220.5 亿元，占同期 GDP 总量的 2.82%，远高于全国平均水平 1.2%，环保投资到位是北京市污染治理水平提高、环境质量改善的重要前提。根据统计和核算数据，北京市在工业污染、城镇生活污染防治

等方面都处于全国先进水平，其中，城镇生活污水处理率、再利用率以及垃圾无害化处理率都位居全国第一。从表征污染治理水平和环保治理运行支出的污染扣减指数指标来看，该指标从2004年的0.71%下降到2006年的0.55%，3年共下降22.5%。

4.3 环境质量改善效益显现，2008年污染损失占GDP比例将继续下降

总体来看，由于目前环境污染损失的评价主要采用了基于GDP的人力资本法以及市场价值法，因此，环境污染经济损失的绝对量基本随GDP的提高而提高，观察环境质量改善的效益，用环境污染损失占GDP的相对比例更加客观。2006年全国环境污染损失占GDP的比例为2.82%，北京市的环境污染损失占GDP比例为2.41%，低于全国平均水平0.41个百分点。从这一指标来看，2007年环境污染损失占GDP的比例比上年下降13.4%，比2004年下降4.1%，因此，北京市环境质量改善的累积效益已经在2007年得以显现。

在2007年“北京好运”测试赛期间，北京采用了机动车单双号限行措施，该措施对改善空气质量的作用十分明显，据中国环境监测总站等3家单位的监测结果，在此期间北京市PM_{10}浓度下降10%～15%。2008年北京市还将通过实施“5655”环境治理工程，即5项煤烟型污染治理工程、6项机动车污染治理工程、5项污染企业治理改造工程和5项措施控制扬尘污染，进一步改善空气质量，因此，预计2008年北京市年均PM_{10}浓度将比2007年下降8%左右，由此带来的健康效益为3.8亿（人力资本法）～26.5亿元（支付意愿）。根据北京市市政府2008年国民经济和社会发展计划以及相关机构的研究结果，预计北京市2008年GDP增长率约为12%，即总GDP约达到10 500亿元计算，据此估计2008年北京市环境污染经济损失占GDP的比例将比2007年下降4.0%～4.5%。

4.4 采取综合措施有效降低颗粒物浓度，保障人民健康利益

环境污染造成的危害中，健康危害是最值得关注的，对于北京市这样颗粒物浓度仍然较高、居住人口密集的特大型城市来说，大气环境质量改善带来的健康效益尤为显著。根据大气健康效应的测算模型，空气质量改善的健康效应主要体现在低浓度区域，即PM_{10}浓度从目前的水平降到国家环境空气质量II级标准，所避免的因空气污染诱发的疾病或死亡数量要远远低于PM_{10}浓度从国家环境空气质量II级标准降到I级标准所避免的疾病或死亡数量。因此，北京市大气污染治理的任务仍然非常艰巨。

北京市的污染治理重点是大气污染，在采取京津风沙源治理工程、电厂脱硫、燃煤锅炉改造等有效措施，北京市沙尘暴次数和SO_2浓度出现大幅下降以后，在继续加强风沙治理、电厂脱硫和脱氮工程项目的同时，北京市的大气污染治理重点将逐步向细微颗粒物的治理转移。由于城市细微颗粒物的来源复杂，其治理难度要远大于SO_2，北京市近几年PM_{10}浓度难以有效下降的主要原因就是汽车尾气等新型污染源的治理难度大。同时，北京市第三产业GDP已经占到北京市GDP的72%，经济转型已经完成，未来环境污染的治理重点必然是进一步加强生活源、主要是交通源的大气污染治理。

参考文献

[1] 环境保护部环境规划院. 中国环境经济核算研究报告2004.（内部资料）
[2] 环境保护部环境规划院. 中国环境经济核算研究报告2005.（内部资料）
[3] 环境保护部环境规划院. 中国环境经济核算研究报告2006.（内部资料）
[4] 北京市环保局. 北京市环境质量状况公报1998.
[5] 北京市环保局. 北京市环境质量状况公报1999.
[6] 北京市环保局. 北京市环境质量状况公报2000.
[7] 北京市环保局. 北京市环境质量状况公报2001.
[8] 北京市环保局. 北京市环境质量状况公报2002.
[9] 北京市环保局. 北京市环境质量状况公报2003.
[10] 北京市环保局. 北京市环境质量状况公报2004.
[11] 北京市环保局. 北京市环境质量状况公报2005.
[12] 北京市环保局. 北京市环境质量状况公报2006.
[13] 北京市环保局. 北京市环境质量状况公报2007.

中国环境经济核算研究 2006

China Environmental and Economic Accounting in 2006

项目课题组[①]

摘　要　本文以环境统计和其他相关统计为依据，对 2006 年全国 31 个省市和各产业部门的水污染、大气污染和固体废物污染的实物量和虚拟治理成本进行了全面核算。研究结果表明，2006 年的环境污染虚拟治理成本和环境退化成本分别为 4 112.6 亿元和 6 507.7 亿元，分别占 GDP 的 2.0% 和 2.8%，均比上年下降 0.1%，但其绝对值呈上升趋势，说明 2006 年我国环境污染总体形势依然随经济的发展同步恶化。

关键词　环境经济核算　虚拟成本　退化成本　2006

Abstract　On the basis of environmental statistics and other related statistics, the technical team presented physical accounting and imputed abatement costs of water pollution, air pollution and solid waste pollution of different industrial sectors and 31 provinces and municipalities. The results showed that the imputed abatement cost and environmental degradation cost reached 411.26 and 650.77 billion yuan and proportion of the imputed abatement costs and the environmental degradation cost to GDP were 2.0 and 2.8 percent in 2006, being 0.1 percent decrease compared with those in 2005. The increase of absolute value reflected that the general environmental status became exasperating with the rapid development of economic.

Key words　Environmental and economic Accounting　Imputed cost　Degradation cost　2006

0 引言

为了树立和落实全面、协调、可持续的发展观，建设资源节约型和环境友好型社会，国家环境保护总局（现环境保护部）和国家统计局于 2004 年 3 月联合启动了《中国绿色国民经济核算（简称绿色 GDP 核算）研究》项目，并于 2006 年开展了全国 10 个省市的

---

① 课题负责人：王金南；技术组组长：曹东、於方；技术组成员：蒋洪强、赵越、潘文、曹颖、周颖、张战胜、高敏雪（中国人民大学）、周国梅、周军（环保部政研中心）、傅德黔、蒋火华（中国环境监测总站）；执笔人：於方、赵越、潘文。

绿色国民经济核算和污染损失评估调查试点工作。两个部门成立了工作领导小组和项目顾问组，由环保部环境规划院（原国家环保总局环境规划院）和中国人民大学等单位的专家组成了项目技术组，负责建立核算框架体系、提出核算技术指南、开展经环境污染调整的 GDP 核算，并指导地方开展试点调查和核算工作。

国家技术组在试点省市绿色核算与污染损失调查工作的基础上，于 2007 年和 2008 年年初分别完成了 2005 年和 2006 年的环境经济核算工作，并从 2005 年核算起将研究报告正式更名为《中国环境经济核算研究报告》。与 2004 年相比，后两年的核算增加了两项内容：①公路交通运输行业的污染物实物量核算和虚拟治理成本核算；②在环境退化成本的核算中，增加了大气污染引起的额外清洁费用损失的核算；除种植业废水及污染物排放量核算方法有所变化外，2006 年与 2005 年的核算范围、核算内容以及核算方法基本相同。2006 年的核算以环境统计和其他相关统计为依据，就 2006 年全国 31 个省市和各产业部门的水污染、大气污染和固体废物污染的实物量和虚拟治理成本进行了全面核算，得出了经环境污染调整的 GDP 核算结果以及全国 30 个省市[①]的环境退化成本及其占 GDP 的比例。经过 3 年的试点以及核算工作的开展，环境经济核算方法与技术体系不断完善，年度环境经济核算制度初步形成。

研究表明，2006 年的环境污染虚拟治理成本和环境退化成本占 GDP 的比例与上年基本持平，均比上年下降 0.1%，但其绝对值呈上升趋势，说明 2006 年我国环境污染总体形势依然随经济的发展同步恶化，调整经济结构、转变经济增长方式的任务依然十分艰巨，落实科学发展观的道路仍然十分漫长。

1 核算方法与内容

2006 年的环境经济核算内容由三部分组成：①环境实物量核算。运用实物单位建立不同层次的实物量账户，描述与经济活动对应的各类污染物的产生量、去除量（处理量）、排放量等，具体分为水污染、大气污染和固体废物实物量核算。②环境价值量核算。在环境实物量核算的基础上，运用两种方法估算各种污染排放造成的环境退化价值。③经环境污染调整的 GDP 核算。

环境实物量核算是以环境统计为基础，综合核算全口径的主要污染物产生量、削减量和排放量。核算口径较目前的统计数据更加全面，更能全面地反映主要环境污染物的排放情况。

采用治理成本法核算虚拟治理成本。虚拟治理成本是指目前排放到环境中的污染物按照现行的治理技术和水平全部治理所需要的支出。治理成本法核算虚拟治理成本的思路是：假设所有污染物都得到治理，则当年的环境退化不会发生。从数值上看，虚拟治理成本可以认为是环境退化价值的一种下限核算。

采用污染损失法核算环境退化成本。环境退化成本是指环境污染所带来的各种损害，

[①] 由于西藏自治区统计数据不全面，未对西藏自治区的环境退化成本进行核算；同时，由于环境统计基础薄弱，西藏自治区的虚拟治理成本核算结果仅供参考。

如对农产品产量、人体健康、生态服务功能等的损害。这些损害需采用一定的定价技术，进行污染经济损失评估。与治理成本法相比，基于损害的污染损失估价方法更具合理性，是对污染损失成本更加科学和客观的评价。

本文核算数据来源包括《中国环境统计年报 2006》《中国统计年鉴 2007》《中国城市建设统计年报 2006》《中国能源统计年鉴 2006》[①]《中国卫生统计年鉴 2007》《中国乡镇企业年鉴 2006》《中国卫生服务调查研究——第三次国家卫生服务调查分析报告》和《中国畜牧业年鉴 2006》以及 30 个省市的 2006 年度统计年鉴，环境质量数据由中国环境监测总站提供，农产品价格数据由国家发改委价格监测中心提供。

2 实物量核算结果

核算结果表明，2006 年全国废水排放量为 723.9 亿 t，COD 排放量为 2 344.7 万 t，氨氮排放量为 248.3 万 t；SO_2、烟尘、粉尘和氮氧化物排放总量分别为 2 680.6 万 t、1 088.8 万 t、808.4 万 t 和 2 173.2 万 t；工业固体废物排放量为 1 322.1 万 t，新增城市生活垃圾堆放量 7 896.1 万 t。

2.1 水污染实物量

2.1.1 全国废水排放量比 2005 年略有增加，但工业废水排放量出现下降趋势

2006 年，全国废水排放量 723.9 亿 t，比 2005 年增加 11.1%。其中，工业废水排放量 240.2 亿 t，比上年减少 1.2%；城市生活废水排放量 296.6 亿 t，比 2005 年增加 5.4%；第一产业废水排放量[②]187.0 亿 t，由于种植业废水及其污染物核算方法有变，第一产业废水排放量比 2005 年增加较多。

2006 年，全国 COD 排放量 2 344.7 万 t，比 2005 年增加 6.8%，其中，工业比 2005 年减少 4.3%，城市生活 COD 排放量比 2005 年增加 3.2%，由于核算方法有变，第一产业 COD 排放量比 2005 年增加较多。

2006 年，全国氨氮排放量 248.3 万 t，比 2005 年增加 2.4%，其中，工业下降幅度较大，比 2005 年减少 18.8%，城市生活 NH_3-N 排放量比 2005 年增加 1.6%，由于核算方法有变，第一产业 NH_3-N 排放量比 2005 年增加较多。

2.1.2 城市生活废水排放量高于农业和工业废水排放量

2006 年，城市生活废水排放量 296.6 亿 t，占全国废水排放量的 41.0%，同时，城市生活废水的 COD 和氨氮排放量也超过第一和第二产业，分别占 COD 和氨氮总排放量的 37.8%和 39.8%。COD 排放量位居第二的是第二产业，占总排放量的 32.0%，氨氮排放量

---

① 到本报告计算截止日前，2006 年能源统计数据尚未公开发表，因此，对各省的分项能源消耗量进行了估算。

② 到本报告计算截止日前，畜牧业 2006 年统计数据尚未公开发表，本报告畜禽养殖业废水和废水中污染物核算结果基于《中国畜牧业年鉴 2005》统计数据估算获得。

位居第二的是第一产业，占总排放量的 39.7%。

2.1.3 中西部地区的废水处理水平亟待提高

2006 年，全国城市生活污水平均排放达标率 36.3%，比 2005 年提高 5.1%；城市生活污水排放达标率低于 15%的省份从 2005 年的 8 个减少至 6 个，分别是江西、甘肃、贵州、吉林、广西和海南，除海南外均来自中西部地区。2006 年全国工业废水平均排放达标率 78.4%，在全国 31 个省市中，工业废水排放达标率低于 70%的全部来自中西部地区，包括青海、新疆、宁夏、山西、贵州、内蒙古和甘肃。

2.2 大气污染实物量

2.2.1 SO_2 和 NO_x 排放量比 2005 年略有增加，烟尘和粉尘出现下降趋势

2006 年，全国 SO_2 排放量 2 680.6 万 t，比 2005 年增加 112.1 万 t，增长了 4.4%。其中，第二产业 SO_2 排放量 2 434.6 万 t，比 2005 年增加 5.3%；城市生活 SO_2 排放量 102.2 万 t，比 2005 年下降 7.1%；第一产业 SO_2 排放量 143.7 万 t，比 2005 年下降 2.2%。

2006 年，全国烟尘排放量 1 088.8 万 t，比 2005 年减少 93.7 万 t，下降了 7.9%。其中，工业烟尘排放量 874.0 万 t，比 2005 年下降了 8.9%；城市生活烟尘排放量 89.3 万 t，比 2005 年下降了 6.6%；第一产业烟尘排放量 125.5 万 t，比 2005 年下降了 1.7%。

2006 年，全国 NO_x 排放量 2 173.2 万 t，比 2005 年增加 236.1 万 t，增长了 12.2%。其中，工业 NO_x 排放量 1 628.2 万 t，比 2005 年增长了 13.5%；城市生活 NO_x 排放量 513.7 万 t，比 2005 年增加 8.7%；第一产业 NO_x 排放量 31.1 万 t，比 2005 年增加了 4.4%。

2.2.2 第二产业的大气污染物治理任务依然艰巨

2006 年，第二产业 SO_2 排放量 2 434.6 万 t，占全国排放量的 90.8%；第一产业 SO_2 排放量占全国排放量的 5.4%，城市生活 SO_2 排放量占全国排放量的 3.8%；第二产业烟尘的排放量占全国烟尘总排放量的 80.3%，第二产业 NO_x 的排放量占全国 NO_x 总排放量的 74.9%。

电力行业的 SO_2、烟尘和 NO_x 排放量分别占第二产业 SO_2、烟尘和 NO_x 排放量的 62.8%、49.2%和 64.0%，电力行业依然是大气污染治理的主要行业。

2.2.3 北方省份大气污染物排放量大，治理任务艰巨

2006 年，SO_2 排放量最大的 5 个省依次为山东、河南、内蒙古、河北和山西，除山东外，其他 4 个省的 SO_2 去除率都低于全国平均水平 37.8%，治理任务非常艰巨；烟尘排放量最大的 5 个省依次为山西、河南、河北、辽宁和内蒙古，都集中在北方地区；粉尘排放量最大的 5 个省分别是湖南、河北、山西、河南和广西。总体来看，大气污染物排放量大的省份治理水平较低，治理任务艰巨。

2.3 固体废物实物量

2.3.1 一般工业固废产生量增加，但处置利用率也显著提高

2006年，全国一般工业固废产生量15.2亿t，比2005年增加1.9亿t，增长了13.9%。2006年一般工业固废的处置利用率达到89.4%，比2005年增加9.8%。2006年的一般工业固废利用量9.3亿t，其中利用当年废物量为8.5亿t，处置量4.3亿t，贮存量2.2亿t，排放量0.13亿t。一般工业固废贮存排放量列前5位的行业为电力、黑色和有色矿采选业、煤炭采选和化工行业，这5个行业的贮存排放量占总贮存排放量的83.8%；一般工业固废贮存排放量排前5位的省市依次为河北、内蒙古、辽宁、云南和山西，这5个省的贮存排放量占总贮存排放量的44.3%。

2.3.2 危险废物处置利用率提高，但排放量增加

2006年，全国危险废物产生量1 084.0万t，比2005年减少78.0万t，减少了6.7%。2006年危险废物处置利用率78.9%，比2005年增加7.9%。2006年的危险废物利用量566.0万t，其中利用当年废物量为508.0万t；处置量289.3万t，比2005年减少49.7万t；贮存量266.8万t，比2005年减少70.5万t；排放量20.0万t，比2005年增加19.4万t，增量主要来自贵州省的黑色金属矿采选业。

2.3.3 生活垃圾处理率不升反降

2006年，我国的城市生活垃圾产生总量为1.88亿t，其中，清运量1.48亿t，处理量1.10亿t，新增堆放量0.79亿t。2006年城市生活垃圾平均无害化处理率[①] 41.8%，处理率58.2%，无害化处理率和处理率分别比2005年降低1.4%和9.2%。

城市生活垃圾新增堆放量最大的5个省分别是广东、黑龙江、安徽、河南和山西，占总新增堆放量的41.5%，这5个省的生活垃圾处理率和无害化处理率都低于全国平均水平。无害化处理率最高的是北京市，达到了88.9%，其次为浙江、江苏和青海，在65%以上；西藏、甘肃、山西、吉林和安徽的无害化处理率低于20%，无害化处理水平有待提高。

3 虚拟治理成本核算结果

2006年，全国虚拟治理成本4 112.6亿元，比2005年增加了268.9亿元。其中，水污染、大气污染、固体废物污染虚拟治理成本分别为2 143.8亿元、1 821.5亿元和147.3亿元，其中，水污染和大气污染分别比2005年增加了2.9%和13.1%，固废污染比2005年降低了0.9%。2006年全国虚拟治理成本占全国行业合计GDP的比例为2.0%，比2005年降低0.1%。

[①] 本报告无害化处理率指城市生活垃圾无害化处理量与产生量的百分比。

3.1 水污染治理成本

3.1.1 废水治理投入加大，虚拟与实际治理成本的比例下降

2006 年，全国行业合计 GDP（生产法）为 183 085 亿元，废水实际治理成本为 562.0 亿元，占 GDP 的比重从 2005 年的 0.22%提高至 0.27%；全国废水虚拟治理成本为 2 143.8 亿元，占 GDP 的 1.02%。废水虚拟治理成本与实际治理成本占 GDP 的比例从 2005 年的 5.2%降至 3.8%。

3.1.2 第二产业占治理成本比例大，食品加工等行业的治理投入严重不足

2006 年，工业废水实际治理成本约占总废水实际治理成本的 73.5%，工业废水虚拟治理成本占总废水虚拟治理成本的 55.7%。在 38 个工业行业中，实际治理成本列前 5 位的分别是化工、黑色冶金、造纸、石化和纺织行业，5 个行业的实际治理成本为 207.4 亿元，比 2005 年增加 48.0 亿元，占工业废水总实际治理成本的 50.2%；虚拟治理成本列前 5 位的分别是造纸、食品加工、化工、纺织和饮料制造业，5 个行业的虚拟治理成本约占工业废水虚拟治理成本的 72.0%，其中，食品加工、造纸和饮料制造业的治理投入严重不足，这 3 个行业的虚拟治理成本分别是实际治理成本的 13.4 倍、10.4 倍和 9.4 倍。

3.1.3 西部治理投入大幅增加，但中西部地区投入不足的状况没有根本改变

2006 年，废水总治理成本 2 705.8 亿元。东部地区的实际废水治理成本最高，为 331.6 亿元，仅江苏、浙江、山东和广东 4 个省的实际治理成本就占全国总量的 38.9%。中部和西部地区的废水实际治理成本分别为 121.4 亿元和 109.0 亿元，其中西部地区比 2005 年增加 79.9%；东、中和西部地区的废水虚拟治理成本分别为 825.7 亿元、661.8 亿元和 656.3 亿元，虚拟治理成本和实际治理成本的比例分别为 0.65%、5.45%和 6.02%，中西部地区远滞后于东部地区。

3.2 大气污染治理成本

3.2.1 废气实际治理投入高于废水，虚拟与实际治理成本之比低于废水

2006 年，全国的废气实际治理成本为 1 046.2 亿元，占当年行业合计 GDP 的 0.50%，比 2005 年提高 0.04%；全国废气虚拟治理成本为 1 821.5 亿元，占当年行业合计 GDP 的 0.86%。大气污染虚拟治理成本是实际治理成本的 1.74 倍，治理投入缺口远小于废水。

3.2.2 生活废气实际治理成本高于工业，电力行业仍然是工业治理重点

2006 年，生活和工业废气实际治理成本分别为 546.2 亿元和 500.0 亿元，生活废气的实际治理成本高于工业废气实际治理成本。在工业行业中，几乎所有行业的大气虚拟治理成本都高于实际处理成本，说明工业废气污染治理的缺口仍然很大。2006 年工业废气

污染总虚拟治理成本 919.4 亿元，其中电力行业虚拟治理成本为 604.5 亿元，占工业总虚拟治理成本的 65.7%，是工业大气污染治理的重点。

3.2.3 东部地区的大气实际和虚拟治理成本较高，大气污染治理任务重

2006 年，大气污染总治理成本 2 867.8 亿元。东、中、西部三个地区的大气实际治理成本分别为 612.7 亿元、238.5 亿元和 195.1 亿元；东、中和西部地区的大气虚拟治理成本分别为 807.8 亿元、525.8 亿元和 487.8 亿元，因此，东部地区的大气污染治理任务明显大于中西部地区。虚拟治理成本超过总废气治理成本 75%的省份有贵州、西藏、陕西、广西、青海、内蒙古、湖南，这些地区的城市燃气普及率水平需要进一步提高。

3.3 固体废物治理成本

2006 年，全国固废治理成本为 396.6 亿元；其中，实际治理成本为 249.3 亿元，占当年行业合计 GDP 的 0.12%；虚拟治理成本为 147.3 亿元，占 GDP 的 0.07%。固体废物虚拟治理成本是实际治理成本的 0.59 倍，比 2005 年降低 13.2%，说明固废的治理投入得到进一步加大。

2006 年，全国工业固体废物实际治理成本为 170.4 亿元，占总治理成本的 63.7%；虚拟治理成本 97.2 亿元，占总治理成本的 36.3%，比 2005 年下降 6.8%；全国城市生活垃圾实际治理成本为 78.9 亿元，占总成本的 61.2%；虚拟治理成本为 50.0 亿元，占总成本的 38.8%，比 2005 年提高 3.2%，说明生活垃圾投入没有跟上生活垃圾处理需要。

2006 年，东、中、西部三个地区的实际治理成本分别为 108.4 亿元、59.8 亿元和 81.1 亿元，辽宁省的固废实际治理成本最高 24.3 亿元，占全国总量的 9.7%；东、中、西部三个地区的虚拟治理成本分别为 42.0 亿元、33.0 亿元和 72.2 亿元，分别占全国总虚拟治理成本的 21.6%、15.7%和 62.7%。

3.4 虚拟治理成本综合分析

3.4.1 环境污染治理投入总体增加，但仍然不足

2006 年，环境污染实际和虚拟治理总成本为 5 970.1 亿元，实际治理成本占 31.1%，该比例比 2005 年提高 4.0%。其中，水污染、大气污染和固废污染实际以及虚拟治理总成本分别为 2 705.8 亿元、2 867.8 亿元和 396.6 亿元，分别占实际和虚拟治理总成本的 45.3%、48.0%和 6.6%，与 2005 年相比，废水所占比例降低 1.6%，废气提高 1.8%，固废所占比例与 2005 年基本持平。

2006 年，环境污染的实际治理成本是 1 857.6 亿元，其中，水污染、大气污染、固体废物污染实际治理成本分别是 562.0 亿元、1 046.2 亿元和 249.3 亿元，分别占总实际治理成本的 30.3%、56.3%和 13.4%；虚拟治理成本为 4 112.6 亿元，其中，水污染、大气污染和固体废物污染虚拟治理成本分别为 2 143.8 亿元、1 821.5 亿元、147.3 亿元，分别占总虚拟治理成本的 52.1%、44.3%和 3.6%。废水虚拟治理成本占废水总治理成本的 79.2%，

虽然比 2005 年降低 4.7%，但废水治理的缺口仍然较大。

3.4.2 城市生活废水治理投入增加，但污染治理任务依然艰巨

2006 年，城市生活废水的实际治理成本为 79.2 亿元，比 2005 年增加 126.3%，但 2006 年城市生活污水处理率也仅有 32.3%，与城市大气污染治理相比，城市生活废水治理投入严重不足，只有废气治理投入的 14.5%。因此，城市污染治理投入的主要压力来自城市生活废水。2006 年，第二产业污染虚拟治理成本为 2 237.1 亿元，是实际治理成本的 2.1 倍，其中第二产业废水治理的缺口最大，还需要投入 1 194.6 亿元，占第二产业总虚拟治理成本的 53.4%；第二产业大气污染的虚拟治理成本低于废水，为 945.3 亿元，占总虚拟治理成本的 42.3%。因此，工业和生活污染的治理任务依然非常艰巨。

3.4.3 电力行业治理投入大，主要废水排放行业治理缺口大

2006 年，在 39 个工业行业中，治理成本最高的是电力行业，达到 938.1 亿元，占总工业治理成本的 28.8%，同时其实际和虚拟治理成本都列各行业之首，分别占总实际和虚拟治理成本的 29.1%和 28.7%。列总治理成本第 2～5 位的分别是造纸、化工、黑色冶金和食品加工业，其中，食品加工业和造纸行业的虚拟治理成本是实际治理成本的 12.1 倍和 9.2 倍，此外，饮料制造业和食品制造业的该比例也分别高达 8.6%和 7.8%，主要废水排放行业的治理缺口远大于主要废气排放行业。

3.4.4 西部地区污染治理投入加大，东部地区治理投入缺口最大

2006 年，东、中、西 3 个地区的实际治理成本分别为 1 052.7 亿元、419.7 亿元和 385.2 亿元，分别比 2005 年增加 28.0%、21.8%和 34.6%，西部地区的污染治理投入明显加大。东、中、西 3 个地区的虚拟治理成本分别为 1 675.6 亿元、1 220.7 亿元和 1 216.3 亿元，3 个地区虚拟治理成本与实际治理成本的比例分别由 2005 年的 1.9%、3.3%和 3.9%下降至 1.6%、2.9%和 3.2%，西部地区的下降幅度高于东部和中部地区。从各地区虚拟治理成本占总虚拟治理成本的比例来看，东、中、西部 3 个地区分别占 40.7%、29.7%和 29.6%，东部地区的污染治理投入缺口绝对量仍然是最大的。3 个地区环境污染实际和虚拟治理成本如图 1 所示。

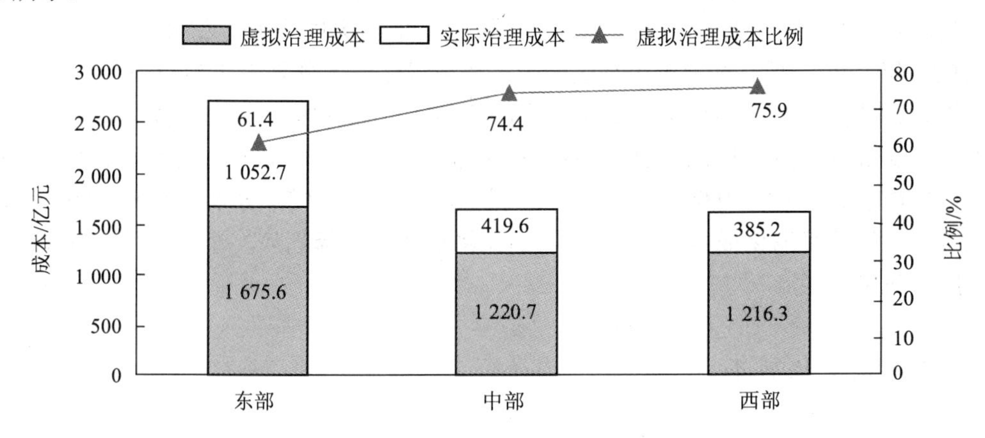

图 1 地区污染实际和虚拟治理成本比较

4 环境退化成本核算结果

2006 年，利用污染损失法核算的环境退化成本 6 507.7 亿元，占地区合计 GDP 的 2.82%。在环境退化成本中，水污染、大气污染、固废污染和污染事故造成的环境退化成本分别为 3 387.0 亿元、3 051.0 亿元、29.6 亿元和 40.2 亿元，分别占总退化成本的 52.0%、46.9%、0.5%和 0.6%。

4.1 水环境退化成本

2006 年，水污染造成的环境退化成本为 3 387.0 亿元，占总环境退化成本的 52.0%，比 2005 年增加 3.0%，占当年地区合计 GDP 的 1.47%，其中，水污染对农村居民健康造成的损失为 210.7 亿元，污染型缺水造成的损失为 1 923.9 亿元，水污染造成的工业用水额外治理成本为 376.8 亿元，水污染对农业生产造成的损失为 486.4 亿元，水污染造成的城市生活用水额外治理和防护成本为 389.2 亿元。

2006 年，东、中、西部 3 个地区的废水环境退化成本分别为 1 692.1 亿元、881.6 亿元和 813.3 亿元，分别比 2005 年增加 17.3%、6.7%和 43.3%，西部地区的环境退化成本增幅较大。东部地区的废水环境退化成本最高，占废水总环境退化成本的 50.0%，占东部地区 GDP 的 1.2%；中部和西部地区的废水环境退化成本分别占废水总环境退化成本的 26.0%和 24.0%，占地区 GDP 的 1.6%和 2.0%，东中部地区水环境退化成本占地区 GDP 的比例分别比 2005 年降低 0.2%和 0.5%，西部地区与 2005 年基本持平。

4.2 大气环境退化成本

2006 年，大气污染造成的环境退化成本为 3 051.0 亿元，占总环境退化成本的 46.9%，占当年地区合计 GDP 的 1.32%，其中，大气污染造成的城市居民健康损失为 1 873.0 亿元，农业减产损失为 616.9 亿元，材料损失为 144.7 亿元，造成的额外清洁费用为 416.4 亿元，其中，除农业减产损失比上年减少 28.5 亿元外，其他损失项均小幅增加。

2006 年，东、中、西部 3 个地区的大气环境退化成本分别为 1 744.0 亿元、726.9 亿元和 580.1 亿元。大气环境退化成本最高的仍然是东部地区，占大气总环境退化成本的 57.2%，占东部地区 GDP 的 1.3%；中部和西部地区的大气环境退化成本分别占大气总环境退化成本的 23.8%和 19.0%，这两个地区的大气环境退化成本分别占地区 GDP 的 1.4%和 1.5%，大气环境退化成本占地区 GDP 的比例总体呈下降趋势，即大气污染造成的损失增速小于 GDP 增速。

4.3 固废污染退化成本

2006 年，全国工业固废侵占土地约新增 8 289.2 万 m^2，丧失土地的机会成本约为 19.5

亿元。生活垃圾侵占土地约新增 3 955.7 万 m^2，丧失的土地机会成本约为 9.8 亿元。两项合计，2006 年全国固体废物污染造成的环境退化成本为 29.3 亿元，占总环境退化成本的 0.45%，占当年地区合计 GDP 的 0.01%。

2006 年，东、中、西部 3 个地区的固废环境退化成本分别为 10.5 亿元、6.9 亿元和 12.1 亿元。固废环境退化成本最高的是西部地区，占总固废环境退化成本的 41.1%，其次为东部和中部地区，分别占总固废环境退化成本的 35.5%和 23.4%，东、中、西部 3 个地区的固废环境退化成本分别占地区 GDP 的 0.01%、0.01%和 0.03%。

4.4 环境污染事故经济损失

2006 年，全国共发生环境污染与破坏事故 8 421 406 起，污染事故造成的直接经济损失为 1.35 亿元，事故数量比 2005 年减少 564 起，但造成的损失比 2005 年增加 0.3 亿元。根据 2006 年《中国渔业生态环境状况公报》，2006 年全国共发生渔业污染事故 1 463 次，造成直接经济损失[①] 2.43 亿元，环境污染事故造成的天然渔业资源经济损失 36.4 亿元。两项合计，2006 年全国环境污染事故造成的损失成本为 40.2 亿元，比 2005 年减少 13.2 亿元。环境污染事故退化成本占总环境退化成本的 0.62%，占当年地区合计 GDP 的 0.02%。

4.5 环境退化成本综合分析

4.5.1 环境退化成本总量分析

2006 年，利用污染损失法核算的环境退化成本为 6 507.7 亿元，比 2005 年增加 719.8 亿元，增长了 12.4%，2006 年环境退化成本占地区合计 GDP 的 2.82%。在环境退化成本中，水污染、大气污染、固废污染和污染事故造成的环境退化成本分别为 3 387.0 亿元、3 051.0 亿元、29.6 亿元和 40.2 亿元，分别占总退化成本的 52.0%、46.9%、0.5%和 0.6%。

4.5.2 地区环境退化成本分析

2006 年，不计污染事故损失的环境退化成本为 6 468.9 亿元。东、中、西部 3 个地区的环境退化成本分别为 3 446.9 亿元、1 615.6 亿元和 1 406.3 亿元，分别占总环境退化成本的 53.3%、25.0%和 21.7%。各地区的环境退化成本及其占各地区 GDP 的比例如图 2 所示。从图中可以看出，中部和西部地区环境退化成本占地区 GDP 的比例高于东部地区。

核算表明，西部地区不但经济总量的差距在扩大，环境退化的相对差距也在扩大。在没有计入森林和草地退化等生态破坏损失的情况下，大多数中部和西部省市，特别是西北省份的环境退化程度就已经高于东部省份；核算还表明，由于受经济发展水平的制约，西部地区的环境污染治理投入能力也普遍低于全国平均水平。

[①] 未包括长岛海域油污染经济损失。

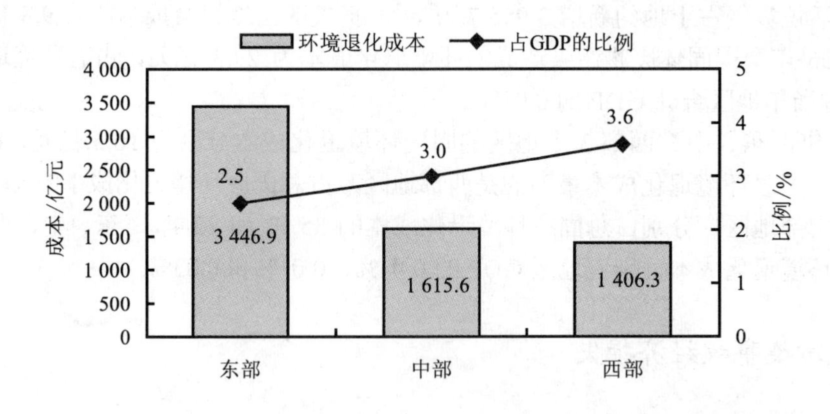

图 2 地区环境退化成本及其占各地区 GDP 的比例

5 经环境污染调整的 GDP 核算

5.1 经污染调整的 GDP 总量

2006 年，全国行业合计 GDP（生产法）为 21 0871.0 亿元，虚拟治理成本为 4 112.6 亿元，GDP 污染扣减指数为 2.0%，即虚拟治理成本占全国 GDP 的比例为 2.0%，与 2005 年的污染扣减指数 2.1%相比，下降了 0.1 个百分点。

5.2 经污染调整的地区生产总值

2006 年，东、中、西部 3 个地区的 GDP 污染扣减指数分别为 1.22%、2.27%和 3.08%，与 2005 年相比，都有所下降。各地区 GDP 和 GDP 污染扣减指数如图 3 所示。核算说明，西部地区的经济水平和污染治理水平仍然较低。

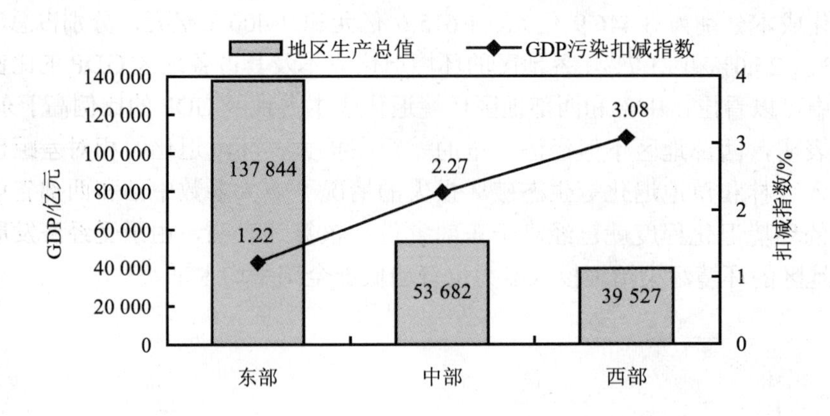

图 3 各地区的 GDP 及 GDP 污染扣减指数

5.3 经污染调整的行业增加值

5.3.1 三大产业部门

2006 年，从经环境污染调整的 GDP 产业部门核算结果来看，第一产业部门虚拟治理成本为 366.3 亿元，增加值污染扣减指数为 1.48%；第二产业虚拟治理成本为 2 237.1 亿元，增加值污染扣减指数为 2.17%；第三产业虚拟治理成本为 1 509.2 亿元，增加值污染扣减指数为 1.82%。三大产业虚拟治理成本及占其增加值的比例如图 4 所示。

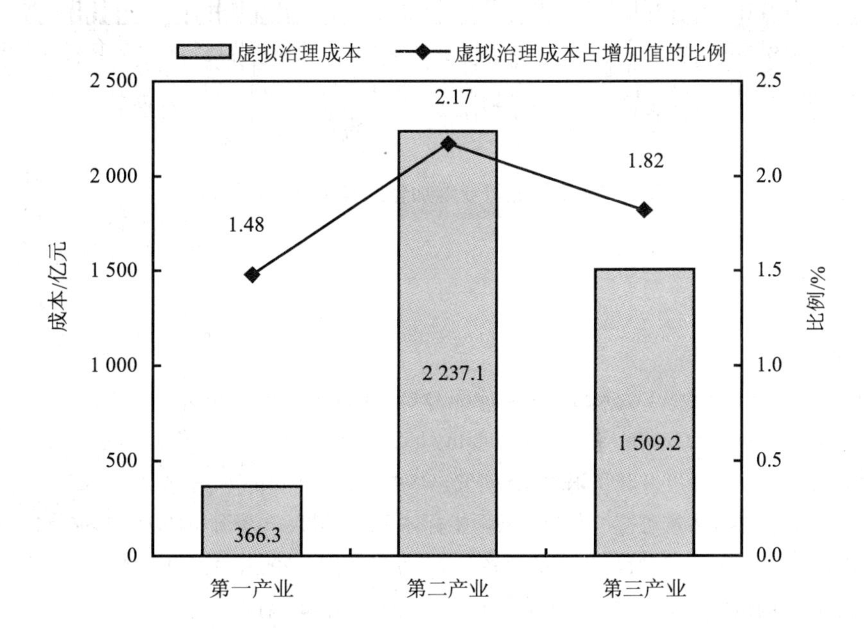

图 4 三大产业虚拟治理成本及其占增加值的比例

5.3.2 39 个工业行业

核算表明，2006 年造纸、电力、采矿、饮料制造、食品加工与制造、化工、冶金等高污染、高消耗行业依然在快速增长，这些行业仍然高居污染扣减指数的前列。从各工业行业来看，增加值污染扣减指数最低的行业是烟草制品业，扣减指数为 0.04%；其次为自来水生产供应业、电气机械业和通信计算机设备制造业，扣减指数分别为 0.05%和 0.06%，这些行业的环境污染程度相对较小。增加值污染扣减指数最高的 3 个行业分别是造纸、电力和有色金属矿采选业，分别为 28.6%、9.1%和 6.1%，其中虽然造纸和有色矿分别比上年降低 3.5%和 4.7%，但这些行业经济与环境效益比低、污染严重的状况没有改变。39 个行业的污染扣减指数如图 5 所示。

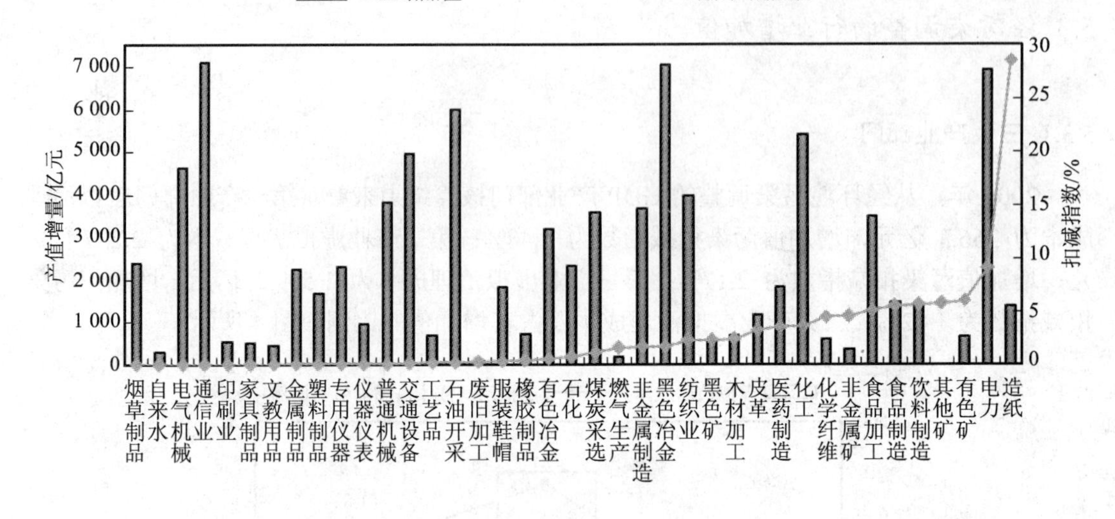

图 5　39 个工业行业增加值及其污染扣减指数

参考文献

[1] Monitoring Environmental Progress. Washington D.C.：World Bank，1995.

[2] Kirk Hamilton. Genuine Saving as a Sustainability Indicator. 2000.

[3] 高敏雪. 国家财富的测度及其认识. 统计研究，1999，12：9-14.

[4] 王海燕. 论世界银行衡量可持续发展的最新指标体系. 中国人口·资源与环境，1996，1（6）：39-43.

[5] 向书坚，黄志新. SEEA 和 NAMEA 的比较分析. 统计研究，2005，10：18-22.

[6] 史世伟. 德国的绿色 GDP 核算. 宏观经济研究，2004，7：40-41.

[7] 李茂. 联合国综合环境经济核算体系. 国土资源情报，2005，5：13-16.

[8] 张勇. 绿色 GDP 核算在墨西哥. 宏观经济研究，2004，7：42-43.

[9] 丁小浩. 评世界银行对国民财富和人力资源核算的新方法. 经济科学，1997，4：68-74.

[10] 高敏雪，等译. 综合环境经济核算 SEEA－2003，2003，6-7.

新形势下开展环境审计工作的几点建议

Several Suggestions on Environmental Auditing Work in New Situation

张战胜　蒋洪强　曹国志　曹　东

摘　要　环境审计是传统审计在环境领域的延伸，同时也是环境管理的重要组成部分。本文在全面分析环境审计的内涵与特点、开展环境审计的必要性和重要意义、环境审计的国际与国内实践进展的基础上，提出了新形势下我国推进环境审计的五大对策：①加强理论研究与实践，完善环境审计依据；②结合我国实际，拓展环境审计领域；③加强试点示范，推进项目与企业环境审计工作；④加强部门合作，提高审计人员素质；⑤借鉴国外经验，探索具有中国特色的环境审计之路。

关键词　环境审计　审计依据　审计领域

Abstract　Environmental audit is the extension of traditional audit to the environmental field and an important integral part of environmental management. This paper thoroughly analyzes the connotation and characteristic of environmental auditing, necessity and important meaning of environmental audit and international and national practice progress of environmental audit, and proposes five countermeasures for pushing forward our country's environmental audit in the new situation: ①strengthen theoretical study and practice and consummate environmental audit basis; ②expand environmental audit field in the light of China's actual condition; ③strengthen experimental spot and demonstration and advance environmental audit work for projects and enterprises; ④strengthen departmental cooperation and improve auditors' quality; ⑤draw on foreign experience and explore an environmental audit road with Chinese characteristic.

Key words　Environmental audit　Audit basis　Audit field

0 引言

环境审计是传统审计在环境领域的延伸，同时也是环境管理系统的重要组成部分。开展环境审计对于提高环保投资效益、加强节能减排和促进环境保护的三个转变具有重要意义，是实现社会、经济和环境协调发展以及建设资源节约型和环境友好型社会的现实需要，也是促进政府和企业承担环境责任、履行公共服务职能的要求。国外的环境审计研究和实践已经取得了一定成果，而国内的相关研究和实践却相对落后，这与当前我国环境严峻形势和任务要求相比极不相称。因此，我们必须提高对环境审计的认识，借鉴国外相关研究和实践的成功经验，结合我国在环境审计方面的探索，积极开展政策研究和具体的实践。

本报告在全面分析环境审计的内涵与特点、开展环境审计的必要性和重要意义、环境审计的国际与国内实践进展的基础上，提出了新形势下推进环境审计工作的五大对策：①加强理论研究与实践，完善环境审计依据；②结合我国实际，拓展环境审计领域；③加强试点示范，推进企业环境审计工作开展；④加强部门合作，提高审计人员素质；⑤借鉴国外经验，探索具有中国特色的环境审计之路。

1 环境审计的内涵与特点

1.1 环境审计的概念

众所周知，传统的审计是指财务会计方面的审计。具体地说，就是指由专职机构和人员，依法对被审计单位的财政、财务收支及其有关经济活动的真实性、合法性和效益性进行审查，评价经济责任，用以维护财经法纪，改善经营管理，提高经济效益，促进宏观调控的独立性的经济监督活动。

环境审计是审计组织（审计机关、内部审计机构和注册会计师）在社会经济可持续发展理论指导下，对被审计单位环境会计（将资源环境纳入核算范畴的新会计）披露的信息进行真实性、合法性的验证，对其环境管理系统以及经济活动对环境的影响进行监督、评价或鉴证，使之达到管理有效、控制得当，并符合可持续发展要求的审计活动。

环境审计是披露审计对象资源环境状况及环境经济责任鉴证的特殊审计，是环境科学与审计实务交叉渗透而形成的一门审计工作实际应用学科。环境审计与传统审计的区别标志为：环境审计是针对突出自然资源、环境问题的“环境会计”真实性、合法性的监督；是披露“环境会计”自然资源、环境计量合法性及其环境效益真实性的鉴证审计；是集资源、环境信息披露及环境效益鉴证为一体的特殊目的审计。环境审计是将自然资源、环境保护纳入审计范围，对传统审计进行的“绿化”，已成为传统审计的新的重要发展方向。

1.2 环境审计的分类

根据审计的主体不同，环境审计可分为政府审计、内部审计和民间审计。

政府环境审计是指审计机关依法对政府在环境污染治理和生态建设方面的资金使用的审计工作。审计机关作为综合性的经济监督部门以其超脱地位和特有的功能实施环境审计，对环境管理所发挥的重要促进和保障作用也是其他机构无法替代的。

内部环境审计是由企业内部审计人员定期检查和评价企业的环境问题；根据内部环境审计的性质和特点，审查企业相关环境事项记录的公允性以及环境活动的投资费用、成本和效益，评价企业对国家有关环境法律法规政策的遵循情况、企业环境管理的状况的一种审计活动。内部环境审计执行内部监督、检查的职能。

民间环境审计属于受托审计，对被审计单位环境信息披露的真实性和公允性发表意见。

1.3 环境审计的特征

与传统审计比较，环境审计具有如下特征：

（1）就审计主体而言，从事环境审计的人员，不仅要具有审计、财务会计等方面的知识，还要具备环境学、社会学、工程学等方面的知识，以保证所提出的审计报告和建议具有一定的深度和广度。

（2）就审计客体而言，环境审计是对被审计单位的环境管理及其经济活动进行审查，既包括环境管理责任，也包括环境管理活动，以及涉及环境管理的生产经营活动。

（3）就审计目标而言，环境审计是对被审计单位的环境管理及其经济活动的真实性、合法性和效益性进行审查，评价环境管理责任，维护国家环保政策、法规，改善经营环境管理，提高经济效益和环境效益，达到宏观和微观双向调控的目的。

（4）就审计所涉及的影响面而言，环境审计相对于传统审计要大得多。当被审计单位在财政、财务收支方面出现不真实合法的情况时，它所带来的负面影响只是地区性的，对人类的生存也无太大冲击。而当被审计单位在环境管理方面出现违规现象时，不仅给其生产经营环境及周遭地区的环境造成污染，其辐射面将间接危及全球人类的生存的环境，有时这种危害的后果是无法弥补的。因此，开展环境审计是改善生产、生活环境，造福子孙后代的一件大事。

2 开展环境审计的必要性和重要意义

开展环境审计，对于节约和有效利用资源，加快产业结构调整步伐，合理配置各种生产要素，促进经济可持续发展具有重要的作用和意义。开展环境审计是审计工作发挥监督职能作用，促进经济走向可持续发展道路的重要标志，是现实的客观要求。

2.1 开展环境审计的必要性

2.1.1 开展环境审计是审计工作的本质要求

经济要健康、稳定、持续地发展必须要有良好的环境。保护环境，实现经济、资源环境的可持续发展是我国政府的基本政策，也是每个企业应尽的社会职责。审计部门作为政府的职能部门，有责任对有关项目和活动的环境污染状况和治理情况以及环境管理系统的健全性和有效性进行监督、评价和鉴证，以证实政府部门或企事业单位对环境责任的履行情况。根据《中华人民共和国宪法》和《中华人民共和国审计法》的有关规定，明确了审计机关开展环境审计、履行环境职责的法律地位。《审计法》第一条明确规定："维护国家财政经济秩序，促进廉政建设，保障国民经济健康发展"是审计的主要目标之一。国家审计机关作为国家宏观调控体系的重要组成部分和高层次的经济监督部门，在协调环境与经济发展中发挥着不可替代的作用。因此，可以说，开展环境审计体现了审计的目的，是审计工作的本质要求。

2.1.2 推行环境审计是抑制外部不经济恶性膨胀的要求

所谓外部不经济是指企业或个人的经济活动对其他企业和个人产生不利影响，而其他企业和个人又不能有效地从造成这种不利影响的企业或个人那里得到补偿的经济现象。例如，工厂排放废气，污染了周边居民的环境，居民承受了对健康不利的影响，却不能因此而得到补偿。改变这种不合理的现象，可以通过政府行为和市场手段两条途径解决。在没有成熟的市场体系条件下，主要靠政府的力量去消除环境的外部不经济性。政府的行为主要通过实行管制和经济刺激两种手段，所谓管制主要是通过制定相关法律、法规和标准等，直接规定生产者允许产生外部不经济性的数量和方式；所谓经济刺激主要是实行环境影响收费、财政补贴等方式。这些环境保护政策要想得到很好地贯彻与实施，都需借助环境审计。对环境控制责任的监督，是环境审计的重要职责。通过环境审计的控制，可将对环境的不利影响和因素所造成的损失降到最低限度，促进被审计单位自身效益和整个社会经济效益的不断提高。

2.1.3 推行环境审计是准确核算国民净产值和企业生产成本的需要

从宏观角度讲，长期以来，一些国家把经济增长放在首位，在片面追求国民生产总值的同时也造成了灾难性的后果，若把环境损害值与环保费一并从这些国家同期国民生产总值中减去，得到的国民净产值就微不足道了。以生态环境污染和人类健康的损害为巨大代价所换来的经济暂时增长的这种模式将逐渐被世界淘汰。从微观角度讲，由于企业在计量产品成本时，只计算了"人造成本"，而对"资源成本"和"环境成本"忽略不计，以环境的无偿占有为代价虚增利润，不利于今后企业的长期发展。因此，广泛推行环境审计就需要充分考虑社会生态环境成本，从而准确核算国民净产值和企业生产成本。

2.1.4 开展环境审计是实现经济可持续发展战略目标的必然要求

可持续发展理论：①强调人类经济行为应当与自然发展相协调，而不应凭借手中的技术和投资，采取耗竭资源、破坏生态和污染环境的方式来追求发展；②强调当代人在追求目前发展与消费的时候，应力求使自己的机会与后代人的机会平等，不能使后代人由于现代经济过速发展而饱受环境质量下降的恶果。由此可见，可持续发展是对传统的经济增长模式进行修正所确立的一种发展模式，是一种历史必然的选择。1992 年我国政府响应世界环境和发展大会的号召，提出了以实施可持续发展为龙头的十大对策，这是我国由传统的环境保护走向可持续发展战略的重要标志。此后又从人口、环境与发展的具体国情出发，提出了中国可持续发展的总体战略、对策及行动方案，有关部门和地方政府也分别制定了实施可持续发展战略的行动计划，以便可持续发展战略在中国经济建设和社会发展过程中得以实施。环境审计就是适应这种新的经济增长模式而产生，在更高层次上通过对政府及各经济组织履行环境管理责任的情况进行鉴证与评价，从而保障经济的可持续发展，实现人与自然的和谐统一。

2.2 开展环境审计的重要意义

环境审计是伴随环保事业的深入开展，环保资金投入的加大以及环境管理领域的拓宽的诸多背景下出现的，在环境管理监督方面有着无可比拟的突出意义，环境审计已经是当前世界大多数发达国家审计机关的一项重要职责。

开展环境审计可以促进国家环境政策法规的贯彻落实，通过监督环境政策的执行、环境保护管理体系的运行情况、环保资金的投入与效益以及资源的合理开发利用等，加强环境风险的控制，提高环境工作水平以更好地保护自然资源和人类生存环境。

开展环境审计是贯彻落实可持续发展战略的重要措施。《中华人民共和国审计法》第一条明确了保障国民经济健康发展是审计的主要目的之一。当前，国民经济健康发展的重要标志之一是可持续发展。国家审计机关作为宏观调控的组成部分和高层次的经济监督系统，有必要在经济与环境协调发展中发挥作用，通过环境审计加强环境保护，减少环境污染，促进经济的可持续发展。

开展环境审计是确保政府和企业社会责任的履行的需要。在经济发展的过程中，要尽可能合理地利用资源，以最小的资源耗费创造最大的经济价值，并在改善人民群众经济福利的同时，又不损害将来必须依靠的生态系统。协调经济与环境的可持续发展，就要求政府和企业必须对环境实施管理，这已成为政府和企业不可推卸的一项社会责任。通过环境审计，可对政府、企业履行环境管理责任的情况做出客观公正的评价和鉴证。政府和企业也需要通过环境审计解除自己的环境责任，在公众中树立良好形象。

开展环境审计有利于监督评价企业执行可持续发展战略的真实性。通过审计监督，评价企业在实现社会既定的具体目标方面作出的贡献和效率及企业对资源利用的组合是否恰当。企业做出的报告只有在提交给独立第三者审计后，才能证明其公正性、合法性和公允性。

开展环境审计有利于监督评价社会相关成本的效益性。生产活动既是满足人们物质文化需要的过程，也是对自然资源和环境资源的开发利用即消耗过程，环境审计既能最大限度地实现经济效益和环境效益，又能保证生产的不断增长和持续发展。

3 环境审计在国外与国内的实践进展

3.1 环境审计在国外的进展

3.1.1 总体概况

环境审计萌芽于 20 世纪 60 年代末至 70 年代。伴随经济的发展，对可持续发展认识的不断深入，西方国家的一些企业出于管理上的需要，如提高公司的环境绩效、降低原材料消耗等，自发地制定了一些审计计划，评价本企业的环境问题，并委托环境咨询机构进行环境审计或 ISO 环境认证，将审计或认证的结果交给企业的最高管理层。那些审计计划虽然独立性很强，且尚未形成统一的方法，但从那时起，环境审计作为一种新的审计门类在实践中快速发展起来。由此可见环境审计起源于西方发达国家的企业内部审计。美国审计总署在 1969 年对水污染控制项目进行了审计，加拿大等西方经济发达国家也相继开展了环境审计。

20 世纪 80 年代是环境审计的形成阶段，日益增加的环境压力和日益严重的环境问题加速了环境审计形成的步伐。在这一阶段，环境审计的范围进一步拓展：它不再仅仅局限于内部审计领域，作为企业自身的一种管理方式，而且扩大到政府环境审计方面，成为政府宏观管理的手段，很快在政府审计中占据了重要地位。并进一步成为政府制定和执行环境保护政策的最有效的工具。美国审计总署根据议会的要求开展了环境审计，如 1981 年，美国审计总署对新泽西含毒废料的处理情况进行了审计，并在审计报告中提出了“实施计划的基金使用不当”的结论。

20 世纪 90 年代至今是环境审计的发展阶段。1982 年在巴西里约热内卢召开的联合国环境与发展大会是世界各国对环境和发展问题的一次联合行动。会议通过的《21 世纪议程》指出环境问题将成为 21 世纪人类面临的主要问题引起了世界各国的重视。最高审计机关国际组织第 15 届大会将环境审计作为重要议题，并在其《开罗宣言》中明确指出：“鉴于有关保护和改善环境问题的重要性，国际审计组织鼓励各最高审计机关在行使其审计职责时，对环境问题进行考虑”，把环境审计列为第一主题，这大大推动了环境审计的发展。1998 年在乌拉圭举行的最高审计机关国际组织第 16 届大会上，决定成立最高审计机关国际组织环境审计工作委员会，并提出建议，即在该委员会下，按照地域范围设置区域性环境审计工作委员会。

进入 20 世纪 80 年代，一些国际组织对环境审计做出了规定，如国际商会公布的环境审计意见书，90 年代开始各类环境审计规范相继出现，如英国标准协会（British Standards Institution，BSI）制定的环境保护准则 BS7750、欧盟的环境管理审核规则（ECO-Management and Audit Scheme，EMAS）、国际标准化组织的 ISO 14001 等，这些都促进了环境审计的快速发展。

3.1.2 主要国家情况

（1）美国。早在 1969 年，美国审计总署就对水污染控制项目进行了审计，并在报告中提出：“从市政污水处理设施所获得的益处没有原先设想的那么大，1978 年国家审计总署设立自然资源利用与环境保护司，内设环境资金审计处和环境绩效审计处。审计监督的对象是联邦政府部门，目的是为国会提供依据，促进有关部门改善管理，提高效率，更好地为社会服务。”

由于可能因为环境问题而带来潜在的或有负债，美国的注册会计师从 20 世纪 70 年代末开始关注环境审计。1979 年美国环境保护署（EPA）发布的公告中要求由独立的注册审计师来访问工厂，收集样本，进行分析，并向政府当局报告结果，执行类似于注册会计师（CPA）的非政府的验证职能。

（2）荷兰。荷兰是环境审计开展较早的国家之一，也是 1999—2001 年担任最高国际审计机关国际环境审计工作组的主席国。该国在 1989 年政府就公布了《全国环境规划政策》，制定了环境管理条例，规定了企业对环境保护负独立责任。1990 年开始实行中央政府的内部环境管理审计，包括政府 13 个部委的 23 个政府机构以及森林、洪水、公共设施等公共管理部门。目前，荷兰审计院的环境审计主要是绩效审计，内容非常广泛。重点关注的环境问题有：生物多样性的减少、气候变化对自然资源的过度开发，对健康的威胁和物理环境的退化等。审计院在审计中很重视与相关部门的沟通，并充分利用外部专家力量。

近几年来，荷兰审计院主要开展了环境政策执行方面的审计，如防止海洋船舶污染的环境政策执行审计、开展的对大棚节能政策有效性的审计、对降低农药政策有效性的审计，以及降低耕地使用粪便政策的审计等。审计目标明确、易操作。审计院对环境政策执行审计的目标非常明确，主要放在环境政策的策划设计和背景动机是什么？目标是什么？政府是如何实施的？有哪些计划和措施？政府实施政策后，目标效果达到没有？等等，审计结果包括政策目标、政策制定、政策实施、政策实施效应、审计结论等方面，并将审计结果进行披露，引起了社会的广泛关注和政府各部门的高度重视。此外积极开展区域性合作审计。海洋船舶污染是一个区域性环境问题。为了实施审计，首先成立一个由荷兰、波兰、挪威、土耳其等 8 个国家审计人员参加的跨区域审计组。跨区域审计组再对 8 个国家的审计情况进行协调汇总，最后反馈给各个国家。

（3）加拿大。1989 年，丹尼斯·普瑞斯波尔提出应进行环境审计，主要审查对自然资源的有效利用和对生态环境的维护情况。加拿大审计署曾被称为是环境审计的大本营。议会、环保组织甚至智囊团也建议审计署成为联邦政府工具中的“环保看家狗”。到目前为止，除联邦政府外，还有 10 个省和 3 个地区，每个省区都有自己的审计署，它们高度独立，只向该省（区）议会负责，但在业务上与联邦审计署联系密切。作为联邦审计署，只负责对联邦政府各个部门和多数国有企业进行审计，如国家电视台、电台、国家铁路等。整个审计工作中有一半是财务收支审计，另一半是绩效审计，针对的是政府不同方案和不同项目。2005 年加拿大进行的 30 项绩效审计中 25%跟环境有关。

加拿大特许会计师协会（CICA）认为环境审计包括环境咨询服务、场所的评价、经营符合性评价、环境管理系统的评价。虽然在目前，上述四种类型的环境审计服务中的绝大多数都是由化学工程师和其他技术性专家提供，会计职业界对环境性服务的参与程度还很低，但 CICA 认为，只要会计师获取了必需的专业技能后，会计师还是能在一定程度上提供这种服务，发挥会计界的作用。

3.1.3 主要特点

西方国家在环境审计领域的发展呈现如下特点：

（1）制定环境审计规划的公司数目不断增大。环境审计规划已在制造和加工业的大公司中广泛推广，更大规模的增长将发生在其它工业的中小公司。因为它们认识到经过事前审计和预防的生产成本，能明显地优越于不自觉和不适当的环境管理的生产成本。

（2）环境审计的范围和职能不断拓宽。现已有审计规划的公司和新建立审计规划的公司，正努力扩展其环境审计的范围和职能。那些仅注重于环境课题的公司将开始开展包括健康、安全和产品安全事项方面的环境审计。

（3）环境审计成为公司间及国际间相互交流的一种工具。由于更多的公司确立了定期公开交换有关它们环境目标和就实现其目标而开展相应活动的有关信息，环境审计将越来越公开并成为公司间及国际间信息交流的工具，随着信息化和公众参与的不断发展，企业的环境审计将愈加大众化，并将成为吸收资本的重要策略手段。

（4）环境审计重点从合法合规性转向经济效益性，跟踪审计受到越来越多的重视。早期的环境审计对合规性的注重有利于弥补那些因工业革命缺乏环境管理造成的损失，但是对于效率性、效果性却束手无策。随着形势的变化，许多公司将转变它们的审计方向，使审计由服从性的检验转到确立有效环境管理系统。公司也将通过环境审计规划来展示它在环境方面的切实努力，这样绩效审计将逐步取代合规性审计成为环境审计内容的主流。跟踪审计作为一种“便于使有关问题得到更彻底解决的”审计形式，在欧美国家日益流行；在加拿大，自 1985 年以来，加拿大审计长公署便有了一套实地跟踪审计的正规体系，一般来说，审计长在年度审计报告中初次向议会报告某项审计发现两年后，要开展对这些事项的跟踪审计，并将结果公布在当年提交议会的年度报告中。在美国，会计总署每年至少与相关的被审计单位主管人员接触一次，以便确认为实施审计建议已经采取的具体行动，或者确认为处理审计报告中指出的问题而采取的其他行动。作为这种正式跟踪过程的辅助，会计总署还对被审计单位解决问题的进展情况进行非正式跟踪，以确保后者对实施审计建议的兴趣不会因为时间的推移而减弱。

3.2 环境审计在我国的发展

3.2.1 实践摸索

我国环境审计刚刚起步，进行环境审计的主要是政府审计机构和一些大企业的内部审计机构，而注册会计师却较少参与其中。因此环境审计以政府的环境审计为主，中国审计署已将开展环境审计列为工作之一。其发展过程为：

（1）第一阶段是 1983—1989 年。这期间虽没有明确提出环境审计的概念，但在审计署开展的审计项目中涉及一些对环境保护资金的审计事项，如审计署曾于 1985 年和 1993 年两次对 20 个城市开展了环境审计。其中 1985 年，审计署与财政部、国家环保局联合组织开展了对太原、兰州、长沙、桂林 4 个城市环境保护补助资金的审计：1993 年，审计署组织对哈尔滨等 13 个城市排污费进行了审计。当时审计的重点是合规性审计，即排污费的征缴和使用情况，对保证环保资金的合理使用和环境污染的治理发挥了积极作用。但因当时人力、财力所限，尚未对政府的环境政策和环境绩效进行审计。

（2）第二阶段是 1989—2002 年。1998 年审计署成立了农业与资源环保审计司，明确了环境审计职能。这标志着我国环境审计新阶段的开始。按照审计署领导关于开展环境审计要“摸清家底，探索路子”的指示，农业与资源环保审计司采取“积极试点，稳步推动”的做法，有意识地从促进环境污染治理和促进生态环境保护两个方面，组织开展了多项环境审计，积累了一些经验。

（3）第三阶段是 2003 年至今。以 2003 年 7 月环境审计协调领导小组成立为标志，环境审计成为一项全审计署的工作，定位得到明确。这一阶段环境审计的显著特点是：兼顾环境审计理论和实践的双重探索，积极吸收国际环境审计的先进经验，充分考虑我国环境保护工作不断取得的新成效，不断拓展环境审计的新领域，及时总结既往环境审计工作中行之有效的实践经验，环境审计的各项工作取得明显成效。

审计署自 1983 年成立以来，从我国环境保护与可持续发展的实际需要出发，同时也参照最高审计机关国际组织“鼓励各成员国的最高审计机关，通过审计工作对本国的环境保护政策施加影响”的要求，将环境审计作为促进环境保护与可持续发展的重要手段，逐步并积极开展环境审计工作。到目前为止，政府审计机关开展环境审计的法定权限和职责已明确，中央及省地级审计机关的专门机构已基本建立。环境审计工作日益广泛、深入，不断取得显著成效。1998 年政府机构改革中，国务院在批准审计署的机构改革方案中强化了环境审计的职能，审计署设立了有关环境审计的机构——农业与资源环保审计司；审计署 18 个驻地方特派员办事处，31 个省、自治区、直辖市政府的审计机关也分别设立了从事环境审计的机构。面临新的环境保护形势和任务要求，2008 年，国务院机构改革，审计署更是加强了资源环境保护方面的审计职能，增加了相应机构和处室设置。

“十五”期间，审计署加强了环境审计职能，各级审计机关从促进生态环境建设和环境污染治理入手，先后开展了天然林资源保护工程资金审计、退耕还林工程资金审计、排污费审计和重点流域水污染防治资金审计等环境审计项目。共审计 6 906 个单位，审计资金 593 亿元，查出违法违规资金 52.88 亿元，移交各类严重违法、违纪案件 28 起、涉案人员 50 人，其中 35 人受到党纪、政纪处分。向国务院上报环境审计报告、信息 50 多篇，国务院领导同志多次作了重要批示。通过环境审计，提出了改进环境保护工作和完善环境保护法规的意见和建议，有的得到了国务院及有关部门的采纳。例如，2001 年退耕还林试点资金审计中，《审计署关于完善退耕还林政策的意见和建议》报告中，提出的 6 条意见和建议在《国务院关于进一步完善退耕还林政策措施的若干意见》中全部得到采纳，国家发展和改革委员会、财政部、国家林业局和国家粮食储备局根据审计意见和建议专门发函，进一步明确了有关退耕还林政策，要求认真纠正审计发现的问题，促进了退耕还林工作的顺利实施。

在国家层面积极开展环境审计工作的同时，各地方也努力进行环境审计的实践探索。2003 年深圳市率先对本地 4 家污水处理厂进行有针对性的审计。当时市政府已投资建成污水处理能力 112.2 万 t/d，但审计发现当年的实际污水处理率仅为 66.9 万 t/d，未经处理直接排放的污水量为 54.88 万 t/d，设施利用率不到六成，项目闲置浪费严重。审计还发现，用于污水项目建设的资金被搭车超额建设办公楼宿舍。这些例子给市政府一个警示，污水处理行业管理体制缺乏有效的监督。政府很快找到了问题的症结并迅速给出对策，使得深圳污水处理行业的种种问题得到有效化解。

2004 年开始，杭州市环保局委托一家专业的社会中介机构，连续 3 年中对 45 家企业进行了企业环境审计试点。审计显示：有 23 家企业原先没有排污申报，有 6 家 COD 超标排放，3 家烟尘超标排污，1 家 SO_2 超标排污。进行过排污申报的 22 家企业，其中 12 家企业实际污染物排放量超过了申报数字。1 家化工企业在审计中发现，有机磷排放竟超过国家标准 69 倍，企业很快投资 1 500 万元新建污染治理设施，消除了发展中的环境风险。

3.2.2 面临问题

总的来说，经过 20 多年的发展，尽管我国环境审计工作取得了一定成效，但与世界环境审计相比，我国环境审计理论研究及实务落后于西方发达国家的现状，处于探索阶段。目前，主要以政府环境审计为主，在实践中面临以下问题。

环境审计依据不完善

环境审计在我国提出已有 20 多年时间，之所以没有从理论到实践取得突破性进展，除了环境审计本身的复杂性和难度之外，另一个挑战，就是与环境审计相关的法规制度标准等依据还基本空白。

（1）环境法规的不完善。目前我国已颁布了近 20 部环境保护和资源保护方面的法律法规，颁布有近 400 项环境标准，基本形成了我国环境保护的法律监督体系，为环境审计提供了一定的参考依据。但与发达国家现已制定的环境法律法规相比，还存在着差距，在具体实施过程中，仍存在部分空白。如环境会计准则、环境审计制度等都还没有制定。

（2）环境会计尚未建立。在进行环境审计时，要求被审计单位如实记录和反映其环境管理的情况，提供完整的环境会计信息。然而，我国至今未建立环境会计，造成环境信息的确认、计量、披露缺乏统一的标准，环境信息披露产生随意性。因此，尽快建立环境会计规章制度，制定统一的环境会计报告准则，规范环境会计核算的对象及报告形式，并使环境会计核算尽快付诸实施，才能为环境审计奠定良好基础。

（3）评价标准的不完善。在环境审计过程中必然要对环境成本和效益进行分析，然而令会计人员和审计人员最感到头痛、最缺乏信心的也正是用哪些指标和标准来科学地反映环境成本和环境效益，以及如何对它们进行科学计量。由于审计标准不完善，审计机构和审计人员在对被审单位的环境业绩进行评价时，将会增加难度，产生审计风险，同时环境审计操作性差。

环境审计主体和内容单一

（1）审计内容单一。目前进行的与环境相关的审计主要是合规性审计，即主要鉴证企业的经济活动是否遵守了现有的环境保护法律和地方颁布的环保法规，如污染物的排放是否超过了规定标准，是否按照规定的要求及时上交了各种费用等。而对国务院所属的环保部门及其它有关部门、地方政府管理的环境保护专项资金进行审计监督、对国家在国际履约方面进行审计监督、对政府环境政策进行审查监督等内容，基本上是空白。环境审计的作用主要是限于消极的防范，远未起到环境审计应有的制约和促进作用。

（2）审计对象单一。尽管政府环境审计的对象包括环境保护资金、环境政策执行效果、政府部门的有关活动等，我国目前的政府环境审计仍是以环境保护资金审计为主，对象单一。这是因为，首先，按照我国有关法律的规定，对资金的审计是审计机关的主要职责。其次，对环境政策、政府部门活动的审计，在宪法和审计法中都没有明确的规定，审计机关只能通过环境保护资金的审计，反映环境政策、政府部门环境管理方面的问题以促进政府加强环境保护。最后，由于政府部门职责划分的不同，在目前没有开展与这些部门联合审计的情况下，审计机关的工作权限受到一定限制。

（3）审计主体单一。我国目前的环境审计主体主要是国家审计机关，内部审计部门和社会审计组织的参与程度较低，难以保证环境审计的质量，也难使环境审计发挥防范作用，因为人员有限，完成所有审计工作难度较大，只能把已经出现严重环境问题的项目列入审计计划，使得事前监督薄弱，到时却“亡羊补牢”，难以拓展环境审计项目的范围，减弱了环保工作的力度。

环境审计意识落后与人才匮乏

（1）环境审计意识落后。我国正处在产业升级和经济转型的时期，在由粗放型经济向集约型经济转变的过程中，“重生产、重利润、轻环保”的经济增长决定论的观念仍在人们心中根深蒂固，可持续发展的观念还没有真正树立，人们环保意识淡薄，参与环保活动的热情不高，环境审计还没有被社会所公认。

（2）环境审计人员素质有待提高。环境审计涉及面广，是一项专业性、技术性、综合性很强的工作，它要求参加审计的人员既要精通财会、审计知识，又要熟悉环保法规、环境科学知识。由于我国开展环境审计时间不长，实践中审计人员多是以财务、工程审计知识见长，对于环境审计缺乏必要的专业技术和手段等，离全面开展环境审计的要求尚有距离。

相对政府环境审计而言，我国企业在内部环境审计上几乎是“零的记录”，这与西方企业内部环境审计的产生与发展状况是很不相同的。我国的环境审计尚未发展至企业环境保护的层面，对企业领导人应承担的环境保护责任、企业环境管理制度、环境保护绩效、产品的清洁生产等，基本没有采取具体行动。即使有的企业进行的所谓与环境有关的审计，也仅仅围绕环保资金一收一支这条线展开，很少有企业对单位污染治理情况、治理成本与效益进行分析与评价。也就是说企业内部缺乏环境审计，环境审计并没有成为企业发展的动力与管理工具。目前全国开展内部环境审计的企业很少，企业普遍经营不景气或环境保护意识淡薄，出于逐利动机，企业显然不可能对自身带来的环境问题主动进行有力的环境审计。

与企业内部环境审计相同，我国独立环境审计理论（注册会计师环境审计）处于探讨阶段，独立环境审计的推动力空缺。因为我国民间审计也刚起步不久，加之形成环境审计的机制尚未建立起来。我国目前许多企业环境意识薄弱，环境执法力度不够，虽然全社会正越来越关注环境问题，但消费者环保意识不强。对企业环境信息的需求不大，所以当前推行民间审计领域的环境审计有一定难度。虽然国家环保总局发文对要求初始上市的公司和上市再融资的公司对有关环境问题进行披露，但由于具体的制度尚未建立，暂时还难以对民间审计有所帮助。

目前，我国注册会计师队伍尚难以承担环境审计任务，由于环境审计应用环境学的专业方法，依据环保法规审查企业同环境有关的行为的合规性。因此，目前的注册会计师队伍不经专业培训难以胜任环境审计工作。从目前情况来看，按会计制度规定，企业缴纳的排污费作为管理费用处理。注册会计师对会计报表进行审计时，无需对该项支出特别关注。实际上，民间审计领域的环境审计还没有真正开展。

3.3 国内外环境审计发展的比较分析

从环境审计产生、发展的历史轨迹来看，西方国家的环境审计最初是作为企业内部应对日益严峻的环境风险而自发进行的一种环境检查和评价活动出现的，此后作为一种重要的环境管理手段在各种类型的组织中得以推广。可以说，其自产生之初到现在，并没有与传统的国家审计机关、内部审计机构和注册会计师存在必然的联系，只是由于这种活动在方法和程序上与传统财务意义上的"审计"有很多相似之处，国家审计机关、内部审计机构和注册会计师在从事这种活动方面也具有一定的职业优势，因此，他们逐步成为环境审计的主体之一，并且各相关职业团体（如最高审计机关国际组织、国际会计师联合会、国际内部审计师协会等）也针对他们如何在执业活动中充分考虑环境的影响、如何更好地参与到环境审计中来进行了一系列研究。从这个意义上说，国外对"环境审计"的认识从一开始就并不同于传统审计的框架，而采取了更加广阔的视角。相比之下，我国的环境审计实践最初是从国家审计机关对环保资金的审计开始的，国家审计机关在其力所能及的范围内（传统的国家审计、内部审计、民间审计领域），逐步推动了环境审计实践在政府和企事业单位的开展。但由于其职责、权限等方面的限制，这种实践和推动始终没有超出传统审计框架的范围。从某种意义上说，这一客观事实正是造成我国与西方国家对环境审计的理解存在差异的主要原因。

由于我国环境治理起步较晚，环境审计的开展也较迟，从 20 世纪 70 年代开始，我国在发展经济的同时已十分关注资源环境问题，为防止空气污染、森林、土地资源破坏，国家颁布了一批环境保护和资源管理的法律、法规，为在我国开展披露环境信息的环境审计工作奠定了良好的法律理论基础。改革开放后，由于有关"绿色会计"的理论研究工作在我国悄然兴起，才有不少专家学者就环境审计问题，在有关报刊上发表了一些具有前瞻性的理论探讨文章。审计署针对我国绿色会计研究的兴起，为促使环境审计在我国逐步展开作了大量工作。尤其是 1998 年审计署组织有关人员编写《环境审计》实务丛书以来，开创了我国"环境审计"的新局面。虽然在我国开展"环境审计"时间不长，但由于近十年来逐步拓宽了对环境信息的审计范围，审计署开展了包括工业、农业、渔业、林业对环境影响的审计评价，还包括可持续发展的有关领域，并着重开展了环保专项资金审计等；如基建项目防治污染"三同时"、环境投资、排污费、污染治理费等"环境审计"实务工作都取得了一定成效。但是，我国环境审计尚处在理论探讨的初级阶段，目前仍缺少系统的环境审计理论阐述，宣传方面也做得很不够，环境审计实务及理论研究状况落后于西方各国，迫切需要加强环境审计工作的开展。

4 推进我国环境审计工作的几点建议

环境审计的国内研究与实践表明，尽管我国在相关方面已有一定的研究和实践，但研究还不系统，实践还不深入，相对发达国家而言，还比较落后。在新形势下，为了加强节能减排工作、实现环境保护的三个历史性转变、促进资源节约型和环境友好型社会建设，需要加快推进中国环境审计工作，并着重在以下几个方面开展工作。

4.1 加强研究实践，完善环境审计依据

目前，我国环境审计的研究尚未形成一个系统的理论框架。现已颁布实施的审计规范和准则中均没有环境审计的具体实施办法和评估标准。虽然我国到目前为止形成了以《环境保护法》为主体包括《大气污染防治法》《海洋环境保护法》等六部环保法律；和《土地法森林法》《渔业法》等八项资源管理开发利用和保护法律以及征收排污费暂行办法等在内的 22 项行政法规的全国性法律法规体系，还有 600 多项环境保护地方性法规，为环境审计的证据收集和专业判断提供了一定的参考标准，但缺乏统一性和规范性，缺乏开展环境审计的直接依据。《宪法》《审计法》等法规仅仅是对传统审计业务的授权，没有明确规定环境审计的具体实施办法和相关的技术标准；中国注册会计师独立审计准则更没有环境审计的具体准则。由于缺乏相关的审计依据或评价标准，这就使得审计机构执行环境保护审计时缺乏依据，审计机关和审计人员在对被审单位的环境业绩进行分析与评价缺乏法律法规依据和评价标准，以致产生审计风险。针对我国环境审计的依据不足问题，环保部与审计署有必要在以下方面开展联合研究，共同推进和完善环境审计依据：

（1）完善中国的环境审计法规，在修改《环境保护法》《审计法》《独立审计准则》时增加环境审计的内容，明确环境审计的具体实施办法；在《证券法》《公司法》中增加环境审计内容，规定对上市公司项目审批及年审，必须经过具有环境审计资格的注册会计师审计，出具有环境信息披露内容的审计报告，等等。

（2）建立可操作的环境审计准则体系，借鉴国际环境审计准则的经验，结合中国国情，研究提出环境审计的定义、对象、范围、内容、职责、实施方法、评价标准等可操作的环境审计规范和工作细则，避免环境审计的片面性和局限性。

（3）应尽快建立相应机构，开展环境会计和审计试点，在此基础上，研究和制定一套统一的环境会计准则和基本核算体系，为环境审计建立基础，促进环境审计工作的深入开展。

4.2 结合我国实际，拓展政府环境审计领域

政府环境审计是指国家审计机关依法对政府和企事业单位的环境管理系统及在经济活动中产生的环境问题和环境责任进行监督、评价和鉴证。并且提出环境和资源保护中存在的违法行为，促进各级政府和企事业单位加强环境管理。现阶段由于经济发展的需要及为促进环境保护事业的发展，目前我国政府环境审计的领域主要包括：环保资金筹集和使用情况、遵守国家环境政策法规的情况、与环境问题有关的会计报表、确定被审计单位影响环境的因素，评价环境治理措施、验证环境报告的真实性、评价环境管理系统的有效性。为了进一步推进政府环境审计工作，应在以下方面予以拓展和推进：

（1）结合环保需要，不断扩大污染治理措施和专项（专题）环境审计，主要包括：对重点污染治理项目（即环境建设项目）进行专项环境审计；根据治污重点确定审计重点，组织专项环境审计；对重点环保企事业单位进行专项环境审计。

（2）以财务审计作为环境审计的突破口，着重发展环境绩效审计。我国应借鉴美国

环境审计在绩效方面积累的经验，围绕人大、政府关心的热点、难点和社会关注的问题，通过对被审计单位项目管理活动的绩效审计，为完善国家宏观经济管理发挥审计监督作用。

（3）结合经济责任审计考评领导人环保责任履行情况。审计机关在开展经济责任审计中应把环保责任履行情况当作重点检查内容之一，坚持经济效益、社会效益、环境效益相统一的原则，认真审查领导者任职期间环保责任目标落实情况。

4.3 加强试点示范，推进企业环境审计开展

企业环境审计是通过审计企业环境报告，审查环境污染是否严重以及环境污染造成的经济损失，审查企业是否以经济节约和高效率的方式运用受托环境资源，审查企业用于环保方面的开支是否真实、合法，计算环境污染造成的损失，评价其资源的综合利用程度及其对环境的影响，揭示废弃物处理、存放和排放情况是否有利于生态平衡。而目前一系列的制度和技术障碍，限制了企业环境审计的开展，因此，有必要在以下方面进行研究与试点，推进企业环境审计工作：

4.3.1 加强环境会计制度建设

环境会计资料是环境审计的重要对象。现行企业会计准则中没有必须向社会披露有关环境信息的规定，更没有对环境信息的记录、计量的具体标准，环境审计难以入手。因此必须修改企业会计准则，增加企业披露和报告环境责任的要求，尽快建立起有关环境责任信息的记录、计量、计价、报告的统一的环境信息会计制度，提供完整、有效的环境会计资料。目前应加强企业环境会计研究与试点，尤其是要加强上市公司中重污染企业的环境会计研究与试点，在以下 3 个方面取得突破：

（1）加强企业环境成本核算研究。对环境成本的定义、环境成本的分类、环境成本的确认、环境成本科目设置、环境成本的计量与记录、环境成本的会计处理等进行规范化和标准化，逐步建立和完善科学、规范的企业环境成本核算体系。

（2）规范上市公司环境信息披露。在环境会计报告形式方面、在环境会计报告内容方面应明确规范，逐步建立上市公司环境会计报告制度。要注意与现行其它环境管理制度的衔接，这些制度主要包括企业环境行为公开、环境友好企业评选、环境管理体系审核认证、环境标志产品认证以及公众参与制度等。

（3）开展环境信息披露试点研究。调查国内外有关企业环境会计和企业环境报告制度的实施情况，尤其是重点污染行业和跨国公司的环境会计制度。在理论研究和调查的基础上，在重点行业和重点地区选择多家企业开展企业环境会计试点工作，总结试点经验进行推广。

4.3.2 推进企业环境审计立法

西方国家环境审计的发展是在比较宽松的空间中进行的，企业自身较强的环境意识使其成为环境审计发展的主导者，由于受到经济发展水平的限制，我国企业的环境保护意识仍比较差，目前的环境审计实践主要是由国家审计机关开展的财务审计，内部环境

审计力度十分薄弱，在这种情况下通过环境审计法规的方式促进企业内部环境审计实践的发展不失为一个好选择。政府可以通过环境审计法律条文的具体化，使内部环境审计成为企业的日常行为，使环境审计制度在企业内部真正建立起来，促进企业内部环境审计的开展。

4.3.3 建立上市公司环境审计制度

对环境污染严重、耗用环境资源较多、接受财政用于环境治理补贴较多的国家大中型上市公司开展环境审计试点。通过审计，促进这些公司加大环境治理的力度，合理利用环境资源，从源头上治理好环境问题，保护投资者利益，从而推动证券市场的良性发展和整个社会的可持续发展。在试点的基础上，建立上市公司环境审计的相关制度，为企业环境审计积累经验。

4.4 加强部门合作，提高审计人员素质

由于环境审计对应的层次是“自然环境+社会经济”，处于生态学、环境学、资源学、经济学、社会学等众多学科研究的范围。同时，环境审计也是一项涉及多部门的工作，并且技术标准十分复杂，所以，环境审计需要进行跨学科研究，各部门之间、各课题组之间以及国际国内之间需要协调配合。

首先，应在组织形式上建立由审计署、环境保护部、财政部等有关部门参加的统一工作机制，在统一协调部署下，共同制定工作方案及目标，并负责组织试点及实施工作。其次，审计部门应加强与环保部门配合，或聘用环保部门专家、法律专家，充分利用外部专家的专业知识和技能进行工作。再次，审计部门应联合环保部门加强对现有审计人员进行培训或轮训，提高他们的环境业务素质和工作能力，保证环境审计工作的常规性开展。最后，环保部门也应加强与审计部门的协调配合，对从事环境专业的人员进行必要的审计、会计知识培训，提高他们在审计方面的业务水平，以更好地协助做好环境审计工作。

4.5 加强国际合作，探索具有中国特色的环境审计之路

随着人类活动对环境影响的深度和广度的增强，环境问题已超越国界，形成和发展为国际环境问题，越来越多的环境问题不再是仅靠一国的国力就可以解决的，而需要各国的共同努力，共同应对。环保部门和审计机关在关注环境问题的同时也应该注意环境保护国际化的特点，结合中国实际，加强国际间环境审计的交流和合作，学习其他国家先进的环境审计经验，积极探索，不断创新，减少在环境审计理论和方法研究方面的重复劳动以及审计实践中的盲目性，推动中国环境审计工作的深入开展，走出一条具有中国特色的环境审计之路。

参考文献

[1] 尤孝才，杨淑兰. 环境审计的现状、披露内容及实施建议[J]. 地质矿产经济，2003（1）：14-16.

[2] 白英防，刘丽华. 中国的企业环境审计及其运作模式研究[J]. 湖南工业职业技术学院学报，2003，3（1）：29-32.

[3] 魏健铭.现阶段政府环境审计及今后发展趋势[J]. 社科纵横，2004，19（4）：149.

[4] 关玉红，李国辉. 我国开展环境审计的构想[J]. 商业研究，2005（317）：106-108.

[5] 蒋玮. 我国环境审计问题研究[J]. 东北财经大学学报，2006.

[6] 郭群. 环境审计在我国的兴起与发展[J]. 中国审计，2006（12）.

[7] 高方露，吴俊峰. 关于环境审计本质内容的研究[J]. 贵州财经学院学报，2000（2）.

[8] 王宝庆. 开展环境审计的基本策略[J]. 审计理论与实践，2000（4）.

[9] 崔兆磊. 试论我国环境审计的内容与发展设想[J]. 经济师，2003（7）.

[10] 陕西省审计学会，西安工业大学课题组. 环境审计实施障碍与对策研究[J]. 现代审计与经济，2007（2）.

[11] 毛金妹. 论可持续发展战略与我国的环境审计[J]. 商场现代化，2006（7）.

关于环境统计制度改革与创新的思考

Considering on Environment Statistical System Reform and Innovation

於 方 王金南 曹 东 彭立颖[①]

摘 要 本文根据环境统计改革和能力建设地方调研情况，结合正在开展的全国环境统计试点改革以及全国第一次污染源普查工作，归纳总结了现行环境统计体系运行中存在的问题，认为在统计工作定位、排污总量测算方法、数据采集方法、统计指标体系以及基层环境统计能力建设、环境统计与调查技术等方面存在薄弱之处，建议以全国污染源普查为契机，从管理体制、统计技术和方法、统计法律保障制度等方面切实提高环境统计能力和统计数据质量。

关键词 环境统计 统计制度 能力建设 统计方法

Abstract Based on local survey of environmental statistics reform and capacity and with combination of the ongoing experimental reform on national environmental statistics as well as the first national pollution census work，this paper summarizes the existing problems in current environment statistics system and the weakness of statistical work on the function of statistical work，measurement of total pollution discharge，collection of environment data，indicators survey technology，and capacity building and so on. It is suggested to take advantage of national pollution census work to enhance the environment statistical capacity in areas as management mechanism，statistic methodology，statistical legislation system.

Key words Environment statistics Statistical system Capacity building Statistical methods

0 引言

面对中国经济社会发展与和资源环境“瓶颈”之间的巨大矛盾，控制污染和生态破坏的难度在不断加大，环境管理工作也面临前所未有的挑战。环境统计是环境管理的基础性工作。环境污染排放台账不准确，环境管理就必然成为无源之水、无本之木，环境

[①] 中国人民大学环境与资源学院。

管理工作无从开展，环境经济综合决策也就无从谈起。

国家环境保护局于 1983 年建立了环境统计年报制度，经过 20 多年的实践和发展完善，已经建立了较为规范的环境统计指标体系和企业、县级、地市级、省级和国家级的统计数据逐级上报工作体系，形成了一套以定期普查为基准、抽样调查和科学估算相结合、专项调查有效补充的调查统计方法。总体来看，目前的环境统计基本能够反映我国工业污染与城市生活污染与防治、环境管理以及环保系统自身建设的情况，在一定程度上适应了我国环境保护管理与决策的需要。但是，随着可持续发展目标的建立、环境经济核算工作的开展，目前环境统计工作所存在的不足也有所体现，具体表现在：①环境统计、排污申报和排污收费三套数据并存，既增加基层工作负担，同时数据不统一也影响环境决策。②基层数据填报工作核查制度不完善，汇总分析指标体系不全面，数据质量不理想。③环境统计程序和技术手段落后，难以实现数据的快速上报以适应短期环境形势分析的需要。④环境指标体系不能全面反映污染与治理状况，不能适应经济环境预测与预警的需要。⑤环境统计数据的应用和综合分析薄弱，难以满足政策分析的需求。

在国务院提出“十一五”主要污染物减排的约束性指标，并做出每半年公布一次主要污染物排放量的要求后，就对环境统计工作提出了更高的要求。完善和建设环境统计指标体系是温家宝总理在 2006 年 12 月的中央经济工作会议上提出的减排工作的三大体系建设中的一项重要体系，环境统计是完成减排工作的重要基础和保障。调查统计方法落后，调查范围过窄，指标设置不完善，数据时效性不强，统计制度不健全，特别是缺乏必要的数据审核机制，是现有环境统计体系的主要弊端，如何进一步完善统计制度，改进统计方法，满足污染减排和环境管理工作对环境统计在全面性、及时性、准确性以及综合分析等方面的更高要求，更好地为环境经济综合决策、科学发展以及社会和谐服务，是摆在中国环境统计管理部门面前的一项重要任务。

为落实国务院关于建立和完善科学的减排指标体系和考核体系的要求，适应污染减排指标体系和考核体系的要求，适应污染减排核算对统计工作的需要，加快统计改革，2007 年规划财务司组织开展了环境统计改革和能力建设调研。笔者以调研小组成员的身份于 2007 年 9 月参加了 2007 年全国环境统计工作会议，并赴湖南就改进统计方法、完善统计制度、落实“三表合一”、提高数据的准确性和时效性等问题继续开展了重点调研，随后还阅读了各地方上报的调研材料。在 2007 年环境统计工作会议上，代表们对总局针对环境统计工作阐述的新思想和新观念表示认同，对本次会议体现出的新精神和新作风反响热烈，但也普遍认为环境统计改革在面对污染减排核算对统计工作需求增强这一良好契机的同时，也面临前所未有的挑战和困难。下面根据地方调研情况，结合正在开展的全国环境统计试点以及全国第一次污染源普查工作，提出关于环境统计工作的思考和建议。

1 地方环境统计现状

1.1 建立了环境统计工作体系和运行机制

环境统计工作已成为地方各级环保部门的重要职能。目前各省基本建立了以省级、地市级、县区级和企业级为主体的纵向网络环境统计工作体系，除企业级外，每一级还有环保部门与各有关部门组成的横向网络。各级环保部门同时还接受同级政府统计部门的业务指导和监督。各级环保部门根据工作需要规定有关机构承担统计任务，并配备专职或兼职环境统计人员。有些大中型企业在环保机构中配备了环境统计专干。部分行业主管部门也配备了环境统计人员，如冶金、有色、石化、铁道等部门。纵横交织的环境统计工作网络是开展环境统计工作的组织保障，也是信息交流与传输的通道。

环境统计能力建设是建立环境统计工作体系和运行机制的重要基础，各地方环保局普遍比较重视环境统计建设。第一，注重加强信息自动化建设。为提高环境统计信息的及时性、可靠性和广泛性，各地环保局普遍加强了统计信息的自动化采集能力，许多省市都为地市或区县级环保统计人员配置了统计专用手提电脑。有些地市还针对国家所提供软件的不足，开发软件系统，提高了数据的可靠性。比如，长沙市针对环境统计软件在生产工艺物料衡算、数据校验方面的不足，设计开发了环境统计辅助程序，加强了统计数据检验、统计数据审核、统计数据转换等功能，提高了统计数据质量和工作效率。第二，加强环境统计队伍建设。随着环境统计工作的深入开展，调研省市的环境统计队伍都在不断壮大，通过采取年年培训、层层培训、以会代训等方式，统计人员的业务素质不断提高；某些地方专门选聘政治素质好、计算机应用能力强、熟悉环境统计业务、具备大专以上学历的专业技术人员到环境统计工作岗位，努力保持环境统计干部队伍的相对稳定。第三，深入基层，开展环境统计调研。结合总局要求，许多省环保局都专门委托技术支撑单位或下级环保局就环境统计工作现状进行了深入调研，形成了内容详尽、贴近实际的调研工作报告。比如，湖南省环保局委托省环境监测中心站完成了《湖南省环境统计现状调查及对策分析工作方案》，并申请省级科技发展基金支持，《方案》对了解湖南省的环境统计工作现状、存在的问题以及提出解决环境统计问题的对策起到了积极的作用。长沙市环保局在调查研究的基础上，对长沙市主要污染物的排放系数进行了调整，使其更接近实际情况。第四，强调依法按规操作。各省环保局坚持把学习、宣传和贯彻落实统计法律法规作为规范和推动环境统计工作的重要手段，组织环境统计人员学习《统计法》《环境统计管理办法》等法律法规知识和政策规定，强调依法开展环境统计的重要性，有效地规范了基层的环境统计工作。

1.2 严格控制环境统计工作质量

省市级环保局采取有力措施，严格控制环境统计质量，具体措施包括：①认真布置工作。每年组织召开全省环境统计布置会，传达全国环境统计工作会议精神，认真学习总局《环境统计管理办法》等法规和文件。②加强环境统计数据的宏观指导。在每年统计工作任务布置前，省局对全省市宏观经济发展形势做较为详细的分析介绍，对污染物排放做宏观预测，使各市州环保局对环境建设、污染物排放心中有数，防止对数据审核无法把握和大起大落的现象。③加强对重点企业的数据审查。在数据汇总过程中，省局组织省、市、县三级环保局环境统计人员对部分排污量大、数据出现较大波动的企业进行现场核查，此举对那些有意瞒报的企业起到了威慑作用。核查过程中现场对环境统计人员进行再次培训，用实际事例研讨环境统计的工作方法。④对市县环保局环境统计工作进行抽样检查，促进各级环保局真正重视统计工作。⑤加强环境统计数据核定和统计分析工作。对各类报表按专业进行严格审查，努力确保数据的真实性、完整性和科学性，并进行统计分析和预测，为政府决策及时提供全面、准确的信息服务。

1.3 各地环境统计能力存在差异

各省在环境统计能力建设方面存在一定的差异，普遍来说，东部省份相对较好，在岗位设置、人员、设备、培训等方面相对比较规范，如广东和浙江；西部省份则相对较差，如青海省的环境统计能力严重不足。浙江省环保系统 2001 年实现所有县级环保局独立建局的同时，都相应设置了统计岗位，明确了岗位工作职责，落实了专职或兼职从事环境统计工作的人员。目前，全省 90 个县（市、区）、9 个开发区、11 个设区市，加上省本级共有 111 个统计机构，综合报表专职和兼职统计人员共有 146 人，其中 37%以上具有中高级技术职称，75%具有本科及以上学历。省本级设有专职统计岗位 1 个，省环境监测中心为技术支撑单位。全省 11 个设区市环保局均设有统计岗位，并配备 1 名工作人员，有 7 个设区市落实了统计技术支撑单位；全省环境统计县级单位 99 个，共有 126 名统计人员，有 14 个县级单位指定了技术支撑单位。为了提高各地统计人员的业务水平，省环保局定期组织召开了环境统计培训和交流会，并在数据审核期间到部分县（市、区）进行现场指导。部分市、县也积极开展多种形式的培训活动，不断提高辖区内环境部门和重点企业统计人员的工作能力和业务水平。

青海省自 2001 年机构改革，除西宁市、海东地区和海西州为独立建制的地级环保行政机构外，其余自治州和 49 个县级环保机构均为非单设机构，是与林业、城建、水务等部门合署办公，每个机构往往只有一名从事环保工作的人员，一人身兼数职。环保机构的不健全使得统计力量也相当薄弱，统计岗位得不到保证，没有固定的统计人员，多为临时抽调或借调人员，统计人员变动频繁，统计人员业务素质难以满足工作需要。由于经费匮乏，全省八个州、地、市和 49 个县级环保部门中，西宁市、海东地区虽然实现了数据计算机处理，但也无专用的计算机，其他地区都是靠手工汇总、传真、电话、邮寄等方式上报数据，或直接将基层报表报到地区和省局进行计算机数据录入。许多中西部省份都存在类似的问题。

2 环境统计存在的问题

2.1 环境统计工作定位不明确

环保部门排污总量数据“数出多门”，污染减排办公室的宏观核算总量、统计部门的环境统计总量和监察部门的排污申报总量相互矛盾，是基层环境统计工作人员反映最强烈、讨论也最热烈的话题，其中，减排核定工作与环境统计工作之间的矛盾已经取代环境统计数据与排污申报数据不一致这一痼疾，上升为当前环保工作的主要矛盾，基层统计工作人员普遍对以减排核定总量调整环境统计总量的做法感到茫然和困惑，并指出了这种做法本身的不合理性和给环境管理工作带来的种种弊端：①利用核算数据对环境统计数据进行调整属于“违法”行为。环境统计排污总量是通过严格的环境统计体系、经过企业、县区、地市、省和国家层层上报、被国家《统计法》所认可的法定数据，在减排核定总量方法的科学合理性尚待验证的情况下，简单地利用核定总量对环境统计总量进行调整，既不合理又不合法，严格地讲，属于政府干涉统计的“违法”行为。②环境统计在实际工作中正在被边缘化。目前各级环保部门和政府部门对污染减排工作高度重视，基层统计人员普遍存在统计数据只是为印证核算总量服务的错误思想，此外，许多地方的基层统计人员实际已经为污染减排部门工作，这种现象被地方戏称为“扛着弹药向敌人投诚”。因此，基层环境统计人员普遍认为在目前的形势下，环境统计工作显得可有可无，环境统计工作的地位不但没有得到加强，反而被极大削弱，基层人员的工作积极性受到了严重打击。③数据不统一有损环保部门形象。排污总量是环保及其他相关政府部门编写环境规划、制定环境政策、开展环境管理的重要依据，由于数出多门，排污总量数据被轻易改变，既不利于环境管理决策，也严重影响了环保部门的政府形象。

2.2 宏观测算排污总量的方法需要认真研究

总局在重庆会议上提出的利用宏观测算的方法对排污总量进行核定和验证的思路，得到了各地方的普遍认可和赞同，但有地方指出，单纯利用国民经济总量、人口和治理投资等宏观数据对排污量进行测算的方法过于简单，可能与各地方的真实情况不相吻合。比如，有色金属采、选、冶业是湖南省的主要支柱产业，生产工艺排放 SO_2 占 SO_2 排放总量的 19%，简单利用燃煤量核定 SO_2 排放量的方法显然不符合湖南省的实际情况，因此，建议在宏观测算时进一步考虑各地的产业结构，并允许地方以经过准确核实的微观台帐为依据对宏观测算模型进行适当修正，以综合考虑不同地区不同工艺水平、污染治理水平和管理水平的差异。此外，还有地方建议环境质量变化也可以作为测算排污总量的一项验证指标。

此外，减排核算总量与环境统计之间也存在矛盾。减排核算增量通过宏观核算得到，减量通过逐个项目核定，并设置了若干条件，其中有关规则对统计体系的冲击较大。突出表现为现行的核算办法的增量过大、减量过小，而最终结果要落实到环境统计的基表中，两者存在不可调和的矛盾，数据很难做到有机的衔接。如现行的减排核算方法中，COD增量根据GDP增长率核算，目前浙江省GDP增长率在10%以上（2007年上半年为14.7%），按照核算办法，COD的增量为10%以上。按照环境统计结果，近年来水量的增长维持在3%左右，有些地方用水量甚至下降。这就意味着新增GDP部分的排放浓度比上年平均浓度增长3倍以上，这与实际情况不符。因此，通过GDP计算的增量往往偏大。减排核算的减量计算中，核算规则变化过于频繁，并设置了较多门槛，如对减产、限产等带来的COD削减量不算，加强环境监管形成的COD削减量不得超过核算年本省工业污染物减排总量的20%等。而根据《统计法》和环境统计的有关规定，企业必须如实填报统计数据，导致核算数据最终落实到环境统计的重点调查企业存在较大难度。

2.3 数据采集方法有待改善

对于工业企业污染源，现行的环境统计数据采集方法主要有三种，即实测法、排污系数法和物料衡算法。在实际操作中，由于安装在线监测装置的企业少、环境部门定期监测频次低，有限的1～2次监测数据很难反映企业的实际生产状况，而对于安装在线自动监测设备的企业来说，在线监测数据和监督性监测数据之间往往存在较大差距，企业填报数据无所适从，因此，在实践中实测法难以得到广泛应用。而排污系数法由于系数陈旧，无法反映目前生产工艺和技术水平下的排污状况，据个案分析，采用技术导则推荐排污系数核算得出的排污量与实际排污量相差几倍到几十倍，产生了数量级的系统误差；而物料衡算法主要应用于火电厂和污水处理厂，适用范围极为有限。因此，基层环境统计人员在填报数据时，更多的是以上年数据为基准，根据实际生产状况和技术水平粗略地进行同比估算，在基准年数据已经失真、误差逐年累积的情况下，基表数据质量难以保证。因此，提高监测频次、更新排污系数已经成为工业企业环境统计方法改革的当务之急。

对于生活污染源，目前的环境统计主要利用排污系数法进行宏观测算，但由于城镇人口和燃煤量两项基础数据在统计口径和统计范围上的不连续性和不一致性，给宏观测算总量带来较大的不确定性，其中，城镇人口主要影响废水及其污染物产生排放量的测算，燃煤量主要影响生活源 SO_2 和烟尘的测算。随着近年来我国城镇化步伐的不断加快，某些地方出现城镇人口突然大幅增加、城市生活污水和污染物也随之大幅增加的现象，有些地方还反映目前技术导则推荐的生活排污系数过高。此外，环境统计耗煤量普遍低于经济部门统计耗煤量、而经济部门统计数据的公开时间滞后于环境统计数据的汇总时间，给燃煤 SO_2 和烟尘的测算带来极大的不便和麻烦。

2.4 环境统计指标体系基本完善，但统计范围过窄

地方普遍认为现行综合统计报表在指标设计上相对“十五”统计报表有了较大的改进，指标体系基本完善，但也仍然存在一些问题：①污染物种类不全面，扩展性不强，某些特殊污染行业的特殊污染物无法纳入统计，给减排考核工作带来一定困难。②指标

设计仍嫌复杂，重点不突出。③部分指标界定范围不清晰，解释不明确。④一些专业指标的设置与综合指标重复。

环境统计范围，特别是工业污染源重点调查范围过窄是基层工作人员认为目前排污量不准确的一个重要原因。以湖南省益阳市为例，2006 年该市规模以上工业企业为 480 家，其中，134 家企业参与环境统计，但排污申报企业仅几十家，益阳市环境统计人员认为现行环境统计范围内的企业代表性不强，没有反映该市的真实排污状况。造成这种状况的主要原因有：①基层领导对环境统计工作重视不够；②2005 年已通过竣工验收的建设项目没有及时纳入统计范围；③因种种原因未通过环保验收、但事实上已投入生产的企业没有纳入统计范围；④同行业乡镇企业没有以企业群的形式进入统计范围。环境统计会议上，代表们对企业群不进入 2007 年环境统计范围有不同意见。

2.5 基层环境统计能力不能满足环境统计工作需要

本次调研发现基层环境统计能力严重不足，主要体现在 4 个方面：①市级环保局没有专门的环境统计科室，环境统计工作主要靠监测站等技术支持单位完成，但湖南省环境监测站也仅有 1 人专岗从事环境统计，疲于应付日常工作。②缺乏专业的环境统计技术人员。由于环境统计工作枯燥清贫，基层环境统计人员普遍都有一种就事办事、随意应付、尽快换岗的心理，工作没有积极性、缺乏责任心，再加上企业和其他基层部门不配合，工作难度大，数据不能产生明显的经济效益，导致统计工作人员多为兼职或借调人员，严重影响了工作的连续性。③基层环境统计人员普遍素质不高。环境统计工作对技术人员的专业水平和综合能力有较高的要求，环境统计综合报表的大部分指标及其逻辑关系专业性强，但由于培训不到位，基层企业和县区环境统计人员理解存在困难，许多指标不能正确填报，不但影响到基表的填报质量和时效，也增加了环保部门统计人员的核查工作量。④环境统计和环境监测技术装备不到位。调研发现，部分区县的环境统计人员没有配备专用计算机，需要到网吧上报数据，外出调查也缺少交通工具。同时，环境监测设备不到位以及监测设备运转不正常也是影响环境统计数据质量的一个重要因素。在本次调研中，我们发现在线监测设备的使用存在许多问题，第一，安装在线设备的企业少，湖南益阳市和常德市一共只有 3 家企业安装在线设备；第二，安装的在线监测设备不能真正投入使用，作为常德市最大的创税企业，常德市卷烟厂的废气和废水在线监测设备形同虚设，安装后从未真正投入使用；第三，在线监测设备的定期维护规定实施无力，长沙市的韩国独资企业湖南 HEG 电子玻璃有限公司安装的废气在线监测设备，已经投入使用一年多，但没有进行过一次校准，监测数据的准确法无法保证。此外，环境监测人员少、设备不足，也无法满足环境统计对企业进行人工定期监测的要求。因此，在线监测和人工监测在实践中都难以得到推广应用。由此可见，环境统计虽然非常重要，但却是目前环保工作中最薄弱的环节。

2.6 环境统计与调查技术亟待提高

环境统计与调查技术主要包括调查统计方法（重点污染源筛选）、排污系数确定、数据审核、环境统计信息化和自动化，问题集中表现在以下 5 个方面：①环境统计调查方法问题。在国家数据库中，前 8%左右的企业占排放总量的 65%左右。浙江省 2006 年占总量 85%左右的环境统计重点调查单位 6 400 家，而前 1 500 家就已经占到总量的 65%。对污染物排放量仅占 35%的 4 900 家企业与污染物排放量占 65%的 1 500 家企业同样采取布表法采集数据，对小企业的统计耗费了大部分的统计人力、物力，不符合资源优化配置的原则，环境统计方法改革势在必行。②重点污染企业的筛选滞后于环境统计要求，无法及时反映污染排放的动态变化。这种滞后来源于两个方面：第一，市级环保部门没有建立起及时有效的污染源监控体系，新建企业不能快速进入污染源监控和统计体系，转关停企业和污染治理水平提高的企业也不能得到及时反映；第二，国家和省级环保部门对国控和省控污染企业的筛选核定时间较长，不仅给基层布表造成不便，也可能造成新的重点企业无法配置安装在线监测设备。③国家没有制定系统的排污系数研究和更新核定制度。目前所采用的排污系数还是 20 世纪 80 年代的研究成果，未能随工艺和技术进步及时更新调整，严重影响了排污系数法的准确性。④数据填报审核制度尚未真正建立。目前环境统计采用的是企业自报、区县、市、省、国家级环保部门由下自上、逐级汇总审核的工作制度和体系，目前这套体系的最大症结在于企业填报数据不准确、基层环保部门审核能力不足、相关制度不健全，由此造成环境统计数据质量难以保证，数据权威性不高。其中，企业自我监管能力差、基表不准确是关键。⑤环境统计软件缺乏数据校核和动态管理功能，难以适应环境统计对准确性和时效性的要求。

3 对环境统计改革工作的建议

3.1 以全国污染源普查工作为契机，全面推进环境统计改革

全国污染源普查是全面掌握我国环境污染状况、准确判断环境污染形势、科学制定环境经济政策和规划、促进环境保护工作的重要手段，目前该项工作已进入关键阶段，普查数据的综合分析与处理工作也已经启动。建议以本次普查为契机，将普查工作与环境统计工作有机结合起来，建立全国性的污染源综合管理信息系统，并针对普查数据和环境统计数据之间的差距，以普查促统计，全面推进环境统计改革。环境统计改革具体包括以下 8 个方面：①建立以抽样调查为主体，重点调查与典型调查相辅的环境统计调查方法。同时，结合各地方污染源普查正在进行的排污系数修订工作和全国环境统计标准化建设工作，提出能够真实反映实际生产状况、技术工艺水平的产排污系数，提高排污系数法和物料衡算法填报数据的准确性，建立科学规范的产排污系数核算方法与技术规范。②实现污染源数据统一采集，建立污染源数据统一核查办法与相关制度。结合全国污染源普查工作的开展，界定各地方的环境统计范围，建立动态工业和生活污染源名录；根据污染源数据统一采集原则，制定各地方的环境统计数据统一采集方案，实现排污申报、排污收费和环境统计数据的一致性；提出基表数据统一核查方法，建立统一核查制度。③优化环境统计指标和上报汇总程序。在听取地方环境统计人员对环境统计指

标意见的基础上，结合环境管理需求，提出环境统计指标优化方案，经过试点建立新的环境统计指标体系。同时，通过探索重点企业汇总、一般企业抽查核算的新统计方法，在保证准确性的前提下，提高数据汇总和上报速度，满足地方和国家污染减排工作对环境统计数据时效性的要求，为近期环境形势分析工作的开展建立信息基础。④建立环境统计数据质量审核和管理制度。环境统计数据质量审核和管理制度由 3 部分组成：建立环境统计数据调查与汇总质量保证体系，包括基层企业数据填报、数据录入与汇总和数据质量调查评估，数据质量调查评估指对数据填报完整率、抽样调查符合率、复核率、逻辑检错率、样本代表性等调查质量指标的分析与评估；环境统计数据质量保证制度，包括企业和基层环境统计人员的定期培训制度、数据复核和抽查制度、数据填报和录入制度、数据质量调查评估制度以及相应的奖惩制度；环境统计数据质量审核制度，包括企业和基层环境统计人员的技术审核制度、数据质量控制与审核制度等。⑤根据普查结果修正环境统计历史数据。由于普查口径远远大于环境统计口径，普查数据必定远高于环境统计数据，因此，对污染源普查数据与环境统计进行对比分析，研究历史环境统计数据的修正方法，建立一套基于普查结果的环境统计历史数据修正方法已成为当务之急。⑥以污染源普查数据库为基础，开发全国污染源综合管理信息系统。以全国污染源普查数据库为基础，开发污染源综合管理信息系统，取代目前的环境统计软件，实行网络传输，各级环境统计、监察、监测、污控等相关部门在一套系统中录入、审核数据，国家、省、市、县等各级环保部门可同时查看各自权限范围内的信息录入、更改、审核状况。建立污染排放企业的电子档案，记录企业从环评、“三同时”验收、监督监测、排污收费到关、停、并、转等所有与污染排放相关的信息。通过该系统可以实现以下 6 个功能：以污染源普查为基础，建立维护动态、全面、准确的污染排放企业清单；实现环境信息的统一管理，对污染排放企业的档案化管理，保证数据的一致性、准确性和可靠性；实现数据共享，包括环保系统内部以及环保部门与企业间的信息共享；减轻基层排污单位负担，降低工作成本；避免多套数据并行给环境管理带来的混乱，同时可以提高工作效率；可以在一定程度上避免人为干扰。建议以国控、省控重点污染源为突破口，不断摸索，循序渐进，逐步实现所有污染源数据的全面合一。⑦开展环境形势分析与预测研究。通过季度、半年和全年环境形势分析工作的开展，提高对环境统计数据的驾驭能力和综合分析能力；通过环境形势预测与研究工作的开展，满足环境统计为开展中远期环境形势分析、制定环境保护规划、宏观调控环境经济走势服务的需求。⑧开展环境统计改革与能力建设试点。根据以上工作内容，针对统计调查方法改革、数据统一采集和核查、环境统计指标优化、环境统计核算方法、数据质量审核等工作，制定环境统计改革试点工作和技术方案，对试点地方的技术人员开展专题培训。提高试点地方的环境统计技术力量和监督管理能力，配备必要的技术装备，试行新的环境统计调查、汇总、审核和分析方法及管理制度，编写试点工作总结报告，为全国环境统计改革奠定工作基础。

3.2 深入剖析环境统计管理体制，设立专门的环境统计与核查机构

环保部门内部出现几套数据，原因是多方面的，其中，被称为“三表合一”的环境统计、排污申报与排污收费报表的统一，是由来已久的问题。目前排污申报与排污收费

报表已经合一，根据总局关于“研究统一采集和核定重点工业污染源排污数据工作”会议纪要（2005 年第 50 期），“三表合一”改称为“统一采集和核定重点工业污染源的排污数据”，但目前仍然习惯称此项工作为“三表合一”。申报收费数据和统计数据存在差异的主要原因来自于 3 个方面：①涵盖企业范围不完全一致，其中，大部分地方是申报大于统计。②方法不完全一致，申报收费数据以实测为主，统计数据以物料衡算和同比类推为主。③干扰因素各不相同，申报收费数据主要受“人情收费”影响，数据偏低，而统计数据以前主要受“城考”影响也趋于偏低，目前则主要受总量核定影响。调研中，地方普遍赞同“三表合一”，他们认为“三表合一”在技术上不存在障碍，在基层工作人员不足的情况下，“三表合一”可以避免重复劳动、减轻企业填报负担重、实现数据统一，对于促进环境管理的准确化、规范化和科学化，全面打造“数字”环保具有十分重要的意义。目前，以总量核算数据调整环境统计数据已经上升为环境管理的主要矛盾。

事实上，监测申报、逐级汇总、总量审核本身就是环境统计工作的 3 个主要环节，环境统计之所以不全面、不系统、不规范、不准确，数据权威性受到质疑的原因就在于两点：①监测申报这一前置性工作脱节；②环境统计长期缺乏数据分析和总量审核这两个关键的后置性工作。目前，以上 3 个环节分别由不同机构管理，势必造成数据不统一、工作重复。因此，明确环境统计职能，从国家到县区级环保部门设立专门的环境统计核查机构负责排污申报、数据汇总和总量审核，是解决“数出多门”的根本办法，其中，国家、省、市、县各自的工作侧重点不同，市县重点强化数据采集和现场审核职能，而省和国家重点强化汇总数据审核和数据分析职能。现场监测和排污收费分别由专业技术机构和环境监察部门负责，这样就做到了监测独立、数据统一、收费有据，机构职能明确，从体制上理顺了统计、监督和核定三者之间的关系。具体建议如下：①理顺管理体制。从市级环保局起建立由局长牵头、统计、污控、监督、监察、监测和信息等部门领导参加的污染源基础数据库审核工作委员会，共同审核污染源基础数据，由各级环保局统一对外发布环境统计数据，保证环境数据的一致性、准确性和权威性。②进一步理顺专业报表工作机制。针对专业报表统计工作中存在的上下沟通不畅、业务指导不力的问题，建议总局各业务司加强对各地对口业务处室的指导，使专业报表制度能够顺利执行，进一步提高专业报表统计的时效性和准确性。③建立与相关部门的数据共享与合作机制。建立健全与相关部门、行业协会的横向合作机制，借用其他部门的力量和信息核实数据，如电力、统计部门的能源、产量和经济数据资料，节水办、自来水公司的用水数据资料；制定全国统一的相关基础数据的明细（微观台帐）、汇总表（宏观核算）直接从相关部门调取，通过正规渠道获取有关指标，实现信息共享。

3.3 重点研究环境统计技术与方法，形成统计核算方法与技术规范

如果把环境统计体制喻为环境统计体系的骨架，那么环境统计方法就是整个体系的灵魂，也就是说，环境统计方法是整个环境统计工作的最核心内容。针对环境统计体系中存在几个主要问题，提出如下建议：①深入研究重点污染物的总量核算方法，争取利用 2～3 年的时间通过国家和省市两级试点建立起一套科学合理的总量核算方法。②在 2～3 年内保证全部国控重点污染源安装在线监测设备并定期校准，同时，考虑建立经营性质

的调查监测机构或“双管”性质的专业环境调查监测机构，加大定期监测频次，扩大实测法的应用范围，切实提高基表数据的准确性。③重视在线监测数据准确性的研究。地方目前普遍反映在线监测数据和实测数据差异较大，同时，“十一五”环境统计报表制度中关于“凡安装自动在线监测设备的污染源，采用实时监测数据的汇总数作为排污量数据”的规定与《环境监测管理办法》中关于“县级以上环境保护部门所属环境监测机构依据本办法取得的环境监测数据，应当作为环境统计、排污申报核定等环境管理的依据”相互矛盾，基层普遍感到无所适从。因此，目前当务之急是集中技术力量找到造成两套数据差距较大的原因，并制定统一的数据采集技术规范。④利用污染源普查对排污系数重新实验修正之机，在污染源信息系统中建立排污系数数据库，并制定排污系数研究和更新核定制度，定期对排污系数数据库进行一次修正和更新。⑤完善现行的重点企业筛选原则，采取措施保证筛选核定时间满足环境统计需要。⑥与统计、经济和农业部门对接，共同探讨城镇人口、燃煤量、畜禽养殖量等对排污总量影响较大数据的统计和核定方法。⑦到“十一五”末期，形成标准化的环境统计核算方法与技术规范，并编写相应的《环境统计核算方法与技术规范》，指导全国开展环境统计工作。

3.4 探究环境统计法律保障制度，保证环境统计职能的合法性

目前，环境统计部门依据国家《统计法》开展环境统计，环境监察部门依据《环境保护法》开展排污申报和排污收费工作，因此，将排污申报职能划归环境统计，就必须对相关法律进行必要的修订，以保证环境统计职能的合法性。同时，针对环境统计目前存在的问题，如受专业素质和道德修养两方面的制约，重点企业对环境统计调查不配合，随意拖延填报时间，错报、瞒报、虚报甚至不报的情况时有发生；各级环境统计人员由于专业素质不够、工作繁重或工作态度影响，难以对基层报表进行全面准确地审核，造成环境统计数据质量不高，因此，在法律和制度上赋予环境统计相应权利的同时，也需要从这两方面对环境统计行为给予必要的约束。概括而言，本项工作主要包括：修订《统计法》和《环境保护法》有关环境统计职能的条款，完善排污申报制度，建立环境统计数据审核和监督管理制度、环境统计数据发布制度和环境统计行为奖惩制度，加大对违反《统计法》行为的处罚力度以及对环境统计先进集体和个人的奖励力度。

3.5 加强环境统计工作基础，切实提高环境统计能力

环境统计能力和工作基础主要体现在 3 个方面：①专业的环境统计机构；②稳定的专业队伍；③完善的技术装备。首先，在体制上保证国家、省、市、区县级环保部门和重点污染企业设立专门的环境统计机构，技术支持单位同时设立专门的环境统计室；其次，建立稳定的环境统计专业队伍，这项工作是决定环境统计能力的关键，具体措施可以从以下几方面考虑：提高专职环境统计人员的行政待遇、设立环境统计特殊岗位津贴、定期定点组织环境统计人员轮训、环境统计人员必须持证上岗、分组分片进行环境统计检查与交流；最后，积极申报环境统计能力建设项目，各级政府财政都设立环境统计预算科目，保证市、县两级环保部门配备环境统计专用电脑和数据存储设备和必要的工作

经费。

为了将环境统计人员培训工作尽快开展起来，从根本上转变长期以来“运动式”培训造成的基层环境统计人员培训不系统、不全面和不专业的问题，提高环境统计基础数据的质量，建立环境统计轮训制度，建议制定详细的全国环境统计系统培训计划，培训可以采用定期滚动式培训与不定期重点培训两种方式开展，其中前者培训内容主要是环境统计和分析基本知识，后者的主要培训内容是宏观经济和环境形势预测分析、重点污染源信息采集、统计数据核查，同时辅以经验交流。定期培训对象包括全国省（自治区、直辖市、全军、新疆生产建设兵团）、地（市、自治州、盟）、县级环保局环境统计人员，各级环保部门统计技术支持单位工作人员和重点排污企业环境统计人员，培训课程包括统计学、环境学、环境统计学、环境统计数据分析和环境统计职业道德。不定期重点培训对象主要是省级和重点城市的环境统计人员、技术支持单位人员和重点排污企业环境统计人员。

关于 COD 总量减排及核查工作的几点建议

Proposals of Reduction of Total Amounts of COD and Verification of Total Amounts Reduction

王 东 李云生 吴悦颖 刘伟江 陈 岩

摘 要 本文以 COD 总量减排及核查工作为研究对象，在全面分析减排核查工作存在问题的基础上，探讨了问题产生的深层次原因，包括 2005 年环统基数对减排效果的影响、核查资料与工程措施之间的差异、总量减排与水质改善之间关系等问题。本文提出减排核查与环境统计协调，资料核查与现场核查并重，突出总量减排成果对水质改善的支持作用，注重宏观政策研究解决重点行业污染减排问题四点建议。

关键词 总量减排 减排核查 环境统计 水质改善

Abstract For reduction of total amounts of COD and reduction verification, based on the comprehensive analysis of problems of verification of total amounts reduction, the deep reasons are discussed, which include the impact of environment statistics data of 2005 to the reduction effects, the difference between verification references and engineering measures, the relationship of total amounts reduction and improvement of water quality. Four proposals are made in this paper: coordination of reduction verification and environmental statistics, conducting references verification and on-site verification together, highlighting the support role of total amounts reduction results to improvement of water quality, and pay attention to micro policy researches to solute the reduction problems of the key industries.

Key words Reduction of total amounts total amounts Reduction verification Environment statistics Improvement of water quality

1 深化减排核查工作，促进统计数据的归真

1.1 环统数据的代表性分析

通过对比近年环统数据和统计年鉴数据间的差异，结合对各级环保部门环境监测监察能力的分析，判断环统中工业企业数偏少（如 1998 年环统企业数为 5.5 万家，占统计年鉴中国有及规模以上非国有企业数的 33.6%；环统企业产值为 3.28 万亿元，占统计数据的 48.4%；2005 年环统企业数为 7.0 万家，占统计数据的 23.2%；环统企业产值 11.8 万亿元，占统计数据的 35.3%），确定的工业废水达标率偏高（2005 年环统工业废水达标排放率为 92%，而根据东北督察中心的日常检查，到 2007 年，东北三省工业企业稳定达标率仍不足 40%）。由此推测环统工业污染物排放量数据偏小。近年环境统计数据与统计年鉴数据对比见表 1。

表 1 环境统计数据对照

年份	企业数		产值/万元		废水/亿 t	COD/万 t
	环境统计	统计年鉴	环境统计	统计年鉴		
1998	55 470	165 080	32 780	67 737	148.5	512.9
1999	63 847	162 033	37 865	72 707	169.4	529.5
2000	66 827	162 885	47 927	85 674	172.7	496.9
2001	67 871	171 256	51 842	95 449	157.6	484.5
2002	66 923	181 557	59 180	110 776	180.0	439.9
2003	66 161	196 222	69 442	142 271	185.9	428.8
2004	70 462	219 643	89 737	187 220	197.8	451.7
2005	70 154	301 961	111 851	316 588	216.0	493.2

环境统计给出的人均 COD 产生系数为：全国平均取值为 75 g/(人・d)，北方城市平均值为 65 g/(人・d)，北方特大城市为 70 g/(人・d)，北方其他城市为 60 g/(人・d)，南方城市平均值为 90 g/(人・d)。由此测算的城镇生活 COD 浓度与实际监测数据之间存在较大差异。如江西省，2005 年生活污水排放量为 6.9 亿 t，生活 COD 排放量为 34.6 万 t，平均浓度为 501 mg/L；湖南省，2005 年生活污水排放量为 13.3 亿 t，生活 COD 排放量为 60.1 亿 t，平均浓度为 452 mg/L。根据实际监测，南方城市的生活污水 COD 排放浓度均在 200 mg/L 左右。

由此得出的主要结论是：环境统计中工业废水的 COD 排放量明显偏低，生活污水的 COD 排放量有所偏高。

1.2 “十一五”COD 增量宏观预测

为确保排污数据逐渐接近真实水平，我们在编制全国“十一五”总量控制方案预测 COD 新增量时，选用偏高的预测指标，为 GDP 每增加一个百分点 COD 排放量增加 7 万～8 万 t。根据近几年全国经济增长水平，预测“十一五”期间 COD 新增量将达到 430 万 t，其中 230 万～280 万 t 为实际新增量，150 万～200 万 t 为原环境统计中缺失量。不同 GDP 增长率条件下 COD 增量预测见表 2。

表 2　不同 GDP 增长率对应的 COD 增量预测

GDP 年均增长率/%	COD 排放增量/万 t	COD 削减量/万 t
7.5	290	432
8	329	471
8.5	353	495
9	377	519
9.5	402	544
10	427	569

1.3 实施细则中的工业 COD 增量预测方法

基于同样的考虑，总局在制定主要污染物总量减排核算细则时规定，各省计算 COD 新增量时必须采用 2005 年的排放强度，同时为降低部分省市因行业结构不均衡、行业调整幅度大等造成的测算偏差，引入 7 个低 COD 排放行业进行数据修正，并可利用分工业行业的工业增加值变化预测 COD 增量。

1.4 建议

本次核查发现：①大量原先未列入 2005 年环统的企业得以补充；②已列入 2005 年环统的企业的排污数据逐渐回归真实；③原统计中为平衡数据所列的企业群开始具体化和实名化。

由于方法学上的差异，减排核查与环境统计存在不协调之处。如减排核查根据新建治理工程实际削减情况计算污染物减排量，根据政府关停文件落实情况、生产设施拆除情况以及上年环境统计量计算关停企业污染物减排量，而环境统计根据企业实际生产情况和污染物排放情况统计排放量。

为确保减排核查工作对环统数据的修正作用，建议如下：

（1）建立针对 2005 年所有减排项目的台账。针对环境统计基表清单每年变动较大的情况，“十一五”期间应建立基于 2005 年环统数据的动态总量台账，全面综合分析当年与上年增减变化与分析当年与 2005 年基准年的总量变化情况。

（2）逐年推进环境统计数据的准确性。工业 COD 新增量核算仍需沿用 2005 年排放强度，工业减排量严格核实，并严格审核纳入与退出统计基表的工业排污单位，“多增少减”，促进工业COD排污量总体上逐步上升并回归真实。生活COD新增量核算可根据不同类型城市实际情况对人均生活COD产生系数进行适当调整，“多减少增”，促进生活COD排污量总体上逐步下降并回归真实。

（3）调整监测监察系数的用法，使其与监管减排挂钩。目前的实施细则中，监测监察系数用于修正工业COD新增量，有其合理性。但由于各级监测站和各督察中心的监测监察工作不仅针对工业企业进行，城镇污水处理厂同样作为重点，故监测监察工作对已发生排污行为产生的结果反映更为直观，是确保治污设施充分发挥效益的关键所在，是通过强化环保系统自身能力建设提升其监管工作在总量减排工作中所处地位的重要体现。监管减排与工程减排和结构调整减排同为总量减排的重要组成部分，但目前缺乏明晰的边界范围和认定条件，建议在下一步实施细则修订时，监测监察系数不作为修正污染物新增量的参数，而作为污染物监管减排量计算的重要依据。

2 加强现场检查及核查，摸清减排项目的真实情况

2.1 核查工作稳步推进

自实施细则发布以来，各省、市环保部门认真研究细则，积极准备各种文件资料，使核查工作得以顺利进行。在某些省份，提交核查组查阅的资料数以吨计，企业的运行台帐、排水在线监测数据、环保部门的监督性监测数据、政府的关停文件、治理设施的耗电量、污泥产生量等堪称完备并全部处于细则认定的范围。每一项工程的减排量适用于细则的哪一个公式以及计算过程均有详细的说明。

2.2 核查工作面临的问题

（1）核查资料准备与当地环境管理水平之间的差异。某些省份环境监管能力尚为薄弱，对企业排污的监管无论深度还是质量均有待提高，在此前提下表现出来的资料的完善性及准备工作的完备性值得深入调查分析，因为监测、监督、监察、管理水平的提高需要人员、设备、经费、时间等多种条件的支持，跨越式的变化本身具有不合理性。

（2）资料本身的不合逻辑性。如某些地方政府在同一时间对不同行业、不同污染性质的企业做了统一的关停决定；某些地方环保部门在较短时间内对大量治理工程进行突击式验收；通过某些企业提供核查期内的每月耗电量数据除以每月处理水量数据，出现计算出的吨水电耗指标均为两位准确数字这种小概率事件（如某污水处理厂2007年1月处理水量为689 595 t，用电量为331 006 kW·h，吨水电耗为0.480 00；2007年2月，处理水量为643 008 t，用电量为205 763 kW·h，吨水电耗为0.320 00等）。

（3）提交资料与现场检查情况不符。包括上年统计的废水排放量和COD排放量数据大于企业实际排放量，上报本年度废水排放浓度低于实际排放浓度；上报污水处理厂完

善管网建设工程作为本年度增加处理水量的依托，而实际工程尚未完成；上报再生水利用工程由于实际用户没有真正落实，回用工程仅仅停留在文件中，而没有真正发生等。

（4）核查尺度上的差异。与电厂脱硫设施运行的核查不同，对水污染治理工程的核查主要依靠经验和逻辑判断。如在污水处理厂核查过程中，受知识背景的影响，不同核查者对不同废水性质、不同处理工艺、不同污染物去除效率的电耗、药剂需求量及污泥产生量的正常取值范围理解不同。

2.3 建议

（1）进一步提升地方各级总量核查能力。组织专家编写详细的核查规范及技术手册，加强对地方核查人员尤其是市县级人员的业务指导培训，加强对企业的总量减排工作的技术指导，保证核查工作深入开展。

（2）完善核查资料内容，逐步建立多部门联动的资料核查体制。为避免造成总量核查是上级环保部门考核下级环保部门的错误认识，应根据职能划分明确相关职能单位的工作任务和要求。如环保部门负责提供企业的监督性监测数据和在线监测记录，企业负责提供运行台帐（包括处理水量、进出水污染物浓度、污泥产生量等），电力部门负责提供各污水处理厂的逐月用电量，药剂销售部门负责提供各主要企业的药剂购置记录，城建部门负责汇总垃圾填埋厂等污泥处置单位实际处置的各污水处理厂污泥量记录等。

（3）在充分进行资料核查的前提下，加强对减排项目现场核查。为保证现场核查的针对性和有效性，需要各级政府提高年度总量减排计划的科学性和合理性，尽早确定和提交本年度的减排项目和企业清单，由督察中心和地方监察机构提前进行现场核查。为充分考虑核算期内企业资金、项目建设时间以及治理工程调试可能发生的变化，允许对年度减排计划中确定的项目清单进行适当调整，但不得超过一定比例。

（4）强化核查的日常管理工作。建立各污水处理厂关键参数数据库，并要求每个新建污水处理厂或设计单位将关键参数报环保部门备案；加强对核查期无减排项目的重点工业企业的日常管理和监督，防止因政府及环保部门工作重点转移而造成的超标排污行为；开发总量核查工作软件，减少核查人员在核算方法与参数选择上花费的大量精力。

3 理顺总量控制与水质之间的关系，以总量减排支持水环境质量的改善

3.1 总量控制与水质改善之间的关系模糊不清

20世纪90年代以来，我国一直致力于水污染物总量控制与水环境质量改善之间关系的建立。淮河、海河等流域的水污染防治规划中均设计了“质量、总量、项目、投资”四位一体的指标体系。然而，这种指标体系并未真正建立起来。原因在于：

（1）反映水质变化的监测站点不足。2006年，国家环保总局仅掌握113个主要城市集中式饮用水水源地和768个国控水质监测断面监测数据。2006年国控水质监测断面共

768个。相当于每400 km河长和20个水环境功能区仅设有1个国控断面，现有的国控断面存在数量严重不足、国控站网布局不均衡、自动站点明显偏少、水质水量监测不配套等问题，难以应对突发污染事件，不能有效支持流域水污染物总量减排效果的评估。

（2）总量控制的效果缺乏科学系统的评估。国家及地方环保部门对重点污染治理项目的落实情况、污染物削减情况以及企业排污变化情况难以及时掌控，对实现稳定达标排放的工业企业所占比例没有令人信服的数据。造成的后果是一方面根据企业上报数据汇总的结果为全国工业企业废水达标排放率超过 90%，另一方面，因企业超标排污而造成的污染事故时有发生。

（3）污染源与水体水质间的关系没有真正建立。企业排污行为没有得到有效监控，新建排污企业的影响没有得到充分考虑，水文和水资源数据严重不足，影响水体水质的排污企业的清单、分布及贡献率大小缺乏基础性研究的支持。综上所述，污染源与水体水质之间的输入响应关系没有真正建立起来。

3.2 以水环境质量考核总量减排的条件初步具备

随着国家对水环境保护工作的重视，环境监测、监察等管理能力大幅度提高，利用水环境质量变化考核总量减排工作已经成为可能。

（1）主要污染物总量减排核算细则的发布实施强化了环保部门对企业排污的掌握及管理。

（2）国家、省、市、县各级监测站点的建设、数据采集工作的完善为有效监控企业的排污行为提供了先决条件。

（3）电子地图、GIS 系统、GPS 系统、MIS 系统以及各类模型软件的开发引进使该项工作不再存在技术层面的制约。

3.3 建议

主要水污染物总量减排是落实科学发展观、全面推进环境保护的必然要求，是改善水环境质量的重要手段；江河湖海休养生息和水环境质量持续改善是主要水污染物总量减排目的，是重点流域水污染防治的重要目标。必须建立两者之间的联系。建议在总量减排监测、统计、考核三大体系建设同时，增加水环境质量监测和考核体系。

（1）配合总量减排完善水环境质量国控监测体系建设。完善总量减排核查所需的水环境质量数据的收集，全面掌握重点水域水环境质量变化趋势。制定优化调整水环境监测站网方案，补充完善监测点位方案、优化调整现有监测点位、整合不同部门间监测点位。建设监测站网信息平台，基于地理信息平台，根据国控水质监测站的经纬度坐标，绘制国控站点分布图，实现站网数字化管理。建立可动态更新的水环境信息数据库，建立水环境监测数据汇总分析平台，能够在宏观判断减排趋势与成效。

（2）建立总量减排项目与当地监测水质的响应关系，量化总量减排的环境效益。根据重点流域水污染防治规划目标和各省份签订的目标责任书中水环境质量考核要求，各省份制定年度总量减排计划，有目的、有重点地科学设置总量减排项目。构建重点减排项目地理信息系统平台，建立减排项目—排污口—水环境监测断面空间对应关系，说明减排项目对水环境监测断面水质改善影响大小，有效校核总量减排真实环境效益。

（3）加强水文水资源变化对水质的影响分析，科学评价总量减排效果。建议水利环保部门加强协调，在总量核查时提供重点水文监测断面动态监测数据和空间点位，构建水文水量同步自动监测，实现动态水文数据与水质周报数据信息共享。

（4）建立健全水环境质量考核体系，明确重点水域水质目标责任。结合重点流域水污染防治规划目标和各省份（自治区、直辖市）签订的目标责任书要求，分解落实重点水域考核目标，完善水环境质量考核指标和条件。对于"十一五"期间水质持续改善或长期稳定实现水质目标的地区，总量减排核查可以资料审查为主；对于水质改善效果不明显甚至呈恶化趋势的地区，要加强总量减排的现场核查力度。

4 注重宏观政策研究，解决重点行业污染问题

4.1 麦草化学浆废水治理遇到"瓶颈"

经过 20 多年的污染治理和结构调整，我国造纸行业生产水平有了较大提高，污染治理工作日趋完善。以麦草等为原料的制浆生产线产生的黑液 COD 浓度高，可生化性差，即使在经过碱回收处理后，与造纸中段水进入生化系统处理，出水 COD 浓度仍在 400 mg/L 左右，是影响当地水环境质量的改善和达标的主要因素。部分省份如河南、山东等已经开始根据水体水质目标，制定地方排放标准，逐步提高对造纸废水的污染控制要求。本次核查发现，河南省所有麦草化学制浆企业出于生存需要，大都采用物化＋生化＋深度治理的技术路线，通过大量投加絮凝剂，以降低出水 COD 浓度。这种方法一方面产生大量污泥，由于普遍缺少稳定的处置措施易形成二次污染，另一方面增加了环保部门监管的难度。此外，制浆造纸废水的色度问题由于处理成本的问题，长期得不到解决。

4.2 焦化废水的治理思路尚不清晰

焦化废水是含芳香族化合物与杂环化合物的典型废水，酚类化合物占有机污染物的一半以上，另外还有多环芳香族化合物和含氮、氧、硫的杂环化合物等；无机污染物主要以氢化物、硫氢化物、硫化物、氨盐等为主，属有毒有害高浓度有机废水。焦化废水的水质因各厂工艺流程和生产操作方式差异很大而不同。一般焦化厂的蒸氨废水水质如下：COD 3 000～3 800 mg/L、酚 600～900 mg/L、氰 10 mg/L、油 50～70 mg/L、氨氮 300 mg/L 左右。

焦化处理工艺复杂，运行成本高。除了少数几家企业建成完善的废水处理工艺外，大部分企业都无法保证废水稳定达标。为此，有些企业将废水用于熄焦工段，实现焦化废水的零排放。由此带来新的问题：①影响产品质量；②污染物由水中扩散到大气，形成二次污染。并且，由于能耗、电耗及产品质量等多方面原因，湿法熄焦工艺正逐步被

干法熄焦工艺所取代，届时焦化废水的治理问题将再次显现，而近年来通过废水零排放而削减的 COD 排放量将重新增加。

4.3 城镇污水处理企业运行管理需尽快完善

核查发现，环保部门、建设部门及污水处理厂自身对处理水量、污染物去除效率说法不一，在线监测数据与监督性监测数据、企业化验数据存在较大偏差，进水的来源、构成及性质缺乏足够的分析。如进水 COD 浓度，是影响减排量计算的关键因素之一。以河南省为例，本次上报的 70 家污水处理厂中，进水浓度低于 200 mg/L 的 16 家，200～250 mg/L 的 12 家，250～300 mg/L 的 10 家，300～350 mg/L 的 15 家，350～400 mg/L 的 12 家，高于 400 mg/L 的 5 家。经查阅企业逐日进水监测记录，大部分企业 COD 浓度存在较大波动，最低时低于 200 mg/L，最高时达到 1 000 mg/L 以上。受目前管理体制的影响，工业废水对污水处理厂进水 COD 浓度的贡献缺乏量化监测。

河南省的污水处理厂建设工作已基本完成，95%以上县级行政区均在 2007 年年底建成了污水处理厂。这些污水处理厂发挥效益的关键在于城建、环保等部门的有效配合，强化其运行管理。

4.4 建议

（1）研究全国范围内关停麦草化学制浆生产线的可行性及补偿机制。我国的麦草制浆企业主要集中在山东、河南等省，随着产品结构的不断调整，麦草浆比重逐年下降，江苏省已经提出在 2008 年年底前淘汰所有麦草化学制浆生产线。建议深入研究关停麦草化学制浆生产线的经济影响、环境效益及补偿机制，为其他行业污染治理的宏观政策制定探索道路。

（2）明确焦化废水治理思路，组织对各项治理技术进行分析。焦化废水的回用必须以稳定达标作为前提，需要国家环境保护总局的相关部门组织对现有的各类型治理技术进行汇总分析，保证水污染防治工作与生产水平提高之间的协调一致性。

（3）建立城建、环保部门的信息共享机制，提高污水处理企业的管理水平。确保污水处理企业对来水水质的掌控，以污水管网的完善、处理水量的保障、进水污染指标的控制为前提，实现企业内部运行台账的规范化和电子化以及环保部门监管的科学化和系统化。

环境管理

造纸行业污染防治现状、问题与对策分析

Current Situations, Problems, and Countermeasure Analysis of Papermaking Industry Pollution Control

王 东 李云生 张 晶 张震宇

摘 要 本文回顾了我国造纸行业的发展历程，分析了造纸行业特别是草浆造纸行业的污染排放状况，调查了造纸行业 COD 的发生量，评估了草浆造纸工业污染治理进展，总结近年来对草浆造纸污染治理的认识，概括造纸行业制浆黑液、造纸废水和纸机白水等治理情况，指出造纸行业发展存在的问题及面临的“瓶颈”，提出了造纸行业污染防治的四项对策：①要积极发展林纸一体化，进一步降低非木浆所占比重；②严格实施新标准，逐步淘汰非木浆生产线，大幅度减少 COD 排放量；③加强秸秆综合利用，解决关闭非木浆造成的麦草出路问题；④制定包装用纸技术规范，倡导纸制品的绿色消费，减少纸制品消费量。

关键词 造纸 污染 排放标准 绿色消费

Abstract The development course of China papermaking industry was reviewed in this paper. The current situations of pollution emission of papermaking industry, particularly straw pulp papermaking, were analyzed. The generated COD amount of papermaking industry was investigated. And the progress made in straw pulp papermaking pollution treatment was assessed. The understandings of straw pulp papermaking pollution treatment were examined. The treatment conditions of black liquor in pulping, papermaking waste water, and paper machine white water were summarized. The problems and bottlenecks of papermaking industry development were identified. Four countermeasures to papermaking industry pollution control were suggested. Firstly, the forestry-paper integration should be advocated to cut down the proportion of non-wood pulp. Secondly, new standards should be implemented strictly to eliminate non-wood production line and reduce COD discharge. Thirdly, straw comprehensive utilization should be promoted in order to solve the wheat straw issues caused by closing down non-wood pulp factories. Fourthly, technical specifications should be established to advocate green consumption of paper products as well as reduce paper consumption.

Key words Papermaking Pollution Discharge standard Green consumption

1 造纸行业发展历程

我国造纸工业发展迅速，1985—2005 年 20 年间，机制纸及纸板产量由 911 万 t 增加到 6 205 万 t，年均增长 10.1%（图 1），其行业发展态势始终与造纸行业的污染防治政策密切关联。

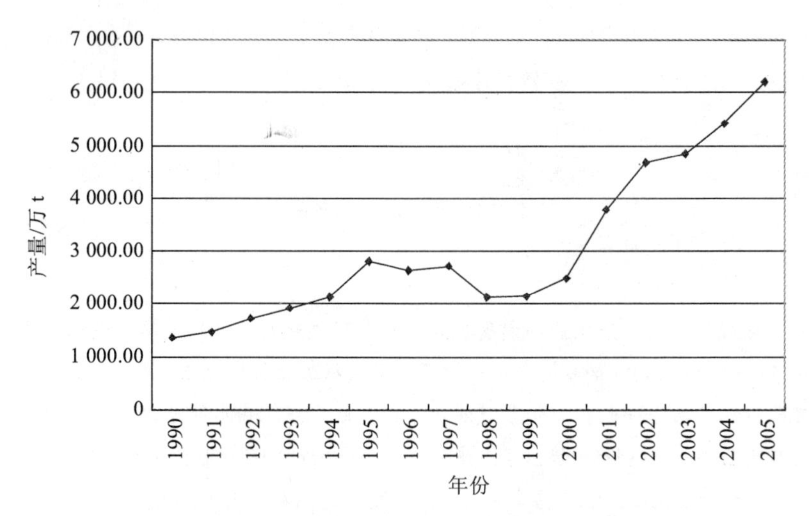

图 1　造纸行业机制纸及纸板产量年际变化

20 世纪八九十年代，大量未经处理或未达到排放标准废水的排放引发了淮河、海河等流域的诸多水环境问题，造成了严重的水污染事故，加速了我国重点流域水污染防治规划、计划的编制、出台。在这一背景下造纸工业开始进行结构调整及产能优化。

1996 年 8 月，国务院发布了《国务院关于环境保护若干问题的决定》（国发［1996］31 号），要求在 1996 年 9 月 30 日以前，由县级以上人民政府对年产 5 000 t 以下的造纸厂等污染严重的小企业（后来称为“十五小”）责令关闭或停产。受其影响，1995—1999 年，我国机制纸及纸板产量下降了 23%。

《国家发改委产业结构调整指导目录（2005 年本）》要求，2005 年年底前，淘汰 1.7 万 t/a 以下的化学制浆生产线；2007 年年底前淘汰 3.4 万 t/a 以下的草浆生产装置。国务院办公厅发布了《国务院办公厅关于加强淮河流域水污染防治工作的通知》（国办发［2004］93 号），要求淮河流域各省在 2005 年年底前，对沿淮四省现有石灰法制浆生产线、年制浆能力 3.4 万 t 以下化学制浆生产线，年生产能力 2 万 t 以下黄板纸企业、1 万 t 以下废纸造纸企业责令关闭。目前尚无数据可以说明以上政策对造纸工业的影响程度。

经过几年的整合，随着一批大型造纸企业的出现，造纸工业进入了快速发展阶段。1999—2006 年这 7 年间，我国机制纸及纸板产量由 2 159 万 t 增加到 6 500 万 t，其中草浆造纸所占比例逐年下降。2006 年，全国纸消费量为 6 600 万 t，2006 年纸浆消耗总量 5 992 万 t，木浆、废纸浆、非木浆所占比例分别为 22%、56%、22%，其中进口木浆和废纸浆占 39%。非木浆中，禾草浆、苇（荻、芒秆）及蔗渣浆消耗量均比上年有所增加，但所占纸浆消耗总量的比例继续成降低趋势。

根据《造纸工业发展“十一五”规划纲要》，到 2010 年，全国有效产能将达到 9 000 万 t，纸及纸板总产量达到 7 600 万 t，非木浆所占比例由 24%降低到 18%，绝对产能略有增长。

2 造纸工业污染防治状况

2.1 造纸工业污染物排放情况

2.1.1 概况

造纸企业废水主要来源于制浆、造纸工段，主要污染物为 COD、SS、AOX（可吸收有机卤化物，有致畸、致癌、致毒作用），其中制浆废水来自制浆过程中产生的高浓废液（如黑液）和废水，它是木质素、纤维、半纤维及其降解中间产物；造纸废水主要为纸机白水，主要成分是流失的纤维、淀粉等造纸填料。主要废水来源及其特征如下：

（1）化学木浆废水。主要来源于漂白、碱回收工段，以废水中含有难于生化降解的木质素及其衍生物为主要特征。主要污染物浓度为：COD 1 200～2 000 mg/L，BOD 400～800 mg/L，SS 300～800 mg/L。

（2）化学草浆废水。主要来源于漂白、碱回收工段、洗浆工段，以废水中含有难于生化降解的木质素及其衍生物为主要特征。主要污染物浓度为：COD 1 500～2 800 mg/L，BOD 300～700 mg/L，SS 500～1 200 mg/L。

（3）化机浆废水。主要来源于漂白、洗浆工段，以废水中含有难于生化降解的木质素及其衍生物为主要特征。主要污染物浓度为：COD 6 000～15 000 mg/L，BOD 3 000～7 000 mg/L。

（4）废纸脱墨浆废水。主要来源于脱墨工段，可生化处理。主要污染物浓度为：COD 1 600～6 000 mg/L，BOD 500～900 mg/L，SS 800～2 800 mg/L。

（5）造纸废水。主要来自浆料净化、网部、压榨部、涂布工段废水，主要为多余白水；主要污染物为细小纤维和淀粉等填料、颜料等，相对于制浆废水易于生化处理。主要污染物浓度为：COD 600～1 500 mg/L，BOD 200～600 mg/L，SS 400～1 300 mg/L。

2.1.2 草浆造纸 COD 排放情况

非木浆（主要为草浆）生产是造纸工业污染的主要贡献者。据调查，2005 年，全国造纸行业 COD 排放量为 159.7 万 t，其中约有 105 万 t 为非木浆造纸排放（图 2），占 67%，而非木浆在原料结构中仅占 24%，造纸行业污染排放的结构特征明显。

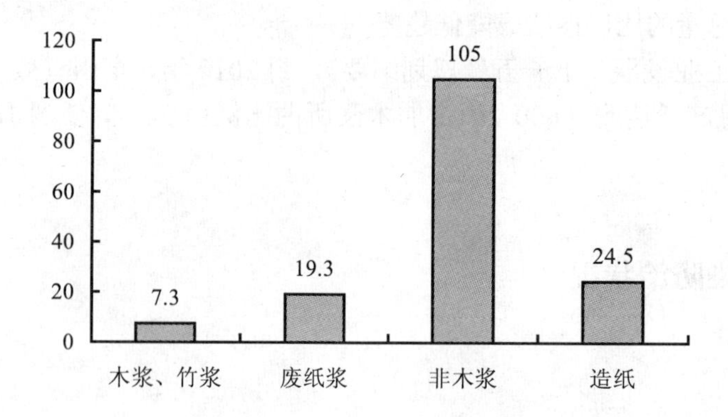

图 2 造纸行业 COD 排放结构

草浆造纸各工段 COD 排放物质流如图 3 所示。

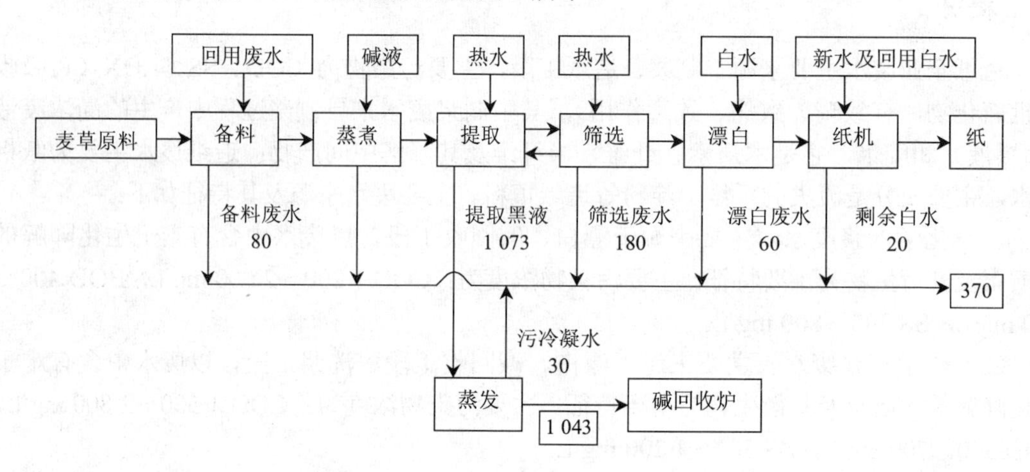

图 3 草浆生产线工艺 COD 发生量示意图（单位：kg/t 浆）

备料工段：干法备料不产生污染物，湿法备料 COD 排放量 80 kg/t 浆；

蒸煮工段：COD 排放量 13 kg/t 浆；

黑液提取工段：黑液 COD 产生量为 1 400 kg/t 浆，排放量取决于黑液提取率的高低，麦草化学浆黑液提取率为 75%～88%，按 80%计，COD 排放量为 280 kg/t 浆（如黑液提取率达到 88%，COD 排放量为 168 kg/t 浆），在筛选工段排出；

蒸发工段：蒸发过程中蒸汽冷凝时污染物混入形成污冷凝水，COD 排放量为 30 kg/t 浆；

漂白工段：COD 排放量为 60 kg/t 浆；

抄纸工段：COD 排放量为 20 kg/t 纸。

综上所述，麦草化学制浆吨浆纸 COD 排放量为 371～483 kg。其中湿法备料工段 COD 排放量占总排放量的 17%～22%，蒸煮工段 COD 排放量占 3%～4%，蒸发工段 COD 排放量占 6%～8%，筛选工段 COD 排放量占 45%～58%，漂白工段 COD 排放量占 12%～16%，抄纸工段 COD 排放量占 4%～5%。

黑液蒸煮、备料和漂白 3 个工段是 COD 的主要贡献者。若黑液提取率提高一个百分点，COD 排放量可下降 3%左右，COD 排放浓度可降低 100 mg/L 左右。但是草浆生产和木浆不同，木浆碱回收黑液提取率可达到 95%以上，部分企业可达到 99%。而草浆碱回收黑液提取率最高为 88%，大部分企业为 75%～85%。

2.2 草浆造纸工业污染治理进展

草浆污染治理在我国经历了漫长而艰难的过程，存在较多的经验教训。包括：

（1）对碱回收的认识。经过多年的摸索，环保部门及企业均意识到不上碱回收，造纸黑液对生化处理系统造成的冲击将导致废水无法达到排放标准；

（2）对规模化效应的认识。只有达到一定的生产规模，碱回收获得的收益才能平衡所需的运行费用，否则企业无法承担运行费用，达标排放将存在较大的风险；

（3）对清洁生产的认识。企业的清洁生产水平不断提高，吨产品耗水量不断减少，将减轻了废水处理设施设计规模和建设投资的压力。如备料车间从干法备料改为湿法备料，蒸煮车间由间歇式蒸煮改为连续蒸煮，筛选车间由开敞式筛选改为封闭式筛选，通过以上措施的实施，吨浆水耗可由原来的 300 t 左右降低到 150 t 以下。

根据环境统计，造纸行业废水达标率由 1999 年的 37.4%提高到 2005 年的 91.3%，COD 平均排放浓度由 1999 年的 987 mg/L 降低到 2005 年的 435 mg/L（表 1）。但是，到 2005 年，我国制浆企业有碱回收设施的仅有 108 家，其中非木浆生产企业有碱回收设施的为 81 家，2005 年回收烧碱量 68.82 万 t；麦草制浆碱回收企业 44 家，2005 年回收烧碱量 25.61 万 t。大部分企业仍未建成规范的碱回收装置，草浆生产线有碱回收装置的产量仅占草浆总产量的 30.0%。其中有些企业通过酸析木素来处理黑液，有些企业则在黑液蒸发后进行综合利用，这些方法受市场影响大，去除效率不稳定，从而影响了废水达标治理的稳定性。

表 1　造纸行业 1999—2005 年废水及 COD 排放情况

年份	企业数	工业废水排放量/万 t	排放达标量/万 t	废水达标率/%	COD 排放量/t	COD 平均浓度/（mg/L）
1999	3 838	299 847	112 210	37.4	2 958 829	987
2000	4 119	352 876	189 620	53.7	2 876 730	815
2001	4 391	309 804	244 854	79.0	2 032 713	656
2002	4 338	319 303	269 375	84.4	1 639 084	513
2003	4 217	318 336	284 602	89.4	1 526 424	480
2004	4 174	318 705	286 468	89.9	1 488 260	467
2005	3 911	367 422	335 581	91.3	1 596 591	435

2.3 造纸行业不同工序污染治理情况

2.3.1 化学制浆黑液

化学制浆黑液的 COD 高达 20 万 mg/L，不经处理直接排放，对水环境危害极大，可视为事故排放。国内外目前对制浆黑液的主流处理技术都是采用碱回收法，由于不同制浆纤维原料在黑液提取率和碱回收效率方面的巨大差异，从而直接造成了差别巨大的COD产生量。

化学木浆的碱回收效率为 94%～98%，目前我国设计建造的现代化木浆厂黑液提取率达 99%以上，碱回收率达 98%以上，解决了黑液污染问题，通过碱回收系统产生的蒸汽发电还能提供工厂 80%的能源；非木浆，除竹浆黑液提取率达 94%～96%，碱回收率达 90%，可基本解决黑液污染问题外，麦草浆、苇浆和蔗渣浆的黑液提取率为 80%～90%，碱回收率为 70%～85%，黑液污染问题仍然比较严重，有 10%～20%的黑液通过洗浆过程排放。

由于黑液的 COD 浓度高达几千甚至上万毫克/升，所以生物处理主要是利用厌氧处理技术。厌氧法处理造纸废水，黑液中含有的 Na^+、S^{2-}等离子对甲烷菌有毒害作用，因而对发酵不利，所以在黑液处理造纸废水时应控制蒸煮液的有机负荷不宜超过 5 kg/(m³·d)。近几年在厌氧反应器处理造纸废水方面有很大的进步。用稳定塘处理技术具有基建投资少，运行费用低，易管理，处理效果好等优点。但对于色度和木质素去除作用不明显。对负荷高的污水可采用化学絮凝—水生植物氧化塘组合工艺进行处理，但处理周期长，应用受占地等条件的制约。

2.3.2 造纸废水

我国及世界制浆造纸发达的国家不论是制浆废水还是造纸废水基本上采用首先经过初级物化处理再加上二级生化处理之后就直接排放（图 4），处理之后的 COD、BOD、SS 都基本上达到了相应的排放标准。

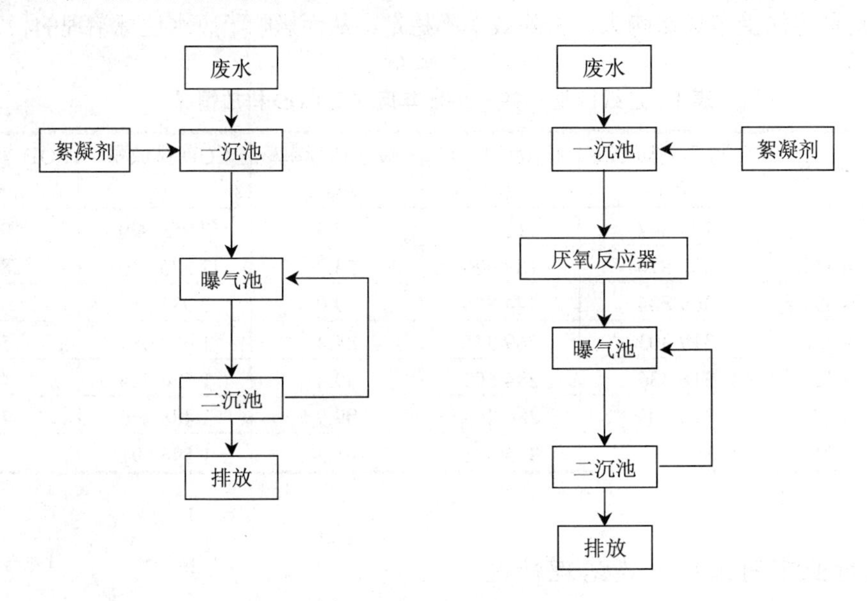

图 4　我国造纸工业废水处理流程

我国造纸废水生物处理一般选择初沉和好氧处理组合的工艺，有些情况初沉池需加絮凝剂。好氧工艺一般有完全混合活性污泥法、推流式活性污泥法、氧化沟、SBR 等。

高浓度的废纸浆/化机浆/机浆等废水可采用厌氧进行预处理。

2.3.3 纸机白水

目前，世界先进的白水回收系统已同造纸机形成了一个整体，由白水贮存（用于缓冲防止白水溢流）、白水净化（圆盘过滤机）、白水分配及自动控制系统组成（图 5）。该系统正常运行后，吨文化用纸废水排放小于 10 t，如果该系统配套先进的白水膜分离系统，将净化水用于化学品稀释，吨文化用纸排水量将小于 5 t。

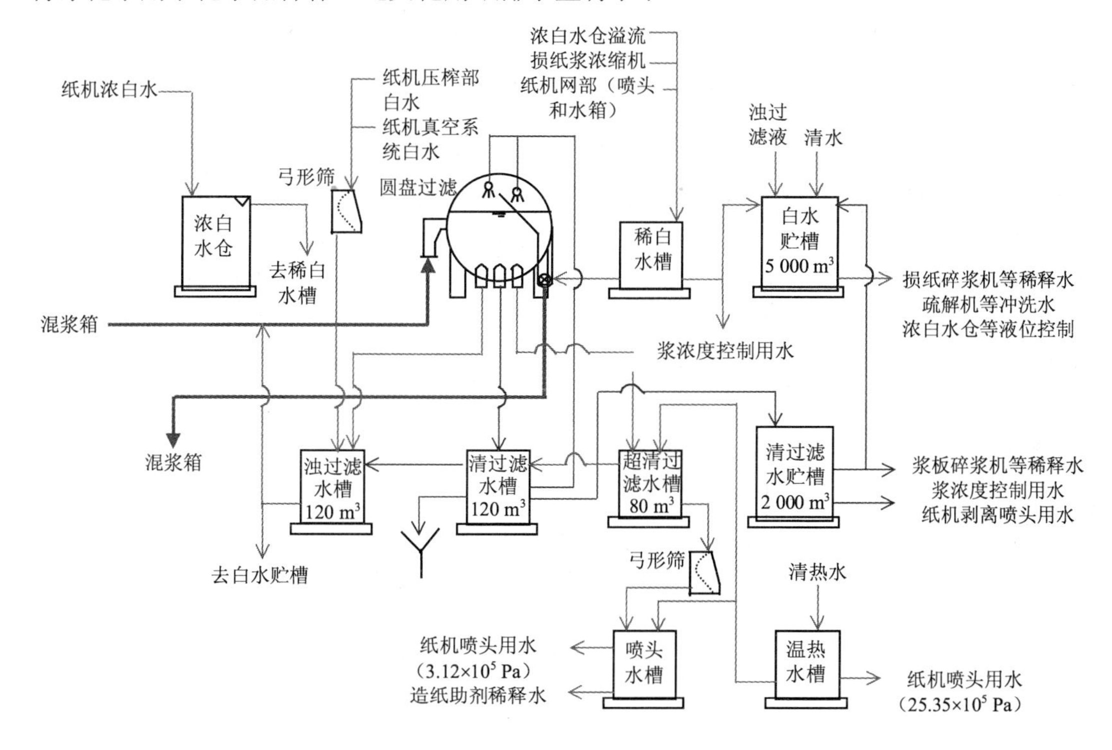

图 5　典型世界先进纸机白水回收系统

国产小纸机还没有与造纸系统结合的白水回用系统，白水回用系统缓冲能力不够，自动控制水平差甚至没有，白水净化一般采用气浮和沉淀。吨文化用纸排放废水 30～50 t。

3 造纸行业发展存在的问题及面临的“瓶颈”

3.1 存在问题

3.1.1 发展规模不合理

2005 年世界木浆厂（不含中国）平均规模为 20 万 t，我国拥有木浆制浆能力的企业

50 余家，平均规模为年产 10 万 t，达到世界平均规模的企业只有 4 家；世界造纸企业（不含中国）平均规模为年产 8 万 t，我国造纸企业平均规模仅为 1.9 万 t，达到世界平均规模的企业只有 80 余家。与世界前十位的纸业公司比较，我国前十名的造纸企业产量总计仅为其 1/10，销售额总计仅为其 4%。总体而言，目前我国制浆造纸工业大型集团少、强势企业少，大部分制浆造纸企业规模过小。这种状况使得企业的规模效益无法实现，限制了企业技术水平、装备水平、产品档次的提高和污染的有效防治。在我国以草浆为原料的小型企业，对环境污染严重，据调查，我国产量占 40%以上的大型造纸企业，其 COD 排放量不到全行业排放量的 10%，其他污染负荷主要来自中小型企业。

3.1.2 非木浆比重较大

随着纸及纸板消费的增长和现代造纸工业产能的迅猛增加，国内纤维原料供需矛盾突出，缺口逐年增大。2005 年我国纸浆消费总量 5 200 万 t，其中木浆 1 130 万 t，非木浆 1 260 万 t，废纸浆 2 810 万 t，分别占纸浆消费总量的 22%、24%和 54%。国际造纸工业纸浆消费总量中原生木浆比例平均为 63%，而我国木浆消耗中国产木浆比例一直仅为 7%左右。从进口依存度看，2005 年我国进口木浆 759 万 t，进口废纸 1 703 万 t，进口木浆和进口废纸占原料总消耗量的比例由 2000 年的 22.6%提高到 40.8%。若将进口商品木浆、废纸折合成纸和纸板再加上直接进口的纸和纸板，我国 2005 年 5 930 万 t 的总消费中约 47%要依靠进口，影响造纸工业健康持续发展。

3.1.3 资源消耗过高

造纸工业不合理的原料结构和规模结构以及较低的技术装备水平，决定了我国造纸工业的水、能源、物料的消耗较高。

（1）木材。纸业是木材消耗量最大的森林工业，而我国又是一个森林资源缺乏的国家，如按国家发展和改革委员会的规划，2010 年木浆自给率达到 15%，木浆产量达 750 万 t，需要消耗木材 3 700 万 m^3。如果 2020 年能达到国际上 50%以上的木浆比率，将要消耗 1.2 亿 m^3 木材。

（2）能耗。造纸工业是一个高能耗的产业。我国吨浆综合能耗达 1.38 t 标煤，国际上先进水平为吨浆纸综合能耗 0.9～1.2 t 标煤，而且能源利用率一般大中型企业只有 30%左右。与其他行业相比，2005 年造纸工业全行业能源消耗量占整个制造业能源消耗总量的 2.67%，在 30 个制造业行业中位居第五。

（3）耗水量。我国造纸行业平均吨纸耗水量约 140 m^3，万元工业产值新鲜用水量 188 m^3，水重复利用率平均只有 46%。与世界水平相比，我国仍旧有不小的差距，到目前为止，我国浆纸水耗尚不及世界 1980 年的水平，而世界范围内平均水耗一直呈降低趋势，尤其在中欧和日本，我国离北美 1998 年的水耗 45 m^3/t、德国 1960 年的水耗 80 m^3/t 仍有不小的差距。

3.1.4 排污比重大

2005 年，国家统计的 41 个工业行业中，造纸及纸制品工业每年产生的废水量 31.8×10^8 t，占全国工业废水总排放量的 16.1%，仅次于化工制造业，高居第二位；COD 排放

量 148.8×10^4 t，占全国工业 COD 总排放量的 32.0%，位居第一。而造纸行业经济贡献率却仅为 2.2%。其中草类制浆 COD 排放量占整个造纸工业排放量的 60%以上，是主要的污染来源。

3.1.5 装备水平低

“十五”期间，我国制浆造纸技术装备的研究、开发、制造总体水平较低，除了部分适合我国国情的非木纤维制浆技术及装备已具备国际先进水平外，国内造纸企业与制浆造纸装备制造企业未能成为研发的主体，产、学、研、用未能形成合力，原始创新、集成创新和引进消化吸收再创新的能力很弱。制浆造纸技术装备研究主要以非木浆为主，装备制造业目前仅能提供年产 10 万 t 漂白化学木（竹）浆及碱回收成套设备，年产 10 万 t 以下文化纸机以及年产 20 万 t 箱纸板机等中小型设备。技术水平与国外相比差距很大，国内造纸行业发展不平衡，国内造纸厂对造纸机械的选择主要依据是价格、技术、可靠性、售后服务等方面。资金较为充裕的企业，如外商独资、合资或享受国家贴息贷款的企业，对造纸机械及纸张产品的要求较高，因此，这类企业往往选择全部或部分关键设备进口。目前国内纸机厂还难以满足这部分企业的需求，只能在大宗产品（如纸板等）方面有部分国产化设备，大型先进制浆造纸技术装备几乎完全依靠进口。

3.2 面临的“瓶颈”

3.2.1 消费量及产量持续增加

根据《造纸工业发展“十一五”规划纲要》，“十一五”期间，纸及纸板的消费将与我国国民经济同步增长，预计 2005—2010 年纸及纸板消费量的年均增长速度为 7.5%，2010 年纸及纸板消费量将从 2005 年的 5 930 万 t 增长到 8 500 万 t 左右，国内自给率保持在 90.0%左右，人均消费量由 45 kg 增至 62 kg，超过目前世界人均消费水平。到 2010 年，有效产能达到 9 000 万 t，纸及纸板总产量达到 7 600 万 t，木浆比重由 2005 年的 21.7%增加到 26.0%，非木浆比重由 2005 年的 24.3%降低到 18.0%，废纸浆比重由 54.0%提高到 56.0%。

3.2.2 治理要求日益严格

随着工业企业达标排放的日益严格和城镇污水处理设施的大规模建设，我国的主要污染物排放总量开始呈下降趋势。但由于 COD 等污染排放总量仍远大于水环境容量，水体水环境质量改善效果并不明显。由于全面建设小康社会工作的稳步推进，科学发展观的深化落实，以及公众对环境质量关注程度的不断提高，大部分省市开始尝试基于水环境容量的污染物总量控制，企业的排污在满足国家排放标准的同时，还必须满足地方政府更为严格的总量控制要求。

山东省造纸工业水污染物排放标准从 2003 年 5 月 1 日起执行，共分 3 个时段，2003 年 5 月 1 日起至 2006 年 12 月 31 日为第一阶段，2007 年 1 月 1 日起至 2009 年 12 月 31 日为第二阶段，2010 年 1 月 1 日起为第三阶段，草浆造纸企业外排废水分别执行 420 mg/L、

300 mg/L 和 120 mg/L 的排放标准。《山东省南水北调沿线水污染物综合排放标准》规定，南水北调工程重点保护区域内，所有行业 COD 最高允许排放浓度为 60 mg/L。

河南省造纸工业水污染物排放标准自 2005 年 7 月 1 日起执行，共分两个时段，从 2005 年 7 月 1 日至 2010 年 12 月 31 日为第一时段，2011 年 1 月 1 日以后为第二时段，草浆造纸企业外排废水分别执行 300 mg/L 和 150 mg/L 的排放标准。

3.2.3 治理技术难有突破

近年来草浆碱回收的技术进步不大，没有解决技术“瓶颈”问题，技术研发工作投入不足，草浆黑液提取率难以提高，草浆碱回收在未来 5 年内大幅度提高希望不大，因此草浆单位产品 COD 排放居高不下的局面不会改变。

麦草化学制浆企业出于生存需要，大都采用物化＋生化＋深度治理的技术路线，在传统的二级生化处理之后，通过大量投加絮凝剂，降低出水 COD 浓度。这种方法一方面产生大量污泥，由于普遍缺少稳定的处置措施易形成二次污染，另一方面增加了环保部门监管的难度。此外，制浆造纸废水的色度问题由于处理成本的原因，长期得不到解决。

4 造纸行业污染控制对策

4.1 积极发展林纸一体化

目前我国木材供应严重不足，木材需求超出了国内森林资源的承载能力，未来相当时期，我国木材供应仍将处于短缺状态。林业建设基本上只依靠林业部门一家，由于缺乏制浆造纸工业等强有力的林产行业的带动，加之资金投入不足，林业税费过高，我国造纸速生林发展缓慢，人工速生林培育目标不明确，不能形成纸业与林业的良性发展。制浆造纸企业由于缺乏扶持和激励其积极发展林业的模式和政策机制，所需原料基本依靠商品材供应，没有固定的原料保证。国内商品材供给不足直接影响了造纸工业发展和木材原料供应。通过资本纽带和经济利益将制浆造纸企业与营造造纸林基地有机结合，建设造纸企业和原料林基地，也是国外制浆造纸工业发展的成功经验。

结合我国森林资源的特征，增加国产木浆的比例，在充分考虑生态环境保护的前提下，加快建设造纸林基地，以缓解日益突出的木材供需矛盾，促进纸业和林业共同发展，也可有效地保证造纸行业的原材料结构调整。《全国林纸一体化工程建设“十五”及 2010 年专项规划》中要求：“十一五”期间，在 2005 年年末的基础上，新增制浆生产能力 555 万 t（木浆能力 435 万 t，竹浆能力 120 万 t）、造纸生产能力 560 万 t、造纸林基地 300 万 hm^2（木材基地 264 万 hm^2、竹材基地 36 万 hm^2）。届时木浆新增产量 370 万 t，国产木浆比重达到 15%，比 2005 年提高 5 个百分点；竹浆 100 万 t；纸及纸板 500 万 t；基地可产木材 2 500 万 m^3、竹材 800 万 t，实现造纸工业用材主要依靠造纸林基地供应。

4.2 严格实施新标准，逐步淘汰非木浆生产线

2008 年 6 月，环境保护部和国家质量监督检验检疫总局发布了《制浆造纸工业水污染物排放标准》（GB 3544—2008），要求到 2009 年 5 月 1 日，制浆企业 COD 排放限制由原来的 450 mg/L 调整为 200mg/L；到 2011 年 7 月 1 日，COD 排放限制进一步调整为 100 mg/L。其他类型的造纸企业 COD 排放限制也均有所调整。这一标准的出台被形容为造纸行业面临的“灭顶之灾”。

从我国的水污染情势分析，提高造纸行业排放标准，淘汰落后生产能力和进行必要的原料结构调整是大势所趋。我国目前中小企业数量占 89%，大型先进企业仅占 11%。中小企业产排污量能占到总排污量的 80%。2006 年非木浆消费量占纸浆消费总量的 22%，COD 排放量则占到 60%以上。因此淘汰落后产能，关、停、转、并中小企业，尤其是污染严重的中小型化学草浆企业，有利于减少污染物排放，有利于我国造纸行业向大规模、高水平的方向发展。另外，在收入水平提高导致对高端纸制品需求旺盛的情况下，作为造纸行业消费升级的一大组成部分，林浆纸取代草浆纸也将成为行业发展的趋势。

建议淘汰非木浆生产线从东部发达地区开始，并逐步在西部生态脆弱地区开展。目前，江苏等省为了达到减排目标，解决太湖地区污染问题，将会关闭其草浆企业；陕西省《渭河流域重点治理规划》，也要求关闭部分草浆生产企业。

4.3 加强秸秆综合利用，开辟麦草综合利用渠道

造纸所消耗的麦草约为 3 700 万 t/a，占全国秸秆产生量的 6%左右。秸秆的综合利用方式包括饲养牲畜过腹还田、生产沼气、制作固化燃料以及发电等目前国家正在研究有关加快推进农作物秸秆综合利用的意见。到 2015 年，我国秸秆资源综合利用率有望超过 80%。当前应加大科研力度，使秸秆利用技术走向产业化，逐步解决因草浆生产线关闭而产生的麦草综合利用问题。

4.3.1 秸秆能源

秸秆能源技术包括秸秆气化制气、秸秆发电等形式。秸秆气化目前推广应用较多的是缺氧状态下加热秸秆，使秸秆中的碳、氢、氧等元素变成一氧化碳、氢气、甲烷等可燃性气体，成为直接提供生活和工业用的优质能源。建设一套秸秆气化集中供气配套装置，总投资约需 50 万元，每套装置产生的燃气能解决周围半径 1 km 内的 200～250 户农民的日常燃料所需，比现在农村烧液化气的成本大为节约，同时干净卫生的燃料也提高了农民的生活质量。但这种秸秆利用方式生产投资及成本较高，技术尚不十分成熟，短期内无法在农村中大面积推广。部分地区将农作物秸秆作为发电厂的主要燃料，可以解决电力紧缺的矛盾。

4.3.2 秸秆饲料

利用化学、微生物学原理，使富含木质素、纤维素、半纤维素的秸秆降解转化为含

有丰富菌体蛋白、维生素等成分的生物蛋白饲料。目前国内已开发出秸秆青贮、微贮、氨化、盐化、碱化等饲料转化技术。据统计，国内现已推广秸秆青贮饲料每年约 8 000 多万 t，氨化饲料 3 000 多万 t，两项合计可节约饲料用粮 2 000 万 t 左右。

4.3.3 秸秆肥料

秸秆肥料利用除可采用堆沤还田和过腹还田形式外，还可采用特殊工艺科学配比，将秸秆经粉碎、酶化、配料、混料、造料等工序后生产秸秆复合肥，其成本与尿素接近，施用后对于促进土壤养分转化，改善土壤物理性质，增强农作物抗病能力，优化农田生态环境都有良好的效果。

4.3.4 秸秆基料

食用菌栽培已逐渐成为 21 世纪的新型农业，充分利用作物秸秆、籽壳筛选优良菌种，提高转化率和食用菌产量，进行高档食用菌周年生产，是秸秆综合利用的有效途径之一，宜列入各级农业发展规划，尽快由自发栽培实现食用菌生产、加工、销售产业化，形成规模效益。目前食用菌市场看好，秸秆走俏，一些地方生产食用菌所用的秸秆收购价甚至达到 0.6 元/kg。

4.4 制定技术规范，减少纸制品用量

近年来我国纸及纸板人均消费量逐年上升。1997—2001 年我国人均纸消费量增长率一直在 4%左右，从 2002 年起人均纸消费量进入加速上升通道，2006 年同比增长 11%。2006 年我国人均年纸品消费量为 50 kg 左右，低于世界人均消费量 58 kg 的水平，更低于发达国家人均 300 kg 以上的消费水平。2006 年我国的纸及纸板产量为 6 500 万 t，其中用于包装用途的包装纸、白纸板、箱板纸和瓦楞原纸产量为 3 740 万 t，占 58%。按现在的人均增速，在今后较长时间内，我国对各种纸品的需求量将以更快的速度增长。受到国内纤维原料供需矛盾的影响，缺口逐年增大。

为解决这一矛盾，需要尽快制定相关行业包装用纸技术规范，减少纸制品的浪费现象。同时建议参照国务院办公厅发布的《关于限制生产销售使用塑料购物袋的通知》，研究在适度“限纸”的操作办法。

为节约自然资源，控制造纸行业污染，还应倡导绿色消费，如时刻保持减少用纸的意识，以手帕代替纸巾，以抹布代替厨纸等，同时注重节约用纸，用电子邮件代替纸质文件等。

另外，从环境友好的角度进一步研究纸制品的质量标准问题，在不影响产品使用的情况下适度降低纸制品色度，将可以在一定程度上减少污染物排放。

2008 年度我国 COD 排放形势预警分析报告

Analysis Report for Early Warning About the COD Emissions Situation of 2008 in China

吴舜泽　李　键　贾杰林　逯元堂　徐　毅

摘　要　中国环境规划院从常规经济、社会、污染排放定期统计指标中选择了对水环境形势具有影响作用的 13 项指标，开发建立了年度（季度）水环境形势预警系统，并对 2008 年度和季度污染减排形势和水环境形势压力情况进行了预警分析。结果表明，2008 年第二季度的水环境压力最大，后续压力将持续减缓，全年形势将比 2007 年略有好转。

关键词　水环境　形势　预警　污染减排

Abstract　The Chinese Academy for Environmental Planning Selected 13 indicators from statistical indicators of economic, social and pollution emissions impacting on water environment situation. Developed early warning systems of the annual (quarterly) water environment situation, and analysed the early warning of　the 2008 annual and quarterly pollution reduction and water environment situation. The results show that it has the biggest pressure on the water environment in the second quarter of 2008, follow-up pressure will continue to decline, the water environment situation will slightly improved than that in 2007.

Key words　Water environment　Situation　Early warning　Pollution reduction

1 从社会经济系统角度预警年度环境形势的意义

1.1 必要性

经济社会发展是造成环境污染的主要原因。从研究社会经济与环境系统的关系出发，寻找环境问题产生的根源，发现解决环境问题的钥匙，应是现阶段环境保护工作的着眼点，也是环境保护部新的“三定”方案职责所系。

目前，环境保护部作为季度经济形势分析会议的成员单位，急需从国家尺度提供短期的环境与经济系统关联分析工具。①从经济的短期数据预警环境形势的变化；②从环境的短期数据提出经济形势的问题所在。

长期以来，我国缺乏从社会经济系统出发研究环境问题的预警系统。多年来我国预测系统大多是从排放量出发预测区域水质的变化，反映环境系统内部的输入响应关系，尚未与经济社会系统实质性挂钩，且难以应用于国家尺度。近年来，环境保护部环境规划院等单位开发了中长期经济—环境综合预测系统，通过投入产出模型建立分行业经济发展状况与其排放量之间的关系，在把握经济发展趋势情况下，通过设定合理的行业排放系数，可以用于20年左右的中长期环境形势的预测。

从季度经济形势出发，在国家尺度上分析环境问题的短期发展趋势，建立定量化的中短期环境与经济预警诊断系统，更是一个空白的领域。这种预警系统不同于对单一环境数据的时间回归、模拟分析，从本质上讲，以把握经济社会系统与环境系统的关联性为主，以社会经济数据预警环境形势。

本研究主要着眼前者，即从经济社会系统历史数据出发，基于国家尺度宏观经济变化，研究经济发展对环境变化的影响，揭示经济发展和环境变化的内在关联，选取对环境系统影响较为显著的经济、产业、污染排放等综合性指标，模拟经济社会系统对环境系统的作用趋势，识别经济、环境发展中存在的问题。

本项研究工作是一个全新的创造性工作，可以应用于环境与经济形势分析等宏观环境管理的需要，目前提供的是2008年度预警分析的初步成果。

1.2 总体构想

由于水环境是一个受外界经济社会因素作用的系统，因此其变化趋势受到多方面的影响，只有综合各种因素的变化情况才能更好地预测未来水环境的走向。但是由于每一个经济社会发展因素对水环境系统的影响都有各自的时间作用周期，所以本文在建立一套反映经济和社会发展的指标体系的基础上，运用时差序列分析的方法筛选出先行、同步和滞后指标，最后再予以综合客观的定量预测预警。具体操作步骤如图1所示。

2 指标选择与时差分析

2.1 常规季度性社会经济环境统计指标分析

对于中短期形势预警，受数据可得性约束较大，往往以大的趋势为主，并不追求过分的精度。与长期预测不同，短期水环境形势预警必须基于常规的、可以获得的、季度或月度统计数据。本研究预警的时段以年度和季度为主，首先对现行的常规季度性社会经济环境统计指标进行了分析和梳理，现行的月度或季度社会、经济、环境等相关统计指标40余项，按照分类主要为如表1所示。

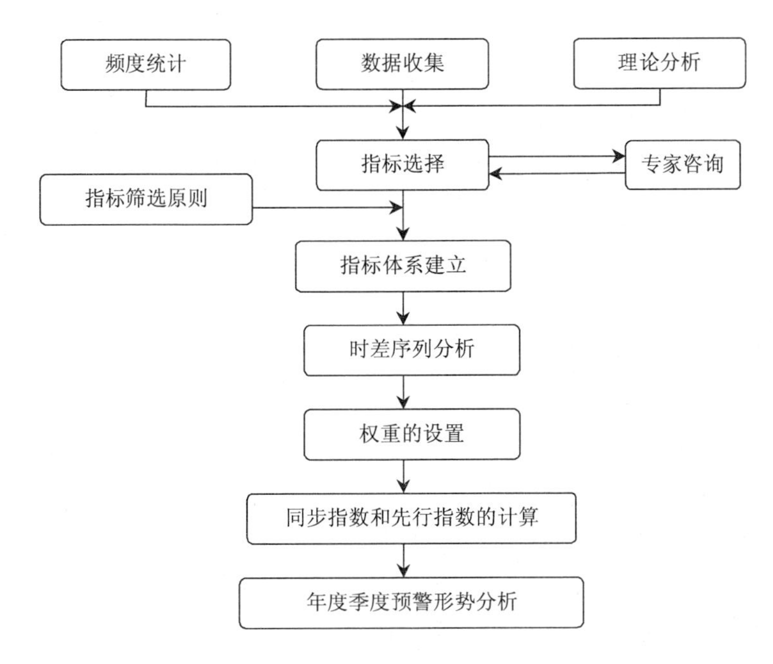

图 1 水环境预警系统设计步骤

表 1 已有月度或季度统计指标归类

指标类型	指标	统计时间	来源
国民经济统计	工业增加值增速	月度	国家发改委
	轻重工业增加值增速	月度	国家发改委
	各地区工业增加值增速	月度	国家发改委
	工业行业增加值增速	月度	国家统计局网站
	各地区三次产业结构	季度	国家发改委
	三产国内生产总值	季度	国家统计局网站
固定资产投资	各地区固定资产投资	季度	国家发改委
	各行业城镇投资	月度	国家统计局
	“三产”固定资产投资完成额	月度	国务院发展研究中心
	固定资产投资完成额	月度	国务院发展研究中心
工业产品产量统计	各地区重点行业工业总产值	月度	国家发改委
	工业用电量	季度	国家发改委
	煤炭产量	季度	国家发改委
	各行业利润额	月度	国务院发展研究中心
	各行业产品产量	月度	国务院发展研究中心
	原材料、燃料、动力购进价格指数	月度	国务院发展研究中心
	工业品出厂价格指数（PPI）	月度	国务院发展研究中心
人口生活统计	城镇居民家庭收支	季度	统计局网站
	社会消费品零售总额	月度	统计局网站
	居民消费价格指数（CPI）	月度	统计局网站
	城镇居民家庭收入	月度	国务院发展研究中心
	城镇单位就业人数	季度	国家统计局网站

指标类型	指标	统计时间	来源
金融统计	新增贷款	月度	中国人民银行
	货币供应量（M_2、M_0、M_1）	月度	中国人民银行
	金融机构人民币各项贷款余额	月度	中国人民银行
	人民币贷款增加额	月度	中国人民银行
环境统计	工业用水总量	季度	环境监测总站
	重点行业新增生产能力	季度	环境监测总站
	项目环保投资总额	季度	环境监测总站
	审批项目新增废水处理能力	季度	环境监测总站
	完成验收项目环保投资	季度	环境监测总站
	“三同时”验收合格项目数	季度	环境监测总站
	实际新增废水处理能力	季度	环境监测总站
	污水排污费征收总额	季度	环境监测总站

现在的月度或季度统计指标，多为经济类指标，环境和社会类短期统计的指标数据较少。环境类短期统计数据主要以环境监测总站季报为主，但是由于季度统计工作的执行情况不理想，这也限制了指标的选取和应用。

2.2 水环境形势预警指标的选择

在指标选取和指标体系构建时，应遵循一定的原则：

（1）科学性原则。指标的选取应建立在科学准确的基础上，即选取的指标必须概念明确，具有一定的科学内涵，能较好地反映系统内部之间的关系。同时，所选取的指标应尽可能统一并可量化。

（2）代表性原则。制约或影响某一因素的因子很多，利用某一个或者所有因子对其进行预测是不科学也不现实的。因此在众多因子中应该选取有代表性的，最能反映系统综合性特征的因子，并力求简明。

（3）独立性原则。若建立的指标体系的指标过多，往往存在信息上的重叠，同时也存在数据获取难的问题，所以要尽量选取那些具有相对独立性的指标。

（4）动态性和静态性结合原则。水环境系统处于不断发展变化中，选取的指标既要反映系统的发展现状，又要反映系统的发展趋势。

（5）可操作性原则。建立指标体系时，选择指标必须实用可行，数据易于获得和更新。

在进行指标筛选和分析过程中，要对具有年度数据但无月度或季度数据的指标进行甄别分析。另外，对年度统计数据和月度或季度数据的统计口径不一致的指标，应采用相近或近似指标予以替代。如全社会固定资产投资只有年度统计，而无月度或季度统计，所以剔除，采用城镇固定资产投资增长率进行替代。

基于现有的常规统计指标，根据指标体系结构性和逻辑性，强化指数的内涵，本研究构建的形势预警指标体系见表 2。

其中一级指数层按结构、性质的不同分为总量指数、结构指数、行业地区指数、生活指数和污染治理指数，分别反映经济总量、经济结构、重点行业或地区经济发展、城镇化和人口增长、污染治理等方面对水环境形势趋势的影响。这些指数的选择，兼顾了总量增速、结构均衡、行业分布、地区发展等因素，除污染治理之外，均为压力属性的指数，反映了以经济社会为主体的总体预警思路。

二级指标是最基本的指标，是预警的基础。由于考虑到趋势预警的特征，并兼顾指标的归一化问题，本研究选择的指标一般均采用增长率的表达方式。本研究选取的二级指标包括：GDP 增长率、工业增加值增长率、城镇固定资产投资增长率、重工业增加值占工业增加值比例增长率、工业化率增长率、重污染行业产品产量增长率、重污染行业利润占整个工业利润增长率，重点省份工业增加值占全国工业增加值比例增长率、城镇化率、人均日生活用水量增长率、"三同时"实际新增废水处理能力增长率、污水处理厂处理能力增长率、工业污染源污水治理项目完成投资增长率。其中，重工业依照国家统计局产业统计分类，工业化率=工业增加值/国内生产总值，重污染行业选取农副食品加工业、食品与饮料制造业、纺织业、造纸业、化学原料及化学制品制造业、医药业、黑色金属冶炼及压延业、电力与热力的生产和供应业 8 个重污染行业，重污染行业产品产量选取上述 8 个重污染行业的产品产量；重点省份选取 COD 排放量大的广西、广东、江苏、湖南、四川、山东、河南、河北、辽宁和湖北 10 省。

表 2 水环境形势预警指标体系

目标层	指数层	指标层	指标性质
水环境趋势预测	总量指数	国内生产总值增长率 X1	压力
		工业增加值增长率 X2	压力
		城镇固定资产投资增长率 X3	压力
	结构指数	重工业增加值占工业增加值比例增长率 X4	压力
		工业化率增长率 X5	压力
	行业地区指数	重污染行业产品产量增长率 X6	压力
		重污染行业利润占整个工业利润增长率 X7	压力
		重点省份工业增加值占全国工业增加值比例增长率 X8	压力
	生活指数	城镇化率 X9	压力
		人均日生活用水量增长率 X10	压力
	污染治理指数	"三同时"实际新增废水处理能力增长率 X11	响应
		污水处理厂处理能力增长率 X12	响应
		工业污染源污水治理项目完成投资增长率 X13	响应

2.3 指标的时差性分析

根据所选指标与基准指标（预警对象，即水环境形势）作用的时差关系，将指标按照时序性划分为三类，分别是先行指标类、同步指标类与滞后指标类，三类指标的不同主要体现在三类指标对水环境的作用时间的不同。

（1）先行指标也称超前或领先指标，是短周期事物预测分析的有力工具，这类指标的作用时间通常是在基准指标的作用时间之前，所以利用它们的特征可推断下一阶段事物发展的方向及其程度。它也是所有的预警系统所最为关注的指标。

（2）同步指标也称一致指标，是现时事物运行状态的重要变量，用来刻画事物运行的轨迹，这类指标的作用时间通常是与基准指标的作用时间同步，所以可以用它来确定事物活动的谷峰位置以及基准参照轨迹，进而可以使我们得以把握事物的运行状态。

（3）滞后指标也称落后指标，用于分析前一循环是否确已结束和为现阶段循环分析服务，这类指标的作用时间通常是滞后于基准指标的作用时间，所以它不具备预测功能，是筛选应该剔除的部分。

本文应用时差序列分析的方法来分析指标的时差序列关系，时差分析的方法如下：

$$r_{xy}(l)=\frac{c_{xy}(l)}{\sqrt{c_{xx}(0)}\sqrt{c_{yy}(0)}},l=0,\pm 1,\pm 2,\cdots,\pm L$$

$$c_{xy}(l)=\begin{cases}\sum_{t=1}^{n_l}(x_t-\overline{x})(y_{t+1}-\overline{y})/T,l=0,1,2\cdots\\ \sum_{t=1}^{n_l}(y_t-\overline{y})(x_{t+1}-\overline{x})/T,l=0,-1,-2\cdots\end{cases}$$

$\overline{x}$、$\overline{y}$为时间序列 x、y 的均值，$c_{xx}(0)$、$c_{yy}(0)$为时间序列 x、y 的方差，T 为选择的循环周期长度，本文 T=1，l 表示超前、滞后期，l 被称为时差或延迟数。l 是最大延迟数，n_l 是数据取齐后的数据个数。在这些 r_{xy}（l）值中，选择最大值 r_{xy}（l'）其相对应的延迟数 l'为 x 与 y 间的超前或滞后期数。定义当 l'=0 时，该指标被确定为能同步反映走势的一致指标；当 $l'>0$ 时该指标被确定为落后于走势的滞后指标；当 $l'<0$ 时，该指标即为先行走势起到预测走势功能的先行指标。

根据上述时差分析原理，本文选择 COD 增长率为基准指标，对指标体系中各个指标进行时差序列分析，以符合逻辑关系、概率最大的延迟数确定相应的时差（表中加下划线的数据），分析计算结果见表 3。

表 3　各个指标变量相对于 COD 增长率的滞后时间

时差分类	Lag	X1	X2	X3	X4	X5	X6
先行	–4	–0.268	–0.229	0.008	–0.429	–0.319	0.490
	–3	0.349	0.322	0.269	0.468	0.461	–0.431
	–2	–0.127	0.128	–0.571	–0.063	0.055	0.185
	–1	–0.187	–0.620	0.600	–0.153	–0.605	–0.340
同步	0	0.416	0.295	–0.220	0.173	0.590	0.504
滞后	1	–0.115	0.460	–0.102	–0.349	–0.108	–0.451
	2	0.166	–0.435	0.327	0.401	–0.008	0.290
	3	–0.038	0.018	–0.098	–0.022	0.002	0.008
	4	–0.063	0.085	–0.016	–0.180	–0.053	–0.059

时差分类	Lag	X7	X8	X9	X10	X11	X12	X13
先行	–4	0.197	0.021	–0.055	–0.228	–0.370	0.546	–0.596
	–3	–0.016	0.098	0.011	0.340	0.460	–0.218	0.796
	–2	–0.472	–0.226	–0.091	0.072	–0.271	–0.287	–0.332
	–1	0.755	0.518	–0.101	–0.519	–0.209	0.383	–0.375
同步	0	–0.568	–0.842	–0.005	0.047	0.651	–0.598	0.695
滞后	1	0.111	0.820	0.029	0.401	–0.640	0.528	–0.466
	2	0.171	–0.322	–0.036	–0.126	0.243	–0.038	0.132
	3	–0.145	–0.146	0.054	–0.073	0.107	–0.203	0.071
	4	0.086	0.179	0.040	0.007	–0.173	0.178	–0.137

分析结果表明，指标体系中的13个指标有8个为先行指标（即X2、X3、X4、X5、X7、X9、X10、X13），5个为同步指标，无滞后性指标，分类结果见表4。

8个为先行指标分别是工业增加值增长率、城镇固定资产投资增长率、重工业增加值占工业增加值比例增长率、工业化率增长率、重污染行业利润占整个工业利润增长率、城镇化率、人均日生活用水量增长率和工业污染源污水治理项目完成投资增长率。其中，重工业增加值占工业增加值比例增长率、工业污染源污水治理项目完成投资增长率两项指标时差为3年，表明这两项指标发生3年后，将形成对COD的现实压力量或者削减量；其他6个先行指标时差均为1年，反映这6项指标对COD作用的影响都是在1年后发生。这种时差关系，是现阶段、全社会总体平均的考虑，是社会—经济—环境系统内在作用规律的直接反映。

5个为同步指标分别是国内生产总值增长率、重污染行业产品产量增长率、“三同时”实际新增废水处理能力增长率、污水处理厂处理能力增长率。这5项指标对COD的影响均发生在1年内。

表4　指标的时差性分析

	先行指标	同步指标	滞后指标
总量指标	工业增加值增长率（–1）	国内生产总值增长率（0）	—
	城镇固定资产投资增长率（–1）		
结构指标	重工业增加值占工业增加值比例增长率（–3）	—	—
	工业化率增长率（–1）		
行业地区指标	重污染行业利润占整个工业利润增长率（–1）	重污染行业产品产量增长率（0）	—
		重点省份工业增加值增长率（0）	
生活指标	城镇化率（–1）	—	—
	人均日生活用水量增长率（–1）		
污染治理指标	工业污染源污水治理项目完成投资增长率（–3）	“三同时”实际新增废水处理能力增长率（0）	—
		污水处理厂处理能力增长率（0）	

从分析结果可以看出大部分指标与水环境的变化是不同步的，说明指标作用的时间周期都与水环境形势的变化存在一定的时间差（先行或滞后）。因此在对水环境质量进行预测预警时，就不能一概应用当期的指标数据进行预测预警，这样计算出来的结果必然

会出现误差，与实际的水环境的变化规律相违背。在指标选择过程中，本研究也曾经选择了金融机构人民币各项贷款余额等指标，但进行了时差分析后，这些指标是与 COD 呈现滞后特征，因此最终未将其引入预警指标体系中。

3 预警系统构建与分析

基于建立的指标体系和时差序列分析的结果，构建水环境预警的同步指数和先行指数。建立同步指数，通过构建的同步指数来评价、诊断现阶段水环境形势，以分析确定现行水环境所处的情况，进而可以把握水环境形势的运行发展状态。建立先行指数，通过构建的先行指数来预测预警未来一段时间内水环境形势的变化趋势，从而分析影响其变化的主要因素，从而尽可能地提前采取监督调控措施，最大限度地维持水环境形势的良性发展，同时尽量避免或减缓引起水环境形势恶化的发生。

3.1 指数的结构和分类

根据时差序列分析的结果，本文利用筛选出来的 5 个同步指标来构建和计算同步指数，利用 8 个先行指标来构建和计算先行指数见表 5。

表 5 指标时滞性分类

	类别	指标	先行时间	指标性质
同步指标	总量指数	国内生产总值增长率 A1	0	压力
	行业地区指数	重污染行业产品产量增长率 A2	0	压力
		重点省份工业增加值增长率 A3	0	压力
	污染治理指数	“三同时”实际新增废水处理能力增长率 A4	0	响应
		污水处理厂处理能力增长率 A5	0	响应
先行指标	总量指数	工业增加值增长率 B1	1	压力
		城镇固定资产投资增长率 B2	1	压力
	结构指数	重工业增加值占工业增加值比例增长率 B3	3	压力
		工业化率增长率 B4	1	压力
	行业地区指数	重污染行业利润占整个工业利润增长率 B5	1	压力
	生活指数	城镇化率 B6	1	压力
		人均日生活用水量增长率 B7	1	压力
	污染治理指标	工业污染源污水治理项目完成投资增长率 B8	3	响应

3.2 综合指数的构建方法

本文涉及同步指数和先行指数的计算，所以在权重的计算方面我们采用客观赋权的方法，即均方差赋权法进行计算，计算步骤如下：

以各指标为随机变量，各方案 A_j 在指标 G_j 下的无量纲化的属性值为该随机变量的取值，首先求出这些随机变量（各指标）的均方差，将这些均方差归一化，其结果即为各指标的权重系数。采用无纲量化、随机变量均值、G_i 的均方差、指标 G_j 的权系数 w_j 的公式分别见式（1）、式（2）、式（3）、式（4）：

对于效益型指标：一般可令

$$z_{ij}=\frac{y_{ij}-y_j^{\min}}{y_j^{\max}-y_j^{\min}}\quad（i=1，2，\cdots，n，j=1，2，\cdots，m）$$

式中：$y_j^{\max}$，$y_j^{\min}$ 分别为 G_j 指标的最大值和最小值。

对于成本型指标：一般令

$$z_{ij}=\frac{y_j^{\max}-y_{ij}}{y_j^{\max}-y_j^{\min}}\quad（i=1，2，\cdots，n，j=1，2，\cdots，m）\tag{1}$$

式中：$y_j^{\max}$，$y_j^{\min}$ 分别为 G_j 指标的最大值和最小值。

$$E(G_i)=\frac{1}{n}\sum_{i=1}^{n}Z_{ij}\tag{2}$$

$$\sigma(G_j)=\sqrt{\sum_{i=1}^{n}[Z_{ij}-E(G_i)]^2}\tag{3}$$

$$w_j=\frac{\sigma(G_j)}{\sum_{j=1}^{m}\sigma(G_j)}\tag{4}$$

同步指数：$T_{同}=w_1Z_{A1}+w_2Z_{A2}+\cdots+w_5Z_{A5}$ （5）

先行指数：

$$T_1=\sum_{i=1}^{n}w_iZ_{B_i}$$

$$T_2=\sum_{j=n+1}^{n}w_jZ_{B_j}$$

$$\cdots$$

$$T_n=\sum_{k=n+1}^{p}w_kZ_{B_k}$$

$$T_{先}=T_1+T_2+\cdots+T_n=\sum_{i=1}^{n}w_iZ_{B_i}+\sum_{j=n+1}^{m}w_jZ_{B_j}+\cdots+\sum_{k=n+1}^{p}w_kZ_{B_k}\tag{6}$$

T 为指数层指标得分值，w 为指标层各个指标权重值，Z 为指标无纲量化值。

3.3 同步指数构建与分析

根据筛选的同步指标，用均方差赋权的方法计，根据式（1）～式（4）计算各个指标的权重（表6）。

表6 2001—2007年各同步指标权重值

年份	国内生产总值增长率 w_1	重污染行业产品产量增长率 w_2	重点省份工业增加值增长率 w_3	“三同时”实际新增废水处理能力增长率 w_4	污水处理厂处理能力增长率 w_5
2001	0.201 7	0.201 6	0.178 9	0.207 3	0.210 5
2002	0.200 6	0.199 1	0.175 7	0.208 9	0.215 8
2003	0.195 2	0.194 4	0.174 8	0.222 4	0.213 1
2004	0.198 4	0.189 5	0.177 3	0.222 0	0.212 7
2005	0.197 9	0.191 5	0.176 0	0.220 3	0.214 3
2006	0.194 2	0.187 5	0.176 1	0.227 0	0.215 2
2007	0.196 8	0.186 6	0.175 6	0.225 9	0.215 1

根据式（5）计算各个指标得分值及同步指数，结果见表7。

表7 2001—2007年同步指标得分值和同步指数值

年份	国内生产总值增长率 T_1	重污染行业产品产量增长率 T_2	重点省份工业增加值增长率 T_3	“三同时”实际新增废水处理能力增长率 T_4	污水处理厂处理能力增长率 T_5	同步指数 $T_{同}$
2001	4.34	20.16	7.94	20.73	7.41	60.57
2002	3.52	11.23	8.25	14.99	20.03	58.01
2003	6.50	7.71	11.15	21.19	18.21	64.76
2004	11.44	9.39	12.76	7.64	19.54	60.76
2005	8.71	12.49	8.10	11.19	19.41	59.89
2006	8.24	9.91	12.06	20.38	21.52	72.11
2007	10.59	10.08	10.32	11.61	21.51	64.11

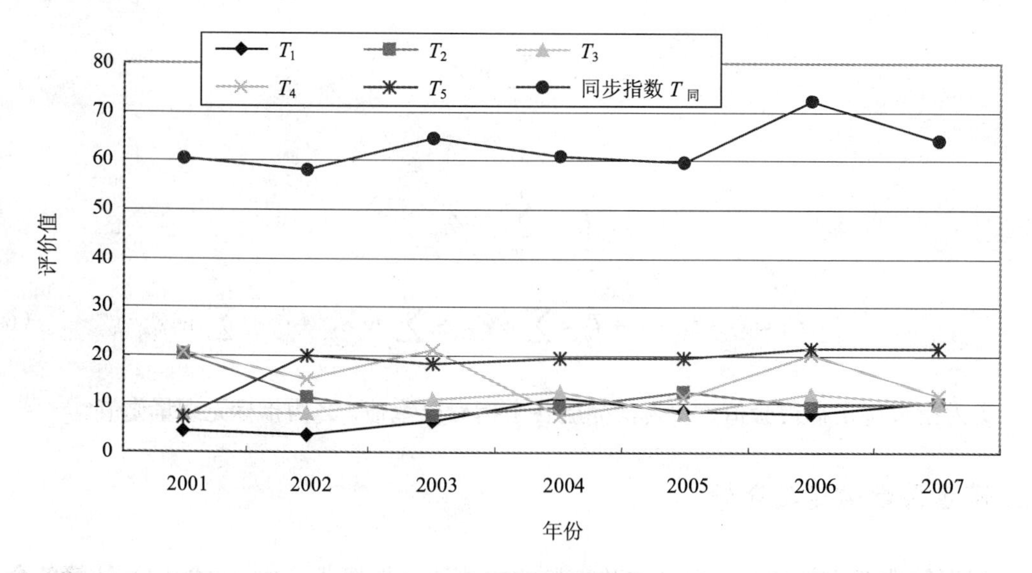

图2 同步指数的变化趋势

从图2同步指数的变化趋势可以看出：

（1）2006年同步指数最大，比2005年增加了20%，反映即使经过宏观调控等政策实施后，当年经济实际运行态势对环境压力巨大，2006年COD排放量仅比2005年增加1%，这一污染减排成绩来之不易。

（2）同步指数显示2007年比2006年有11%的下降。根据中国环境状况公报，与2006年相比，七大水系Ⅰ～Ⅲ类水质比例提高7个百分点，劣Ⅴ类水质比例下降2个百分点。全国地表水国控断面高锰酸盐指数质量浓度为6.5 mg/L，比2006年降低7%。同时，2007年比2006年COD排放量降低3%，其规律基本保持一致。

（3）多年来对水环境形势的压力仍然持续存在但增幅有所减少。国内生产总值增长率、重污染行业产品产量增长率和重点省份工业增加值增长率3项压力指标指数之和总体也呈现缓慢升高趋势。2007年这3个指标的得分值总和为30.99，较2006年的30.21有所上升，2007年实际经济运行对水环境形势压力仍然不容忽视。

（4）行业政策实施成效好于地区政策，全国和重点地区经济持续增长对水环境态势影响较大。指数分解分析发现，重污染行业调整政策频出，其对水环境形势影响波动较大，但总体明显小于2001年的情况。相对而言，区域调控难以实施，遏制经济的过快增长难以奏效，从目前实际经济运行态势来看，重点行业、重点地区和经济总量三者对我国水环境的压力已经呈现基本均衡的局面，这与2001年重污染行业占据压力2/3的权重相比，已经有十分明显的改善。国内生产总值增长率、重点省份工业增加值增长率两项压力指数总体呈现上升趋势，且从2001—2007年上升趋势较为明显，给水环境形势的变化带来了很大的压力。

（5）在压力持续增大的情况下，2007年COD排放量出现了下降的"拐点"，造成水环境形势发生好转的原因主要是"三同时"实际新增废水处理能力增长率的大幅度增加和污水处理厂处理能力的提高，特别是污水处理厂处理能力，近几年呈现逐步稳步上升的趋势，这说明，现阶段以污染减排为重点的环境保护工作，在抵消了经济发展的压力的同时，对环境形势的好转起到了十分积极的作用。

3.4 先行指数构建与分析

基于时差序列分析所筛选的8个先行警兆指标，来预测预警2008年水环境的变化趋势。首先根据式（1）～式（4）并结合各个先行指标的先行时间，计算警兆指标的权重，结果见表8。

分别选用各先行指标先行期对应的历史数据，即对于先行期为3年的两项指标，采用2005年重工业增加值占工业增加值比例增长率、工业污染源污水治理项目完成投资增长率数据进行预警，对于其余先行期为1年的指标，均采用2007年其他先行指标数据，根据式（6）计算各个指标得分值及先行指数，计算结果见表9。

表 8 2001—2007 年先行指标权重值

年份	工业增加值增长率 w_1	城镇固定资产投资增长率 w_2	重工业增加值占工业增加值比例增长率 w_3	工业化率增长率 w_4	重污染行业利润占整个工业利润增长率 w_5	城镇化率 w_6	人均日生活用水量增长率 w_7	工业污染源污水治理项目完成投资增长率 w_8
2001	0.120 8	0.119 1	0.119 3	0.130 5	0.130 9	0.124 8	0.119 8	0.134 7
2002	0.114 7	0.126 3	0.112 9	0.122 6	0.143 1	0.124 4	0.119 2	0.136 7
2003	0.117 6	0.114 9	0.111 5	0.118 8	0.135 2	0.124 1	0.129 6	0.148 4
2004	0.106 8	0.111 1	0.124 6	0.127 6	0.145 1	0.126 1	0.131 4	0.127 3
2005	0.109 6	0.125 2	0.115 2	0.151 1	0.137 4	0.122 3	0.120 5	0.118 9
2006	0.120 1	0.135 4	0.113 0	0.130 0	0.140 2	0.126 6	0.116 7	0.118 0
2007	0.128 9	0.128 5	0.125 5	0.124 0	0.129 0	0.122 4	0.134 0	0.107 6

表 9 2001—2007 年先行指标得分值和先行指数值

年份	工业增加值增长率 T_1	城镇固定资产投资增长率 T_2	重工业增加值占工业增加值比例增长率 T_3	工业化率增长率 $T4$	重污染行业利润占整个工业利润增长率 T_5	城镇化率 T_6	人均日生活用水量增长率 T_7	工业污染源污水治理项目完成投资增长率 T_8	先行指数 $T_{先}$
2001	7.09	2.51	6.45	13.05	4.53	4.14	10.41	8.83	57.02
2002	4.63	4.77	6.32	4.37	11.65	5.51	6.72	9.32	53.29
2003	6.46	6.23	7.50	6.60	6.77	6.86	7.96	0.00	48.36
2004	9.27	11.11	0.00	10.31	13.66	8.37	8.59	12.73	74.04
2005	10.57	12.39	6.49	11.13	3.39	9.27	8.97	7.85	70.06
2006	12.01	12.47	11.30	11.39	10.53	10.80	5.13	4.71	78.34
2007	10.78	10.26	12.13	8.73	7.20	11.30	0.00	4.46	64.84

在利用先行警兆指标对水环境进行预警之前，首先验证先行指数的准确，本文计算 2001—2007 年的先行指数与当年的水环境主要污染物 COD 的排放量进行对比分析，以验证先行指数的准确程度。根据计算出来的先行指数值与当年 COD 排放量进行对比分析（图 3）。

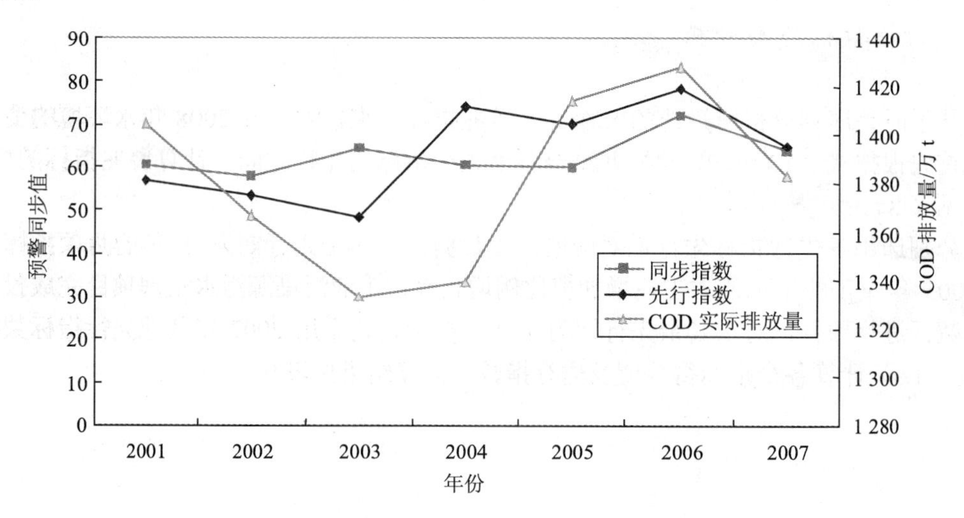

图 3 水环境形势预警先行指数、同步指数与 COD 实际排放量对比

从图 3 中可以看出，用先行指标，即警兆指标预测出来的水环境先行预警指数与当年的全国 COD 排放量有较好拟合程度和相似的变化趋势。利用灰色关联分析验证，水环境先行预警指数与预测当年全国 COD 排放量的关联度达到了 0.926 6。因此，水环境先行预警指数可以用来很好地预测预警水环境的变化趋势，并用来长期预警水环境的变化。

本研究将先行指数、同步指数与实际COD排放量进行了比较分析，可以看出：

（1）先行指数波动较大，同步指数变化幅度相对较为平缓。

先行指数反映的是，根据历史经济社会发展情况来预测未来的环境形势，相对应而言，先行指数主要反映历史规律拟合趋势的预测情景，波动较大。

同步指数是当年经济社会实际发展数据，由于同步指数为实际状态综合分析值，实际上是在先行指数的基础上施加了各种宏观调整之后的政策情景。同步相对较为平稳，反映了宏观经济调控的作用。

所以先行指数用于预警，反映规律性的趋势，同步指数反映现实，用于分析评价当年实际状况，其实际发展状况与先行指数的差异，可以用来说明先行指数预警误差的原因。预警指数和同步指数合并分析，可以较好地综合用来对水环境形势进行预警分析。

如受2003年和2004年宏观经济形势偏热等因素的影响，先行指数预测2004年水环境形势将较大幅度地恶化。2004 年、2005 年实际 COD 排放量的节节攀升也印证了这种趋势预测。但是，由于增加了宏观调控的影响，2004 年经济社会实际态势对水环境压力明显比预测减小，同步指数仅偏离了平稳轨迹（比 2003 年下降）6%，这是 2004 年实际COD排放量并没有呈现出类似先行指数表征的大幅度上升的情况。

由此，可以利用本研究提出的先行指数预警未来发展趋势，并积极采取应对措施，其应对措施效应将直接反映在当年的同步指数变化上，可以把水环境形势从历史规律曲线上优化调控到合理的实际状态下，这就是预警诊断系统的目的。

（2）以先行指数显示的年度水环境形势好坏规律，仅在 2005 年出现了偏差，应特别关注5年期末的数据和政策调控。

先行指数显示，2005 年水环境形势应比 2004 年有小幅好转，但 2005 年 COD 实际排放量未出现预警指数显示的下降结果，而是出现了一定幅度的升高。

分析认为，原因之一是，2005 年压力发展态势剧增，治污响应指标不慎理想，在一定程度上与先行指数预测的分项指标差异较大。2005 年经济发展力度进一步加大，重污染行业的规模飞速发展，特别是造纸行业，纸和纸制品 2005 年产量几乎比 2000 年翻了一番，造成占全国工业 COD 排放总量半数以上的造纸行业的排污总量没有像初期预定得到有效控制，这就加快和缩短了个别压力指标的作用周期。此外重点流域污染治理工程项目的完成情况不理想，污水处理设施的建设速度滞后于人口的增加和经济发展的增长速度，城市污水处理设施配套管网建设速度大大滞后于污水处理厂建设速度，生活污水收集率不足，从而导致污水处理厂不能满负荷运行。

分析认为，2005 年为“十五”末期，同时也是“十一五”的开局之年，包括环境保护在内的一些统计数据也存在一定的人为因素引导的偏差，这也是造成实际水环境形势偏离先行指数规律的主要原因之一。

同时，应特别注意，五年规划年、政府换届年，以及宏观经济形势变化剧烈的年份，对水环境形势影响较大，不稳定因素较多，需要环境保护部门密切关注经济形势，及时出台政策措施，防止在2008—2010年期间出现类似2003—2005年波动较大的情况。

（3）在同步指数显示同样呈现经济过热的2003年和2006年之后，2007年先行指数仍然出现下降趋势，与2004年先行指数较大幅度的上升势头相比，差异显著，宏观经济调整对2007年水环境形势相应恶化起到了积极的作用。

同步指数曲线显示了两个增加的奇点，一个是2003年，另一个是2006年，仅以同步指数值考虑，2006年同步指数值比2005年增加了20%，还高于2003年同比增加率，但从2006年数据预警2007年的先行指数却出现了显著的下降，与2003—2004年反映的现象正好相反。

2003年和2004年开始由于经济形势过热，2003年同步指数比2002年增加11.6%，这是在采用2000年和2002年宏观数据预测2003年水环境形势所难以准确预料的，这导致2004年先行预警值和实际排放量均高于2003年。

对比来看，在同步指数上升的情况，2007年先行指数不升反降，主要来源于重污染行业的结构调整以及工业增加值增速、固定资产投资增速这些指标，这些压力的指标显著降低。

（4）同步指数和先行指数均反映，我国水环境形势在2006年开始出现好转苗头并在2007年出现了拐点。

对先行指标中的压力指标指数（图4）进行分析可以发现，从2002—2005年开始，先行指标中的压力指标指数逐年增大，显示社会经济发展对水环境造成的压力逐年增大，但是环境污染治理的响应指标反应不力，造成“十五”后几年COD排放量逐年增加。2006年，压力指标指数值达到最大73.63，但是当年全国COD排放量为1 428.2万t，虽然仍比2005年增加了1%（先行指数增加了11.8%），但是相比2005年增幅出现明显回落，这主要是由于2006年国家采取了大量切实可行的污染减排措施，环境污染治理的响应指标得到了明显加强，虽然没有实现COD排放下降的目标，但为2006年以后的减排工作打下了一定基础。2007年，全国COD排放总量降至1 381.8万t，比2006年下降3.2%，比2005年下降了2.3%（先行指数下降了7%）。这一方面是随着可持续社会建设和经济结构调整，压力指标指数出现明显下降，由2006年的73.63下降至60.39，对水环境造成的压力明显降低；另一方面是2007年减排工作力度进一步加大，污染减排的约束性指标开始发挥导向作用，全年全国新增城市污水处理能力1 300万t/d，高排放行业结构调整取得积极进展，污染减排工作取得了初步成效。

应引起注意的是，从各单项指标的指数来看，无论是同步指数还是先行指数仍然有较多的压力参数并没有降低。10个压力参数中，重工业增加值占工业增加值比例增长率、国内生产总值增长率、重污染行业产品产量增长率、城镇化率等仍然呈现压力增加的趋势，而且大多呈现下降趋势的压力指标也是从2006年刚开始出现下降趋势，今后仍然有可能出现反复，因此，这种拐点趋势还是十分脆弱的。污染减排工作仍然任重而道远。

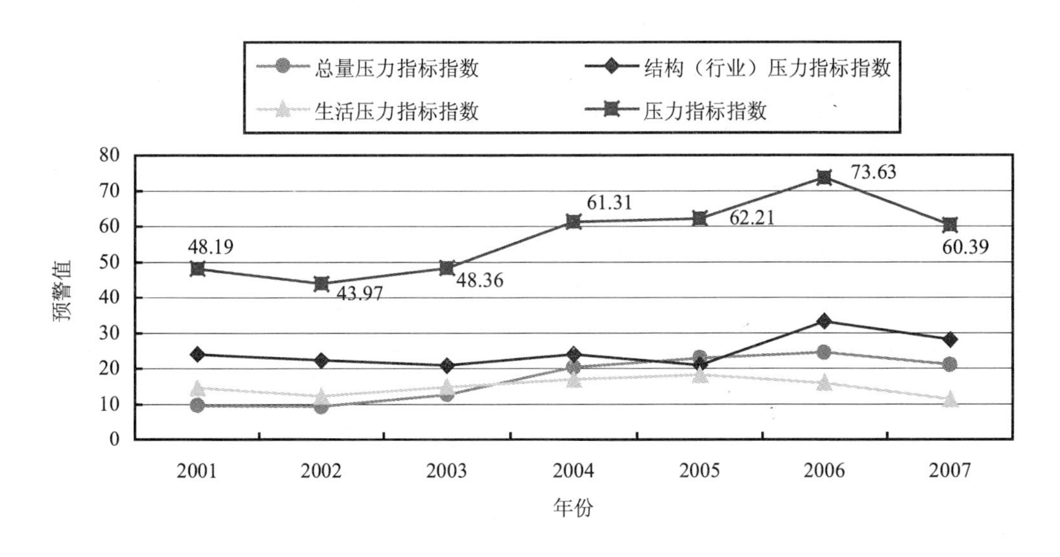

图 4　压力先行指标指数变化

4　2008 年度水环境形势预警分析

4.1 2008 年度水环境形势预警

基于水环境先行预警指数的计算方法，根据不同指标的时差值，选取不同时点的参数，按照客观赋权法计算得到的权重值，可以用来计算 2008 年的先行预警指数，并预测 2008 年水环境的变化趋势，计算结果如表 10、表 11。

表 10　2008 年先行指标的权重值

年份	工业增加值增长率 w_1	城镇固定资产投资增长率 w_2	重工业增加值占工业增加值比例增长率 w_3	工业化率增长率 w_4	重污染行业利润占整个工业利润增长率 w_5	城镇化率 w_6	人均日生活用水量增长率 w_7	工业污染源污水治理项目完成投资增长率 w_8
2008	0.118 2	0.137 4	0.129 9	0.127 0	0.137 5	0.131 6	0.105 2	0.113 2

表 11　2008 年各个先行指标得分值和先行指数值

年份	工业增加值增长率 T_1	城镇固定资产投资增长率 T_2	重工业增加值占工业增加值比例增长率 T_3	工业化率增长率 T_4	重污染行业利润占整个工业利润增长率 T_5	城镇化率 T_6	人均日生活用水量增长率 T_7	工业污染源污水治理项目完成投资增长率 T_8	先行指数
2008	7.76	11.80	1.57	4.46	13.75	13.16	6.74	3.98	63.21

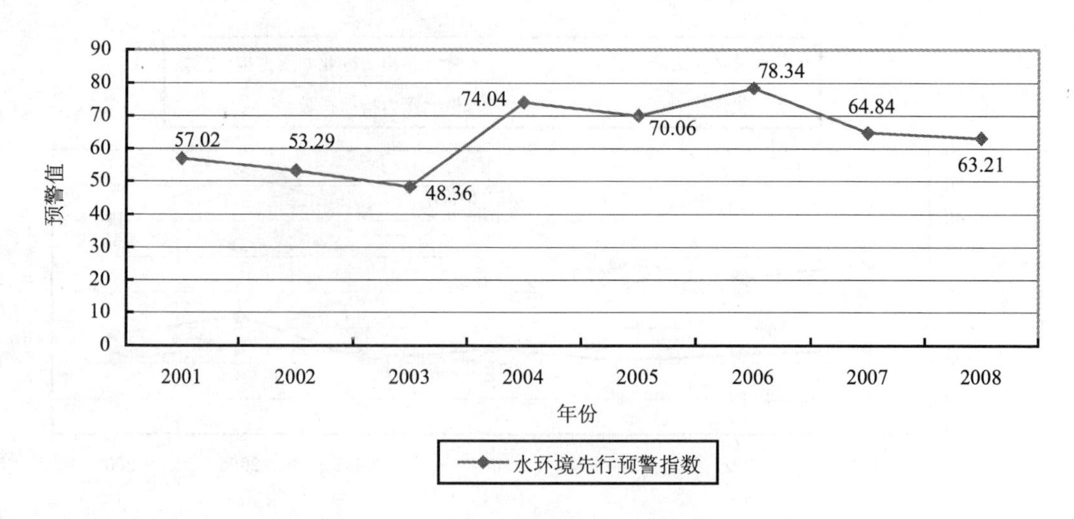

图 5　2001—2008 年水环境预警指数变化

从数据表和图 5 中可以分析看出：

（1）先行指数预警显示，2008 年水环境形势有所好转，但下降幅度明显小于 2007 年同比情况，仍然需要加大污染减排综合措施才能实现预期的全年减排目标。

我国水环境趋势 2008 年预警值较前几年将有所下降，比 2007 年好转 2.5%，表明在经济社会环境诸因素作用下，水环境形势比 2007 年将继续有所好转，但降低幅度较小，污染减排工作初步取得了成效。

若要实现环境保护部制定的 2008 年全国 COD 排放总量比 2005 年下降 5%的目标，单纯依靠过去经济社会的发展惯性及其趋势，仍然是不够的，还需要进一步降低经济社会发展对环境的压力，尤其是需要提高“三同时”实际新增废水处理能力增长率、污水处理厂处理能力增长率等同步响应指标，在加大治污力度、增加削减量上做文章。

（2）2008 年先行预警指数中压力部分将有所降低，有力地推动了水环境形势的好转。

利用先行警兆指标中的压力指标来预测 2008 年水环境压力变化趋势，先行压力指标主要包括总量指数指标、结构指数指标、行业地区指数指标和生活指数指标（图 6），从图中可以看出 2008 年水环境面临的压力指数为 59.22，比 2007 年的 60.39 略有下降，但应注意，该压力下降仅为 1.9%，对年度预警下降值的贡献达到 76%，这表明 2008 年水环境预警度的下降更多地依靠社会经济对环境的压力降低，压力指标的任何微小波动都有可能对水环境预警度产生重大影响，当前水环境预警指数的降低的基础并不稳固。

（3）污染治理工作仍然有较大程度的作用空间。

上述数据仅仅是从先行指数预警的结果，该预警值最终是否能与现实情况相一致，还取决于同步指数的发展态势。从同步指标的变化情况来看，“三同时”实际新增废水处理能力增长率、污水处理厂处理能力增长率等响应指标表征的治污力度，对于同步指标的变化起到了十分重要的主导作用，也可以弥补工业污染源污水治理项目完成投资增长率对先行指数较弱的作用。

这就要求污染减排工作不能单纯地为了实现减排而减排，而应该充分发挥污染减排这一约束性指标的导向作用，把污染减排作为调整经济结构，转变增长方式的突破口和重要抓手。通过污染减排根本改变经济结构不合理、增长方式粗放的发展模式，推进经济结构调整，转变增长方式，使经济增长建立在节约能源资源和保护环境的基础上。只有这样，才能真正长效降低社会经济发展对水环境的压力，实现水环境形势的改善。

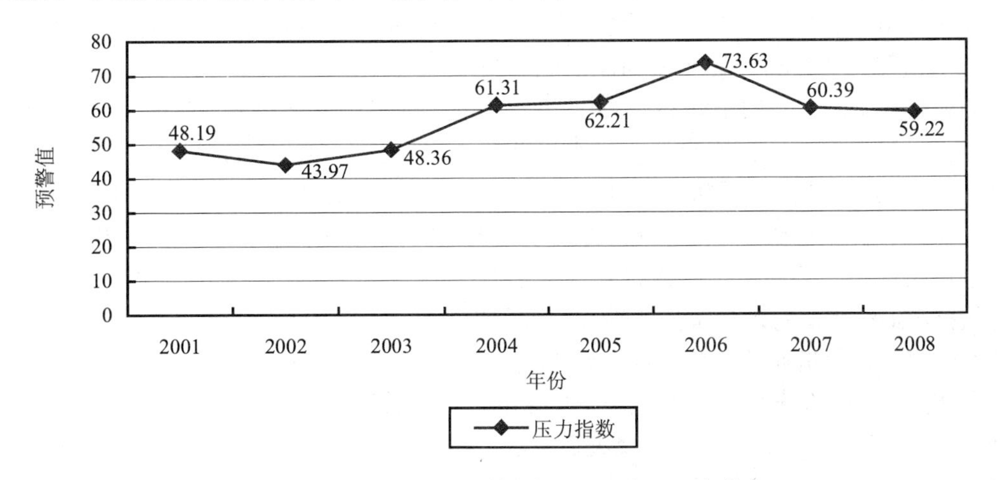

图 6　水环境年度预警指数（压力部分）变化

4.2 2008 年度水环境预警形势分析

4.2.1 总量指数

先行指标中的总量指标为工业增加值增长率和城镇固定资产投资增长率。通过对于先行指标中两项总量指标指数和的变化趋势分析（图 7），从图中我们可以看出自 2001—2006 年，总量指数明显地呈现出逐年升高的趋势。自 2006 年起，总量指数开始下降。根据预警指数计算结果，2008 年总量指数将继续保持下降趋势，由 2007 年的 21.04 下降为 19.56，下降了 7%。从各单项指标来看，工业增加值增长率、城镇固定资产投资增长率的指数值与总量指数的变化趋势基本是一致的。

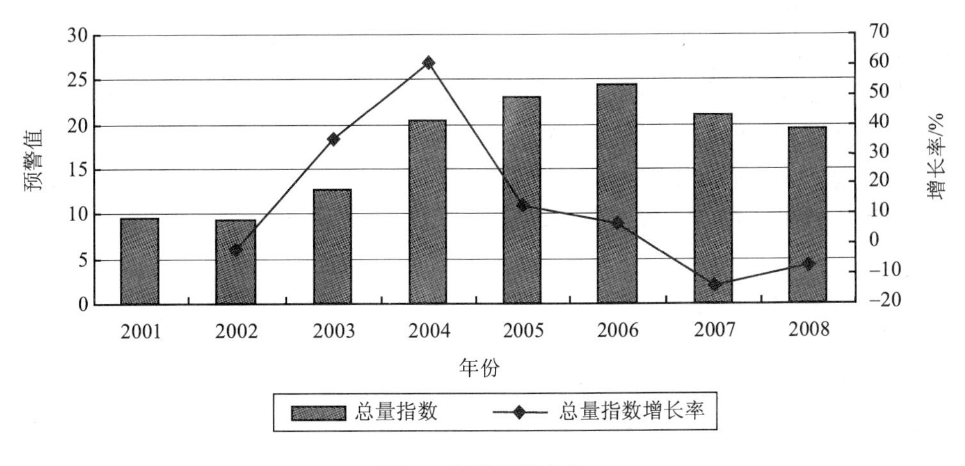

图 7　总量指数变化

环境保护部环境规划院的有关研究表明，2001—2006 年 COD 排放的规模效应为 143.1%，结构效应为–5.5%，广义的技术效应为–146.4%，其中清洁技术效应为–134.3%，污染治理效应为–12.1%，经济规模的快速扩张带来的规模效应是污染排放大幅增长的主要原因。自 2000 年以来，中国经济迎来新一轮的快速增长，经济增速逐年加快。经济高增长的一个重要特征是高投资带来的制造业（或者说工业）的快速增长，而污染排放的主要原因就是这些高增长的工业部门。“十五”期间工业增加值年均增长速度达到了 10.9%，伴随经济快速发展，城镇固定资产投资也保持快速增长。如此高的增长速度下必将带来污染物排放的快速增长，同时由于环境污染治理能力无法得到迅速加强，最终导致没有完成国家“十五”控制目标，也对“十一五”初期的污染减排工作造成了巨大的困难。

总体上看，自 2006 年起总量指数的下降在一定程度上减缓了水环境形势的恶化，2008 年总量指数继续下降对水环境的改善将起到积极的作用，但是总量指数的下降速率比 2007 年有所变缓，总量指数增长率有存在反弹的可能。此外从 2008 年经济形势来看，由于国内宏观调控和自然灾害以及国外经济下滑影响，目前普遍预测 2008 年我国经济增长会低于 2007 年，但由于政府换届年以及灾后重建，2008 年城镇固定资产投资高位反弹的压力极大。重要“拐点”的出现令人欣喜，2008 年经济增速的相对放缓也会在一定程度上降低 COD 污染排放对环境的压力，但在经济总体上依然保持高速增长、城镇固定资产投资增速较快的情况下，2008 年水环境形势依然不容乐观。

4.2.2 结构指数

此处的结构指标除包括重工业增加值占工业增加值比例增长率、工业化率增长率两项指标外，考虑到行业地区指标中的重污染行业利润占整个工业利润增长率指标同样与产业结构密切相关，因此结构指标指数为上述三项指标的指数和。分析结构指数的变化趋势见图 8。从图中可以看出，2001—2005 年，结构指数的波动不大，2006 年结构指数值最高，2007 年出现明显下降。从分析结果来看，2008 年的结构指数为 19.78，比 2007 年的 28.06 出现较大幅度的降低。与总量指数相比，结构优化的程度比较明显。这表明最近几年经济结构调整的效果正在逐步得到体现，改善经济增长结构，使工业部门的结构趋向清洁化，能够有效地减少单位产出对环境的污染，对水环境形势的改善起到了至关重要的作用。经济结构的调整主要体现在着力优化投资结构，坚决控制高耗能、高排放和产能过剩行业盲目投资和重复建设，关闭了一批小型高污染高耗能的企业，同时地区发展更趋均衡。正是基于以上的经济结构调整，“两高一资”行业的（所谓“两高一资”，是指高污染、高能耗和资源密集型的行业）产品生产增速出现回落。结构指数表明 2008 年经济结构调整的效果将进一步得到体现，它对水环境形势的改善将继续产生积极的成效。

从 COD 排放量和排放强度都比较大的几个行业，如农副食品加工业、食品制造业、饮料制造业、造纸及纸制品业、纺织印染业、化学原料及制品业来看，近两年，为遏制高污染行业的过快增长，我国加快推进结构调整，加大淘汰落后产能力度，对高污染行业的调控效果正在逐步显现。2008 年大部分行业增速放缓，固定资产投资增速与 2007 年相比也出现明显回落。从其经济贡献份额变化来看（图 9），可以看出高污染行业在整个工业中的比重总体上呈现大幅下降趋势，由 2001 年的 22.29%下降到 2006 年的 19.71%，下降了 2.58%，其中纺织印染业和饮料制造业的比重下降最多，分别下降了 1.05%、0.68%。

这种结构变化说明对于COD来说，工业部门的结构趋向清洁化，在一定程度上有助于减缓COD排放增长。2005年，除饮料制造业外的其他5个行业经济贡献份额均出现了不同程度的反弹，这可能也是造成2005年COD排放量显著增长的原因之一。虽然高污染行业在整个工业中的比重呈现下降趋势，但是由于重污染行业的经济总量仍然保持较快增长趋势，如2008年1～7月全国造纸行业、化工行业和印染行业工业增加值较2007年同期分别增长了16.05%、14.4%和13.7%，因此重污染行业对水环境的压力也将长时间存在（表12）。

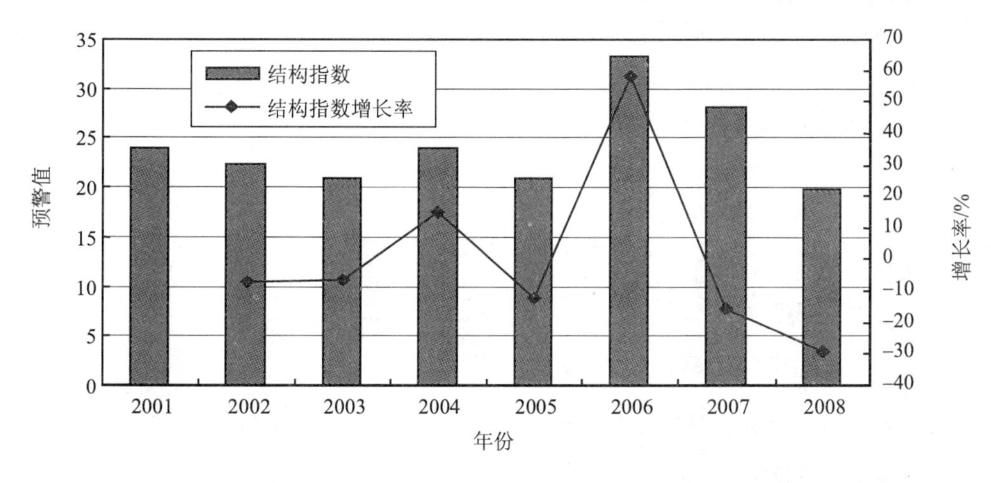

图8 结构指数变化

表12 COD重点排放行业经济贡献份额变化趋势（按总产值计算） 单位：%

行业	2001年	2002年	2003年	2004年	2005年	2006年
农副食品加工业	4.29	4.31	4.32	3.99	4.22	4.10
食品制造业	1.71	1.78	1.61	1.41	1.50	1.49
饮料制造业	1.91	1.80	1.57	1.27	1.23	1.23
造纸及纸制品业	1.89	1.88	1.78	1.56	1.65	1.59
纺织印染业	5.89	5.75	5.43	4.81	5.04	4.84
化学原料及制品业	6.60	6.52	6.50	6.07	6.50	6.46
合计	22.29	22.04	21.21	19.11	20.14	19.71

注：经济贡献份额指某行业的工业总产值（现价）与统计行业总产值（现价）的比值。

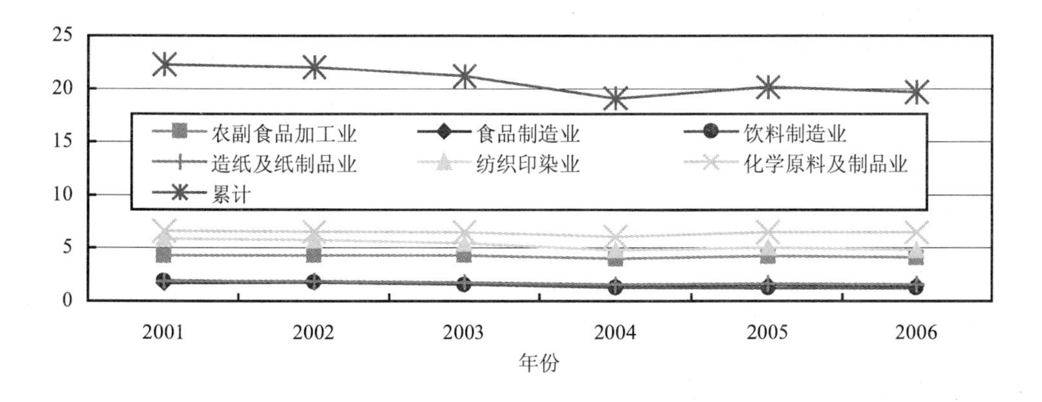

图9 COD重点排放行业经济贡献份额变化趋势（按总产值计算）

4.2.3 生活指数

先行指标中的生活指标包括城镇化率和人均日生活用水量增长率。分析两项生活指标的指数和的变化趋势如图 10，从图中可以看出 2008 年生活污染对水环境的压力还将逐步增大，增大主要体现在随着城镇化率增加、人均生活用水量增加，生活污水的排放规模将进一步增大，虽然城市污水处理率在逐年提高，但是仍无法跟上城市发展的步伐，并且生活指数对水环境的这种压力还将逐步增大。

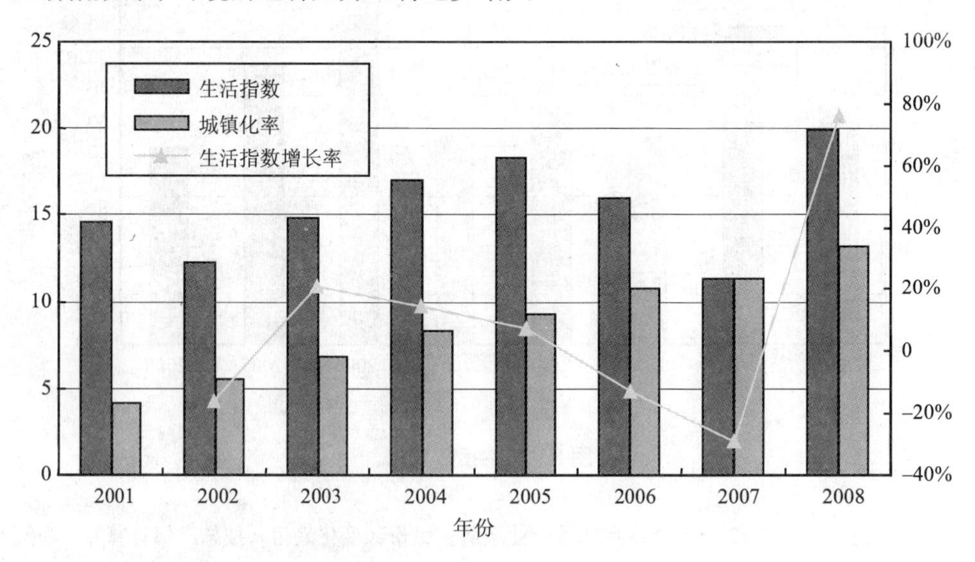

图 10　生活指数变化

进一步分析生活指标中两项指标可以发现，城镇化率指数值呈现稳步上升趋势，而人均日生活用水量增长率指数值则总体呈现下降趋势。这表明生活污染对水环境的压力主要是来自于城镇化率对水环境产生的压力。这与我国的实际情况是比较一致的。据统计，我国城镇居民的人均用水量在逐年减少，尤其是 2001—2006 年，我国人均生活用水增长率连续 6 年呈现负增长。但是这并没有减少生活 COD 排放对环境的压力，主要是因为快速的城市化进程使城市用水人口大幅度增长。与 1995 年相比，2006 年城镇化率由 29.04%增加到 43.9%，城镇人口由 3.52 亿人增加到 5.77 亿人，增长 64%；城市用水普及率由 58.7%增加到 86.7%。城市用水人口逐年增加抵消了人均用水量逐年减少的贡献，导致生活污水排放量和生活 COD 排放量的逐年上升。2001—2006 年，生活废水排放量从 433 亿 t 增加到 536.8 亿 t，年均增长 4.8%；生活 COD 排放量从 797.3 万 t 增加到 885.9 万 t，年均增长 2.2%。

从以上情况来看，城镇化率对于生活 COD 的排放有着更为决定性的作用。对世界城市化进程的统计结果，有所谓的“S”形曲线，这就是著名的“诺瑟姆”曲线，即当城市化水平在 30%～70%，城市化进程会进入一个加速发展时期。目前中国正处于城市化发展的快速提升阶段，城市化水平将持续提高，这就决定了 2008 年生活指标仍将像前些年一样继续保持对水环境的压力，但是随着城镇生活污水处理率的不断提高，生活 COD 排放对环境的压力将呈现趋缓的态势。

4.2.4 污染治理指数

污染治理指数的变化趋势如图 11 所示。可以看出，污染治理指数波动较大，2004 年治理明显滞后、不足，也对 2004 年水环境形势的恶化起到了十分重要的作用。随着环保投资的增加和污染减排工作的开展，污染治理工作对水环境的改善起到了积极的作用，并且随着污染减排工作的深入开展，这种积极的效应正在逐年增强，对 2008 年水环境形势的改善起到了积极的作用。

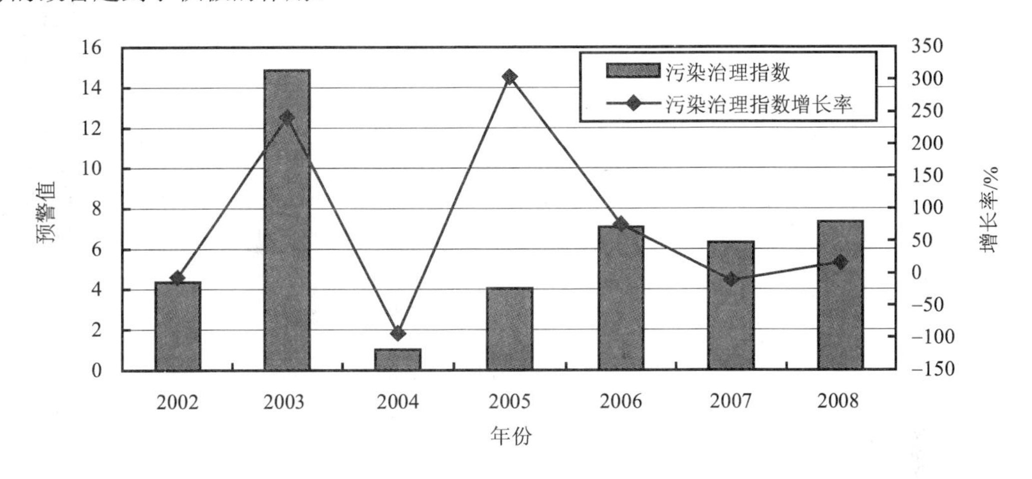

图 11　污染治理指数变化

4.3 2008 年季度水环境形势压力分析

由于数据可得性等原因，季度水环境分析主要是对季度水环境压力的分析，分析主要依靠先行警兆指标中的压力指数。首先对季度先行压力指标的权重进行计算，如表 13，各个季度的得分值如表 14。

表 13　季度先行压力指标权重值

	工业增加值增长率 w_1	城镇固定资产投资增长率 w_2	重工业比例增长率 w_3	工业化率增长率 w_4	重污染行业利润占工业利润比例增长率 w_5	城镇化率 w_6	人均日生活用水量增长率 w_7
w_j	0.106 3	0.144 6	0.108 3	0.085 5	0.108 6	0.151 1	0.138 1

表 14　2002 年 1 月—2008 年 4 月先行压力指标得分值和先行压力指数

日期	工业增加值增长率 T_1	城镇固定资产投资增长率 T_2	重工业比例增长率 T_3	工业化率增长率 T_4	重污染行业利润占工业利润比例增长率 T_5	城镇化率 T_6	人均日生活用水量增长率 T_7	先行压力指数 $T_{先压}$
2002.01	3.40	0.00	11.29	6.41	9.60	0.00	8.98	39.68
2002.02	8.22	12.62	0.26	4.68	4.47	0.61	11.92	42.79
2002.03	4.88	4.83	2.90	3.85	10.16	1.22	11.92	39.75

日期	工业增加值增长率 T_1	城镇固定资产投资增长率 T_2	重工业比例增长率 T_3	工业化率增长率 T_4	重污染行业利润占工业利润比例增长率 T_5	城镇化率 T_6	人均日生活用水量增长率 T_7	先行压力指数 $T_{先压}$
2002.04	6.60	8.22	1.52	3.75	7.85	1.84	11.92	41.70
2003.01	3.44	0.19	6.78	5.92	11.33	0.00	10.63	38.29
2003.02	9.15	11.04	6.42	4.78	2.45	0.61	12.96	47.39
2003.03	5.51	4.44	4.97	3.85	10.37	1.22	12.96	43.31
2003.04	7.38	6.52	0.62	4.01	3.08	1.83	12.96	36.40
2004.01	3.80	0.62	3.71	6.66	9.34	2.48	11.47	38.07
2004.02	7.92	11.11	4.72	5.21	7.69	3.10	13.14	52.90
2004.03	5.78	4.05	2.75	4.30	11.48	3.72	13.14	45.23
2004.04	6.96	4.07	0.00	4.31	4.06	4.32	13.14	36.86
2005.01	4.05	1.61	3.35	8.05	11.76	4.79	11.98	45.59
2005.02	7.81	10.32	5.26	5.66	0.00	5.40	12.05	46.50
2005.03	5.86	4.76	3.44	5.22	11.06	6.00	12.05	48.40
2005.04	7.14	9.68	2.25	4.45	9.39	6.60	12.05	51.56
2006.01	3.79	0.27	8.88	5.02	8.08	7.37	6.85	40.26
2006.02	9.54	11.17	3.79	5.89	5.17	7.90	11.67	55.13
2006.03	5.80	5.17	4.10	4.33	5.49	8.42	11.67	44.98
2006.04	3.44	6.20	0.92	1.77	6.80	8.96	11.67	39.78
2007.01	8.00	1.16	10.02	8.87	1.75	9.18	0.00	38.99
2007.02	10.02	10.82	3.78	5.51	12.90	9.70	13.40	66.13
2007.03	6.47	4.52	3.49	4.46	8.23	10.20	13.40	50.77
2007.04	0.00	5.71	5.02	0.01	7.59	10.72	13.40	42.45
2008.01	11.82	1.36	2.90	12.70	5.71	11.93	9.00	55.43
2008.02	9.25	11.78	6.19	5.53	7.72	12.35	10.52	63.34
2008.03	5.91	4.77	1.93	4.48	6.03	12.74	10.52	46.38
2008.04	0.00	5.98	2.71	0.00	7.42	13.16	10.52	39.78

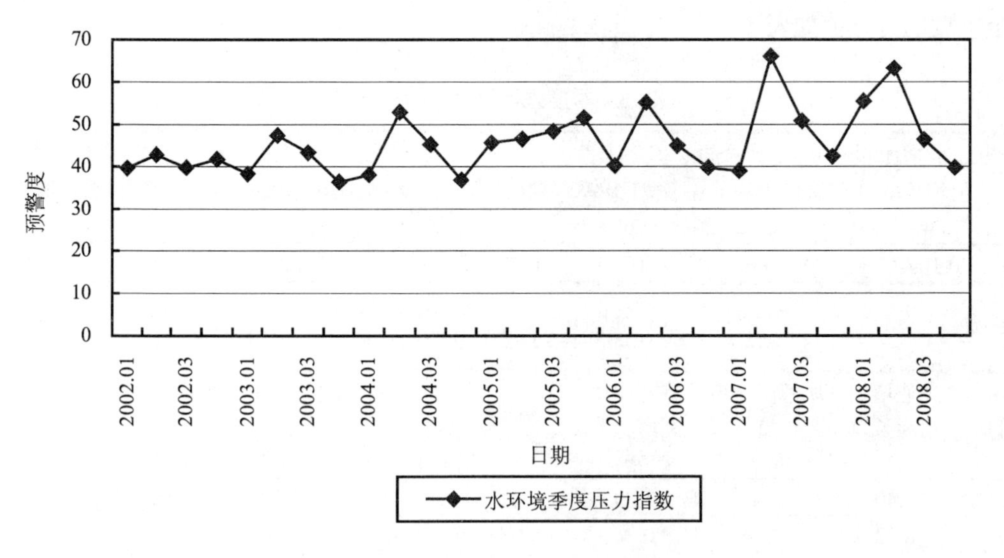

图 12 水环境季度压力指数变化

从图12中可以看出2008年4个季度的预警值与2007年同期相比总体上呈现下降趋势，表明季度水环境压力略有下降，但是下降幅度不大，水环境形势压力仍然不容乐观。

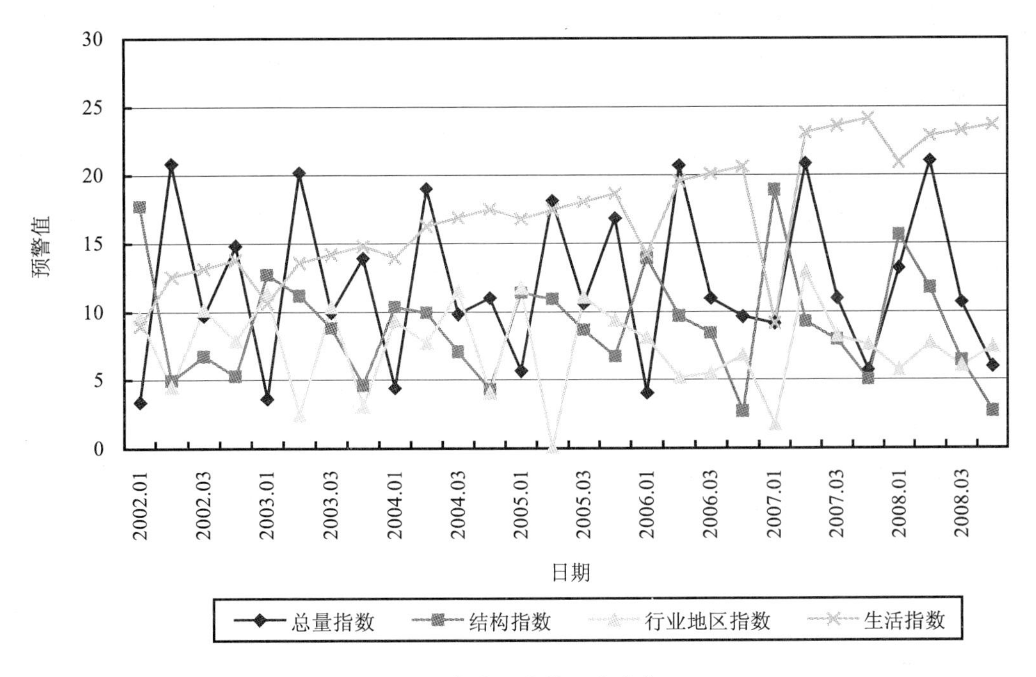

图13　各个分指数压力变化

从各个指数的变化趋势（图13）可以看出，2008年第二季度水环境的所面临的压力还是十分严峻，2008年二季度压力将比一季度增加14.2%，而三季度将比二季度压力下降26.7%，第四季度将持续下降，并最终使2008年年末压力略小于2007年年末。

根据总量指数的变化趋势可以看出，2008年前两个季度经济总量指数变化趋势与2007年同期基本保持一致，但是增加速度已经放缓，第三季度和第四季度出现显著降低。2008年各季度的结构指数和行业地区指数普遍小于去年，这表明随着经济增速放缓和结构调整，2008年重污染行业的增速下降，产业结构更加倾向于清洁化，对水环境的压力小于2007年。生活指数值在2008年基本保持在一个比较高的位置，与2007年后3个季度基本持平，显示随着城镇化的进一步发展，生活污染仍将对水环境保持较大的压力。

造成第二季度水环境压力增大的主要原因还是来自总量指标中城镇固定资产投资增长率、重工业比例增长率两个指标代表的压力显著增加，第三季度和第四季度虽然生活指数数值较大，但是总量指数和结构指数都出现明显下降，因此带动水环境压力值持续下降。这进一步表明经济规模的快速扩张带来的规模效应是污染排放大幅增长，水环境压力大幅增加的主要原因。

参考文献

[1]　王金南，吴舜泽，等. 环境安全管理评估和预警[M]. 北京：科学出版社，2007，1：1-5.

[2]　刘建设. 水生态系统及其指标体系[J]. 中国给水排水，2007，23（6）：19-22.

[3] 吴舜泽、王金南，等. 国家环境安全评估报告[M]. 北京：中国环境科学出版社，2006，8：1-4.

[4] 韩玉英，王贵玲. 区域水资源可持续利用预警模型研究[J]. 勘察科学技术，2007，3：25-29.

[5] 宋旭光. 可持续发展测度方法的系统分析[M]. 大连：东北财经大学出版社，2003，6：151-172.

[6] 逯元堂，王金南，吴舜泽，曹东. 基于人口的中国资源环境基尼系数分析. 中国人口、资源与环境，2006（3）：121-124.

[7] 王金南，逯元堂，周劲松，等. 基于 GDP 的中国资源环境基尼系数分析. 中国环境科学，2006，26（1）.

[8] 万星，丁晶，等. 基于灰色理论的水环境影响因素分析[J]. 人民黄河，2005，27（5）：37-38，41-42.

[9] Li-Chang Hsu，Chao-Hung Wang. Forecasting integrated circuit output using multivariate grey model relational analysis[J]. Expert System with Applications，2007，4.

[10] 规划环评循环经济指标体系建立及实证研究[J]. 环境污染与防治，2007，2：1-7.

[11] 钟定胜，张宏伟. 中国宏观经济结构性污染特征分析. 中国软科学，2005，3：37-42.

[12] Zhang K.，Wen Z. Review and challenges on policies of environmental protection and sustainable development in China. Journal of Environmental Management，2007（forthcoming）.

[13] 姜向荣，司亚清，等. 景气指标的筛选方法及运用[J]. 知识丛林，2007：119-121.

[14] 易丹辉. 数据分析与 Eviews 应用[M]. 北京：中国统计出版社，2002，10.

灾后重建的生态风险分区及环境容量约束分析

The Ecological Risk Zoning and the Constraint Analysis of Environmental Capacity in Post-disaster Reconstruction

王金南　饶 胜　张惠远　吴舜泽　李云生

摘　要　“5・12”汶川大地震对灾区的自然环境和社会经济发展造成了极大的破坏，灾区面临繁重的恢复重建工作。为了避免对区域生态环境造成进一步的破坏，恢复重建规划应重点考虑灾区的生态环境承载能力，生态系统脆弱性和环境容量的约束性，从生态环境保护的角度，在空间布局上对产业的发展、灾后重建提出指导性意见。在生态承载能力方面，本文通过对灾区（包括12个极重灾区县和33个重灾区县市）的生态功能重要性、生态环境脆弱性、灾后生态系统受破坏的程度3方面综合评价的基础上，将区域划分为重建极度风险区、重建高度风险区、重建中度风险区和重建低度风险区4个类型区，并根据不同的风险程度提出了不同的分区重建对策。在环境容量评估方面，本文基于县域的水环境容量和大气环境容量的使用率的基础上，做了相应的恢复重建布局约束分析，并以此指导相关生产力的布局。

关键词　灾后重建　生态风向分区　环境容量

Abstract　The “5・12” Wenchuan earthquake heavily destroyed the natural environment and social economic development of the disaster area, and the heavy work of reconstruction and recovery would be faced in the near future. In order to avoid further destruction to regional ecological environment, the program and planning of post-disaster reconstruction should pay more attention on the ecological risk and environmental capacity, and offer guideline from the eco-environmental protection prospective for the spacial arrangement and development trend of industry. In terms of the ecological risk assessment, the comprehensive framework of 3 respects are pointed out, including the importance of ecosystem services, the fragility of ecological environment and the damaged intensity of ecosystems in the disaster area (including 12 severely damaged counties and 33 badly damaged counties and cities). Afterward, four type regions are divided, respectively are the extreme risk reconstruction region, the high risk reconstruction region, the middle risk reconstruction region and low risk reconstruction region. In accordance with different risk assessment, different suggestion and measures of zoning and reconstruction are offered. In terms of evaluating the environmental capacity, based on the utilization rate of water environmental capacity and atmospheric environment capacity of each county, the responding constraint analysis of environmental restoration and reconstruction arrangement in the disaster area is put forward and it may applied in guiding the spatial arrangement and development trend of industry.

Key words Reconstruction Ecological risk zoning Environmental capacity

0 引言

2008 年 5 月 12 日 14 时 28 分，四川省汶川县附近（北纬 31.0°，东经 103.4°）发生里氏 8.0 级特大地震灾害，影响范围波及大半个中国。这是自新中国成立以来破坏性最强、波及范围最大的一次地震，地震强度大、震源浅、破坏力强、波及面广。据民政部报告，截至 7 月 9 日 12 时，四川汶川地震已造成 69 197 人遇难，74 176 人受伤，18 379 人失踪，因地震受伤住院治疗累计 96 445 人（不包括灾区病员人数），主震区已累计监测到余震 16 599 次。极重灾区 12 个县（市、区），主要沿断裂带分布，重灾区包括 33 个县（市、区）。

根据《汶川地震灾后恢复重建条例》，地震灾后恢复重建应遵循经济发展与生态环境资源保护相结合的原则，综合考虑灾区的资源环境承载能力，对灾区的人口和产业进行合理的布局。根据环境保护部的安排，环境规划院主要承担汶川地震灾区生态环境修复重建规划编制工作。在规划编制过程中，我们结合灾区现场实地调研以及 2003—2006 年开展的全国水环境容量和大气环境容量核定工作成果，对灾区生态系统进行了评估，提出了基于生态风险分区和环境容量的灾区恢复重建要求。

本文评估的分析范围包括 12 个极重灾区县市和 33 个重灾区县市，包括四川省的北川县、汶川县、青川县、绵竹市、什邡市、都江堰市、茂县、平武县、安县、江油市、彭州市、理县、黑水县、松潘县、小金县、汉源县、崇州市、剑阁县、广元市元坝区、利州区和朝天区、绵阳市涪城区和游仙区、梓潼县、德阳市旌阳区、中江县、罗江县、苍溪县、盐亭县、三台县、旺苍县、广汉市、阆中市、南部县、射洪县、九寨沟县、宝兴县、大邑县；甘肃省的文县、陇南市武都区、康县、舟曲县、成县；陕西省的宁强县、略阳县。总面积 105 400 km^2，人口 2 040 万人，地区 GDP 总量 1 888 亿元，人均 9 240 元。

1 恢复重建布局的生态风险评价

生态风险主要反映了在开发建设活动的影响下，可能产生的生态破坏的程度。生态风险越高，则在同等的开发建设活动下，可能产生的生态破坏越强烈。生态风险高的地区需要避免大规模的人口和产业的集中布局。为了提高空间分区的可操作性，生态极度风险区具体到乡镇边界。

生态风险分区是在生态功能重要性、生态环境脆弱性、灾后生态系统受破坏的程度等 3 方面综合评价的基础上，将区域划分为重建极度风险区、重建高度风险区、重建中度风险区和重建低度风险区 4 个类型区。其中，生态功能重要性评价主要考虑了区域在水源涵养、维护生物多样性等方面的作用，确定规划区生态功能极重要区域；生态环境脆弱性主要考虑了潜在的水土流失强度，主要确定区域生态环境极脆弱区的分布；生态系统受破坏的程度主要依据自然生态系统被破坏的面积进行评价。

表 1　灾后重建生态环境极度风险区乡镇名单（85 个镇）

县市名称	乡镇名称	县市名称	乡镇名称	县市名称	乡镇名称
汶川	草坡乡	北川	陈家坝羌族乡	茂县	白溪
	耿达乡		墩上羌族乡		叠溪镇
	和平		桂溪		东兴
	克枯乡		擂鼓镇		飞虹
	龙溪乡		曲山镇		凤仪镇
	水磨镇		漩坪羌族乡		沟口
	威州镇		禹里羌族乡		光明
	卧龙镇	安县	沸水镇		黑虎
	漩口镇		高川		回龙
	雁门乡		千佛镇		南新镇
	银杏乡		桑枣镇		曲谷
	映秀镇		睢水镇		三龙
平武	白马藏族乡		晓坝镇		石大关
	虎牙藏族乡	宝兴	盐井		太平
	南坝镇		民治		土门
	平通镇		穆坪		洼底
	水观	都江堰	虹口		永和
	泗耳藏族乡		龙池镇	绵竹	汉旺
	土城藏族乡		紫坪铺镇		金花镇
	响岩镇	黑水	色尔古		九龙镇
青川	房石镇		瓦钵梁子		清平
	红光		维古		天池
	马公	理县	甘堡	彭州	龙门山镇
	前进		木卡		小鱼洞镇
	青溪镇		蒲溪	小金	日隆镇
	曲河		桃坪	九寨沟	漳扎镇
	石坝		通化	什邡	红白镇
旺苍	鼓城		薛城镇		蓥华镇
	盐河				

注：本表没有包括甘肃省白水江国家级自然保护区的范围。

1.1 生态系统综合评价

生态系统综合评价包括水土流失敏感性评价、生物多样性保护功能重要性评价、水源涵养重要性评价和自然生态系统破坏程度评价，见图 1。生态系统综合评价以像元为评价单元，在划分生态风险分区时，结合了乡镇边界进行考虑，其中，重建生态极度风险区与乡镇边界吻合。

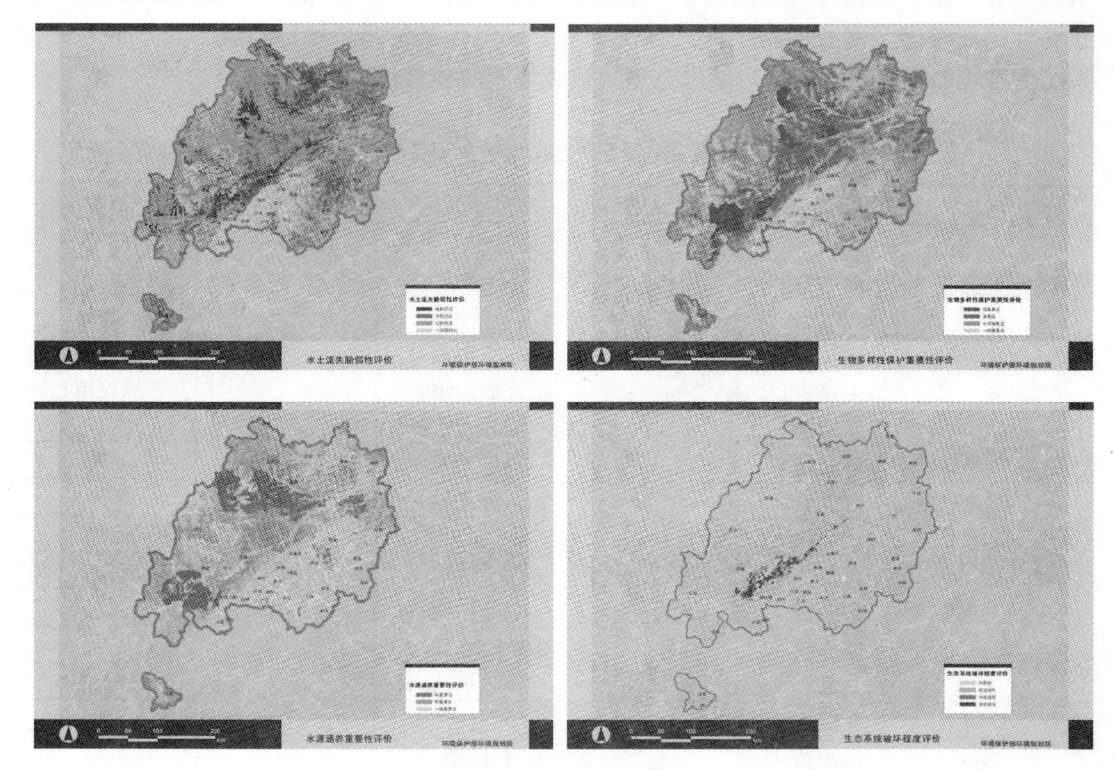

图1　灾区生态系统综合评价

水土流失敏感性评价是为了识别容易形成土壤侵蚀的区域，通过考虑降雨侵蚀力（*R*）值，土壤质地，地形起伏度，以及地表植被覆盖等来进行评价。*R* 值越大、土壤质地越粗，地形起伏度高，地表植被覆盖越差，则水土流失的潜在可能越大。从评价结果可以看出，极脆弱与高度脆弱区域主要分布于松潘与平武交界，以及江油北部等地形起伏度大的区域，以及岷江干热河谷地区。另外，从汶川映秀镇沿龙门山断裂带至北川、青川等地，由于地震及其所引起的滑坡与泥石流等次生灾害，致使这些区域的地表植被破坏严重，也易产生水土流失。成都平原以及其他植被覆盖良好的区域，水土流失的敏感性较低。

生物多样性保护功能的重要性评价通过对该区重要物种的生境分布进行评价，国家级自然保护区为极重要区，国家重点保护物种分布区以及地方级自然保护区为重要区，省级重点保护物种的分布区为中等重要区，其他地区则为一般重要区。评价结果表明极重要区主要分布于邛崃山系的汶川，以及岷山山系的平武、北川、都江堰等多个县市；东部的广大区域生物多样性保护的重要程度不高。

水源涵养重要性在于整个区域对于评价地区水资源的依赖程度。其评价标准是根据随所处河流的级别，以及区域的植被类型进行确定，评价标准见表 2。极重要区主要分布在岷江、涪江和嘉陵江的源头区域，山区为重要区，而东部的广大地区水源涵养重要性不高。

生态系统破坏程度评价主要评价地震对自然植被的破坏程度，根据评价单元内原有植被的丧失比例来进行等级划分。被破坏 20%以上为极严重区，10%以上为高度严重区，低于 10%为严重区。生态系统破坏程度评价主要采用中科院生态中心负责发布的《汶川地震生态环境评估报告》的研究成果。评价结果表明，植被受到极重影响的区域主要分布于汶川映秀镇沿龙门山断裂带至北川、青川等地。而东部与西部原有植被破坏相对较小。

表 2　水源涵养重要性评价

流域级别	生态系统类型	重要性
二级流域河流源头，县级以上城市水源地	森林、湿地，草原，草甸	极重要
三级流域河流源头，其他水源地	森林、湿地，草原，草甸	较重要
其他区域	—	一般重要

1.2 重建生态风险分区方案

根据生态系统综合评价，生态风险区分区按照以下标准（表 3）确定，生态风险分区见图 2。

表 3　灾后重建生态风险分区标准

风险程度划分	生态系统综合性评价
重建极度风险区	生态系统破坏严重的乡镇、岷江干热河谷生态环境极脆弱区、国家级自然保护区、大中型饮用水水源地
重建高度风险区	生态功能重要区或水土流失高脆弱区
重建中度风险区	生态功能较重要区或水土流失较脆弱区
重建低度风险区	其他区域，生态功能一般重要，水土流失一般敏感

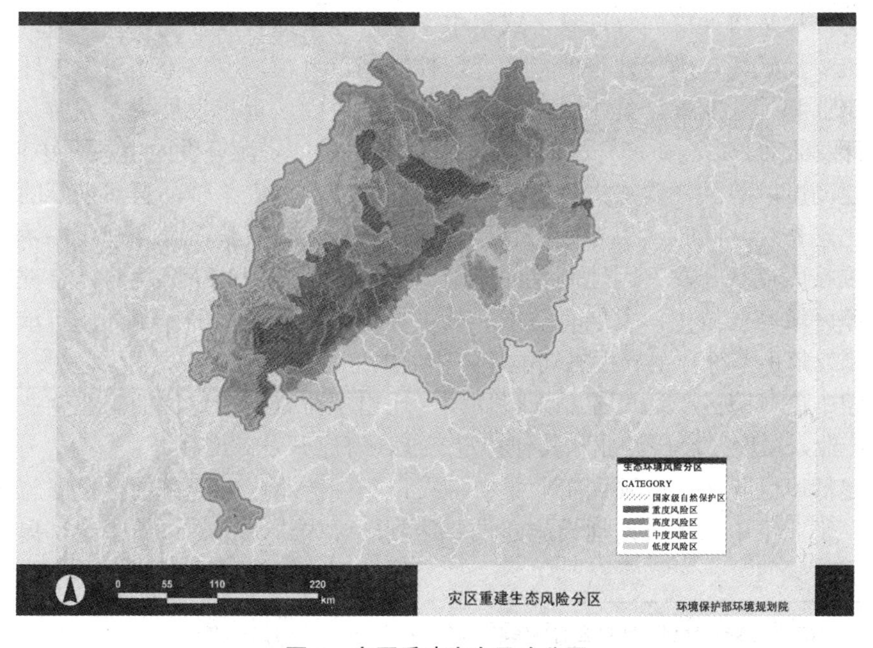

图 2　灾区重建生态风险分区

重建极度风险区主要指生态功能重要、生态环境脆弱，同时灾后生态系统也遭受严重破坏的区域，急需对区域的生态系统进行抢救性恢复。极度风险区主要位于地震断裂带周边，包括 85 个乡镇[①]（表 1），总面积 16 340 km^2，约占规划区总面积的 15.5%。本区自然生态系统被破坏的比例在 20%以上，生态环境的脆弱性加剧，任何开发建设活动都容易引发新的生态破坏。

重建高度风险区主要包括生态功能十分重要，生态环境脆弱度高，但生态系统未受到严重破坏，灾后生态功能基本稳定的区域。本区总面积约为 28 880 km^2，约占规划区总面积的 27.4%。本区主要包括生物多样性保护高度重要区和水源涵养极重要区，主要范围包括岷江水源涵养区、涪江水源涵养区、嘉陵江水源涵养区，以及地方级自然保护区。本区在地震中自然生态系统遭受的破坏不太严重，没有造成区域生态功能的明显下降。但是，本区内不合理的开发建设活动依然容易导致较大的生态环境破坏，损害重要的生态功能。

重建中度风险区具有一定的生态功能，生态环境也较为脆弱的区域。本区总面积 33 520 km^2，约占总面积的 31.8%。本区主要分布于龙门山山后高原地区和山中的部分地区。经济社会发展有一定的基础。但开发建设活动存在一定的生态风险，应有限度进行开发建设。

重建低度风险区指的是生态功能不太重要，生态环境脆弱性不高，同时在地震灾害中遭到的损害相对较小的区域，主要位于龙门山脉的南部平原和丘陵地区，以及山中的部分平坝地区。本区总面积 26 660 km^2，约占规划区总面积的 25.3%。同时，本区资源环境承载能力相对较高，开发建设活动引起的生态风险相对较低，重建条件相对较好。

1.3 根据不同的风险程度采取不同的分区重建对策

在重建极度风险区，应优先抢救性恢复区域生态功能，提高区域的水土保持和水源涵养的能力。尽量将人口向外迁移，或集中于区内少量适宜居住的平坝区域，避免对生态环境的进一步破坏。确需建设的，应合理控制城市规模。严格限制对生态环境产生严重破坏的产业和行业发展，禁止新建和恢复高污染企业，重点发展生态旅游。严格论证矿产资源开发活动，提高矿产开采的规模门槛，做好矿产资源开发的生态恢复工作。

在重建高度风险区，要加大生态保护和建设力度，以人工辅助自然恢复的方式恢复本区自然生态系统。同时，引导人口有序外移，降低人口数量，并合理集中乡镇和农村居民点。要按照点状开发、因地制宜的原则，充分利用区内的资源优势，合理选择发展方向，调整区域产业结构，发展有益于区域主导生态功能发挥的资源环境可承载的特色产业，限制或禁止不符合主导生态功能保护需要的产业发展。

在重建中度风险区，适度控制人口规模，迁出不符合功能定位的工业企业，淘汰污染严重的产业，适度发展旅游业和其他特定产业，有序开发矿产资源。

在重建低度风险区，应强调工业集中，人口集中，将区域经济社会发展与新农村建设相结合。工业集中区污染治理设施建设要达到国际先进水平，以新带老，提高整个区

---

① 由于甘肃省白水江国家级自然保护区包含的乡镇名单尚未掌握。因此，85 个乡镇名单未包括该国家级自然保护区的范围。

域的污染物削减量。严格禁止新建技术水平低、高污染高能耗高排放的小企业。对原有污染严重的小企业逐步实施关停并转，为灾后大规模经济建设和产业发展腾出环境容量。高标准建设生活污染处置环境基础设施，过渡性住宅集中区应配备简易的生活污水、生活垃圾处理和收集设施。

2 基于水环境容量的恢复重建布局约束分析

对灾区城镇布局和产业布局进行回顾性分析评估，开展重建规划环境影响评价，加强灾区重建规划的环境影响分析，尽快组织编制灾区环境功能区划，提出环境保护前置性要求，加强城市、村镇、生态的均衡发展，指导生产力布局，实现灾区恢复重建与生态环境修复的同步，使人口经济布局与环境承载能力相适应。

2.1 灾区地表水环境容量测算分析

灾区共涉及岷江、沱江和嘉陵江三大流域 50 多条主要河流。计算各县（市、区）理想水环境容量，扣减非点源（以 25%计），考虑点源入河系数（以 85%计），得陆上点源最大允许排放量，将此值与现状排放量相减，得排放量差值（表 4）。

表 4 重灾区 COD 和 NH_3-N 水环境容量测算及评估 单位：t

县（市、区）	水环境容量		最大允许排放量		现状排放量		差值	
	COD	NH_3-N	COD	NH_3-N	COD	NH_3-N	COD	NH_3-N
汶川县	11 150	923	9 838	814	2 853	184	6 985	630
松潘县	3 212	107	2 834	94	639	51	2 195	43
茂县	5 948	198	5 248	175	839	65	4 409	110
黑水县	4 174	139	3 683	123	402	27	3 281	96
理县	4 687	156	4 136	138	718	53	3 418	85
小金县	3 820	127	3 371	112	427	38	2 944	74
九寨沟县	5 952	96	5 252	85	692	55	4 560	30
都江堰市	3 594	122	3 171	108	3 551	325	−380	−217
彭州市	2 686	578	2 370	510	11 332	1 186	−8 962	−676
崇州市	1 471	84	1 298	74	5 224	338	−3 926	−264
大邑县	1 742	112	1 537	99	5 297	586	−3 760	−487
旌阳区	1 816	61	1 602	54	4 801	402	−3 199	−348
绵竹市	3 219	278	2 840	245	5 165	306	−2 325	−61
什邡市	1 207	101	1 065	89	3 357	255	−2 292	−166
罗江县	2 727	245	2 406	216	1 776	98	630	118
中江县	1 323	45	1 167	40	5 170	399	−4 003	−359
广汉市	5 760	168	5 082	148	5 180	320	−98	−172

县（市、区）	水环境容量		最大允许排放量		现状排放量		差值	
	COD	NH_3-N	COD	NH_3-N	COD	NH_3-N	COD	NH_3-N
利州区、元坝区、朝天区	31 952	2 212	28 193	1 952	8 858	709	19 335	1 243
剑阁县	4 647	262	4 100	231	3 192	251	908	–20
苍溪县	11 787	430	10 400	379	3 894	295	6 506	84
青川县	777	50	686	44	1 469	160	–783	–116
旺苍县	1 197	27	1 056	24	6 885	1 523	–5 829	–1 499
涪城区、游仙区	10 104	358	8 915	316	6 578	765	2 337	–449
江油市	25 471	1 965	22 474	1 734	8 481	648	13 993	1 086
安县	9 220	485	8 135	428	7 042	308	1 093	120
三台县	14 472	498	12 769	439	7 270	489	5 499	–50
梓潼县	2 728	95	2 407	84	2 084	159	323	–75
盐亭县	5 866	326	5 176	288	2 899	228	2 277	60
平武县	7 480	247	6 600	218	825	57	5 775	161
北川县	1 119	37	987	33	793	61	194	–28
汉源市	7 328	249	6 466	220	1 096	77	5 370	143
宝兴县	2 004	67	1 768	59	365	26	1 403	33
射洪县	50 646	6 534	44 688	5 765	5 351	1 515	39 337	4 250
阆中县	23 676	1 047	20 891	924	6 249	552	14 642	372
南部县	31 974	1 066	28 212	941	6 446	570	21 766	371
成县	2 575	155	2 272	137	353	57	1 919	80
武都区、文县	28 614	2 119	25 248	1 870	2 730	61	22 518	1 809
康县	1 204	96	1 062	85	736	9	326	76
舟曲县	—	—	—	—	—	—	—	—
宁强县	1 123	87	990	77	805	65	185	12
略阳县	2 131	183	1 880	161	1 659	121	221	40
合计	342 583	22 135	302 275	19 533	143 483	13 394	158 792	6 139

计算结果表明，整体而言，灾区现状排放量未超出最大允许排放量。从县（市、区）看，除无水体单元的舟曲县，包括汶川县、松潘县、茂县、黑水县、理县、小金县、九寨沟县、罗江县、利州区、朝天区、元坝区、苍溪县、江油市、安县、盐亭县、平武县、汉源市、宝兴县、射洪县、阆中县、南部县、成县、武都区、文县、康县、宁强县和略阳县在内的 27 个县（市、区）COD 和氨氮现状排放量均未超出最大允许排放量；都江堰市、彭州市、崇州市、大邑县、旌阳区、绵竹市、什邡市、中江县、广汉市、青川县和旺苍县在内的 11 个县（市、区）COD 和氨氮现状排放量均超出最大允许排放量；包括剑阁县、涪城区、游仙区、三台县、梓潼县和北川县在内的 6 个县（市、区）氨氮超出最大允许排放量。总体上看，灾区氨氮容量约束较大，需要对新增氨氮排放量较大的项目严格控制。

2.2 基于水环境容量的生产力布局要求

岷江上游的汶川县、松潘县、茂县、黑水县和理县容量利用率不高，鉴于其本地旅游业较发达，且下游为成都市的饮用水水源地，在阿坝州的产业发展规划上，应严格限制发展化工、纸浆造纸、合成氨、酿造、皮革、印染、电镀等水污染排放量大的工业企业。

都江堰市、彭州市、崇州市、旌阳区、绵竹市、什邡市、中江县、广汉市、青川县和旺苍县 COD 和氨氮排放总量均超出了最大允许排放量，其中彭州市和崇州市污染以工业污染为主但工业和生活污染总量都很大，其余县（市、区）污染以生活污染为主，鉴于这些地区污染的普遍性，应双管齐下进行流域综合治理，一方面加强对重点水污染源监控和重点污染排放单位的审核和监管，尤其是对于纸浆造纸、合成氨、酿造、皮革、印染、电镀等水污染排放量较大的工业企业，另一方面加快城市环保基础设施建设步伐，提高生活污水处理率。

剑阁县、绵阳市涪城区、游仙区、三台县、梓潼县和北川县氨氮排放总量超出最大允许排放总量，考虑各县（市、区）八成污染物排放来自生活污染，应首先加快城市环保基础设施建设步伐，提高生活污水处理率。

茂县、理县、黑水县、松潘县、小金县、北川县、平武县和旺苍县境内水体功能区划为高功能水域，应优先确保饮用水源达标，考虑各县（市、区）COD 和氨氮污染物排放几乎全部来自生活污染，应首先通过加快城市环保基础设施建设步伐，切实提高生活污水处理能力，在产业发展规划上，应严格限制发展纸浆造纸、合成氨、酿造、皮革、印染、电镀等水污染排放量较大的行业企业。

3 基于大气环境容量的恢复重建布局约束分析

3.1 灾区 SO_2 大气环境容量测算分析

选择 SO_2 为容量测算因子，计算各灾县（市、区）的环境容量，以现状污染物排放量除以环境容量，分析其大气环境容量使用率，见表 5。

计算结果表明，整体而言，灾区现状排放量未超出环境容量。从县（市、区）分析，都江堰市、大邑县、旌阳区、中江县、绵竹市、三台县、盐亭县、安县、梓潼县、北川县、平武县、青川县、剑阁县、苍溪县、汉源县、宝兴县、汶川县、茂县、理县、黑水县、松潘县、小金县、九寨沟县、阆中市、南部县、射洪县、成县、武都区、康县、舟曲县、文县、宁强县和略阳县在内的 33 个县（市、区）容量利用率相对较低，在 0.1%～69.8%；彭州市、崇州市、罗江县、什邡市、涪城区、游仙区、利州区和朝天区在内的 9 个县（市、区）容量利用率相对较高，达到 73.2%～86.2%，环境容量承载情况不容乐观；而广汉市、旺苍县和江油市容量利用率已超出 100%，达 103.7%～270.7%。

表 5　灾区 SO_2 大气环境容量测算及评估

行政区	SO_2容量/t	SO_2排放量/t	容量使用率/%
都江堰市	8 883	3 199	36.0
彭州市	9 203	7 932	86.2
崇州市	9 095	7 782	85.6
大邑县	30 354	5 698	18.8
旌阳区	8 008	1 450	18.1
中江县	12 834	803	6.3
罗江县	6 077	4 454	73.3
什邡市	8 420	6 167	73.2
绵竹市	7 140	3 820	53.5
广汉市	7 169	7 437	103.7
涪城区、游仙区	12 232	9 770	79.9
三台县	14 598	1 343	9.2
盐亭县	11 418	157	1.4
安县	10 351	7 222	69.8
梓潼县	10 614	198	1.9
北川县	10 558	943	8.9
平武县	19 287	1 333	6.9
江油市	14 296	38 595	270.0
青川县	13 686	752	5.5
剑阁县	14 365	2 415	16.8
苍溪县	13 202	595	4.5
利州区、元坝区、朝天区	18 165	15 165	83.5
旺苍县	15 324	19 876	129.7
汉源县	13 717	109	0.8
宝兴县	46 867	197	0.4
汶川县	10 971	3 584	32.7
茂县	17 463	98	0.6
理县	14 600	106	0.7
黑水县	16 662	18	0.1
松潘县	23 268	24	0.1
小金县	19 320	55	0.3
九寨沟县	61 049	98	0.2
阆中市	12 352	2 337	18.9
南部县	13 403	2 219	16.6
射洪县	11 163	1 598	14.3
成县	9 504	617	6.5
武都区	17 561	4 586	26.1
康县	15 226	256	1.7
舟曲县	8 622	280	3.2
文县	14 333	709	4.9
宁强县	21 988	2 566	11.7
略阳县	114 298	34 723	30.4
合计	747 646	201 286	26.9

3.2 基于大气环境容量的生产力布局要求

广汉市、旺苍县和江油市 SO_2 排放量已超出环境容量，为超负荷地区，应针对主要污染源重点突破，确保实现污染减排。其中江油市容量利用率超高，达到了 270.0%。经调查，其主要排放源为巴蜀江油燃煤发电厂（2×300 万 kW，SO_2 排放量 8 316 t/a）和巴蜀电力江油电厂（2×330 万 kW，SO_2 排放量 23 443 t/a），占整个江油市 SO_2 排放量的 82.29%，占整个绵阳市电力行业 SO_2 排放量的 94.04%，因此，江油市应重点通过大电厂脱硫削减污染。

彭州市、崇州市、罗江县、什邡市、涪城区、游仙区、利州区和朝天区 SO_2 排放量逼近环境容量，为大气环境容量高负荷地区，根据污染物来源构成，对症下药，集约利用环境容量，实现协调发展。其中彭州市、崇州市、罗江县和什邡市的工业 SO_2 排放量占 SO_2 排放总量的 80%以上，应重点加强火电、冶金、水泥、建材等 SO_2 高排放行业企业的污染削减力度，并谨慎新上此类工业项目；游仙区和涪城区的生活 SO_2 排放分别占 95%和 60%，而生活 SO_2 排放主要是由小锅炉、分散采暖、小煤窑等产生，应重点通过改变燃煤结构、推进集中供热等方式削减污染，腾出容量空间后，适度布局项目。

都江堰市、大邑县、旌阳区、中江县、绵竹市、三台县、盐亭县、安县、梓潼县、北川县、平武县、青川县、剑阁县、苍溪县、汉源县、宝兴县、汶川县、茂县、理县、黑水县、松潘县、小金县、九寨沟县、阆中市、南部县、射洪县、成县、武都区、康县、舟曲县、文县、宁强县和略阳县 SO_2 排放量远低于环境容量，这些区域在完成国家节能减排约束性目标的前提下，可优先发展符合国家产业政策的相关产业项目，并严格执行建设项目环境影响评价制度、推广清洁燃烧技术、积极采取热电联产、集中供热措施等。

国外环境管理

- 美国水环境保护战略规划（2006—2011）——清洁安全的水
- 美国大气环境保护战略规划（2006—2011）——清洁空气和全球气候变化

美国水环境保护战略规划（2006—2011）
——清洁安全的水

US Environmental Protection Strategic Plan（2006—2011）
——Clean and Safe Water

田仁生　王　新*　任雅娟　李晓亮

摘　要　"清洁安全的水"这一目标，给出了未来 5 年美国环保局期望的全国饮用水和地表水的水质改善目标，这些目标包括提高符合标准的饮用水比例，保持公众泳滩水质安全，恢复 2 000 多个受污染水体，改善沿海水质等。并对每个目标提出了相应的实施对策。

关键词　清洁安全的水　目标　实施对策

Abstract　The "Clean and Safe Water" goal defines the improvements that EPA expects to see in the quality of the nation's drinking water and of surface waters over the next 5 years. These goals include improving compliance with drinking water standards，maintaining safe water quality at public beaches，restoring more than 2,000 polluted water bodies，and improving the health of coastal waters. The corresponding implementation measures is put forward for each goal.

Key words　Clean and safe water　Goal　Implementation measures

1 引言

根据 1993 年实施的《政府绩效与结果法案》，美国环保局于 2006 年 9 月 29 日给国会提交了 2006—2011 年环境保护战略计划。这一修订的战略计划保持了 2003—2008 年战略计划中的 5 个目标，但重点放在实现更多可测量的环境绩效上。5 个目标分别是清洁空气和全球气候变化、清洁安全的水、土地保护和修复、健康社区和生态系统、执行和环境管理。

美国环保局的战略计划用于指导制订年度目标，测定战略目标实施进度，辨别哪些方法和方案需要调整以达到更好的效果。并帮助美国环保局管理者能够把重点放在最优

* 环境保护部环境保护对外合作中心。

先的环境问题上，确保有效使用纳税人的钱。

下面具体介绍《2006—2011年环境保护战略计划》中总体目标之二“清洁安全的水”。该总体目标在保护人体健康、保护水质、加强科学研究3个方面提出了对应的子目标和具体战略指标，并提出了相应的实施对策。

“清洁安全的水”这一目标，给出了未来5年美国环保局期望的全国饮用水和地表水的水质改善目标，这些目标包括提高符合标准的饮用水比例，保持公众泳滩水质安全，恢复2 000多个受污染水体，改善沿海水质等。将采取三大对策推动“清洁安全的水”的目标实现，它们是：

（1）重点项目。继续有效实施国家水环境计划，优先改善水质监测与信息管理，以及与各州合作强化执行水质标准、完善排放许可证和减少非点源污染。

（2）水基础设施。维持污水管道和污水处理设施安全运行，利用国家周转贷款基金建设水基础设施，开创融资渠道，采用当地可持续管理做法，提高用水效率，建立伙伴关系，提供技术援助，提高公用事业能力以防止、发现和应对安全威胁。

（3）流域恢复和保护。采用流域管理方法以恢复全国各地受污染的水域，包括制定最大日排放负荷量，落实流域清洁计划，推动低成本高效益的排污交易和相关各流域自身特色的恢复和保护水质的其他方法。

自30年前制定了清洁水和安全饮用水法案以来，通过政府、公民和私营部门的共同努力，在提高地表水及饮用水水质方面取得了显著进展。30年前，大部分饮用水很少得到系统处理，往往引发由于微生物和其他污染物造成的疾病。今天饮用水系统监测严格，以确保处理的水达到饮用水标准，此外还努力保护饮用水水源地，以利于保持饮用水安全。

30多年前，约2/3的地表水基本没有实现水质目标，而且被认为受到污染。一些河流污水横流，危及健康，许多水体被污染得连游泳、养鱼、娱乐都不可能。今天，受污染水域已大幅减少，联邦、州和地方大规模投资，新建一批污水处理设施，制定了全国统一遵守的50多个工业行业污水排放标准。此外，持续实施最佳管理经验以减少地表径流等非点源的污染物排放。

清洁安全的水已获得生态和经济效益，娱乐和旅游业是全国最大的行业之一，休闲消费大部分来自游泳、划船、钓鱼。此外每年超过1.8亿人前往海滩娱乐。

受污染最严重的水域水质恢复已给地方娱乐业、养鱼业带来较大的经济收益，许多全国知名的水污染区域展示了多年恢复成果。在凯霍加河（Cuyahoga），曾经污染极其严重，现在正忙于应付船只及港口业务，俄勒冈州的Willamette河已恢复提供游泳、养鱼和水上运动，波士顿的Charles河，曾经严重污染，现在已开展划船和相关娱乐活动。

尽管许多地方改善了水质，但仍然在某些地区存在着严重的水污染和饮用水问题。人口增长继续带来大量的废水排放和需求较大的饮用水系统，还需继续实施重点项目计划，建立合作关系，朝着改善水质和保护人体健康的目标努力。

2 目标一：保护人体健康

通过减少接触暴露于污染物的饮用水（包括保护水源地）、鱼类、贝壳类及娱乐水域来保护人体健康。

2.1 子目标

子目标 1：饮用水安全

到 2011 年，通过各种办法，包括有效的处理与水源保护，使得社区供水系统 91%的服务人口获得符合所有污染物控制要求（健康饮用水标准）的饮用水（2005 年基线：89%）。

具体战略指标：

- ☞ 2011 年，通过各种办法，包括有效的处理与水源保护，使得 90%的社区供水系统将获得符合标准的饮用水（2005 年基线：89%）。
- ☞ 2011 年，社区供水系统将为 96%的人全年提供符合标准的饮用水（2005 年基线：95.2%）。
- ☞ 2011 年，印第安村落 86%的人口将获得符合标准的饮用水（2005 年基线：86%）。
- ☞ 2011 年，通过水源保护，减少公众健康风险，保护 50%的社区供水系统的水源及相关 62%的服务人口（2005 年基线：20%的社区供水系统，28%的人口）。
- ☞ 2015 年，与其他联邦机构协调，使部落家庭无法获得安全饮用水的比例减少一半（2003 年基线：印第安卫生机构数据表明，有 12%的家庭得不到安全饮用水，即 38 637 个家庭）。

子目标 2：鱼类和贝类安全食用

到 2011 年，降低公共健康风险，增加鱼类和贝类消费量。

具体战略指标：

- ☞ 2011 年，血汞含量超过关注度的育龄妇女人口数减少到 4.6%（2002 年基线：5.7%的育龄妇女血汞浓度超过国家健康和营养检查机构确定的关注度）。
- ☞ 2011 年，保持或减少州监测的贝类生长区域受到人为因素污染的比例［2003 年基线：估计 1 630 万英亩（1 英亩=4 046.86 m^2=0.4 hm^2）贝类生长区域中有 65%～85%受到人为因素污染］。

子目标 3：安全游泳

到 2011 年，改善娱乐水域水质。

具体战略指标：

- ☞ 到 2011 年，因游泳或其它娱乐性接触沿海和五大湖水域而爆发疾病的次数将维持在每年 2 次/5 年平均水平［2005 年基线：1998—2002 年疾病控制中心监测报告为平均每年两次，不包括其他天然地表水（如游泳池及水上乐园）］。
- ☞ 2011 年，维持游泳季节内安全游泳的天数为 96 个百分点［2005 年基线：游泳开放季节 743 036 天有 96%的安全保证率（游泳季节天数等于 4 025 个海滩乘以各海滩相对应的游泳天数）］。

2.2 措施与对策

2.2.1 饮用水安全

超过 2.8 亿美国人依赖当地供水系统提供的自来水，美国环保局确保安全饮用水的对策包括制定和实施饮用水标准，配套相关设施，保护好饮用水源，加强供水系统安全与改善部落获得安全饮用水。

（1）饮用水标准。饮用水安全法（SDWA）指示美国环保局制定饮用水中污染物应达到的国家标准，以保证为用户提供安全的供水。美国环保局根据科研成果，经过严格的技术和经济分析制定标准，到目前为止，美国环保局已建立了 91 个污染物应该达到的控制要求。

未来几年，美国环保局将进行第二次国家主要饮用水法规回顾评价，以确定现行标准是否需要修改。环保局也将继续评估是否需要制定新的饮用水标准。根据国家研究委员会、全国饮用水咨询委员会以及其他利益相关方建议，环保局会评估各种污染物暴露风险与健康影响的数据，收集有关防止、发现和消除污染物的技术资料，评估实施成本。

（2）确保遵守。美国环保局将密切同各州（49 个主要执法机构）、部落、业主和市政供水系统经营者合作，以确保人们饮用到社区供水系统提供的符合标准要求的饮用水，包括新的规章制度，如近期规定的涉及消毒副产物的控制要求。为推动饮用水达标，各州开展了系列活动，如进行现场卫生调查，提高小型供水系统的管理能力。美国环保局还提供指导、培训和技术援助以提高达标率，确保供水系统操作规范，引导消费者对饮用水的安全意识，保持经常性的卫生调查和现场评估审查，并采取适当的不作为惩罚。

小型社区供水系统在达标方面可能面临更多困难。许多低收入人口住在农村，如那些部落地区、太平洋岛屿地区、阿拉斯加原始村落、沿美国与墨西哥边境地区供水系统面临着挑战。为支持小社区，美国环保局将提供培训和援助，采用成本低效益高的处理技术，妥善处置废物，遵守处理优先污染物要求，其中包括微生物、消毒剂、消毒副产物、砷。环保局也将与各州一起加强小型供水系统的技术、管理和财务能力的培训和援助。

安全饮用水信息系统作为是否遵守安全饮用水法案要求的主要信息来源，帮助各州和各授权部落管理其饮用水计划。美国环保局将继续完善数据库，以确保它反映所有适用于饮用水的监管要求，保证数据完整、准确、及时。

（3）可持续的基础设施。提供符合健康标准的饮用水往往需要投资来新建或维护基础设施。饮用水州循环基金（DWSRF）给供水系统提供低息贷款，以改善基础设施。

据美国环保局的差距分析报告（Gap Analysis Report，2002），在未来 20 年，即使饮用水州循环基金（DWSRF）提供财政援助，每年仍面临的数十亿美元基本建设资金的差距。假设没有税收收入增长，2000—2019 年缺口估计约为 1 000 亿美元。假定实际增长率为 3%左右，这个差距缩小到 450 亿美元。美国环保局将继续致力于 DWSRF 提供贷款直到 2018 年。美国环保局将与各州共同努力，以确保 DWSRF 每年将提供 12 亿美元的贷款。此外，美国环保局还将与各州共同努力，确保 DWSRF 资金的有效管理，鼓励供水系统所有者和经营者实行可持续管理。

（4）饮用水水源保护。保护饮用水水源如地表水和地下水，可以减少饮用水不达标准的行为。美国环保局将给各州、部落和社区提供培训和技术援助，采取措施以防止或减少水源污染。美国环保局将与利益相关方合作保护水源。美国环保局还与各州、各部落、工业部门和其他利益相关方一起保护地下水，防治废物侵入地下水，这项工作包括确定和评价Ⅴ类浅水井风险，解决紧急出现的问题（如碳吸收和处置饮用水处理残余物）。最后美国环保局将同各州和各部落使用清洁水法权力防止水域污染，并鼓励其他相关的联邦计划中也要关注保护饮用水源区。

（5）供水设施安全。总统已授权美国环保局主要负责协调联邦、州和地方当局保护饮用水系统。2002 年反生物恐怖主义法（Bioterrorism Act）的规定，为超过 3 300 人的社区供水系统进行脆弱性评估，并验证紧急响应计划，大多数这方面的工作现在已经完成。美国环保局将重点转移到减少脆弱风险。我国水安全计划将提供一些工具，以帮助防止、发现、响应、恢复由于国际行为和自然灾害所造成的影响。鼓励各州和区域互助，并提供训练和演习，为防范风险做好准备。

规划还采用了两项重大举措：①美国环保局的国土安全部门（旧称水前哨 Water Sentinel）将部署和试验一种污染预警系统。②水务联盟以减少威胁，它可直接为超过 10 万服务人口的饮用水系统提供安全培训。总而言之，通过这些努力将提供一个稳健的办法来处理供水部门面临的威胁。

（6）部落获得安全饮用水。2002 年可持续发展世界首脑会议在约翰内斯堡通过了目标，即到 2015 年 8 月，无法获得安全饮用水和基本卫生设施的人口减少一半。美国环保局将重点放在提供基础设施，以增加部落家庭获得安全饮用水和基本的卫生设施。规划将在印第安村落，利用饮用水和清洁水州周转基金中的预留资金和针对性的赠款支持发展饮用水和废水处理设施。

规划也将发挥其他联邦机构为解决这一问题作用，如卫生部、内政部、农业部，协调改善部落获得安全饮用水和卫生设施（注：沿美国和墨西哥边界和在太平洋群岛生活的居民基础设施改善项目将在目标 4：健康社区和生态系统中描述）。

2.2.2 鱼类和贝类安全食用

有些有毒污染物进入水体可以沿着食物链在各级鱼体内累积以致不能食用。鱼类消费咨询机构发布说，燃烧源如燃煤发电厂及焚化炉排放废气到环境中，废气中汞随雨水进入到土地和水体中，形成甲基汞随食物链从鱼体进入到人体。为了使更多的鱼可安全食用，美国环保局通过控制燃烧源，努力减少汞释放到空气中，例如联邦基于市场和其他空气监管计划将减少发电装置每发电单位汞的排放量（目标 1：清洁空气和全球气候变化）。

此外为了减少汞的排放，美国环保局努力改善水质和底泥质量。将继续实施清洁水法中要求的计划项目，如减少雨水系统、下水道溢流、集中养殖场的排放，并减少地表径流非点源排放。美国环保局也正努力恢复临界水体底泥质量，特别着重于五大湖。为了减少潜在的底泥污染，美国环保局正同相关部门合作，减少使用多氯联苯（PCBs），这是一种主要的底泥污染物（目标 4：健康社区和生态系统）。

美国环保局以使更多的鱼可安全食用的一个关键策略是扩大鱼食用安全信息披露，让公众尽可能知道相关信息，国家鱼类消费咨询网站允许各州和各部落发布咨询信息，提供受污染的鱼类地点、可安全食用量等信息。美国环保局将继续指导各州和部落监测鱼类安全，并发出鱼类消费咨询信息。

像鱼、贝类，由于积累致病微生物和有毒藻类也不宜食用。美国食物及药品管理局（FDA）、州际贝类卫生委员会（ISSC）与沿岸各州共同管理贝类安全。各州负责检测贝类水体，若不能食用，则限制捕捞，这种限制可能由于人为活动（如污水处理厂排出的污水）造成。通过地表水环境计划，美国环保局另寻排放口，以控制人为污染。美国环保局将继续同各州、FDA、ISSC 和国家海洋与大气管理局（NOAA）合作，改善水质条件，提高贝类养殖面积。

这些机构已经制定了一个信息系统。它利用各州监测数据，准确找出哪些地方贝类已受到限制。这一系统目前已在 13 个养殖贝类的州（共 22 个）中运行。美国环保局和各州利用这一信息系统确定可能的污染物来源，制定流域规划，落实国家河口计划，发放或补发点源排放许可证，严格执行现有的许可证，并努力控制径流污染。

2.2.3 安全游泳

娱乐水域，尤其在沿海地区和五大湖区沙滩，为许多美国人提供了优越的休闲条件。然而由于接触到病原微生物，在一些娱乐水域游泳，增加了疾病风险。在某些情况下，这些病原体可来自于污水处理厂、运转失灵的化粪池系统、雨水排放系统和大型养殖场。美国环保局正在实施一项包括 3 个部分的对策，以保障公众健康和娱乐水域质量。

（1）美国环保局将同各州合作，确保各州采用的病原体及细菌标准绝对科学、安全（与此相关，美国环保局已制定了新的病原体监测分析方法）。美国环保局将继续与各州、部落和地方政府合作实施清洁水法中的重点项目计划：制定和实施最大日负荷量、推行排污许可证、城市雨洪控制和面源污染控制。此外，规划鼓励各州、部落和地方政府采取现场自愿管理准则管理集中污水处理系统和恰当使用洁净水循环贷款基金。

（2）美国环保局正在实施污水外溢控制计划，全国大约有 770 个社区发生过污水外溢。未经处理的含有大量病原体的污水溢流能影响娱乐水体水质。美国环保局、各州和地方政府正稳步朝着减少溢流的方向努力，大多数发生过溢流社区正在实施基本控制措施，而 48%的社区已表示实施长期控制计划，到 2011 年将完成这些长期控制计划，美国环保局和各州将监测这些计划实施的绩效。

（3）重点关注沿海地区和五大湖区公共海滩。根据滩地环境评估和沿海健康法案，美国环保局为各州、部落和地方政府提供赠款以监测水质，当细菌污染构成危险时及时通知公众。美国环保局将继续扩展网上信息披露。接收赠款的政府要及时发布水质信息、沙滩监测结果和相关咨询项目，若构成危险应做出明智抉择，及时关闭沙滩。

3 目标二：保护水质

以流域为基础，保障河流、湖泊和溪流以及沿海和海洋水域水质。

3.1 子目标

子目标 1：改善流域水质

到 2012 年，采用污染防治和恢复途径，以流域为基础，保障河流、湖泊、溪流水质。具体战略指标：

☞ 2012 年：至少使 2 250 个受损的水体达到水质标准（2002 年基线：39 798 个水体被认定为不符合水质标准。水体中汞是主要污染物，多数水体其他污染物可以达标但汞达不到标准）。

☞ 2012 年：至少排除 5 600 个受污染水体的具体污染原因（2002 年基线：各州辨明大约 69 677 个受污染水体的具体原因）。

☞ 到 2012 年：使用流域管理方式，累计改善 250 个受污染流域水质状况。

☞ 到 2012 年：全国溪流水质功能区不降级（2006 年基线：溪流调查发现 28%的河流处于完好状态，25%处在尚可水平，42%欠佳）。

☞ 2012 年：改善印第安部落不少于 50 个监测站的水质（改善以下 7 个主要参数中的一个或多个：溶氧量、pH 值、水温、总氮、总磷、病原菌指标、浊度）（2006 年基线：1 661 个水质监测站中有 185 个监测站水质降低）。

☞ 2015 年：与其他联邦机构协调，将目前尚无法获得基本卫生设施的部落家庭减少一半［2003 年基线：印第安卫生服务机构数据表明，8.4%的家庭无法获得基本卫生设施（即在估计的 319 070 个家庭中有 26 777 家缺少基本卫生设施）］。

子目标 2：改善沿海和海洋水质

到 2011 年，防止沿海和海洋水污染和保护其生态系统，根据国家海洋状况报告中“好/尚可/差”等级划分，提高国家沿海水生生态系统健康指数至少 0.2 点以上（2004 年基线：国家评级“尚可/差”为 2.3。对水和泥沙、沿海栖息地、底栖指数、鱼污染等进行综合评价，取数值 1.0～5.0，其中 1.0 代表差，5.0 代表好）。

具体战略指标：

☞ 2011 年：至少维持东北区域水生生态系统健康等级在现有水平（2004 年基线：东北评级 1.8）。

☞ 2011 年：至少维持东南地区水生生态系统健康等级在现有水平（2004 年基线：东南评级 3.8）。

☞ 2011 年：至少维持西海岸地区水生生态系统健康等级在现有水平（2004 年基线：西海岸评级 2.0）。

☞ 2011 年：至少维持波多黎各地区水生生态系统健康等级在现有水平（2004 年基线：波多黎各区域评级 1.7）。

☞ 2011 年：95%的疏浚物海洋倾倒地点将满足环境可接受的要求（2005 年基准：94%）。

3.2 措施和对策

3.2.1 以流域为基础改善水质

为了改善水质污染问题，美国环保局将与各州、州际机构、部落、地方政府和其他机构在 3 个关键领域共同努力：继续实施流域保护的重点项目计划，查明并修复流域受污染水域，投资建设水基础设施并加强管理以改善水系统的可持续性。

（1）实施重点计划。朝着过去 30 年水质逐步改善的目标，美国环保局正与各州和各部落落实四项重点计划：健全科学的水质标准，有效监控水体，强化非点源污染控制，强化排放许可证制度。

健全科学的水质标准对保护游泳、公共用途、鱼类和野生动物十分有利，美国环保局支持各州和部落提供科学的水质基准信息。举例来说，美国环保局正在制定或改进营养物和病原体的水质基准，确定如何处理新出现的污染物（如水环境中的制药副产物和个人护理产品）。美国环保局将继续同各州和各部落合作，提高水质标准以符合适当的指定用途。规范标准管理的程序，每 3 年进行一次回顾评价确认是否有必要修改，美国环保局及时给出是否修改的决定。

为改善水质，美国环保局需要有完整可靠的全国江河、湖泊、溪流、湿地的相关数据，美国环保局将与各州在未来 5 年中继续长期合作进行调查获取相关数据，如最近完成的 Wadeable 溪流调查，下一步重点放在湖泊和河流。贯彻各州和部落水监测战略既定日程，改进水质数据库。这一监测工作将有助于了解评估鱼体是否受到污染以及判断近海、地下水和海滩的环境状况。

清洁水法的一个关键组成部分是控制非点源污染。美国环保局将继续与各州合作，实施最佳管理经验，并提供教育和技术援助，以减少面源污染。美国环保局将帮助各州制定由于非点源造成流域污染的控制计划，有效地利用联邦和其他资金协调监测和实施这些计划。还要与农业部门建立广泛的战略伙伴关系，以确保联邦资源协调发展。

为保护和改善部落水体水质，美国环保局正与各部落制定水质标准和监测战略、面源污染控制计划、水排放许可证、湿地保护计划和包含有最大日负荷量的流域保护计划。提供印第安村落环境卫生赠款建设废水处理设施。使得更多的人获得基本的卫生条件和安全的饮用水。

全国污染物排放消除系统（NPDES）要求排放点源申领排污许可证，排放到下水道系统要有预处理方案，以减少其对污水处理厂运行的压力。

在未来 5 年中，美国环保局将继续加强许可证计划的管理。

- ☞ 监测许可证计划实施的绩效。
- ☞ 继续支持各州创新许可证管理工具：积极建立以流域为基础的许可证和排污交易，在未来 5 年内美国环保局期望看到这一努力的结果。
- ☞ 确保各州和地方政府发放许可证，控制从工业用地、建筑工地和市政雨水系统排放的雨水并得到及时换发。
- ☞ 确保排入公共污水处理厂的工业污水进行有效预处理，美国环保局会提供各种工具，为各州和地方监测工业设施预处理的效果。

☞ 修改集中饲养场（CAFOS）排放要求，美国环保局期待着修改后的规则 2007 年生效后，立即签发许可证，随之饲养场开始实施相关管理要求。

☞ 制定或修改重点工业污染源法规，美国环保局将考虑颁布新的涉及机场除冰、饮用水处理残余物的废水法规和修改部分化学品制造业的废水法规。

☞ 继续与各州合作，处理和解决排放许可证中重大违规事项，重点放在已受损水域的违规排放。

☞ 继续同各州和污水处理厂合作，遵守许可证中的各项规定。

（2）恢复流域受污染水体水质。各州提交给美国环保局受污染水域名单，当一个或多个指定用途不能满足水质标准就被认为是受污染了。美国环保局、各州、州际机构和部落不断扩大合作，以努力实现既定目标，即 2012 年恢复 39 798 个受损水体中的 2 250 个水体水质。还要努力恢复和保护大型生态系统（见目标 4：健康社区和生态系统）。

在未来几年，美国环保局将继续同各州进行协调，确定受损水域具体范围和受损原因，以便更好地采取相应的补救措施。如制定最大日负荷量，创造条件进行排污交易。排污交易是一个有价值的工具，促进流域内共同负责和承担排放控制，降低污染物消除成本。

美国环保局将与各州合作，制定流域恢复计划，这些计划将重点放在如何协调规划和污染控制行动的实施上。美国环保局还将继续同各州一起制定最大日排放负荷量。自 2000 年以来，美国环保局与各州在这方面已取得重大进展，美国环保局已经完成了全国各地 20 000 多个最大日排放负荷量的制定，希望维持目前每年 3 500 个最大日排放负荷量的制定。

为了更好地实施污染控制，增加受损水域的恢复数量，将额外增加最大日排放负荷量的制定。美国环保局和各州必须认真拟定恢复行动时间表。在某些情况下，单一许可证变更或执法行动可能带来恢复，在其他情况下，流域恢复计划需要与点源控制、面源管理相结合，并需要资金支持。

为了支持这一行动，美国环保局将选择"高优先级"许可证优先更新，比如过期许可证、需要更新最大日排放负荷量的许可证、水质标准更新等。美国环保局将确保这些重点许可证及时得到签发。

（3）支持可持续废水设施。维护水和废水基础设施是一个严峻的挑战。现有的设施已经老化，部分已运行 100 多年。人口增长要求建设新的设施。美国环保局的差距分析报告（2002）估计，如果废水处理设施的资本投入维持在目前的水平上，2000—2019 年潜在的资金缺口将约为 1 200 亿美元，假设每年实际增长率增加 3 个百分点，差距缩小到 450 亿美元。此外许多公用设施不注重长期可持续管理。

为了应对这一挑战，国家必须从根本上改变观念、投资方式和管理模式，各方需要合作找出有效的、高效和公平的解决办法。美国环保局将重点放在解决全国性的基础设施问题，为此已经制定了可持续的基础设施战略，重点围绕 4 个主题：

☞ 推进可持续管理的实践经验：美国环保局将同公用事业机构和协会推进可持续管理的经验，并在 2007 年年初完成国家战略计划。

☞ 用水效率：美国环保局将开发节水项目计划（watersense），自愿合作，类似美国环保局的能源之星计划，创造一个节水产品的消费市场。

☞ 全成本定价：将基于全成本定价确定利率范围，美国环保局将制订方案并与社区共享。

☞ 流域方式：美国环保局将与公用事业机构、流域机构和其他机构合作，提供推动流域方式解决基础设施的工具和相关信息。

美国环保局正在开发一套基于互联网的清洁流域需求调查（CWNS）数据系统，可让社区和各州进入并更新其污染防治工程的信息。CWNS 数据将便于确定优先项目、网上地图分析以及其他用途，以支持基础设施管理。美国环保局还进行了大规模的研究和开发计划，以确定水基础设施需求。

清洁水州周转资金（CWSRFS），作为支持基础设施可持续管理的另一种工具，可以提供低息贷款，以资助废水处理设施和其他清洁水项目。每年预留部分 CWSRFS 资金用于部落水基础设施改善（包括扩大基本卫生服务）。美国环保局提供清洁水州周转资金（CWSRFS）赠款，支持流域治理项目包括处理系统的维护和升级。截至 2006 年年初，联邦政府已给清洁水州周转资金（CWSRFS）投入了 230 多亿美元，加上各州投入的资金，累计提供了 550 亿美元的贷款。美国环保局将继续致力于提供年度赠款直到 2011 年。

3.2.2 改善沿海和海洋水域

根据国家海洋状况报告，通过美国环保局、NOAA、农业部（USDA）、内政部的共同努力，海洋和沿海生态环境取得了一定进展，沿海水域水质正在改善。为继续保持这一改善状态，环保局将着重于：

（1）评估沿海条件。全国海洋状况报告采用 5 个指标确定沿海水域条件。美国环保局与其他联邦机构将监测这些条件的变化和定期评估以发现问题。为支持这项工作，美国环保局正在制定评价指数，测量在海洋倾倒地点珊瑚礁的健康状况和监测环保要求的符合性。

（2）减少船舶排放。船舶排放危及水域生态系统。船舶排放污染物、排放压舱水会传播外来物种（如斑马贝）。美国环保局将评估是否需要制定阿拉斯加水域巡航舰的排放标准，同美国国防部建立关于武装部队船只排放标准。为解决外来入侵物种，美国环保局会协助美国海岸警备队制定压载水排放标准并继续在国际上就这一问题进行探讨。

（3）实施沿海面源污染控制计划。沿海地区人口经济的快速增长能够导致非点源污染负荷增加，美国环保局将继续同 NOAA、沿海和五大湖区范围内的各州共同努力减少面源污染。

（4）管理疏浚物。每年疏浚航道、港口、码头产生数亿立方码的沉积物。美国环保局和美国陆军工程师兵团（队）共同负责规范处置这类沉积物。为确保安全妥善处置，美国环保局将同兵团评估处置地点、指定监测站点、发放处置许可证。美国环保局还将努力与各州和其他联邦机构合作，以确保主要港口码头有计划管理疏浚物质，其中包括材料的循环再用。

（5）支持国际海洋污染防治。美国环保局与美国海岸警备队、NOAA 一起与国际海事组织就制定国际标准进行谈判。美国环保局将利用这些标准作为一种机制来解决外来入侵物种、舱底水排放、海洋废弃物倾倒等问题。

美国环保局将与其他联邦机构、各州、部落以及公私团体进行沟通协调。为改善沿海水域水质，要努力有效实施陆地流域污染控制计划。美国环保局的工作也将与规划中的重点项目紧紧相连，如全国河口规划以及生态系统保护方案（目标 4：健康社区和生态系统）。

4 目标三：加强科学研究

一直到 2011 年，进行深入的前瞻性的科学研究，通过减少人体在饮用水、食用鱼及贝壳类、接触休闲水域时的污染物暴露，保护人体健康。保护江河、湖泊、溪流、海洋和沿海水域水质以支撑水生态系统保护。

美国环保局进行了饮用水及水质项目研究，还进行了人体健康和生态问题的相关研究。

4.1 饮用水研究项目计划

1996 年清洁饮用水法案的修订，要求美国环保局加强饮用水污染物暴露标准的基础研究。该项目的主要目标是开发出产品，用来快速判定饮用水中的污染物。此外美国环保局区域办事处、各州、部落、直辖市和公共机构往往需要技术咨询，实施新修订的饮用水法规。饮用水研究发展计划包括制订饮用水处理策略、监测方法和水源地保护方案以及风险评估方法，研究污染物行为模式和剂量反应，确定处理成本参数，通过这些研究提供科学的方法和工程手段，有助于确保饮用水安全。

4.2 水质研究项目计划

美国环保局的水质研究计划重点放在：水生态系统指定用途的保护基准，水生态系统指定用途诊断和预测技术和流域的可持续发展技术，这些研究有助于美国环保局发布保护标准，辨明污染原因，恢复和保护国家水体水质。

4.2.1 人力资源

在过去 20 年中，美国环保局在保护地表水和饮用水方面授予州政府相当大的权力，美国环保局越来越多的是提供指导、帮助、财政和信息资源。美国环保局将继续负责协调国家水政策和评估水计划项目，甚至为某些州和部落直接实施指定项目。

水质保护责任的不断演变要求环保局必须在沟通、政策制定、合同管理、援助协议以及在工程和生命科学方面提高技能。美国环保局的水环境规划正在建立劳动力理事会以审查劳动力工作能力，以促进工作效率的提高。

水环境计划也正在评估最佳的技能组合，将任务分配到各职位，建立员工和管理人员招聘委员会，提供招聘信息共享，培训新员工。此外水项目办公室已经建立了或正在建立与学院以及其他高校的联系，以确保各方面人员为水环境保护事业服务。

认识到今天的员工是明天的领导者，水环境计划已经启动了多个长期机制，为雇员提供培训和职业指导。水事业计划提供了个人发展的各种机会，约 100 个水项目工作人员参加了这一领导者的发展计划，该计划建立于 2002 年。水环境计划还为饮用水学会、水质标准学会、流域学会、许可证编写人员提供了重点培训。

4.2.2 绩效测量

美国环保局制定的大部分战略目标按年度进行评估和报告。采用“自下而上”的方法，与区域办事处和各州制定年度目标，为有效跟踪这些目标的进展，美国环保局使用了一些客观评价指标，如公众满意度、产品的影响、质量和效率。

美国环保局在环境报告中已经制定了两个新的战略目标及相关措施，一是关注Wadeable溪流化学、生物和物理条件的变化；二是快速测定育龄妇女血汞水平，可反映食用受污染鱼类的健康风险。

美国环保局在这个战略规划中关注绩效改善与测定，为此美国环保局将努力扩大和支持科学健全、统计有效的监测机构，以便有效监测水域水质，利于环境执法。

4.2.3 从业绩评估和项目评价中得到反馈

美国环保局的水环境计划项目和区域绩效评估，在编制中期和年终业绩报告中得到体现，并在全国年度水环境计划中予以描述。这些报告的内容包括哪些具体事例表现欠佳需要提高，“最佳经验”的推广，并告知下一年度战略计划。通过这一过程，美国环保局确定需要改进哪些工作，如整合清洁水与饮用水项目，减少数据上报滞后，并加快部落项目审查。

此外水项目经理每年访问 3～4 个美国环保局区域办事处和重要水域办事处，讨论项目管理和执行情况。议题包括：评估区域绩效、区域水问题、规划的承诺和义务。这些评估有助于确定或创新“最佳经验”，在水环境计划执行报告中提出，以便在全国各地推广。

水环境计划也要由美国环保局和其他组织定期评估，如美国环保局监察办公室、政府问责办公室、管理和预算办公室和国家科学院。环保局曾用这种评价结果制定战略规划中的水环境计划的目标和策略。举例来说，经过评估，美国环保局监察办公室建议重新设计流域措施并修改相关项目，美国环保局则及时修改流域规划，制定更加灵活的措施，以恢复受损的水域。

美国环保局监察办公室还评估了饮用水源保护项目。基于这一评估及时修改和简化相关措施，有助于美国环保局更好地制定现实的目标，落实水源保护计划。

美国环保局科学顾问委员会（BOSC）和 OMB 评价了 2005 年的饮用水研究计划。BOSC 发现研究水平较高，符合美国环保局的使命要求。OMB 发现该计划已制定了年度和长期措施的执行情况，通过这些评价有助于调整长期饮用水研究计划。

4.2.4 暴露出的问题及外部影响

过去几年中，美国环保局评估了影响到目标实现的具体问题表现在：

（1）水基础设施陈旧和人口增长。城市废水基础设施建于 20 世纪 70 年代和 80 年代，越来越多的饮用水设施即将结束其使用寿命。面对不断增长的人口，在饮用水需求、污水处理、雨水管理方面面临着非常严峻的挑战。美国环保局正在创新，实施新的战略以加强水基础设施管理，提供用水效率，建立可持续的管理方法，开拓基础设施投资渠道。

（2）缺水。市政用水和其他用水正在稳步增长，满足这个需求的同时保护水资源生态价值将是一项重大挑战。

（3）纳米技术。新的水处理方法中使用纳米技术，但纳米设备和产品中的释放物对水生态系统会造成危害。

（4）遥感技术。小型传感器的快速发展为从远程地点收集环境数据提供了方便。

（5）气候变化。了解气候变化对公众健康、沿海水域生产力、栖息地、渔业、湿地的影响，有利于环境管理和这些资源的保护。

（6）制药废水。更多种类的药品制造废水通过废水系统排出，对生态系统和人体健康造成潜在的不可预见的影响。

（7）可再生能源。由于能源需求的增加和传统资源价格上涨，替代品的需求包括可再生能源将会增加。最近的研究表明，对污水处理厂和畜禽饲养场产生的副产品进行加工可大量再生新能源。

处理这些新出现的水问题并继续加强和完善现行的计划项目的同时，一些外部因素也可能影响规划的成功。举例来说，许多目标的实现，将取决于牢固的伙伴关系。美国环保局的主要伙伴各州在实施清洁水和安全饮用水等项目的过程中，都面临预算问题和可能出现赤字。美国环保局认为预算短缺是一个影响到“清洁安全的水”目标实现的外在因素。

地方政府在实施清洁和安全用水计划中发挥了关键作用，市政当局和其他公共事业机构也参与了各州和联邦政府对废水处理及饮用水系统的资助。各市政当局还在为解决雨水和废水溢流、有效管理当地的饮用水系统包括保护水源等方面承担了更多的责任，全国 52 000 个社区供水系统中 90%以上是小型系统（服务人口小于 10 000 人），在提供安全饮用水方面经常面临挑战。

美国环保局在印第安部落实施项目计划，帮助部落建立管理清洁和安全水的项目能力。部落资源的需求是巨大的，然而不同于各州，许多部族仍在制订项目管理方案，这种缓慢的进度限制着清洁安全水目标的实现。

国家水环境计划重点方面还包括非点源污染控制、水源保护、流域管理，这就需要与联邦、州、地方机构和私营部门建立广泛的合作。在未来几年中，与农业部门（如美国农业部、各州农业机构和当地保育机构）建立合作非常重要。美国环保局将继续提供水质数据和技术援助，帮助农业部实施其径流控制计划。

同样为了解清洁安全水目标的进展，美国环保局要依靠许多机构提供的监测数据，以各州的水质监测为主，其他机构也提供重要信息。例如，USGS 维护水质监测站和 NOAA 提供关于沿海水域的水质。

与其他联邦机构的合作也很重要，例如兵团作为联邦机构管理疏浚物或填土材料，这种排放也会影响清洁水目标。美国环保局将继续努力与美国国际开发署、国务院和其他利益相关者合作，在世界范围内支持联合国千年发展目标，以改善获得安全饮用水和卫生设施。为此，美国环保局将促进国际间的用水安全计划，提供以健康为基础的风险评估工具。

最后，所有的沿海和海洋水域水质目标的实现还需要其他联邦机构的共同努力，包括美国国防部、美国海岸警备队、阿拉斯加和其他各州以及民间机构。

参考文献

美国环保局 http://www.epa.gov/cfo/plan/plan.htm U.S.EPA，Goal2：Clean and Safe Water，2006-2011-EPA-Strategic-Plan，2006.

美国大气环境保护战略规划（2006—2011）
——清洁空气和全球气候变化

US Environmental Protection Strategic Plan（2006—2011）
——Clean Air and Global Climate Change

田仁生　杨琦佳　晋鹤卿　陈 俭[①]

摘　要　为维护和改善空气环境质量，美国 EPA 制定了未来 5 年的清洁空气战略规划，包括室外空气、室内空气、辐射防护、减少温室气体、保护臭氧层以及科学研究 6 个方面的目标。并对每个目标提出了相应的实施对策。

关键词　清洁空气　目标　实施对策

Abstract　In order to protect and improve the air，US EPA has developed 2006-2011 strategic plan for clean air. It consists of outdoor air quality，indoor air quality，radiation protection，protect the Ozone layer，reduce greenhouse gas and science research etc. The corresponding implementation measures is put forward for each goal.

Key words　Clean air　Goal　Implementation measures

根据 1993 年实施的《政府绩效与结果法案》，美国环保局于 2006 年 9 月 29 日向国会提交了 2006—2011 年环境保护战略计划。这一修订的战略计划保持了 2003—2008 年战略计划中的 5 个目标，但重点放在实现更多可测量的环境绩效上。5 个目标分别是清洁空气和全球气候变化、清洁安全的水、土地保护和修复、健康社区和生态系统、执行和环境管理。

下面具体介绍《2006—2011 年环境保护战略计划》中目标之一“清洁空气和全球气候变化”。该目标在保护室外环境空气、保护室内空气、保护臭氧层、降低辐射、减少温室气体排放、加强科学研究 6 个方面提出了对应的子目标和具体战略指标，并给出了相

[①] 复旦大学社会发展与公共政策学院，上海：200433。

应的实施对策。

0 引言

环保局与各州、部落和地方当局合作，采取各种传统和非传统方法，处理广泛的环境空气质量问题，包括创新以市场为基础的技术途径（如排放交易、排污交易银行）。环保局还与公共部门和私营部门合作开发诸如监测、模型和排放总量的技术工具，使各州、部落和地方解决更多的本土化问题。其中许多工具采用创新的技术，如翻新柴油机项目、社区毒物处置方式，这些比较适合当地的要求。

环保局的计划将使我们能够与合作伙伴在保护人类健康和生态系统免受空气污染方面取得重大进展。到 2011 年，几乎所有的乡村都将管制到位，以达到目前的空气质量标准。与 2003 年相比，新的机动车辆包括卡车和公共汽车排放要求将提高 75～95 个百分点，发电厂的排放量将减少约 40%。总之这些计划如果全面实施，将阻止成千上万的人过早死亡和住院治疗，每年防止数百万个工作日和上学日流失。这些国家计划将辅以地方控制策略的实施，以确保达到和维持空气质量标准。

减少空气有毒物质排放将大大减少对人类健康的风险，小汽车、卡车、巴士有毒气体排放将削减一半，所有的主要工业源有毒气体排放建立在控制技术为基础的标准上，另外的风险削减将通过自愿方案，如引起室内危害的氡、香烟烟雾和室外如过多暴晒的危害。辐射释放将减少，且我们在这方面的监测能力将得到加强。环保局人员和资产将适时应对并准备支持联邦紧急响应，将人体健康和环境的影响减少到最低限度。

环保局通过国内和国际努力在保护和恢复全球大气方面也将取得重大成就。到 2011 年，全世界在努力保护地球臭氧层方面将初见成效，平流层总有效当量氯含量达到高峰后并开始下降。EPA 的自愿气候保护方案将使我们努力超过总统下达的温室气体减排目标。

空气污染来自许多方面：工厂、发电厂、干洗机、汽车、巴士和卡车，甚至风沙和野火，它可以威胁人体健康，造成呼吸困难，长期损害呼吸系统和生殖系统、致癌、过早死亡。某些化学物质排放到空气中削弱了对大气臭氧层的保护，导致过度的紫外线辐射，增加皮肤癌、白内障和其他健康和生态影响。空气污染也影响到能见度，破坏农作物、森林和建筑物，酸化湖泊和溪流，刺激河口藻类生长和鱼体毒素积聚，这些影响对美国人民构成了一定的风险。其他国家快速发展和城市化所产生的空气污染不仅威胁到这些国家本身也影响到美国，因为空气污染可长途跋涉，跨越国界。

环保局与其他联邦机构、各州、部落、地方政府、工商业、环保团体和其他利益相关方建立伙伴关系，制定法规，减少空气污染以保护人体健康和环境。而根据 20 世纪 70 年代以来年度空气质量趋势分析，美国空气质量一直在稳步改善，即使我们的经济在增长，轿车和卡车行驶里程在增加，能源消耗一直在上升，但空气清新的趋势一直在继续。

环保局正致力于改善空气质量，继续寻求创新手段，有效地解决遗留下来的空气污染问题。我们使用了多种方法和手段，处理影响范围较大的发电厂和其他大污染源的排放，来自汽车和燃料的污染以及平流层臭氧耗竭，既使用了传统的管理工具，也进行了创新，建立了以市场为基础的技术，如排放交易、排污交易银行、排污加权平均（emissions trading，banking，and averaging）。我们正与各州、部落和当地机构一起解决区域和当地空气中的问题。

与公共和私营部门合作，开发工具，创新手段，如翻新柴油机计划、社区毒物处理，来帮助解决当地问题，促进社区环境协调。我们同发展中国家合作减少越境空气污染，改善我们国家和他们国家居民的健康，减少温室气体排放。

许多报告都强调了室内环境对人体健康的重要性，包括1997年总统/国会委员会关于风险评估和风险管理报告。为改善家庭、学校、商厦的空气质量，环保局依靠伙伴关系为基础的信息和推广项目，鼓励和促进自愿行动。氡和其他室内空气计划也有助于降低哮喘引发、呼吸道疾病、耳朵感染、被动吸烟和住院治疗。

环保局也在继续研究，以确定新的空气污染问题，包括室内空气到辐射领域。将同联邦、各州、部落、地方当局与国际伙伴和利益相关方一起努力，鼓励采用符合成本效益的技术和做法，来解决这些问题。

1 目标一：健康的室外空气

与伙伴合作，到2011年，通过达到和维持健康的空气质量标准和减少有毒空气污染物来保护人体健康和环境。

1.1 子目标

子目标1：臭氧和$PM_{2.5}$

到2015年，与合作伙伴共同努力，改善空气中臭氧和$PM_{2.5}$质量。

具体战略指标：

- 2015年，人口密集区空气中臭氧浓度降低14%（对照2003年）。
- 2015年，人口密集区空气中$PM_{2.5}$浓度降低6%（对照2003年）。
- 2011年，减少来自移动源的微粒排放，在2000年的510 550 t水平上减少134 700 t。
- 2011年，减少来自移动源的氮氧化物（NO_x）排放，在2000年的11 800万t基础上减少3 700万t。
- 2011年，减少来自移动源的挥发性有机化合物排放，在2000年的770万t基础上减少190万t。
- 到2018年，东部I类地区能见度最差天数将从20%缩减到15%，相对于2000—2004年20%能见度最差的天数。
- 到2018年，西部I类地区能见度最差天数将从20%缩减到5%，相对于2000—2004年20%能见度最差的天数。
- 到2011年，在环保局的支持下，另外30个部落（每年6个）将建立影响空气质量的排放清单（2005年基线：28个部落排放清单）。
- 到2011年，另外18个部落将拥有技术和能力来推行清洁空气法在印第安村落的实施（2005 年基线：24 个部落）。

子目标 2：空气有毒物质

到 2011 年，与合作者一起努力，减少空气中有毒物质排放量和实施以下具体办法，来降低有毒空气污染物对公众健康和环境的风险。

具体战略指标：

☞ 到 2010 年，有致癌风险的空气毒物排放累计减少 19%，相对于 1993 年所有 724 万 t 的空气毒物。

☞ 到 2010 年，没有致癌风险的空气毒物排放累计减少 55%，相对于 1993 年所有 724 万 t 的空气毒物。

子目标 3：慢性酸性水体

到 2011 年，由于酸雨减少，北部和东部酸敏感地区慢性酸性水体的数量应维持或低于 2001 年基线，根据临时性生态综合监测/长期监测调查，2001 年大约有 500 个湖泊和 5 000 多 km 的河长为酸性，长远目标是到 2030 年将减少 30%的数量。

具体战略指标：

☞ 到 2011 年，大幅度减少全国电厂二氧化硫（SO_2）排放，在 1980 年的 1 740 万 t 基础上减少 845 万 t，维持在 895 万 t 水平上。

☞ 到 2011 年，年平均酸沉降量和环境中平均酸浓度降低 30%，相对于 1990 年的每公顷总酸沉降为 25 kg 和空气中平均酸浓度为 6.4 μg/m^3。

☞ 2011 年，年平均氮沉积和环境中平均硝酸盐浓度降低 15%，相对于 1990 年的每公顷总氮沉积为 11 kg 和平均硝酸盐浓度为 4.0 μg/m^3。

1.2 措施与对策

减少室外空气污染要基于联邦、州和地方的协作。州主要负责维持和改善空气质量达到国家环境空气质量标准（NAAQS），各州制定排放总量、运行和维护空气监测网络、进行空气质量建模、制定改善空气质量和达到 NAAQS 的实施计划。

在处理区域问题、协调各州控制战略以及提供数据分析和空气质量模型的技术援助方面，跨区域机构合作是至关重要的。

环保局为各州、部落、地方政府机构和跨区域机构提供技术指导和财政援助，以支持他们的工作。还制订法规和减少污染的实施方案，涉及广泛的空气污染来源：移动源（如汽车、卡车、巴士和建筑设备），固定源（如发电厂、炼油厂、化工厂、干洗业务）。此外还要处理国家层面跨区域的空气质量问题。

要求环保局在印第安村落实施空气质量计划，然而可以授权符合条件的部落制定和实施自己的清洁空气计划，我们正与部落一起努力以获取更多、更好的空气质量数据，提高部落管理项目的能力，并建立机制，使环保局和各州与部落政府能有效地开展工作。我们会协助任何感兴趣的部落，为其提供空气质量数据、分析数据和相关技术支持。

我们也将继续参与社区、民间团体和其他利益相关方的活动，我们将紧密与全国环境司法咨询理事会、社区组织和其他利益相关者（包括学校及大学、环境组织与工商团体）一起努力，以确保环境司法是我们的计划、政策和活动的一个组成部分。为了支持这项承诺，我们将扩大基础数据，使得能够跟踪我们的进展。

环保局将继续利用可靠的科学数据，以帮助更好地了解追踪我们努力的成果。环保局科学家将确定空气污染对人类健康和环境的相对风险，找出最好的方法来发现、减轻、避免与空气污染物相关的环境问题，评估减少暴露于有害水平的空气污染控制计划的效果。我们将继续把科学的评估与政策、法规结合起来。利用数学模型、空气监测和沉降监测数据及其他信息，我们将同各州和各部落一起评估控制方案、计划、多种排放情景的影响、联邦规章和其他控制策略的影响。我们将继续进行有害空气污染物暴露和风险评估，整合监测和模型信息，确定空气污染源的影响。

1.2.1 臭氧和颗粒物质

为改善空气质量，环保局将继续集中力量实施细颗粒物（$PM_{2.5}$）和 8 h 臭氧标准。为支持各州工作，我们将制定联邦关于移动源和固定源的实施方案，实现符合成本效益的大幅度的排放量削减。我们将同各州一起努力优先减少臭氧和颗粒物质排以及发电厂汞的排放，如制定排放总量，开发空气质量综合模型，控制对二者贡献较大的重要源。同区域机构合作，我们将制定缩小区域阴霾战略。

关键是执行清洁空气州际准则（CAIR），它颁布于 2005 年 5 月，这是为解决发电厂跨州污染问题而制定的。像酸雨计划的上限和贸易方式，CAIR 激励电厂经营者找到最好、最快、最有效的方法达到所规定的排放量。我们期望 CAIR 的实施能在 2003 年的水平上减少 SO_2 排放量 430 万 t（70%以上）和氮氧化物排放量 170 万 t（60%以上）。

CAIR 是帮助美国东部各州实现健康空气质量标准的重要组成部分。通过 CAIR 和其他清洁空气计划，到 2011 年，108 个还没有达到 8 h 臭氧标准的区域（截至 2005 年 4 月）中 92 个和 36 个还未达到 $PM_{2.5}$ 标准的 17 个将实现健康的国家标准。我们估计到 2015 年，由于空气质量的改善，每年可能产生多达 1 000 亿美元可见到的健康效益，我们希望通过减少硫和氮沉积，可降低慢性酸性湖泊和溪流的范围。

同伙伴合作，环保局将实施一系列国家方案，以大幅减少移动源废气排放。

- ☞ 第二系列汽车和汽油硫计划，到 2009 年将全面实施，将使新车、越野车、皮卡车、面包车减少硫排放 77%～95%（同比 2003 年型号）。
- ☞ 清洁柴油的卡车和巴士计划，规定从 2007 年开始，所有新的公路上使用的柴油发动机比目前的模式洁净 95%，而硫含量的减少要超过 97%。
- ☞ 清洁非公路（如建筑、农业、工业用）柴油发动机计划，到 2010 年，将削减排放量 90%以上，同时去除 99%的硫。作为这一计划的一个部分，我们还将制定更严格的标准来控制机车、大型船用柴油机与小型汽油发动机（如那些用于草坪和花园设备）的排放。

为解决柴油机的排放，国家清洁柴油机计划将继续制定新的引擎和燃料标准，以减少目前已在用的 1 100 万台柴油机的废气排放，举例来说，我们将建造有经济效益的柴油机翻新改装企业，改造那些年久的高污染的卡车、公共汽车和非公路用的设备，以降低 NO_x 和 PM 的排放，尤其是那些超标地区和敏感人群区域，要提高他们的风险意识，我们将为改装提供补助，并鼓励各州与工业界支持地方柴油机改造项目，通过这些创新举措，来支持各州努力达到国家空气质量标准。

执行 2005 年能源政策法案的规定，将是一个重要的保证，这项工作的核心是可再生燃料标准的计划。条款规定美国汽油供应含有特定数量的可再生燃料，从 2006 年 15 GL（40 亿加仑）上升到 2012 年的 28 GL（75 亿加仑），制定和实施可再生燃料标准将需要大量的资源投入：可再生燃料（生产、销售）技术投入，评估可再生燃料排放的车辆测试，炼油运输生命周期分析，考虑能源安全的影响和经济分析（包括对农场/农业的影响）。

1.2.2 空气有毒物质

环保局规定了 186 种有毒空气污染物的排放，包括二噁英、石棉、甲苯，还有金属（如镉、汞、铬及铅化合物）。我们将需要更新的科学知识，让公众了解这些有毒物质的风险。有毒污染物之所以引起环境保护团体特别关心是因为社会上许多低收入者和少数民族更多接触有毒气体排放，如工业设施、废物转运站、道路及巴士站。

环保局将继续推行清洁空气汞计划（CAMR），它颁布于 2005 年 5 月，目的是长期控制和减少燃煤电厂汞排放。CAMR 制定绩效标准，限制新的和现有的燃煤电厂汞排放，创造了以市场为基础的交易，降低电厂排放的汞，在全国范围内分两个阶段进行，第一阶段汞排放量为 38 t，有效利用“共赢”原则，即减少 SO_2 和 NO_x 的排放量的同时减少汞排放。第二阶段始于 2018 年，燃煤电厂最终将汞排放量减少到 15 t，这就要求必须有严格的排放监测和报告要求，运用灵活的排污交易，提高污染控制设备的效率。

清洁空气法案还要求环保局建立标准，以减少来自汽车及其燃料的空气有毒物质排放。2006 年 3 月环保局提出了汽油苯含量限制标准的建议，已在 2007 年正式颁布实施。

环保局继续开发和完善工具、培训、手册和信息，以协助我们的合作伙伴来确定空气毒物的风险，也将与地方一起制定地方政策以减少这些风险。环保局推行基于社区的有毒空气控制计划，如社区环境恢复行动，与受影响社区一起解决风险和跟踪进展，我们将使用国家有毒物质监测网络数据更好地评估风险，确定优先解决的问题。

1.2.3 同部落和其他伙伴合作

为了减少风险并保障印第安部落人的健康，环保局致力于向部落发展基础设施和提供评估和控制空气质量的技能。我们将协助部落建立和管理自己的空气计划，提供技术支持，帮助分析数据，参与规划和政策制定。若部落不制定自己的空气计划，环保局将直接实施空气质量计划，我们将继续支持空气监测、汞和其他沉降监测。

我们制定和实施清洁空气战略，我们还会涉及与其他联邦机构的合作。联邦的合作伙伴包括农业部（涉及的领域包括动物饲养经营、农业燃烧、控制焚烧）、运输部、能源部（电动工具、发电和能源效率问题）、内务部（涉及国家公园和荒野区能见度）。

为利于深入的科学研究，建立有效的伙伴关系也是关键，举例来说，我们将继续同美国商务部的国家海洋和大气管理局（NOAA）开发全国空气质量模型进行臭氧和颗粒物短期空气质量预测，环保局还将与国际科学界一起努力更好地了解污染物运动规律，评估潜在的减灾战略。

常规空气污染物（如臭氧和微粒）以及持久性生物累积毒素［如汞、二噁英、多氯联苯

(PCBs)]，可跨越国界转移，环保局也正与其他机构以及其他国家解决这一跨界污染。我们将同 NOAA、美国国家航空和航天局以及其他机构检测、跟踪、预测这些污染物的影响。通过双边协定、国际合作和多边国际组织（如联合国环境计划组织和经济合作与发展组织）合作，我们将促进这方面的能力建设、技术转让以及其他策略来降低外来污染源的影响。

我们将继续与加拿大、墨西哥一起努力，管理我们共同边界的空气质量，遵循我们现有的协定，包括美国与墨西哥拉巴斯协议、美国—加拿大空气质量协定和北美环境合作协定。

2 目标二：健康的室内空气

一直到 2012 年，通过促进公众自愿行动，减少暴露于室内空气中的污染物，降低人体健康风险。

2.1 子目标

子目标 1：氡

到 2012 年，通过降低氡暴露，阻止过早肺癌死亡将增加至 1 250 例（1997 年基线：285 例）。

子目标 2：哮喘

到 2012 年，采取一切必要的行动，以减少暴露于室内环境而引发的哮喘，这一受益人数将增加至 650 万人（2003 年基线：300 万人）。

子目标 3：学校

到 2012 年，实施有效的室内空气质量管理计划的学校将增加至 40 000 所（2002 年基线：25 000）。

2.2 措施与对策

位于工业化大城市的住宅、学校、办公场所空气更容易受到污染，鉴于人们通常近 90% 的时间待在室内，所以可能面临室内空气污染更大的风险，此外待在室内时间最多的儿童、老年人、慢性病患者尤其是患有呼吸系统疾病或心血管疾病的人可能最容易受到室内空气污染。还有室内易受被动吸烟的危害。

改善室内空气质量，环保局依靠创新、非法规性的依靠公众自愿的行动，让公众了解并关注有关室内空气质量，如氡，采取行动以减少其在住宅、学校和办公场所的潜在风险。我们与各种团体合作，包括城市地区治疗孩子哮喘的卫生保健机构、管理学校环境的工作人员、县与地方环保卫生官员、住房和建设组织。为了支持这些合作，我们提供政策和最新科学的技术建议。

我们还将同其他联邦机构一起提供技术指导和援助，帮助印第安部落社区减少室内污染物，通过国家室内氡补助计划，我们将继续协助各州和各部落制定和实施有效的氡评估和减灾方案。

3 目标三：保护臭氧层

到 2011 年，平流层氯总有效当量将达到高峰并开始逐步下降。

3.1 具体战略指标

（1）到 2015 年，消费二类臭氧层损耗物质减少到 1 520 t 以下（2003 年基线：9 900 t 左右）。

（2）到 2015 年，减少黑素瘤皮肤癌发病率，每十万人减少 14 个新的皮肤癌病例（1990 年基线：13.8）。

3.2 措施与对策

30 多年的科学证据已表明全世界广泛使用的氟氯碳（用作制冷剂、溶剂和其他用途）、哈龙（灭火剂）、甲基溴（农药）和其他卤素化学品正在消耗平流层臭氧，使得更多有害的紫外线（UV）辐射到地球，增加过度暴露的风险，造成健康影响，增加皮肤癌、白内障和其他疾病。如美国每年诊断皮肤癌新增 100 多万病例。

美国签署了消耗臭氧层《蒙特利尔议定书》，按照这一国际条约和相关的空气清洁法规定，环保局将继续推行国内计划，以减少和控制消耗臭氧层物质（ODS），执行其生产、进口和排放的相关规则。我们的方法是将市场手段与具体部门的技术指导结合起来，促进氟氯碳替代，并通过减少温室气体排放和能源节约减少氟氯碳排放。我们将协助向发展中国家转让技术，并与他们共同努力，加速淘汰消耗臭氧物质。我们期望从 1990 年到 2165 年，世界范围内逐步淘汰消耗臭氧物质可挽救美国国内 630 万人免受致命皮肤癌的危害和 2.99 亿人免受非致命性皮肤癌的危害，避免 2 750 万例白内障发生。

由于臭氧层直到 21 世纪中叶也不能恢复，公众将继续受到高强度的紫外线辐射，为解决这一问题，我们将继续进行教育和推广活动，以鼓励在校学生和老师改变自己的行为，以减少与紫外线相关的健康风险。

4 目标四：辐射

到 2011 年，与合作伙伴一起努力，减少不必要的辐射释放，以尽量减少对人体健康的影响。

4.1 具体战略指标

（1）到 2011 年，77%的美国陆地面积将涵盖在 RadNet 环境辐射监测系统中（2001 年基准是 35%）。

（2）到 2011 年，辐射应急准备将保持 90%以上水平，以支持联邦辐射应急响应和恢复行动（2005 年基准是 50%）。

4.2 最大限度地减少辐射释放及其相关影响的措施与对策

环保局继续按照法定要求管理放射性废物和控制放射性排放，并依法履行职责，根据总统决策指示做好辐射紧急防备和响应，以保护公众和环境免受不必要的辐射。我们将努力与各州、各部落和工业部门一起努力，提供培训，发布公众信息，最大限度地减少这些暴露。我们还将进行辐射风险评估，确定清理被污染地点的可接受水平，并制定辐射防护和风险管理政策、指南和规章。

采矿、加工用于医学、电力、消费品的自然放射性材料、工业生产不可避免地产生辐射排放。环保局将提供指导和培训，以帮助联邦和州机构做好核电厂、放射性材料装运事故、核恐怖主义行为的应急准备。环保局还将制定清理放射性污染地点的指南。为了管理放射性排放和接触，我们将进行健康风险评估，风险建模，尽量减少辐射产品应用，做好全国辐射监测和放射性应急响应。

环保局将继续提供咨询和指导，以帮助寻找、查明和处置来自非核设施的放射源，尤其是拆车场、钢厂和城市垃圾处理设施。我们将与国际原子能机构和其他联邦机构合作，以防止怀疑有放射性污染的金属和成品进入国内，通过与各州、地方机构、部落合作，我们将寻找国内丢失、被盗和废放射性源，推广成功经验以减少工业放射性物质释放。我们将不断努力提供援助，以确保部落处理家庭和学校的氡暴露。

环保局还要保证美国能源部（DOE）运输的所有放射性废物运到废物隔离试验厂得到安全处置，并满足环保局规定的标准。我们考察垃圾发电设施并每两年对能源部遵守适用的环境法律法规进行评估。

5 目标五：减少温室气体排放

到 2012 年，通过环保局的自愿气候保护计划，将减少 160 Mt 碳当量的排放量。

5.1 子目标

子目标 1：建筑部门

到 2012 年将减少 46 Mt 碳当量（比 2002 年水平）。

子目标 2：工业行业

到 2012 年将减少 99 Mt 碳当量（比 2002 年水平）。

子目标 3：交通部门

到 2012 年将减少 15 Mt 碳当量（比 2002 年水平）。

5.2 措施与对策

2002 年总统宣布在未来的十年美国温室气体排放量减少 18%，为实现这一目标，EPA 与私营和公共机构合作，在减少温室气体的同时提供额外的奖励，核心旨在鼓励消费者、企业和组织开发和使用节能设备，选择合适的运输方式。

根据气候保护计划，为减少温室气体的排放以及支持清洁空气目标，环保局还与其他联邦机构一起合作，争取取得最大的成效。举例来说，环保局和能源部（DOE）联合实施的能源之星计划，以促进节能产品的应用（www.energystar.gov）。能源之星不仅支持环保局减少温室气体排放的目标，它还支持能源部有效提高能源效率的目标，能源之星还可以帮助低收入家庭节约能源开支，我们正在加强能源之星的市场行为，进行科技示范，在建筑部门逐步推广。

我们还将继续与能源部合作，通过环保局的 SmartWay 运输伙伴包括船舶、货车及铁路运输行业，促进节能战略如减少空载、使用低碳燃料（E85）和生物柴油，来减少 PM 和 NO_x 排放。SmartWay 还支持能源部关于能源多元化和能源效率提高的目标。为了推广高效节能技术，减少温室气体、NO_x 和颗粒物排放，我们正在一起努力：

- ☞ 利用市场力量、税收优惠、法规、州和地方努力，增加提供乙醇燃料 e85 的加油站数量。
- ☞ 提升怠速控制技术，如电力插件及辅助动力装置，可节省燃料和减少相应的排放。
- ☞ 制定测量重型卡车的燃料效率草案，让运输者选择省油车。

环保局将在住宅、商业、运输等行业部署相关技术：

- ☞ 与能源、工业和农业部门合作，推广技术和经验，减少甲烷和其他温室气体排放。
- ☞ 绿色电力，热电联产，鼓励开发和采购清洁能源和可再生能源。
- ☞ 为乘客设计最佳路线，并减少车次和行程。
- ☞ 环保局与工业部门合作，建立全面和长期气候变化战略，并确定减少温室气体的目标。
- ☞ 清洁能源，支持各州多使用清洁能源。

环保局还促进国际合作，提供清洁技术，以减少温室气体排放，我们将同其他国家和美国私营部门合作，运用甲烷回收技术，减少全球甲烷排放量，促进经济增长，提高能源安全和改善环境。此外美国已同澳大利亚、中国、印度、日本、韩国加入了亚太清洁发展与气候合作协议。

为实现清洁的空气目标，我们还将继续开发和评估创新技术，我们将继续开发先进的清洁的节油汽车技术，我们会与私营部门合作，促进技术转让，满足安全性能的同时削减排放量。我们还将推动可再生燃料混用，以最大限度地发挥其潜力，减少温室气体排放和改善空气质量。

6 目标六：加强科研

一直到 2012 年，进行前沿性科学研究，提供可靠的科学依据，支持环保局清洁空气的目标。

环保局的空气科研项目以提供信息，帮助我们制定和实施国家空气质量标准，并确保接触有害空气污染物（空气有毒物质）的风险正在减小。我们在环保局实验室进行研究（包括 5 个颗粒物质研究中心），还共同出资与合作单位（如全国环境卫生科学研究所和健康影响研究所）一起研究。

通过我们的研究，期望以下两个方面可以改善：支持我们制定空气标准和关于空气污染物对人体健康影响的科学性方面的不确定因素得以减少，为了达到这一目标，我们的空气研究计划将着重于：

（1）开发数据和工具以支持国家空气质量标准。环保局的研究将提供最新的数据、方法和模型估算源排放，完善大气环境质量模型，以更准确地预测气象效应对空气质量的变化影响，使环保局、州和部落及时告诫市民提高警觉，关注空气质量的变化。受体模型可更准确地确定哪些源有害于空气，便于我们制定控制策略。我们还将建立一个框架，评估监管措施在改善空气质量和人体健康方面的效果。

（2）了解空气污染对健康的影响。同其他研究伙伴一起，我们正在进行颗粒物特征的系统评估，帮助我们了解暴露于颗粒物和相关有毒物质对健康影响的方方面面，包括肺、心血管、免疫、神经、生殖和发育健康，我们将特别侧重于易感人群。

（3）源和影响的相关性。通过研究将使我们能够把健康的影响与具体源和颗粒物特征更密切地联系在一起，使我们能更好地控制重要源，改善降低颗粒物和空气有毒物质排放的控制措施和策略，这将是颗粒物研究中心 5 年计划的重要内容。

人力资本 环保局已成功地招募和留住我们所需要的有科学和技术背景的优秀员工，举例来说，环保局国家汽车和燃料排放实验室和空气洁净技术计划已成功吸引了一批高级工程师和科学家。

不过环保局在实施新的空气计划要求方面也面临着人才短缺，例如，为执行清洁空气州际准则（CAIR），我们需要全面的劳动技能，包括排放测量、工程技术、环境评估和计算机数据库开发和管理。同样要制定一个全国性的可再生燃料标准并颁布实施，环保局将需要专门知识的人才包括熟悉可再生燃料、车辆测试、运输建模和生命周期分析、能源安全的影响以及经济分析。为招聘这些人才，我们的策略是与几所高等工科院校建立合作。

绩效测量 环保局在考察清洁空气和全球气候变化工作的绩效方面已制定了措施，我们的战略目标直接跟踪和衡量我们的年度业绩目标，体现在环保局的年度计划和预算报告以及年度绩效和责任报告中。

跟踪我们研究目标的年度进展，我们会根据客户满意度、产品的影响和质量、效益来进行客观判断，举例来说，我们依靠独立的专家审查小组、产品使用的客户调查来分析来研究产品的实际使用效果。

配合 2006—2011 年战略计划，我们将研究改善绩效测量的方法，以更好地反映清洁空气和气候变化的环境绩效，例如测量减少紫外线照射对人体健康的直接益处。

从绩效评估和项目评估得到反馈

（1）空气质量计划。通过酸雨计划评估，建议环保局：①克服法定时效规定，制定最大减排目标，限制排污交易范围；②制定提高效率的措施。

国家科学院评估了全国空气质量管理系统，认为在过去 30 年污染物排放量已大幅减少，目前受科学和技术限制进展放慢，为了解决这些问题，环保局将：①建立空气质量生态指标，进一步跟踪人类接触和生态状况的趋势；②把空气监测和大气沉降监测点与长期生态研究的场所结合起来；③改进监测大气对生态系统影响的方法，如空气中汞浓度和汞沉积。我们还将制定和扩大健康和生态指标的使用。

（2）室内空气。室内空气评估要求更好地量化投资和效果关系，提高透明度，让市民更为清晰地了解去除污染物成本效益。

（3）移动源清洁空气技术项目。移动源清洁空气技术项目评估要求将清洁空气技术（CAT）与温室气体削减结合起来。

（4）研究。2005 年，科学顾问委员会评价了颗粒物和臭氧的研究计划，建议制定长期措施并定期评估客户满意度。

空气污染专家委员会在2004 年评估报告中提出了有关科研管理的三项具体建议：

☞ 环保局应将科研项目的计划和分配与公共和私人研究机构全面结合起来。

☞ 需要研究开发更有利的工具，来汇编和分析大量的新资料。

☞ 持续有效地加强计划管理，建立持续的机制，执行独立审查和监督程序，才能确保投资运行到位。

暴露的问题和外部因素影响 目前能源供应与能源需求不平衡，这种不平衡对经济造成了影响，也对环境造成影响。能源供应、经济发展、国家安全和环境给市场技术创新带来了前所未有的机会。

更高又不稳定的能源价格对实施空气质量计划和目标可能会造成压力，环保局将要确保在 2005 年能源政策法中要求的可再生燃料计划能顺利实施。能源价格的上涨将激励开发新能源和更有效的技术，其中有许多可以改善空气质量。环保局将需要与工业部门一起开发和推广这些技术在所有经济部门的应用，包括交通运输和电力生产部门，举例来说，由于国内煤炭资源需求增加，环保局将与能源部、煤炭生产者一起开发和推广新的低排放的燃煤技术，如综合气化联合循环（或更广泛地说，碳捕捉和吸收的气化）。

我们面临的另一个挑战是源于其他国家排放水平的上升，从而影响着我们的健康和环境质量。国际和洲际传输影响已经很明显，亚洲和其他地区能源的利用和开发迅速增加，美国可以感受到其影响。因此要实现我们的清洁空气目标，需要更好地了解其他国家的污染来源，并开展合作以减少这些污染物的排放。

最近的科学研究表明，平流层的臭氧层可能比预期还需要更长的时间才能愈合，因此，我们预期相当长的时间还有更多的人受到过量紫外线的伤害，所有国家包括美国在内及时全面的恢复臭氧层行动将比以往更加重要，保护人们免受皮肤癌、白内障和其他疾病的困扰。

还有一些外部因素影响我们战略目标的进展，如我们需要依靠州、部落和地方政府的行动计划来实现我们的许多清洁空气绩效目标，然而预算削减和资源限制可能会阻碍前进的步伐。美国和世界的经济条件和发展模式、能源和运输政策都可能影响我们的清洁空气和气候变化目标的实现。

最后要说明的是天气条件和气象模式对空气质量也起着很重要的作用，比如高温和强烈阳光可以增加臭氧形成，风可以携带污染空气从一个区到另一个区，同样无风条件可造成污染空气滞留在一个地区且逐步累积从而影响健康，我们在制定和实施战略计划时必须考虑这些因素。

参考文献

美国环保局官方网站 http://www.epa.gov/cfo/plan/plan.htm，Goal 1：Clean Air and Global Climate Change，2006-2011-EPA-Strategic-Plan，2006.